Louis DUPARC et Marguerite-N. TIKONOWITCH

# LE PLATINE

ET LES

# GÎTES PLATINIFÈRES

DE

# L'OURAL ET DU MONDE

GENÈVE

Société Anonyme des Éditions Sonor, Rue du Stand, 46

—

1920

# LE PLATINE

## ET LES

# GITES PLATINIFÈRES

### DE

## L'OURAL ET DU MONDE

# LE PLATINE

## ET LES

# GÎTES PLATINIFÈRES

### DE

## L'OURAL ET DU MONDE

PAR

**Louis DUPARC**

PROFESSEUR A L'UNIVERSITÉ DE GENÈVE
MEMBRE CORRESPONDANT DE L'ACADÉMIE DES SCIENCES DE PÉTROGRAD
MEMBRE D'HONNEUR DE L'ACADÉMIE ROUMAINE DES SCIENCES

ET

**Marguerite-N. TIKONOWITCH**



GENÈVE
IMPRIMERIE ET LITHOGRAPHIE « SONOR » S. A., RUE DU STAND

1920

# INTRODUCTION

Le début de nos recherches sur les gites platinifères date de 1900; elles eurent pour objet l'étude du centre primaire du Koswinsky-Kamen, et furent entreprises sur la demande du prince Abamélek-Lazarew, qui possédait dans cette région de vastes propriétés. Le Koswinsky est un important massif de roches éruptives basiques, duquel descendent plusieurs rivières platinifères qui étaient fort mal connues à cette époque. Ces premières recherches, qui durèrent trois années. nous amenèrent à la conclusion que le platine rencontré dans ces cours d'eau provenait exclusivement d'une seule et unique roche basique de la famille des péridotites, en l'espèce la dunite. Cette opinion fut exposée dans une séance de la Société de physique de Genève ; elle découlait de nombreuses et coûteuses investigations faites dans des conditions exceptionnellement favorables, dans une région dont nous connaissions exactement la géologie. et sur les alluvions de rivières qui, de leur source à leur embouchure, coulaient dans des formations parfaitement étudiées. Dans les six années qui suivirent, nous avons exploré systématiquement toute la région de l'Oural qui s'étend du Koswinsky aux sources de la Soswa du Nord. Au cours de ces explorations, nous avons découvert plusieurs centres dunitiques nouveaux, qui se présentaient dans des conditions identiques à ceux du Koswinsky, ainsi qu'un certain nombre de rivières platinifères qui en descendaient. A ce moment, nous étions persuadés que seule la dunite était réellement platinifère, et c'est cette conviction qui fut à la base de toutes nos recherches. Nous avions déjà reconnu cependant qu'il existait certaines roches péridotiques qui pouvaient renfermer du platine, mais toujours en petite quantité, de sorte que les gisements alluviaux qui en dérivaient étaient toujours très pauvres et sans importance industrielle. Plus tard, nous avons découvert les gites platinifères pyroxénitiques, et, dans nos recherches subséquentes, nous avons pu en préciser les caractères et montrer que c'est là une forme plutôt exceptionnelle. De 1908 à 1916, nous avons étudié en détail tous les gites platinifères de l'Oural qui étaient en exploitation, ou qui avaient été antérieurement exploités, et, sur plusieurs de ceux-ci, nous avons entrepris et dirigé des recherches étendues d'ordre géologique ou, au contraire, purement minier, dans le but de prospecter certaines régions mal connues, ou de fixer le mode et les conditions d'exploitation de différentes rivières platinifères. Au cours de nos travaux, nous avons ramassé un matériel géologique et pétrographique considérable, que nous avons, au fur et à mesure, étudié au laboratoire; puis, grâce à l'amabilité des propriétaires ou des sociétés industrielles pour lesquelles nous avons travaillé, nous avons pu réunir une collection complète des échantillons les plus variés de tous les platines des divers gisements, collection qui est unique de son espèce, et qui nous a été extrémement précieuse pour élucider une foule de questions concernant la composition chimique des platines des divers centres primaires, ainsi que pour établir de nouvelles méthodes d'analyse du minerai brut de la mine de platine. Nous avons aussi levé un certain nombre de cartes géologiques détaillées de plusieurs gisements primaires, puis avons dû nous occuper également d'une foule de questions d'ordre purement technique concernant l'extraction et le lavage des alluvions platinifères. Entre temps, nous avons eu l'occasion de visiter des gisements platinifères autres que ceux de l'Oural, ce qui nous a permis d'avoir une vue d'ensemble, et d'établir certaines comparaisons intéressantes. D'autre part, en étudiant les conditions de la production mondiale du platine, nous avons été conduits à nous occuper aussi de sa consommation, et, pour cela, nous avons dû nous familiariser avec les différentes industries qui emploient le platine ou les métaux de son groupe, pour pouvoir établir ensuite les éléments d'une statistique sérieuse.

Ce livre résume tous les travaux que nous avons effectués durant cette longue période, sur le terrain, au laboratoire et à l'usine; il est en grande partie le produit de nos recherches originales. Au début, nous avions pensé nous borner à une étude purement scientifique des gîtes platinifères primaires et secondaires, nous n'avons cependant pas tardé à reconnaître que cette étude serait insuffisante, et nous y avons ajouté une série de chapitres d'ordre purement technique concernant la prospection des alluvions, leur extraction et leur lavage par les procédés les plus modernes en usage, la métallurgie du platine et des métaux de son groupe, leur utilisation, puis la statistique générale relative à la production.

L'extraction et le lavage des alluvions par les grandes dragues modernes tendent de plus en plus à se substituer dans l'Oural aux autres modes de traitement. Comme nous avons eu, à fois réitérées, à nous occuper spécialement de ce sujet qui nous est familier, nous avons pensé qu'il serait utile de développer le chapitre que nous avons consacré à l'étude des dragues et de leur mode de travail.

Nous avons cherché à rendre le texte de ce livre aussi clair que possible au moyen de nombreuses illustrations et dessins, de clichés en autotypie, et de planches qui figurent à la fin du volume. Quant aux cartes géologiques en couleur et aux plans cotés des grands sluices, dragues et lavoirs mécaniques, nous avons dû, vu leur dimension, les réunir en un atlas qui accompagne notre ouvrage. Malgré tous les soins que nous avons mis à relire les épreuves, vu la multiplicité des noms étrangers qui figurent dans notre livre, plusieurs fautes se sont glissées dans le texte; nous les avons corrigées dans l'*erratum* qui figure au commencement du volume.

# LISTE BIBLIOGRAPHIQUE


Nᵒˢ<br>d'ordre

1. 1826. ERDMANN. Contribution à l'étude de la Russie. Part. II, p. 132.
2. 1826. GALLIAKOWSKY. Description de nouveaux gisements d'or et de platine dans le district des mines de Goroblagodat, découverts en 1825. *Journal des mines,* t. VIII, p. 103. 1826.
3. 1828. LUBARSKY. Mines de platine de Taguil. *Mining-Journal,* v. XI, p. 125.
4. 1829. ENGELHARDT. Les gisements d'or et de platine de l'Oural. *Riga,* puis *Mining-Journal,* part. III, vol. VII, p. 67.
5. 1836. SIVKOF. Description géognostique de certaines régions du district de Goroblagodat étudiées de 1834-1835. *Mining-Journal,* p. III, vol. VIII, p. 225.
6. 1837. G. ROSE. Voyages dans l'Oural, p. 327, 335, 338, etc.
7. 1840. L. VON BUCH. Beiträge zur Bestimmung der Gebirgsformation in Russland.
8. 1840. KOLTOWSKY. Mines de platine dans le district de Goroblagodat. *Journal des mines,* 1840, part. I, p. 227.
9. 1841. HELMERSEN. Reise nach dem Ural und der Kirghisensteppe. I. Abteil.
10. 1841. HELMERSEN. Beiträge zur Kenntniss des russichen Reiches, V. Bänd.
11. 1841. SCHOTOROWSKY. La chaîne de l'Oural du Nord au point de vue de la géographie physique, de la géologie, et de la minéralogie.
12. 1842. MOUKHINE. Analyse chimique de différents spécimens de platine de l'Oural. *Soc. minéral. de St-Pétersbourg,* part. II, p. 101.
13. 1844. LEPLAY. Recherches géologiques dans l'Oural. *Comptes-rendus, Académ. des sciences,* vol. XIX, p. 853.
14. 1846. KOLTOWSKY. Les mines Demidoff dans le district de Nijni-Taguil.
15. 1849. MURCHISON (sir Roderik). Géologie de la Russie d'Europe, part. II, p. 113 et 112.
16. 1849. KOKCHAROFF. Description des teneurs aurifères des gisements de la Tourinskaya-datcha, dans le district de Goroblagodat. *Journal des mines,* p. 337.
17. 1851. TSERRENER. Géographie physique du gouvernement de Perm. *Leipzig.*
18. 1860. Caractères et conditions présentes des mines de l'Oural. *Mining-Journal, London,* part. I, p. 498.
19. 1860. B. COTTA. Platine dans un bloc de serpentine jaune avec chromite. *Berg- und Hüttenzeitung,* p. 495.
20. 1865-1868. HOFMANN. Materialen zur Anfertigung von geologischen Karten des Kaiserlichen Bergwerks-district des Ural-gebiets. *Journal des mines,* 1870.
21. 1866. KOKSCHAROFF. V. Matériaux pour la minéralogie de la Russie, vol. V, p. 177.
22. 1867. VON THAL. Description du district minier de Nikolaï-Pawda. *Journal des mines de St-Pétersbourg.*

23. 1873. Tschoupine. Dictionnaire géographique et statistique du gouvernement de Perm.

24. 1875. Daubrée. Association dans l'Oural de platine natif à des roches à base de péridot, etc. *Comptes-rendus, Acad. sciences.* Paris, t. LXXX, p. 707.

25. 1878. Terreil. Nickel platinifère de Nijni-Taguil. *Comptes-rendus Acad. sciences,* Paris, t. LXXXII, p. 116.

26. 1881. Description des gîtes minéraux de la Russie d'Europe et de l'Oural. *Département des mines St-Pétersbourg.*

27. 1888. Zætzeff. Sur les gites minéraux de l'Oural. *Bulletin du Comité géol. de Russie,* vol. VII.

28. 1888. Krotow. Recherches géologiques sur le versant occidental de l'Oural aux environs de Tscherdyn et Solikamsk. *Mémoires du Comité géologique de Russie,* vol. VI.

29. 1890. Karpinsky. Recherches géologiques dans l'Oural en 1888. *Mémoires du Comité géol.,* vol. VIII.

30. 1890. A. Krasnopolsky. Recherches géologiques sur le versant occidental de l'Oural. *Mémoires du Comité géologique,* vol. XI, p. 177.

31. 1890. Laurent. Notes sur l'industrie de l'or et du platine dans l'Oural. *Annales des mines,* p. 537 et *Mining-Journal,* vol. LIII, p. 430, 1892.

32. 1890. Losch. Deux échantillons de platine natif de Bisserk. *Mémoires de la société minéral. de Russie,* St-Pétersbourg. Vol. XXVII. p. 440

33. 1891. Belonsoff. Platine de l'Oural. *Mining-Journal,* part. III, p. 323.

34. 1892. Inostranzeff. Gisement primaire de platine dans l'Oural. St-Pétersbourg. *Mittheilung der Naturforschenden Gesellschaft.*

35. 1892. Zætzeff. Geologische Untersuchung in Nikolaï-Pawdinscher Kreise und Umgebung im Gebiete des Zentral-Ural, etc. *Mémoires du Comité géologique de Russie,* vol. XIII.

36. 1892. Mouchketoff. Sur les gites primaires de platine dans l'Oural occidental. *Mémoires de la soc. minéral. de Russie,* vol. XXIX, 2e série, p. 299 et *Zeitschrift für Krystallographie,* vol. XXIV, p. 505.

37. 1893. Helmacker. Platine en gisements primaires. *Zeitschrift für praktische Geologie,* p. 187.

38. 1894. S. Meunier. Observations sur la constitution de la roche mère du platine. *Comptes-rendus Acad. sciences Paris,* vol. CXVIII, p. 368.

39. 1896. V. Bourdakoff et Hendrikoff. Description des gisements de platine appartenant à Bourdakoff et fils. *Mémoires de la société des naturalistes à Ekaterinbourg,* vol. XIV, p. 197.

40. 1896. A.-J. Lewis-Howe. Bibliography of the metals of the platinum group. Smithsonian miscelleanous collections *Washington.*

41. 1897. Guide des excursions du VIIe congrès géologique international à St-Pétersbourg.

42. 1897. H. Louis. Les gisements et le traitement du platine en Russie. *The mineral Industry,* vol. VI, p. 197.

43. 1897. Stahl. L'or et le platine de Nikolaï-Pawdinsk. *Chemiker Zeitung,* n° 40.

44. 1898. S. Meunier. Etude sur la roche mère du platine de l'Oural. *Comptes-rendus du VIIIe congrès géologique international,* p. 539.

45. 1898. Helmacker. Gites de platine des monts Oural. *Mining and scientific press,* San Francisco. Septembre.

46. 1898. Zætzeff. Les gisements platinifères de l'Oural. *Mémoires de l'université de Tomsk*, vol. XIV.

47. 1898. R. Beck. Les excursions du VII<sup>e</sup> congrès géologique dans l'Oural. *Zeitschrift für praktische Geologie*, p. 24.

48. 1898. G. Michaïlowsky. Contribution à la connaissance de la pétrographie de l'Oural du Nord *(Rasteskaya et Kizelowskaya datcha)*.

49. 1898. Kunz. Un voyage en Russie aux monts Oural. *Journal Franklin Institut*, p. 193 et 264.

50. 1899. Purrington. Les gisements platinifères de la Toura *Trans. Americ. Institut Mining. England*, vol. XXIX, liv. 5.

51. 1900. F. Lewinson-Lessing. Geologische Skizze der Besitzung Jushno-Saosersk und des Berges Daneskin-Kamen. *Travaux de la Société des naturalistes de St-Pétersbourg*, vol. XXX, p. 3.

52. 1901. F.-C. Fedorow et W. Nikitin. Le district minier de Bogoslowsk. St-Pétersbourg. *Stassoulewitch, édit.*

53. 1901. L. Duparc. Sur la dunite du Koswinsky Kamen. *Comptes-rendus de l'Acad. des sciences*, septembre.

54. 1901. L. Duparc et F. Pearce. Sur les roches éruptives du Tilaï-Kamen. *Comptes-rendus de l'Acad. des sciences*.

55. 1901. L. Duparc. Sur quelques roches filoniennes qui traversent la dunite massive du Koswinsky. *Comptes-rendus de l'Acad. des sciences*.

56. 1901. L. Duparc. Sur le platine du Koswinsky. *Archives des sciences physiques*. Genève, t. 2, p. 652.

57. 1901. L. Duparc. Les roches platinifères de l'Oural. *Archives des sciences physiques*, Genève, t. 12, p. 427.

58. 1901. L. Duparc et F. Pearce. Les pyroxénites du Koswinsky Kamen. *Archives des sciences physiques*, Genève, t. 4, p. 417.

59. 1902. Kemp. Relations géologiques et distribution du platine et des métaux qui l'accompagnent. *Bulletin of the U. S. Geological Survey*, N° 193.

60. 1902. L. Duparc et S. Jerchoff. Sur les plagiaplites filoniennes du Koswinsky. *Comptes-rendus Acad. des sciences*, Paris.

61. 1902. L. Duparc. Quelques roches du Koswinsky. *Archives des sciences physiques*, Genève, t. 18, p. 619.

62. 1902. L. Duparc et F. Pearce. Recherches géologiques et pétrographiques sur l'Oural du Nord. *Mémoires de la société de physique de Genève*, t. 34, I<sup>re</sup> partie.

63. 1903. L. Duparc. Les gisements platinifères de l'Oural. *Archives des sciences physiques*, Genève, t. XV, 4<sup>e</sup> période, p. 287.

64. 1903. L. Duparc et F. Pearce. Sur la sorétite, une amphibole nouvelle du groupe des hornblendes communes. *Bulletin société minéral. de France*.

65. 1903. L. Duparc, L. Mrazec et F. Pearce. Sur l'existence de plusieurs mouvements orogéniques successifs dans l'Oural du Nord. *Comptes-rendus Acad. des sciences*, Paris.

66. 1903. N. Wyssotsky. Notice préliminaire sur les gisements de platine dans les bassins des rivières, Iss, Wyja, Toura et Niasma. *Bulletin du comité géologique de Russie*, t. XXII.

67. 1904. L. Duparc. Nouvelles roches de l'Oural. *Archives des sciences physiques*, Genève, t. XVII, p. 654 et t. XXIII, p. 412,

68. 1904. L. Duparc et F. Pearce. Sur la garéwaïte, une nouvelle roche basique de l'Oural du nord. *Comptes-rendus de l'Acad. des sciences*, Paris.

69. 1904. E. Hussak. Uber das Vorkommen von Palladium und Platin im Brasilien. *Sitzungsbericht der K. K. Akad. der Wissenschaften in Wien*, Bd. CXIII.

70. 1904. L. Duparc et F. Pearce. Recherches géologiques et pétrographiques sur l'Oural du nord, 2me partie. *Mémoires de la société physique*. Genève, t. 34.

71. 1905. L. Duparc et F. Pearce. Sur l'existence de hautes terrasses dans l'Oural du nord. *Comptes-rendus Acad. des sciences*, Paris, t. 1, p. 383 et *Bulletin de la société de géographie de Paris*.

72. 1905. L. Duparc et F. Pearce. Sur la gladkaïte, une nouvelle roche filonienne dans la dunite. *Comptes-rendus Acad. des sciences de Paris*, t. 1, p. 1614.

73. 1905. L. Duparc. Géologie et pétrographie de l'Oural du nord. *Archives des sciences physiques*, Genève, t. 10, p. 506.

74. 1905. R. Spring. Einige Beobachtungen in dem Platinwäschereien von Nijni-Taguil. *Zeitschrift für praktische Geologie*, p. 49.

75. 1906. L. Duparc et F. Pearce. Communication préliminaire sur les résultats de l'exploration scientifique faite en 1905 dans le bassin supérieur de la Wichéra. *Archives des sciences physiques*, Genève, t. 21, p. 96.

76. 1907. R. Beck. Über die Struktur des Uralischen Platins. *Berichte der Königlichen sächsicher Gesellschaft der Wissenschaften*, vol. LIX.

77. 1907. L. Duparc et F. Pearce. Sur les roches basiques de la chaîne de Tschissapa ou Tschistop. *Comptes-rendus Acad. des sciences*, Paris.

78. 1908. L. Duparc. Roches éruptives du bassin de la rivière Wagran. *Archives des sciences physiques*, Genève, t. XXV, p. 295.

79. 1908. L. Duparc. Sur la transformation du pyroxène en amphibole. *Bullet. de la soc. minéral. de France*, t. XXXI, p. 50.

80. 1989. L. Duparc, F. Pearce et M. Tikonowitch. Recherches géologiques et pétrographiques sur l'Oural du nord. *Mémoires de la soc. de phys. de Genève.* Troisième mémoire : Le bassin de la haute Wichera, t. XXXVI. p. 33.

81. 1909. L. Duparc. Les gisements de platine et l'origine du platine. *Archives des sciences physiques*, Genève, t. XXVII, p. 197.

82. 1909. F. Lewinson-Lessing. Un nouveau gisement de platine de l'Oural Sinaïa-Gora à Barantcha. *Journal de l'Institut polytechnique de St-Pétersbourg*, t. XI.

83. 1910. F. Lewinson-Lessing. Le gisement le plus méridional de platine de l'Oural. *Journal de l'Institut polytechnique de St-Pétersbourg*, t. XIII.

84. 1910. L. Duparc et G. Pamfil. Sur l' « issite » une nouvelle roche filonienne dans la dunite. *Comptes-rendus de l'Acad. des sciences*, Paris, t. CLI, p. 1136.

85. 1910. L. Duparc. Sur quelques gisements curieux de platine. *Archives des sciences physiques*, Genève, t. XXX, p. 16.

86. 1910. L. Duparc et F. Pamfil. Sur la composition chimique et l'uniformité pétrographique des roches qui accompagnent la dunite dans les gisements platinifères, *Bulletin de la Soc. minéral. de France*, t. XXXII, p. 437.

87. 1910. G.-P. Pamfil. Recherches sur quelques roches de l'Oural. *Thèse faite sous la direction du prof. L. Duparc*, Genève.

88. 1918. L. Duparc et C. Holtz. Notiz über die chemische Zusammensetzung einiger platinerze aus dem Ural Tschermaks. *Mineralogische und petrographische Mitteilung*, t. XXVIII, p. 498.

89.  1911. H.-C. Holtz. La composition des principaux minerais de platine de l'Oural. *Thèse faite sous la direction de M. le prof. L. Duparc,* Genève.

90.  1911. L. Duparc et M. Wunder. Sur les serpentines du Krébet Salatim. *Comptes-rendus Acad. des sciences,* Paris. p. 883.

91.  1911. L. Duparc. Le platine et les gites platinifères de l'Oural. *Archives des sciences physiques,* Genève, t. XXXI, p. 209.

92.  1911. L. Duparc et C. Holtz. Minerais de platine de l'Oural. *Archives des sciences physiques.* Genève. t. XXXII, p. 511.

93.  1912. L. Duparc, H. Sigg et Marguerite Tikonowitch. Carte géologique et topographique du Koswinsky 1/25000. *Description dans les Archives des sciences physiques,* Genève, t. XXXIII, p. 352.

94.  1912. L. Duparc. Sur quelques gisements anormaux de platine. *Archives des sciences physiques,* t. XXXIII, p. 96.

95.  1912. S. Piná y Rubies. Estudio acerca de la dunita platinifera de los Urales. *Revista de la Real Academia de Ciencias de Madrid.*

96.  1912. L. Duparc avec M. Wunder et V. Thuringer. Séparation du platine d'avec le palladium et le fer. *Archives des sciences physiques,* Genève. t. XXXIII, p. 457.

97.  1912. L. Duparc. Description d'une collection des roches typiques des gîtes platinifères primaires du Koswinsky. Editée par Krantz.

98.  1912. J. Sontag. Kolombien als Platinproductionsland. *Bergschaftliche Mitteilung,* 1912, p. 143.

99.  1913. L. Duparc, A. Grosset et M. Gysin. Sur la géologie et la pétrographie de la chaine du Kolpak-Tokaïsky-Kazansky.

100.  1913. L. Duparc et S. Piná y Rubies. Sur la composition des ségrégations de chromite dans la dunite. *Bullet. de la soc. minéral. de France,* t. XXXVI, p. 20.

101.  1913. L. Duparc, Vera Deleano et R. Sabot. Sur le produit de fusion de la dunite, et sur la dunite synthétique par voie ignée. *Bullet. de la Soc. minéral. de France,* t. XXXVI.

102.  1913. L. Duparc. Sur l'origine du platine contenu dans les alluvions de certains affluents latéraux de la Koswa. *Comptes-rendus de l'Acad. des sciences,* Paris, t. CLVI, p. 411.

103.  N. Wyssotsky. Die Platinseifengebiete von Iss und Nijny-Taguil im Ural. *Mémoires du Comité géologique de Russie,* nouvelle série, livraison 62.

104.  1913. A. del Campo et S. Piná y Rubies. Existe un nuevo elemento en los minerales platiniferas de los Urales *Annales de la Sociedad espanola de Fisica et quimica,* anno XI, t. XI.

105.  1913. L. Duparc, M. Wunder et C. Thuringer. Séparation du palladium d'avec les métaux du platine, et sur l'analyse des minerais de platine. *Archives des sciences physiques,* Genève, t. XXXV, p. 506.

106.  1913. M. Wunder et V. Thuringer. Eine neue Methode zur Bestimmung von Palladium sovie zur Trennung von Cu und Fe. *Zeitschrift für analytische Chemie.* t. LIII. p. 660.

107.  1913. M. Wunder et V. Thuringer. Trennung von Palladium von edelmetallen Gold Platin, Rhodium und Iridium. *Zeitschrift für anlaytische Chemie,* t. LIII, p. 660.

108.  1913. M. Wunder et V. Thuringer. Bestimmung des Palladiums mit Nitroso-naphtol und Trennung derselben mit Cu und Fe. *Zeitschrift für analytische Chemie,* t. LIII, p. 737,

109. 1913. M. Wunder et V. Thuringer. Zur Analyse der platinerze. *Zeitschrift für analytische Chemie*, t. LII, 1913.

110. 1914. V. Thuringer. Sur deux nouvelles méthodes de dosage et de séparation du palladium et sur une modification de la méthode d'analyse du minerai de la mine de platine. *Thèse faite sous la direction de M. le prof. L. Duparc*, Genève.

111. 1914. Platin im Neu Sud Wales. *Bergwirtschaftliche Mitteilung*, p. 76.

112. 1914. L. Duparc. Sur les sables noirs de Madagascar et leur prétendue richesse en platine. *Archives des sciences physiques*, Genève, t. 37, p. 37.

113. 1914. L. Duparc. Nouvelles recherches sur les sables noirs de Madagascar et sur les quartzites de Westphalie. *Archives des sciences physiques*, Genève, t. 38. p. 401.

114. 1914. L. Duparc et Marguerite Tikonowitch. Recherches géologiques et pétrographiques sur l'Oural du nord. Le bassin des rivières Wagran et Kakwa. 4ᵉ mémoire. *Mémoires de la soc. de physique*, Genève, vol. 38.

115. 1914. P. Krusch. Die platinverdächtigen Lagerstätten im deutschen Paleozoicum Metall und Erz. T. XI, p. 545.

116. 1915. J. Koifmann. Sur les alliages d'argent et de platine et sur l'analyse des dits. *Archives des sciences physiques*, Genève, t. XL, p. 509.

117. 1915. J. Koifmann. Sur l'analyse de quelques platines de l'Oural, et sur la méthode de séparation des métaux du minerai de la mine de platine. *Archives des sciences physiques*, Genève, t. XL.

118. 1915. D. de Orueta. Resultado pratico del estudio petrografico de la Serrania de Ronda. *Instituto do ingenieros civiles*. Madrid, impr. Ramona, Velasis.

119. 1915. D. de Orueta et S. Pinà y Rubies. Sur la présence du platine en Espagne. *Comptes-rendus de l'Acad. des sciences*, Paris, t. 162, p. 45.

120. 1916. L. Duparc et A. Grosset. Etude comparée des gîtes platinifères de la sierra de Ronda et de l'Oural. *Mémoires de la soc. de physique*, Genève, t. 38, p. 253.

121. 1916. L. Duparc et A. Grosset. Recherches géologiques et pétrographiques sur le district minier de Nikolaï-Pawda. Un volume avec atlas. Paris-Genève, Dunod et Kündig, éditeurs.

122. 1916. L. Duparc. Le platine et les gîtes platinifères de l'Oural. *Conférence faite le 28 janvier à la société des ingénieurs civils de France*, publiée dans les Mémoires de la Société, mars 1915.

123. 1917. D. de Orueta. Estudio geologico y petrografico de la Serrania de Ronda. *Memorias del instituto geologico de Espanâ*.

# LE PLATINE ET LES GITES PLATINIFÈRES
# DE L'OURAL ET DU MONDE

## CHAPITRE PREMIER

## L'OURAL AU POINT DE VUE TOPOGRAPHIQUE ET GÉOLOGIQUE

§ 1. Coup d'œil général sur la topographie et l'hydrographie. — § 2. Examen sommaire des formations géologiques qui se rencontrent dans l'Oural, leur âge relatif. — § 3. Répartition des différentes formations dans la chaîne. - § 4. Tectonique de l'Oural et succession des mouvements orogéniques. § 5. Le phénomène des hautes terrasses. — § 6. Les vallées quaternaires et les dépôts récents.

### § 1. *Coup d'œil général sur la topographie et l'hydrographie*

La chaîne de l'Oural, qui suit sensiblement la direction du méridien, est développée du sud au nord sur plus de 2000 kilomètres. Elle débute au sud de la rivière Oural, dans la région de la steppe de Tourgaï. et se poursuit sans discontinuité jusqu'à l'Océan Glacial du Nord. Les travaux des géologues russes ont montré que son prolongement septentrional se fait par la terre de Waigatsch et la Nouvelle-Zemble. Les innombrables rides parallèles qui constituent cette grande chaîne sont, en moyenne, dirigées à peu près Nord-Sud, mais très fréquemment aussi NNE-SSO, ou au contraire NNO-SSE. L'Oural ne dessine d'ailleurs pas une ligne absolument droite; il subit trois inflexions importantes. La première, qui forme une incurvation vers l'est, se trouve approximativement entre Zlataoust et Ekaterinebourg: la seconde, beaucoup plus importante, se produit dans la partie nord, à la hauteur des sources de Sygwa. Là, les chaînes, primitivement dirigées NS ou NNO-SSE, tournent subitement vers le NE, et l'Oural fait un coude brusque vers l'ouest, dont l'angle est d'environ 125°. La troisième inflexion se trouve à 400 kilomètres environ plus au nord, les chaînes tournent de nouveau au NO, et s'alignent sur la direction de l'île de Waigatsch, en formant un second coude plus brusque que le premier (100° environ) dont la convexité est tournée cette fois vers l'est.

La largeur maximum de l'Oural, de la plaine russe à celle sibérienne, est de 300 kilomètres en chiffres ronds, entre Oufa et Tscheliabinsk; plus au nord, les chaînes se resserrent, cette largeur n'est en effet plus que de 240 kilomètres entre Perm et Kouchwa, de 200 à la hauteur de Tscherdyn, 120 aux sources de la Sygwa, et 90 à peine au coude de Kara. Envisagé dans son ensemble, l'Oural est une chaîne peu élevée; la plupart des rides qui la constituent ont en effet une hauteur qui oscille entre 400 et 700 mètres. Il existe cependant des montagnes beaucoup plus élevées, qui atteignent 1600 mètres et même davantage. Celles-ci sont, à quelques exceptions près, cantonnées dans le voisinage de la ligne de partage des eaux asiatiques et européennes, ou à une vingtaine de kilomètres à l'est ou à l'ouest; elles se retrouvent d'ailleurs, sur toute l'étendue de l'Oural, du sud au nord. Les chaînes élevées ne forment pas des rides continues liées à la réapparition d'un même accident tectonique, mais au contraire des rides distinctes, qui, à la vérité, se poursuivent parfois sans interruption, sur 25 ou 30 kilomètres, et qui, d'autres fois, forment des massifs isolés au milieu d'une région beaucoup plus basse. Les chaînes élevées ne sont pas liées à la présence de telle ou telle catégorie de roches, mais on peut cependant observer qu'elles se rencontrent le plus fréquemment dans les régions constituées plus spécialement par les quartzites ou les roches éruptives basiques. Tel est, par exemple, le cas pour les chaînes du Poyassovoï-Kamen, du Toulimsky et du Molebny-Kamen, ou encore du Koswinsky, du Daneskin-Kamen, du Tilaï-Kanjakowsky etc. En allant du sud au nord, les altitudes des principaux sommets de l'Oural sont les suivantes :

Dans l'Oural du sud : le Iaman-Taou, 1646 m. ; l'Iremel, 1599 m. ; le Zigalga, 1373 m. ; le Nourgouche, 1431 m. ; l'Ourenga, 1254 m. ; le Taganaï, 1200 m., etc. Dans l'Oural central : le Katschkanar, 862 m. ; le Magdalynsky-Kamen, 708 m. ; le Pawdinsky-Kamen. 953 m. ; le Koswinsky, 1490 m. ; le Tilaï-Kamen ou Kanjakowsky, 1601 m. ; le Cérébriansky, 1310 m. ; le Kalpak, 1200 m. ; le Kazansky, 1310 m. ; le Daneskin-Kamen, 1528 m. Dans l'Oural du nord : le Poyassowoï-Kamen, 1210 m. ; le Tschistop, 1284 m. ; le Jalping-Ner, 1384 m. ; le Koschem-Is, 1288 m. ; le Tol-Pos-Is, 1656 m. ; le Man-Ia-Ur, 1155 m. ; le Pae-Jer (du sud), 1082 m. et le Pae-Jer (du nord), 1418 m., puis, tout-à-fait dans l'extrême-nord, le Chaïudy-Pal, 1241 m. et le Gnetju, 1298 m.

Le caractère général des hautes chaînes est assez uniforme. Elles ont d'habitude, comme d'ailleurs toutes les rides de moindre élévation, un flanc plus abrupt, qui est tourné vers l'ouest, ce qui tient à une cause tectonique, les plis étant toujours déjetés de ce côté. Les sommets ne sont que rarement élancés, et se présentent d'habitude sous forme de môles ou de coupoles, terminés généralement par un plateau, sur lequel on distingue fréquemment

*a)* Hautes chaînes. Chaîne du Tilaï, du Katéchersky et contrefort du Koswinsky, vus de Kitlim.

*b)* Hautes chaînes. Pointes de Garéwaïa à l'extrémité Sud de la chaîne du Tilaï, et au flanc Ouest de celle-ci, vues de la rivière Tilaï.

*c)* Hautes chaînes. Vue générale du flanc oriental de la chaîne du Tilaï-Kanjakowsky depuis Kitlim.

un pointement rocheux isolé comme un signal trigonométrique. Sur les longues chaînes, ces môles sont séparés par des cols plus ou moins plats, situés à différentes altitudes. En général, toute la partie des montagnes qui se trouve au dessus de la limite de végétation, est couverte par un épais revêtement de gros blocs anguleux, et les rares pointements de roches en place qu'on observe, percent au milieu de ce chaos ; ce sont eux qui constituent toujours les sortes de signaux que l'on trouve sur certains sommets. Plus on s'achemine vers le nord, plus l'unité topographique des hautes chaînes saute pour ainsi dire à l'œil. Cela ne peut évidemment provenir que d'une cause très générale, qui a façonné le relief de la grande chaîne sur une vaste étendue, et qui a dû s'atténuer du nord vers le sud, à moins que cette atténuation apparente ne résulte d'une altération subséquente de ce relief, qui se manifeste d'autant plus nettement que l'on descend davantage vers le sud. Nous verrons plus loin que l'uniformité du relief résulte du phénomène des hautes terrasses.

La limite de la végétation varie avec la latitude ; dans le sud, elle atteint 950 à 1000 m. ; dans l'Oural central (Koswinsky-Tilaï, etc.) elle oscille entre 800 et 850 m. ; plus au nord, (Toulimsky-Kamen) elle s'abaisse à 700 m., et plus au nord encore, elle tombe au-dessous de 600 mètres. Les rides boisées, appelées « *ouwals* », qui flanquent les chaînes plus élevées, et qui constituent la grande majorité des montagnes de l'Oural, sont innombrables, et se succèdent de l'est à l'ouest avec une grande monotonie. Elles sont couvertes d'épaisses forêts et dessinent à l'horizon des lignes souvent parfaitement droites, sans aucun sommet apparent. Sur les « ouwals » élevés, il n'est pas rare de rencontrer, sur la crête même, une série de pitons rocheux qui percent au milieu de la forêt, et que l'on distingue souvent d'assez loin déjà ; par contre, sur les flancs des « ouwals », ce n'est que rarement que l'on rencontre un affleurement de roche en place.

Le trait le plus distinctif de la topographie de l'Oural est la dissymétrie marquée de son relief. Depuis la ligne de partage, en effet, on peut observer, et ceci sur toute l'étendue de la chaîne, que, tandis que vers l'ouest, les rides et les « ouwals » boisés d'élévation variable se succèdent d'une façon ininterrompue jusqu'à la plaine russe, vers l'est, au contraire, ils s'atténuent très rapidement, pour faire place à une région légèrement vallonnée et couverte toujours par la forêt, qui constitue l'Oural sibérien. Cette région est occupée par d'innombrables lacs de toutes formes et de toutes dimensions, qui sont particulièrement abondants dans l'Oural du sud (aux environs de Tschéliabinsk par exemple). Ces lacs sont beaucoup moins nombreux dans l'Oural du nord, mais ils s'y rencontrent cependant, et toujours avec le même caractère. Ils sont généralement peu profonds et souvent entourés d'une large zone de marécages. Quant à la ligne de partage elle-même, elle est constituée par de hautes montagnes, ou au contraire par des crêtes de faible élévation, qui sont quelquefois à peine perceptibles dans la topographie, de sorte que l'on passe d'un versant à l'autre sans s'en douter.

Le régime hydrographique de l'Oural est fort important, et son étude mérite une attention spéciale. Sur le versant européen, les eaux qui proviennent de la grande chaîne vont en majorité dans le bassin de la Caspienne ; sur le versant asiatique au contraire, dans celui de la mer de Kara. La plupart des rivières qui constituent les artères principales du réseau hydrographique, prennent leur source sur la ligne de partage des eaux asiatiques et européennes, ou dans leur voisinage immédiat. Les différents ruisseaux qui forment les sources des grandes rivières ou de leurs affluents, naissent le plus souvent dans des marécages, situés soit dans des vallées longitudinales, soit sur les selles larges et plates qui délimitent deux bassins dans la même vallée. D'autres fois, ces sources ou celles des premiers affluents latéraux, coulent à flanc de coteau dans des ravins plus ou moins encaissés qu'on appelle « *lojoks* » ou « *logs* », et qui, selon l'altitude, sont dénudés, ou couverts de végétation. Ordinairement, le cours supérieur des rivières principales occupe pendant plusieurs kilomètres une grande vallée longitudinale ; les affluents latéraux plus ou moins nombreux qu'elle y reçoit, proviennent alors soit de la ligne de partage elle-même, soit des chaines ou des « ouwals » avoisinants. Tel est, par exemple, le cas de la rivière Soswa qui, sur la Wagranskaya-Datcha, coule tout d'abord du sud au nord, sur plus de 25 kilomètres, dans la vallée encaissée à l'ouest par la chaine du Poyassowoï-Kamen formant ligne de partage, et à l'est par celle de Plichiwy. Dans leur cours supérieur, les rivières coulent généralement avec une grande vitesse et charrient des galets volumineux, voire même des gros blocs, qui s'échelonnent sur une pente relativement assez forte.

Au début de leur cours moyen, les grandes rivières tournent en général brusquement, et coulent tout d'abord plus ou moins perpendiculairement à leur direction première, en coupant les différentes rides qui se succèdent de l'ouest à l'est. ou vice-versa selon le versant, tout d'abord presque normalement, puis de plus en plus obliquement. Durant cette partie de leur trajet, elles reçoivent souvent de très nombreux affluents, qui occupent ordinairement les vallées longitudinales comprises entre les « ouwals » traversés. Ces rivières sont alors fréquemment encaissées sur plusieurs kilomètres .dans des gorges profondes, sortes de cluses aux parois rocheuses et abruptes. qui ne sont jamais très distantes du point où se fait le brusque changement de direction des grands cours d'eau. Dans les cluses, les rapides causés par des éboulements rocheux ou par la persistance de bancs plus durs qui restent en saillie, sont nombreux, et souvent échelonnés sur plusieurs kilomètres. En langue vogoule on les appelle « *Touloums* ». Ces « Touloums » se rencontrent par exemple dans la cluse de la Koswa, à l'endroit où cette rivière coupe transversalement la chaine des quartzites et conglomérats qui forment l'Ostry et le Tcherdinsky-Kamen ; ils s'y échelonnent sur cinq barres successives, distantes les unes des autres de quelques kilomètres ; ces rapides entravent la circulation des pirogues et le flottage des bois. En aval de ces cluses, le lit des grandes rivières s'élargit d'une façon notable ; la vitesse de l'eau y est encore grande, et varie d'un tronçon à l'autre, mais elle subit déjà un ralentissement appréciable. Les îles créées par des changements temporaires de lit sont fréquentes, et on observe souvent un lit mineur occupé par les eaux d'été et un lit majeur couvert seulement au moment de la fonte des neiges, qui, en temps ordinaire, est occupé par des prairies appelées « *pokos* », ou par des oseraies. La largeur des rivières dans leur cours moyen, est variable ; elle oscille entre 50 et 200 mètres ; les méandres sont assez fréquents et importants, mais indépendants des changements de

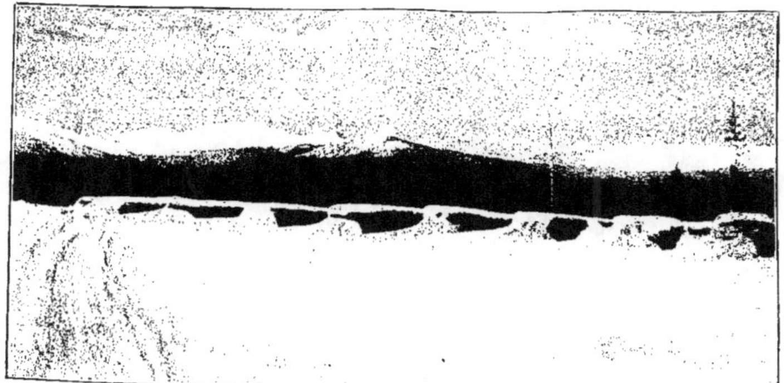

*a)* Hautes chaînes. Les derniers contreforts du Cérébriansky-Kamen (flanc Est) dans la chaîne du Tilaï-Kanjakowsky. Vue prise de la rivière Katécherskaïa.

*b)* Hautes chaînes. Vue du Sémitchellowietchny dans la chaîne du Kalpak-Kazansky. Vue prise de Kitlim.

*c)* Hautes chaînes. Vue du Pawdinsky-Kamen et des ouwals qui le suivent vers l'Est depuis Kitlim.

direction de la vallée d'érosion, qui est toujours très large, et dominée par des falaises boisées de 10 à 30 mètres de hauteur. D'habitude, la profondeur des rivières est assez faible : elle oscille entre 0 m. 30 et 1 m. 20 ; il existe cependant des régions des cours d'eau où elle atteint plusieurs mètres ; celles-ci correspondent toujours avec un ralentissement considérable de la vitesse, les eaux y semblent, en effet, à peine en mouvement, on les appelle *« plioss »* : ordinairement elles se montrent là où le cours de la rivière entame des formations calcaires ou dolomitiques.

Les affleurements rocheux que l'on rencontre le long des berges des rivières ou de leurs affluents, s'observent principalement dans la partie supérieure ou moyenne de leurs cours, c'est même en repérant ces affleurements, que l'on peut le plus aisément, dans l'état actuel de la topographie, lever une bonne carte géologique à petite échelle de l'Oural.

Le cours inférieur des grandes rivières est caractérisé par la largeur de leur lit, par le ralentissement considérable de la vitesse, par l'abondance des contournements et des méandres, et par la fréquence des anciens lits (staritzy), et des lacs qui en sont la conséquence. C'est dans cette région que l'on rencontre les plus gros affluents, qui sont eux-mêmes presque toujours de grosses rivières ; c'est là aussi que l'on observe fréquemment des terrasses d'alluvion fluviatile parfois bien conservées.

La disposition générale des cours d'eau qui vient d'être décrite s'observe principalement sur le versant occidental de la chaîne ; sur le versant oriental, par contre, les rivières, à quelques exceptions près cependant (rivière Miass, Sosswa, etc.) se dirigent déjà dès leur source dans le sens de la parallèle, et ne commencent à s'écarter de cette direction qu'à une distance souvent assez considérable de la ligne de partage.

Les eaux des rivières de l'Oural sont généralement limpides, mais toujours fortement colorées en brun par des matières ulmiques ; elles ne charrient que rarement des sables ou des argiles, et ceci seulement lorsqu'elles reçoivent des affluents latéraux qui ravinent des formations arénacées. Le régime actuel des rivières est relativement stable ; les grandes crues se font seulement au printemps, au moment de la fonte des neiges ; elles durent quelques jours à peine, et sont utilisées pour le flottage des bois ou le transport de matériaux lourds de l'amont à l'aval. Il existe cependant des crues d'été accidentelles, dues à de fortes pluies, et par cela même toujours locales. Elles peuvent cependant être assez considérables, et gêner ou mettre en péril certaines exploitations d'alluvions aurifères ou platinifères, comme aussi paralyser pendant plusieurs jours la circulation.

Chez les rivières les plus importantes du versant asiatique (Toura, Taguil, Sosswa, Lozwa, Miass, etc.) c'est presque toujours le cours inférieur qui est le plus étendu, et le cours moyen qui est le plus réduit. Chez les rivières du versant européen, c'est généralement l'inverse qui se produit (Koswa, Wichéra, Biélaïa, etc.). Quant au volume des eaux roulé, il est plus grand chez les rivières du versant européen, ce qui correspond d'ailleurs aux conditions climatériques, et à la répartition des précipitations atmosphériques.

Nous avons déjà montré que le versant asiatique de l'Oural était riche en lacs ; ces derniers peuvent se subdiviser en deux catégories, à savoir : ceux qui appartiennent à l'Oural, au sens tectonique et géologique de ce mot, et ceux qui se trouvent un peu plus à l'est, dans la steppe, et dans la région occupée par les dépôts tertiaires horizontaux. Les premiers ont en général un contour et une direction prédominants, ils sont en relation avec la tectonique ou la pétrographie. Leur profondeur est souvent grande, leur eau est douce et la plupart ont un écoulement. Les seconds sont plus éloignés vers l'est de la ligne de partage, leurs contours sont variés, leur profondeur toujours peu considérable. Presque tous sont sans écoulement. Les eaux en sont douces, saumâtres ou salées. Plusieurs d'entre eux montrent la présence d'anciennes terrasses, et tous indiquent des traces évidentes d'un assèchement progressif.

Dans toute la région de l'Oural, les marécages jouent un grand rôle. Beaucoup d'entre eux se trouvent dans les vallées longitudinales, principalement aux sources et à l'embouchure des cours d'eau. D'autres se rencontrent sur les bords des lacs, et occupent parfois l'emplacement d'anciens lacs comblés ; d'autres encore se localisent en rase forêt, sur des endroits où le sol est recouvert d'une épaisse couche d'argile.

Les marécages sont également très fréquents au bas de certaines montagnes, puis aussi dans le voisinage du confluent des rivières, et d'une manière générale, dans les dépressions. Il existe cependant des marécages sur les flancs même, et jusque sur les sommets de certaines montagnes, et ce fait n'est point rare. Ainsi, par exemple, le col sur lequel s'amorcent les sources de la rivière Iow dans la chaîne de Tilaï-Kanjakowsky, bien que dénué de toute végétation arborescente, forme un marécage tourbeux assez difficile à traverser pendant la saison des pluies. Au Zolotoï-Kamen, dans le bassin de la Wichéra, nous avons, sur les cols et sous les sommets, rencontré des marécages tourbeux, absolument infranchissables. Il convient de remarquer ici qu'il y a toujours une cause topographique ou géologique qui, dans l'Oural, localise les marécages. Souvent ces derniers couvrent une vaste superficie de terrain, et masquent absolument la nature du sous-sol ; il faut dans ce cas, recourir à des sondages qui réservent parfois de grandes surprises.


## § 2. Examen sommaire des formations géologiques qui se rencontrent dans l'Oural, leur âge relatif


Les formations rencontrées dans l'Oural s'échelonnent du quaternaire au cristallin, mais si l'on fait abstraction des dépôts tertiaires de la trangression marine de Sibérie, ainsi que des rares dépôts mézozoïques trouvés exceptionnellement sur certains points de la chaîne, on peut dire que les formations communes dans l'Oural vont du permo-carbonifère, aux schistes cristallins d'âge indéterminé.

Il faut également remarquer qu'une seule et même formation ne garde pas toujours un faciès identique sur les versants occidental et oriental de l'Oural, pas plus que dans les

*a)* Rivières. La rivière Lobwa près de son confluent avec la rivière Jow, Pawdinskaya-Datcha.

*b)* Rivières. La rivière Mourzinka près de son confluent avec la rivière Lialia; Pawdinskaya-Datcha.

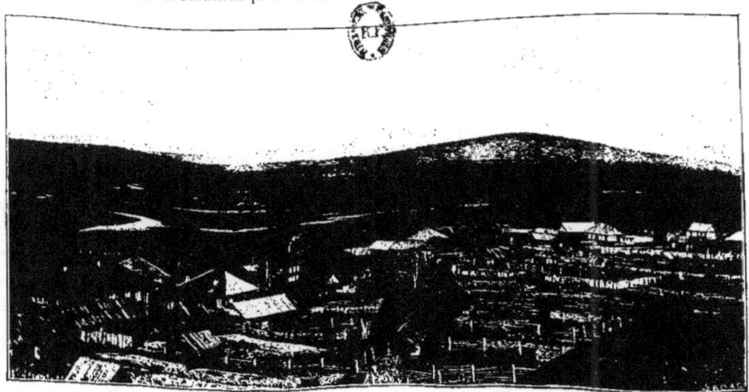

*c)* Rivières. Confluent des rivières Pawda et Bérezowka. Le village de Pawda.

régions sud ou nord de la grande chaîne. Nous examinerons dans les lignes qui suivent, sommairement ces différentes formations, par ordre d'ancienneté croissante.

## FORMATIONS POST-TERTIAIRES

### a) *Terrain glaciaire.*

Les formations glaciaires bien caractérisées comme telles, font défaut sur la presque totalité de l'Oural. Elles ne commencent qu'à la hauteur du 61e parallèle environ, c'est-à-dire aux sources de la Wiçhéra et de la Severney-Sosswa, alors que la nappe glaciaire du nord, qui recouvre une grande partie de la Russie, descendait au sud jusque dans le voisinage de Poltawa, et se retrouve déjà à une faible distance à l'ouest de la chaîne de l'Oural, à quelques kilomètres à peine de la ville de Perm. Nous n'avons, soit dans nos explorations faites sur une superficie considérable, soit dans nos travaux de sondage, pu que confirmer cette absence de dépôts glaciaires sur une grande partie de l'Oural; cependant, à plusieurs reprises, nous avons trouvé dans l'Oural du Nord des formations suspectes, qui mériteraient une étude plus approfondie. Ainsi, dans la grande chaîne du Tilaï-Kanjakowsky, les sources des rivières Balchaïa Katécherskaïa, Kanjakowska, Cérébrianka, Iow, etc., s'amorcent dans des cirques, qui rappellent étonnamment les cirques glaciaires. Ces rivières, à leur sortie de ces cirques, coulent dans une vallée plutôt resserrée, au début de laquelle on trouve d'épais dépôts de matériaux meubles non roulés (blocs volumineux, cailloux, sable, etc.) qui ressemblent à s'y méprendre à certaines formations morainiques. Ces dépôts sont extrêmement abondants aux sources de la rivière Iow, par exemple, et le cours d'eau actuel a dû, pour s'établir, y creuser son lit.

### b) *Produits éluviaux.*

Nous rattachons aux produits éluviaux, les cailloutis immenses qui recouvrent la surface de toutes les montagnes au dessus de la limite de végétation. C'est évidemment le produit d'un morcellement *in situ* de la roche en place par les agents atmosphériques, suivi parfois d'une mise en mouvement et d'un certain déplacement par les neiges au moment de leur fonte. Ces produits éluviaux s'accumulent volontiers dans les dépressions ou « logs », où ils y sont à peine remaniés par l'eau, de sorte qu'ils s'y présentent comme un mélange chaotique de blocs, de débris, et de sables.

### c) *Produits alluviaux.*

Les alluvions remplissent les grandes vallées d'érosion. Elles comportent souvent plusieurs couches de cailloutis de nature et de composition différentes, séparées par des formations argileuses; elles sont généralement recouvertes par de l'argile, de la tourbe et de l'humus. C'est dans ces anciennes alluvions, que les cours d'eau actuels ont creusé leur lit.

Dans le cours inférieur des rivières on observe fréquemment des terrasses au nombre de deux. La terrasse supérieure est constituée par des argiles sableuses, plus ou moins calcaires, de couleur jaunâtre ou brunâtre, d'autres fois grisâtre, avec des galets déjà plus ou moins cimentés. La terrasse inférieure est formée par des argiles variées, des sables, des galets, parfois par des tufs calcaires et des tourbes. Ces deux terrasses sont distinctes sur bon nombre de rivières du versant occidental ; on en connait également sur le versant oriental.

### TERRAIN TERTIAIRE

Le tertiaire est largement développé à l'est de l'Oural, dans la région de la plaine sibérienne. Les couches qui le constituent sont horizontales, il est donc transgressif sur les formations plissées de l'Oural. Sur la carte géologique de Russie il est désigné par l'épithète de *paléogène* Pg. Il est représenté par des grès variés, comme composition et comme couleur, par des argiles, des sables, puis par des argiles siliceuses, formées par un mélange d'argile et de silice amorphe. Ces argiles siliceuses constituent une roche compacte, grisâtre ou jaunâtre, qui se débite en petits fragments anguleux à arêtes vives. Ces argiles siliceuses sont inférieures aux grès et argiles, elles sont très pauvres en fossiles, on y a trouvé des dents de squales, puis des spicules d'éponges et de radiolaires, quelques empreintes de Lima et de Lingules, et enfin un spongiaire, le *Botroclonium Spasski* (Hinde). Les géologues russes ont rattaché les argiles siliceuses à l'*Éocène*.

Dans les grès qui sont superposés à ces argiles, on a au contraire trouvé une faune abondante de poissons tels que : *Otochus macrotus* Ag., *Notidanus serratissimus* Ag., *Lamna elegans* Ag., *Galeocerdo minor* Ag., etc. Puis des mollusques tels que : *Cyprina (pérovalis) Modiola, Fusus gracilis* (da Costa), *Fusus multisulcatus, Natica,* etc. Ces grès appartiennent à l'*Oligocène*.

### FORMATIONS MÉZOZOÏQUES

Elles jouent un rôle très secondaire, et ont été rencontrées sur la bordure orientale de l'Oural, en bassins ou îlots, isolés au milieu des formations plus anciennes, et généralement dans des dépressions synclinales. Elles consistent en grès et en argiles grises, micacées, qui contiennent plusieurs couches parfois épaisses d'un charbon de bonne qualité mais généralement friable. Dans les argiles on trouve assez souvent des débris plus ou moins bien conservés de plantes telles que : *Asplenium Whitbiense (varietas tenuis Hr), Podozamites Lanceolatus* Lindl, *Phylloteca striata* (Schmalh), puis des restes d'*Estheria minuta* Alb. *varietas Kaspinskaya* Jones. Ces dépôts ont été rencontrés abondamment dans l'Oural du nord, près de Bogoslowsk, où ils sont activement exploités pour leur charbon ; dans l'Oural central, ils sont connus à Kolchédansk, à l'est d'Ekaterineburg ; dans l'Oural du sud près de Kitchiguina au nord de Troitsk, près d'Ilinaya au nord-est de Tscheliabinsk, et tout à fait au sud de la chaîne, dans le district d'Orsk.

Sur la bordure orientale de l'Oural septentrional, on a également trouvé près de la

*a)* Rivières. La rivière Mourzinka, Pawdinskaya-datcha.

*b)* Rivières. La rivière Volkouche à Soukhogorsky, Pawdinskaya-datcha,
au moment de la fonte des neiges.

*c)* Rivières. La rivière Bérézowka, à quelques kilomètres en amont de Pawda.

rivière l'olva, les formations du jurassique supérieur à ammonites, en compagnie de dépôts du crétacé inférieur et du crétacé supérieur avec baculites. Le même crétacé supérieur a été rencontré à l'extrémité sud de l'Oural, près d'Orsk, à l'intérieur même de la chaine: il renferme *Belemnitella mucronata*, *Gryphea vesicularis*, etc.


## TERRAIN PERMIEN

Le permien est développé au pied de l'Oural, sur toute la bordure occidentale de la chaine, il est sensiblement horizontal. Les géologues russes l'ont divisé en trois sections, à savoir: le permien inférieur $P_1$, le permien moyen $P_2$ et le permien supérieur $P_3$.

Le **permien inférieur** $P_1$ est représenté seulement par la partie moyenne de l'étage (Psb). Il est formé par des grès grisàtres ou brunàtres, avec parfois des conglomérats subordonnés, qui sont interstratifiés d'argiles plus ou moins marneuses de couleur rougeàtre ou brunàtre, renfermant fréquemment d'abondantes concrétions calcaires. Cet étage est pauvre en fossiles, on y trouve des restes de conchifères, puis des débris de plantes (*Calamites Kutorgae*). On peut voir de bonnes coupes de cet étage près de Perm, d'Ossa, d'Okhansk, de Sarapoul, etc.

Le **permien moyen** $P_2$ est représenté par des calcaires dolomitiques, puis par des calcaires marneux plus ou moins grisàtres ou blanchàtres. Ces calcaires sont fréquemment schisteux ou siliceux; ils renferment la faune du Zechstein d'Allemagne. On peut observer des coupes incomplètes de cet étage sur les berges de la Kama, à Tikia-gori, à Elabouga, Sorotchi-gori, etc.

Le **permien supérieur** $P_3$ est représenté par des argiles plus ou moins gréseuses, des marnes rouges ou violacées, qui alternent avec des grès grisàtres, des calcaires gris, à restes de végétaux, qui contiennent en outre des écailles de poissons. Les argiles rouges avec intercalations de calcaires abondent et on y trouve également des marnes charbonneuses.

Il est à remarquer qu'une partie du permien supérieur a été attribuée au trias, c'est la raison pour laquelle, sur la carte géologique de Russie, tout cet étage a été désigné par PT.


## TERRAIN PERMO-CARBONIFÈRE

Le permo-carbonifère se trouve exclusivement sur le versant occidental de la chaine. Dans l'Oural du sud, il est représenté par deux horizons, à savoir:

L'horizon d'Artinsk CPg et l'horizon calcareo-dolomitique CPc.

L'**horizon d'Artinsk** CPg est formé par des grès, des conglomérats, des calcaires plus ou moins argileux, des marnes et des schistes argileux ou marneux variés. La faune de cet horizon est abondante, et comprend principalement des ammonitidées tels que: *Parapronorites tenuis* et *latus*, Karp. *Medlicottia artiensis* (Grunw.), *Agathiceras Ouralicum* Karp., etc.

L'**horizon calcareo dolomitique** CPc qui vient au dessus, est constitué par des calcaires gris ou gris-jaunâtre, souvent caverneux, dont les cavernes sont remplies de silice blanche et amorphe. La faune de cet horizon est, à peu de choses près, celle de l'Artinsk, mais elle est plus pauvre.

Dans l'Oural moyen, le permo-carbonifère se subdivise également en horizon d'Artinsk CPg, et en horizon calcareo-dolomitique CPc. L'Artinsk est représenté par des grès et des marnes avec faune abondante, principalement de goniatites. L'horizon calcareo-dolomitique est en somme analogue à celui de l'Oural du sud.

Dans l'Oural du nord, le permo-carbonifère se subdivise, d'après Krotoff, en :

**Horizon inférieur** ou horizon d'Artinsk, formé par des marnes et principalement par des grès fortement colorés.

**Horizon moyen** constitué par des formations calcaires ou dolomitiques, avec dépôts subordonnés de gypse et d'anhydrite.

**Horizon supérieur** représenté par des marnes calcaires, des marnes et des grès qui supportent directement le permien.

Vers l'ouest le permo-carbonifère prend le faciès salifère.


## TERRAIN CARBONIFÈRE

Dans l'Oural du sud et sur le flanc occidental de la chaîne, le carbonifère se divise comme suit en :

**Carbonifère inférieur** $C_1$ essentiellement calcaire, et subdivisé en :

Etage inférieur $C\frac{1}{1}$ représenté à la base par des calcaires gris compacts, cristallins (a) surmontés par des calcaires roses ou blancs siliceux, schisteux, parfois dolomitiques (b). Au point de vue paléontologique, les fossiles sont les mêmes dans les deux horizons, dans $C\frac{1}{1}a$ on trouve plus spécialement *Productus giganteus* et *Choneles papillonacea* abondants, *Productus striatus* plus rare, puis *Syringopora gracilis* (Keyser), *Lithostrotion affine* (Mart.), *Lithostrotion irregulare* (Phill.), etc. Dans l'horizon $C\frac{1}{1}b$ on trouve abondamment *Productus striatus*, accompagné localement de *Productus giganteus*, *Productus semireticulatus* et *Productus corrugatus*. Les fossiles les plus communs y sont : *Philipsia globiceps* (Phill.), *Phanerotinus serpula* (de Kon.), *Athyris squamigera* (de Kon.), *Spirifer Fischerianus* (de Kon.), *Reticularia lineata* (Mart.).

Etage supérieur $C\frac{2}{1}$. Il est représenté par des calcaires compacts, gris, grenus, des calcaires gris-rosé, et des calcaires gris siliceux. Cet étage ne renferme plus de *Productus giganteus*, de *Productus striatus*, et de *Choneles papillonacea* ; par contre on y trouve *Productus longispinus* (Sow.), *Productus semireticulatus* (Mart.), *Productus costatus* (Sow.), *Rynelesuella pleurodon* (Phill.), *Reticularia lineata* (Mart.), etc.

**Carbonifère moyen** $C_2$, essentiellement calcaire également, et représenté par les calcaires à *Spirifer Mosquensis*. Pratiquement sur les cartes cet étage est réuni à la section inférieure $C_1$.

**Carbonifère supérieur** $C_3$. Il est représenté par des calcaires blancs ou grisâtres, plus ou moins friables, et peut être subdivisé en trois horizons, à savoir :

*c)* Calcaires blancs ou gris pâle, avec *Griffithides Roemeri* (Moell). *Dielasma plica* (Kut.), *Spirifer rectangulus* (Kut.), *Rynchonella Hoffmani* (Krot.), *Camarophoria pinguis* (Waag.), *Chonetes variolata* (d'Orb.), *Productus transversalis* (Tschern.), *Productus tenuirostratus* (Vern.), *Conocardium uralicum* (Vern.), *Fusulina Vernenli* (Moell.), *Fusulina longissima* (Moell.), *Schwagerina princeps* (Ehr.).

*b)* Calcaires argileux et oolitiques (horizon à Cora) avec *Productus Cora* (d'Orb.), *Griffithides scitula* (Meek.), *Spirifer cameratus* (Morton), *Productus longus* (Meek). *Productus orientalis* (Tscher.), *Fusulina Verneuli*, etc.

*a)* Au sommet : Calcaire coralien avec *Petalaxis timanicus* (Stuck.), *Columnaria solida* (Ludw.), *Syringopora parallela* (Fisch.), *Productus Konincki* (Vern.), *Spirifer Cameratus* (Morton.), *Productus lobatus* (Sow.), *Productus semistriatus* (Meek.), etc.

Sur les cartes $C_2$ étant réuni à $C^1$, le $C_3$ devient généralement $C_2$.

Dans l'Oural moyen, cette division du carbonifère doit être modifiée. Dans la région où ce terrain devient productif (Kizel, Louniewsk, etc.), on distingue alors :

**Le carbonifère inférieur** $C_1$ qui est à la fois gréseux et calcaire et se subdivise en :

Etage inférieur $C\frac{1}{1}$. Représenté par des calcaires avec *Productus mesolobus* qui tantôt reposent directement sur le dévonien, tantôt en sont séparés par des grès. Localement ces calcaires sont partiellement ou complètement remplacés par des quartzites. Le *Productus giganteus* y fait complètement défaut, *Chonetes papillonacea* y est abondant.

Etage moyen $C\frac{2}{1}$. Représenté par des grès, des argiles, et des schistes argileux, *avec couches de houille* et *nid de limonite*. Le complexe renferme de nombreuses empreintes végétales telles que *Stigmaria ficoïdes*, *Lepidodendron glincanum* (Eichw.), *Nöggeratia tenuistriata* (Gopp.), puis des sigillaires, et des stigmaria. On y a trouvé des restes de *Productus giganteus*.

Etage supérieur $C\frac{3}{1}$. Il se divise en deux horizons, l'inférieur $C\frac{3}{1}a$, qui correspond au calcaire à *Productus giganteus*; et le supérieur $C\frac{3}{1}b$ qui représente le calcaire à *Spirifer mosquensis*. Ces calcaires sont riches en restes organiques, les principaux fossiles qu'on y rencontre sont : Dans $C\frac{3}{1}a$ : *Productus giganteus*, *Productus striatus*, *Chonetes papillonacea*, *Spirifer bisulcatus*, *Syringopora conferta*, *gracilis*, *reticulata*, etc., *Athyris variabilis*. Dans $C\frac{3}{1}b$ : *Productus Cora*, *Productus punctatus*, *Spirifer Mosquensis*, *Spirifer striatus*, *Fusulina sphaeroïda*.

**Le carbonifère supérieur** $C_2$, qui ne correspond donc pas au $C_3$ de l'Oural du sud, mais au $C_3$, est représenté par le calcaire à fusulines. Il est formé par des calcaires blancs, souvent plus ou moins friables, qui, à côté des fusulines, renferment encore *Conocardium uralicum*, *Spiriferina Saranae*, *Chonetes uralica*, *Productus tuberculatus*. On voit donc que les termes inférieurs de la série du $C_1$ font défaut dans l'Oural du sud, et que d'autre part le $C^2$ à *Spirifer mosquensis* fait, dans l'Oural central, partie du carbonifère inférieur.

Dans l'Oural septentrional, d'après Krotoff, la subdivision du carbonifère reste à peu près la même que celle dont il vient d'être question. On y peut distinguer:

Le **carbonifère inférieur** $C_1$ subdivisible en :

Horizon inférieur $C_1^1$, qui repose sur les formations du dévonien. Il est représenté par des grès quartzeux et des quartzites développées au sommet, tandis qu'à la base on trouve plutôt des argiles schisteuses et parfois des calcaires argileux. Cet horizon comporte également des minces couches de houille. On y trouve *Syringopora reticulata* (Keyserl.), *Chonetes papillonacea* (Phill.), *Productus giganteus*, etc.

Horizon supérieur $C_1^2$, formé par des calcaires argileux très riches en coraux, avec *Lithostrotion* et *Syringopora*, puis des calcaires blanc-grisâtre, et des variétés dolomitiques avec *Spirifer Mosquensis*, *Chonetes variolaris*, etc.

Le **carbonifère supérieur** $C_2$. Il est formé par des calcaires siliceux blancs et compacts, devenant parfois dolomitiques, puis par des dolomies, des marnes et des schistes, qui supportent le niveau d'Artinsk. La partie inférieure comporte surtout des calcaires grisâtres, très riches en coraux et en foraminifères; la partie supérieure, des calcaires blancs, très fossilifères, qui contiennent principalement des mollusques et des brachiopodes.

Sur le versant oriental de l'Oural, le carbonifère est peu développé et encore assez mal connu; il est représenté par :

1. Des argiles schisteuses avec grès, conglomérats et intercalations de houille. On y rencontre exclusivement des empreintes végétales, soit *Stigmaria ficoïdes* (Bron.), *Lepidodendron glincanum*, etc. Le métamorphisme a parfois transformé ces argiles en schistes graphitiques. Elles représentent vraisemblablement le $C_1^1$.

2. Calcaire à *Productus giganteus*, qui correspond au $C_1^2 a$.

3. Sur le calcaire à *Productus giganteus* on observe souvent un conglomérat de fragments de calcaire à *Productus gig.*, reliés par un ciment calcaire. Ce conglomérat peut être remplacé par des grès, avec marnes et calcaires argileux, renfermant *Syringopora paralella* (Fisch.) et *Spirifer Mosquensis* (Fisch.). C'est sans doute l'équivalent du $C_1^2 b$.

4. On trouve également des calcaires appartenant aux horizons supérieurs, mais sans liaison visible avec le calcaire à *Productus giganteus*.


## TERRAIN DÉVONIEN

Dans l'Oural du sud et sur le versant occidental de la chaîne, le dévonien se divise en trois sections: le Dévonien inférieur $D_1$, le Dévonien moyen $D_2$ et le Dévonien supérieur $D_3$.

Le **Dévonien inférieur** $D_1$ peut se subdiviser à son tour en trois horizons, à savoir :

L'horizon inférieur $D_1^1 c$. Il est formé par des calcaires qui sont fréquemment fortement métamorphosés, passent localement aux listwianites, et renferment souvent assez de talc pour devenir des schistes calcareo-talqueux. La faune de ces calcaires est nettement dévonienne, et comprend entre autres de nombreux Orthocères, parmi lesquels : *Orthoceras Michalsky* (Tscher.), *Orthoceras patronus* (Barr.), puis *Platyceras Newberryi* (Hall.), *Turbo lactus* (Barr.), *Atrypa aspera* (Scholt.), *Atripa reticularis* (Linn.), *Pentamerus galeatus* (Dalm.), *Pentamerus Glaber* (Tschern.), *Orthis striatula* (Scholt.), *Strophomena Stephani* (Barr.), *Chonetes Verneuli* (Barr.), etc.

L'horizon $D_1^1$ g moyen, représenté par des grès quartziteux et des schistes formant un complexe qui repose directement sur le $D_1^1$ c. L'ensemble est souvent fortement métamorphique, les schistes passent volontiers aux micaschistes et aux schistes chloriteux, les grès aux quartzites micacées. La faune rencontrée dans cet horizon est nettement dévonienne, et se distingue de celle de l'horizon $D_1^1$ c.

L'horizon supérieur $D_1^2$ représenté par des calcaires gris et bitumineux, souvent dolomitiques. On y rencontre *Conocardium crenatum* (Stein.), *Losconema pescata* (Hall.), *Leperditia Barbotana* (F. Schmidt.), *Spirifer aviceps* (Kayser.), *Pentamerus galeatus* (Dalm.), *Pentamerus fasciculatus* (Tschern.), *Orthis orbicularis* (Vern.).

Le **Dévonien moyen** se subdivise en deux étages, l'étage inférieur $D_2^1$ et l'étage supérieur $D_2^2$.

L'étage inférieur $D_2^1$ est formé principalement par des grès grisâtres, verdâtres ou brunâtres, puis par des marnes de couleur variable, et enfin par des schistes, le tout par suite des variations de coloration, présente fréquemment un aspect rubanné.

L'étage supérieur $D_2^2$ est calcaire et se subdivise lui-même en deux horizons, l'inférieur $D_2^2$ a à *Pentamerus baschkyricus*, et le supérieur $D_2^2$ b à *Spirifer Anossofi*.

L'horizon inférieur $D_2^2$ a est calcaire et renferme une faune abondante, notamment *Favosites Goldfussi* (d'Orb.), *Alveolites suborbicularis*, *Leperditia Mœlleri* (F. Schmidt.), *Isochilina biensis* (Grunew.), *Pentamerus baschkyricus* (Vern.), *Pentamerus pseudobaschkyricus* (Tschern.).

L'horizon supérieur $D_2^2$ b est calcaire également, mais souvent séparé du précédent par une mince couche de grès quartzeux. Il renferme *Dipterus marginalis* (Agass.), *Pleurotomaria Melnikowi* (Tschern.), *Raphistoma Bronni* (Goldf.), *Euomphalus planorbis* (Vern.), *Athyris concentrica* (Buch.), *Spirifer Anossofi* (Vern.), *Spirifer elegans* (Vern.), *Atrypa reticularis* (Linne.), *Rynchonella livonica* (Buch.), *Pentamerus galeatus* (Dalman.), *Strophomena rhomboïdalis* (Wilkens.), *Favosites cervicornis* (Blainv.), *Cyatophillum hexagonalum* (Gold.), etc.

Le **Dévonien supérieur** $D_3$ est gréseux et calcaire également, et se subdivise en deux étages : l'étage à Goniatites $D_3^1$ et l'étage à Clyménies $D_3^2$.

L'étage à Goniatites $D_3^1$ est représenté par des grès, et des calcaires compacts, toujours argileux, qui contiennent : *Rynchonella cuboïdes* (Sow.), *Spirifer Bouchardi* (Murch.), *Cardiola concentrica* (Buch.), *Tornocéras simplex* (Buch.), *Orthoceras subflexosum* (Münst.), *Spirifer bifidus* (F. A. Roem.), etc. C'est la faune d'Iberg.

L'étage à Clyménies $D_3^2$ qui est calcaire, n'est pas partout représenté.

Dans l'Oural moyen on distingue :

Le **Dévonien inférieur** $D^1$, formé par des quartzites en plaquettes, des grès quartziteux, et des quartzites verdâtres, avec intercalations d'argiles rouges, brunes, ou verdâtres ; puis par des grès argileux, souvent très schisteux, qui jaunissent par altération, et qui sont riches en infiltrations ferrugineuses ; ils ne renferment généralement pas de fossiles. Sur la Koswa, le dévonien inférieur est représenté par un puissant complexe de schistes argileux noirâtres, avec interstratifications de bancs de quartzites variées, et de conglomérats. Ces formations ne renferment aucun fossile, elles ont sans preuves d'ailleurs, été attribuées au dévonien.

Le **Dévonien moyen** $D^2$ se divise en deux horizons, l'inférieur $D\frac{1}{2}$ et le supérieur $D\frac{2}{2}$.

L'horizon inférieur $D\frac{1}{2}$ est constitué également par des grès et des argiles schisteuses, sa limite avec les formations du $D_1$ est impossible à fixer avec précision.

L'horizon supérieur $D\frac{2}{2}$ est représenté par des calcaires gris, plus ou moins finement grenus, avec *Favosites Goldfussi, Pentamerus baschkyricus, Athyris concentrica* ; par des calcaires siliceux en plaquettes pauvres en fossiles, par des calcaires gris en plaquettes avec *Atrypa reticularis, Productus subaculeatus*, etc., par des calcaires dolomitiques blanchâtres ou grisâtres, cristallins et souvent fétides, en bancs épais, avec *Favosites cervicornis*, et *Alveolites suborbicularis*, et enfin par des calcaires gris clair, pauvres en fossiles, avec *Stromatopora concentrica, Cyatophyllum caespitosum, Spirifer simplex*, etc.

Le **Dévonien supérieur** $D^3$ est calcaire, et formé par 1) des calcaires argileux, cristallins, grisâtres et très fossilifères, qui renferment *Orthis striatula, Atrypa reticularis, Spirifer Urii*, etc., 2) par des calcaires argileux plus ou moins foncés, avec intercalations charbonneuses, dans lesquels on trouve *Goniatites acutus, simplex* et *intumescens, Spirifer convidens*, et *Archiaci* et *Cardiola retrostriata*, 3) par des calcaires gris-blanchâtre, souvent dolomitiques, pauvres en fossiles, avec *Spirifer Archiaei, Pentamerus galeatus, Choneles Hardrensis*, etc.

Dans l'Oural du nord, on peut distinguer :

Le **Dévonien inférieur** $D^1$ formé par des schistes argileux grisâtres et des grès quartziteux, couronnés par des calcaires argileux en plaquettes, des dolomies, et des schistes calcareo-dolomitiques. Les horizons inférieurs quartziteux et gréseux sont généralement dépourvus de fossiles ; les horizons supérieurs renferment *Atrypa marginalis* (Dalm.), *Pentamerus galeatus* (Dalm.).

Le **Dévonien moyen** $D^2$ se subdivise en étage inférieur $D\frac{1}{2}$ et étage supérieur $D\frac{2}{2}$ a.

L'étage inférieur $D\frac{1}{2}$ est appelé horizon dolomitique. Il est formé par des dolomies grenues et cristallines, noires, grises ou blanches, mais toujours fétides. Elles sont assez riches en fossiles, notamment en Stromatopores et en tiges de crinoïdes. On y trouve : *Stromatopora concentrica* (Goldf.), *Cyatophyllum caespitosum* (Goldf.), *Favosites basaltica* (Goldf.), *Orthis Krotowi* (Tschern.), *Orthoceras Koswae* (Tschern.), etc.

L'étage supérieur se décompose à son tour en deux horizons, comme dans l'Oural du sud, à savoir :

L'horizon à *Pentamerus baschkyricus* $D\frac{2}{2}$ a constitué par des calcaires grisâtres ou noirâtres bitumineux, avec *Pentamerus baschkyricus*, *Pentamerus galeatus*, *Atrypa aspera*, *Favosites Goldfussi* et *basaltica* (Goldf.), *Cyatophyllum caespitosum* (Goldf.), *Stromatopora concentrica* (Goldf.).

L'horizon à *Spirifer Anossofi* D $\frac{1}{2}$ b, formé par des calcaires gris ou gris-blanchâtre, ou par des dolomies grenues ou compactes, avec *Atrypa reticularis*, *Athyris concentrica*, *Spirifer Anossofi* (Vern.), *Camarophoria rhomboidea* (Phill.), *Terebratula sacculus* (Mart.), *Rhynconella reniformis* (Sow.), etc.

Le **Dévonien supérieur** D³ est représenté par des calcaires compacts, gris-foncé, plus rarement par des dolomies grenues, des calcaires schisteux de couleur claire et des marnes et schistes argileux de couleur foncée. Il est assez fossilifère, et particulièrement riche en brachiopodes. On y rencontre principalement : *Rhynchonella cuboïdes* (Sow.), *Rhynchonella pugnus* (Mart.), *Atrypa reticularis* (Linn.), *Pentamerus galeatus* (Dalm.), *Spirifer simplex* (Scholt.), *Reticularia curvata* (Scholt.), *Alveolites suborbicularis* (Lam.), puis au sommet de l'étage *Parodiceras Verneuli* (Münst.), *Camarophoria subreniformis* (Schnur.), et *Lingula squamiformis* (Phill.).

Sur le versant oriental de l'Oural, le dévonien existe, mais il est beaucoup moins abondant que sur le flanc occidental de la chaîne. On y peut distinguer les subdivisions suivantes :

Le **Dévonien inférieur** D¹. Il est représenté à la base par des quartzites plus ou moins arkosés, qui sont presque constamment infiltrées par de l'oxyde de fer, puis par des calcaires compacts, gris, bleuâtres, ou jaunâtres, dans lesquels on trouve *Pentamerus galeatus* (Dalm.), *Pentamerus striatus* (Eichw.), *Pentamerus vogulicus* (Vern.), *Strophomena Stephani* (Barr.), *Rynchonella princeps* (Barr.), *Atrypa reticularis* (Barr.), *Spirifer indifferens* (Barr.), etc. Ces calcaires sont fréquemment surmontés par des schistes et des grès (sur la propriété de Bogoslowsk notamment) désignés par D $\frac{1}{2}$.

D'autre part, dans les tufs qui accompagnent les porphyrites si largement développées sur le versant oriental de l'Oural, on trouve des couches de jaspe et de couleur verte, rouge ou bariolée. Ces jaspes contiennent en grande abondance des radiolaires variés et représentent évidemment une vase à radiolaires métamorphosée. Pour le moment, l'âge précis de ces jaspes n'est pas déterminé, mais il est probable cependant qu'ils appartiennent également au D¹.

Le **Dévonien moyen** D² est peu répandu et comprend probablement les calcaires à coraux et stromatopores avec *Rhynchonella procuboïdes* (Kays.), *Pentamerus galeatus* (Dalm.), *Orthis striatula* (Schloth.), etc., ainsi que certaines couches à tribolites, situées dans le district d'Irbit, dans lesquelles on trouve : *Phacops fecundus* (Barr.), *Pleurotomaria subcarinata* (A. Roem.), *Tentaculites acuarius* (Richt.).

Le **Dévonien supérieur** D³ est représenté par des calcaires également, avec *Spirifer disjunctus* (Sow.), *Spirifer Archiaci* (Murch.), *Rhynconella cuboïdes* (Sow.), *Prolobites delphinus* (Sand.), *Clymenia striata* (Münst.) ; puis par des grès et des schistes argileux avec *Cardiola retrostriata* (Buch.), *Entomis serratostriata* (Sand.), etc.

## LES SCHISTES CRISTALLINS

Les schistes cristallins sont excessivement développés dans l'Oural, et jouent un rôle important dans la constitution des chaînes. Si l'on ne tient compte que de leur constitution chimique, on peut dire qu'ils appartiennent à deux types, l'un acide, représenté par des roches en prédominance quartzeuses et qui procèdent des quartzites ; l'autre basique ou neutre, qui contient en abondance des minéraux ferro-magnésiens. Ces deux types sont assez bien caractérisés déjà sur le terrain, ils comportent d'ailleurs des roches variées, dont les principales sont les suivantes :

**Dans le type acide :**

1. *Les quartzites et quartzites micacées.* Ce sont des roches blanches, saccharoïdes, grenues, d'un type très uniforme, qui se présentent en bancs épais de 0$^m$,80-1$^m$. Elles sont formées de grains de quartz, directement pressés les uns contre les autres, ou réunis par un ciment, dans lequel entre en plus ou moins grande abondance le mica blanc ; les quartzites passent alors au type des quartzites micacées.

2. *Les conglomérats quartzeux.* Ils alternent fréquemment avec les quartzites précitées, et sont formés principalement par des galets de quartz, reliés par un ciment plus ou moins abondant, ayant la composition des quartzites.

3. *Les schistes quartziteux,* à structure schisteuse manifeste, qui sont en principe formés de quartz prédominant, associé à des lamelles de mica blanc, et dans lesquels on peut trouver divers minéraux tels que : sphène, zircon, tourmaline, glaucophane, albite, etc. Ces roches sont toujours très acides et renferment jusqu'à 90 % de $SiO_2$.

4. *Les schistes quartzito-séricitiques,* formés en grande partie par du quartz et de la séricite, avec de la chlorite accessoire, puis parfois du zircon et de la tourmaline ; elles renferment 70-74 % de $SiO_2$.

5. *Les schistes quartzito-chloriteux et quartzito-épidotiques,* formés en grande partie par du quartz, associé à de la chlorite et souvent à de l'épidote ; ce type comporte éventuellement du grenat.

6. *Des gneiss francs, ou des gneiss d'injection* dans le voisinage des massifs granitiques, comportant du mica blanc et noir, éventuellement de l'amphibole, du quartz, de l'orthose et des plagioclases acides, avec un certain nombre de minéraux rares accessoires, parfois bien développés, notamment dans le voisinage des filons de pegmatite.

7. *Des gneiss séricitiques à albite,* formés principalement par de l'albite, de la séricite, et du quartz, avec de nombreux minéraux accessoires, tels que la chlorite, le rutile, la glaucophane, le sphène et la tourmaline.

8. *Des schistes albito-chloriteux,* qui déjà passent au type neutre ou basique dans certaines variétés, et qui sont formés en principe par de l'albite et de la chlorite, avec, comme minéraux accessoires, de l'épidote, du sphène, des amphiboles glaucophaniques et de la calcite.

9. *Des glaucophanites et glaucophanites albito-épidotiques*, formées par de la glaucophane, de l'épidote, de la chlorite et beaucoup d'albite. Ces roches passent fréquemment au second type basique, et sont à cheval sur les deux groupes.

10. *Des schistes à chloritoïde*, formés par du chloritoïde en porphyroblastes, dans une masse de nature quartziteuse chargée de grains de magnétite. Ce sont là évidemment les principaux types, mais il en existe beaucoup d'autres intermédiaires, moins importants, et moins répandus.

**Type basique.** Il est représenté par ce que l'on pourrait appeler les « roches vertes ». Il est formé par des roches compactes ou schisteuses, verdâtres ou noirâtres, d'aspect plus ou moins cristallin, mais de couleur toujours foncée. Il comporte principalement deux catégories de roches que, selon le minéral qui prédomine, on peut appeler « amphibolites » ou « épidotites ».

11. *Les amphibolites* présentent des types extrêmement variés, dans l'énumération desquels nous ne pouvons pas entrer ici. Elles sont formées tantôt exclusivement par de l'amphibole, tantôt par de l'amphibole et du quartz, tantôt encore par de l'amphibole et de l'albite. Elles s'adjoignent de nombreux autres minéraux, qui sont assez abondants pour représenter un élément constitutif principal, ou d'autres fois sont plus rares et deviennent éléments accessoires. Dans la première catégorie, il faut mentionner principalement la chlorite, le mica, et surtout l'épidote ; dans la seconde le sphène, le rutile, la magnétite et le grenat. La classification et la nomenclature de ces amphibolites sont basées sur la présence des constitutifs principaux.

12. *Les épidotites* sont des roches jaunâtres très compactes ou d'autres fois schisteuses, qui accompagnent volontiers les amphibolites, et s'y trouvent intercalées. Elles sont en principe formées par des grains d'épidote, joints soit à du quartz, soit à de l'amphibole ou de la calcite.

13. *Les schistes talqueux*, qui sont de couleur verdâtre, à éclat gras, très feuilletés, et formés principalement par des écailles de talc, avec plusieurs minéraux accessoires, tels que la giobertite et les carbonates.

14. *Les schistes chloriteux francs*, qui sont de couleur foncée, verdâtre, souvent très schisteux, et qui renferment de nombreux minéraux accessoires, parmi lesquels la magnétite joue le principal rôle.

Là encore nous n'avons indiqué que les types principaux, et il est évident qu'en dehors de ceux-ci, il en existe d'autres moins répandus, et plus ou moins intermédiaires.

L'âge de ces différents schistes cristallins est important à établir avec précision. En ce qui concerne les quartzites saccharoïdes et les schistes du type quartziteux, il ne saurait y avoir aucun doute. En effet, les quartzites blanches et les conglomérats cristallins interstratifiés forment toujours le cœur des voûtes anticlinales les plus nettes, les schistes quartziteux et les roches que l'on rencontre dans leur complexe, sont évidemment supérieurs aux quartzites blanches, et représentent les produits du métamorphisme d'anciens sédiments, ce qui d'ailleurs se vérifie complètement à l'étude microscopique. Par contre, l'âge des roches vertes est plus problématique ; elles forment à la vérité des zones importantes et continues dans l'Oural, et certains géologues les considèrent comme plus anciennes que les quartzites, mais nulle part nous n'avons trouvé de critère pour trancher cette question. Comme l'étude microscopique de ces roches montre qu'elles proviennent de diverses roches éruptives écrasées et métamorphosées, le problème de leur âge revient à celui de la détermination de l'âge de ces dernières.

Il est en tout cas certain que les schistes cristallins qui surmontent les quartzites et conglomérats quartzeux, sont inférieurs au D₁ ; les profils que nous avons levés sur la Koswa ne laissent aucun doute à cet égard, ces schistes supportent en effet nettement les schistes argileux noirs attribués au D¹, et qui sont peut-être plus anciens.

LES ROCHES ÉRUPTIVES

Elles jouent un rôle important dans la constitution de l'Oural, où elles sont aussi variées que répandues ; les roches profondes, filonniennes et d'épanchement s'y rencontrent également, et il convient d'examiner sommairement les types principaux de celles-ci :

### Roches profondes

On trouve dans l'Oural, développés à un degré inégal cependant, les représentants des roches acides, neutres et basiques :

ROCHES ACIDES ET NEUTRES. — Les principales familles rencontrées sont :

1. *Les granites.* Ces roches présentent une grande variété, on observe le type normal à deux micas, le type à mica blanc, le type à amphibole, et voire même à pyroxène. Il existe tous les passages entre les granites à orthose dominant, et les roches granitiques où les plagioclases acides l'emportent sur l'orthose, soit des formes de passage aux diorites quartzifères, micacées, ou amphiboliques.

2. *Granites alcalins.* Ce sont des roches très acides, riches en microcline, qui renferment fréquemment des amphiboles sodifères et aussi de nombreux minéraux accessoires.

3. *Syénites.* Elles sont formées par · de l'orthose et de la hornblende, avec généralement beaucoup de sphène et de la magnétite. Elles sont souvent en relation avec certains gîtes métallifères, et passent volontiers aux syénite-porphyres.

4. *Syénites néphéliniques.* Ces roches jouent un rôle effacé vis-à-vis des granites, elles sont liées aux granites alcalins, elles renferment en abondance de la néphéline et toute une série de minéraux accessoires.

ROCHES BASIQUES. — Elles acquièrent une grande extension dans l'Oural, et ont pour la connaissance des gisements platinifères, une importance toute spéciale. Les types représentés sont :

1. *Les gabbros.* C'est de beaucoup la famille la plus importante et la plus répandue, elle comprend une foule de types où les plagioclases basiques et le pyroxène s'associent à d'autres minéraux. On distingue les gabbros francs et les gabbros à olivine, les gabbros micacés, les gabbros à hyperstène, les gabbros amphiboliques, etc. Par développement excessif de l'hyperstène, les gabbros passent aux norites, par régression du pyroxène et développement de l'olivine, aux troctolites, et enfin par diminution progressive du plagioclase, aux pyroxénites. Certaines variétés s'adjoignent progressivement du quartz, et presque toujours dans ce cas, de la biotite. Les gabbros forment généralement de grands massifs, sur lesquels on observe la plupart des variétés indiquées, qui passent souvent les unes aux autres sans qu'il soit possible de marquer une limite. C'est ainsi que localement, les gabbros passent aux troctolites, ou même aux diorites quartzifères micacées.

Les roches gabbroïques subissent fréquemment un genre d'altération connu sous le nom de « aussuritisation ».

2. *Les gabbro-diorites.* Ce sont des gabbros partiellement ou totalement ouralitisés par voie magmatique, et chez lesquels le pyroxène est en partie remplacé par de l'amphibole toujours très fraiche et sans altération de la roche. Ces gabbro-diorites sont fort répandus ; ils passent également à chaque pas aux gabbros francs, ou aux gabbros à olivine, mais ils forment parfois des massifs considérables.

3. *Les pyroxénites.* Elles sont, dans la règle, formées de pyroxène monoclinique, mais peuvent s'adjoindre du pyroxène rhombique, et de l'olivine. Les éléments accessoires en sont la magnétite et le spinelle. Le pyroxène peut être accompagné de hornblende, voire même de mica ; la prédominance de l'amphibole fait passer la roche à la hornblendite.

4. *Les péridotites.* Elles sont très variées, et se rencontrent en de nombreux points de la chaîne. L'olivine qui prédomine de beaucoup, peut y être accompagnée de divers minéraux constitutifs moins importants, tels que : les pyroxènes monoclinique et orthorhombique, l'amphibole ou plus rarement le mica. Les minéraux accessoires sont généralement la chromite, parfois la magnétite, ou le spinelle. Le type le plus franc et le plus important est la dunite, composée exclusivement d'olivine et de chromite.

5. *Les serpentines.* Elles sont également fort répandues dans l'Oural, et proviennent de l'altération des pyroxénites ou des péridotites, ce qui n'est pas toujours aisé à établir, la serpentinisation étant parfois complète, et l'antigorite remplaçant entièrement les minéraux primordiaux. Elles renferment de la magnétite, parfois des spinelles, du grenat (demantoïde) et souvent des carbonates. Elles donnent lieu à des produits d'altération variés.

6. *Les diabases.* Ces roches jouent un rôle important ; elles sont tantôt nettement intrusives, tantôt appartiennent aux types d'épanchement. Elles sont formées par du labrador et du pyroxène monoclinique, et renferment presque toujours de l'olivine ; la magnétite en est le minéral accessoire, elle est fréquemment titanifère. Le grain des diabases est très variable, mais leur aspect est cependant remarquablement uniforme.

## Roches d'épanchement

Elles sont très répandues, et appartiennent également aux types acide, neutre, ou basique. Elles forment dans l'Oural des nappes puissantes et des coulées superposées, qui offrent souvent des caractères bien différents sur une même verticale, et sont séparées par des variétés scoriacées devenues amygdaloïdes. Les tufs accompagnent en abondance les roches d'épanchement, et jouent en certains endroits, un rôle important dans la constitution du sol. Sur le terrain, la structure prismatique, en colonnes, ou en miches, s'observe fréquemment. Comme les roches profondes d'ailleurs, les roches d'épanchement s'altèrent souvent à la surface, et sont parfois transformées sur plusieurs mètres d'épaisseur en une sorte d'argile plus ou moins ferrugineuse.

Roches acides ou neutres.

1. *Quartz-porphyres*. Ils sont à deux temps de consolidation, mais la proportion relative de la pâte et des phénocristaux est très variable, ces derniers peuvent même manquer. Le quartz domine sur l'orthose ou vice versa. La pâte est généralement grise, jaune ou violacée, très felsitique. Les structures microgranitique, globulaire et pétrosiliceuse s'observent également, et les variétés scoriacées et liparitiques ne sont pas rares.

2. *Kératophyres et quartz-kératophyres*. Ce sont des roches à deux temps, dont les phénocristaux sont ordinairement de l'albite, avec ou sans quartz, et dont la pâte généralement microgrenue, est formée par de l'albite, du quartz, et des minéraux secondaires.

3. *Ortophyres*. C'est la forme effusive des syénites. Ils sont à deux temps de consolidation, mais les phénocristaux peuvent manquer ; quand ils existent, ils sont représentés par de l'orthose, de l'amphibole, voire même du mica. Les microlites d'orthose de la pâte sont généralement rectangulaires et gros.

Roches basiques. — Elles l'emportent de beaucoup en fréquence et en étendue sur les roches acides, et sont presque toujours accompagnées de tufs. Au point de vue pétrographique, il existe de nombreux types dans l'examen détaillé desquels nous n'entrerons pas, nous bornant à citer les plus répandus, et ceux qui se rencontrent le plus fréquemment dans le voisinage des gites platinifères (Taguil, Iss, Nikolaï-Pawda, etc.).

1. *Diabase-porphyrites*. Ce sont des roches à deux temps, qui comportent de l'augite, du labrador et de la magnétite comme phénocristaux, et dont la pâte microlitique est formée par des microlites de plagioclase, d'augite et de magnétite. La structure est généralement intersertale, avec ou sans résidu vitreux ; la cristallisation est plutôt large. Il existe toutes les transitions possibles entre ces porphyrites, et les diabases aphanitiques aphyriques.

2. *Porphyres augitiques*. Les phénocristaux sont ici exclusivement représentés par de l'augite et de la magnétite ; la pâte holocristalline est formée par de l'augite et des plagioclases basiques.

3. *Porphyrites andésitiques à augite*. Les phénocristaux sont ici de l'augite et des

plagioclases de la série des andésines ou des labradors. La pâte est généralement hyalopilitique ouvitreuse, et dans le premier cas, renferme des microlites filiformes d'andésine.

Chez beaucoup de porphyrites, l'augite des phénocristaux comme celle des microlites
est ouralitisée, et le caractère amphibolique de la roche est donc ici secondaire.

### Roches filoniennes

Elles sont innombrables, mais vu leur intérêt essentiellement local, il nous paraît
inutile de nous y arrêter longuement. Dans le type acide, on rencontre les aplites, les
plagiaplites, les granit-porphyres, et des pegmatites variées. Dans le type basique, principalement les diorites et diabase-porphyrites, les microgabbros et microdiorites, les berbachites,
et de nombreux termes de la série des lamprophyres.

L'âge des différentes roches éruptives de l'Oural n'est pas toujours aisé à préciser, et
dans ce domaine, on ne peut guère procéder que par analogie, et généraliser les observations
faites en telle ou telle localité. En ce qui concerne les roches profondes, les contacts de ces
dernières avec le milieu encaissant sont souvent masqués, et d'autre part l'âge des formations
traversées est fréquemment problématique. Il reste, il est vrai, l'étude des cailloux des
conglomérats, que l'on rencontre dans les différentes formations énumérées, mais ceux-ci
sont ordinairement tout-à-fait locaux. Les roches d'épanchement offrent un meilleur critère,
et dans certaines conditions, il a été aisé de préciser l'âge de leur éruption. Nous résumerons
très sommairement les faits qui sont acquis, et en tirerons les conclusions qui s'en
dégagent.

Il est certain que l'Oural a été le théâtre d'éruptions déjà avant le dévonien inférieur.
Nous avons ailleurs[1], montré que le granit et granit-porphyre de Troitsk, sur la Koswa, sont
antérieurs aux schistes noirs et phyllades considérés comme la base du $D^1$. Nous sommes
convaincus que cet exemple n'est pas isolé, malheureusement la découverte du fait indiqué
tient à des circonstances spéciales, qu'il n'est pas aisé de trouver ailleurs.

Dans l'Oural du nord, et sur le flanc occidental de la chaîne, les diabases forment
pour ainsi dire la seule roche rencontrée ; or, nous avons trouvé des dykes et des filons de
ces roches, aussi bien dans les schistes cristallins et les quartzites inférieurs au $D^1$, que
dans les schistes noirs du $D_1$. D'autre part, nous avons rencontré les mêmes roches en
galets dans des conglomérats interstratifiés aux dits schistes noirs de la Koswa, et nous en
connaissons aussi des filons qui traversent le granit-porphyre de Troitsk. Au Koswinsky,
un massif important de diabase est intercalé entre les gabbros et pyroxénites qui forment
cette montagne, et les schistes verts quartziteux. Sur la Pawdinskaya-datcha, des schistes
tuffoïdes, produits de la transformation de cendres diabasiques, mêlés à du matériel
sédimentaire, se trouvent intercalés entre les amphibolites et les mêmes schistes quartzito-
micacés.

[1] L. DUPARC et L. MRAZEC. Le minerai de fer de Troïtsk. Mémoires du comité géologique de Russie.
Nouvelle série S. 15 C. 1904.

Dans les régions que nous avons parcourues, nous n'avons pas rencontré les diabases dans les dolomies du $D^2$, mais dans l'Oural du sud le fait est certain, les veines de diabase s'échelonnent dans toute la période dévonienne, et arrivent même jusqu'au début du carbonifère.

En ce qui concerne l'âge relatif des roches basiques (gabbros, pyroxénites, etc.), les renseignements font défaut par le fait de la rareté des contacts éruptifs et de la présence fréquente des contacts mécaniques ; on sait cependant qu'en plusieurs endroits, à Taguil notamment, certaines de ces roches sont traversées par des filons d'autres roches de type tout différent, dont l'éruption est sûrement carbonifère. Dans différentes localités de l'Oural du sud, dans la Syssertskaya-Datcha notamment, on trouve des serpentines en grands massifs, qui ont localement métamorphosé des calcaires, mais nous n'avons aucun renseignement sur l'âge de ces derniers, qui sont trop profondément métamorphosés et partant sans fossiles. Tout laisse cependant supposer qu'ils appartiennent au dévonien inférieur.

Les roches acides du type granitique ont aussi en de nombreux endroits injecté les schistes quartziteux, qui ont de la sorte passé aux gneiss d'injection. D'autre part ils ont, dans d'autres localités, et notamment dans l'Oural du sud, métamorphosé les calcaires, et certains gîtes de contact (Gumeshewsky), par exemple, n'ont pas d'autre origine. Mais là encore le métamorphisme est trop complet pour permettre de fixer l'âge de ces calcaires qui, vraisemblablement, sont dévoniens. Dans le même Oural du sud, près de Berdiaouche notamment, on voit de puissants filons de granite porphyroïde du type rappakiwi, qui traversent les dolomies du $D\frac{2}{1}$.

Les syénite-diorites de Nijni-Taguil, empâtent des morceaux de calcaire des horizons $D\frac{1}{1}$ c à $D\frac{2}{1}$, ils appartiennent, d'après **M. Wissotsky**[1], à la période d'éruption des kératophyres de la région, qui sont carbonifères, et qui recouvrent les dépôts du Dévonien.

Les porphyrites du versant oriental de l'Oural sont de différentes époques. Les premières éruptions datent sans doute du dévonien inférieur, notamment de la fin du dépôt du calcaire carbonifère $C\frac{1}{1}$ e. Le type marin de ces éruptions est attesté par les alternances de produits tuffoïdes avec les calcaires. Le caractère de ces mêmes éruptions s'est poursuivi pendant toute la série des dépôts qui s'échelonnent du $D^1$ au $D^2$ ; puis pendant la période du dévonien supérieur, les éruptions reprirent ; en certains endroits, elles présentent alors un caractère continental marqué.

Les kératophyres de Taguil, d'après **M. Wissotsky**[1], datent du carbonifère ; ils ont été suivis par les quartzkératophyres qui, dans cette région, paraissent intimement liés à des granites aplitiques à albite du même âge. Des porphyrites d'un type basique ont fait suite à ces kératophyres.

Il se dégage de ce rapide examen ce qui suit : un même type de roche peut appartenir, dans l'Oural, à des époques différentes, et la présence de récurrences paraît certaine. Il en résulte qu'une même espèce pétrographique n'est pas caractéristique pour

[1] N. Wissotsky. Bibliographie nº 103.
[2] N. Wissotsky. *Ibid.*, nº 103.

une époque, ce qui est conforme à ce que l'on connait dans d'autres chaines. Il est probable également que dans l'Oural comme ailleurs, les épanchements de chaque époque ont été accompagnés de venues de roches profondes, ces phénomènes étant eux-mêmes liés à des phases de dislocation importantes.

Dans ces conditions, on peut dire que les roches éruptives de l'Oural appartiennent à trois époques : La première est antédévonienne, sans qu'il soit possible de préciser plus exactement son âge. La seconde est dévonienne, et s'échelonne principalement du $D^1$ au $D^5$ inclusivement. La troisième enfin est carbonifère ; les éruptions ont recommencé au début de cette période et y ont continué pendant une partie de celle-ci.

Il est évident que ce qui vient d'être dit répond à un schéma général, les différentes régions de l'Oural n'ont pas nécessairement la même histoire, et la présence tout à fait locale de sédiments mézozoïques sur certains points de la chaîne, est là pour le démontrer.

## § 3. *Répartition des différentes formations dans la chaîne.*

Si l'on jette un coup d'œil sur une carte générale de l'Oural, on voit que les différentes formations qui le constituent, sont réparties dissymétriquement. Les sédiments qui s'échelonnent du Permo-carbonifère au Dévonien inférieur caractérisé comme tel, sont localisés sur le versant occidental, et y forment une zone qui se poursuit sans discontinuité du sud au nord, depuis la rivière Oural jusqu'à la Mer Blanche. Ces mêmes formations sédimentaires se retrouvent en partie à l'état d'îlots ou de zones discontinues, sur le versant oriental, mais elles y jouent un rôle tout à fait secondaire. Par contre, les schistes cristallins et les roches éruptives, constituent à eux seuls une grande partie du versant asiatique de la chaîne. La dissymétrie que le relief de l'Oural présente au point de vue topographique, se vérifie donc encore dans la répartition des formations géologiques.

Le permien horizontal se trouve, comme nous l'avons dit, sur la bordure ouest de la chaîne, et forme la plaine russe.

Le permo-carbonifère n'a été jusqu'ici rencontré que sur le versant occidental et forme une zone continue qui, sur la plus grande partie de son étendue, entre en contact avec le permien, et tout à fait dans le nord seulement, avec les dépôts de la transgression marine boréale.

Dans l'Oural du sud, cette zone forme jusqu'à son intersection avec la rivière Bielaïa, à la hauteur d'Oufa, une bande assez mince, qui flanque le carbonifère, et qui, tout à fait au sud, est plissée avec celui-ci. Entre Oufa et son intersection avec la ligne Perm-Koucheva, la zone permo-carbonifère s'élargit considérablement et mesure jusqu'à 170 kilomètres ; le permo-carbonifère y entre en contact tantôt avec le carbonifère inférieur, tantôt avec le $D^1$ ; au milieu de cette partie renflée et sur son bord occidental, le carbonifère perce en anticlinal $C_1$ sur une grande étendue.

Du confluent de la Koswa jusqu'à une soixantaine de kilomètres au nord de Tscherdyn, la bande permo-carbonifère se rétrécit de nouveau considérablement, et entre presque constamment en contact avec le carbonifère $C_2$; plus loin vers le nord, le permo-carbonifère s'élargit à nouveau, et la bande se poursuit comme telle jusqu'à la Mer Blanche; sur une grande étendue, elle entre en contact avec le $C^2$, puis avec le $D^2$, et tout à fait dans le nord avec le $D^1$. Un peu au nord de Tscherdyn, des ilots de permo-carbonifère forment des synclinaux dans les plis de la zone carbonifère.

Le carbonifère fait suite au permo-carbonifère vers l'est. Dans le sud de l'Oural, il forme tout d'abord une zone assez large, représentée par le $C^2$, puis jusqu'à la hauteur de Perm environ, elle devient mince, parfois discontinue, et formée par le $C^1$; le $C^2$ ne réapparaît que plus au nord, à la hauteur de Perm, ou un peu plus au sud; il forme cependant comme nous l'avons vu, un grand îlot isolé au milieu du permo-carbonifère. En outre, en dehors de la zone en question, le carbonifère se rencontre à plusieurs reprises plissé à l'intérieur du dévonien. La zone carbonifère, plus au nord, s'élargit fortement, et à une cinquantaine de kilomètres au nord de Tscherdyn, elle mesure près de 100 kilomètres. Depuis son intersection avec le cours de la Koswa, elle se rétrécit de nouveau fortement, subit encore tout à fait au nord un dernier renflement, et se termine à la hauteur du coude que fait la chaîne près de Sygwa.

Le carbonifère inférieur se rencontre encore dans l'Oural du sud, au milieu même de la chaîne; il débute un peu à l'est d'Orsk, et forme une bande alignée selon le méridien, qui mesure plus de 230 kilomètres, et qui est accompagnée d'une seconde bande plus petite, et plus orientale.

Le carbonifère se rencontre également d'une façon discontinue sur presque toute la bordure orientale de l'Oural, de l'extrémité sud de la chaîne jusqu'à la Toura; il y forme une série de bandes plus ou moins parallèles, qui sont isolées au milieu des formations cristallines, ou qui alternent avec des roches d'épanchement.

Le dévonien est bien représenté, notamment le $D_1$. Celui-ci forme une large bande qui, sur le bord ouest de la chaîne, est plusieurs fois plissée avec le $D^2$, voire même avec le carbonifère. Cette bande est particulièrement large dans l'Oural du sud, elle se rétrécit ensuite de la naissance du premier coude que fait la chaîne vers l'est, jusqu'à la hauteur du 60e parallèle environ. Le dévonien $D^2$ n'y joue alors qu'un rôle tout à fait secondaire. De là jusqu'au second coude vers l'est, c'est à dire sur la plus grande partie de l'extrémité nord de la chaîne, la bande est encore plus étroite et presque entièrement formée par le $D^2$; elle se réélargit ensuite tout à fait au nord, et le $D_1$ y réapparaît, mais séparé alors du $D^2$ par une zone de terrains cristallins.

Le dévonien inférieur se trouve également à l'intérieur même de la chaîne, souvent isolé dans les schistes cristallins. Dans l'Oural du sud, il forme une longue et mince bande, qui passe par Orsk, et qui se poursuit sur plus de 200 kilomètres du sud au nord. Dans l'Oural du nord, les dolomies cristallines du $D^2$ accompagnées de schistes et de calcaires du $D^1$, forment le long synclinal de Tépil, encaissé dans les formations cristallines et les quartzites du niveau inférieur au D₁, synclinal qui se continue par celui d'Uls, plus au nord, sur la Wichéra, séparé du premier par une mince selle de cristallin, sur laquelle s'amorcent en sens inverse les deux rivières d'Uls et de Tépil.

Sur le flanc oriental de l'Oural, dans le sud et le centre de la chaîne, le dévonien ne forme que des îlots peu importants; il est toujours fortement métamorphique, et c'est généralement le D² que l'on rencontre; il est fréquemment sur la bordure orientale, associé au carbonifère, mais son extension est plus restreinte. En revanche, plus au nord, déjà sur les datchas de Turinsk, Pawda et de Bogoslowsk, mais surtout au nord de la Soswa, il est beaucoup plus développé, et forme, toujours sur la bordure orientale de la chaîne, plusieurs longues et étroites bandes parallèles.

Les terrains cristallins métamorphiques constituent une grande partie de l'Oural; ils sont développés déjà à l'ouest de la ligne de partage, et si l'on fait abstraction des roches éruptives, on peut dire qu'ils forment pour ainsi dire tout le versant sibérien de la chaîne. Les formations sédimentaires du D₁ s'arrêtent toujours à quelques kilomètres à l'ouest de la ligne de partage, et ce sont généralement les schistes cristallins ou les roches éruptives qui les traversent, qui constituent celle-ci. D'habitude, les micaschistes, quartzites et conglomérats quartzeux, sont développés vers l'ouest, à proximité de la ligne de partage; les variétés plus basiques (amphibolites, schistes chloriteux, épidotites, etc.), viennent plus à l'est, et forment depuis l'Oural du sud jusqu'à l'Oural du nord, une série de traînées parallèles et discontinues; cependant la réapparition des types quartzeux vers l'est est fréquemment observée, les schistes siliceux notamment sont très répandus (Syssert, Oural du sud).

Dans l'Oural du nord, les quartzites blanches et les conglomérats quartzeux prennent un développement considérable, et forment les noyaux des anticlinaux de la plupart des grandes chaînes développées à l'ouest de la ligne de partage, sur celle-ci, et parfois plus à l'est (Kwarkouche, Liampowsky-Kamen, Poyassowoï, Molebny-Kamen, etc.).

Les roches éruptives jouent un rôle particulièrement important dans la configuration de l'Oural, elles sont la cause première de la minéralisation abondante et variée qui caractérise cette chaîne. Les granites et leurs congénères forment généralement des pointements plus ou moins importants au milieu des roches cristallines qu'ils ont souvent métamorphosées et gneissifiées. Ces pointements sont fréquemment restreints; d'autres fois ils constituent des zones elliptiques de dimension considérable, qui comprennent des massifs entiers. Le granite est presque partout accompagné de filons leucocrates du type aplitique ou pegmatique, et de filons mélanocrates du type lamprophyrique. C'est dans les granites et dans leur auréole de contact, que l'on rencontre la plupart des filons de quartz aurifère, et aussi les filons de pegmatites à minéraux rares.

Les roches profondes basiques qui ont un intérêt tout particulier pour la connaissance des gîtes platinifères, sont très répandues dans l'Oural. Elles y forment tout d'abord *une première et longue bande*, qui est cantonnée dans le voisinage des eaux asiatiques et européennes de la chaîne, mais qui se trouve en majeure partie sur le versant oriental de celle-ci; nous l'appellerons *zone occidentale des roches basiques*. Elle est pour ainsi dire presque ininterrompue dans une notable partie de l'Oural du nord et de l'Oural central, mais dans l'Oural du sud, elle se prolonge en une série d'îlots isolés qui sont grosso modo alignés suivant une même direction. Elle comprend des montagnes très élevées (Koswinsky, Kasansky, Kanjakowsky, Daneskine, etc.). Les roches qui constituent cette première zone, appartiennent en majorité à la grande famille des gabbros, mais on y rencontre toute la série des roches basiques précédemment énumérées, qui sont généralement localisées sur tel ou tel point.

A l'est de la première zone des roches basiques, il en existe une seconde beaucoup moins longue, et d'une importance bien moins grande pour les gîtes platinifères. Elle ne forme pas une seule traînée continue, mais au contraire une série de bandes plus ou moins parallèles, et se trouve développée surtout entre les cours de l'Isset et de la Toura. Au sud comme au nord, elle se réduit à quelques pointements isolés d'importance secondaire. Nous l'appellerons *zone orientale des roches basiques;* en principe, les roches qui la constituent sont en partie différentes de celles qu'on trouve dans la première, les serpentines notamment y jouent un rôle très important.

Sur le versant occidental de l'Oural, les roches éruptives basiques sont beaucoup plus rares, et presque uniquement représentées par des diabases. Ceux-ci percent généralement au milieu du $D^1$ ou des schistes quartzito-micacés et des quartzites; ils y forment des pointements d'importance très variable, qui peuvent même donner naissance à des montagnes (Youbrechkin-Kamen dans l'Oural du nord).

Les roches d'épanchement avec leurs tufs subordonnés, sont particulièrement importantes dans l'Oural sibérien, et y couvrent des superficies considérables; leurs relations visibles avec les terrains sédimentaires ont été indiquées précédemment. Elles paraissent plus ou moins alignées sur deux directions parallèles, et forment deux zones en partie discontinues. La première, dans l'Oural du nord, apparaît sur la bordure orientale de la chaîne, dans la région voisine des dépôts tertiaires; elle s'élargit vers le sud, et acquiert un développement considérable sur les datchas de Bogoslowsk, de Nicolaï-Pawda et de Tournisk; de là elle se continue à l'intérieur de la chaîne cette fois, jusqu'à Taguil, et au delà. Plus au sud, elle disparaît en partie, ou s'atténue considérablement, mais elle réapparaît comme zone continue un peu au sud de la ligne du transsibérien. et se poursuit sur une grande longueur dans tout l'Oural du sud.

La seconde zone, qui vient à l'est de la première, débute à 65 kilomètres au sud-est de Verkhotourié, et reste presque constamment cantonnée sur la bordure orientale de la chaîne, dans le voisinage des formations carbonifères avec lesquelles les roches d'épanchement alternent fréquemment, et près de la frontière des dépôts tertiaires; les tufs y sont très abondants.

Les dépôts tertiaires délimitent la bordure orientale de l'Oural; ils sont nettement transgressifs sur les différentes formations indiquées, comme on peut le constater sur les nombreuses crevures d'érosion, au fond desquelles on voit affleurer le soubassement du tertiaire. La lisière orientale actuelle de l'Oural n'est donc pas sa véritable frontière géologique et tectonique, et il est certain qu'originellement celle-ci s'étendait beaucoup au delà vers l'est.

Les formations post-tertiaires sont généralement cantonnées dans les vallées actuelles, ou dans les anciennes vallées aujourd'hui asséchées ; nous les examinerons d'une façon beaucoup plus détaillée dans d'autres chapitres.

## § 4. *Tectonique de l'Oural et succession des mouvements orogéniques*

Si on l'envisage dans ses grandes lignes, la tectonique de l'Oural[1] paraît simple : cela tient peut-être au fait que cette chaîne est actuellement fortement abrasée, et transformée en certains endroits en une pénéplaine. Dans ces conditions, il est bien difficile d'établir la physionomie des dislocations primitives, le plissement intense et les phénomènes qu'il entraîne affectant, comme l'on sait, principalement les régions du relief qui ne sont point trop profondes, et qui, par conséquent, sont rapidement dénudées. Nous avons déjà vu que l'Oural était une chaîne dissymétrique, dont la partie orientale est très fortement érodée, tandis que sur le flanc occidental, la couverture de sédiments paléozoïques a été conservée avec ses ridements et ses ondulations primitifs. Les sédiments y sont plissés en anticlinaux et synclinaux assez réguliers, et l'ensemble des rides affecte l'allure d'une sorte de Jura paléozoïque dont les voûtes sont cependant plus plates, et ont fréquemment un rayon de courbure plus considérable. Les plis sont constamment déjetés vers l'ouest, le plongement le plus brusque des couches se fait toujours vers l'est. Les anticlinaux sont généralement fortement érodés, et les terrains les plus anciens affleurent alors en boutonnières plus ou moins étendues au cœur de ces derniers. Dans l'Oural du nord, sur le versant ouest, les plis sont généralement très réguliers et relativement peu disloqués. Ainsi un profil partant un peu au nord de Tscherdyn, traverse successivement cinq anticlinaux carbonifères, dont le premier seulement, celui qui forme la chaîne du Polioudow-Kamen, est étiré au flanc ouest, ce qui amène partiellement le contact anormal du CPg avec le C$^1$. Les synclinaux compris entre ces anticlinaux sont généralement très larges, les deux premiers, celui de la rivière Romanikha et des rivières Chéliouga, montrent la série complète du C$_1$ au CPg inclusivement, les autres sont dans le C$_2$ ou le C$_1$.

Les plis qu'on observe dans la zone des schistes métamorphiques qui fait suite à la bande sédimentaire vers l'est, présentent un caractère de grande régularité également. Ce sont des voûtes simples, ou des zones anticlinales, que l'on peut suivre souvent sur une distance considérable, qui sont également toujours déjetées à l'ouest, fréquemment étirées sur ce flanc, et dont le cœur est formé par les quartzites blanches et les conglomérats

[1] Pour suivre la tectonique il est bon d'avoir sous les yeux la carte géologique générale de la Russie à l'échelle 1 pouce pour 60 verstes, édition 1916, du comité géologique.

quartzeux. Sur le profil en question [1], on compte quatre de ces voûtes, qui sont de l'ouest à l'est : le Kwarkouche, la crête d'Antipowsky, le Liampowsky-Kamen, et le Poyassowoï-Kamen qui forme la ligne de partage elle-même. Les quartzites des anticlinaux sont noyées dans les schistes quartziteux de l'horizon supérieur, qui forment les synclinaux : aux synclinaux d'Uls et de Pelia seulement, à l'est et à l'ouest de la chaîne de Kwarkouche, les schistes supportent les formations sédimentaires du $D^1$ et du $D^2$.

Un second profil, qui passerait à la hauteur de Kizel, présenterait des caractères assez analogues, à cette différence près que le CPg ne s'avance pas autant à l'intérieur de la chaîne mais se rencontre seulement dans le synclinal compris entre les deux premiers anticlinaux carbonifères. Les anticlinaux carbonifères qui se succèdent de l'ouest à l'est sont au nombre de trois; le premier montre seulement le $C_2$, les deux autres sont érodés jusqu'au $C\frac{1}{1}$. Ils sont suivis par un quatrième anticlinal dans le dévonien, dont le cœur est en $D^1$, et les flancs très réduits en $D^2$. Le synclinal situé entre cet anticlinal et le dernier anticlinal carbonifère, est faillé et écrasé. Cet anticlinal est suivi par une large zone plissée de $C^1$, dans laquelle il existe certainement deux synclinaux et un anticlinal intermédiaire, car un peu au nord du profil, le $D^1$ perce en longue trainée au milieu des quartzites du $C_1$. La zone carbonifère entre en contact avec la grande bande dévonienne $D_1$ de la Koswa par une faille; cette bande est fortement érodée sur toute sa surface, néanmoins il est aisé de voir qu'elle forme une série de plis déjetés à l'ouest. Le contact de ce dévonien avec la zone des schistes quartziteux métamorphiques se fait à une faible distance à l'est de la Koswa ; les plis de cette zone présentent identiquement le même caractère que plus au nord, mais les noyaux anticlinaux de quartzites et de conglomérats quartzeux y sont plus rares. Les deux seuls que l'on observe forment la voûte déjetée qui constitue la grande chaîne de l'Aslianka, laquelle rappelle à s'y méprendre celle du Poyassowoï, et la seconde petite ride de l'Odinoki qui vient immédiatement à l'est, séparée de l'Aslianka par une étroite vallée synclinale. A partir de là, les schistes verts se retrouvent presque sans discontinuité jusque sur la ligne de partage, interrompus seulement par le synclinal dévonien de Tépyl, coupé près de son extrémité sud par le profil ; ils plongent constamment à l'est et forment une série de plis à petit rayon de courbure. C'est un peu au nord du profil en question et sur la ligne de partage même, que se trouve le grand massif éruptif du Koswinsky-Tilaï-Kanjakowsky qui appartient à la zone occidentale des roches basiques.

Dans l'Oural du sud, la disposition est un peu différente, le profil qui accompagne la feuille 139 de la carte géologique de Russie, montre que les plis ont une tendance à passer à la faille sur leur flanc occidental. Ainsi, sur le premier d'entre eux, le Kara-Taou, le $C^2$ bute contre le $D_1$ au flanc ouest. Au second pli de Vissokatchka, la série qui est complète sur l'aile occidentale du synclinal de Malaïa-Blanka compris entre les deux anticlinaux, est en partie étirée sur le flanc ouest de ce second anticlinal. Dans les plis situés plus à l'est qui font suite au dôme de Mindicheva qui vient à l'est de Vissokatchka,

---

[1] L. DUPARC et F. PEARCE. Bibliographie n° 70.

on observe une tendance constante aux failles, et toutes les rides comprises entre le Kammenaïa et la crête de Zigalga paraissent appartenir à une vaste zone anticlinale de $D^1$ qui est faillée à plusieurs reprises, ce qui amène le contact des niveaux supérieurs avec le $D_1$. La zone des quartzites et schistes métamorphiques qui succède à la zone dévonienne vers l'est, constitue la ligne de partage ou Oural-Taou. Ici les couches subissent une anomalie, elles plongent vers l'ouest, de sorte que le profil donne l'impression d'un éventail composé, dont les plis secondaires sont couchés en sens inverse sur les deux versants. Ce phénomène est évidemment local, et probablement accidentel, nous ne l'avons jamais rencontré dans l'Oural du nord, dans les limites des régions que nous avons parcourues. Sur le profil, le C Pg s'avance aussi jusque dans les deux premiers synclinaux.

La continuation de ces divers profils sur le versant E. est beaucoup moins instructive pour la tectonique générale. Ainsi la prolongation directe du premier profil sur le versant sibérien, montrerait un premier anticlinal de quartzites appelé Plichiwy, séparé du Poyassowoï par la vallée synclinale de la Soswa, suivi d'un second anticlinal, celui de Téremky, formé par les schistes verts quartziteux, et d'un troisième anticlinal de schistes, celui de Souria. Puis, plus à l'est, le profil traverse la large zone des roches éruptives basiques, représentée ici essentiellement par des gabbros, mais qui comporte aussi des pyroxénites et des péridotites, zone qui constitue les montagnes du Kumba et du Zolotoï-Kamen.

Cette zone entre directement en contact vers l'est avec les porphyrites accompagnées de leurs tufs, qui forment une large bande interrompue près de la bordure orientale par deux étroites bandes dévonniennes, la première formée par les grès et schistes $D_1$, la seconde par les mêmes grès, joints aux calcaires du dévonien inférieur $D\frac{1}{1}$. Aux porphyrites succède une très large zone de calcaire $D\frac{1}{1}$, puis de grès et de schistes $D\frac{2}{1}$ de la même formation. Le dévonien y est plissé à fois réitérées, de même que sa couverture de grès et de schistes. Enfin le dévonien est suivi à son tour par une puissante zone de tufs et de porphyrites, qui arrive jusqu'à la bordure tertiaire. Les tufs dominent, les porphyrites forment à l'intérieur une série de bandes plus ou moins parallèles, d'importance variable.

Le second profil continue à partir de la ligne de partage sur quelques kilomètres dans les schistes quartzito-micacés, plongeant toujours à l'est, puis croise une zone de roches tuffoïdes d'origine diabasique, et coupe transversalement tout d'abord une large bande d'amphibolites, puis, plus à l'est, la première zone orientale des roches éruptives basiques. Le profil passe à la hauteur des Kaménouchky, et des montagnes de Kiedrowaya et de Sarannaya. Vers l'est, cette zone entre en contact avec une très large bande de porphyrites de divers types accompagnées de leurs tufs, suivie par du dévonien inférieur $D\frac{1}{1}$ et $D\frac{2}{1}$. Plus loin encore vers l'est, les porphyrites réapparaissent jusqu'à la bordure tertiaire. En déplaçant le même profil d'une soixantaine de kilomètres vers le nord, il aurait traversé la zone des roches basiques dans sa plus grande largeur ; elle y forme deux hautes chaînes parallèles, celle du Koswinsky-Tilaï-Kanjakowski, et celle du Kalpak-Semitchellowietchny-Kasansky. La dite zone entre en contact vers l'est avec des porphyrites, qui sont développées à partir de là sans discontinuité sur toute la Pawdinskaya-Datcha.

Le troisième profil se continue par Akoumowaïa-Sopka, Pétropawlowskaïa, Stepnaïa, et Podgornaïa. Aux quartzites de l'Oural-Taou, succède d'abord une zone à couches presque verticales., formée par des tufs de porphyrite, alternant avec des formations du carbonifère inférieur $C\frac{1}{r}$, puis vient une large bande de tufs de diabases, suivie par une première zone de gneiss et de roches granitiques traversée par des porphyres. Celle-ci, vers l'est, entre en contact avec une région complexe, formée essentiellement par des tufs de diabase, au milieu desquels affleure une assez large bande de schistes cristallins, séparée en deux parties par une longue et étroite zone de carbonifère $C_1$. Des diabases et des porphyres acides percent ces tufs. Ces derniers sont suivis à l'est par une nouvelle bande de gneiss et roches granitiques, dans laquelle, sur la bordure orientale, on trouve intercalés, tout d'abord une bande étroite de micaschistes, puis, plus à l'est, des tufs de diabase. Vers l'est, cette zone entre en contact avec les mêmes tufs, qui disparaissent ensuite sous les dépôts postpliocènes.

Les observations récoltées par divers auteurs et par nous-mêmes sur différentes régions de l'Oural, permettent de se faire dans les grandes lignes, une idée des mouvements successifs qui lui ont donné naissance. De même que pour les Alpes et pour d'autres reliefs montagneux importants, l'Oural est le résultat final de plusieurs mouvements qui se sont produits à différentes époques. En étudiant le porphyre de Troïtsk[1] sur la Koswa, nous avons en effet trouvé des preuves indiscutables que celui-ci était antérieur au $D_1$, représenté ici par les schistes argileux noirs de la Koswa, et qu'à l'époque du dépôt de ces schistes, le porphyre en question appartenait à une région déjà émergée et dénudée; les matériaux de cette dénudation ayant coopéré à la constitution de certaines formations locales trouvées dans le complexe de ces schistes. Cette découverte a tenu à des circonstances fortuites, et aurait parfaitement pu passer inaperçue; les schistes du $D_1$ ayant dans les ridements subséquents, été plaqués contre le dit porphyre, qui semble les avoir traversés. Ce qui est vrai pour Troïtsk, l'est évidemment aussi pour d'autres régions qu'il s'agira de trouver dans la suite, mais il est établi que l'emplacement actuel de l'Oural fut le siège d'un mouvement antédévonien qui donna sans doute naissance à une série d'îlots disposés sur l'emplacement de la chaîne actuelle. Peut-être une partie des roches profondes de l'Oural date-t-elle de la même période. Nous remarquons en passant que dans les conglomérats quartzeux inférieurs aux schistes quartziteux métamorphiques, nous n'avons jamais trouvé de galets de roches basiques de la première zone occidentale.

Les premières dislocations qui se manifestèrent dans la suite, paraissent dater de la fin du dépôt du $D\frac{1}{r}c$. Elles s'annoncèrent par des éruptions qui devaient être la conséquence d'un premier bombement, ayant entraîné la production des fractures par lesquelles les roches d'épanchement sont sorties. Le caractère observé en certains endroits sur les produits des éruptions de cette période, notamment les alternances signalées entre les calcaires et les tufs volcaniques, laisse penser que ces éruptions étaient encore franchement marines, et que le deuxième ridement n'était pas encore accompli, ou l'était d'une façon

---

[1] L. Duparc et L. Mrazec, loc. cit.

tout à fait locale. Les minutieuses observations faites par M. Wyssotsky[1] ont montré que ces premières éruptions qui, dans la région de l'Iss comme aussi plus au nord, appartiennent au $D_1$ se poursuivent dans celle de Taguil avec des caractères identiques jusqu'au début ou même au milieu du $D^2$, car on y trouve le même complexe de calcaires des deux formations, alternant avec des schistes siliceux et des tufs de porphyrite. Le phénomène est en somme analogue à celui que présente le grès de Taveyannaz[2] dans les Alpes, ce dernier, véritable tuf, alterne avec le flysch, et y passe latéralement par toute espèce de formes transitoires, sa prédominance correspond toujours à une recrudescence de l'activité volcanique. Le mouvement esquissé dans la période du dévonien moyen et inférieur, s'intensifia de cette époque à la fin du dévonien $D^3$, et c'est alors que se produisit le second mouvement orogénique. Les sédiments tuffoïdes et calcaires furent plissés en anticlinaux et synclinaux, en partie émergés, puis disloqués par des fractures multiples, qui livrèrent passage à de nouvelles venues de roches porphyriques, qui s'épanchèrent à la surface de ces sédiments. C'est probablement aussi de cette période que date l'intrusion de certaines roches basiques profondes (abstraction faite des diabases du flanc occidental sur l'âge desquels on est fixé). M. Wyssotsky a montré que dans les régions de l'Iss et de Taguil, ces épanchements avaient eu certainement un caractère continental, ce qui corrobore l'existence de ce second ridement. Puis survinrent les dépôts carbonifères et permo-carbonifères. Pendant la transgression marine, du $C_1$ au $C_2$ les dislocations recommencent, attestées par de nouvelles éruptions tant profondes que volcaniques, le ridement continue, il s'achève après le dépôt du permo-carbonifère, et la chaîne est dès lors définitivement édifiée.

Le schéma qui vient d'être exposé n'est évidemment que l'histoire de la chaîne dans ses traits principaux, et sans tenir compte de certains épisodes locaux. La présence du Jurassique et du Crétacé dans le sud de l'Oural, celle des mêmes terrains dans certaines régions de l'Oural septentrional, et enfin la présence de dépôts lignitifères relativement étendus avec une flore mézozoïque sur plusieurs points de la lisière orientale de la grande chaîne, sont une preuve que son histoire n'a pas été close après le mouvement permo-carbonifère. La transgression de la mer tertiaire a fortement contribué aussi à créer l'état actuel; c'est elle qui est certainement la cause première de l'abrasion considérable du versant sibérien réduit aujourd'hui à l'état de pénéplaine, et ce sont ses dépôt qui recouvrent et masquent une notable partie du flanc oriental de l'Oural.


## § 5. *Le phénomène des hautes terrasses*

Les montagnes de l'Oural et particulièrement celles de l'Oural du nord, présentent à un haut degré un phénomène aussi curieux que général, que nous pensons avoir été les

---

[1] Wissotsky. Bibliographie n° 103.
[2] L. Duparc et E. Ritter. Le grès de Taveyannaz, *Archives de Genève*, t. IV, p. 562.

premiers à signaler, c'est celui des hautes terrasses [1]. Il consiste dans le fait que du sommet à la base, les montagnes sont découpées en escaliers d'une régularité parfaite, formant autant de marches dont les niveaux se correspondent par exemple sur deux chaînes parallèles encaissant la même vallée. Nous avons observé pour la première fois cette curieuse disposition sur les monts Bacégui, que nous avons vus de profil depuis le sommet de l'Aslianka plus au nord; ceux-ci sont terminés par un plateau rocheux d'une horizontalité parfaite, bordée à l'est par une petite crête rocheuse qui s'élève à quelques mètres au-dessus de ce plateau. Au-dessous de celui-ci, et vers l'ouest, la disposition en escalier indiquée saute immédiatement à l'œil. L'Aslianka lui-même présente une structure analogue, il en est de même pour l'Ostry près du village de Werkh-Koswa, qui est formé par une petite crête rocheuse, soudée du côté de l'est à un plateau rocheux également, raccordé lui-même à un second plateau plus étendu et parfaitement horizontal par une pente assez escarpée. Mais c'est dans l'Oural du nord que ce phénomène remarquable apparaît dans toute sa beauté. La longue chaîne du Poyassowoï Kamen [2] est, de la vallée de Liampa jusqu'au sommet, découpée en terrasses d'une régularité parfaite, dont les niveaux se retrouvent sur une grande étendue; ces gradins, distants les uns des autres de 10 à 40 m. sautent aux yeux de l'observateur le moins exercé. Tous les sommets de cette longue chaîne sont également des terrasses, et il en est de même pour les cols qui les séparent. Le Liampowsky-Kamen présente une disposition entièrement analogue, son sommet principal est formé par une grande terrasse couverte de cailloutis anguleux de quartzites, sur laquelle on trouve un petit pointement rocheux en place. De là on voit en profil le dernier sommet sud de la chaîne, c'est trait pour trait la disposition observée à l'Ostry. Les mêmes terrasses sont typiques également pour la grande chaîne de Kwarkouche. Quand on regarde celle-ci à une certaine distance, elle forme une longue crête qui paraît absolument horizontale, au-dessus de laquelle on distingue des éminences isolées, constituant une série de sommets minuscules, qui ont ceci de particulier, que leur forme est absolument géométrique et toujours parfaitement régulière. Ce sont des pyramides rocheuses tronquées, ou encore de longues tables parallélipipédiques, d'une horizontalité parfaite. Quand on fait l'ascension de cette chaîne, on voit que le plateau qui la termine n'est qu'une vaste terrasse, et que les sommets en pyramides qui s'en élèvent, sont eux-mêmes des terrasses successives. Tout le flanc oriental de Kwarkouche présente également la disposition en escaliers indiquée. Mais c'est au Bieli-Kamen qui peut être considéré comme le prolongement orographique nord du Liampowsky-Kamen, que le phénomène des hautes terrasses est le plus saisissant. Vue du sommet de Choudi Pendisch, cette chaîne paraît former une immense fortification, munie de créneaux gigantesques. Le sommet qui cote 1160 m. est une large plateforme sur laquelle s'élève un petit piton rocheux. Depuis ce sommet, on a une vue étendue sur la partie sud de la chaîne, qu'on voit en raccourci. Les terrasses y présentent une régularité

[1] L. DUPARC et F. PEARCE. Bibliographie, n° 71.
[2] L. DUPARC, F. PEARCE et M. TIKONOWITCH. *Ibid.*, n° 80.

géométrique; à la surface de la grande plateforme plus basse qui fait suite au sommet du côté sud, on voit une série de pyramides tronquées analogues à celle du Kwarkouche, qui toutes sont d'une régularité absolue.

Les mêmes terrasses ont été observées sur une foule d'autres chaînes (Martaïsky-Kamen, Molebny-Kamen, Toulimsky-Kamen, etc.), avec des caractères analogues. Toutes les montagnes, sans exception, présentent le phénomène des terrasses, mais elles sont particulièrement bien conservées dans le nord, ce qui tient peut-être au fait que les chaînes de quartzites y sont abondantes, et que cette topographie si typique s'altère moins rapidement sur les montagnes constituées par ces roches qui résistent particulièrement bien à à l'érosion.

Ces terrasses sont antérieures au creusement des vallées, elles ne paraissent pas avoir de relation avec les vallées quaternaires ; au Bieli-Kamen par exemple, elles sont ravinées et en partie démolies par des affluents des rivières Tschourol et Koutim; elles sont donc plus anciennes. Sur les plateformes de ces terrasses, on ne trouve aucun dépôt susceptible de renseigner sur leur âge, partout la roche en place est à nu. Sans doute nous avons une limite inférieure, c'est celle du permo-carbonifère, date de l'émersion de la grande chaîne hercynienne, mais nous n'avons aucun critère pour fixer avec précision l'âge des hautes terrasses. Echelonnées sur une verticale de plus de 600 mètres, elles témoignent seulement qu'avant le creusement des vallées actuelles et le dépôt des alluvions à élephas primigénius, le grand relief avait subi une érosion puissante, dont la véritable origine nous échappe encore. Préciser davantage est actuellement chose impossible, mais l'ancienneté relative de ces hautes terrasses et leur très grande généralité sont choses acquises; elles ne peuvent donc provenir que d'une cause très générale, qui, à un moment déterminé, a contribué à façonner le relief de l'Oural.


## § 6. *Les vallées quaternaires et les dépôts récents*


Nous avons déjà dit que pendant la période glaciaire, l'Oural du nord seul fut envahi par la calotte glaciaire septentrionale, qui se cantonna à quelques kilomètres à l'ouest de la chaîne, et descendit jusque dans la Russie du Sud. La nature des dépôts glaciaires de l'Oural tout à fait septentrional est assez mal connue, nous mêmes ne les avons vus que sur le bord sud de la nappe, tout près de sa limite ; là ces dépôts sont souvent diffus, par le fait qu'ils ont été fortement remaniés, et en partie lessivés, ce qui les rend souvent méconnaissables. L'absence de tout glacier sur la majeure partie de l'Oural tient sans doute à une cause climatérique, et il est probable que pendant l'époque glaciaire, le climat steppique qui régnait à l'est s'y faisait en partie sentir. Néanmoins la proximité de la calotte glaciaire eut comme conséquence immédiate d'augmenter d'une manière considérable les précipitations atmosphériques sur l'Oural, et d'y créer un régime fluvial d'une grande intensité. Bien qu'actuellement encore l'Oural soit un pays relativement pluvieux, il ne saurait y avoir aucune analogie entre la quantité des précipitations atmosphériques de cette période, et celle d'aujourd'hui. L'ancien relief eût donc à subir une dénudation intense, et c'est de cette époque que datent les grandes vallées d'érosion de la chaîne. La création de ces vallées ne se fit pas du premier coup, mais en quelque sorte par des tâtonnements successifs ; les cours d'eau coulèrent à une altitude qui est souvent notablement supérieure à celle d'aujourd'hui, et avant d'avoir localisé leur sillon, les rivières ont divagué sur une étendue plus ou moins considérable, déposant en certains endroits, à la surface du sol, un léger manteau alluvial d'autant plus large, que le lit était moins concentré, et plus sujet à des variations.

Ces premiers dépôts qui presque partout ont été lessivés dans la suite, mais dont on peut cependant retrouver la trace indiscutable, sont généralement cantonnés à proximité immédiate des vallées d'érosion actuelles, et sur un large espace ; d'autres fois, par suite des divagations indiquées, ils en sont fort distants. Les conséquences pratiques à tirer de ces observations sont particulièrement importantes ; nous les indiquerons en temps opportun. Lorsqu'après les tâtonnements signalés, les cours d'eau eurent établi leur sillon définitif, le creusement fut alors localisé et la vallée d'érosion prit naissance. L'intensité du creusement varia naturellement suivant les conditions topographiques, et suivant les rivières ; dans certaines régions du cours moyen de plusieurs grandes rivières du flanc occidental de l'Oural, nous avons observé des différences d'altitude de 25 à 40 mètres entre le thalweg actuel, et les anciens dépôts, dont on trouve encore quelques vestiges sur les régions avoisinantes. La période de creusement des vallées a été liée à des changements parfois notables dans la topographie et l'hydrographie. Le déplacement progressif de certaines lignes de partage séparant les bassins de deux rivières déterminées, par suite des variations apportées dans la dénudation des versants, a changé dans certains cas complètement la position des sources de ces rivières, ainsi que la nature des roches ravinées par celles-ci. De même, les phénomènes de captage d'un cours d'eau au profit d'un autre ont été fréquents, et les vallées sèches qui en résultent ne sont point rares. C'est après le creusement des vallées actuelles que leur remblayage partiel par les alluvions commença. L'intensité des phénomènes d'érosion et de charriage qui se produisirent à cette époque est attestée par l'énormité des galets trouvés dans le cours supérieur ainsi qu'aux sources de certaines rivières, et on peut alors se demander si le transport de ce matériel n'a pas été précédé par une préparation due à un autre phénomène.

La succession des dépôts alluviaux anciens dans les vallées peut varier d'un lieu à un autre, elle correspond d'habitude au schéma suivant : Sur le bed-rock constitué par des roches quelconques, on observe d'abord une couche de graviers plus ou moins argileux, dont l'épaisseur varie de $0^m,50$ à 3 mètres, mais oscille habituellement entre $0^m,60$ et $1^m,25$. Ces graviers dont les galets sont d'autant plus gros qu'on les prend plus en amont, supportent une seconde couche de graviers, généralement plus épaisse (de $1^m,25$ à $3^m.50$), graviers qui sont plus sableux et plus perméables que les premiers. Ces deux couches sont en contact direct, ou d'autrefois séparées par des formations sableuses. La nature pétrographique des galets de ces deux horizons est souvent identique, mais peut être également partiellement différente. Les graviers supérieurs sont surmontés par des sables plus ou moins schisteux ou argileux, puis par des argiles bleuâtres, et enfin par des vases jaunâtres. Celles-ci supportent fréquemment une couche plus ou moins épaisse de tourbes, qui est recouverte par la terre végétale. Ces formations argileuses témoignent de l'établissement d'un régime plus stable et plus tranquille, qui se produisit donc à la fin de la période.

L'épaisseur totale des dépôts dans les grandes vallées et dans la partie moyenne ou inférieure des cours d'eau est donc d'environ 4 à 6 mètres, elle peut être beaucoup plus considérable dans la partie supérieure du cours et atteindre 11 et même 16 mètres. C'est en général dans les graviers inférieurs que l'on trouve des molaires et des défenses d'*Elephas primigenius*, de *Rhinoceros tichorinus*, etc. Au pied des montagnes, ces alluvions sont fréquemment recouvertes par des éboulis.

Les affluents latéraux datent de la phase de creusement, ou sont postérieurs; les cours de ces derniers ont fréquemment éprouvé des modifications profondes, qui ne sont guère explicables avec la topographie actuelle.

Nous avons déjà vu que les rivières présentent fréquemment des terrasses dans leur cours inférieur. Celles-ci sont au nombre de deux sur les rivières du versant occidental; d'après Tchernicheff, elles sont en relation avec la transgression caspique post-pliocène.

C'est dans les anciens dépôts des vallées que les cours d'eau actuels ont creusé leur lit, et leurs divagations ont été commandées par le sillon de l'ancienne vallée d'érosion.

Les épais dépôts d'argile qui si fréquemment recouvrent et masquent le sol, datent probablement de la même période. Certains de ces dépôts sont évidemment le résultat de la décomposition *in situ* de la roche en place à une profondeur plus ou moins grande, mais d'autres paraissent résulter du ruissellement, ou de la dissolution suivie du lessivage. Ces argiles recouvrent parfois des dépôts alluviaux tout à fait insoupçonnés.

# CHAPITRE II

## ROCHES MÈRES DU PLATINE, RÉPARTITION ET CARACTÈRES GÉNÉRAUX DES CENTRES PLATINIFÈRES PRIMAIRES

§ 1. Les roches mères du platine. — § 2. Distribution des centres dunitiques primaires dans la chaîne de l'Oural. — § 3. Disposition et caractères des centres dunitiques. — § 4. Distribution des centres pyroxénitiques primaires. — § 5. Disposition et caractères généraux des centres pyroxénitiques.

### § 1. *Les roches mères du platine*

Dans l'Oural comme ailleurs, l'or est exploité dans les alluvions et dans les gîtes primaires, c'est-à-dire dans la roche mère aurifère qui, en l'espèce, est toujours du quartz filonien, ou des roches granitiques acides filoniennes également, telles que les bérésites, les greisen, les pegmatites, ou leurs variétés d'injection. Le platine au contraire se comporte différemment, et n'est exploité exclusivement que dans les alluvions quaternaires de certains cours d'eau, ce qui semblerait indiquer que la roche mère de ce métal est inconnue, ou que, dans le cas contraire, le platine s'y présente dans des conditions qui d'emblée éloignent toute idée de l'extraire de cette roche.

D'autre part, si on jette un coup d'œil sur une carte géologique et minière de l'Oural, on voit que : tandis que les rivières aurifères sont très nombreuses et réparties en des points fort différents sur toute l'étendue de la chaîne, les cours d'eau platinifères sont en nombre beaucoup plus restreint, et paraissent tous émaner d'une série de centres bien définis, échelonnés du sud au nord le long de la chaîne à une assez grande distance les uns des autres, et presque toujours à proximité de la ligne de partage. Ces centres, que nous appellerons *centres primaires*, suggèrent immédiatement l'idée de la présence d'une ou de plusieurs roches platinifères, dont les affleurements localisés en certains endroits, sont la source première du platine contenu dans les cours d'eau qui les ravinent, ou les ont ravinés à une période déterminée.

En fait, si on lit attentivement la bibliographie ancienne concernant les gisements de platine, on y trouve des indications précises au sujet des *roches mères* de ce métal ; le platine aurait été rencontré dans une foule de roches basiques telles que : péridotites, serpentines, pyroxénites, gabbros, syénites et même porphyrites ; mais renseignements pris, ces indications sont très souvent erronées et proviennent des racontars de gens incompétents. Cependant, en lavant les alluvions platinifères, on a parfois rencontré, adhérant à des pépites, des fragments de la roche mère du platine décomposée, ou encore relativement fraîche ; on signale alors le plus fréquemment comme telle la serpentine, la péridotite, la pyroxénite, voire même le gabbro. Les échantillons conservés sont toutefois fort peu nombreux, ils se comptent, et trop souvent ceux qui ont été signalés ont disparu, ce qui rend toute vérification impossible. Bon nombre d'indications en ce qui concerne les roches mères du platine, sont basées sur le fait que le métal rencontré dans les alluvions de rivières encaissées des sources à l'embouchure dans une seule et même roche, ne peut provenir que de celle-ci. Depuis que l'on a trouvé le platine dans la roche en place, la question s'est précisée, et l'on a pu de la sorte directement vérifier les déductions basées sur tout un ensemble d'observations antérieures.

Lorsqu'en 1900 nous avons commencé l'étude des gîtes platinifères du Koswinsky qui devait nous conduire à celle des autres gîtes de l'Oural, nous nous sommes de suite préoccupés de fixer la nature de la roche mère du platine, pour établir la position exacte des centres primaires, et ceci en dehors de toute indication antérieure et de toute préoccupation théorique. Nous nous sommes basés dans cette recherche sur cette proposition, considérée par nous comme un axiome : toute rivière platinifère dont le bassin et le lit sont, de la source à l'embouchure, encaissés dans la même roche, ne peut tirer son platine que de celle-ci. Nous avons pris comme point de départ, l'énorme massif de roches basiques profondes qui constitue le Koswinsky, le Katéchersky et la chaîne du Tilaï-Kanjakowsky, dans lequel il existe trois centres platinifères distincts, et qui est constitué par une grande variété de roches éruptives basiques. Nous en avons établi la géologie avec le plus grand détail, puis avons procédé à de nombreuses recherches par des batteries transversales de puits, sur toutes les rivières de ce massif, en étendant principalement ces recherches aux cours d'eau qui se présentaient dans des conditions favorables pour résoudre la question qui nous préoccupait. L'énoncé assez simpliste qui servit de fil conducteur à ces recherches, et que nous avons été amenés à modifier sensiblement dans la suite, se montra suffisant dans le cas particulier, et nous sommes arrivés à la conclusion que, de toutes les roches basiques telles que dunites, pyroxénites diverses, tilaïtes, gabbros, norites, gabbros-diorites diabases, etc., qui constituent cet important massif, *seule la dunite était platinifère* ; c'est cette roche qui forme en effet les trois centres primaires mentionnés, et seules les rivières qui s'amorcent dans cette dunite contiennent du platine dans leurs alluvions.

Lorsque plus tard nous eûmes visité les autres grands gisements de l'Oural, l'observation faite au Koswinsky nous sembla d'une généralité absolue, et nous arrivâmes à la conviction que seule parmi toutes les roches basiques, la dunite est platinifère, et que partout où la présence de cette roche est constatée, les alluvions des cours d'eau qui ravinent ses affleurements doivent contenir du platine, ce que nos nombreuses observations ultérieures confirmèrent d'ailleurs toujours dans la suite.

Et cependant à cette époque, nous n'avions jamais trouvé le platine dans la roche en place, les innombrables blocs de dunite que nous avions cassés au Koswinsky étaient toujours stériles. Il est vrai que dans les alluvions des rivières platinifères de ce massif, on trouvait parfois des petites pépites associées à de la dunite décomposée, ou surtout à du fer chromé, or nous avions déjà trouvé des ségrégations de chromite dans la dunite en place, mais les essais de broyage et de lavage consécutif que nous avions faits à ce moment, avaient été sans résultat, nous en avions tiré la conclusion que la dunite était probablement très pauvre en platine, ou que ce métal y était gîté.

Plus tard, nous avons observé des faits démontrant que l'axiome qui, au Koswinsky, nous avait conduit à considérer la dunite comme la seule roche platinifère, était insuffisant, et que nous n'étions arrivés à une solution exacte que grâce à un concours de circonstances favorables, qui se retrouvent d'ailleurs comme telles sur beaucoup d'autres gisements primaires. Nous avons été amenés alors à modifier notre proposition comme suit : Toute rivière platinifère dont le bassin et le lit sont, de la source à l'embouchure, encaissés dans la même roche, ne peut tenir son platine que de celle-ci, à condition que : 1) Dans aucun cas les sources de cette rivière n'aient pu s'amorcer dans une autre roche, ce qui ressort de l'examen de la topographie et de la géologie de la région. 2) Que la situation du cours d'eau soit telle, qu'elle élimine la possibilité de l'arrivée du platine dans ses alluvions par un canal étranger ; par exemple par la concentration secondaire d'anciennes alluvions platinifères, déposées sur une partie du lit de ce cours d'eau par une rivière plus ancienne, avant l'établissement de ce dernier. L'application de la proposition ainsi modifiée ne nous conduisit pas d'ailleurs à des résultats sensiblement différents de ceux que nous avions obtenus antérieurement ; elle contribua simplement à éclairer certains points restés douteux, mais la dunite resta pour nous la roche platinifère par excellence et les nombreuses recherches que nous avons poursuivies pendant plusieurs années sur une grande étendue de l'Oural du nord, en vue d'y trouver de nouveaux gisements de platine, ont toujours été inspirées par cette conviction. Entre-temps, nous avons trouvé le platine dans la dunite en place, ainsi que dans les ségrégations de chromite qu'elle renferme fréquemment, et ce, sur plusieurs centres dunitiques primaires ; la même observation a été faite sur une plus grande échelle à Taguil, en plusieurs points distincts du massif dunitique, de sorte qu'aujourd'hui tout le monde est d'accord pour admettre que *la dunite est la roche mère du platine.*

Mais l'est-elle exclusivement ? Nous le pensions jusqu'au moment où notre attention fut attirée par M. l'ingénieur de Fircks sur le curieux platine de la rivière Goussewka. Les alluvions de cette rivière renferment plusieurs variétés différentes de ce métal ; celle qui domine de beaucoup se rencontre assez souvent en pépites de taille moyenne, qui adhèrent parfois à des morceaux de diallagite, ou qui empâtent des cristaux isolés de pyroxène. Lorsque ceux-ci sont décomposés, ils laissent dans le métal de la pépite leur empreinte en creux, ce qui lui communique un aspect caverneux très caractéristique. La rivière Goussewka prend sa source au flanc est du Katchkanar, et coule à peu près de l'ouest à l'est; elle ne renferme guère de platine dans la partie supérieure de son cours, mais ses alluvions deviennent riches dès que la rivière traverse les petites montagnes appelées Goussewi-Kamen, situées à l'est du Katchkanar. Il existe dans ces montagnes plusieurs petits ruisseaux et lojoks secs qui descendent sur la Goussewka, et qui ont été d'une richesse exceptionnelle en platine. Or l'étude géologique des Goussewi-Kamen nous a montré que ces montagnes sont exclusivement composées de pyroxénites à olivine, traversées par des roches filoniennes dont il sera ultérieurement question. Nulle part la présence de la dunite massive n'y a été constatée malgré des recherches ultra-minutieuses, et les conditions nᵒ 1 et nᵒ 2 de l'énoncé général indiqué plus haut étant ici entièrement satisfaites, il en résulte que le platine des affluents de la Goussewka (et par conséquent en grande partie de la Goussewka elle-même), se trouve dans *les pyroxénites à olivine qui forment ici la roche mère.*

Depuis lors, nous avons trouvé plusieurs gisements de même nature, et la conclusion qui se dégage de l'étude des affluents de la Goussewka a donc une certaine généralité. Toutefois, dans l'Oural, les centres pyroxénitiques primaires sont infiniment plus rares, plus pauvres et moins importants que ceux dunitiques ; *les premiers représentent en quelque sorte la forme exceptionnelle, les seconds la forme générale des gites primaires du platine.* De plus, si la présence de la dunite entraine pour ainsi dire inévitablement celle du platine dans les alluvions des rivières qui en ravinent les affleurements, il n'en est pas de même pour les pyroxénites, dans lesquelles le platine paraît au contraire assez rare. Nous n'en avons jamais trouvé dans les rivières encaissées dans les pyroxénites qui descendent de montagnes où ces roches sont traversées localement par la dunite massive, et nous connaissons de nombreux et grands affleurements de pyroxénites pures, qui sont absolument stériles ou à peu près.

Existe-t-il d'autres roches platinifères en dehors des dunites et des pyroxénites ? La chose est vraisemblable, mais l'importance pratique de celles-ci est absolument nulle. On trouve également du platine en petite quantité dans les péridotites (Hartzbourgites et Lherzolites) et dans certaines serpentines qui en proviennent, ce qui en somme n'a rien de surprenant, étant donné l'origine possible de ces roches. Les gabbros peuvent dans certains cas contenir aussi un peu de platine, et nous verrons qu'il faut attribuer à ces roches les petites quantités de ce métal trouvées dans certaines alluvions. D'autre part, dans la bibliographie, on cite la présence du platine dans les gabbro-diorites du bed-rock et des haldes d'Awrorinsky à Taguil, mais cette observation nous semble sujette à caution, puis également dans le gabbro à olivine de la Bissertskaya-Datcha. Un document plus sûr, est celui cité par M. Wissotsky à propos des sables platinifères de Taguil. On a, au lavage de ceux-ci, trouvé un cristal de biotite qui renfermait en inclusion des grains de platine : or, ce mica ne pouvait provenir que des gabbros micacés mélanocrates qui se trouvent à la périphérie de l'affleurement dunitique de cette localité.

En résumé : la dunite massive représente la roche mère par excellence du platine ; elle est presque toujours platinifère là où ses affleurements ont une importance suffisante. La pyroxénite est aussi une roche mère du platine, mais son importance comme telle est beaucoup moins grande que celle de la dunite, elle est d'ailleurs fréquemment stérile sans cause apparente. Les péridotites à pyroxène rhombique et les serpentines, ainsi que les gabbros hyperbasiques, peuvent aussi contenir du platine, mais c'est là l'exception, et pratiquement les gabbros tout au moins peuvent être considérés généralement comme stériles.

## § 2. Distribution des centres dunitiques primaires dans la chaîne de l'Oural

C'est dans la zone occidentale des roches éruptives basiques que se trouvent tous les gîtes platinifères importants de l'Oural. En descendant du nord au sud le long de la chaîne, ceux-ci s'échelonnent de la manière suivante : (Voir carte I de l'atlas).

1. *Le centre du Daneskin-Kamen*, sur la rive gauche de la Soswa du sud, et sur la Datcha de Wcéwolo-Blagodat, avec les rivières platinifères, Soswa, Soupreïa, des petits lojoks secondaires qui en descendent, et la rivière Soswa dans laquelle elles se jettent et dont les alluvions ne deviennent platinifères qu'après leur confluent. Le Daneskin-Kamen a été étudié par M. Lewinson-Lessing [1], c'est le seul gisement de l'Oural que nous n'ayons pas visité, il est entièrement sur le versant asiatique.

2. *Le centre de Gladkaïa-Sopka*, dans la Wagranskaya-Datcha, et sur le versant asiatique également, à quelques kilomètres seulement de la rive gauche de la rivière Wagran, et un peu à l'ouest du petit village de Baronskoe; avec la rivière platinifère Travianka affluent de Wagran, et ses deux sources. A la vérité, les alluvions de Travianka sont très pauvres, et à notre connaissance du moins, n'ont jamais donné lieu à une exploitation. Nous avons découvert ce gisement durant notre campagne de 1904.

3. *Le centre du Kanjakowsky*, dans la chaîne du Tilaï-Kanjakowsky sur la Pawdinskaya Datcha, dans l'extrémité nord de la chaine, à peu près vis-à-vis et à l'est des monts Ostchy ou Kyrtim, et toujours sur l'Asie. Les rivières platinifères de ce centre sont : Severney Jow, Poloudniewaïa et Bolchaïa Kanjakowska; seules les alluvions de la première de ces rivières ont fait jusqu'ici l'objet d'une exploitation. Nous avons découvert ce centre en 1901, l'exploitation de Jow n'a commencé qu'en 1907.

[1] M. F. LEWINSON-LESSING. Bibliographie n° 51.

4. *Le centre de Garéwaïa*, toujours dans la chaine du Tilaï. mais sur son flanc ouest, aux sources mêmes de la rivière Garéwaïa. entre les sommets qui terminent la chaine du Tilaï vers le sud et que nous avons appelés pointes de Garéwaïa. La seule rivière platinifère qui descend de ce centre est celle de Garéwaïa. et encore le platine n'existe-t-il qu'en traces dans ses alluvions. Si nous mentionnons ce centre c'est parce que les conclusions que nous pourrons ultérieurement tirer de son étude présenteront un certain intérêt. Nous avons découvert ce centre en 1900. mais les recherches sur les alluvions de Garéwaïa n'ont été faites qu'en 1912.

5. *Le centre de Kitlim ou du Kamennoe-Koswinsky*, dans le Koswinsky-Kamen, sur le flanc oriental de cette montagne, et sur l'éperon qui s'en détache. Il a alimenté en platine les alluvions de la rivière Kitlim qui coule sur le versant asiatique, et de la Lobva dans laquelle elle se jette, puis celles de la Malaïa-Koswa qui coule sur le versant européen. Nous avons découvert ce centre en 1901, époque à laquelle les alluvions de la basse Kitlim étaient déjà exploitées. Celles des sources de la rivière dans le gîte primaire le furent beaucoup plus tard, en 1906 sauf erreur. Le centre primaire est entièrement sur le versant asiatique.

6. *Le centre du Sosnowky-Oural*, sur le flanc occidental du Koswinsky. et sur le versant européen. avec les rivières platinifères Malaïa et Bolchaïa Sosnowka. Logwinska, et quelques petits lojoks affluents de celles-ci. Ces rivières se jettent toutes dans la rivière Tilaï qui devient platinifère en aval de leur confluent. Nous avons découvert le centre primaire du Sosnowsky en 1900 ; les alluvions de la Sosnowka étaient déjà en exploitation.

7. *Le centre du Kaménouchky* sur la Pawdinskaya-Datcha également. à l'ouest de la montagne de Sarannaya, et sur le versant asiatique de l'Oural. Ce centre se trouve à une cinquantaine de kilomètres au sud de Kitlim ; les rivières platinifères qu'il alimente sont la Bolchaïa et la Malaïa Kaménouchka et leurs sources, ainsi que la Niasma qui les réunit, et qui ne devient platinifère qu'en aval de leur confluent. La rivière Sokolka qui descend du Kaménouchky renferme également des traces de platine dans ses alluvions.

8. *Le centre de Wéressowy-Oural*, à 20 kilomètres environ au sud de celui du Kaménouchky. sur la Schouwalowskaya-Datcha. avec les rivières Maloï et Balchoï Pokap, Malaïa et Bolchaïa Prostokischenka, Bérésowka, ainsi que de nombreux ruisselets et lojoks secs qui sont tributaires de ces rivières. Les eaux de ces différentes rivières vont toutes dans l'Iss.

9. *Le centre de Swetli-Bor*, à un kilomètre au plus au sud du précédent, toujours sur la Schouwalowskaïa-Datcha. et également sur le versant asiatique. Il se trouve directement au flanc occidental du Katschkanar. Il a fourni le platine des alluvions de la rivière Kossia, et de toute une série de lojoks secs ou occupés encore par des ruisselets, qui sont également tributaires de l'Iss. Cette rivière. qui est sans doute la plus grosse rivière platinifère de l'Oural, traverse en écharpe l'extrémité nord du centre dunitique primaire de Swetli-Bor ; comme elle reçoit toutes les eaux venant de celui-ci, ainsi que du Wéressowy-Ouwal, nous les appellerons dans la suite « centres de l'Iss ». L'Iss est platinifère sur toute sa

longueur, à partir du moment où elle reçoit son premier affluent platinifère, la Bolchaïa-Prostokischenka. Elle se jette dans la Toura, qu'elle rend platinifère sur une grande longueur.

10. *Le centre de Taguil.* C'est de beaucoup le plus considérable de tous les gîtes dunitiques primaires. Il est situé sur la Taguilskaya-Datcha, à cheval sur les versants européen et asiatique, et à 150 kilomètres environ au sud des précédents. Les rivières platinifères qui en descendent sur le versant européen sont : Martian, Wyssim et Syssim, ainsi que leurs affluents latéraux qui sont très nombreux, et constitués soit par des lojoks secs, soit par des petites rivières telles que Alexandrowsky-log, Solowiewsky-log, Cirkof-log, Bolchaïa, Chourpikha, etc. Les rivières sur le versant asiatique sont : Tschauch, avec plusieurs affluents latéraux gauches, puis la rivière Bobrowka.

11. *Le centre de l'Omoutnaïa*, le plus méridional de tous, sur le versant européen, dans la Syssertskaya-Datcha au sud d'Ekaterinebourg, avec plusieurs petits lojoks qui le ravinent sur ses deux versants, et dont les plus importants descendent dans l'Omoutnaïa, affluent de la Tschoussowaïa, qui devient platinifère en aval de leur confluent.

Les centres primaires indiqués sont ceux qui sont pour ainsi dire classés, et qui comportent seuls les gisements importants et en quelque sorte industriels de l'Oural, et encore faut-il sortir de ces derniers le centre de Gladkaïa-Sopka et celui de Garéwaïa, qui n'ont aucune importance pratique, et que nous avons mentionnés parce que dans la suite de notre exposé nous devons les citer à plusieurs reprises.

La présence de la dunite a cependant été plusieurs fois constatée dans l'Oural en dehors des centres primaires énumérés, et ceci, soit à l'état de roche massive, soit surtout à l'état de filons encaissés dans différentes roches basiques profondes. A une soixantaine de kilomètres au nord du Daneskin-Kamen, entre les cours des rivières Wijaï et Toschemka et à dix kilomètres à l'est de la ligne de partage, il existe une longue et assez haute crête boisée appelé Krebet-Salatim, dirigée sensiblement NS, dont le sommet principal est dénudé et formé par des rochers rougeâtres que l'on distingue de fort loin déjà. Elle est traversée en cluse par la rivière Tokhta, et se prolonge au sud de celle-ci jusqu'à la rivière Wijaï, mais en s'abaissant notablement.

Le Krebet-Salatim est formé tout entier par des roches d'aspect dunitique, à croûte d'oxydation rougeâtre, toujours profondément altérées et malheureusement presqu'entièrement serpentinisées. En plusieurs points cependant, notamment au sommet du Krebet-Salatim, ainsi que sur l'ouwal qui domine la rive gauche de Wijaï, on peut encore distinguer, sous le microscope dans ces roches le contour de chaque grain d'olivine. Certains spécimens (et c'est le cas le plus fréquent), renferment du pyroxène rhombique ce qui fait passer la péridotite au type des hartzburgites, mais il existe cependant de véritables dunites. Les uns comme les autres renferment quelques cristaux de spinelle brun, mais point d'octaèdres de chromite, et nulle part nous n'y avons rencontré des ségrégations de ce minéral.

Au sud de Wijaï cette longue bande de roches à olivine se poursuit jusqu'à la rivière

Maloï-Antschug ; partout alors elles sont entièrement serpentinisées, mais tout près de la rivière Kolkolonia affluent gauche d'Antschug, on trouve encore des variétés à structure nettement dunitique, chez lesquelles l'olivine est en partie intacte. Cette longue et étroite bande de roches dunitiques mesure plus de 20 kilomètres du nord au sud ; vers l'ouest, sur toute son étendue, elle entre en contact avec des serpentines cornifiées et dures, tout à fait différentes de celles qui proviennent de l'altération des roches dunitiques, qui sont beaucoup plus dures, ont une autre patine, et s'érodent tout différemment.

Plus à l'ouest, ces serpentines font place aux schistes ; il est à noter qu'elles empâtent fréquemment des blocs plus ou moins volumineux de roches grenatifères, restes vraisemblables de calcaires entièrement métamorphosés.

Vers l'est, les roches dunitiques entrent directement en contact avec des roches à épidote variées, qui sont généralement assez acides, et qu'on trouve sur toute la longueur de la bande. Celle-ci n'est donc pas enclavée dans la zone des roches basiques de l'ouest, mais cette dernière passe à quelques kilomètres plus à l'est et forme la chaine de Tschistop, dans laquelle on peut observer toute la série des gabbros et des roches basiques ordinaires. Des recherches ont été faites sur nos indications, par une compagnie minière, sur les rivières Ouap-Sos, Por-Sos, Tokhta, Kolkholonia ainsi que sur un petit affluent gauche de Tokhta encaissé de la source à l'embouchure dans les roches du Krebet-Salatim, elles n'ont pas donné de résultat, et l'on n'a même pas trouvé trace de platine dans les alluvions de ces rivières, ce qui tient sans doute à certains faits dont il sera question ultérieurement.

Nous avons aussi, dans l'Oural du nord, rencontré plusieurs fois la dunite typique dans les gabbros ou les pyroxénites de certains grands massifs de la zone occidentale des roches basiques. Au Tschistop elle n'est pas rare, on en voit plusieurs filons aux sources de la rivière Tocémia. Dans la chaine du Tilaï-Kanjakowsky elle est assez commune également, et forme par exemple, en dehors des affleurements nombreux qui se trouvent aux sources de Garéwaïa, un gros filon dans l'entonnoir d'érosion de la Bolchaïa-Katécherskaya. Les filons de dunite sont abondants aussi aux flancs nord et nord-est du Koswinsky, nous en avons trouvé plusieurs également dans la chaine du Kalpak-Kazansky. Cette dunite cependant n'a pas de valeur pratique, car si elle renferme du platine, c'est toujours en quantité si minime, qu'on n'en retrouve souvent aucune trace dans les alluvions des rivières dans le bassin desquelles elle se rencontre.

## § 3. *Disposition et caractères des centres dunitiques*

La disposition qu'affectent les centres dunitiques de l'Oural est d'une grande uniformité, et peut se résumer par le schéma suivant (fig. 1) :

1. Au centre, un affleurement plus ou moins considérable et de forme vaguement elliptique, de dunite massive. Le grand axe de cette ellipse est généralement orienté suivant

le méridien, et coïncide sensiblement avec la direction des chaines.

2. Une ceinture plus ou moins
large de pyroxénites et de roches
mélanocrates qui s'y rattachent,
qui circonscrit partiellement ou
totalement l'ellipse dunitique.

3. Une zone périphérique de
roches basiques, feldspathiques,
plus leucocrates, qui appartiennent
à la grande famille des gabbros au
sens le plus étendu de ce mot.

Ces trois unités sont naturellement développées à des degrés divers suivant le centre dunitique ;
nous allons dans la suite démontrer
par l'examen de leurs relations réciproques, qu'elles
sont disposées concentriquement, et en quelque sorte em-
boîtées les unes dans les autres,
l'ordre de superposition allant de
1 à la base à 3 au sommet.

Le contour de l'affleurement
dunitique est généralement elliptique, ovale ou pyriforme ; il est parfois presque géométrique (comme
au Kaménouchky par exemple), ou,
au contraire, plus ou moins accidenté et dentelé (Taguil). Dans
certains cas, il devient presque circulaire (Iow), dans d'autres, au
contraire, il s'allonge très fortement suivant la direction du méridien (Wéressowy-bor). Les dimensions respectives des ellipses dunitiques sont très variables, comme
on peut s'en convaincre par l'examen du tableau qui suit :

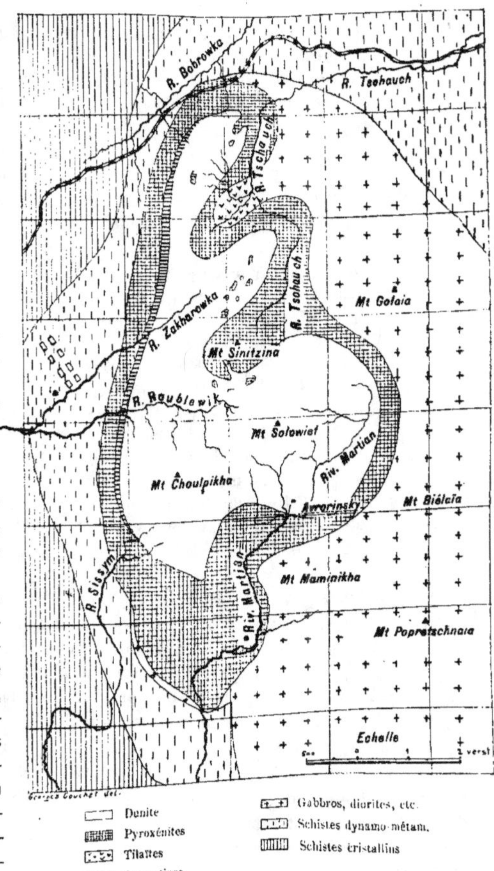


Fig. 1. — Carte géologique du centre platinifère de Taguil d'après
MM. Wyssotsky e Zavaritsky, montrant la disposition générale
de l'ellipse dunitique et des deux ceintures concentriques de
pyroxénites et de gabbros.

|  | Grand axe | | Petit axe | | Superficie totale |
|---|---|---|---|---|---|
| Omoutnaïa . . . . . | 2720 mètres | | 1085 mètres | | 2 667 660 m² |
| Taguil . . . . . . . | 10584 | — | 5250 | — | 28 312 200 |
| Swetli-bor . . . . . | 6720 | — | 2520 | — | 12 656 700 |
| Wéressovy-Ouwal . | 7938 | — | 1344 | — | 7 302 960 |
| Kaménouchky. . . | 4032 | — | 2646 | — | 7 408 800 |
| Sosnowsky-Ouwal . | 8300 | — | 2380 | — | 11 384 375 |
| Koswinsky-Kitlim . | 2050 | — | 1650 | — | 2 718 500 |
| Kanjakowsky-Iow. . | 1200 | — | 1000 | — | 1 000 150 |
| Gladkaïa-Sopka . . . | 1500 | — | 1000 | — | 1 370 000 |

L'altitude des affleurements dunitiques est très variable également, nous donnerons dans le tableau ci-dessous les altitudes maxima des principaux centres dunitiques.

|  | Altitudes |
|---|---|
| Omoutnaïa sur la crête principale, environ | 350 mètres |
| Taguil Mont Solowieff . . . . . . . . . | 588 — |
| Swetli-bor près de l'extrémité sud . . . . | 403 — |
| Wéressowy-Ouwal près de l'extrémité N. | 630 — |
| Kaménouchky près de Sokolinaïa-gora . . | 649 — |
| Sosnowsky-Ouwal milieu de la crête . . . | 810 — |
| Koswinsky-Kitlim point culminant . . . | 880 — |
| Kanjakowsky-Iow sommet du col . . . . | 1 040 — |
| Gladkaïa-Sopka . . . . . . . . . . environ | 650 — |

Les affleurements de dunite ne sont jamais plats, d'habitude, au contraire, ils sont vallonnés, et souvent multimamelonnés (Taguil); lorsqu'ils sont étroits, ils forment de gros ouwals, dont les deux flancs sont rarement symétriques par rapport à la crête, et qui, sur celle-ci, présentent généralement une série de pitons rocheux alignés, aux formes généralement émoussées. Ces ouwals, jusqu'à la limite de végétation, sont toujours couverts d'une forêt de pins très caractéristique, dans laquelle les affleurements de roches en place sont assez rares. La dunite y est toujours, comme sur les crêtes, rubéfiée superficiellement et décomposée, cette décomposition est généralement profonde. La roche se délite alors et se brise facilement au premier choc comme un grès ferrugineux mal agrégé, et il faut en débiter souvent des blocs énormes pour trouver au cœur de ceux-ci la roche verte à éclat résineux qui constitue la dunite fraiche ou en voie de serpentinisation. Souvent la dunite est altérée, et se débite en plaquettes qui présentent un aspect tout à fait gréseux. Les faciès d'altérations et de rubéfaction de la dunite se distinguent en tout cas toujours sur le terrain des véritables serpentines, dont la patine est différente, qui sont beaucoup plus dures, et s'érodent tout autrement.

Les différentes formations que l'on rencontre à l'intérieur des affleurements dunitiques sont les suivantes :

1. Des chapeaux de pyroxénites, qui reposent directement sur la dunite, et qui n'ont pas de racine en profondeur. Ce phénomène est tout à fait général, il se rencontre sans exception sur tous les gîtes dunitiques primaires, aussi bien sur les bords qu'à l'intérieur. Ces lambeaux de pyroxénites sont parfois très nombreux, leur dimension varie beaucoup, il en est de très petits, mais d'autres, comme à Taguil et au Kaménouchky par exemple, qui mesurent plus d'un kilomètre de longueur. D'habitude ces chapeaux sont particulièrement abondants dans le voisinage de la ceinture pyroxénitique, ce sont à l'évidence des témoins de l'ancienne enveloppe de pyroxénites, qui primitivement recouvrait tout l'affleurement dunitique, et qui a été partiellement dénudée par l'érosion.

2. Des filons et des dykes de roches variées, mélanocrates, leucocrates ou mésocrates, qui traversent la dunite en divers endroits. Ceux-ci n'existent pas sur tous les centres primaires, mais ils s'y montrent cependant très souvent. Leur présence est habituellement révélée en surface par l'apparition de blocs étrangers au milieu de la dunite généralement altérée et couverte d'humus développée tout autour. Lorsque cependant la roche filonienne résiste mieux à l'érosion que la dunite, elle forme saillie alors dans celle-ci, et les filons, s'ils ont, bien entendu, une certaine importance, se présentent alors en pointements rocheux plus ou moins volumineux. Sur certains centres dunitiques primaires, les roches filoniennes sont si abondantes qu'on pourrait les prendre pour la roche principale, car elles sont presque toujours découvertes, alors que la dunite fortement décomposée est transformée superficiellement en arènes et produits terreux. Tel est particulièrement le cas sur le centre de l'Omoutnaïa. Ces amas de roches étrangères qui traversent la dunite sont parfois si considérables, qu'il est difficile de parler de filon au sens généralement attaché à ce mot. Ce sont plutôt de gros dykes, analogues par exemple à ceux de certaines diabases intrusives dans le dévonien. Il est à remarquer que les mêmes roches qui constituent ces pointements volumineux, s'observent également en filons très minces, voire même en filonnets dans la dunite.

3. Sur les centres primaires élevés, là où la dunite affleure d'une manière continue au-dessus de la limite de végétation, on trouve souvent directement à la surface du sol, des morceaux anguleux de chromite, qui sont généralement d'un petit volume, et toujours peu abondants. Nous en avons récolté une assez grande quantité sur la crête de l'éperon dunitique du Koswinsky, où ils sont actuellement fort rares. Cette chromite existait à l'état de ségrégations dans la dunite décomposée ; elle est restée sur place après le lessivage des produits de cette désagrégation. Ces ségrégations sont admirablement visibles *in situ* dans les parois dunitiques du cirque d'érosion dans lequel s'amorce Poloudniewaïa (centre du Kanjakowsky). Si l'on examine maintenant la position des ellipses dunitiques dans la grande zone des roches basiques de l'Ouest, on constate qu'elles n'occupent jamais des régions centrales de cette zone, mais apparaissent au contraire presque toujours sur le bord de celle-ci et d'un massif important. Le centre primaire de Taguil se trouve sur la bordure occidentale

de la zone des roches basiques qui forment les montagnes de Bielaïa, de Golaïa, de Popret-schnaïa, et celles qui, plus à l'est, encaissent la rive droite de l'Obleiskaya Kamenka (mont Kostianitschnaïa, Obleiskaya, etc.); sa bordure occidentale se trouve à trois kilomètres en moyenne de la zone dévonienne de D₁ qui passe par le village de Wyssimo-Schaïtansk. Les deux centres de Swetli-Bor et de Wéressowy-Ouwal se trouvent également sur la bordure occidentale de la zone des roches basiques qui forment ici le gros massif du Katchkanar, la dunite arrive vers l'ouest à quatre kilomètres environ de la zone des schistes cristallins du niveau supérieur qui forme la ligne de partage. Le centre du Kaménouchky se comporte de même, il se trouve toujours près de la lisière occidentale de la zone des roches basiques, à l'ouest du gros massif de Sarannaya-Gora qui appartient à cette zone, et qui représente le prolongement nord du Katchkanar. Au Koswinsky-Kamen, les deux centres dunitiques sont tout à fait périphériques; celui du Sosnowsky-Ouwal se trouve complètement sur la bordure ouest du massif, il est distant d'à peine un kilomètre de la zone des schistes quartzito-micacés du niveau supérieur, développée à l'ouest. Celui de Kitlim sur l'éperon du Koswinsky, se trouve au contraire au flanc est de la montagne, à une faible distance de la bande d'amphibolites qui passe par Kitlim, et qui sépare en deux traînées la zone des roches basiques qui forme les chaînes du Tilaï-Kanjakowsky et du Kalpak-Kazansky.

La ceinture pyroxénitique affecte des formes très variables. Dans certains cas elle est assez large, continue, et d'épaisseur à peu près uniforme. Tel est le cas par exemple pour le centre primaire de l'Omoutnaïa. D'autres fois, elle est continue également, mais d'épaisseur variable en divers endroits; ainsi au Kaménouchky elle est très épaisse sur les bords nord, est et sud de l'affleurement dunitique, et tout à fait mince sur le bord ouest. A Taguil la ceinture de pyroxénites est mince également et continue, mais elle est dentelée, et des « langues » de pyroxénites s'en détachent et s'avancent à l'intérieur de la dunite. Sur d'autres centres primaires, ceux de Swetli-Bor, de Wéressowy-Ouwal, ou du Sosnowsky-Ouwal, par exemple, la ceinture de pyroxénites est discontinue, et la dunite entre alors en contact avec les schistes cristallins. A Wéressowy-Ouwal notamment, la ceinture est tout à fait fragmentaire, et d'épaisseur très inégale, à Gladkaïa-Sopka elle se rencontre seulement sur l'extrémité sud de l'affleurement dunitique.

Les pyroxénites sont généralement assez largement cristallisées, elles s'altèrent moins aisément que la dunite, aussi leurs affleurements sont-ils plus nombreux, leur type d'ailleurs est très uniforme et banal.

A l'intérieur de la ceinture pyroxénitique, on rencontre parfois :

1. Des affleurements en boutonnière de dunite, qui résultent d'érosions locales ayant mis à jour le soubassement des pyroxénites. Ce phénomène s'observe par exemple sur le centre primaire de Kitlim, ou sur celui de Swetli-Bor.

2. Des chapeaux de gabbro, phénomène d'ailleurs assez rare; la conséquence à en tirer est la même que celle déduite à propos des relations réciproques des pyroxénites et de la dunite. A Taguil, la superposition du gabbro sur la pyroxénite est manifeste; près de la rivière Zotikha affluent gauche de la rivière Tschauch, on voit en effet une langue de pyroxénite

qui s'avance sur la dunite qu'elle recouvre, et qui supporte elle-même des gabbros micacés à olivine.

3. Des filons moins variés que dans la dunite, mais souvent identiques. Les variétés les plus communes sont des pegmatites à grosses hornblendes dont nous reparlerons ultérieurement.

La seconde ceinture de roches gabbroïques est, comme on peut s'y attendre, souvent assez complexe. Elle est généralement continue, cependant elle peut être, sur une partie du pourtour des pyroxénites, considérablement réduite, et parfois même, comme à Gladkaïa-Sopka, interrompue. Rarement aussi ce sont les mêmes gabbros qui circonscrivent les pyroxénites sur toute leur périphérie, ainsi au Kaménouchky, par exemple, sur la bordure nord et est, on trouve plutôt des gabbros amphiboliques, sur celle sud, des gabbros à olivine basiques, sur celle nord-est, des gabbros micacés. Cependant on observe fréquemment, entre les pyroxénites et les gabbros ou les gabbros amphiboliques, une zone presque toujours discontinue et étroite de roches plus basiques, telles que gabbros à olivine, gabbros à olivine mélanocrates, tilaïtes, etc. Ce phénomène se voit par exemple à Taguil, sur le bord oriental de la ceinture pyroxénitique, au Sosnowsky-Ouwal, etc.

Dans les roches gabbroïques de la seconde ceinture, il existe naturellement des filons de roches variées, et parfois aussi des boutonnières de pyroxénites. Les roches filoniennes basiques sont principalement représentées par des berbachites, des microgabbros, des microdiorites, des pawdites, des issites et parfois par des lamporphyres à olivine et à augite. Les filons acides par des plagiaplites, des granulites ou même des granite-porphyres.

## § 4. Distribution des centres pyroxénitiques primaires

Ils sont beaucoup plus rares et moins importants; plusieurs n'ont pour ainsi dire qu'un intérêt théorique, nous les décrirons en descendant du nord au sud de la chaîne.

1. *Centre du Tokaïsky.* Il se trouve dans la chaîne du Kalpak-Kansansky, parallèle à celle du Koswinsky-Tilaï-Kanjakowsky sur la Pawdinskaya-Datcha. On ne connaît qu'une seule rivière platinifère qui descend de ce centre, c'est celle de Volkouche, et encore ses alluvions sont-elles excessivement pauvres et pour le moment du moins, inexploitables.

2. *Centre des Goussewi-Kamen.* Il est situé à l'ouest du Katchkanar et appartient à la zone des roches basiques qui forment cette montagne. Les rivières platinifères qui proviennent de ce centre sont la Balchaïa-Goussewka, la Mokraïa, et quelques petits lojoks qui descendent sur ces rivières. La Wyja qui reçoit ces différents tributaires, est platinifère également, mais seulement, paraît-il, en aval du confluent de Goussewka.

3. *Centre de Sinaïa-Gora, près de Barantcha.* Il se trouve au sud du précédent, à l'ouest de Barantcha, et comporte plusieurs petites rivières qui en descendent, telles que la Kamenka, la Bielitschnaïa et la Schoumika toutes affluents gauches de la rivière Barantcha.

L. DUPARC ET M. TIKONOWITCH.

dont les alluvions en aval sont également platinifères. Il existe aussi, sur la rive gauche de la Barantcha, deux autres petites rivières appelées Oroulikha et Pestchanka, ainsi que trois lojoks secs, dont les alluvions sont platinifères, mais celles-ci ne tirent pas leur platine du centre pyroxénitique de Sinaïa-Gora, et l'origine de ce platine dans les alluvions est encore assez problématique.

4. *Le centre de la Kiédrowka.* Il se trouve à vingt kilomètres environ au sud, ou mieux au sud-sud-ouest du précédent, et sur la Taguilskaya-Datcha. La seule rivière platinifère qui en provient est la Kiédrowka affluent de la Biélaya-Wya.

5. *Le centre de l'Obleiskaya-Kamenka.* Il est situé directement à l'ouest du grand centre dunitique de Taguil, et en est séparé par une barre montagneuse importante. La rivière platinifère qui en provient est l'Obleiskaya-Kamenka. Le caractère vraiment pyroxénitique de ce centre est encore discutable, nous en parlerons en temps et lieu.

## § 5. *Disposition et caractères généraux des centres pyroxénitiques primaires*

La disposition des centres pyroxénitiques primaires est beaucoup moins uniforme que celle des centres dunitiques, et n'est pas susceptible d'être représentée par un schéma général. Les pyroxénites y affleurent au milieu de roches variées, qui les circonscrivent, et qui appartiennent généralement à la famille des gabbros. Ce sont tantôt des gabbros à olivine, tantôt des gabbros francs ou des gabbros diorites, ces roches étant d'ailleurs liées les unes aux autres par de nombreuses formes de passage; il est des cas également (notamment à la Kiédrowka), où les centres pyroxénitiques primaires affleurent au milieu des schistes quartziteux ou quartzito-micacés qui forment exclusivement le milieu environnant.

Souvent aussi l'affleurement pyroxénitique est circonscrit par des roches d'espèce différente, tel est le cas au centre des Goussewi-Kamen, par exemple.

Le contour des affleurements pyroxénitiques est en principe quelconque, mais fréquemment circulaire ou plus ou moins elliptique; dans ce cas, le grand axe de l'ellipse est généralement orienté suivant la direction des chaînes.

L'altitude maximum des centres pyroxénitiques est fort variable, elle est indiquée dans le tableau suivant :

|  | Altitudes maxima |
|---|---|
| Tokaïsky . . . . . . . . . . . . . . . . | 1052 mètres |
| Goussewi-Kamen. . . . . . . . . . . . . | 494 » |
| Sinaïa-Gora (Barantcha . . . . environ | 700-750 m. |
| Kiédrowka (Taguil). . . . . . id. | 400 mètres |
| Obleiskaya-Kamenka . . . . . id. | 590 » |

Les pyroxénites s'érodent généralement moins fortement que la dunite, aussi les affleurements de roche en place ne sont-ils pas rares sur les centres pyroxénitiques, surtout lorsque ceux-ci sont situés au-dessus de la limite de végétation. La rubéfaction superficielle si caractéristique pour la dunite, ne se produit pas chez les pyroxénites; ces roches prennent une patine grisâtre ou verdâtre, et sont rarement décomposées à une grande profondeur au-dessous du sol. Par contre la surface des blocs en contact avec l'atmosphère est parfois caverneuse; ce fait, qui s'observe par exemple fréquemment au Goussewi-Kamen, provient de ce que l'olivine qui est toujours plus ou moins abondante dans les pyroxénites, se décompose beaucoup plus rapidement que le pyroxène. Les produits de cette décomposition sont ensuite enlevés par le ruissellement superficiel, ce qui donne naissance aux cavités observées.

Les formations que l'on rencontre à l'intérieur des centres pyroxénitiques sont :

1. Des filons ou dykes de roches variées, également leucocrates et mélanocrates, les premières généralement plus abondantes que les secondes. Les filons les plus communs sont ceux des plagiaplites grenues, ou encore des pegmatites à gros cristaux de hornblende. Plusieurs de ces filons sont bréchiformes, et empatent des fragments plus ou moins volumineux de pyroxénite; le pyroxène sur la périphérie y est transformé en amphibole, et sur les petits fragments cette transformation est si complète, que toute trace de pyroxène a disparu. Lorsque ces filons leucocrates sont très nombreux et criblent les pyroxénites, celles-ci se chargent alors soit de hornblende et passent aux hornblendites, soit de feldspath et passent aux gabbros et gabbros-diorites.

Quant aux filons mélanocrates ils sont plus rares, et représentés principalement par la dunite presque toujours très serpentinisée, ou par la roche que nous avons appelée dunite sidéronitique.

2. Des blocs plus ou moins volumineux de magnétite compacte fréquemment titanifère, qui se rencontrent épars au milieu de ceux de la pyroxénite. Cette magnétite forme des nids et des veinules dans la roche en place, et y joue le même rôle que la chromite dans la dunite.

# CHAPITRE III

## PÉTROGRAPHIE DES CENTRES PLATINIFÈRES PRIMAIRES
## LA DUNITE ET LES PÉRIDOTITES

§ 1. La dunite; minéraux constitutifs et structure. — § 2. Composition chimique de la dunite. — § 3. Les ségrégations de chromite dans la dunite. — § 4. Les péridotites, minéraux constitutifs, structure et composition chimique. — § 5. Les serpentines, structure et composition chimique.

### § 1. *La dunite; minéraux constitutifs et structure*

La dunite fraîche est une roche compacte, plus ou moins finement grenue, d'un vert olive généralement foncé, passant rarement au vert asperge clair (dunite du centre d'Iow). Sa densité est 2,95. Sur les cassures fraîches, elle possède un éclat gras ou résineux tout à fait caractéristique. A l'œil nu, on distingue presque toujours dans la masse des petits octaèdres noirs et brillants de chromite, qui apparaissent surtout lorsque la roche est altérée et rubéfiée par les actions secondaires. Les minéraux constitutifs principaux de la dunite sont la chromite et l'olivine; les minéraux accessoires le platine natif et les métaux alliés de son groupe (osmiure d'iridium, ferro-platines, palladium, rhodium, iridium, or, nickel et cuivre); les minéraux accidentels, le pyroxène monoclinique; et les minéraux secondaires la serpentine, la limonite, les carbonates, notamment le carbonate de magnésie, puis l'opale et la calcédoine.

**Chromite.** — Elle se rencontre en petits grains presque toujours octaédriques, très rarement de forme cubique, qui sont généralement inclus dans l'olivine, et dispersés assez régulièrement dans la roche. En lumière naturelle ils sont opaques, en coupes très minces, certains spécimens seulement paraissent d'un rouge brun foncé. La dimension des octaèdres varie entre 0,1 et 0,3 mill.; on en trouve qui mesurent exceptionnellement de 2 à 5 mill.

notamment dans le centre de Taguil au Kossogorsky-log, au Cirkof-log, etc. ; puis aussi au Véressowy-ouwal et au Kaménouchky.

Dans la dunite normale, la proportion de chromite oscille entre 1 et 2,5 à 3 °/₀ environ ; elle s'élève notablement dans certaines variétés dont il sera question plus loin. La composition normale de la dunite est donc :

$$\text{Chromite, de 1 à 3 °/}_\text{o} \text{ ; Olivine, de 97 à 99 °/}_\text{o}.$$

En outre la chromite se rencontre également localisée et accumulée dans la dunite, sous forme de ségrégations disposées en nids ou en trainées, qui constituent un véritable minerai compact de chrome.

**Olivine.** — Elle se présente en grains arrondis, toujours craquelés, qui sont idiomorphes, mais qui empâtent la chromite. Leur dimension généralement très uniforme, oscille entre 0,5 et 2 mill. selon le gisement. Elle n'a généralement pas de profils géométriques, mais présente assez souvent le clivage $g^1 = (010)$. En lumière naturelle elle est incolore, et toujours d'aspect hyalin. Ses propriétés optiques sont assez uniformes ; sur la dunite massive de l'éperon du Koswinsky, nous avons déterminé les constantes suivantes :

| $n_g$ | $n_m$ | $n_p$ | $n_g - n_p$ | $n_g - n_m$ | $n_m - n_p$ | 2V mesuré | 2V calculé |
|---|---|---|---|---|---|---|---|
| 1,6896 | 1,6707 | 1,6543 | 0,0353 | 0,0188 | 0,0165 | 83° | 86° |

Le signe optique est toujours positif, la dispersion $\varrho < \nu$ [1].

Nous avons trouvé des chiffres analogues sur l'olivine des autres centres dunitiques de l'Oural ; la biréfringence $n_g - n_p$ y oscille entre 0,035 et 0,038, et l'angle 2V entre 83° et 87°. M. Zawaritsky a trouvé des valeurs assez différentes de celles-ci pour l'olivine de la dunite de Taguil, elles sont comprises entre les limites suivantes :

$n_g - n_p$ : de 0,050 à 0,038 . . . . .    Moyenne générale : 0,042.
$n_m - n_p$ : de 0,0175 à 0,025 . . . . .    —     —     0,021.
    2V : de + 80 à + 90 . . . . .             + 87.

M. Wyssotsky[2] donne pour l'olivine des constantes qui se rapprochent déjà plus de celles que nous avons obtenues et qui sont :

---

[1] Les indices de réfraction ont toujours été mesurés au réfractomètre de Wallerant sur des sections orientées, les biréfringences contrôlées au compensateur, et l'angle 2V mesuré au goniomètre monté sur konoscope.

[2] WYSSOTSKY. Liste bibliographique n° 103.

| Centre dunitique | $n_g - n_f$ | $2V$ |
| --- | --- | --- |
| Wéressowy-ouwal . . . . . . . | 0,0309 | — |
| Kaménouchky . . . . . . . . | 0,031 | $+86$ à $87$ |
| Taguil-Awrorinsky . . . . . | — | $+87°$ |

La composition chimique de l'olivine des différentes dunites de l'Oural déduite de nos analyses[1], varie entre les deux formules suivantes :

$$Fe_2SiO_4 + 8\,Mg_2SiO_4 \qquad et \qquad Fe_2SiO_4 + 11\,Mg_2SiO_4 \;;$$

le type de beaucoup le plus fréquent correspond à $Fe_2SiO_4 + 11\,Mg_2SiO_4$.

**Platine.** — Le platine natif est toujours fort rare dans la dunite, il s'y présente sous deux formes, à savoir : cristallisé en grains idiomorphes par rapport à l'olivine, ou associé à la chromite qu'il moule dans ce cas. Nous examinerons plus longuement au chapitre V les rapports de ce platine avec les autres minéraux de la roche.

**Pyroxène.** — Il est excessivement rare dans la dunite franche, et ne s'y rencontre guère que dans le voisinage du contact de cette roche avec les pyroxénites. Il peut alors s'y présenter en cristaux volumineux, de dimension très supérieure à celle des grains d'olivine (dans la dunite du centre d'Iow, notamment). Les propriétés optiques de ce pyroxène sont celles habituelles à ce minéral : signe optique positif. $2V = 54°$, extinction sur $g^1 = 010$, $38° - 40°$ biréfringence $n_g - n_f = 0,028$.

**Structure.** — Elle est panidiomorphe grenue, et d'une absolue uniformité (fig. 2). Les grains isométriques arrondis d'olivine sont directement pressés les uns contre les autres, et moulent et empâtent les octaèdres de chromite, qui se rencontrent à l'état libre également parmi les grains de péridot. L'ordre de consolidation est toujours : chromite, platine et métaux de son groupe, olivine et pyroxène. Certaines dunites sont dynamométamorphosées ; l'olivine est alors broyée, écrasée, et transformée par endroits en une brèche microscopique.

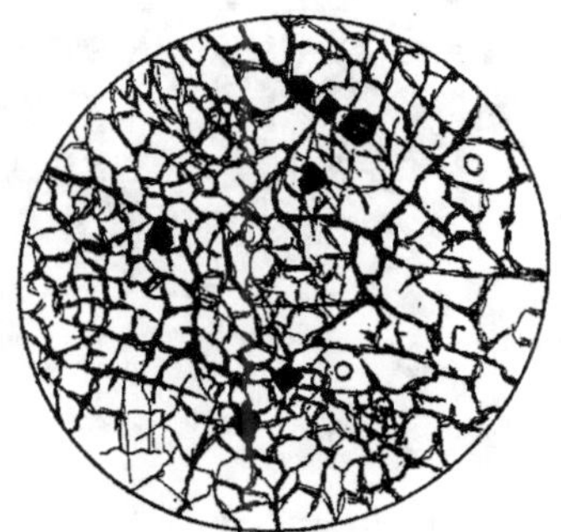

FIG. 2. — *Dunite fraîche*. Nicols parallèles. Grossissement 13 diam. O = olivine ; C = chromite.

**Altérations secondaires et serpentinisation.** — La dunite n'est pour ainsi dire jamais absolument fraîche, elle a toujours subi une serpentinisation plus ou moins avancée, qui se traduit à l'analyse chimique par la présence d'une quantité souvent notable d'eau de consti-

<hr>

[1] L. DUPARC et F. PEARCE. Liste bibliographique n° 70.

tution. La dunite la mieux conservée que nous connaissons est celle du centre d'Iow ; elle ne contient en effet que 3,95 % d'eau, alors que certains spécimens de Taguil en renferment jusqu'à 14 %. Parfois la serpentinisation est complète, mais ce phénomène est toujours local, et n'affecte pas le massif dunitique dans son ensemble. La dunite serpentinisée prend alors un aspect très caractéristique ; elle se transforme en une roche noirâtre, compacte, friable et dense, qui forme des taches ou des plages irrégulières dans la dunite moins altérée, et qui dans tous les cas, se distingue absolument des serpentines massives ordinaires, lesquelles dans l'Oural, constituent des montagnes entières.

La serpentinisation de l'olivine commence le long des craquelures de celle-ci (fig. 3) ; on y voit s'y développer des rubans étroits d'un minéral peu biréfringent, dont la couleur en lumière naturelle est en général jaunâtre ou verdâtre. Ces rubans s'élargissent progressivement, se continuent d'un cristal dans l'autre, et deviennent bientôt un réseau à larges mailles qui découpe toute la roche. Ces rubans présentent presque toujours une espèce de fibrosité transversale qui leur communique un aspect moiré particulier ; ils sont souvent divisés en deux parties symétriques de part et d'autre d'une ligne médiane, qui est indiquée par des ponctuations de magnétite. Les propriétés optiques du minéral serpentineux sont les suivantes : Les rubans sont positifs en long et s'éteignent parallèlement à leur allongement. La biréfringence maxima toujours très faible, ne dépasse pas 0,009, et oscille d'habitude autour de 0,006 ; par places le minéral serpentineux semble isotrope, et l'on croirait avoir sous les yeux une substance colloïde si la coloration de ces plages en lumière naturelle n'était pas identique à celle des rubans biréfringents.

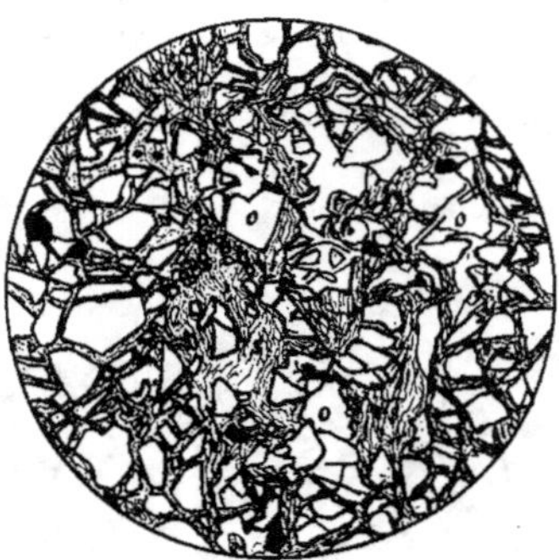

Fig. 3. — *Dunite massive serpentinisée.* Coupe nᵒ 706 Ou[1]. Lumière naturelle. Grossissement = 22 diam. La coupe montre des noyaux d'olivine disséminés dans la masse serpentineuse dûe à l'antigorite.

rubans biréfringents. En lumière convergente, ces plages isotropes donnent une croix noire uniaxe très floue de signe négatif qui, sur certains spécimens, se disloque très faiblement, ce qui correspond à une valeur de 2 V qui ne dépasse jamais 10° mais qui reste presque toujours notablement au dessous (3° à 5°). Il existe souvent un léger polychroïsme $n_g$ = verdâtre $n_p$ = jaunâtre pâle. Ces caractères correspondent à une antigorite uniaxe ou biaxe, mais avec 2V très petit. Il est à remarquer que dans les divers spécimens examinés, nous n'avons pas trouvé de chrysotyle.

---

[1] Ou désigne un échantillon de la collection L. Duparc des roches de l'Oural du Nord décrites dan les mémoires figurant dans la bibliographie aux nᵒˢ 62, 70, 80 et 114 ; *pw* désigne un échantillon de la collection Pawda décrite dans le mémoire figurant au nᵒ 121 ; *pl* enfin désigne un échantillon de la collection L. Duparc des roches des centres platinifères de l'Oural.

Lorsque la serpentinisation est plus avancée. l'antigorite gagne de proche en proche, et l'olivine est réduite à de simples noyaux anguleux. emprisonnés dans les mailles de la serpentine (fig. 3 ; elle peut même complètement disparaître par places. et toute la roche présente alors la structure maillée caractéristique. Des rubans plus ou moins minces d'antigorite enveloppent alors des zones ou nids du même minéral. orientés optiquement d'une manière différente. Les rubans sont beaucoup plus biréfringents que les parties qu'ils circonscrivent, celles-ci cependant sont toujours formées par de l'antigorite, jamais par des matières colloïdes.

Lorsque la structure maillée prédomine régionalement, certaines plages de la préparation paraissent presque isotropes par suite de la minceur relative des noyaux biréfringents par rapport au noyau central quasi-isotrope. Le type indiqué n'est cependant pas le seul rencontré ; sur d'autres spécimens, les larges rubans d'antigorite se réunissent comme les fibres d'un faisceau, et pour une certaine position de la platine du microscope, tous ces faisceaux paraissent également éclairés. Lorsque la plage est assez large pour pouvoir remplir tout le champ visuel, on pourrait penser avoir sous les yeux un seul et même cristal. Mais si on tourne cependant légèrement la platine du microscope, ces divers rubans s'éclairent d'une façon différente, et prennent un aspect moiré qui rappelle beaucoup celui de certaines plages de picrolite. Dans la majorité des cas cependant la serpentinisation ne va pas aussi loin, et la structure la plus habituelle est la disposition alvéolaire, dans laquelle les rubans entrecroisés d'antigorite enveloppent le noyau resté intact de l'olivine.

Nous ignorons, faute de travaux pour cela, jusqu'à quelle profondeur la dunite est serpentinisée ; c'est celle de Taguil qui paraît l'être le plus profondément.

Comme autres produits de la décomposition plus avancée de la dunite, on rencontre mais localement, du carbonate de magnésie, accompagné de limonite ; ces minéraux se présentent alors en masses compactes et en mosaïques, (aux sources de Maloï-Pokap dans le Wéressowy-ouwal, ou encore au log n° 6 à Swetli-Bor). L'opale se rencontre aussi en masses caverneuses ou en bourgeons de couleur grise ou brune ; nous ne l'avons vue cependant qu'une seule fois dans le centre de Taguil, à Sinitzina-gora.

## § 2. *Composition chimique de la dunite*

Nous avons, seuls, ou avec la collaboration d'un de nos élèves, M. Pinâ [1], analysé de nombreux spécimens des dunites de tous les centres primaires de l'Oural ; M. Wyssotsky a fait procéder également à des analyses semblables sur les dunites de Taguil, de l'Iss, et des Kaménouchky ; nous donnerons, classées par gisements, ces différentes analyses [2].

[1] S. PINÂ. Liste bibliographique n° 95.

[2] Les analyses marquées d'une astérisque ont été empruntées à l'ouvrage de M. Wyssotsky, Bibliographie n° 103 ; les autres ont été faites au laboratoire de minéralogie de l'Université de Genève, par M. Duparc ou par ses élèves, notamment par M. Pinâ y Rubies.

*Dunites de Taguil*

| | I* | II | III* | IV* | V | VI | VII | VIII |
|---|---|---|---|---|---|---|---|---|
| $SiO_2$ | 33,96 | 34,66 | 35,98 | 35,85 | 34,85 | 34,51 | 33,87 | 36,98 |
| $Al_2O_3$ | traces | 0,39 | 0.08 | — | 0,50 | 0,22 | 0,06 | 0,38 |
| $Cr_2O_3$ | 0,60 | 0,44 | 0,40 | 1.46 | 0,03 | 0,36 | 0,66 | 0,22 |
| $Fe_2O_3$ | 3,32 | 5,49 | 3,76 | 1,62 | 6,24 | 3,26 | 3,46 | 2,45 |
| FeO | 4,43 | 1,42 | 4,73 | 6,82 | 1,26 | 3,27 | 3,63 | 5,46 |
| MnO | 0,24 | traces | 0.29 | — | — | — | — | — |
| NiO | 0,10 | — | 0,03 | 1,31 | — | — | — | — |
| CaO | traces | — | 0,88 | traces | — | — | — | — |
| MgO | 43,10 | 44,02 | 43,34 | 41,48 | 43,41 | 44,81 | 44.76 | 46.75 |
| $K_2O$ | 0,13 | — | — | — | — | — | — | — |
| $Na_2O$ | 0,18 | — | — | — | — | — | — | — |
| $CO_2$ | 0,75 | | — | 1,91 | — | — | — | — |
| $H_2O$ | 12,87 | 13,37 | 10,40 | 10,07 | 13,39 | 14,02 | 13,28 | 7,28 |
| | 99,68 | 99,79 | 99,89 | 100,52 | 99,68 | 100,45 | 99,72 | 99,52 |

I*. Dunite du Mont Solowieff.
II .     —      Alexandrowsky-log.
III*.    —      en place sur la laverie d'Awrorinsky (contient des traces de cuivre).
IV*.    —      —      —      —
V .      —      en place dans le lit du Solowiewsky-log.
VI .     —      —     près du Kroutinsky-log.
VII .    —      en place, crête du Mont Solowieff.
VIII .   —      en place aux sources de Kotchkowatka.

*Dunites de Swetli-Bor*

| | IX* | X | XI | XII | XIII |
|---|---|---|---|---|---|
| $SiO_2$ | 36,54 | 35,96 | 37,01 | 36,06 | 38,00 |
| $Al_2O_3$ | 1,20 | 0,82 | 0,40 | 0,60 | 0,50 |
| $Cr_2O_3$ | — | 1,20 | 0,36 | 0,34 | 0,25 |
| $Fe_2O_3$ | 2,15 | 5,98 | 4,97 | 5,68 | 5,67 |
| FeO | 5,62 | 2,68 | 3,63 | 2,29 | 3,23 |
| MnO | 0,60 | — | — | — | — |
| NiO | 0,25 | — | — | — | — |
| CaO | 0,84 | — | — | — | — |
| MgO | 44,94 | 46,21 | 46,14 | 45,13 | 47,58 |
| $K_2O$ | — | — | — | — | — |
| $Na_2O$ | — | — | — | — | — |
| $CO_2$ | 0,18 | — | — | — | — |
| $H_2O$ | 7,22 | 7,86 | 7,89 | 10,21 | 6,28 |
| | 99,54 | 100,71 | 100,40 | 100.31 | 101,51 |

IX· Swetli-bor, rive gauche de l'Iss.
X      —          —          —      entre les logs  n<sup>os</sup> 2 et 3.
XI     —       au sommet du Travénisty-log.
XII    —       dans le Kroutoï-log.
XIII   —       rive gauche de l'Iss.

*Dunites de Wéressowy-Ouwal*

|            | XIV· | XV | XVI | XVII |
|------------|------|------|------|------|
| $SiO_2$ . . . | 36,14 | 36,77 | 37,56 | 36,71 |
| $Al_2O_3$. . . | — | 0,29 | 0,30 | 0,38 |
| $Cr_2O_3$. . . | 1,24 | 0,21 | 0,33 | 0,41 |
| $Fe_2O_3$. . . | 3,12 | 6,10 | 6,00 | 6,11 |
| FeO. . . . | 4,86 | 3,16 | 2,68 | 2,61 |
| MnO . . . | 0,06 | — | — | — |
| NiO. . . . | 0,15 | — | — | — |
| CaO. . . . | — | — | — | — |
| MgO . . . | 45,50 | 45,71 | 46,62 | 46,97 |
| $K_2O$. . . . | — | — | — | — |
| $Na_2O$. . . | — | — | — | — |
| $CO_2$. . . . | — | — | — | — |
| $H_2O$ . . . | 8,50 | 7,95 | 6,59 | 8,05 |
|            | 99,57 | 100,19 | 100,08 | 101,24 |

XIV·  Dunite Wéressowy-Ouwal.
XV     —          —          flanc est et extrémité sud de la crête.
XVI    —       sommet de Wéressowy, sous la tour.
XVII   —       dernier sommet nord de Wéressowy, sur le flanc est.

*Dunites du Kaménouchky*

|            | XVIII | XIX | XX |
|------------|-------|------|------|
| $SiO_2$. | 36,87 | 37,71 | 37,47 |
| $Al_2O_3$ | 0,56 | 0,35 | 0,75 |
| $Cr_2O_3$ | 0,90 | 0,34 | 0,39 |
| $Fe_2O_3$. | 5,75 | 5,09 | 5,22 |
| FeO | 3,00 | 3,39 | 3,24 |
| MnO | — | — | — |
| NiO | — | — | — |
| CaO | — | — | — |
| MgO | 45,21 | 46,26 | 45,27 |
| $K_2O$ | — | — | — |
| $Na_2O$ | — | — | — |
| $CO_2$. | — | — | — |
| $H_2O$ | 8,24 | 7,40 | 7.74 |
|            | 100,53 | 100,54 | 100,08 |

XVIII   Dunite près de la rivière Bolchaïa Kaménouchka.
XIX        —            —       —     Malaïa Kaménouchka.
XX         —     sur la crète de l'ouwal du Kaménouchky.

*Dunites du Koswinsky-Tilaï-Kanjakowsky*

|                | XXI    | XXII   | XXIII  |
|----------------|--------|--------|--------|
| $SiO_2$        | 35,41  | 38,06  | 37,91  |
| $Al_2O_3$      |        | 0,31   |        |
| $Cr_2O_3$      | 1,33   | 1,39   | 1,18   |
| $Fe_2O_3$      | 4,43   | 6,72   | 0,95   |
| $FeO$          | 3,66   | 5,29   | 9,21   |
| $MnO$          | —      | —      | —      |
| $NiO$          | —      | —      | —      |
| $CaO$          | —      | —      | —      |
| $MgO$          | 44,65  | 40,30  | 47,87  |
| $K_2O$         | —      | —      | —      |
| $Na_2O$        | —      | —      | —      |
| $CO_2$         | —      | —      | —      |
| $H_2O$         | 12,28  | 8,35   | 3,95   |
|                | 101,76 | 100,42 | 101,07 |

XXI    Dunite du Sosnowsky-ouwal (Koswinsky).
XXII      —    du centre de Kitlim (éperon du Koswinsky).
XXIII     —    du centre d'Iow (Kanjakowsky).

*Dunites des centres de l'Omoutnaïa et de Gladkaïa-Sopka*

|            | XXIV   | XXV    |
|------------|--------|--------|
| $SiO_2$    | 35,00  | 39,36  |
| $Al_2O_3$  | 0,15   | 0,14   |
| $Cr_2O_3$  | 0,66   | 0,80   |
| $Fe_2O_3$  | 3,85   | 1,74   |
| $FeO$      | 4,36   | 8,14   |
| $MgO$      | 44,13  | 45,81  |
| $H_2O$     | 11,97  | 5,45   |
|            | 100,12 | 101,44 |

XXIV   Dunite de l'Omoutnaïa.
XXV      —   de Gladkaïa-Sopka.

Postérieurement à la note indiquée, M. Pinà a dosé le nickel dans un certain nombre d'échantillons des dunites précédemment analysées. Il nous communique à ce sujet les résultats suivants calculés en NiO :

| | Taguil | Swetli-bor | Wéressowy-ouwal | Kamé-nouchky | Omoutnaïa | Sosnowsky-Ouwal | Kitlim |
|---|---|---|---|---|---|---|---|
| | 0,08 | 0,05 | 0,10 | 0,08 | 0,02 | 0,10 | 0,07 |
| | 0,09 | 0,08 | 0,14 | 0,05 | — | — | — |
| | 0,07 | 0,07 | 0,09 | 0,08 | — | — | — |
| | 0,07 | 0,06 | — | — | — | — | — |
| | 0,09 | — | — | — | — | — | — |
| Moyennes. . . | 0,08 | 0,07 | 0,11 | 0,07 | 0,02 | 0,10 | 0,07 |

Pour comparer entre elles ces différentes analyses il est nécessaire de les ramener à 100 après défalcation préalable de l'eau d'hydratation due à la serpentinisation. Le tableau suivant donne les chiffres qui résultent de cette opération ; son examen montre la grande uniformité de la dunite, quel que soit le centre primaire dont elle provienne :

| | II | V | VI | VII | VIII | X | XI | XII | XIII | XV |
|---|---|---|---|---|---|---|---|---|---|---|
| $SiO_2$ | 40,12 | 40,38 | 39,93 | 39,19 | 40,10 | 38,73 | 40,01 | 40,03 | 39,90 | 39,86 |
| $Al_2O_3$ | 0,46 | 0,58 | 0,25 | 0,06 | 0,44 | 0,88 | 0,43 | 0,66 | 0,52 | 0,31 |
| $Cr_2O_3$ | 0,51 | 0,03 | 0,42 | 0,76 | 0,25 | 1,29 | 0,39 | 0,38 | 0,26 | 0,23 |
| $Fe_2O_3$ | 6,36 | 7,23 | 3,77 | 4,00 | 2,59 | 6,44 | 5,37 | 6,30 | 5,95 | 6,61 |
| $FeO$ | 1,64 | 1,48 | 3,78 | 4,21 | 5,93 | 2,89 | 3,92 | 2,55 | 3,38 | 3,43 |
| $MgO$ | 50,91 | 50,30 | 51,85 | 51,78 | 50,69 | 49,77 | 49,88 | 50,08 | 49,99 | 49,56 |

| | XVI | XVII | XVIII | XIX | XX | XXI | XXII | XXIII | XXIV | XXV |
|---|---|---|---|---|---|---|---|---|---|---|
| $SiO_2$ | 40,18 | 39,43 | 39,97 | 40,49 | 40,61 | 39,57 | 41,34 | 39,03 | 39,70 | 41,01 |
| $Al_2O_3$ | 0,32 | 0,39 | 0,61 | 0,38 | 0,81 | 1,49 | 0,34 | 1,21 | 0,17 | 0,15 |
| $Cr_2O_3$ | 0,35 | 0,44 | 0,97 | 0,36 | 0,42 |  | 1,51 |  | 0,75 | 0,83 |
| $Fe_2O_3$ | 6,42 | 6,55 | 6,23 | 5,46 | 5,65 | 4,95 | 7,30 | 0,97 | 4,37 | 1,81 |
| $FeO$ | 2,86 | 2,80 | 3,25 | 3,64 | 3,50 | 4,09 | 5,74 | 9,21 | 4,95 | 8,48 |
| $MgO$ | 49,87 | 50,39 | 48,97 | 49,67 | 49,01 | 49,90 | 43,77 | 49,31 | 50,06 | 47,72 |

Nous avons calculé la moyenne générale de toutes ces analyses (en laissant de coté le n° XXII qui est anormal); puis la même moyenne avec la totalité des oxydes de fer comme FeO, ce qui correspond à la composition de la dunite fraîche ; les résultats sont donnés ci-dessous :

| Moyenne générale des analyses de dunite | Moyenne ramenée à 100 p. tout le fer étant comme FeO | Quotients |
|---|---|---|
| $SiO_2$ = 39,98 | $SiO_2$ = 40,19 | 0,6698 |
| $Al_2O_3$ = 0,53 | $Al_2O_3$ = 0,53 | 0,0052 |
| $Cr_2O_3$ = 0,51 | $Cr_2O_3$ = 0,51 | 0,0034 } = 0,0086 $R_2O_3$ |
| $Fe_2O_3$ = 5,22 | $Fe_2O_3$ = — | |
| FeO = 4,09 | FeO = 8,83 | 0,1226 |
| MgO = 49,67 | MgO = 49,94 | 1,2480 } = 1,3706 RO. |
| 100,00 | 100,00 | |

La formule magmatique qui se déduit de ces résultats, et qui peut être considérée comme définitive pour la dunite platinifère non serpentinisée est :

$$77,88 \; SiO_2 : R_2O_3 : 159,16 \; RO ; \qquad \text{Coefficient d'acidité } \alpha = 0,96.$$

## § 3. Les ségrégations de chromite dans la dunite

Nous avons déjà dit qu'à côté des octaèdres de chromite qu'on trouve disséminés parmi l'olivine et à l'intérieur de ce minéral, il existait dans la dunite des ségrégations plus ou moins volumineuses de fer chromé compact, qui sont la source première des galets parfois assez gros de ce minerai que l'on trouve dans les alluvions de bon nombre de rivières platinifères (Jow, Poloudniéwaïa, B.[1]. Kaménouchka, B et M. Pokap, puis dans un grand nombre de lojoks tributaires de Martian ou de Wyssim à Taguil, etc.). Ces ségrégations sont difficiles à observer *in situ*, par le fait que la dunite des centres primaires est presque partout recouverte par l'humus et la végétation; l'endroit le plus favorable pour étudier leur disposition, est certainement la région des sources de Poloudniéwaïa sur le centre du Iow, dans le massif du Tilaï-Kanjakowsky. Celles-ci, qui débutent à 1,000 mètres sur le col du Iow, cascadent sur des parois rocheuses presque verticales de dunite de 300 mètres de hauteur environ. En escaladant ces parois, on voit localement dans la dunite vert-clair du

[1] B et M. indiqueront à l'avenir Bolchaïa ou Malaïa qui veulent dire grande et petite.

gisement, des taches irrégulières formées par des amas de minerai noirâtre, compact et cristallin, qui, en l'espèce, est de la chromite. Ces amas ne sont ni volumineux ni abondants, ils présentent la forme de petits nids irréguliers, ou encore de veinules très courtes, dont l'épaisseur atteint quelques centimètres au plus, et la longueur de $0^m,25$ à $0^m,60$. La dunite encaissante est tout à fait normale et à peine plus riche en octaèdres de chromite qu'à l'ordinaire.

A Taguil, on connaît depuis fort longtemps déjà des ségrégations analogues, en divers points de la dunite qui avoisine le mont Solowieff, mais ce n'est que récemment qu'elles ont été bien étudiées, grâce aux travaux entrepris dans ce but par MM. Conradi et Zawaritsky, sous la direction de M. W. W. Nikitin. Elles affectent principalement la forme de traînées ou « schlieren » qui sont assez fréquentes dans la dunite de ce centre, par exemple à Alexandrowsky-log, au Kroutoï et Kroutinsky-log, au confluent du Cirkof et Kammenoi-log, etc.

Ces « schlieren » forment des veines et veinules plus ou moins parallèles, qui mesurent de 1 à 6 centimètres d'épaisseur, rarement davantage, et qui sont échelonnées sur une largeur de $0^m,35$ à $0^m,70$ environ, séparées les unes des autres par de la dunite généralement riche en chromite. Les zones à « schlieren », alternent avec d'autres où la dunite a une teneur normale en fer chromé. Les travaux montrent que ces veinules qui sont toujours très courtes, sont fréquemment orientées suivant le méridien, ou encore NNE, voire même NNO. On en observe également qui sont EO, ou encore ENE ; le pendage, quand il peut être déterminé, oscille entre 40° et 60°, à l'est et au sud. A Taguil comme ailleurs, les ségrégations de chromite ne sont jamais très abondantes ; elles paraissent surtout accumulées dans les parties centrales du gîte primaire, sur les flancs du mont Solowieff.

A Wéressowy-ouwal, à en juger par la fréquence des galets de chromite dans les alluvions de Maloï-Pokap, de Balchaïa Prostokischenka et de Malaïa Prostokischenka, les « schlieren » de fer chromé doivent être abondants, mais à l'époque où nous avons visité ce gisement, aucun travail de recherche n'avait été entrepris pour les mettre en évidence. A Swetli-bor, par contre, les ségrégations sont beaucoup plus rares, c'est même un caractère différentiel de ces deux centres primaires, pourtant si voisins. Une veinule de chromite est cependant contenue dans la dunite du log n° 6 ; il doit, d'après le caractère du platine et des schlichs, en exister également dans la dunite du Korobowsky-lojok.

Au Kaménouchky, les galets de chromite se rencontrent dans les deux Kaménouchka, mais jusqu'à ce jour, les ségrégations n'ont pas été recherchées dans la roche en place et n'y sont pas connues.

Au Koswinsky, les galets de chromite se trouvent dans les alluvions des trois lojoks qui constituent les sources de Kitlim (Popowsky-log, Diudinsky-log et Obodranny-log). De plus, sur l'éperon dunitique, on trouvait des morceaux anguleux de fer chromé provenant de la désagrégation sur place de la dunite. Au Sosnowsky-ouwal, quelques petites ségrégations sont connues dans la dunite, près de la crête de l'ouwal ; les schlichs des alluvions de Bolchaïa et surtout Malaïa Sosnowka étaient riches en petits galets de chromite également. A Gladkaïa-Sopka, la chromite paraît beaucoup plus rare ; nous n'en avons vu aucune ségrégation sur les nombreux affleurements de dunite, et dans les puits faits sur les alluvions de Travianka, nous n'avons également pas observé de galets de chromite. Par contre, sur le centre de l'Omoutnaïa, les schlieren de fer chromé doivent exister, car dans les éluvions de l'un des lojoks qui descend sur la rive gauche de cette rivière, nous avons vu à plusieurs reprises, des petits galets de chromite.

La structure microscopique des ségrégations est très uniforme ; dans les variétés qui à l'œil nu, sont les plus compactes, on voit qu'il existe toujours, entre les grains arrondis et plus ou moins octaédriques de chromite, des interstices qui sont remplis par une olivine souvent hyaline, dans laquelle on trouve çà et là quelques petits grains idiomorphes de fer chromé. Quelquefois dans les variétés altérées, la serpentine se substitue partiellement ou totalement à l'olivine, souvent avec production de ponctuations de magnétite. Les variétés très décomposées et toujours excessivement friables, renferment parfois des carbonates, puis aussi de l'opale (Taguil et Weressowy-bor, Maloï-Pokap). Certaines chromites ont sous le microscope un aspect bréchiforme, les plages opaques de fer chromé y sont cimentées par des carbonates, de la serpentine, voire même de la silice concrétionnée. Les schlieren de chromite sont particulièrement riches en platine ; nous étudierons plus loin la disposition qu'y présente ordinairement ce dernier.

Nous avons analysé plusieurs variétés de chromite récoltées *in situ* sur divers centres primaires ; les résultats de ces analyses figurent dans le tableau ci-dessous [1]. Le fer total y a été calculé comme FeO, ce qui entraîne souvent une perte sur le pourcentage ; une notable partie du fer existant comme $Fe_2O_3$, ce que nous avons vérifié.

*Analyse des ségrégations de chromite*

|  | No I [2] | No II | No III | No IV | No V |
|---|---|---|---|---|---|
| $SiO_2$ | 0,82 | 0,90 | 0,82 | 1,83 | 0,98 |
| $TiO_2$ | 0,24 | 0,24 | 0,40 | — | 1,14 |
| $Cr_2O_3$ | 53,60 | 53,19 | 52,67 | 35,88 | 33,10 |
| $Al_2O_3$ | 9,68 | 9,63 | 10,56 | 8,57 | 14,78 |
| FeO | 23,20 | 21,16 | 23,37 | 42,61 | 37,99 |
| MgO | 12,26 | 14,33 | 12,23 | 10,04 | 8,73 |
| CaO | 0,34 | 0,27 | 0,24 | — | 0,23 |
|  | 100,14 | 99,72 | 100,29 | 98,93 | 96,95 |

Ce tableau montre que la plupart des éléments de la dunite se retrouvent dans la chromite, mais y sont en quelque sorte renforcés ; ainsi l'alumine qui, dans la dunite, atteint

[1] L. DUPARC et S. PINÁ. Liste bibliographique nᵒ 100.
[2] Les gisements qui correspondent aux numéros de ce tableau sont donnés un peu plus loin.

à peine 1 % au maximum, oscille ici entre 8 % et 14 % : la chaux[a] que nous n'y avons jamais trouvée qu'en traces, y titre en moyenne 0.2. On remarquera également que, tandis que certaines chromites ont une composition analogue, d'autres sont très différentes et très pauvres en chrome ; cela ne peut évidemment tenir qu'à une cause profonde, qui dépend de la composition initiale du magma ayant donné naissance à la dunite.

Il est évident que ces chromites sont formées par des mélanges en proportions variables des divers termes de la série isomorphe des spinelles $R_2O_3RO$. Pour établir ces proportions, nous avons réduit ces analyses à 100 parties, en additionnant, pour simplifier, la chaux avec la magnésie, puis la silice avec l'acide titanique. Nous avons ensuite calculé cette silice en olivine de formule simplifiée $Mg_2SiO_4$. Après défalcation de celle-ci et nouvelle réduction à 100, nous avons d'abord calculé toute l'alumine comme $Al_2O_3MgO$, l'excédent de MgO comme $Cr_2O_3MgO$, l'excédent de $Cr_2O_3$, comme $Cr_2O_3FeO$, et le reste comme $Fe_2O_3FeO$. Les résultats obtenus sont consignés dans le tableau suivant :

| Termes | I | II | III | IV | V |
|---|---|---|---|---|---|
| $Al_2O_3MgO$ . . . | 13,82 | 13,83 | 15.12 | 12,62 | 22,40 |
| $Cr_2O_3MgO$ . . . | 35,95 | 45,69 | 32,66 | 21,25 | 1,48 |
| $Cr_2O_3FeO$. . . . | 38,95 | 27,50 | 41,57 | 31,09 | 51,24 |
| $Fe_2O_3FeO$ . . . | 12,12 | 13,94 | 11,44 | 37,64 | 26,73 |
|  | 100.84 | 100.96 | 100.79 | 102.60 | 101,85 |

I. Ségrégation de chromite d'Alexandrowsky-log. Taguil.
II.      —              —         Kroutoï-log, Taguil.
III.     —              —         Rivière Kaménouchka. Kaménouchky.
IV.      —              —         Centre du low. Tilaï-Kanjakowsky.
V.       —              —         Rivière Omoutnaïa. Syssertskaïa-datcha.

Le n° I renferme 2,48 % d'olivine, le n° II 2,66 %, le n° III 2,85 %, le n° IV 4,32 %, et le n° V 5,12 %.

Ce tableau montre que trois de ces chromites sont caractérisées par la pauvreté du terme $Fe_2O_3FeO$, deux au contraire par son abondance relative ; la chromite du Poloudniéwaïa (n° IV) par exemple est presque une magnétite chromifère, ce qui correspond bien d'ailleurs à son aspect extérieur.

Il est à remarquer que la composition des deux chromites de Taguil, bien que très analogue, n'est cependant pas identique. Il y a donc dans les ségrégations d'un même centre dunitique primaire des différences, qui, comme nous le verrons, sont de l'ordre de celles que l'on observe sur les platines inclus dans ces ségrégations.

Si au moyen des résultats qui précèdent, on calcule le nombre des molécules de

___

[a] Nous pensons que la chaux trouvée par différents analystes dans la dunite est presque toujours de la magnésie qui, en dépit des précautions prises, a précipité, comme nous l'avons maintes fois constaté.

chaque terme de la série isomorphe en rapportant à 100 molécules. on obtient les formules suivantes :

| Numéros | $Al_2O_3MgO$ | $Cr_2O_3MgO$ | $Cr_2O_3FeO$ | $Fe_2O_3FeO$ |
|---|---|---|---|---|
| I . . . . . . | 19,0 | 36,6 | 34,1 | 10,3 |
| II . . . . . | 18,8 | 45,9 | 23,7 | 11,6 |
| III . . . . . | 20,8 | 33,2 | 36,3 | 9,7 |
| IV . . . . . | 17,7 | 22,1 | 27,7 | 32,5 |
| V . . . . . | 30,9 | 1,5 | 44,9 | 22,7 |

## § 4. *Les péridotites, minéraux constitutifs, structure et composition chimique*

La dunite représente le prototype des péridotites, mais elle n'est pas seule de son espèce. On rencontre dans l'Oural comme ailleurs, d'autres péridotites relativement moins riches en olivine, dans lesquelles le péridot s'associe généralement à un pyroxène monoclinique, à un pyroxène rhombique, ou encore aux deux à la fois. Ces roches restent des péridotites, car l'olivine y prédomine toujours sur le pyroxène et suivant l'association. minéralogique réalisée, on distingue :

1. *Les péridotites à diallage*, dans lesquelles l'olivine est associée à un pyroxène monoclinique de la série diallage-augite.

2. *Les hartzburgites*, formés par l'association du pyroxène rhombique. enstatite bronzite ou hypersthène, à de l'olivine également.

3. *Les lherzolites*, qui comportent de l'olivine. du pyroxène rhombique, et du pyroxène monoclinique généralement chromifère.

Toutes ces roches renferment ordinairement des spinelles bruns ou verts ; les péridotites et les lherzolites souvent aussi de la magnétite ; elles passent latéralement à la dunite typique, dans laquelle cependant les spinelles bruns indiqués remplacent partiellement ou totalement la chromite.

Ces différentes péridotites serpentinisent très volontiers. et c'est toujours l'olivine qui est atteinte la première : viennent ensuite les pyroxènes, et notamment le pyroxène rhombique, qui se transforme en bastite : nous étudierons d'ailleurs le processus de serpentinisation dans le paragraphe réservé aux serpentines.

Les hartzburgites sont les péridotites les plus répandues, et bon nombre des grands massifs de serpentine que l'on trouve dans l'Oural en dérivent. Elles se rencontrent d'habitude tout à fait en dehors de la première zone éruptive de l'ouest. et forment des boutonnières qui percent au milieu de roches variées. Nous ne les avons jamais trouvés dans les centres dunitiques primaires. mais au contraire souvent dans la zone éruptive de l'est. Leur présence parait également entraîner celle du platine. car l'on sait que ce métal existe dans les alluvions de certains cours d'eau qui ravinent exclusivement les hartzburgites ou les serpentines qui en proviennent ; toutefois ce platine est généralement rare et les gîtes primaires dans les hartzburgites doivent par conséquent être très pauvres.

Les lherzolites sont souvent subordonnées aux hartzburgites et étroitement liées à celles-ci ; quant aux péridotites à diallage, elles paraissent notoirement associées aux massifs pyroxénitiques, et comme telles, se rencontrent généralement à proximité des grandes boutonnières que forment les pyroxénites dans les gabbros de la zone éruptive de l'ouest ; tel est par exemple le cas au Koswinsky, au Katchkanar, etc. Autant qu'il est permis d'en juger d'après les documents très incomplets que nous possédons à leur sujet, ces péridotites à diallage paraissent être généralement stériles dans l'Oural.

Les minéraux constitutifs des péridotites sont les suivants :

**Spinelles.** — Ils sont souvent abondants, et généralement de couleur brun-rougeâtre foncé. Les grains sont irréguliers, craquelés, rarement octaédriques, et parfois marbrés de taches plus foncées. Certains spécimens sont presque complètement opaques, et passent alors à la chromite. Dans quelques hartzburgites on trouve également un spinelle brun verdâtre, plus clair, puis dans les péridotites à diallage des spinelles vert émeraude, analogues à ceux que l'on trouve dans la koswite.

Dans les formes de passage à la dunite, et dans la dunite elle-même, les spinelles bruns ou opaques passant à la chromite ; dans les péridotites à diallage par contre la magnétite n'est point rare, elle moule généralement les spinelles verts.

**Olivine.** — C'est toujours l'élément prépondérant. Elle se présente en grains idiomorphes, arrondis, fissurés et hyalins, avec les propriétés ordinaires, à savoir : le signe optique positif, 2V généralement grand, variant de 86° à 88° $n_g$-$n_p$ = 0,036-0,038 ; $n_g$-$n_m$ = 0,018-0,019 ; $n_m$-$n_p$ = 0,016-0,017. L'olivine est généralement serpentinisée suivant les cassures.

**Pyroxène monoclinique.** — Il est toujours de plus grande taille que l'olivine, et de couleur verdâtre pâle. Les cristaux faiblement allongés selon $m$ = (110) sont parfois mâclés selon $h^1$ = (100). Sur $g^1$ = (010) plan des axes optiques, l'extinction se fait entre 40-45° ; la bissectrice aiguë = $n_g$. L'angle 2V oscille généralement entre 54 et 56°. $n_g$-$n_p$ = 0,027-0,028.

**Pyroxène rhombique.** — Il se présente en cristaux allongés suivant la zone du prisme, avec clivages $m$ = (110) et $h^1$ = (100) fin et serré, accompagnés de cassures transversales irrégulières. Il est incolore en lumière naturelle ; le plan des axes optiques est parallèle à $g^1$ = (010), la bissectrice aiguë est tantôt négative, tantôt positive, le premier cas plus fréquent que le second, l'angle 2V reste généralement cantonné autour de ± 80°. Les trois biréfringences oscillent entre : $n_g$-$n_p$ = 0,011-0,012 ; $n_g$-$n_m$ = 0,005-0,006 ; $n_m$-$n_p$ = 0,004-0,007. On observe, rarement il est vrai, un très léger polychroïsme, avec $n_g$ et $n_m$ incolores, et $n_p$ = brunâtre très pâle. Il est évident par ce qui précède, que l'on rencontre des termes allant de l'enstatite à l'hypersthène, avec prédominance du groupe bronzite-enstatite. Les cristaux de pyroxène rhombique renferment souvent des petites lamelles transparentes et incolores intercalées parallèlement au clivage, qui sont de biréfringence élevée, et qui s'éteignent sous des angles qui atteignent jusqu'à 45°. Ces lamelles sont du pyroxène monoclinique.

**Structure.** — Elle est toujours parfaitement grenue (fig. 4) : les pyroxènes, notamment les pyroxènes rhombiques, sont fréquemment de plus grande taille que l'olivine, et paraissent développés, quasi-porphyriquement, au milieu des grains arrondis idiomorphes et plus petits de cet élément. Souvent le pyroxène forme localement des associations pœcilitiques avec l'olivine.

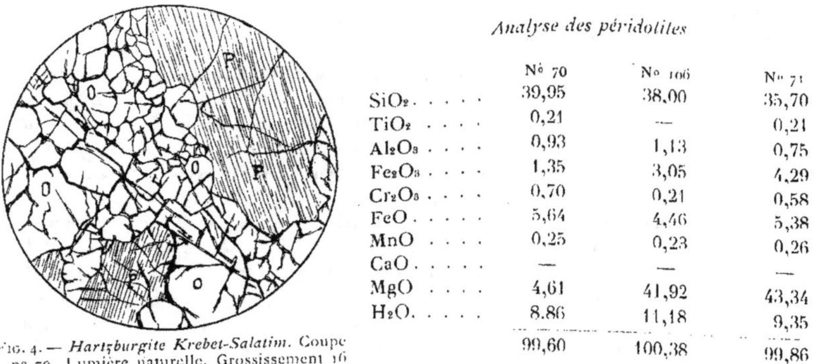

Fig. 4. — *Hartzburgite Krebet-Salatim.* Coupe n° 70. Lumière naturelle. Grossissement 16 diam. O = olivine; P = pyroxène rhombique.

*Analyse des péridotiles*

|  | N° 70 | N° 106 | N° 71 |
|---|---|---|---|
| SiO₂ | 39,95 | 38,00 | 35,70 |
| TiO₂ | 0,21 | — | 0,21 |
| Al₂O₃ | 0,93 | 1,13 | 0,75 |
| Fe₂O₃ | 1,35 | 3,05 | 4,29 |
| Cr₂O₃ | 0,70 | 0,21 | 0,58 |
| FeO | 5,64 | 4,46 | 5,38 |
| MnO | 0,25 | 0,23 | 0,26 |
| CaO | — |  | — |
| MgO | 4,61 | 41,92 | 43,34 |
| H₂O | 8,86 | 11,18 | 9,35 |
|  | 99,60 | 100,38 | 99,86 |

N° 70 Ou = Hartzburgite en montant au Krebet-Salatim, un peu au nord.

N° 106 Ou = Hartzburgite, rive gauche de la rivière Wijaï.

N° 71 Ou = Dunite, passage latéral des hartzburgites, sommet du Krebet-Salatim. La roche ne renferme que de l'olivine et des spinelles.

Si l'on défalque l'eau d'hydratation et calcule sur 100 parties, après avoir réduit tout l'oxyde ferrique en FeO, on obtient les résultats suivants :

|  | N° 70 | N° 106 | N° 71 |
|---|---|---|---|
| SiO₂ | 44,15 | 42,75 | 39,64 |
| TiO₂ | 0,23 | — | 0,24 |
| Al₂O₃ | 1,03 | 1,39 | 0,84 |
| Cr₂O₃ | 0,77 | 0,24 | 0,67 |
| FeO | 7,57 | 8,20 | 10,36 |
| MnO | 0,27 | 0,26 | 0,30 |
| MgO | 45,98 | 47,16 | 47,95 |
|  | 100,00 | 100,00 | 100,00 |

Les dunites sont donc un peu plus basiques que les hartzburgites, ce qui est normal, vu la présence du pyroxène dans ces dernières.

## § 5. *Les serpentines, structure et composition chimique*

Les serpentines proprement dites ne se rencontrent pas en grandes masses dans les centres dunitiques ; elles y apparaissent d'une façon toute locale, et jamais en affleurements d'une certaine étendue. A Taguil cependant, les roches serpentineuses forment une mince bande, développée sur tout le flanc O de l'affleurement dunitique, mais c'est là un phénomène tout à fait exceptionnel. D'habitude, les serpentines accompagnent les hartzburgites et les péridotites analogues, et là où il ne reste dans les serpentines plus trace des minéraux générateurs de l'antigorite, on peut cependant être à peu près certain qu'elles proviennent de ces dernières. Les serpentines forment des massifs plus ou moins puissants, ou des affleurements isolés, que l'on rencontre principalement à l'est de la grande zone éruptive des roches basiques à centres dunitiques, et principalement dans l'Oural du sud. Ces roches présentent toujours une croûte d'oxydation rougeâtre, sauf à Taguil où elle est d'aspect blanchâtre. Les cristaux de pyroxène rhombique souvent bastitisés, font saillie à la surface de cette croûte et sont alors de couleur verdâtre.

Au microscope, chez les variétés qui sont complètement transformées et chez lesquelles il ne reste plus de traces des minéraux générateurs, la structure est très uniforme : Là où l'olivine prédomine de beaucoup sur le pyroxène dans la péridotite, la serpentine présente au premier chef la structure dite maillée. Les rubans d'antigorite généralement larges et peu biréfringents, sont parfois très réguliers, d'autrefois pétaloïdes et presque toujours striés transversalement, ce qui leur communique un aspect moiré tout à fait caractéristique. Ils entourent et circonscrivent généralement des plages plus ou moins arrondies d'aspect quasi isotrope ou tout au moins très faiblement biréfringentes, qui sont des plages d'antigorite perpendiculaires à la bissectrice aiguë. Ces rubans sont souvent ponctués de magnétite, et dans certains spécimens la séparation secondaire de ce minéral s'est produite sur une assez grande échelle. Quelquefois la structure alvéolaire est moins distincte ; les gros rubans d'antigorite s'orientent alors plus ou moins parallèlement, ce qui communique à la roche un aspect fibro-lamellaire. Ces rubans sont même par places froissés et contournés, dans ce cas leur striage transversal s'intensifie. La séparation de la magnétite consécutive à la serpentinisation, se fait soit sous forme d'un cordon ou d'un chapelet plus ou moins large, qui divise les rubans d'antigorite en deux parties égales, soit aussi sous forme d'amas irréguliers, massés sur certains points de la roche. L'antigorite qui forme la serpentine est généralement légèrement verdâtre ; elle peut cependant être beaucoup plus fortement colorée, dans ce cas jaune verdâtre ou jaune d'or, et légèrement polychroïque. D'habitude l'antigorite est uniaxe, quand elle est biaxe, 2V est alors très petit. L'extinction des rubans se fait en long, leur biréfringence maxima $n_g$ - $n_p$ = 0,008-0,009.

Lorsque la péridotite renferme du pyroxène complètement serpentinisé, il est alors remplacé par de la bastite. Celle-ci garde la forme du cristal primitif de pyroxène, elle conserve les mêmes inclusions, les mêmes clivages, et souvent une disposition fibreuse caractéristique. L'extinction se fait en long, le plan des axes optiques est normal à la direction du clivage. La bissectrice aiguë = $n_p$, l'angle 2V est généralement petit, mais le minéral reste constamment biaxe. La biréfringence $n_g$ - $n_p$ est très faible et ne dépasse pas 0,01. La bastite est légèrement verdâtre ou jaunâtre en lumière naturelle, elle ne paraît pas avoir de polychroïsme appréciable.

Chez les serpentines incomplètement transformées, il existe souvent encore des noyaux d'olivine emprisonnés dans les mailles de l'antigorite ; le pyroxène rhombique est dans ce cas presque toujours intact. Lorsque toute trace d'olivine a disparu, la bronzite n'est pas toujours complètement bastitisée ; on en trouve encore des plages entourées d'une auréole de bastite plus ou moins large, et généralement de couleur jaunâtre.

Quant aux spinelles, ils ne subissent aucune transformation et se retrouvent tels qu'ils étaient dans les péridotites.

La composition chimique de ces serpentines est la suivante :

*Analyse des serpentines*

| | No 68 | No 119 | No 3o3pt | No 3i5pt |
|---|---|---|---|---|
| $SiO_2$ . . . . . . . | 39,80 | 40,58 | 35,10 | 33,71 |
| $TiO_2$ . . . . . . . | 0,21 | — | 0,05 | 0,03 |
| $Al_2O_3$ . . . . . . . | 2,11 | 0,69 | 0,31 | 0,33 |
| $Fe_2O_3$ . . . . . . . | 5,47 | 4,92 | 3,12 | 5,73 |
| $Cr_2O_3$ . . . . . . . | — | 0,59 | 0,89 | 0,32 |
| $FeO$ . . . . . . . | 2,49 | 2,23 | 1,66 | 1,26 |
| $MnO$ . . . . . . . | 0,50 | 0,19 | — | — |
| $CaO$ . . . . . . . | — | — | — | — |
| $MgO$ . . . . . . . | 36,86 | 39,27 | 43,18 | 43,39 |
| $H_2O$ . . . . . . . | 12,34 | 12,60 | 14,92 | 15,20 |
| | 99,78 | 101,07 | 99,23 | 99,97 |

N° 68 Ou = serpentine à bastite, provenant d'une hartzburgite. Chemin de Bolchaïa Toschemka, au Krebet-Salatim (Oural du Nord).

N° 119 Ou = serpentine à bastite sans traces de minéraux générateurs, grand marécage avant d'arriver sur la rivière Kolkolonia, affluent d'Antschug (Oural du nord).

N° 303 *pl* — serpentine provenant de la dunite. route de Zakharowka à Awrorinsky. Taguil.

N° 315*pl* — serpentine d'origine dunitique. Extrémité N de l'affleurement dunitique de Taguil près de Bobrowka.

Ces serpentines sont des produits de la transformation des hartzburgites d'une part, et des dunites de l'autre ; les premières sont plus acides et plus riches en alumine ce qui résulte du fait de la présence du pyroxène rhombique et des spinelles, les seconds sont plus riches en magnésie et en chrome par le fait de l'abondance de l'olivine et de la présence de la chromite.

# CHAPITRE IV

## LES PYROXÉNITES ET LES KOSWITES

§ 1. Généralités sur les pyroxénites. — § 2. Les koswites, minéraux constitutifs, structure et composition chimique. — § 3. Les pyroxénites franches, minéraux constitutifs, structure et composition chimique. — § 4. Les ségrégations de magnétite dans les pyroxénites. — § 5. Les hornblendites.

### § 1. *Généralités sur les pyroxénites*

Les roches pyroxénitiques de la première ceinture qui circonscrit les ellipses dunitiques, comme aussi celles qui constituent les centres pyroxénitiques platinifères primaires, présentent deux types principaux, qui d'ailleurs ne sont jamais nettement délimités sur le terrain, mais qui passent l'un à l'autre par des formes transitoires. Le premier correspond aux pyroxénites franches, le second aux roches que nous avons antérieurement[1] appelées koswites. Les pyroxénites franches sont, dans la règle, formées par l'association de l'olivine avec le pyroxène, ce dernier minéral étant de beaucoup l'élément prédominant, l'olivine pouvant même manquer totalement. La magnétite, dans ce type, reste toujours un élément accessoire, qui, à la vérité, est très constant, mais qui s'y rencontre parfois en très petite quantité. Les koswites sont des roches plus basiques que les pyroxénites, et toujours plus riches en olivine, qui sont surtout caractérisées par l'abondance exceptionnelle de la magnétite laquelle y devient non seulement un minéral constitutif principal, mais y présente encore une disposition tout à fait particulière.

Les pyroxénites et les koswites sont presque constamment associées dans les divers gisements, mais les premières l'emportent de beaucoup sur les secondes en fréquence et en

[1] L. Duparc et F. Pearce. Bibliographie, n° 62.

étendue ; il existe d'ailleurs des affleurements de pyroxénites dans lesquelles les koswites font entièrement défaut, l'inverse n'a pas été observé, à notre connaissance du moins. La rencontre de la koswite dans un gisement de pyroxénites franches est toujours l'indice d'une basicité plus grande ; elle annonce souvent la présence à proximité de la dunite massive ou filonienne dans les pyroxénites.

Il faut également rattacher à ces dernières, certaines roches à amphibole désignées généralement sous le nom de hornblendites, que l'on rencontre quelquefois à l'intérieur ou à la périphérie des affleurements pyroxénitiques et souvent à proximité des gabbros. Ces hornblendites qui résultent certainement d'une modification locale des pyroxénites, ne sauraient en être séparées, et seront donc traitées avec celles-ci dans ce chapitre.

## § 2. *Les Koswites, minéraux constitutifs, structure et composition chimique*

Les koswites sont des roches mélanocrates, à grain moyen ou fin, qui sont toujours extrêmement denses, et formées par un pyroxène lamellaire réuni à beaucoup d'olivine et de magnétite. Au microscope les éléments constitutifs en sont : l'olivine, le pyroxène monoclinique, la hornblende, les spinelles chromifères et la magnétite.

**Olivine.** — C'est le premier élément consolidé, car il est indifféremment moulé par la magnétite ou le pyroxène. Il se présente en grains arrondis idiomorphes, toujours craquelés, et sans contour géométrique, qui sont toujours parfaitement hyalins, et qui présentent les clivages $g^1 = (010)$, plus rarement $p = (001)$. Le signe optique est positif $2VNa = 86°\text{-}89°$, la dispersion $\varrho < V$, les trois biréfringences oscillent entre les limites suivantes :

$$n_g\text{-}n_p = 0{,}036\text{-}0{,}037 ; \qquad n_g\text{-}n_m = 0{,}019\text{-}0{,}023 ;$$
$$n_m\text{-}n_p = 0{,}016\text{-}0{,}018.$$

**Pyroxènes.** — Ils se rattachent par leurs propriétés à un groupe intermédiaire entre le diopside et le diallage, mais qui en diffère cependant par certains caractères. Les cristaux sont en général trapus, à peine allongés selon la zone du prisme, avec des clivages $m = (110)$ nets et $h^1 = (100)$ lamellaire rare, et observable seulement sur les variétés altérées. Les mâcles $h^1 = (100)$ sont très rares et non répétées. Les inclusions si caractéristiques du diallage manquent dans la généralité des cas, on observe cependant des petits grains et quelque lamelles opaques intercalées parallèlement aux clivages. Les pyroxènes sont légèrement verdâtres en lumière naturelle ; le plan des axes optiques est dans $g^1 = (010)$, l'extinction de $n_g$ dans ce plan oscille entre 37°-43° (la valeur la plus ordinaire

est de 41°). La bissectrice aiguë est positive $= n_g$. L'angle2V pour la lumière du sodium,
varie entre 56° et 59°. La valeur des trois indices principaux est donnée par le tableau
ci-dessous :

| N° des coupes | $n_g$ | $n_m$ | $n_p$ | 2V calculé | 2V mesuré |
|---|---|---|---|---|---|
| 8 Ou | 1,7074 | 1,6861 | 1,6800 | 56°19' | 56°28' |
|  | 1,7072 | 1,6865 | 1,6795 | — | — |
| 10 Ou | 1,7087 | 1,6889 | 1,6825 | 57° | 59° |
| 2 Ou | 1,7162 | 1,6950 | 1,6896 | 55°52' | 53°30' |
| 3 Ou | 1,7165 | 1,6954 | — | — | 53°22' |
|  | 1,7176 | 1,6975 | 1,6923 | — | — |
| 1066 Ou | 1,7135 | 1,6923 | 1,6866 | — | — |

Les numéros 8 à 3 sont des koswites du Koswinsky ; le numéro 1066 Ou provient
du sommet du Kanjakowsky.

Les trois biréfringences principales mesurées directement, ou déduites de la différence
des indices, sont comprises entre les valeurs extrêmes suivantes :

$$n_g - n_p = 0,025\text{-}0,028 \;; \qquad n_g - n_m = 0,020\text{-}0,022 \;; \qquad n_m - n_p = 0,050\text{-}0,069.$$
$$\text{Dispersion } \varrho > V.$$

**Hornblende.** — Elle est généralement peu abondante et fait souvent complètement
défaut, mais cependant elle peut, exceptionnellement, acquérir dans certaines variétés un
développement considérable. En général elle est liée aux plages de magnétite qu'elle
circonscrit sous forme d'un mince liseré, ou se rencontre aussi mêlée aux autres minéraux.
Son allongement est peu marqué, les mâcles $h^1 = (100)$ sont rares. Plan des axes optiques
parallèle à $g^1 = (010)$, bissectrice aiguë négative, extinction de $n_g$ sur $g^1 = (010)$ à 15°-22.

$$n_g - n_p = 0,022\text{-}0,023 \;; \qquad n_g - n_m = 0,009\text{-}0,011 \;;$$
$$n_m - n_p = 0,013\text{-}0,014.$$

Coloration et polychroïsme généralement faibles, sauf dans les variétés de la chaîne
du Kalpak-Kazansky ; on a généralement :

$n_g =$ vert sale jaunâtre ou au contraire vert foncé ;
$n_m =$ vert brunâtre ou brunâtre;
$n_p =$ verdâtre très pâle ou brun jaunâtre.

**Magnétite et spinelles.** — La magnétite est toujours très répandue et forme des plages qui moulent et réunissent les pyroxènes et l'olivine. Celles-ci renferment souvent en quantité des grains craquelés de spinelles chromifères, d'un vert émeraude, généralement plus foncé au centre des cristaux qu'à la périphérie.

**Structure.** — Elle est tout à fait typique et a été appelée par nous «sidéronitique[1]» (fig. 5). L'olivine et le pyroxène généralement idiomorphes, sont moulés par la magnétite, qui forme un véritable ciment, et qui représente ainsi le dernier élément consolidé. Les plages de magnétite sont plus ou moins développées, et localisées sur certains points, ou forment au contraire un ciment continu, comme le fer de certains holosidères. La hornblende frange volontiers les plages sidéronitiques de magnétite.

**Altérations secondaires.** — Elles sont en général peu manifestes, et consistent soit en une rubéfaction de l'olivine, soit en une serpentinisation de celle-ci selon les cassures. Les pyroxènes sont parfois aussi altérés, et en partie bastitisés du centre vers la périphérie. Quant aux phénomènes dynamiques, ils sont ordinairement peu accusés ; dans certains spécimens toutefois l'olivine est écrasée et transformée en masse bréchoïde. La composition chimique des koswites est la suivante :

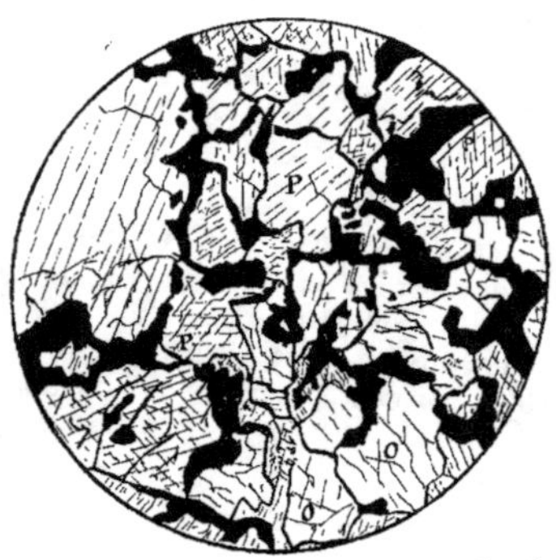

Fig. 5. — *Koswite.* Coupe n° 2 *Ou.* Chambre claire. Lumière naturelle. Grossissement = 13 diam. P = pyroxène ; O = olivine. La coupe montre la structure sidéronitique développée par les plages de magnétite.

*Analyse des koswites du Koswinsky et de la chaîne du Tilaï-Kanjakowsky*

|  | I | II |
|---|---|---|
| $SiO_2$ | 40,79 | 36,92 |
| $Al_2O_3$ | 5,20 | 8,55 |
| $Cr_2O_3$ | 0,57 | |
| $Fe_2O_3$ | 11,85 | 17,46 |
| FeO | 10,40 | 8,02 |
| CaO | 18,34 | 18,20 |
| MgO | 14,18 | 11,87 |
| MnO | 0,05 | Traces |
| $K_2O$ | — | — |
| $Na_2O$ | — | — |
| $H_2O$ | 0,31 | 0,15 |
| | 101,69 | 101,17 |

I = moyenne de deux analyses de la koswite typique du Koswinsky (n°s 2 et 7 *Ou*).
II = koswite de la chaine du Tilaï n° 1129 *Ou*).

[1] L. DUPARC et F. PEARCE. Bibliographie, n° 62.

*Analyse des koswites du centre de l'Iss*

|  | I | II |
|---|---|---|
| $SiO_2$ | 39,50 | 40,56 |
| $TiO_2$ | 0,50 | 0,33 |
| $Al_2O_3$ | 5,94 | 4,54 |
| $Cr_2O_3$ | traces |  |
| $Fe_2O_3$ | 13,66 | 13,65 |
| FeO | 8,10 | 8,77 |
| MnO | 0,16 | 0,03 |
| CaO | 19,50 | 19,06 |
| MgO | 12,15 | 13,07 |
| $K_2O$ | — | 0,09 |
| $Na_2O$ | 0,32 | 0,25 |
| $H_2O$ | — | 1,04 |
|  | 99,83 | 101,38 |

I = koswite du Katchkanar in Wyssotsky, p. 373.
II = koswite du flanc ouest du Katchkanar (n° 110).

*Analyse des koswites du centre de Taguil*

|  | III | Analyse ramenée à 100 parties | Quotients | |
|---|---|---|---|---|
| $SiO_2$ | 41,42 | 42,04 | 0,701 | |
| $TiO_2$ | — | — | — | |
| $Al_2O_3$ | 3,76 | 3,82 | 0,037 | |
| $Cr_2O_3$ | 0,15 | 0,15 | 0,001 | 0,152 $R_2O_3$ |
| $Fe_2O_3$ | 17,90 | 18,17 | 0,114 | |
| FeO | 1,71 | 1,74 | 0,024 | |
| MnO | 0,40 | 0,41 | 0,006 | 0,736 RO |
| CaO | 18,61 | 18,89 | 0,337 | |
| MgO | 14,56 | 14,78 | 0,369 | |
| $K_2O$ | — | — | | |
| $Na_2O$ | — | — | | |
| $H_2O$ | 1,50 | — | | |
|  | 100,01 | 100,00 | | |

Formule magmatique : 4,61 $SiO_2$ : $R_2O_3$ : 4,84 RO.

Cœfficient d'acidité $\alpha = 1,11$.

III = koswite du gisement en place d'Awrorinsky. *Analyse de A.-L. Pétroff in Wyssotsky* (N° 373).

| | | IV<br>Analyse ramenée<br>à 100 parties | Quotients | |
|---|---|---|---|---|
| $SiO_2$. . . . | 44,20 | 43,96 | 0,733 | 0,741 |
| $TiO_2$. . . . | 0,63 | 0,63 | 0,008 | |
| $Al_2O_3$ . . . | 2,57 | 2,56 | 0,025 | |
| $Cr_2O_3$ . . . | — | — | — | 0,071 $R_2O_3$ |
| $Fe_2O_3$ . . . | 7,46 | 7,42 | 0,046 | |
| FeO . . . . | 9,00 | 8,95 | 0,124 | |
| MnO . . . | 0,08 | 0,08 | 0.001 | 0,893 RO |
| CaO. . . . | 18,69 | 18,59 | 0,332 | |
| MgO. . . . | 17,54 | 17,44 | 0,436 | |
| $K_2O$ . . . . | 0,16 | 0,16 | 0,002 | 0,005 $R_2O$ |
| $Na_2O$ . . . | 0,21 | 0,21 | 0,003 | |
| $H_2O$ . . . . | 1,05 | — | | |
| | 101,59 | 100,00 | | |

$0.898 R_2O + RO$

Formule magmatique : 10,44 $SiO_2$ : $R_2O_3$ : 12,65 RO ;

Cœfficient d'acidité $\alpha = 1,33$ ;

Rapport $R_2O$ : RO = 1 : 178,6 ;

IV = koswite, extrémité nord et flanc ouest de l'affleurement dunitique de Taguil.

Les variations qu'on peut observer entre ces différentes analyses tiennent à l'abondance plus ou moins grande de la magnétite, qui entraîne une richesse correspondante en spinelles, d'où l'augmentation simultanée des oxydes de fer et d'aluminium.


### § 3. *Les pyroxénites franches, minéraux constitutifs, structure et composition chimique*


Les pyroxénites franches, toujours beaucoup plus répandues que les koswites, sont des roches verdâtres, plus ou moins foncées, très cristallines, et de grain variable, presque toujours assez gros, voir même tout à fait grossier. A l'œil nu, elles paraissent souvent formées exclusivement par du pyroxène lamellaire ; d'autrefois on y distingue également de l'olivine mais en quantité toujours moindre. Celle-ci dans les parties de la roche qui sont exposées aux agents atmosphériques, se décompose souvent complètement, puis disparait, enlevée par le ruissellement, ce qui fait que la surface des pyroxénites semble alors rugueuse et criblée de cavernes irrégulières produites par le départ de ce minéral. Au microscope, les minéraux constitutifs des pyroxénites sont, dans la règle, la magnétite, l'olivine et le pyroxène monoclinique, auxquels s'ajoutent plus rarement l'amphibole, l'hypersthène et parfois, mais très rarement, le mica. Les spinelles chromifères se rencontrent seulement dans les variétés de passage à la koswite.

**Magnétite.** — Elle est toujours peu abondante dans les pyroxénites franches, et s'y présente exclusivement en rares petits grains ou octaèdres, libres, ou inclus dans les pyroxènes ou l'olivine. Les plages sidéronitiques n'apparaissent que dans les formes de passage aux koswites. En général, la plus ou moins grande abondance de la magnétite dépend de celle de l'olivine, les diallagites pures n'en renferment presque pas.

**Olivine.** — Elle est sensiblement identique à celle de la koswite, subordonnée au pyroxène, et fréquemment de plus petite taille que ce dernier. Elle se présente en grains arrondis et craquelés, toujours idiomorphes, parfois inclus dans le pyroxène et formant avec lui des plages poecilitiques. Le signe optique est positif. l'angle 2VNa est voisin de 90°. Les trois biréfringences : $n_g - n_p = 0.038$ ; $n_g - n_m = 0,019$ ; $n_m - n_p = 0,018$.

**Pyroxènes.** — Les pyroxènes se présentent d'habitude en grands cristaux lamellaires, sans profils géométriques, à peine allongés selon la zone du prisme, et qui, à côté des clivages $m = (110)$ présentent souvent celui $h^1 = (100)$ qui est toujours fin et serré. Les mâcles $h^1 = (100)$ sont rares, et généralement simples ; les inclusions lamellaires rares. également, et se rencontrent principalement dans les cristaux de grande taille. Examiné en lumière naturelle, le pyroxène est verdâtre et non polychroïque. Le plan des axes optiques est dans $g^1 = (010)$, l'extinction de $n_g$ déterminée sur un grand nombre de sections centrées sur $n_m$, au moyen de l'oculaire Bertrand, oscille entre 37°-41°. L'angle 2VNa est compris entre 52° et 56°, et les trois biréfringences principales entre les chiffres extrêmes suivants [1] :

$$n_g - n_p = 0,024\text{-}0,029 \text{ ordinairement } 0,028$$
$$n_g - n_m = 0,018\text{-}0,022 \qquad » \qquad 0,021$$
$$n_m - n_p = 0,005\text{-}0,006 \qquad » \qquad 0,006$$

Les indices de réfraction mesurés sur le n° 1148 Ou provenant de la crête du Tilaï, entre le sommet principal et la pointe de Garéwaïa, correspondent aux chiffres suivants :

$$n_g = 1,7134 ; \qquad n_m = 1,6926 ; \qquad n_p = 1,6867$$

[1] Pour les propriétés optiques détaillées des minéraux, voir L. DUPARC, F. PEARCE et M. TIKONOWITCH. Recherches géologiques et pétrographiques dans l'Oural du nord, en quatre volumes. Mémoires de la Société de Physique de Genève, t. XXXIV, I et II ; t. XXXVI et XXXVIII.

Le pyroxène des diallagites est donc identique à celui des koswites.

**Hornblende.** — D'habitude elle est rare et en quelque sorte accidentelle ; dans certaines variétés cependant elle peut devenir très abondante. Elle se présente en grains uniformes ou en cristaux raccourcis, calés entre les pyroxènes, et qui paraissent en provenir par ouralitisation. La hornblende est ordinairement assez peu colorée, brunâtre, et faiblement polychroïque. Sur $g^1 = (010)$ elle s'éteint entre 18°-20°. Signe optique négatif, biréfringence $n_g - n_p = 0,022$. Il semble que la hornblende se développe dans les pyroxénites, là où celles-ci sont traversées par d'abondants filons leucocrates, ou encore dans le voisinage des gabbros amphiboliques.

**Hypersthène.** — Ce minéral est rare dans les pyroxénites, et ne se trouve que dans certaines variétés, en petites sections généralement presque incolores, de biréfringence faible, avec une bissectrice aiguë négative, et un polychroïsme à peine perceptible $n_g$ = verdâtre pâle ; $n_m$ = brunâtre ; $n_p$ = brun rougeâtre.

**Mica Rouge.** — Il est excessivement rare, nous ne l'avons rencontré en effet que sur certains spécimens provenant de Taguil et encore est-il peu abondant. Les lamelles sont uniaxes négatives, fortement polychroïques avec $n_g$ = rouge brun ; $n_p$ = brun pâle presque incolore. La biréfringence $n_g - n_p$ est élevée et voisine de 0,04.

**Platine natif.** — Le platine natif est encore plus rare dans les pyroxénites que dans la dunite ; il s'y comporte de même, et forme généralement un ciment local entre les cristaux de pyroxène, à l'instar de la magnétite dans la koswite sidéronitique. Il est associé également à la magnétite, et nous examinerons dans la suite ses rapports avec les divers minéraux des pyroxénites.

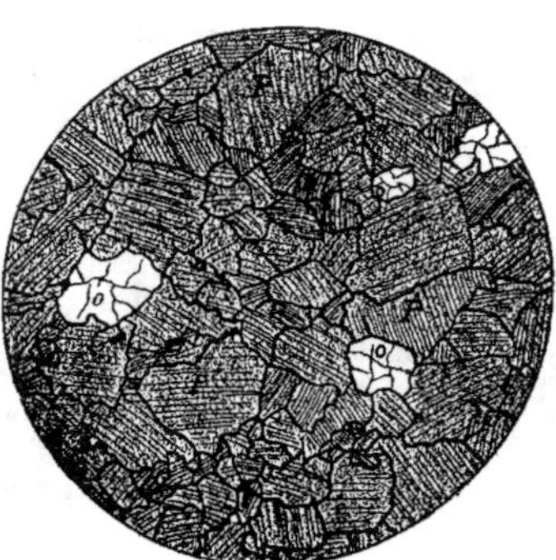

Fig. 6 Ou. — *Pyroxénite à olivine. Coupe 1080 Ou.* Chambre claire. Lumière naturelle. Grossissement = 13 diam. O = olivine ; P = pyroxène.

**Structure.** — Elle est parfaitement grenue, holocristalline, et avec les éléments largement cristallisés (fig. 6).

**Altérations et phénomènes secondaires.** — Les altérations sont de même nature que celles de la koswite, et comportent principalement la serpentinisation partielle de l'olivine, et la bastitisation du pyroxène. Quant aux phénomènes dynamiques, ils sont parfois fortement accusés ; c'est toujours l'olivine qui est l'élément le plus sensible ; elle est fréquemment écrasée et transformée en une véritable brèche microscopique, qui se distribue entre les cristaux intacts du pyroxène, et qui est traversée par des rubans parallèles d'antigorite joints à des traînées de magnétite secondaire.

*Composition chimique des pyroxénites*

PYROXÉNITES DU CENTRE DE TAGUIL

|            |  I     |  II    |  III   |  IV    |
|------------|--------|--------|--------|--------|
| $SiO_2$    | 44,97  | 43,71  | 45,70  | 51,01  |
| $TiO_2$    | 0,55   | 0,57   | 0,46   | —      |
| $Al_2O_3$  | 5,19 \ | 3,78 \ | 2,54 \ | 1,24   |
| $Cr_2O_3$  |        |        |        | 1,13   |
| $Fe_2O_3$  | 2,94   | 4,28   | 5,75   | 1,62   |
| $FeO$      | 8,80   | 9,70   | 6,40   | 3,77   |
| $MnO$      | 0,05   | 0,02   | 0,02   | —      |
| $CaO$      | 19,09  | 17,45  | 18,77  | 22,11  |
| $MgO$      | 17,50  | 20,18  | 19,45  | 18,74  |
| $K_2O$     | 0,05   | 0,18   | 0,06   | —      |
| $Na_2O$    | 0,47   | 0,34   | 0,28   | —      |
| $H_2O$     | 0,40   | 0,40   | 1,64   | —      |
|            | 100,01 | 100,61 | 101,07 | 99,62  |

I. = Pyroxénite à olivine, Sinitzina-Gora (N° 133*pt*).

II. = Pyroxénite à olivine assez riche en magnétite, Chourpikha (N° 199*pt*).

III. = Pyroxénite à olivine riche en magnétite. Sur la route de Zakharowka à Awrorinsky, près du contact avec les serpentines (N° 304*pt*).

IV. = Diallagite, sur le chemin entre les rivières Martian et Syssim. *Analyse de P. Ojegowa in Wyssotsky* (Bibliographie N° 103*pt*, 377).

PYROXÉNITES DES CENTRES DE L'ISS

|            |  V     |  VI    |
|------------|--------|--------|
| $SiO_2$    | 50,70  | 52,29  |
| $TiO_2$    | 0,29   | 0,29   |
| $Al_2O_3$  | 1,61 ) | 1,56 ) |
| $Cr_2O_3$  |        |        |
| $Fe_2O_3$  | 2,02   | 0,25   |
| $FeO$      | 4,89   | 4,53   |
| $MnO$      | 0,05   | 0,03   |
| $CaO$      | 22,45  | 23,52  |
| $MgO$      | 17,82  | 16,46  |
| $K_2O$     | 0,04   | 0,04   |
| $Na_2O$    | 0,15   | 0,11   |
| $H_2O$     | 1,16   | 1,18   |
|            | 101,18 | 100,26 |

V. = Pyroxénite provenant du lit de la rivière Maloï-Pokap (N° 1*pt*).
VI. = Pyroxénite sur le flanc Est de Wéressowy-bor.

PYROXÉNITES DES CENTRES DU KAMÉNOUCHKY
DU IOW ET DU KALPAK

|  | VII | VIII | IX |
|---|---|---|---|
| SiO$_2$. . . . . . . . . | 49,34 | 48,58 | 49,15 |
| TiO$_2$ . . . . . . . . | 1,04 | 0,25 | — |
| Al$_2$O$_3$ . . . . . . . . | 3,53 ⎱ | 2,61 | 1,65 |
| Cr$_2$O$_3$ . . . . . . . . | ⎰ | 0,30 | 0.70 |
| Fe$_2$O$_3$ . . . . . . . . | 0,91 | 3,15 | 1,58 |
| FeO. . . . . . . . . | 6,91 | 5,83 | 4,19 |
| MnO . . . . . . . . | 0,03 | traces | traces |
| CaO. . . . . . . . | 20,15 | 17,11 | 20,36 |
| MgO . . . . . . . . | 18,83 | 21,82 | 20,60 |
| K$_2$O. . . . . . . . . | 0,09 | 0,18 | — |
| Na$_2$O . . . . . . . . | 0,18 | 0,37 | — |
| H$_2$O . . . . . . . . | 0,58 | 0,64 | 0,85 |
|  | 101,59 | 100,84 | 99,08 |

I. = Pyroxénite du sommet de Sokolinaya. Kaménouchky (N° 24*pt*).
II. = Pyroxénite du sommet du Kalpak sur la Pawdinskaya-Datcha (N° 7*pw*).
III. = Pyroxénite provenant de la base du Kanjakowsky (N° 1080) O*u*.

Les analyses qui précèdent, montrent que les pyroxénites franches sont moins basiques que les koswites, et naturellement beaucoup plus pauvres en fer et en alumine, ce qui est conforme à ce que montre l'examen microscopique. Les variations que l'on observe dans le rapport CaO:MgO proviennent évidemment des proportions relatives d'olivine et de pyroxène; lorsque ce dernier l'emporte de beaucoup, la teneur en SiO$_2$ se relève et celle en MgO diminue par rapport à CaO. Le pyroxène contient en effet 50 % de silice et à peu près deux fois plus de chaux que de magnésie. En même temps, les analyses montrent que les pyroxénites des divers gisements présentent certaines différences systématiques; celles de Taguil, par exemple, sont plus basiques et riches en magnétite que celles des autres centres primaires.

La moyenne générale des analyses qui précèdent et qui figure ci-dessous peut être considérée comme répondant à la composition du type des pyroxénites à olivine de l'Oural.

| Moyenne générale des analyses | | Moyenne rapportée à 100 parties | Quotients | |
|---|---|---|---|---|
| SiO₂ | 48,38 | 48,43 | 0,807 | } 0,813 |
| TiO₂ | 0,50 | 0,50 | 0,006 | |
| Al₂O₃ | 2,86 | 2,86 | 0,028 | } 0,044 R₂O₃ |
| Fe₂O₃ | 2,50 | 2,50 | 0,016 | |
| FeO | 6,10 | 6,11 | 0,085 | |
| MnO | 0,03 | 0,03 | 0,0004 | |
| CaO | 20,11 | 20,13 | 0,360 | } 0,9224 RO |
| MgO | 19,05 | 19,07 | 0,477 | |
| K₂O | 0,09 | 0,09 | 0,001 | |
| Na₂O | 0,28 | 0,28 | 0,004 | } 0,005 R₂O |
| H₂O | 0,76 | — | | |
| | 100,66 | 100,00 | | |

Quotients globaux : $0,9274\ R_2O + RO$

La formule magmatique des pyroxénites est :
18,48 SiO₂ : R₂O₃ : 21,08 RO ;
Cœfficient d'acidité « = 1,53 ;
Rapport R₂O : RO = 1 : 184,5.

## § 4. *Les ségrégations de magnétite dans les pyroxénites*

La magnétite, de même que la chromite dans la dunite, forme dans les pyroxénites des ségrégations locales, qui souvent ont été le point de départ de recherches toujours infructueuses faites dans le but de trouver un gisement qu'on croyait important de minerai de fer. Ces ségrégations sont la source de nombreux galets de magnétite que l'on trouve dans les alluvions de certaines rivières qui s'amorcent dans les pyroxénites ou les ravinent localement ; ce sont elles aussi qui donnent naissance à ces blocs parfois volumineux de magnétite compacte que l'on trouve mêlés aux blocs éboulés de pyroxénite sur les flancs de certaines montagnes, au Koswinsky par exemple, au Katchkanar, ou encore au Kalpak ou au Kormowichensky. Ces ségrégations sont assez rares, mais parfois volumineuses, comme nous avons pu le constater au Koswinsky, où elles ont donné naissance à des blocs de magnétite qui mesurent parfois jusqu'à un mètre cube. Elles sont difficiles à observer *in situ*, par le fait qu'au dessus de la limite de la végétation, les affleurements sont rares, et les montagnes presque partout couvertes de cailloutis produits par le morcellement du sol. Nous en avons pu voir cependant quelques spécimens au Koswinsky, puis dans la chaîne de Kalpak-Kazansky, où elles ont même fait l'objet d'une tentative d'exploitation sur plusieurs points.

L'allure de ces ségrégations est tout-à-fait irrégulière, et rappelle celle de la chromite dans la dunite ; elles forment également, quand elles sont de petite dimension, des schlieren toujours très localisés. Il est à peu près certain que ces ségrégations existent dans tous les massifs pyroxénitiques, bien qu'on ne les connaisse pas toujours en place. A Sinaïa-Gora nous ne les avons jamais observées, mais il existe cependant des galets de magnétite dans la petite rivière platinifère Kamenka, et dans Bielitschnaïa. Au Goussewi-Kamen nous-mêmes ne les avons pas davantage trouvées *in situ*, mais elles existent ; les mêmes galets ne sont pas rares dans le Kichnitchesky-lojok, et dans la rivière Goussewka tous deux platinifères. Dans la rivière Volkouche qui descend du Kormowichensky et qui est faiblement platinifère également, les galets de magnétite ne sont point rares ; ils se rencontrent aussi dans les alluvions de l'Obleiskaya Kamenka de Taguil.

Cette magnétite est très compacte, souvent absolument homogène, d'autrefois mêlée encore à quelques cristaux de pyroxène, que l'on voit déjà à l'œil nu, et que l'on distingue surtout sur les coupes microscopiques du minerai, elle renferme presque toujours du manganèse en petite quantité, puis aussi du titane, comme le montrent les analyses ci-dessous :

*Analyse des ségrégations de magnétite*

|  | I | II | III |
|---|---|---|---|
| $SiO^2$ | 3,62 | 1,76 | 2,90 |
| $TiO_2$ | 0,62 | — | 3,14 |
| MnO | 0,36 | — | 0,42 |
| Fe | 62,45 | 58,93 | 59,26 |
| S. | 0,048 | 0,014 | 0,025 |
| Ph. | — | 0,032 | — |

I. = Magnétite compacte du Kormowichensky (Pawdinskaya-Datcha). *Analyse faite à l'école des mines de Pétrograd.*

II. = Magnétite compacte du Katchkanar (in Wyssotsky, loc. cit., p. 269).

III. = Magnétite compacte de Borowsky (Pawdinskaya-Datcha). *Analyse faite à l'école des mines de Pétrograd.*


## § 5. *Les hornblendites*

Ces roches, relativement assez rares, accompagnent généralement les pyroxénites ou les gabbros-diorites. Dans le premier cas elles sont développées en auréoles locales autour de la ceinture des pyroxénites, et dans son voisinage avec les gabbros ; c'est par exemple ce

[1] Voir notamment Wyssotsky ; loc. cit., p. 272.

qui se produit au Kaménouchky, où ces hornblendites circonscrivent plus ou moins les pyroxénites dans la partie nord de l'affleurement de celles-ci.

Dans le second cas elles constituent un faciès mélanocrate dans les gabbros-diorites où elles forment des trainées. Ce sont des roches mélanocrates, largement cristallisées, grossièrement grenues, et plus noires que les pyroxénites. Elles paraissent formées exclusivement par de l'amphibole, bien qu'à l'œil nu on y distingue un ou deux cristaux feldspathiques. Au microscope les minéraux constitutifs de ces roches sont les suivants :

**Magnétite.** — Elle est assez rare et peut même manquer complètement. Elle se rencontre de préférence dans les variétés qui contiennent de l'olivine; elle y est accompagnée d'un peu de spinelles verts.

**Hornblende.** — Elle constitue pour ainsi dire entièrement la roche. Les cristaux généralement faiblement allongés suivant l'axe du prisme, sont volumineux, et présentent les profils $m = (110)$ $g^1 = (010)$ parfois $h^1 = (100)$; ils ne sont jamais terminés et rarement mâclés selon $h^1 = (100)$. Le plan des axes est dans $g^1 = (010)$, l'extinction de $n_g = 15$-$18^0$ dans ce plan; $n_g$ - $n_p = 0,022$, $n_g$ - $n_m = 0,009$, $n_m$ - $n_p = 0,016$, 2VNa $= 66^0$ 48'.

La coloration est intense de même que le polychroïsme : on a $n_g$ vert brunâtre très foncé $n_m =$ brunâtre $n_p =$ brun jaunâtre pâle.

**Pyroxène monoclinique.** — Il se rencontre dans certains types seulement, et généralement marbré de taches vertes produites par une ouralitisation partielle. Il est incolore ou légèrement verdâtre en lumière naturelle; ses propriétés optiques sont identiques à celles du même minéral dans les pyroxénites.

**Olivine.** — Elle est fort rare dans les hornblendites et n'a été rencontrée qu'une seule fois sur un échantillon du Kaméhouchky. Elle est craquelée, hyaline, serpentinisée suivant les cassures, et présente les propriétés optiques habituelles.

**Plagioclases.** — Ils sont rares et mâclés selon l'albite et surtout selon la péricline seule. Les variétés rencontrées sont des bytownites ou des anorthites à 88-94 % d'An.

**Structure.** — Elle est parfaitement grenue (fig. 7); les cristaux idiomorphes de hornblende se touchent directement, ou sont localement séparés par un grain de feldspath. Quand il y a de l'olivine, elle est empâtée dans le pyroxène et forme avec lui des plages poecilitiques.

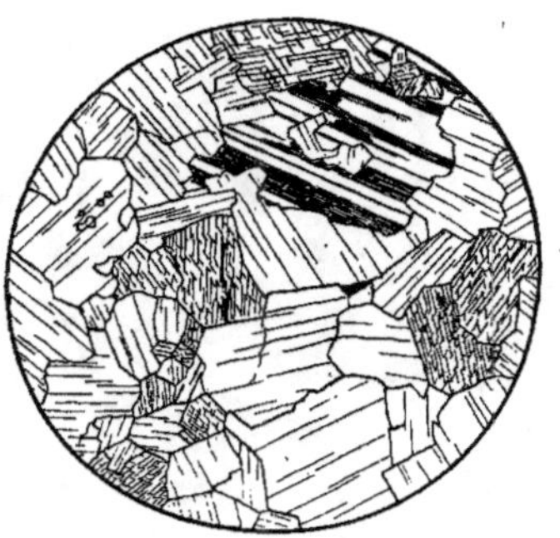

Fig. 7 *pw.* — *Hornblendite.* Coupe 5o35 *pw.* Grossissement $= 29$ diam. Amphibole formant la masse principale, avec grains rares d'anorthite.

# CHAPITRE V

## LES ROCHES DE LA FAMILLE DES GABBROS

§ 1. Généralités sur les roches de la famille des gabbros. — § 2. Les troctolites, et leurs formes de passage aux gabbros. — § 3. Les tilaïtes et leurs formes de passage aux pyroxénites. — §.4. Les gabbros à olivine et les gabbros francs. — § 5. Les gabbros à hypersthène et les gabbros-norites. — § 6. Les gabbros-diorites. — § 7. Les gabbros saussuritisés. — § 8. Les diorites et les diorites quartzifères.

### § 1. *Généralités sur les roches de la famille des gabbros*

Les gabbros qui participent à la formation de la grande bande éruptive de l'ouest, présentent des types nombreux et variés, mais restent dans la grande majorité des cas, d'un caractère basique, et comportent fréquemment de l'olivine. Les formes de passage aux pyroxénites sont représentées par les tilaïtes, roches mélanocrates, qui sont des pyroxénites à olivine feldspathiques; les formes de passage aux péridotites par les troctolites, sorte de péridotites à plagioclases. Les gabbros proprement dits sont plutôt rares, ceux à olivine par contre très fréquents, et aussi bien de faciès leucocrate que mélanocrate. Les « traînées » sont d'ailleurs habituelles dans ces roches, et les structures rubanées n'y sont point rares. Les gabbros-diorites ou gabbros à ouralitisation d'origine magmatique sont extrêmement répandus, et il est à remarquer que dans ces derniers, l'olivine est plutôt rare; ils représentent donc un produit de métamorphisme magmatique de gabbros francs qui, dans ces conditions, seraient originellement le type dominant. Quant aux gabbros-norites, ils constituent d'habitude un faciès plutôt local, qui n'a jamais été rencontré dans le voisinage immédiat des centres dunitiques.

Les relations que présentent sur le terrain les différentes variétés de gabbros sont des plus variables. Ordinairement les tilaïtes établissent la transition des pyroxénites aux gabbros à olivine, mais la délimitation exacte des deux formations est souvent impossible, à préciser, car les passages latéraux de ces deux roches sont multiples et réitérés ; notamment sur la bordure de la ceinture pyroxénitique.

Les gabbros francs, et les gabbros à olivine, passent à chaque instant aux gabbros-diorites par ouralitisation complète ou partielle de leur pyroxène ; quant aux gabbros-norites, ils apparaissent souvent tout à fait sporadiquement au milieu des précédents. Il en résulte que sur une carte détaillée, il est très difficile de dessiner les contours de telle ou telle variété, et qu'il est préférable d'adopter pour les gabbros une même teinte plate, en spécifiant la présence de tel facies déterminé par un numéro d'ordre. Cela ne veut pas dire cependant que le développement de certains types sur une grande étendue soit impossible ; ainsi certains gabbros d'un facies tout à fait uniforme, constituent parfois des montagnes entières. Tel est le cas par exemple pour les gabbros-diorites du Cérébriansky, pour les gabbros à olivine de Sarannaya-gora, pour les gabbros-diorites du Katéchersky, etc.

## § 2. *Les troctolites et leurs formes de passage aux gabbros*

Ces roches sont étroitement liées aux gabbros à olivine dont elles représentent un facies particulier. Elles sont plutôt rares et n'ont pas été observées dans le voisinage immédiat des centres dunitiques, mais au contraire à une certaine distance de ces derniers. Nous les avons rencontrées par exemple sur la Pawdinskaya-Datcha, dans la chaîne du Kalpak-Kazansky, tout d'abord au flanc N.-E. de Borowskoï-Kamen, sur la crête même du Kazansky, puis sur la Lobva, en amont et en aval du confluent de Tschernouchka, et enfin, mais localement, au Semitchellowietchny. Nous avons aussi trouvé des troctolites dans la chaîne du Tschistop qui appartient à la grande bande éruptive de l'Ouest, et qui est située à une soixantaine de kilomètres au nord du Daneskin-Kamen ; elles y apparaissent près du sommet principal. Partout ces troctolites affleurent au milieu des gabbros à olivine auxquels elles passent latéralement ; sur le terrain cependant, bien que leur grain soit identique, elles se distinguent de ces derniers par un aspect particulier. Les variétés à facies leucocrate sont du type gabbro ; celles mélanocrates (développées sur la Tschernouchka par exemple) sont formées par une sorte de masse grenue gris verdâtre, de nature péridotique, dans laquelle les feldspaths apparaissent comme moulés et enclavés. Les minéraux constitutifs de ces roches sont l'olivine, les spinelles, la magnétite, la hornblende, et les plagioclases basiques.

**Olivine.** — Elle se présente toujours en grains arrondis, fissurés, incolores, ou parfois légèrement rubéfiés. Ses propriétés optiques sont ordinaires : $2V = 87°$, signe optique positif. $n_g - n_p = 0,036 — 0,038$. Elle est presque toujours altérée et en partie serpentinisée. L'antigorite jaunâtre se développe le long des fissures et envahit progressivement le minéral, qui est parfois réduit à de simples noyaux très biréfringents. Les rubans d'antigorite sont généralement soulignés par un cordon de magnétite secondaire, qui les sépare en deux parties d'épaisseur égale ; ces cordons s'entre-croisent, et dessinent alors à l'intérieur des cristaux d'olivine un véritable réseau opaque. Les grains d'olivine sont fréquemment entourés par une auréole formée soit par de la hornblende vert brunâtre très pâle en individus orientés optiquement d'une manière différente, soit par une association micropegmatoïde de hornblende et de magnétite. Cette auréole est souvent circonscrite par une seconde couronne de kéliphite verdâtre, qui paraît être formée par une association de hornblende et de spinelle.

**Spinelle et magnétite.** — La magnétite se rencontre ordinairement en petites plages sidéronitiques qui, régionalement, relient entre eux quelques grains d'olivine. Elle empâte alors de nombreux spinelles de couleur vert foncé, analogues à ceux que l'on trouve dans la koswite. Les plages de magnétite sont aussi, en certains endroits, circonscrites par une auréole de micropegmatite formée par la hornblende et le fer oxydulé.

**Hornblende.** — Elle forme, comme nous l'avons vu, les auréoles dont il a été question, mais elle se trouve également en cristaux ou mieux en grains parmi les autres minéraux constitutifs, mais généralement à proximité de l'olivine. Les cristaux n'ont jamais de profils reconnaissables, leur allongement est peu marqué ; ils présentent les clivages $m = (110)$ et ne sont généralement pas mâclés. Les propriétés optiques de cette hornblende sont analogues à celles du même minéral de la koswite. Le plan des axes est parallèle à $g^1 = (010)$, la bissectrice aiguë négative $= n_p$, l'angle $2V = 70°$ environ. L'extinction sur $g^1 = (010)$ oscille entre $20°$-$22°$, la biréfringence $n_g$-$n_p = 0,022$. Le polychroïsme de même que la couleur sont peu intenses :

$n_g = $ vert jaunâtre sale toujours pâle ;
$n_m = $ vert brunâtre pâle ;
$n_p = $ brunâtre très pâle, souvent presque incolore.

**Plagioclases.** — Ils sont abondants, très frais et mâclés selon la péricline seule, ou répétée, simulant la mâcle de l'albite. Cette dernière existe aussi, mais elle est combinée à la première, et réduite généralement à une seule lamelle croisée sur celles de la péricline. Les déterminations faites sur de nombreuses sections montrent que le feldspath dominant est une anorthite de 92 à 100 % d'An.

**Structure.** — La structure est celle des gabbros ordinaires. Les grains d'olivine souvent entourés de leur ceinture de kéliphite (fig. 8), sont dispersés parmi les plagioclases isométriques et grenus. Dans les facies mélanocrates, les grains d'olivine sont souvent agrégés en plages plus ou moins importantes par de la magnétite sidéronitique avec spinelles, plages qui sont réunies par des grains de feldspath. Les actions dynamiques sont manifestes sur quelques spécimens, et accusées par l'écrasement de l'olivine.

Fig. 8. — *Troctolite*. Coupe 28 pw. Grossissement = 48 diam. O = olivine; K = kéliphite dans une masse formée de grains de feldspaths.

*Composition chimique des troctolites*

N° 28*pw*

| | Analyse brute | Analyse ramenée à 100 parties | Quotients | | |
|---|---|---|---|---|---|
| $SiO_2$.... | 42,04 | 41,84 | 0,699 | | |
| $TiO_2$.... | — | — | — | | |
| $Al_2O_3$... | 33,45 | 33,30 | 0,330 | 0,343 $R_2O_3$ | |
| $Fe_2O_3$... | 2,11 | 2,12 | 0,013 | | |
| $FeO$.... | 1,52 | 1,51 | 0,021 | | |
| $MnO$... | — | — | — | 0,414 RO | 0,425 $R_2O$ + RO |
| $CaO$.... | 16,78 | 16,70 | 0,298 | | |
| $MgO$.... | 3,82 | 3,79 | 0,095 | | |
| $K_2O$.... | 0,18 | 0,18 | 0,002 | 0,011 $R_2O$ | |
| $Na_2O$... | 0,56 | 0,56 | 0,009 | | |
| $H_2O$.... | 0,39 | — | — | | |
| | 100,85 | 100,00 | | | |

Cœfficient d'acidité : $\alpha = 0,973$.

Rapport $R_2O$ : RO = 1 : 37.

Formule magmatique : 2,04 $SiO_2$ : $R_2O_3$ : 1,24 RO.

N° 28*pw* = Troctolite leucocrate, sur l'éperon nord du Kazansky. Pawdinskaya-Datcha.

N° 17 *Ou*

| | Analyse brute | Analyse ramenée à 100 parties | Quotients | | |
|---|---|---|---|---|---|
| $SiO_2$.... | 38,76 | 39,78 | 0,663 | 0,664 | |
| $TiO_2$.... | 0,11 | 0,11 | 0,001 | | |
| $Al_2O_3$... | 11,93 | 12,24 | 0,120 | 0,156 $R_2O_3$ | |
| $Fe_2O_3$... | 5,57 | 5,72 | 0,036 | | |
| $FeO$.... | 7,01 | 7,20 | 0,100 | | |
| $MgO$.... | 26,03 | 26,71 | 0,668 | 0,903 RO | 0,913 $R_2O$ + RO |
| $MnO$... | 0,53 | 0,54 | 0,008 | | |
| $CaO$.... | 6,91 | 7,09 | 0,127 | | |
| $K_2O$.... | 0,07 | 0,07 | 0,001 | 0,010 $R_2O$ | |
| $Na_2O$... | 0,53 | 0,54 | 0,009 | | |
| $H_2O$.... | 3,86 | — | — | | |
| | 101,31 | 100,00 | | | |

Cœfficient d'acidité $a = 0,964$.

Rapport $R_2O : RO = 1 : 90,3$.

Formule magmatique $= 4,26\ SiO_2 : R_2O_3 : 5,85\ RO$.

N° 17 *Ou.* Troctolite mélanocrate du sommet du Tschistop, renfermant de l'olivine, du spinelle vert, formant avec l'olivine des couronnes kéliphitiques, de la hornblende en liseré autour de l'olivine, et de l'anorthite.


## § 3. *Les tilaïtes et leurs formes de passage aux pyroxénites*


Les tilaïtes sont des roches noirâtres, mélanocrates, grenues, à grain généralement fin, dans lesquelles certains minéraux ferro-magnésiens s'exagèrent et communiquent alors à la roche un aspect porphyrique. Ces roches ont été rencontrées au Koswinsky, et surtout dans la partie S.-O. de la chaîne de Tilaï-Kanjakowsky aux sources de Garewaïa ; elles se trouvent directement en contact avec les pyroxénites auxquelles elles passent par des termes qui, çà et là, présentent un grain de feldspath. On les rencontre aussi au Gladkaïa-Sopka, mais dans la partie sud de l'affleurement dunitique seulement, puis au Katchkanar, et d'une façon toute locale à Taguil. Les minéraux constitutifs de ces roches sont les suivants : magnétite, spinelles, biotite, olivine, pyroxène monoclinique, hypersthène, hornblende et plagioclases.

**Magnétite et spinelles.** — La magnétite ne manque jamais, mais son abondance est très variable. Là où elle est rare, elle se présente en petits grains isolés, inclus dans le pyroxène ou dispersés parmi les autres éléments, là où elle est abondante, elle forme des petites plages sidéronitiques, avec spinelles inclus, qui sont néanmoins toujours rares et de petite taille.

**Biotite.** — Elle n'existe pas sur tous les spécimens, et reste rare et cantonnée généralement dans le voisinage de la magnétite qu'elle circonscrit habituellement. Elle est uniaxe, négative avec $n_g =$ rouge brun, $n_p =$ presque incolore.

**Olivine.** — C'est l'élément principal après le pyroxène, mais il reste toujours cependant au second plan. Ses grains arrondis, craquelés et incolores, sont antérieurs au diopside qui la moule et l'inclut. Propriétés optiques ordinaires, signe $+$, $n_g\text{-}n_p = 0,036$, $n_g\text{-}n_m\ 0,019$, $n_m\text{-}n_p = 0,017$.

**Pyroxène monoclinique.** — C'est de beaucoup l'élément prédominant. Il ne présente jamais de profils reconnaissables, les cristaux sont raccourcis, fissurés, avec clivages $m = (110)$, et $h^1 = (100)$ rare. Il renferme parfois, surtout les cristaux porphyroïdes, de nombreuses inclusions opaques ferrugineuses qui, dans certains cas, sont si abondantes, qu'elles les obscurcissent complètement. Ces inclusions sont distribuées d'une façon irrégulière, ou au contraire disposées sur des zones concentriques, qui correspondent à celles d'accroissement du minéral. En dehors de ces cristaux porphyroïdes, les autres sont toujours parfaitement hyalins et sans inclusions. Quelques mâcles $h^1 = (100)$ rares.

Les propriétés de ce pyroxène sont les suivantes :

Plan des axes parallèles à $g^1 = (010)$. Bissectrice aiguë $= n_g$, $2V = 51°14' - 53°12'$ pour Na. Extinction sur $g^1 = (010)$ entre 40° et 45°, le plus ordinairement 41°. Biréfringences :

$$n_g\text{-}n_p = \text{de } 0,024 \text{ à } 0,028, \text{ le plus ordinairement } 0,025$$
$$n_g\text{-}n_m = \text{de } 0,019 \text{ à } 0,022, \qquad - \qquad 0,021$$
$$n_m\text{-}n_p = \text{de } 0,004 \text{ à } 0,005, \qquad - \qquad 0,005$$

Les indices mesurés directement sont [1] :

| Numéros des coupes | $n_g$ | $n_m$ | $n_p$ |
|---|---|---|---|
| 1144 Ou . . . | 1,7177 | 1,6973 | 1,6924 |
| 1143 Ou . . . | 1,7123 | 1,6912 | 1,6869 |
| 1102 Ou . . . | 1,7151 | 1,6940 | 1,6895 |
| 1152 Ou . . . | 1,7151 | 1,6948 | 1,6895 |

Ces tableaux montrent qu'il existe tout d'abord plusieurs pyroxènes de composition un peu différente, formés par des mélanges variés d'une même série isomorphe, puisque le pyroxène des tilaïtes est un peu différent de celui des koswites et pyroxénites, et évolue vers l'augite.

**Hypersthène.** — Il est rare, point constant, toujours petit, et reconnaissable à son polychroïsme. Signe optique positif. $2V$ voisin de 50°, $n_g\text{-}n_p = (0,013)$, $n_g\text{-}n_m = 0,003$, $n_m\text{-}n_p = 0,010$ ; polychroïsme $n_g = $ verdâtre pâle, $n_m = $ jaunâtre, $n_p = $ brun rosé.

**Hornblende.** — Elle ne se rencontre que dans les variétés riches en magnétite, et reste, comme la biotite, volontiers dans le voisinage de ce minéral ; la présence simultanée de ces divers minéraux est toutefois exceptionnelle. Les cristaux sont à peine colorés, avec plan des axes parallèle à $g^1 = (010)$, bissectrice aiguë $= n_p$ et $2V$ voisin de 90°. L'extinction de $n_g$ dans $g^1 = (010)$ oscille entre 18°-20° ; les biréfringences sont :

$$n_g\text{-}n_p = 0,022 \qquad n_g\text{-}n_m = 0,010 \qquad n_m\text{-}n_p = 0,012.$$

$n_g = $ brunâtre, $n_m = $ brunâtre plus pâle, $n_p = $ brun très pâle, incolore.

[1] Les indices donnés sont les moyennes de plusieurs chiffres.

**Feldspaths.** — Ils jouent un rôle secondaire, et sont mâclés selon l'albite, Karlsbad et surtout selon la péricline seule ou répétée ; dans le second cas les lamelles 1 ou $1^1$ sont souvent cunéiformes. Les variétés rencontrées oscillent entre le labrador $Ab^3An^4$ et l'anortithe An.

**Structure.** — Elle est très caractéristique, et sensiblement uniforme, c'est celle que l'un de nous a appelée « cryptique » (fig. 9). Les cristaux de pyroxène soudés par des petites

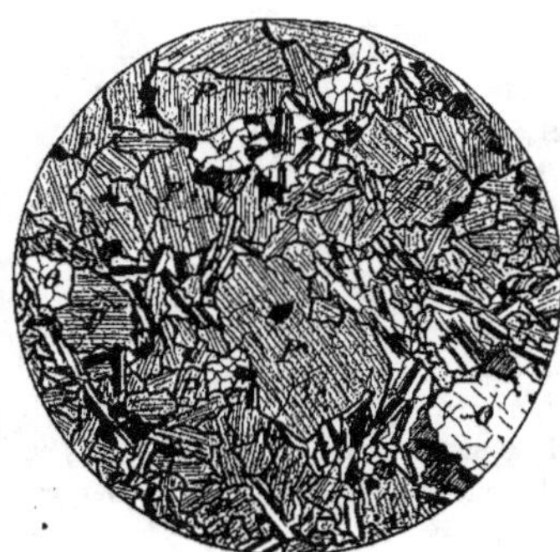

Fig. 9. — *Tilaïte*. Coupe n° 167 Ou. Lumière naturelle. Feldspath en lumière polarisée. Grossissement = 13 diam. M = magnétite ; P = pyroxène ; O = olivine ; F = anorthite. Structure cryptique.

Fig. 10. — *Tilaïte porphyroïde*. Coupe 166 Ou. Grossissement = 13 diam. Les feldspaths en lumière polarisée. M = magnétite ; P = pyroxène ; O = olivine ; F = feldspath.

plages sidéronitiques de magnétite, ou simplement pressés les uns contre les autres, forment un canevas à mailles irrégulières, ou une sorte d'éponge, dont les cryptes sont remplies par des grains de feldspath diversement orientés. Çà et là, parmi les feldspaths, on trouve un grain de magnétite auréolé de mica rouge. La dislocation des plages de l'élément noir et sa répartition parmi les feldspaths fait passer la roche au type du gabbro à l'olivine. Dans certaines variétés, notamment dans celles rencontrées aux sources de Garéwaïa, quelques pyroxènes se développent porphyriquement au sein d'une masse grenue, qui présente la structure précitée ; ils mesurent jusqu'à trois millimètres (fig. 10). Les associations poecilitiques entre le pyroxène et l'olivine ne sont pas rares. Quant aux modifications secondaires, elles sont généralement peu manifestes, et consistent en un commencement de serpentinisation de l'olivine, un écrasement des grains de ce minéral, et en un ploiement de lamelles hémitropes des feldspaths.

### Composition chimique des tilaïtes

#### TILAÏTES DU TILAÏ

| | $N^o$ 162 Ou | $N^o$ 163 Ou | $N^o$ 167 Ou | $N^o$ 169 Ou | $N^o$ 1152 Ou | $N^o$ 1102 Ou |
|---|---|---|---|---|---|---|
| $SiO^2$ . . . . | 45,56 | 46,85 | 45,74 | 45,53 | 45,09 | 45,35 |
| $Al^2O^3$ . . . | 11,38 | 9,10 | 5,21 | 9,16 | 10,81 | 11,27 |
| $Fe^2O^3$ . . . | 1,90 | 3,43 | 6,91 | 4,86 | 5,83 | 6,44 |
| $FeO$ . . . . | 6,52 | 8,75 | 8,33 | 9,34 | 7,94 | 6,42 |
| $MnO$ . . . | traces | — | — | — | — | — |
| $CaO$ . . . . | 17,10 | 15,52 | 12,80 | 15,04 | 15,21 | 15,28 |
| $MgO$ . . . . | 15,78 | 18,00 | 21,63 | 15,58 | 13,47 | 12,68 |
| $K^2O$ . . . . | 0,44 | 0,19 | 0,13 | 0,20 | 0,16 | } 1,42 |
| $Na^2O$ . . . | 0,90 | 0,76 | 1,02 | 0,87 | 1,39 | |
| $H^2O$ . . . . | 0,50 | 0,15 | 0,09 | 0,88 | 0,46 | 0,56 |
| | 100,08 | 102,75 | 101,86 | 101,46 | 100,36 | 99,42 |

$N^o$ 162. Ou = Tilaïte pauvre en olivine. Tilaï sources de Garéwaïa.
$N^o$ 163b Ou = Tilaïte à magnétite sidéronitique. Tilaï sources de Garéwaïa.
$N^o$ 167 Ou = Tilaïte riche en olivine. Tilaï sources de Garéwaïa.
$N^o$ 169 Ou = Tilaïte avec magnétite sidéronitique. Tilaï sources de Garéwaïa.
$N^o$ 1152 Ou = Tilaïte feldspathique. Tilaï sources de Garéwaïa.
$N^o$ 1102 Ou = Tilaïte identique au 1152. Tilaï sources de Garéwaïa.

La composition magmatique tirée de la moyenne A de ces analyses est :

| | Moyenne A ramenée à 100 parties | Quotients | | |
|---|---|---|---|---|
| $SiO_2$ . . | 45,43 | 0,757 | | |
| $Al_2O_3$ . . | 9,44 | 0,0925 | } 0,1225 $R_2O_3$ | |
| $Fe_2O_3$ . . | 4,86 | 0,030 | | |
| $FeO$ . . | 7,87 | 0,109 | | |
| $CaO$ . . | 15,08 | 0,269 | } 0,780 RO | |
| $MgO$ . . | 16,10 | 0,402 | | } 0,799 $R_2O$ + RO |
| $K_2O$ . . | 0,21 | 0,0023 | } 0,019 $R_2O$ | |
| $Na_2O$ . . | 1,01 | 0,0164 | | |
| | 100,00 | | | |

Cœfficient d'acidité : $\alpha$ = 1,29.
Rapport : $R_2O$ : RO = 1 : 41.
Formule magmatique = 6,1 $SiO_2$ : $R_2O_3$ : 6,5 RO.

## TILAÏTES DE GLADKAÏA-SOPKA (WAGRANSKAÏA DATCHA)

|  | N° 4103 Ou | N° 4104 Ou |
|---|---|---|
| $SiO_2$ | 48,20 | 45,25 |
| $TiO_2$ | — | 0,42 |
| $Al_2O_3$ | 15,35 | 18,49 |
| $Fe_2O_3$ | 3,99 | 4,00 |
| FeO | 5,35 | 9,08 |
| CaO | 15,81 | 15,48 |
| MgO | 10,96 | 8,39 |
| $K_2O$ | 0.30 | 0,21 |
| $Na_2O$ | 1,19 | 0,59 |
| $H_2O$ | 0,46 | — |
|  | 101,61 | 101,99 |

N° 4103 Ou. Tilaïte à structure cryptique assez riche en feldspath, extrémité sud de Gladkaïa-Sopka.

N° 4104 Ou. Tilaïte à structure parallèle, même provenance.

### Composition magmatique (moyenne des n°s 4103 et 4105)

| | Analyse brute | Analyse ramenée à 100 parties | Quotients | |
|---|---|---|---|---|
| $SiO_2$ | 46,72 | 45,96 | 0,766 | |
| $TiO_2$ | 0,42 | 0,41 | 0,006 | 0,771 |
| $Al_2O_3$ | 16,92 | 16,61 | 0,163 | |
| $Fe_2O_3$ | 3,99 | 3,92 | 0,024 | 0,187 $R_2O_3$ |
| FeO | 7,21 | 7,08 | 0,098 | |
| CaO | 15,64 | 15,39 | 0,275 | 0,611 RO |
| MgO | 9,67 | 9,51 | 0,238 | |
| $K_2O$ | 0,25 | 0,25 | 0,003 | 0,017 $R_2O$ |
| $Na_2O$ | 0,89 | 0,87 | 0,014 | |
| Perte au feu | 0,46 | — | — | |
|  | 102,17 | 100,00 | | |

0,628 $R_2O$ + RO

Cœfficient d'acidité $\alpha = 1,30$.

Rapport $R_2O : RO = 1 : 35,9$.

Formule magmatique $4,12\ SiO_2 : R_2O_3 : 3,36\ RO$.

TILAÏTE DU CENTRE DE L'ISS

|  | N° 101 *pt*<br>Analyse brute | Analyse ramenée<br>à 100 parties | Quotients | | |
|---|---|---|---|---|---|
| $SiO_2$ | 41,04 | 41,75 | 0,696 | } 0,706 | |
| $TiO_2$ | 0,84 | 0,84 | 0,010 | | |
| $Al_2O_3$ | 9,04 | 9,19 | 0,090 | } 0,140 $R_2O_3$ | |
| $Fe_2O_3$ | 7,81 | 7,94 | 0,050 | | |
| $FeO$ | 9,99 | 10,16 | 0,141 | } 0,756 RO | } 0,765 $R_2O$ + RO |
| $CaO$ | 17,08 | 17,37 | 0,310 | | |
| $MgO$ | 11,99 | 12,19 | 0,305 | | |
| $K_2O$ | 0,09 | 0,09 | 0,001 | } 0,009 $R_2O$ | |
| $Na_2O$ | 0,47 | 0,47 | 0,008 | | |
| $H_2O$ | 3,05 | — | — | | |
| | 101,30 | 100,00 | | | |

Cœfficient d'acidité $\alpha$ = 1,19.

Rapport $R_2O$ : RO = 1 : 84.

Formule magmatique = 5,04 $SiO_2$ : $R_2O_3$ : 5,46 RO.

N° 101 *pt*. Tilaïte, flanc ouest du Katchkanar, structure cryptique avec feldspath en partie kaolinisé.

## § 4. *Les gabbros à olivine et les gabbros francs.*

Les gabbros francs et principalement les gabbros à olivine sont très répandus dans toute la grande bande éruptive à centres dunitiques ; on les rencontre dans la chaîne du Kumba-Zolotoï-Kamen, dans celle du Tilaï-Kanjakowsky et du Kalpak-Kazansky, dans le voisinage et autour du Kaménouchky, à Sarannaya-Gora, etc.

Ils sont d'aspect très varié suivant la dimension de leur grain, leur structure, et le degré plus ou moins avancé de l'ouralisation du pyroxène. Il existe des variétés très leucocrates dans lesquelles l'élément noir est pour ainsi dire noyé parmi les feldspaths, d'autres au contraire qui sont tout à fait mélanocrates et passent latéralement aux pyroxénites et aux tilaïtes, d'autres enfin, et c'est le cas le plus fréquent, qui sont mésocrates. Généralement leur grain est plutôt moyen, les variétés tout à fait grossièrement grenues sont rares, celles à grain fin par contre assez fréquentes.

Leur structure est massive par excellence, quelquefois cependant elle est légèrement litée par dynamométamorphisme. Il existe également, notamment dans le sud de la datcha, des variétés rubanées, qui sont tout à fait caractéristiques.

Ces différents types de gabbros passent d'ailleurs les uns aux autres avec une grande facilité. L'ouralitisation du pyroxène qu'on observe chez beaucoup de ces roches, est un phénomène souvent tout à fait local, d'autres fois plus ou moins régional.

Sous le microscope, leurs minéraux constitutifs sont peu variés et représentés par la magnétite, les spinelles, la biotite, l'olivine, le pyroxène monoclinique, la hornblende et les plagioclases basiques.

**Magnétite et spinelles.** — La magnétite se rencontre dans tous les gabbros, mais en quantité très variable. Chez les variétés leucocrates, elle forme des grains ou des octaèdres libres parmi les autres éléments, ou inclus dans le pyroxène; chez les variétés mélanocrates au contraire, des petites plages sidéronitiques, reliant entre eux les minéraux ferromagnésiens. Les spinelles verts, qui sont toujours beaucoup plus rares que dans les pyroxénites, accompagnent la magnétite et sont généralement empâtés dans celle-ci. On en observe cependant des grains même assez gros, dans certaines variétés leucocrates pauvres en magnétite, ils sont libres parmi les cristaux des feldspaths; ces spinelles paraissent dans ce cas moins colorés que d'habitude. Les spinelles forment dans certains gabbros des plages de micropegmatites avec la hornblende.

**Biotite.** — Elle est tout à fait rare, et manque dans la grande majorité des cas. Quand elle existe, c'est toujours en petite quantité, et dans le voisinage de la magnétite. Elle est uniaxe, négative, et très polychroïque : $n_g =$ brun rougeâtre foncé, $n_p =$ brun pâle.

**Olivine.** — Elle manque chez les gabbros francs qui forment l'exception; chez les gabbros à olivine qui sont de beaucoup les plus répandus, tantôt elle prédomine sur le pyroxène, ce qui est plutôt rare, tantôt elle est notablement moins abondante, et souvent réduite à quelques sections par coupe. Elle est idiomorphe, antérieure au pyroxène, souvent enclavée dans ce dernier et formant avec lui des plages poecilitiques. Les grains aux formes toujours arrondies, sont hyalins, limpides et craquelés, presque toujours serpentinisés sur les cassures qui sont alors soulignées par de la magnétite secondaire formant une sorte de réseau. Les propriétés optiques de l'olivine sont analogues à celles du même minéral dans les troctolites; $2VNa = 87°$: bissectrice aiguë positive, $n_g$-$n_p = 0,036$ $n_g$-$n_m = 0,018$—$0,019$, $n_m$-$n_p = 0,017$. L'olivine est fréquemment circonscrite par de la hornblende généralement peu colorée et faiblement polychroïque, ou même par une mince auréole de kéliphite qui paraît formée par l'association de la même hornblende avec des spinelles verts. Souvent les deux auréoles existent et sont disposées concentriquement, la kéliphite est alors la dernière.

**Pyroxène monoclinique.** — Il est de taille généralement supérieure à celle de l'olivine, en cristaux raccourcis ou en grains informes, avec clivages $m = (110)$ nets et mâcles $h^1 = (100)$ fort rares et généralement non répétés. Certaines variétés présentant le clivage $h^1 = (100)$ ont souvent alors des inclusions lamellaires. Les propriétés optiques du pyroxène sont normales; il est légèrement verdâtre en lumière naturelle, s'éteint entre 40-44° sur $g^1 = (010)$ qui est le plan des axes optiques, l'angle $2VNa$ varie entre 50-54°, et les biréfringences principales entre :

$$n_g\text{-}n_p = 0,023\text{-}0,028 \; ; \quad n_g\text{-}n_m = 0,018\text{-}0,022 \; ; \quad n_m\text{-}n_p = 0,004\text{-}0,006.$$

Il semble que la biréfringence $n_g$-$n_p$ est d'autant plus élevée que le type est plus basique.

**Hornblende.** — Elle se rencontre pour ainsi dire dans tous les spécimens, et sous plusieurs aspects. En général, elle forme une auréole plus ou moins large autour des plages de magnétite, et fait régionalement avec celle-ci des associations micropegmatoïdes, disposées autour des grains de fer oxydulé. Dans ce cas, elle est alors de couleur brun rougeâtre ou brun verdâtre généralement pâle, et ses propriétés optiques sont sensiblement les mêmes que celles de la hornblende de la koswite. D'autres fois, elle entoure, comme nous l'avons vu, les cristaux d'olivine. Elle est alors très faiblement colorée, et généralement peu réfringente. Le plan des axes optiques est dans $g^1 = (010)$, la bissectrice aiguë $= n_p$; $2V = 74°$. Sur $g^1 = (010)$ l'extinction oscille entre 18-22° et les biréfringences sont :

$$n_g\text{-}n_p = 0,023 ; \qquad n_g\text{-}n_m = 0,010 ; \qquad n_m\text{-}n_p = 0,012.$$

Dans les gabbros francs, comme dans les gabbros à olivine, la hornblende épigénise fréquemment le pyroxène, soit par enveloppement périphérique, soit par taches à l'intérieur ; elle remplace même localement, complètement ce minéral. La couleur est alors variable, mais rarement très foncée ; le plus ordinairement, on a $n_g =$ brun verdâtre ou vert généralement pâle, $n_m =$ verdâtre, $n_p =$ brunâtre presque incolore.

**Plagioclases.** — Ils sont généralement très frais et mâclés suivant l'albite, la péricline, et Karlsbad. Ces différentes mâcles se présentent avec une fréquence plus ou moins grande, qui paraît liée au degré de basicité de la roche. Chez les variétés à olivine qui passent aux tilaïtes, on trouve surtout la péricline seule ou combinée avec l'albite, chez les types plus acides, à olivine également, où chez les gabbros francs, on observe surtout l'albite seule ou avec la péricline, Karlsbad, ou l'albite et Karlsbad, voire même les mâcles triples de l'albite, Karlsbad et de la péricline. Quant aux types de la série isomorphe qui entrent dans la composition des gabbros, on peut dire qu'ils s'échelonnent du labrador à l'anorthite. Chez les variétés à olivine mélanocrates, on rencontre ordinairement l'anorthite ou les labradors bytownites, chez celles plus leucocrates ou chez les gabbros francs, on observe la série comprise entre $Ab^8An^4$ et $Ab^1An^1$.

Fig. 11. — *Gabbro à olivine.* Coupe n° 5359 pw. Grossissement 19 diam. Les feldspaths en lumière polarisée. A = pyroxène (augite) ; O = olivine. Magnétite en plages opaques.

**Structures et phénomènes dynamiques.** — La structure est toujours grenue (fig. 11). Les

éléments noirs olivine et pyroxène. libres ou agrégés en plages par de la magnétite sidéronitique,
sont dispersés parmi les feldspaths idiomorphes, et
en général isométriques. Plus le type est basique,
plus les plages de minéraux ferro-magnésiens augmentent, et lorsque celles-ci finissent par se réunir,
la structure passe alors à celle dite cryptique, caractéristique pour les tilaïtes (fig. 12). Dans les variétés
rubanées, les minéraux fémiques s'alignent plus
ou moins parallèlement et se groupent par bandes
riches, séparées par des zones entièrement feldspathiques formées par des individus grenus.

Les déformations mécaniques subies par les
gabbros sont manifestes, et consistent en un écrasement de l'olivine, puis ensuite du pyroxène.
La roche prend alors un aspect bréchoïde, et l'on
observe que l'élément noir y est remplacé par
des traînées d'esquilles disposées parallèlement, et
réparties parmi l'élément blanc.

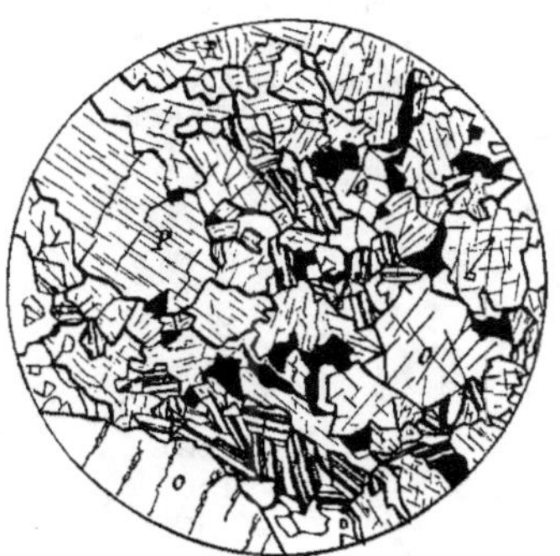

Fig. 12. — *Gabbro à olivine mélanocrate*. Coupe
nº 44 Ou. Lumière naturelle. Grossissement
= 22 diam. O = olivine ; P = pyroxène. Les
feldspaths sont dessinés avec les nicols croisés. La coupe montre la localisation du feldspath dans les cryptes.

## Composition chimique des gabbros

GABBROS FRANCS

Nº 37 pw

|  | Analyse brute | Analyse rapportée à 100 parties | Quotients | |
|---|---|---|---|---|
| $SiO_2$ . . . | 49,03 | 48,88 | 0,831 | 0,836 $SiO_2$ |
| $TiO_2$ . . . | 0,47 | 0,47 | 0,005 | |
| $Al_2O_3$ . . . | 11.14 | 11,10 | 0,108 | 0,185 $R_2O_3$ |
| $Fe_2O_3$ . . . | 12,50 | 12,46 | 0,077 | |
| $FeO$ . . . | 5,32 | 5,30 | 0,073 | |
| $MgO$ . . . | 5,19 | 5,17 | 0,129 | 0,432 RO |
| $CaO$ . . . | 12,93 | 12,90 | 0,230 | |
| $MnO$ . . . | traces | — | — | |
| $K_2O$ . . . | 0,61 | 0,61 | 0,006 | 0,056 $R_2O$ |
| $Na_2O$ . . . | 3,11 | 3,11 | 0,050 | |
| $H_2O$ . . . | 0,12 | — | | |
|  | 100,42 | 100,00 | | |

0,488 $R_2O$ + RO

Coefficient d'acidité : $\alpha = 1{,}60$.

Rapport $R_2O : RO = 1 : 7{,}71$.

Formule magmatique $= 4{,}5\ SiO_2 : R_2O_3 : 2{,}6\ RO$.

N° 37 *pw* $=$ Gabbro franc du Kormowichensky. Variété mélanocrate riche en magnétite et labrador.

### GABBROS A OLIVINE

|  | N° 4084 O*u* | N° 4086 O*u* |
|---|---|---|
| $SiO_2$ . . . . . . . . . | 43,89 | 41,82 |
| $TiO_2$ . . . . . . . . . | 0,75 | 0,70 |
| $Al_2O_3$ . . . . . . . . | 24,16 | 22,87 |
| $Fe_2O_3$ . . . . . . . . | 4,32 | 4,96 |
| $FeO$ . . . . . . . . | 6,06 | 6,56 |
| $CaO$ . . . . . . . . | 15,68 | 16,62 |
| $MgO$ . . . . . . . | 5,20 | 6,60 |
| $K_2O$ . . . . . . . . | 0,21 | 0,32 |
| $Na_2O$ . . . . . . . | 1,07 | 0,90 |
| $H_2O$ . . . . . . . . | 0,52 | 0,50 |
|  | 101,36 | 101,85 |

N° 4084 O*u* : gabbro à olivine mésocrate, crête du Kumba.

N° 4086 O*u* : gabbro riche en olivine avec magnétite rare, crête du Kumba.

### *Composition magmatique*

| | Moyenne des N°ˢ 4084 et 4086 | Analyse ramenée à 100 parties | Quotients | | |
|---|---|---|---|---|---|
| $SiO_2$ . . . | 42,85 | 42,28 | 0,705 | 0,714 | |
| $TiO_2$ . . . | 0,72 | 0,71 | 0,009 | | |
| $Al_2O_3$ . . . | 23,51 | 23,20 | 0,227 | 0,256 $R_2O_3$ | |
| $Fe_2O_3$ . . | 4,64 | 4,58 | 0,029 | | |
| $FeO$ . . . | 6.31 | 6,23 | 0,086 | | |
| $CaO$ . . . | 16,15 | 15,94 | 0,285 | 0,516 RO | 0,535 $R_2O$ + RO |
| $MgO$ . . . | 5,90 | 5,82 | 0,145 | | |
| $K_2O$ . . . | 0,26 | 0,26 | 0,003 | 0,019 $R_2O$ | |
| $Na_2O$ . . . | 0,99 | 0,98 | 0,016 | | |
| $H_2O$ . . . | 0,51 | — | | | |
| | 101,84 | 100,00 | | | |

Coefficient d'acidité : $\alpha = 1,09$.
Rapport $R_2O : RO = 1 : 27,2$.
Formule magmatique $= 2,79\ SiO_2 : R_2O_3 : 2,09\ RO$.

GABBROS A OLIVINE MÉLANOCRATES

N° 1089 Ou

|  | Analyse brute | Analyse ramenée à 100 parties | Quotients | | |
|---|---|---|---|---|---|
| SiO₂ . . . | 40,30 | 40,31 | 0,671 | | |
| Al₂O₃ . . . | 17,14 | 17.14 | 0,168 | 0,221 R₂O₃ | |
| Fe₂O₃ . . . | 8,53 | 8,53 | 0,053 | | |
| FeO . . . | 6,90 | 6,90 | 0,096 | | |
| MnO . . . | 0,65 | 0,65 | 0,009 | 0,596 RO | |
| CaO . . . | 16,40 | 16,40 | 0,293 | | 0,627 R₂O + RO |
| MgO . . . | 7,92 | 7,92 | 0,198 | | |
| K₂O . . . | 0,66 | 0,66 | 0,007 | 0,031 R₂O | |
| Na₂O . . . | 1,49 | 1,49 | 0,024 | | |
| H₂O . . . | 0,46 | — | | | |
|  | 100,45 | 100,00 | | | |

Coefficient d'acidité $\alpha = 1,03$.
Rapport $R_2O : RO\ 1 : 19$.
Formule magmatique : $3SiO_2 : R_2O_3 : 2,8\ RO$.

N° 1089 Ou. Gabbro à olivine mélanocrate, au-delà du col situé sur le troisième chaînon latéral est de la chaine du Tilaï-Kanjakoswsky, en allant du sud au nord.

N° 4092 Ou

|  | Analyse brute | Analyse ramenée à 100 parties | Quotients | | |
|---|---|---|---|---|---|
| SiO₂ . . . | 39,20 | 38,85 | 0,647 | 0.661 | |
| TiO₂ . . . | 1,10 | 1,09 | 0,014 | | |
| Al₂O₃ . . . | 20,58 | 20,39 | 0,200 | 0,266 R₂O₃ | |
| Fe₂O₃ . . . | 10,68 | 10,58 | 0,066 | | |
| FeO . . . | 6,53 | 6,47 | 0,090 | | |
| MgO . . . | 6,49 | 6,43 | 0,161 | 0,504 RO | |
| CaO . . . | 14,29 | 14,16 | 0,253 | | 0,535 R₂O + RO |
| K₂O . . . | 0,36 | 0,36 | 0,004 | 0,031 R₂O | |
| Na₂O . . . | 1,69 | 1,67 | 0,027 | | |
| H₂O . . . | 0,20 | — | | | |
|  | 101,12 | 100,00 | | | |

Coefficient d'acidité : $\alpha = 0{,}992$.

Rapport $R_2O : RO = 0{,}062$.

Formule magmatique $= 2{,}49\ SiO_2 : R_2O_3 : 2.01\ RO$.

N° 4092 Ou, gabbro à olivine mélanocrate, sur la grande Bruskowaïa. Massif du Kumba-Zolotoï-Kamen.

## § 5. *Les gabbros à hypersthène, et les gabbros-norites*

Les gabbros à hypersthène sont assez répandus, mais forment rarement des affleurements très considérables. Ils se rencontrent d'habitude sporadiquement au milieu des gabbros à olivine ou des gabbros-diorites, et comme tels. nous les avons observés dans le massif du Tschistop, dans la chaîne du Kumba-Zolotoï Kamen, sur la crête du Cérébriansky au sud du sommet de ce nom, et un peu au N.-E. du gîte dunitique du Jow ; puis sur les éperons qui se détachent du flanc occidental du Cérébriansky contre Poloudniéwaïa. Ils apparaissent fréquemment aussi au milieu des gabbros et des gabbros-diorites au sud de la chaîne du Kalpak-Kazansky, dans la grande zone de ces roches qui traverse la Pawdinskaya-Datcha sur toute sa longueur jusqu'au centre dunitique du Kaménouchky, etc.

Au point de vue macroscopique, ce sont des roches généralement très fraîches, d'aspect gabbroïque, à grain moyen, presque toujours mésocrates, et généralement dépourvues de ces « traînées » que l'on trouve si souvent dans les gabbros. Sur le terrain, bien qu'elles aient parfois un aspect un peu particulier, il est cependant bien difficile de les distinguer des gabbros francs auxquels elles passent d'ailleurs, sans qu'il soit possible de tracer une limite entre les deux types de roches. Au microscope, les minéraux constitutifs des norites sont : l'apatite, la magnétite, les spinelles, la biotite, l'olivine, le pyroxène monoclinique, l'hypersthène, la hornblende et les plagioclases.

**Apatite.** — Ce minéral est rare et n'a été rencontré que dans les variétés du Cérébriansky. Il se présente en inclusions dans les éléments ferro-magnésiens, ou à l'état libre parmi les feldspaths. Les cristaux relativement gros, ne sont pas terminés, et possèdent les propriétés optiques ordinaires à ce minéral. Les sections hexagonales donnent une croix noire uniaxe négative.

**Spinelle.** — La spinelle est très rare, et ne se trouve que dans les variétés riches en magnétite, dans lesquelles il se comporte comme d'ordinaire ; il est craquelé, et d'un beau vert foncé.

**Magnétite.** — La magnétite est assez répandue, et se rencontre à l'état libre ou en inclusions dans l'élément noir. Dans ce dernier cas, elle affecte principalement la forme de grains octaédriques. Quant elle devient abondante, on la trouve aussi en petites plages généralement dépourvues de spinelles, qui servent à relier les uns aux autres les cristaux de pyroxène.

**Biotite.** — C'est un élément constant dans les gabbros à hypersthène, mais qui s'y rencontre en petite quantité; même quand il est abondant, il reste en effet très subordonné aux autres minéraux fémiques. La biotite se cantonne toujours dans le voisinage immédiat de la magnétite qu'elle circonscrit et moule volontiers; elle est aussi incluse dans les pyroxènes, et se rencontre également parmi les feldspaths. Les lamelles de mica noir sont généralement informes et déchiquetées, elle s'éteignent à $0°$ du clivage $p = (001)$; le minéral est uniaxe, négatif, sa biréfringence $n_g - n_p = 0,04$; le polychroïsme intense est comme suit : $n_g =$ rouge-brun très foncé, $n_p =$ brun jaunâtre très pâle.

**Olivine.** — Elle n'a été observée qu'une ou deux fois, et doit être considérée comme un minéral accidentel dans les gabbros à hypersthène. Elle s'y présente d'ailleurs avec ses caractères habituels.

**Pyroxène monoclinique.** — Le pyroxène monoclinique prédomine d'habitude sur l'hypersthène, bien que l'inverse ait été constaté quelques fois. Les cristaux sont informes, et faiblement allongés selon la zone prismatique, avec clivages $m = (110)$, $h^1 = (100)$, fin et serré, assez fréquent, et de nombreuses cassures irrégulières. Il est souvent mâclé selon $h^1 = (100)$, avec répétition lamellaire des individus; les inclusions habituelles au diallage n'ont pas été observées. La couleur est légèrement verdâtre en lumière naturelle; le plan des axes est dans $g^1 = (010)$, l'extinction de $n_g$ dans ce plan oscille entre $37°$ et $46°$, le plus communément elle est de $45°$. La bissectrice aiguë $= n_g$.

Les indices ont été mesurés directement et obtenus comme suit :

|                          | $n_g$  | $n_m$  | $n_p$  |
|--------------------------|--------|--------|--------|
| Coupe n° 1124 Ou . . .   | 1,7198 | 1,6991 | 1,6929 |

**Hypersthène.** — Il est généralement de même taille que le pyroxène monoclinique, mais plus allongé suivant la zone du prisme. Dans les gabbros-norites du Cérébriansky, il est fréquemment moulé par le pyroxène monoclinique dans lequel il se rencontre à l'état d'inclusion; dans les gabbros à hypersthène qui se trouvent dans les quartals situés au sud de l'extrémité de la chaîne du Kalpak-Kazansky, nous avons maintes fois observé le phénomène inverse, et l'augite est alors en inclusions dans l'hypersthène. Ce dernier est souvent partiellement aussi circonscrit par de la biotite développée autour d'un noyau de magnétite, ou encore directement accolé au pyroxène monoclinique. Les cristaux d'hypersthène présentent les clivages $m = (110)$, nets, puis $h^1 = (100)$ généralement fin et serré, et enfin des cassures transversales irrégulières; quelques-uns conservent un vague pointement terminal formé probablement par les faces (102). Les inclusions lamellaires y sont rares. L'hypersthène est quelquefois mâclé avec le pyroxène monoclinique, dans ce cas la face $h^1 = (100)$ de ce dernier s'accole à $g^1 = (010)$ du pyroxène rhombique. Les propriétés optiques de l'hypersthène sont les suivantes : le plan des axes optiques est parallèle à $g^1 = (010)$, la bissectrice aiguë est négative $= n_p$ est perpendiculaire à $h^1 = (100)$, l'allongement est positif; l'angle $2VNa = 61°$. Les biréfringences déterminées sur un grand nombre de sections, sont comprises entre les valeurs suivantes :

$$n_g\text{-}n_p = 0{,}015\text{-}0{,}018 \text{ le plus ordinairement } 0{,}017$$
$$n_g\text{-}n_m = 0{,}002\text{-}0{,}003 \qquad — \qquad 0{,}003$$
$$n_m\text{-}n_p = 0{,}012\text{-}0{,}013 \qquad — \qquad 0{,}012$$

Les indices de réfraction sont :

|  | $n_g$ | $n_m$ | $n_p$ |
|---|---|---|---|
| Coupe n° 1124 Ou . . . | 1,7129 | 1,7099 | 1,6979 |

Dispersion $\varrho > v$. Le polychroïsme toujours appréciable est comme suit :

$n_g =$ verdâtre très pâle ;     $n_m =$ verdâtre ;     $n_p =$ brun rosé ou couleur de chair.

L'hypersthène de ces gabbros-norites est caractérisé par la valeur élevée de sa biréfringence $n_g$ - $n_p$ et de ses trois indices principaux.

**Hornblende.** — Elle ne se rencontre pas dans tous les spécimens, mais affecte surtout les variétés qui contiennent de la magnétite sidéronitique. Elle y joue le même rôle que dans la koswite, et entoure généralement les plages de fer oxydulé. Il est à remarquer que, dans ce cas, elle se substitue complètement à la biotite. Elle est peu colorée, s'éteint à 21° sur $g^1 = (010)$, sa bissectrice aiguë $= n_p$ , et sa biréfringence $n_g$ - $n_p = 0{,}020\text{-}0{,}022$. Le polychroïsme est assez peu accusé, $n_g =$ vert brunâtre sale, $n_p =$ vert jaunâtre très pâle. La hornblende épigénise aussi le pyroxène monoclinique, et ceci par enveloppement périphérique ; elle est alors plus colorée et polychroïque, $n_g =$ brun verdâtre plus ou moins foncé, $n_p =$ brunâtre pâle ; cette hornblende envahit également l'hypersthène.

**Plagioclases.** — Ils sont généralement mâclés selon l'albite, Karlsbad, et le complexe formé par ces deux mâcles. La mâcle de la péricline n'est point rare également, elle est généralement combinée avec celle de l'albite. Les cristaux sont très frais, les types rencontrés oscillent ordinairement entre les labradors Ab₃An₁ et Ab₁An₁, mais ce dernier est de beaucoup le feldspath dominant ; il n'est pas rare non plus de rencontrer de l'andésine basique.

**Structures et phénomènes d'altération.** — La structure est toujours grenue (fig. 13) ; les minéraux constitutifs sont isométriques, et régulièrement mêlés les uns aux autres, toutefois les éléments fémiques sont souvent réunis en plages par un peu de magnétite sidéronitique. Dans les gabbros-norites du Cérébriansky, les éléments ferro-magnésiens forment volontiers des associations micropegmatoïdes (fig. 14) avec d'autres minéraux, à savoir les eutectiques suivants :

1. Des micropegmatites de diopside ou d'hypersthène avec de la magnétite, qui sont fréquemment circonscrites par du mica rouge.

2. Des micropegmatites de plagioclases et de pyroxène rhombique ou monoclinique, moins fréquentes que les précédentes et les accompagnant souvent.

3. Des micropegmatites de magnétite et de hornblende, qui sont probablement le produit de l'ouralitisation de celles n° 1.

4. Des micropegmatites de spinelle vert et de pyroxène.

Les phénomènes d'altération que subissent les gabbros-norites consistent principalement en la bastitisation de l'hypersthène, jointe à la kaolinisation des plagioclases. La bastitisation se fait généralement suivant les fissures du pyroxène ; elle envahit parfois tous les cristaux d'hyperthène, mais le phénomène est plutôt rare, et le développement de la bastite est en somme assez réduit. Quant aux déformations d'origine dynamique, elles sont assez rares, peu accusées, et communiquent à la roche une structure parallèle. Les éléments ferro-magnésiens sont écrasés, morcelés, puis étirés en traînées parallèles, alignées au sein des éléments feldspathiques.

Fig. 13 Ou. — *Norite*. Coupe n° 1104 Ou. Lumière naturelle. Les feldspaths en lumière polarisée. Grossissement = 22 diam. P = pyroxène monoclinique; H = hyperstène; M = magnétite; F = feldspath.

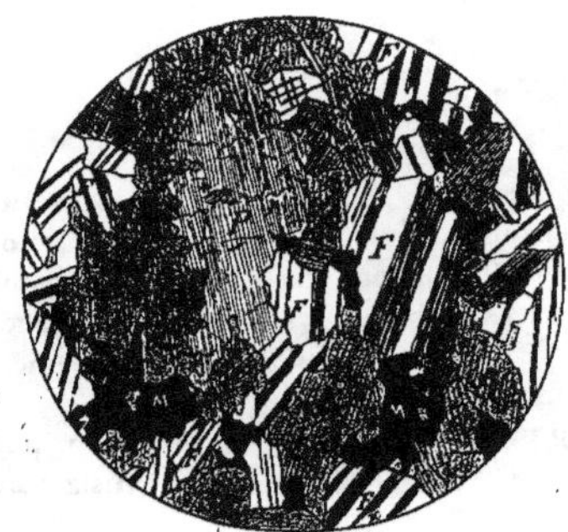

Fig. 14 Ou. — *Norite à micropegmatites*. Coupe n° 1084 Ou. Lumière naturelle. Les feldspaths en lumière polarisée. Grossissement = 22 diam. P = pyroxène ; M = magnétite; B = biotite ; H = hypersthène. Micropegmatites d'hypersthène et de feldspath, puis d'hypersthène et de magnétite.



### Composition chimique des gabbros-norites

|  | N° 1104 | N° 1124 |
|---|---|---|
| SiO₂ . . . . . . | 50,24 | 50,47 |
| TiO₂ . . . . . . | — | 0,12 |
| Al₂O₃ . . . . . . | 19,48 | 18,98 |
| F₂O₃ . . . . . . | 5,45 | 4,22 |
| FeO . . . . . . | 5,02 | 6,16 |
| MnO . . . . . . | traces | 0,12 |
| CaO . . . . . . | 11,02 | 11,72 |
| MgO . . . . . . | 4,84 | 5,62 |
| K₂O . . . . . . | 0,77 | 0,56 |
| Na₂O . . . . . . | 3,33 | 2,75 |
| H₂O . . . . . . | 0,55 | 1,06 |
|  | 100,70 | 101,78 |

Nº 1104 Ou = Gabbro à hypersthène, piton rocheux au S.-E. du Cérébriansky.

Nº 1124 Ou = Gabbro-norite ; flanc O. du Cérébriansky, sur l'éperon qui se détache contre Poloudniéwaïa.

La formule magmatique déduite de la moyenne des deux analyses nos 1 et 2 est :

|  | Moyenne calculée sur 100 parties | Quotients | | |
|---|---|---|---|---|
| $SiO_2$ . . . . . . | 50,14 | 0,835 | 0,836 | |
| $TiO_2$ . . . . . . | 0,11 | 0,001 | | |
| $Al_2O_3$ . . . . . . | 19,13 | 0,187 | 0,217 $R_2O_3$ | |
| $Fe_2O_3$ . . . . . . | 4,81 | 0,030 | | |
| $FeO$ . . . . . . | 5,64 | 0,078 | 0,409 RO | 0,465 $R_2O$ + RO |
| $CaO$ . . . . . . | 11,27 | 0,201 | | |
| $MgO$ . . . . . . | 5,21 | 0,130 | | |
| $K_2O$ . . . . . . | 0,66 | 0,007 | 0,056 $R_2O$ | |
| $Na_2O$ . . . . . . | 3,03 | 0,049 | | |
|  | 100,00 | | | |

Coefficient d'acidité : $\alpha = 1,49$.

Rapport $R_2O : RO = I : 7,1$.

Formule magmatique $= 3,8\ SiO_2 : R_2O_3 ; 2,1\ RO$.

## § 6. *Les gabbros-diorites*

Les gabbros-diorites sont des gabbros amphiboliques dont la hornblende résulte nettement de l'ouralitisation magmatique du pyroxène monoclinique, et n'est pas due à une infiltration secondaire. Cette hornblende est d'un type absolument uniforme, et correspond à la variété que nous avons appelé *sorétite*. Ces roches fort belles et souvent d'une grande fraîcheur, sont mésocrates ou mélanocrates, mais avec des « traînées » fréquentes d'élément noir dans l'élément blanc, et vice-versa ; leur grain est plutôt grossier, l'amphibole y est même parfois d'assez grande taille. On les rencontre dans la chaîne du Tschistop, puis dans la région du Kumba-Zolotoï-Kamen, où elles forment les grandes crêtes des Bruskowaïa, l'Ostraïa-Sopka, etc.

Les mêmes gabbros-diorites forment la crête et le massif du Cérébriansky et le Kätéchersky plus au sud, ils sont développés aussi dans le voisinage de l'extrémité septentrionale du Kaménouchky, puis en de nombreux points de la zone des gabbros qui traverse la Pawdinskaya-Datcha.

Les gabbros-diorites se retrouvent enfin sur le centre de Taguil, et forment une zone à l'est de l'affleurement dunitique de Taguil, qui comprend les montagnes de Golaïa, de Bielaïa, de Maminikha, etc.

Les minéraux constitutifs des gabbros-diorites sont : l'apatite, la magnétite, le pyroxène monoclinique, éventuellement l'olivine, puis la hornblende et les plagioclases.

**Apatite.** — Elle ne se rencontre pas sur tous les spécimens, et se trouve principalement dans certaines roches du Cérébriansky. Les cristaux toujours petits, et du type des inclusions, se présentent généralement en prismes faiblement allongés, et en grains, souvent avec profils hexagonaux. Elle mesure au plus $18^{mm}$. Elle est uniaxe négative.

**Magnétite.** — Elle forme des grains idiomorphes à tendance octaédrique, et aussi des petits plages sidéronitiques moulant et reliant les minéraux fémiques, dans ce cas ces plages renferment presque toujours un ou deux grains de spinelle vert.

**Pyroxènes monocliniques.** — Ils se présentent en grains ou cristaux raccourcis, qui, dans la règle, sont toujours quantitativement très inférieurs à la hornblende, sauf dans certains cas rares d'ailleurs. Les clivages $m = (110)$ sont nets, ceux $h^1 = (100)$ peu fréquents, tandis que les mâcles $h^1$ sont au contraire assez ordinaires, avec des lamelles larges, et peu répétées.

En lumière naturelle ils sont verdâtres, leur propriétés optiques étudiées exactement sur un grand nombre de sections, sont un peu différentes de celles du même minéral des pyroxénites. Le plan des axes est dans $g^1 = (010)$, la bissectrice aiguë $= n_g$, l'extinction de $n_g$ dans $g^1 = (010)$ oscille entre 38°-44°, le plus ordinairement 39° les biréfringences, entre :

$$n_g\text{-}n_p = 0,025\text{-}0,027 \text{ le plus ordinairement } 0,026$$
$$n_g\text{-}n_m = 0,019\text{-}0,022 \qquad — \qquad 0,022$$
$$n_m\text{-}n_p = 0,004\text{-}0,006 \qquad — \qquad 0,004$$

Les indices mesurés directement sont :

|  | $n_g$ | $n_m$ | $n_p$ | 2VNa |
|---|---|---|---|---|
| Coupe n° 1105 Ou . . . | 1,7184 | 1,6992 | 1,6927 | 56°-58° |

La composition chimique du pyroxène est exprimée par l'analyse ci-dessous :

| | |
|---|---|
| $SiO_2$ . . . . . . . | 50,90 |
| $Al_2O_3$ . . . . . . . | 2,62 |
| $FeO$ . . . . . . . | 10,07 |
| $CaO$ . . . . . . . | 23,32 |
| $MgO$ . . . . . . . | 13,30 |
| $MnO$ . . . . . . . | 0,35 |
| | 100,56 |

**Hornblende.** — La hornblende qui est généralement allotriomorphe vis-à-vis du pyroxène, est légèrement allongée suivant la zone du prisme, beaucoup moins cependant que dans les vraies diorites. Elle ne présente d'habitude pas de profils reconnaissables, les cristaux sont rarement mâclés selon $h^1 = (100)$. Le plan des axes est parallèle à $g^1 = (010)$, la bissectrice aiguë négative $= n_p$; sur $g^1 = (010)$, l'extinction de $n_g$ varie entre 14°-18°, le plus ordinairement 16° pour la hornblende du Cérébriansky; elle atteint 20° pour le même minéral dans des roches analogues provenant d'autres régions de la Pawda ou de la chaîne du Kumba.

L'allongement est positif, les biréfringences sont comprises entre :

$$n_g\text{-}n_p = 0,020 \text{ -}0,024 \text{ le plus ordinairement } 0,022$$
$$n_g\text{-}n_m = 0,008 \text{ -}0,009 \qquad — \qquad 0,008$$
$$n_m\text{-}n_p = 0,0133\text{-}0,0134 \qquad — \qquad 0,0133$$

Les indices mesurés directement sont :

|  | $n_g$ | $n_m$ | $n_p$ | $2V$ Na |
|---|---|---|---|---|
| Coupe n° 1120 Ou. . . . . | 1,6854 | 1,6758 | 1,6643 | 84°50' |
| Coupe n° 1107 Ou. . . . . | 1,6827 | 1,6742 | 1,6614 | 78°22' |
| Coupe n° 4030 Ou. . . . . | 1,6849 | 1,6759 | 1,6646 | 77° |

Polychroïsme : $n_g =$ vert foncé ; $n_m =$ verdâtre ; $n_p =$ brunâtre pâle

L'analyse de ce pyroxène correspond à la composition suivante :

| | |
|---|---|
| $SiO_2$ . . . . . . . . | 43,34 |
| $Al_2O_3$ . . . . . . . | 12,60 |
| $Fe_2O_3$ . . . . . . . | 10,44 |
| FeO . . . . . . . . | 7,92 |
| CaO . . . . . . . . | 13,06 |
| MgO . . . . . . . . | 12,60 |
| $K_2O$ . . . . . . . . | 0,02 |
| $Na_2O$ . . . . . . . | 1,90 |
| | 101,88 |

**Olivine.** — Elle n'a pas été rencontrée dans les gabbros-diorites du Cérébriansky, mais existe par contre dans d'autres variétés, jamais en abondance cependant. Son aspect et ses propriétés sont habituels.

**Plagioclases.** — Ils sont toujours très frais, mâclés selon l'albite ou la péricline seule, ou en combinaison l'une avec l'autre, les mâcles de Karlsbad sont plus rares.

Les types les plus fréquemment rencontrés oscillent généralement entre $Ab_3An_4$ et An mais l'anorthite pure est fréquente.

**Structure et phénomènes d'ouralitisation.** — La structure est toujours grenue (fig. 15). Les cristaux de pyroxène et d'amphibole se réunissent en plages à individus diversement orientés, qui se touchent directement. ou sont localement soudés par de la magnétite sidéronitique. Ces plages sont disséminées parmi les grains idiomorphes des feldspaths. Parfois, et notamment chez les variétés mélanocrates, la structure est quasi ophitique, et le pyroxène ainsi que la hornblende forment un ciment. qui moule et emprisonne les grains idiomorphes de feldspath.

La hornblende est dans tous les cas un produit de l'ouralitisation du pyroxène ; celle-ci se fait généralement par la phériphérie des cristaux de diallage. qui sont alors réduits à l'état de noyaux enclavés dans la hornblende. Ordinairement un cristal de pyroxène donne naissance à un seul et même cristal d'amphibole, et l'on trouve souvent dans ce dernier plusieurs noyaux de pyroxène ayant une orientation optique unique, qui sont évidemment les restes d'un même individu. D'autres fois l'ouralitisation du pyroxène se fait par taches, ou suivant les clivages ; ce dernier parait alors marbré de taches vertes, et comme persillé. La fraicheur des feldspaths et celle de la hornblende, éliminent d'emblée l'idée d'une origine secondaire pour celle-ci ; l'ouralite fibreuse n'existe pas dans ces roches.

*Composition chimique des gabbros diorites*

Fig. 15 Ou. — *Gabbro-diorite.* Coupe n° 1090 Ou. Lumière naturelle. Les feldspaths en lumière polarisée. Grossissement = 22 diam. P = pyroxène; A = amphibole; M = magnétite.

|            | N° 1122 Ou | N° 1118 Ou | N° 1105 Ou |
|------------|-----------|-----------|-----------|
| $SiO_2$    | 45,76     | 41,26     | 43,52     |
| $Al_2O_3$  | 23,85     | 20,09     | 17,50     |
| $Fe_2O_3$  | 3,80      | 6,10      | 5,77      |
| $FeO$      | 3,79      | 7,65      | 6,13      |
| $CaO$      | 17,22     | 14,64     | 17,70     |
| $MgO$      | 4,06      | 8,14      | 7,48      |
| $K_2O$     | 0,15      | 0,16      | 0,35      |
| $Na_2O$    | 2,41      | 1,68      | 1,28      |
| $H_2O$     | 0,32      | 0,89      | 0,75      |
|            | 101,36    | 100,61    | 100,48    |

N° 1122 Ou. Gabbro ouralitisé leucocrate, crête du Cérébriansky, au nord du sommet.

N° 1118 Ou. Gabbro ouralitisé mélanocrate, sommet principal du Cérébriansky.

N° 1105 Ou. Gabbro mélanocrate peu ouralitisé, au sud-est du Cérébriansky.

Pour calculer la formule magmatique nous avons pris la moyenne entre les N°ˢ 1122 Ou et 1118 Ou.

|            | Moyenne brute | Moyenne ramenée à 100 parties | Quotients |            |            |
|------------|---------------|-------------------------------|-----------|------------|------------|
| $SiO_2$    | 43,51         | 43,34                         | 0,7223    |            |            |
| $Al_2O_3$  | 21,97         | 21,89                         | 0,2146    | 0,2454 $R_2O_3$ |       |
| $Fe_2O_3$  | 4,95          | 4,93                          | 0,0308    |            |            |
| $FeO$      | 5,72          | 5,70                          | 0,0791    |            |            |
| $CaO$      | 15,93         | 15,87                         | 0,2834    | 0,5145 RO  |            |
| $MgO$      | 6,10          | 6,08                          | 0,1520    |            | 0,5490 $R_2O$ + RO |
| $K_2O$     | 0,15          | 0,15                          | 0,0016    | 0,0345 $R_2O$ |         |
| $Na_2O$    | 2,04          | 2,04                          | 0,0329    |            |            |
| $H_2O$     | 0,60          | —                             | —         |            |            |
|            | 100,97        | 100,00                        |           |            |            |

Cœfficient d'acidité : $a = 1,11$.
Rapport $R_2O : RO = 1 : 15$.
Formule magmatique $= 2,94\ SiO_2 : R_2O_3 : 2,24\ RO$.


N° 4091 Ou

|            | Analyse brute | Analyse ramenée à 100 parties | Quotients |            |            |
|------------|---------------|-------------------------------|-----------|------------|------------|
| $SiO_2$    | 41,06         | 41,35                         | 0,689     | 0,704 $SiO_2$ |         |
| $TiO_2$    | 1,17          | 1,17                          | 0,015     |            |            |
| $Al_2O_3$  | 21,05         | 21,18                         | 0,207     | 0,244 $R_2O_3$ |        |
| $Fe_2O_3$  | 5,95          | 5,97                          | 0,037     |            |            |
| $FeO$      | 5,19          | 5,21                          | 0,072     |            |            |
| $CaO$      | 14,10         | 14,16                         | 0,253     | 0,536 RO   |            |
| $MgO$      | 8,39          | 8,43                          | 0,211     |            | 0,575 $R_2O$ + RO |
| $K_2O$     | 0,45          | 0,45                          | 0,005     | 0,39 $R_2O$ |          |
| $Na_2O$    | 2,08          | 2,09                          | 0,034     |            |            |
| $H_2O$     | 0,89          | —                             | —         |            |            |
|            | 100,86        | 100,00                        |           |            |            |

Cœfficient d'acidité $a = 1,07$.
Rapport $R_2O : RO = 1 : 13,7$.
Formule magmatique $= 2,88\ SiO_2 : R_2O_3 : 2,36\ RO$.
N° 4091 Ou. Gabbro-diorite à grain grossier. Tschornœ-Ouwal, chaine du Kumba-Zolotoï-Kamen.

**N° 301 pt**

| | Analyse brute | Analyse ramenée à 100 parties | Quotients | | |
|---|---|---|---|---|---|
| $SiO_2$ . . . | 46,68 | 47,61 | 0,793 | } 0,815 | |
| $TiO_2$ . . . | 1,77 | 1,80 | 0,022 | | |
| $Al_2O_3$ . . . | 15,32 | 15,63 | 0,153 | } 0,160 $R_2O_3$ | |
| $Fe_2O_3$ . . . | 1,06 | 1,08 | 0,007 | | |
| $FeO$ . . . | 10,00 | 10,20 | 0,142 | | |
| $MnO$ . . . | 0,05 | 0,05 | 0,001 | | |
| $CaO$ . . . | 10,86 | 11,08 | 0,198 | } 0,577 RO | |
| $MgO$ . . . | 9,25 | 9,44 | 0,236 | | } 0,625 $R_2O$ + RO |
| $K_2O$ . . . | 0,24 | 0,24 | 0,002 | | |
| $Na_2O$ . . . | 2,81 | 2,87 | 0,046 | } 0,048 $R_2O$ | |
| $H_2O$ . . . | 2,06 | — | — | | |
| | 100,10 | 100,00 | | | |

Cœfficient d'acidité $\alpha = 1,48$.

Rapport $R_2O : RO = 1 : 12,02$.

Formule magmatique $= 5,09\ SiO_2 : R_2O_3 : 3,91\ RO$.

N° 301 pt. Gabbro-diorite, montagne de Mamminikha.

Taguil. Roche dioritique formé de hornblende brune sans pyroxène visible, les feldspaths entièrement décomposés.

## § 7. *Les gabbros saussuritisés*

Ces roches ont été rencontrées sur le centre de Taguil. Elles sont généralement mésocrates, à grain moyen, plutôt grossier. Le pyroxène à l'œil nu déjà, y est transformé en amphibole. Les feldspaths sont grisâtres et paraissent avoir subi une transformation plus ou moins profonde.

Au microscope, les minéraux constitutifs de ces roches sont les suivants : sphène, magnetite, hornblende, plagioclases altérés et transformés en kaolin, épidote et zoïsite.

**Sphène.** — Il se présente en grains grisâtres, guillochés, à propriétés optiques normales.

**Magnétite.** — Elle est très rare, et se rencontre en grains isolés généralement à proximité de l'amphibole.

**Hornblende.** — Elle forme des grandes plages vert très pâle, qui, en lumière polarisée, ne sont pas formées par des individus uniques, mais au contraire par la réunion de petits prismes et grains d'amphibole diversement orientés. Ces prismes sont informes, sans profils géométriques, et légèrement allongés selon $m = (110)$; ils présentent les clivages $m = (110)$ nets. Le plan des axes est dans $g^1 = (010)$ : la bissectrice aiguë est

112

négative $= n_p$ sur $g^1 = (010)$ l'extinction de $n_g = 20\text{-}22°$ $n_g\text{-}n_p = 0,021\text{-}0,022$ $n_g =$ verdâtre ou vert bleuâtre $n_m =$ vert sale $n_p =$ brunâtre pâle. La hornblende est tachetée, les parties les moins colorées sont les plus biréfringentes.

**Plagioclases.** — Complétement décomposés et absolument méconnaissables. Ils sont remplacés par une masse kaolinique opaque qui est toute imprégnée de zoïsite. Dans cette masse se trouve quelques grands cristaux informes d'épidote incolore, ou légèrement jaunâtre, de biréfringence $n_g\text{-}n_p \doteq 0,036\text{-}0,038$.

*Composition chimique des gabbros saussurilisés*

|  | N° 206 $pl$ | N° 300 $pl$ |
|---|---|---|
| $SiO_2$ | 47,54 | 47,77 |
| $TiO_2$ | 0,91 | 0,61 |
| $Al_2O_3$ | 20,56 | 21,34 |
| $Fe_2O_3$ | 2,56 | 2,13 |
| $FeO$ | 7,74 | 6,75 |
| $CaO$ | 12,10 | 12,30 |
| $MgO$ | 3,25 | 3,58 |
| $MnO$ | 0,05 | 0,03 |
| $K_2O$ | 0,79 | 0,53 |
| $Na_2O$ | 3,29 | 1,90 |
| $H_2O$ | 2.50 | 2,80 |
|  | 101,29 | 99,74 |

N° 206 $pl =$ Gabbro-diorite montagne de Popretschnaïa Taguil.
N° 300 $pl =$ Gabbro-diorite montagne de Popretschnaïa Taguil.

|  | N° 206 Analyse réduite à 100 | Quotients |  |
|---|---|---|---|
| $SiO_2$ | 48,12 | 0,802 | 0,813 |
| $TiO_2$ | 0,92 | 0,011 | |
| $Al_2O_3$ | 20,81 | 0,204 | 0,220 $R_2O_3$ |
| $Fe_2O_3$ | 2,59 | 0,016 | |
| $FeO$ | 7,83 | 0,109 | |
| $CaO$ | 12,27 | 0,219 | 0,411 RO |
| $MgO$ | 3,28 | 0,082 | |
| $MnO$ | 0,05 | 0,001 | |
| $K_2O$ | 0,80 | 0,008 | 0,062 $R_2O$ |
| $Na_2O$ | 3,33 | 0.054 | |
|  | 100,00 | | 0,473 $R_2O$ + RO |

| | N° 300 Analyse réduite à 100 | Quotients | |
|---|---|---|---|
| $SiO_2$ . . . . . . . . | 49,28 | 0,821 | } 0,829 |
| $TiO_2$ . . . . . . . . | 0,63 | 0,008 | |
| $Al_2O_3$ . . . . . . . . | 22,01 | 0,216 | } 0,230 $R_2O_3$ |
| $Fe_2O_3$ . . . . . . . . | 2,20 | 0,014 | |
| $FeO$ . . . . . . . . | 6,96 | 0,097 | |
| $CaO$ . . . . . . . . | 12,69 | 0,227 | } 0,416 RO |
| $MgO$ . . . . . . . . | 3,69 | 0,092 | |
| $MnO$ . . . . . . | 0,03 | 0,0003 | |
| $K_2O$. . . . . . . . | 0,55 | 0,006 | } 0,038 $R_2O$ |
| $Na_2O$ . . . . . . . | 1,96 | 0,032 | |
| | 100,00 | | |

0,4543 $R_2O + RO$

N° 206 = Coefficient d'acidité $\alpha = 1,44$ Rapport $R_2O : RO = 1 : 6,63$.
Formule magmatique $= 3,69\ SiO_2 : R_2O_3 : 2,15\ RO$.
N° 300 = Coefficient d'acidité $\alpha = 1,45$ Rapport $R_2O : RO = 1 : 10,95$.
Formule magmatique $= 3,60\ SiO_2 : R_2O_3 : 1,97\ RO$.

## § 8. *Les diorites et les diorites quartzifères*

Ces roches qui sont si étroitement liées au gabbros ouralitisés, peuvent être en somme considérées comme des gabbros-diorites quartzifères par l'origine de leur amphibole. Elles forment un groupe naturel, qui comprend des diorites quartzifères généralement micacées, avec et sans augite, groupe qui, sur le terrain, est ordinairement lié aux gabbros-diorites auxquels ces roches passent latéralement. A l'œil nu, elles sont d'un type assez uniforme, souvent mélanocrate, à grain moyen ou généralement fin. Au microscope ces roches renferment les minéraux suivants :

**Magnétite.** — Elle est constante mais n'est abondante que dans les variétés augitiques. Elle se présente en grains irréguliers, qui sont généralement auréolés par la biotite.

**Apatite.** — Elle est excessivement abondante dans certains spécimens, beaucoup plus rare dans d'autres, et se rencontre ordinairement dans la biotite ou la hornblende. Les petites sections normales à l'axe prismatique sont hexagonales et uniaxes négatives.

**Sphène.** — Il se rencontre en petites plages irrégulières et en grains cantonnés dans le voisinage de la hornblende ou de la biotite, plus rarement en inclusions dans ces minéraux. Bissectrice aiguë $= n_g$, $2V = 40°$. Le sphène peut manquer totalement dans certains échantillons.

**Biotite.** — Elle peut être particulièrement abondante, et généralement de consolidation antérieure à la nouvelle hornblende qui la moule. L'inverse a cependant lieu, et l'amphibole ainsi que l'augite peuvent s'y rencontrer en inclusions. Elle est uniaxe, polychroïque et colorée. $n_g$ = rouge brun très foncé ou brun verdâtre presque noir. $n_p$ = jaunâtre pâle. Elle est fréquemment, partiellement ou totalement épigénisée en chlorite selon p. = (001).

**Pyroxène monoclinique.** — Il ne se trouve que chez les diorites augitiques seulement, et se présente en grains ou cristaux informes, avec un faible allongement prismatique. Il renferme souvent des inclusions lamellaires et de jolis grains de magnétite.

Il est grisâtre ou verdâtre en lumière naturelle, s'éteint à 47° sur $g^1$ = (010), signe optique positif. $n_g\text{-}n_p$ = 0,026.

**Hypersthène.** — Il est rare et n'a été rencontré que dans certains types de diorites augitiques. Les cristaux sont fortement allongés suivant la zone du prisme, avec clivages $m$ = (110) et cassures transversales. Bissectrice aiguë = $n_p$, 2V = 53° 8' $n_g\text{-}n_p$ = 0,015. $n$ = verdâtre pâle $n_m$ = rougeâtre pâle $n_p$ = brun rougeâtre pâle.

**Hornblende.** — Elle se présente en cristaux allongés, corrodés, parfois squelettiques, sans profils géométriques et rarement mâclés. Les propriétés optiques de cette hornblende sont variables, chez toutes cependant le plan des axes est dans $g^1$ = (010) et la bissectrice aiguë = $n_p$. Chez les variétés riches en quartz, la hornblende est très colorée et vert bleuâtre. Sur $g^1$ = (010) elle s'éteint entre 16 et 18° l'angle 2V est très petit et souvent le minéral semble uniaxe. $n_g\text{-}n_p$ = 0,017 $n_g\text{-}n_m$ = 0,0017 $n_m\text{-}n_p$ = 0,014 2V = 45° 30' calc. $n_g$ = vert bleuâtre foncé $n_m$ = vert plus jaunâtre $n_p$ = vert jaunâtre très pâle.

Dans les variétés pauvres en quartz et non augitiques, la hornblende est marbrée de taches plus claires et plus biréfringentes. L'extinction dans $g^1$ = (010) est de 20° à 22° mais 2V est beaucoup plus grand $n_g\text{-}n_p$ = 0,017-0,021 $n_g\text{-}n_m$ = 0,005-0,009 $n_m\text{-}n_p$ = 0,011 0,014 $n_g$ = verdâtre sale plus ou moins foncé $n_m$ = verdâtre $n_p$ jaunâtre pâle.

Sur certains spécimens on peut voir, mais assez rarement, que cette hornblende provient d'un pyroxène préexistant.

**Plagioclases.** — Ils sont toujours abondants et mâclés selon l'albite Karlsbad et la péricline. Chez quelques spécimens ils sont zonés, mais les zones sont assez peu distinctes, dans ce cas la bordure est généralement plus acide que le centre. Les variétés les plus répandues sont l'andésine basique ou le labrador $Ab_1An_2$, la bordure est formée par l'oligoclase ou l'oligoclase-andésine.

**Quartz.** — Il est idiomorphe ou allotriomorphe et représente le dernier élément consolidé.

**Epidote.** — Elle ne se rencontre jamais en grande quantité, mais on en voit cependant quelques jolis grains informes qui, presque toujours, se trouvent à proximité de la hornblende. Elle est très légèrement jaunâtre en lumière naturelle. Bissectrice aiguë = $n_p$ $n_g\text{-}n_p$ = 0,037.

**Structure.** — Elle est hypidiomorphe ou panidiomorphe grenue, le quartz est le dernier élément consolidé (fig. 16 et fig. 17). Dans certaines variétés, notamment dans

Fig. 16. — *Diorite augitique micacée.* Coupe n° 2303 *pw.* Lumière naturelle. Les feldspaths en lumière polarisée. Grossissement = 19 diam. M = biotite ; A = pyroxène ; Q = quartz. Anorthite mâclée.

Fig. 17. — *Diorite quartzifère.* Coupe n° 3837 *pw.* Lumière naturelle. Les feldspaths en lumière polarisée. Grossissement = 19 diam. Hornblende, plagioclase, puis quartz, Q.

celles de l'Ostraïa-Sopka près de Gladkaïa, la hornblende se développe en plages pœcilitiques qui empâtent à la fois la biotite et des petits cristaux de plagioclases.

*Composition chimique des diorites quartzifères*

| | 240 *pw* | 5004 *Ou* | 4081 *Ou* | 4079 *Ou* | 5603 *pw* | 5344 *pw* | 3837 *pw* |
|---|---|---|---|---|---|---|---|
| $SiO_2$ . . . . | 58,23 | 59,75 | 51,71 | 46,09 | 58,95 | 52,00 | 57,74 |
| $TiO_2$ . . . . | 0,51 | 0,45 | 0,70 | 0,50 | 0,84 | 0,39 | 0,76 |
| $Al_2O_3$ . . . | 19,32 | 17,80 | 20,80 | 21,15 | 11,85 | 18,36 | 10,45 |
| $FeO_2$ . . . | | 2,74 | | 5,20 | 6,30 | | |
| $FeO$ . . . . | 6,21 } | 3,94 | 9,39 } | 6,29 | 5,50 | 9,06 } | 9,42 } |
| $CaO$ . . . . | 6,06 | 6,63 | 8,43 | 11,05 | 6,30 | 11,49 | 9,50 |
| $MgO$ . . . . | 2,97 | 2,66 | 4,96 | 4,72 | 3,85 | 4,92 | 5,42 |
| $K_2O$ . . . . | 1,92 | 2,15 | 1,83 | 1,25 | 1,13 | 1,60 | 1,70 |
| $Na_2O$ . . . | 2,62 | 3,89 | 2,42 | 2,62 | 4,05 | 1,90 | 2,88 |
| $H_2O$ . . . . | 0,83 | 0,81 | 0,70 | 2,02 | 0,61 | 0,14 | 0,90 |
| | 99,11 | 100,81 | 100,94 | 100,92 | 99,49 | 99,86 | 98,77 |

N° 240 *pw* : Diorite quartzifère micacée. Pawdinskaya-datcha.

N° 5004 O*u* : Diorite quartzifère micacée, riche en quartz, à l'ouest de Baronskoe, sur le chemin de Koutim. Wagranskaya-datcha.

N° 4081 O*u* : Diorite quartzifère mélanocrate riche en biotite, sur le sentier qui va de Baronskoe au Kumba.

N° 4079 O*u* : Diorite mélanocrate presque sans quartz, pauvre en biotite. Baronskoe.

N° 5603 *pw* : Diorite quartzifère micacée et augitique. Pawdinskaya-datcha, quartal 150.

N° 5344 *pw* : Diorite quartzifère micacée et augitique. Pawdinskaya-datcha, quartal 97.

N° 3837 *pw* : Diorite quartzifère. Pawda, quartal 127.

# CHAPITRE VI

## LES ROCHES FILONIENNES

§ 1. Généralités sur les roches filoniennes. — § 2. Les filons mélanocrates du type grenu. Dunites normales. Dunites sidéronitiques. Kazanskites. Garéwaïtes. Issites. Wehrlites filoniennes. Pawdites. Berbachites et berbachites à hornblende. — § 3. Les filons mélanocrates du type porphyrique. Microgabbros. Microdiorites. Lamprophyres à olivine. Lamprophyres à augite. — § 4. Les filons mésocrates. Microdiorites quartzifères. Gladkaïtes. Pegmatites à hornblende. — § 5. Les filons leucocrates du type grenu. Granulites et micropegmatites. Plagiaplites. Brèches de Plagiaplites et origine de l'ouralitisation.

### § 1. *Généralités sur les roches filoniennes*

Les roches filoniennes sont nombreuses, variées, et tout à fait caractéristiques ; elles traversent aussi bien les dunites que les gabbros ou les pyroxénites, et se rencontrent ordinairement en filons plutôt minces, voire même en veinules, mais parfois aussi en dykes et en veines épaisses, qui peuvent être fort abondantes et cribler même la roche encaissante. On trouve d'habitude simultanément ou isolément deux types, qui représentent deux antipodes, l'un mélanocrate, l'autre leucocrate et essentiellement feldspatique, qui tranche alors par sa couleur sur le milieu environnant. Certaines de ces roches filoniennes sont fort rares, et n'ont été rencontrées que sur un point déterminé ; d'autres sont au contraire tout à fait banales et se retrouvent avec des caractères identiques sur toute l'étendue de la grande bande erruptive de l'Ouest. Les roches filoniennes sont en grande majorité du type grenu ; quelques-uns sont porphyriques, et dans ce cas microgrenues ou exceptionnellement microlitiques.

La dunite paraît être assez pauvre en filons ; celle de Gladkaïa-Sopka est traversée par des veines d'une sorte de diorite quartzifère appelée par nous Gladkaïte ; celle d'Iow ne renferme pas de filons, celle de l'éperon du Koswinsky est assez riche en très minces veinules d'issites et de wehrlites mélanocrates, puis de granulites à plagioclases et d'albitites. La dunite de Kaménouchkly renferme surtout des issites, des plagiaplites et des pegmatites à hornblende ; celle de Swetli-Bor est par places criblée par des issites variées, avec et sans plagioclases, celle de Taguil par contre ne renferme pas de roches filoniennes.

Dans les pyroxénites on rencontre ordinairement les dunites normales et sidéronitiques, les kazanskites, les garéwaïtes, les berbachites et microgabbros avec olivine, puis comme type leucocrate les plagiaplites avec ou sans quartz, ainsi que les pegmatites à hornblende.

Dans les gabbros enfin, les roches filoniennes que l'on trouve le plus fréquemment sont les microgabbros, les microdiarites et les berbachites sans olivine dans le type mélanocrate, puis les plagiaplites et les granulites dans celui leucocrate.

Les lamprophyres paraissent constituer une exception locale, il en est de même pour les granulites et les microgranulites.

## § 2. *Les filons mélanocrates du type grenu*

### DUNITES NORMALES

Les pyroxénites sont souvent traversées par des filons d'une dunite qui ne diffère en rien de la même roche massive, et qui, par conséquent, ne saurait faire l'objet d'une description spéciale. Ces filons sont très nombreux sur les flancs du Koswinsky, et principalement sur le flanc oriental ; ils se distinguent de loin déjà par la couleur rougeâtre des blocs éboulés qui en proviennent. On en connaît également plusieurs sur le versant oriental de la chaîne du Tilaï-Kanjakowsky ; le plus gros se trouve dans le cirque où s'amorcent les sources de la grande Katécherskaïa, sous le petit sommet appelé pointe de Palnitschnaïa. Ces filons sont extraordinairement abondants et surtout puissants dans l'épaulement rocheux qui forme la base des deux pointes de Garéwaïa, aux sources de cette rivière : il y ont une grande épaisseur, et sont également rubéfiés aux affleurements. Enfin les mêmes dunites filoniennes ont été rencontrées, mais rarement, dans la chaîne du Kalpak-Kazansky, puis dans les pyroxénites du Kaménouchky, au sud de Sokolinaya-Gora; et dans celles du Katchkanar.

La dunite filonienne est panidiomorphe grenue, et formée exclusivement par de l'olivine et des octaèdres de chromite. Les grains d'olivine sont de taille variable, soit de $1\text{-}2^{mm}$ ; parfois cependant ils sont beaucoup plus petits, et ne dépassent pas alors $0,3\text{-}0,6^{mm}$. Dans certaines variétés qui proviennent des sources de Garéwaïa, quelques gros cristaux d'olivine se développent porphyriquement dans une masse plus finement grenue, formée également par l'olivine et la chromite.

Partout l'olivine présente une serpentinisation plus ou moins avancée suivant les cassures, et parfois une structure bréchiforme due à un écrasement dynamique (fig. 18).

### DUNITES SIDÉRONITIQUES

Ces roches, qui ont été trouvées pour la première fois par nous au Koswinsky, ont depuis lors été rencontrées dans d'autres massifs analogues, notamment au Katschkanar ; on en connaît quelques rares spécimens dans la chaîne de Tilaï, puis surtout dans celle du Kalpak-Kazansky, et toujours dans les pyroxénites. Les dunites sidéronitiques sont de couleur foncée et finement grenues ; à l'œil nu déjà, elles paraissent exceptionnellement riches en magnétite. Souvent elles présentent une certaine schistosité, et se débitent en minces plaquettes. Les minéraux constitutifs de ces roches sont : l'olivine, la magnétite, les spinelles chromifères, et parfois la hornblende.

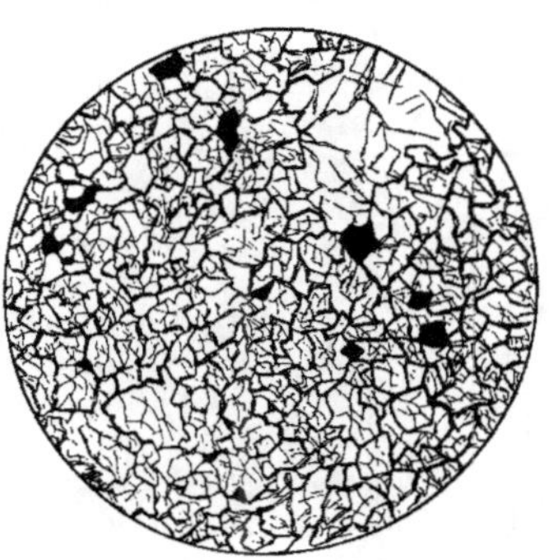

Fig. 18. — *Dunite filonienne de Garewaïa.* — Coupe n° 160 Ou. Grossissement = 13 diam. Lumière naturelle. Octaèdres de chromite disposés dans une masse grenue formée par les grains d'olivine, avec cristal développé en apparence porphyriquement.

**Olivine.** — C'est l'élément principal, qui se trouve en grains arrondis et craquelés, sur lesquels on observe parfois le clivage $g_1 = (010)$ discontinu. Les propriétés optiques du minéral sont un peu différentes de celles ordinaires, l'angle $2V = + 88°$, la biréfringence $n_g\text{-}n_p$ oscille entre 0,034 et 0,037.

Les indices sont :

|                   | $n_b$   | $n_m$   | $n_p$   |
|-------------------|---------|---------|---------|
| Coupe n° 20 Ou . . . | 1,7089 | 1,6899 | 1,6720 |

**Hornblende.** — Elle est très rare, et toujours liée à la magnétite qu'elle circonscrit ; ses propriétés optiques sont identiques à celles du même minéral de la koswite.

**Magnétite.** — Elle forme des grandes plages sidéronitiques qui moulent les grains d'olivine et qui constituent un véritable ciment. Quand elle est très abondante, la structure de la roche rappelle alors absolument celle des météorites. Ces plages sidéronitiques empâtent fréquemment des grains de spinelles chromifères d'un beau vert foncé.

**Structure et altération.** — La structure est sidéronitique parfaite (fig. 19). Quant aux phénomènes d'altération, ils consistent en serpentinisation du péridot suivant les cassures, avec formation d'antigorite jaune d'or, et abondante séparation de magnétite.

*Composition chimique de la dunite sidéronitique*

DUNITE SIDÉRONITIQUE DU KOSWINSKY

| | | | | |
|---|---|---|---|---|
| $SiO_2$. . . | 31,84 | 32,79 | 0,546 | |
| $Al_2O_3$ . | 1,37 | 1,41 | 0,009 | |
| $Cr_2O_3$ . | | | | 0,114 $R_2O_3$ |
| $Fe_2O_3$ . . | 15,63 | 16,09 | 0,105 | |
| FeO . . . | 14,25 | 14,68 | 0,203 | |
| CaO . . . | 0,91 | 0,95 | 0,016 | 1,071 RO |
| MgO . . . | 33,10 | 34,08 | 0,852 | |
| $K_2O$ . . . | 2,49 | — | | |
| | 99,59 | 100,00 | | |

Cœfficient d'acidité : $a = 0,79$.

Formule magmatique $= 4,7\ SiO_2 : R_2O_3 : 9,4\ RO$.

L'oxyde ferrique calculé entièrement en $Fe_3O_4$, correspond à 23 % de magnétite dans la roche.

Nº 26 Ou. Dunite sidéronitique provenant du flanc occidental du Koswinsky.

FIG. 19. — *Dunite sidéronitique.* Coupe nº 6 Ou. Lumière naturelle. Grossissement $= 13$ diam. O = olivine. La coupe montre les plages de magnétite sidéronitique moulant les grains d'olivine.

DUNITES SIDÉRONITIQUES DU KATCHKANAR ET DE TAGUIL.[1]

| | I* | II* | III* |
|---|---|---|---|
| $SiO_2$ . . . | 29,23 | 22,64 | 36,67 |
| $TiO_2$ . . . | 1,30 | 0,99 | — |
| $Al_2O_3$ . . | 2,26 | 3,98 | 6,65 |
| $Cr_2O_3$ . . | 0,80 | — | 0,16 |
| $Fe_2O_3$ . . | 12,20 | 26,93 | 9,61 |
| FeO . . . | 20,75 | 19,54 | 12,80 |
| MnO . . . | 0,58 | — | — |
| NiO . . | 0,22 | — | — |
| CaO . . . | 0,36 | — | 6,06 |
| MgO . . . | 31,95 | 22,57 | 27,25 |
| $K_2O$ . . . | 0,20 | — | 0,10 |
| $Na_2O$ . . | | — | 0,36 |
| $H_2O$ . . . | — | 2,22 | 2,92 |
| | 99,85 | 99,25 | 99,58 |

[1] I, II et III, in Wyssotsky. Bibliographie Nº 103, p. 341-342.

I. Dunite sidéronitique du Katchkanar.
    Coefficient d'acidité $\alpha = 07$.
    Rapport $R_2O : RO = 1 : 370$.
    Formule magmatique $4,75\ SiO_2 : R_2O_3 : 10,71\ RO$.

II. Dunite sidéronitique flanc sud du Katchkanar.
    Coefficient d'acidité $\alpha = 0,52$.
    Rapport $R_2O : RO = 0$.
    $1,82\ SiO_2 : R_2O_3 : 4,03\ RO$.

III. Dunite sidéronitique mine de Bilimbaï-Taguil.
    Coefficient d'acidité $\alpha = 0,84$.
    Rapport $R_2O : RO = 1 : 141,8$.
    Formule magmatique $= 4,47\ SiO_2 : R_2O_3 : 7,69\ RO$.

## KAZANSKITES

Ces roches que nous n'avons rencontrées que dans le massif du **Kazansky**, sur la Pawdinskaya-Datcha, traversent les troctolites. A l'œil nu, elles sont noirâtres, finement grenues, très denses, et ressemblent beaucoup aux dunites sidéronitiques. Elles sont toutes formées par les mêmes minéraux constitutifs avec le plagioclase basique en plus, et pourraient être appelées dunites sidéronitiques à plagioclases.

**Olivine.** — Elle présente absolument les mêmes caractères que dans les dunites sidéronitiques, mais elle est souvent fortement serpentinisée selon les cassures, et réduite à l'état de noyaux. L'antigorite est incolore ou légèrement verdâtre, les rubans très larges de ce minéral, toujours développés suivant les cassures, sont soulignés par de la magnétite secondaire. Les propriétés optiques sont normales.

**Hornblende.** — Elle est rare, et à peine colorée, de couleur vert très pâle, presque sans polychroïsme appréciable. Elle est identique à celle des koswites et frange aussi les plages de magnétite.

**Plagioclases.** — Ils sont idiomorphes, plus jeunes que l'olivine, et toujours considérablement moins abondants. Ils sont mâclés selon l'albite et aussi selon la péricline ; les lamelles hémitropes sont rares, et généralement fort larges. Les variétés rencontrées appartiennent exclusivement au groupe des bytownites passant à l'anorthite, entre $Ab_3An_4$ et An.

**Magnétite et spinelles.** — La magnétite forme de grandes plages sidéronitiques qui moulent l'olivine ou les feldspaths. Dans ceux-ci, on trouve des très gros grains de spinelles vert foncé, irréguliers, craquelés, et toujours chromifères.

**Structure.** — La structure est sidéronitique (fig. 20) et absolument identique à celle de la dunite du même type.

*Composition chimique de la kazanskite*

|  | N° 29 | | |
|---|---|---|---|
|  | Analyse brute | Analyse ramenée à 100 parties | Quotient |
| $SiO_2$ . . . | 31,01 | 31,81 | 0,530 ⎱ 0,541 $SiO_2$ |
| $TiO_2$ . . . | 0,89 | 0,91 | 0,011 ⎰ |
| $Al_2O_3$ . . . | 8,94 | 9,17 | 0,089 ⎱ 0,142 $R_2O_3$ |
| $Fe_2O_3$ . . . | 8,28 | 8,49 | 0,053 ⎰ |
| FeO . . . | 17,79 | 18,24 | 0,253 |
| CaO . . . | 3,81 | 3,90 | 0,068 ⎱ 0,978 RO |
| MgO . . . | 25,61 | 26,26 | 0,656 ⎰ |
| MnO . . . | 0,08 | 0,08 | 0,001 |
| $K_2O$ . . . | 0,34 | 0,35 | 0,003 ⎱ 0,015 $R_2O$ |
| $Na_2O$ . . . | 0,77 | 0,79 | 0,012 ⎰ |
| $H_2O$ . . . | 2,19 | — | — |
|  | 99,71 | 100,00 | |

0,993 R'O

Coefficient d'acidité : « = 0,763.

Rapport $R_2O$ : RO = 1 : 65,2.

Formule magmatique = 3,81 $SiO_2$ : $R_2O_3$ : 6,99 RO.

N° 29. Kazanskite, filon au sommet du Kazansky.

FIG. 20. — *Kazanskite*. Coupe n° 0 *pw*. Lumière naturelle. Les feldspaths en lumière polarisée. L'olivine O ainsi que les feldspaths, sont moulés par les plages de magnétite sidéronitique. Grossissement = 48 diam.

## GARÉWAÏTES

Ces roches n'ont été rencontrées qu'une seule fois dans les tilaïtes qui forment le soubassement des pointes de Garéwaïa dans la chaîne de Tilaï. Elles sont mélanocrates, et d'aspect porphyrique.

Les phénocristaux sont de l'augite, la pâte est microgrenue et de couleur verdâtre, elle contient du feldspath.

PHÉNOCRISTAUX

Ils sont exclusivement représentés par un pyroxène corrodé, à structure zonaire, avec les profils habituels de l'augite. Ce pyroxène est légèrement brunâtre en lumière naturelle et renferme de nombreuses inclusions, à savoir :

1. Des grains de feldspath, de magnétite, et d'olivine identiques à ceux qui forment la pâte.

2. Des inclusions lamellaires d'un minéral ferrugineux, opaque, qui s'intercalent parallèlement aux clivages ou aux zones d'accroissement concentriques, et qui peuvent devenir si abondantes qu'elles obscurcissent le pyroxène.

Les propriétés optiques de ce dernier sont les suivantes : le plan des axes est parallèle à $g^1 = (010)$, la bissectrice aiguë $= n_g$, $2V = 50°$ environ. L'extinction de $n_g$ dans $g^1 = (010)$ oscille entre $38$-$40°$, $n_g$-$n_r = 0,025$, $n_g$-$n_m = 0,018$, $n_m$-$n_p = 0,006$.

PATE

Elle est panidiomorphe grenue et largement cristallisée. Les éléments constitutifs toujours isométriques sont les suivants : (fig. 21).

**Magnétite et chromite.** — La chromite est assez abondante et se présente en octaèdres isolés. La magnétite forme des petites plages sidéronitiques localisées qui cimentent régionalement quelques grains d'olivine, et qui contiennent des spinelles verts.

**Olivine.** — C'est l'élément prépondérant de la pâte, il présente les mêmes caractères que dans la dunite et renferme de la chromite en inclusions.

**Pyroxène.** — Il est rare dans la seconde consolidation, et se rencontre en petits grains idiomorphes dépourvus d'inclusions, mais avec des propriétés optiques identiques à celles des phénocristaux.

**Plagioclases.** — Ils viennent après l'olivine, mais sont moins abondants et se rencontrent en grains idiomorphes, toujours kaolinisés, mais qui correspondent sans doute à une variété très basique appartenant au groupe des labrador-bytownites ou de l'anorthite.

FIG. 21. — *Garéwaïte de Garewaïa*. Coupe 168 Ou. Lumière naturelle. Les feldspaths kaolinisés ont été reconstitués et supposés dessinés en lumière polarisée. P = pyroxène. O = olivine. F = feldspaths. Les grains opaques sont de la chromite.

*Composition chimique de la garéwaïte*

N° 168

| | Analyse brute | Analyse ramenée à 100 parties | Quotients | | |
|---|---|---|---|---|---|
| $SiO_2$ . . . | 42,84 | 42,55 | 0,709 | | |
| $Al_2O_3$ . . . | 3,60 | 3,57 | 0,035 | | |
| $Cr_2O_3$ . . . | 3,04 | 3,02 | 0,020 | 0,09 $R_2O_3$ | |
| $Fe_2O_3$ . . . | 5,69 | 5,65 | 0,035 | | |
| FeO . . . | 8,48 | 8,43 | 0,117 | | |
| CaO . . . | 11,41 | 11,33 | 0,202 | 0,930 RO | |
| MgO . . . | 24,60 | 24,43 | 0,611 | | 0,943 $R_2O$ + RO |
| $K_2O$ . . . | 0,42 | 0,41 | 0,004 | 0,013 $R_2O$ | |
| $Na_2O$ . . . | 0,61 | 0,61 | 0,009 | | |
| $H_2O$ . . . | 1,80 | — | | | |
| | 102,49 | | | | |

Cœfficient d'acidité $\alpha = 1,11$.

Rapport $R_2O : RO = 1,71$.

Formule magmatique 7,8 $SiO_2 : R_2O_3 : 10,5$ RO.

N° 168. Garéwaïte, entonnoir des sources de Garéwaïa dans la chaine de Tilaï.


## ISSITES

Ce nom a été créé par l'un de nous[1] pour des roches extrêmement fréquentes dans les gîtes platinifères primaires ; elles traversent généralement la dunite massive en minces filons, et, dans la règle, sont formées par une hornblende spéciale appelée sorétite, associée parfois à un peu de pyroxène, et aussi à des feldspaths calcosodiques toujours très basiques. Leur structure est panidiomorphe grenue ; le feldspath peut souvent y manquer complètement, et la roche passe alors à une hornblendite d'un type un peu spécial.

Au microscope, les minéraux constitutifs des issites sont : apatite, magnétite, pyroxène monoclinique, hornblende et plagioclases.

**Apatite et Magnétite.** — L'apatite est un élément constant, qui se rencontre assez abondamment en inclusions dans l'amphibole, mais aussi en cristaux libres parmi les autres éléments. Les aiguilles de ce minéral sont d'aspect hexagonal, et généralement terminées par la base, ainsi que par des pyramides. Les propriétés optiques de l'apatite sont normales. La magnétite est parfois assez répandue et se rencontre dans ce cas en octaèdres, ou en grains arrondis inclus dans la hornblende.

[1] L. DUPARC et G. PAMFIL. Bibliographie n° 84.

**Pyroxène monoclinique.** — Il ne se rencontre que dans certaines issites de Swetli-Bor. Il se trouve en grains ou en noyaux à l'intérieur de la hornblende, qui paraît en provenir. Il est verdâtre en lumière naturelle, s'éteint entre 40-42° sur $g^1 = (010)$, signe optique positif, $n_g$-$n_p = 0,028$.

**Hornblende.** — Les cristaux de hornblende sont généralement courts et trapus, les formes $m = (110)$ et $g^1 = (010)$ ont seules été observées, les mâclés $h^1 = (100)$ sont plutôt rares. Plan des axes optiques dans $g^1 = (010)$. l'extinction de $n_g$ oscille entre 17°-19°. la bissectrice aiguë $= n_p$ avec 2VNa entre 82° et 89° ¹/₂.

Les biréfringences oscillent entre les limites suivantes :

$$n_g\text{-}n_p = 0,023 - 0,0228 \; ; \quad n_g\text{-}n_m = 0,009 \; ; \quad n_m\text{-}n_p = 0,0137.$$

Les indices mesurés directement ont été trouvés de :

|                        | $n_g$   | $n_m$   | $n_p$   |
|------------------------|---------|---------|---------|
| Coupe n° 1036 Ou. . . . | 1,6856 | 1,6765 | 1,6628 |
| Coupe n° 14 Ou. . . . . | 1,6806 | 1,6701 | 1,6594 |

Dans les issites pauvres en feldspaths, les cristaux de hornblende sont quelquefois plus allongés et paraissent encore plus fortement colorés.

Le polychroïsme est intense ; on a généralement :

$n_g =$ vert brunâtre foncé :
$n_m =$ verdâtre ;
$n_p =$ jaunâtre pâle.

**Plagioclases.** — Ils sont réduits par rapport à la hornblende, et mâclés selon l'albite et la péricline. Les variétés observées correspondent presque toujours à l'anorthite ou à des labradors très basiques.

**Structure.** — Elle est panidiomorphe grenue (fig. 22). Chez les issites franches, la hornblende forme presque à elle seule toute la roche. Elle est alors accompagnée de beaucoup d'apatite et presque toujours d'un peu de pyroxène monoclinique, les feldspaths sont réduits à quelques rares grains et peuvent même manquer totalement. Chez les

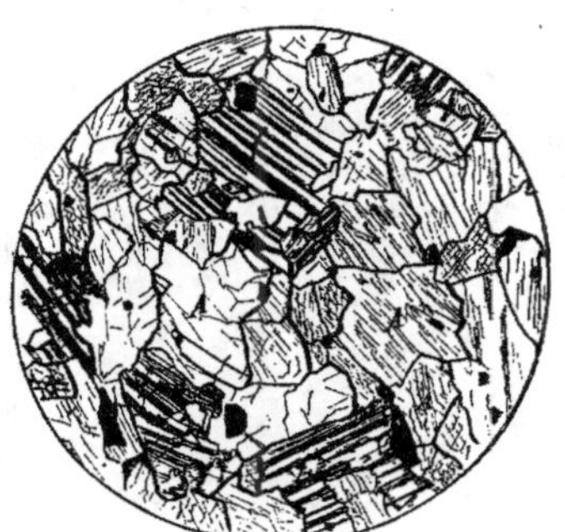

Fig. 22. — *Issite à plagioclase*. Coupe n° 1036 Ou. Lumière naturelle. Les feldspaths en lumière polarisée. Grossissement = 22 diam. A = amphibole. F = feldspath.

issites à plagioclases, l'anorthite plus abondante, cristallise dans les interstices du réseau formé par l'enchevêtrement des cristaux d'amphibole.

*Composition chimique des issites*

ISSITES DU CENTRE DE SWETLI-BOR (ISS)

|  | N° 81a$pt$ | N° 85$pt$ | N° 102$pt$ |
|---|---|---|---|
| $SiO_2$ . . . | 33,00 | 41,97 | 37,80 |
| $TiO_2$ . . . | 1,23 | 1,06 | 1,27 |
| $Al_2O_3$ . . . | 14,56 | 16,60 | 12,90 |
| $Fe_2O_3$ . . . | 9,20 | 3,28 | 7,09 |
| FeO . . . . | 12,33 | 11,22 | 14,02 |
| MnO . . . | 0,04 | — | — |
| CaO . . . . | 15,70 | 12,65 | 15,02 |
| MgO . . . | 9,86 | 7,02 | 7,12 |
| $K_2O$ . . . . | 0,96 | 1,18 | 0,95 |
| $Na_2O$ . . . | 1,39 | 2,55 | 1,85 |
| $H_2O$ . . . . | 1,52 | 2,60 | 2,46 |
|  | 99,79 | 100,13 | 100,48 |

N° 81$a\,pt$. Issite aux sources du Log. n° 1. Roche très mélanocrate, formée presque exclusivement de hornblende.

N° 85 $pt$. Issite aux sources du Log. n° 1. Type passant aux issites à plagioclases. Hornblende associée au diopside, anorthite déjà plus abondante.

N° 102 $pt$. Issite aux sources du Log. n° 6. Issite franche très mélanocrate, contenant peu d'anorthite.

|  | N° 81 $pt$ Analyse réduite à 100 | Quotients |  |
|---|---|---|---|
| $SiO_2$ . . . . . . . . | 33,58 | 0,560 | 0,576 |
| $TiO_2$ . . . . . . . | 1,25 | 0,016 | |
| $Al_2O_3$ . . . . . . | 14,82 | 0,145 | 0,203 $R_2O_3$ |
| $Fe_2O_3$ . . . . . . . | 9,36 | 0,058 | |
| FeO . . . . . . . | 12,55 | 0,174 | |
| MnO . . . . . . | 0,04 | 0,001 | 0.711 RO |
| CaO . . . . . . . | 15,98 | 0,285 | |
| MgO . . . . . . . | 10,03 | 0,251 | 0,744 $R_2O$ + RO |
| $K_2O$ . . . . . . . | 0,98 | 0,010 | 0,033 $R_2O$ |
| $Na_2O$ . . . . . . | 1,41 | 0,023 | |
|  | 100,00 | | |

N° 81 *pt.* Coefficient d'acidité : $\alpha = 0,79$.

Rapport $R_2O : RO = 1 : 2,15$.

Formule magmatique $= 2,85\ SiO_2 : R_2O_3 : 3,66\ RO$.

N° 85 *pt*
Analyse réduite à 100

| | Analyse réduite à 100 | Quotients | | |
|---|---|---|---|---|
| $SiO_2$ | 43,03 | 0,717 | 0,731 | |
| $TiO_2$ | 1,09 | 0,014 | | |
| $Al_2O_3$ | 17,02 | 0,167 | 0,188 $R_2O_3$ | |
| $Fe_2O_3$ | 3,36 | 0,021 | | |
| $FeO$ | 11,50 | 0,160 | | |
| $MnO$ | — | — | 0,572 RO | |
| $CaO$ | 12,97 | 0,232 | | 0,627 $R_2O$ + RO |
| $MgO$ | 7,20 | 0,180 | | |
| $K_2O$ | 1,21 | 0,015 | 0,055 $R_2O$ | |
| $Na_2O$ | 2,62 | 0,042 | | |
| | 100,00 | | | |

N° 85 *pt.* Coefficient d'acidité : $\alpha = 1,23$.

Rapport $R_2O : RO = 1 : 10,40$.

Formule magmatique $= 3,89\ SiO_2 : R_2O_3 : 3,34\ RO$.

N° 102 *pt*
Analyse réduite à 100

| | Analyse réduite à 100 | Quotients | | |
|---|---|---|---|---|
| $SiO_2$ | 38,57 | 0,643 | 0,659 | |
| $TiO_2$ | 1,30 | 0,016 | | |
| $Al_2O_3$ | 13,16 | 0,129 | 0,174 $R_2O_3$ | |
| $Fe_2O_3$ | 7,23 | 0,045 | | |
| $FeO$ | 14,30 | 0,199 | | |
| $MnO$ | — | — | 0,654 RO | |
| $CaO$ | 15,32 | 0,274 | | 0,694 $R_2O$ + RO |
| $MgO$ | 7,26 | 0,181 | | |
| $K_2O$ | 0,97 | 0,010 | 0,040 $R_2O$ | |
| $Na_2O$ | 1,89 | 0,030 | | |
| | 100,00 | | | |

N° 102 $pl$. Coefficient d'acidité : $\alpha = 1,08$.

      Rapport $R_2O : RO = 1 : 16,35$.

      Formule magmatique $= 3,79\ SiO_2 : R_2O_3 : 3,99\ RO$.

### ISSITES DU KOSWINSKY ET DU KAMÉNOUCHKY

|  | N° 1036 Ou | N° 31 pl |
|---|---|---|
| $SiO_2$ . . . . . . . . . | 40,30 | 47,48 |
| $TiO_2$ . . . . . . . . | — | 0,79 |
| $Al_2O_3$ . . . . . . . . | 17,63 | 12,00 |
| $Cr_2O_3$ . . . . . . . . | 0,34 | — |
| $Fe_2O_3$ . . . . . . . . | 6,35 | 4,86 |
| $FeO$ . . . . . . . . | 10,28 | 8,73 |
| $CaO$ . . . . . . . . | 13,85 | 11,02 |
| $MgO$ . . . . . . . . | 8,23 | 9,89 |
| $K_2O$ . . . . . . . . | 0,26 | 0,48 |
| $Na_2O$ . . . . . . . . | 2,48 | 2,32 |
| $H_2O$ . . . . . . . . | 0,92 | 2,16 |
|  | 100,64 | 99,73 |

N° 1036 Ou $=$ issite à plagioclases du Koswinsky, riche en magnétite et en plagioclase.

N° 31 $pl$ $=$ issite du Kaménouchky, avec magnétite rare et plagioclases abondants.

|  | N° 1063 Ou<br>Analyse<br>réduite à 100 | Quotients | |
|---|---|---|---|
| $SiO_2$ . . . . . . . | 40,41 | 0,675 | |
| $TiO_2$ . . . . . . . | — | — | |
| $Al_2O_3$ . . . . . . . | 17,68 | 0,173 | |
| $Cr_2O_3$ . . . . . . . | 0,35 | 0,002 | 0,215 $R_2O_3$ |
| $Fe_2O_3$ . . . . . . . | 6,37 | 0,040 | |
| $FeO$ . . . . . . . | 10,31 | 0,143 | |
| $CaO$ . . . . . . . | 13,88 | 0,248 | 0,597 $RO$ |
| $MgO$ . . . . . . . | 8,25 | 0,206 | |
| $K_2O$ . . . . . . . | 0,26 | 0,040 | |
| $Na_2O$ . . . . . . . | 2,49 | 0,003 | 0,043 $R_2O$ |
|  | 100,00 | | |

Les accolades donnent : $0,640\ R_2O + RO$.

N° 1036 Ou. Coefficient d'acidité : $\alpha = 1,04$.

      Rapport $R_2O : RO = 1 : 13,8$.

      Formule magmatique $= 3,14\ SiO_2 : R_2O_3 : 2,98\ RO$.

|  | N° 31$pt$<br>Analyse réduite<br>à 100 | Quotients |  |  |
|---|---|---|---|---|
| $SiO_2$ . . . . . . . . | 48,66 | 0,811 |  |  |
| $TiO_2$ . . . . . . . . | 0,80 | 0,010 |  |  |
| $Al_2O_3$ . . . . . . . | 12,30 | 0,120 |  |  |
| $Cr_2O_3$ . . . . . . . | — | — | 0,151 $R_2O_3$ |  |
| $Fe_2O_3$ . . . . . . . | 4,98 | 0,031 |  |  |
| $FeO$ . . . . . . . . | 8,94 | 0,124 |  |  |
| $CaO$ . . . . . . . | 11,28 | 0,201 | 0,578 RO | |
| $MgO$ . . . . . . . . | 10,13 | 0,253 |  | 0,622 $R_2O$ + RO |
| $K_2O$ . . . . . . . . | 0,49 | 0,005 | 0,044 $R_2O$ | |
| $Na_2O$ . . . . . . . | 2,42 | 0,039 |  |  |
|  | 100,00 |  |  |  |

N° 31$p$. Coefficient d'acidité : $\alpha = 1,61$.

Rapport $R_2O$ : RO $= 1 : 13,13$.

Formule magmatique $= 5,43\ SiO_2 : R_2O_3 : 4,11\ RO$.


## WERHLITES FILONIENNES

Ces roches ont été rencontrées en minuscules veinules dans la dunite de l'éperon du Kamennœ-Koswinsky. Elles sont noirâtres, grenues, et exemptes de feldspath.

Sous le microscope, les éléments constitutifs en sont : la magnétite, les spinelles chromifères, l'olivine, le pyroxène et la hornblende.

**Magnétite.** — Elle est très abondante, en grains idiomorphes et plus rarement en petites plages sidéronitiques. Quelques grains de pléonaste sont par places associés à cette magnétite.

**Olivine.** — Elle forme environ le tiers de la roche et se présente en grains arrondis et craquelés, altérés par les actions secondaires, et transformés en minéral brun-verdâtre peu biréfringent qui, par places, a une texture fibrillaire.

**Pyroxène.** — Il se présente en cristaux raccourcis, transparents et incolores, renfermant fréquemment des inclusions lamellaires et des grains opaques. Sur $g^1 = (010)$ l'extinction de $n_g$ se fait à 38°, la bissectrice aiguë $= n_g$. 2V voisin de 53° $n_g$-$n_p = 0,029$. La variété se rapproche ainsi beaucoup du diopside.

**Hornblende.** — Elle est très abondante et à peu près en quantité égale au pyroxène. Les cristaux présentent des formes raccourcies et ne sont d'habitude pas mâclés. Sur $g^1 = (010)$ plan des axes, l'extinction de $n_g$ oscille entre 20-22°. Bissectrice aiguë négative $= n_p$, 2V voisin de 65°. $n_g =$ brun-verdâtre assez pâle, $n_m$ brunâtre, $n_p =$ jaunâtre presque incolore. La hornblende ainsi que le pyroxène sont allotriomorphes vis-à-vis de l'olivine.

**Structure.** — Elle est panidiomorphe grenue. Les divers minéraux sont isométriques, ce n'est que localement que le pyroxène ou la hornblende moulent le péridot.

*Composition chimique des wehrlites*

| | N° 1040 Ou | | |
| --- | --- | --- | --- |
| | Analyse brute | Analyse réduite à 100 | Quotients |
| $SiO_2$ . . . . . . | 44,94 | 45,05 | 0,751 |
| $Al_2O_3$ . . . . . | 4,84 | 4,85 | 0,047 |
| $Cr_2O_3$ . . . . . | 0,76 | 0,76 | 0,005 ⎫ 0,071 |
| $Fe_2O_3$ . . . . . | 4,64 | 4.64 | 0,029 |
| $FeO$ . . . . . . | 6,75 | 6,76 | 0,094 |
| $CaO$ . . . . . . | 14,70 | 14,73 | 0.263 ⎫ 0,937 |
| $MgO$ . . . . . . | 23,16 | 23,21 | 0.580 |
| $H_2O$ . . . . . . | 1,44 | — | — |
| | 101,23 | 100,00 | |

Coefficient d'acidité : $\alpha = 1,26$.

Formule magmatique $= 10,5\ SiO_2 : R_2O_3 : 13,3\ RO$.

N° 1040 Ou. Wehrlite filonienne dans la dunite de l'éperon de Koswinsky.


## PAWDITES

Ces roches n'ont été rencontrées que sur la Pawdinskaya-Datcha où elles ont été observées sur plusieurs points ; elles traversent les diorites quartzifères ou les gabbros. Elles sont finement grenues, de couleur noirâtre ou grisâtre, aphyriques, et d'aspect très uniforme. Sur les surfaces fraîchement cassées elles présentent une sorte d'éclat soyeux, dû à la présence de petits prismes de hornblende visibles à l'œil nu déjà. A la loupe on voit qu'entre ces cristaux, il existe des petits grains de nature feldspathique. Sous le microscope les minéraux constitutifs de ces roches sont les suivants : magnétite, sphène, biotite, hornblende, plagioclases basiques, quartz.

**Magnétite.** — Elle se rencontre en petits grains octaédriques libres parmi les différents minéraux constitutifs, ou inclus dans le sphène ou la hornblende.

**Sphène.** — Il est peu abondant et se rencontre généralement en grains assez gros, grisâtres, qui entourent fréquemment la magnétite. Signe optique positif, 2V, très petit.

**Biotite.** — Elle est toujours rare, et se présente en petites lamelles généralement épigénisées en chlorite selon $p = (001)$. Les variétés encore fraiches sont uniaxes négatives, et très polychroïques, avec $n_g =$ brun rougeâtre, $n_p =$ jaunâtre pâle.

**Hornblende.** — Elle se trouve en longs prismes aciculaires, non terminés, qui mesurent jusqu'à 1,5 millimètres et même davantage, et qui présentent ordinairement les profils $m = (110)$ et $g^1 = (010)$. Les mâcles $h^1 = (100)$ sont fréquentes, simples ou répétées ; les clivages $m = (100)$ sont nets. Le plan des axes est dans $g^1 = (010)$, $n_g$ s'éteint à 15°-17° ¹/₂ du clivage (110) dans ce plan, l'allongement est positif. Les biréfringences oscillent entre les limites suivantes :

$$n_g\text{-}n_p = 0,015\text{-}0,017 ; \qquad n_g\text{-}n_m = 0,005\text{-}0,008 ;$$
$$n_m\text{-}n_p = 0,010\text{-}0,011 .$$

La coloration et le polychroïsme varient quelque peu suivant les échantillons, on a généralement :

$$n_g = \text{vert bleuâtre sale, ou encore brun verdâtre ;}$$
$$n_m = \text{vert brunâtre ou encore brunâtre ;}$$
$$n_p = \text{brun jaunâtre ou brun très pâle.}$$

Fréquemment les cristaux aciculaires de hornblende sont entourés d'une bordure plus foncée, plus franchement verte, qui est généralement moins réfringente que le noyau plus brunâtre, et qui reste ordinairement assez mince. Souvent aussi la hornblende est marbrée de taches plus foncées qui suivent de préférence les clivages. Elle renferme des inclusions de sphène et de magnétite.

**Plagioclases.** — Ils sont abondants et fréquemment zonés ; le centre est souvent opaque par des produits kaoliniques. Ils sont mâclés selon l'albite, plus rarement selon Karlsbad et la péricline ; les extinctions des lamelles sont constamment roulantes et rendent les déterminations incertaines. Sur quelques rares spécimens, on peut reconnaître les profils $ph^1 a$ ; avec allongement $pg^1$. Le type dominant paraît être plutôt basique, soit la bytownite, c'est celui qui forme le noyau de la grande majorité des cristaux zonés. Les bordures sont toujours minces et floues, ce qui rend les extinctions roulantes ; elles correspondent à des variétés plus acides allant des andésines aux oligoclases-albites.

**Epidote.** — Elle est rare, et n'a été rencontrée qu'une ou deux fois seulement, et en très petite quantité. Elle se présente en grains jaunâtres ou grisâtres, avec les propriétés optiques ordinaires.

**Quartz.** — Il ne se trouve pas chez tous les spécimens de pawdites, et quand il existe, c'est toujours en quantité fort minime également, et sous forme de très petites plages isolées, qui moulent localement les plagioclases. Il est uniaxe positif $n_g\text{-}n_p = 0,009$.

**Structure.** — Elle est particulière et distincte de celles des berbachites à hornblende. La roche est toujours holocristalline, mais la hornblende caractérisée par sa disposition aciculaire, est enchevêtrée avec les plagioclases (fig. 23), allongés eux-mêmes, et presque toujours zonés. La biotite reste généralement cantonnée dans le voisinage de la hornblende. Dans les variétés où le feldspath l'emporte quantitativement sur l'amphibole, les aiguilles de celle-ci sont distribuées sans aucune orientation appréciable parmi les plagioclases. Le qualificatif de nématomorphique nous paraît convenir à cette structure particulière, qui ne saurait être homologuée avec celle appelée panidiomorphe grenue. Certaines variétés de pawdites montrent une tendance à la structure porphyrique par l'apparition de quelques cristaux de plagioclase et de hornblende de plus grande taille que ceux qui forment la masse principale de la roche, mais qui présentent cependant exactement les mêmes caractères.

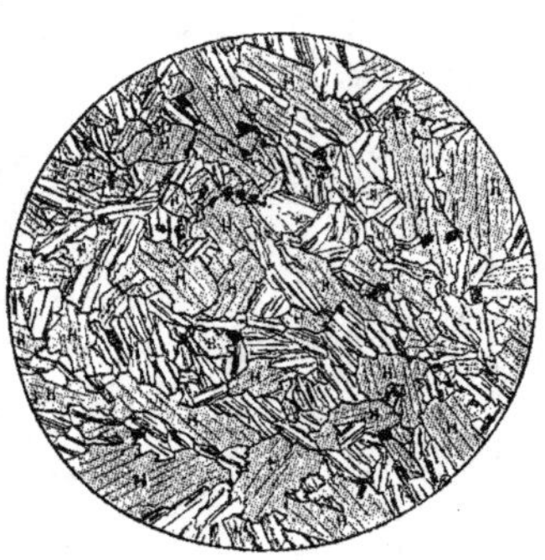

FIG. 23. — *Pawdite.* Coupe nº 5304 *pw.* Lumière naturelle. Les feldspaths en lumière polarisée. H = Hornblende. Les plagioclases maclés ont été reconstitués. Grossissement = 19 diam.

*Composition chimique des pawdites*

| | Nº 1230 | | |
|---|---|---|---|
| | Analyse brute | Analyse ramenée à 100 parties | Quotients |
| SiO₂ . . . | 53,40 | 54,22 | 0,903 ⎫ 0,911 |
| TiO₂ . . . | 0,63 | 0,64 | 0,008 ⎭ |
| Al₂O₃ . . . | 17,17 | 17,43 | 0,170 ⎫ 0,207 R₂O₃ |
| Fe₂O₃ . . . | 5,84 | 5,93 | 0,037 ⎭ |
| FeO . . . | 5,59 | 5,67 | 0,078 |
| MnO . . . | — | — | — ⎫ 0,305 RO |
| CaO . . . | 8,92 | 9,05 | 0,161 |
| MgO . . . | 2,62 | 2,66 | 0,066 |
| K₂O . . . | 0,92 | 0,93 | 0,009 ⎫ 0,065 R₂O |
| Na₂O . . . | 3,41 | 3,47 | 0,056 ⎭ |
| H₂O . . . | 1,05 | — | |
| | 99,55 | 100,00 | 0,370 R₂O + RO |

Cœfficient d'acidité $a = 1,83$.

Rapport $R_2O : RO = 1 : 44$.

Formule magmatique : $4,4\ SiO_2 : R_2O_3 : 1,8\ RO$.

N° 1239. Pawdite provenant de la terre de Pawda sur la Pawdinskaya-datcha.

## BERBACHITES ET BERBACHITES A HORNBLENDE

Ces roches sont extrêmement fréquentes, et se rencontrent généralement dans les tilaïtes ou dans les gabbros en filons de puissance variable, qui sont ordinairement plutôt minces. A l'œil nu, elles sont grenues, généralement mélanocrates, et de couleur noirâtre ou grisâtre. Leur type est très uniforme, et les variétés que l'on peut distinguer sont basées bien plus sur la présence ou l'absence de tel ou tel minéral constitutif, que sur une différence dans leur mode d'association. A la loupe, on voit nettement que ces roches renferment du feldspath, qui paraît uniformément réparti parmi l'élément noir. Les berbachites sont, dans la grande majorité des cas, aphyriques, cependant les minéraux fémiques, de même que les feldspaths, peuvent s'y développer porphyriquement ; la roche passe alors aux microgabbros.

Sous le microscope, les minéraux constitutifs des berbachites sont : magnétite, sphène, olivine, biotite, pyroxène monoclinique, hypersthène, hornblende et plagioclases basiques.

**Magnétite.** — Elle est toujours fort abondante, et se rencontre en grains idiomorphes d'aspect octaédrique, et aussi en petites plages moulant localement les grains de pyroxène.

**Sphène.** — Il n'existe pas dans tous les spécimens, mais se trouve principalement dans ceux à hornblende. Il se présente en grains grisâtres, plus ou moins volumineux, qui souvent sont associés à la magnétite qu'ils moulent et entourent.

**Olivine.** — Elle est rare, et ne se rencontre que dans les filons intrusifs dans les tilaïtes. On en trouve seulement çà et là quelques grains incolores et craquelés ; elle peut aussi se développer porphyriquement. Ses propriétés optiques sont normales.

**Biotite.** — Ce minéral n'est jamais abondant, par contre il est très constant. Il se présente en petites lamelles qui sont généralement développées au contact d'un grain de magnétite, et qui forment souvent une auréole autour de celle-ci. Elle est uniaxe négative, et toujours très polychroïque, avec $n_g =$ rouge brun foncé, $n_p =$ jaunâtre presque incolore.

**Pyroxène monoclinique.** — C'est avec le feldspath l'élément principal. Il se présente en grains ou en cristaux raccourcis, sans profils géométriques, avec les clivages $m = (110)$ et rarement $h^1 = (100)$, et qui ne sont jamais mâclés. En lumière naturelle, le pyroxène est légèrement verdâtre, son indice moyen est élevé et atteint 1,7. Sur $g^1 = (010)$ plan des axes optiques, $n_g$ s'éteint entre 40°-45° ; le signe optique est positif, $2V_{Na}$ est petit et généralement compris entre 53° et 57°. Les biréfringences oscillent entre :

$$n_g\text{-}n_p = 0{,}021\text{-}0{,}026 \ ; \qquad n_g\text{-}n_m = 0{,}015\text{-}0021 \ ; \qquad n_m\text{-}n_p = 0{,}003\text{-}0{,}004.$$

Il est évident qu'il existe dans ces roches plusieurs termes voisins de la série isomorphe augite-diallage.

**Hypersthène.** -- Ce minéral ne se rencontre pas toujours, mais quand il existe, il peut être très répandu et égaler presque en quantité le pyroxène monoclinique. Il se présente en grains de forme identique à celle de ce dernier minéral, mais qui s'en distinguent par un léger polychroïsme et un faible allongement prismatique. Allongement positif, plan des axes parallèle à l'allongement, bissectrice aiguë négative $= n_g$, 2V petit.

$$n_g\text{-}n_p = 0{,}013\text{-}0{,}014 \; ; \qquad n_g\text{-}n_m = 0{,}003 \; ; \qquad n_m\text{-}n_p = 0{,}010.$$

Polychroïsme très faible, à peine appréciable : $n_g =$ verdâtre très pâle, $n_m =$ brunâtre pâle, $n_p =$ brun rosé pâle également.

**Olivine.** — L'olivine paraît être très rare dans les berbachites, et n'a été observée que dans certains types provenant du flanc occidental de la chaîne du Tilaï-Kanjakowsky. Elle se présente en grains craquelés avec propriétés optiques normales.

**Hornblende.** -- Dans les berbachites ordinaires, elle joue à peu près le rôle de la biotite, et se présente de la même façon, c'est-à-dire en auréoles autour de la magnétite. Elle est dans ce cas peu colorée, et polychroïque : $n_g =$ brunâtre sale, $n_p =$ brun jaunâtre très pâle. Dans les berbachites à hornblende par contre, l'amphibole est abondante, et remplace partiellement ou totalement le pyroxène. Elle est alors de couleur verte, et se présente en grains ou en cristaux informes, trapus, à allongement prismatique à peine perceptible, qui sont rarement mâclés selon $h^1 = (100)$, et qui s'éteignent à 16° dans $g^1 = (010)$, plan des axes optiques. La bissectrice aiguë $= n_p$, les biréfringences :

$$n_g\text{-}n_p = 0{,}018\text{-}0{,}020 \; ; \qquad n_g\text{-}n_m = 0{,}006 \; ; \qquad n_m\text{-}n_p = 0{,}013\text{-}0{,}014.$$

La coloration de même que le polychroïsme sont intenses, on a : $n_g =$ vert d'herbe très foncé, $n_m =$ vert brunâtre, $n_p =$ brun verdâtre très pâle. Lorsque la hornblende verte existe concurremment avec le pyroxène, elle épigénise celui-ci sous forme de taches internes, ou d'enveloppe extérieure.

**Plagioclases.** -- Ils appartiennent généralement à la série des labradors, mais le type rencontré dépend des éléments fémiques qui se trouvent dans la roche. Chez les variétés très mélanocrates, voire même celles avec olivine, on rencontre généralement le labrador basique ou la bytownite ; chez les berbachites franches, on trouve également le labrador basique, mais aussi des termes plus acides allant jusqu'à $Ab_1An_1$ ; chez les variétés à hypersthène, c'est principalement le labrador type $Ab_1An_1$ qui prédomine ; il est accompagné souvent de variétés plus acides appartenant à la série des andésines. Les mâcles que l'on observe le plus fréquemment sont celles de l'albite, puis le complexe de Karlsbad, et parfois la péricline en combinaison avec l'albite.

**Structure.** — La structure est toujours panidiomorphe grenue typique. Les divers minéraux constitutifs sont isométriques, sauf la magnétite, qui est généralement de plus petite taille.

**Différentes variétés.** — On peut distinguer les variétés suivantes :

1. Berbachites franches, formées généralement par l'association du pyroxène monoclinique au plagioclase basique, avec de la magnétite, et accessoirement de la biotite ou de la hornblende brune (fig. 24).

Fig. 24. — *Berbachite.* Coupe n° 2048 pw. Lumière naturelle. Les feldspaths en lumière polarisée. Grossissement = 19 diam. Magnétite, pyroxène et plagioclase mâclé.

Fig. 25. — *Berbachite porphyroïde à olivine.* Coupe n° 1145 Ou. Lumière naturelle. Les feldspaths en lumière polarisée. O = olivine. P = pyroxène. F = plagioclase. Magnétite en grains opaques.

2. Berbachites à hypersthène, qui renferment en sus des minéraux précités de l'hypersthène pouvant égaler en quantité le pyroxène monoclinique.

3. Berbachites à olivine, formées par de la magnétite, du pyroxène monoclinique, du labrador et une certaine quantité d'olivine (fig. 25).

4. Berbachites à hornblende, qui renferment de la magnétite, de la hornblende verte, et du labrador, puis souvent aussi une certaine quantité de pyroxène monoclinique.

5. Berbachites porphyroïdes (fig. 25), qui renferment dans la masse quelques phénocristaux qui sont : ou bien exclusivement de l'olivine, ou bien du pyroxène en partie ouralitisé, joint à du feldspath.

*Composition chimique des berbachites*

| | Analyse du N° 165 Ou | Analyse réduite à 100 | Quotients | | |
|---|---|---|---|---|---|
| $SiO_2$ . . . | 46,93 | 46,25 | 0,770 | | |
| $Al_2O_3$ . . . | 11,83 | 11,66 | 0,114 | 0,160 $R_2O_3$ | |
| $Fe_2O_3$ . . . | 7,58 | 7,47 | 0,046 | | |
| $FeO$ . . . | 6,03 | 5,94 | 0,082 | | |
| $CaO$ . . . | 13,26 | 13,07 | 0,233 | 0,617 RO | 0,670 $R_2O$ + RO |
| $MgO$ . . . | 12,28 | 12,10 | 0,302 | | |
| $K_2O$ . . . | 0,44 | 0,43 | 0,049 | 0,053 $R_2O$ | |
| $Na_2O$ . . . | 3,12 | 3,08 | 0,004 | | |
| $H_2O$ . . . | 0,92 | — | | | |
| | 102,39 | 100,00 | | | |

Cœfficient d'acidité : « = 1,345.
Rapport $R_2O$ : RO = 1 : 11,16.
Formule magmatique = 4,8 $SiO_2$ : $R_2O_3$ : 4,2 RO.
N° 165 Ou = Berbachite du Tilaï, entonnoir de Garéwaïa.

N° 4089 Ou

| | Analyse brute | Analyse réduite à 100 | Quotients | | |
|---|---|---|---|---|---|
| $SiO_2$ . . . | 42,67 | 42,47 | 0,708 | 0,718 | |
| $TiO_2$ . . . | 0,80 | 0,79 | 0,010 | | |
| $Al_2O_3$ . . . | 16,33 | 16,24 | 0,159 | 0,238 $R_2O_3$ | |
| $Fe_2O_3$ . . . | 12,66 | 12,58 | 0,079 | | |
| $FeO$ . . . | 5,14 | 5,11 | 0,071 | | |
| $MgO$ . . . | 5,67 | 5,63 | 0,141 | 0,468 RO | 0,511 $R_2O$ + RO |
| $CaO$ . . . | 14,40 | 14,32 | 0,256 | | |
| $K_2O$ . . . | 0,30 | 0,30 | 0,003 | 0,43 $R_2O$ | |
| $Na_2O$ . . . | 2,48 | 2,46 | 0,040 | | |
| $H_2O$ . . . | 0,68 | — | | | |
| | 101,13 | 100,00 | | | |

Cœfficient d'acidité « = 1,17.
Rapport $R_2O$ : RO = 1 : 10,8.
Formule magmatique = 3,01 $SiO_2$ : $R_2O_3$ : 2,15 RO.
N° 4089 Ou. Berbachite à hornblende. Tschornœ-Ouwal, massif du Kumba-Zolotoï-Kamen.

## § 3. *Les filons mélanocrates du type porphyrique*

### MICROGABBROS

Ces roches paraissent excessivement répandues et traversent généralement les gabbros ou les gabbros-diorites. On peut en distinguer deux types, le premier particulièrement basique, se trouve dans les tilaïtes ou les gabbros à olivine mélanocrates, nous l'appellerons micro-tilaïte ; il est remarquablement basique, et se rattache au magma pyroxénitique. Le second, qui traverse les gabbros ordinaires, est plus acide ; la première consolidation y est essentiellement feldspathique, et l'élément noir y joue un rôle subordonné. Ce type forme non seulement des filons, mais parfois des dykes au milieu des gabbros, comme c'est par exemple fréquemment le cas sur la Pawdinskaya-datcha. A l'œil nu, les micro-gabbros sont toujours euphyriques, la pâte y est même, dans certains cas, tellement réduite, que les phénocristaux se touchent presque, et que la roche semble grenue.

### PHÉNOCRISTAUX

Au microscope, les phénocristaux de ces roches sont : la magnétite, l'olivine, l'augite, l'hypersthène, la biotite et les plagioclases.

**Magnétite.** — Elle est plutôt rare et se rencontre en grains et en octaèdres.

**Olivine.** — Elle ne se rencontre que dans le premier type, et reste généralement rare. Les cristaux sans contour géométrique, sont arrondis et craquelés, et renferment souvent de la magnétite en inclusions. Ils sont hyalins et présentent leurs propriétés optiques ordinaires.

**Augite.** — Dans le premier type, elle forme l'élément prépondérant de la première consolidation. Les cristaux sont alors de grande taille, avec les profils $h^1 = (100)$, $g^1 = (010)$ $m = (110)$, $b_{\frac{1}{2}} = (\bar{1}11)$, et rares mâcles simples selon $h^1 = (100)$, ou encore par pénétration, ce qui donne lieu à des groupements cruciformes. Ils sont fortement corrodés par le magma, et d'aspect parfois squelettique ; de plus ils renferment d'innombrables inclusions lamellaires qui les rendent par place complètement opaques. Ces lamelles sont entrecroisées et alignées sur deux systèmes conjugués ; sur certains points, cet entrecroisement forme un réseau serré. Ils renferment aussi en inclusions quelques petits cristaux d'apatite.

En lumière naturelle, l'augite est grise, elle s'éteint à 45° sur $g^1 = (010)$ plan des axes optiques, la bissectrice aiguë $= n_g$, 2V est de 60° environ.

Dans les microgabbros du second type, l'augite est plutôt rare également, et de taille inférieure à celle des feldspaths. Dans certains cas, elle peut manquer complètement, dans d'autres elle devient assez abondante, mais c'est là l'exception. Les cristaux sont généralement corrodés, on y reconnaît parfois les profils.

$$h^1 = (100); \quad g^1 = (010) \quad \text{et} \quad m = (110); \quad \text{beaucoup plus rarement } b_{\frac{1}{2}} = (\bar{1}11).$$

En lumière naturelle, elle est de couleur légèrement brunâtre, sans polychroïsme, et renferme des inclusions de magnétite. Elle est fréquemment mâclée selon $h^1 = (100)$ avec trois ou quatre répétitions lamellaires. Les propriétés optiques sont normales : bissectrice aiguë $= n_g$ extinction sur $g^1 = (010)$ de 40-45°, $n_g$-$n_p = 0,024$-$0,026$.

Elle est fréquemment altérée et transformée soit en chlorite, soit en produits serpentineux brunâtres. Certains spécimens accusent un commencement d'ouralitisation.

**Hypersthène.** — Ce minéral ne se rencontre que sur un petit nombre d'échantillons toujours avec l'augite, et seulement sur les microgabbros du second type : il peut devenir abondant mais reste de petite taille. Les cristaux, fissurés transversalement, sont allongés, bastitisés sur les cassures, et souvent entièrement transformés. Les propriétés optiques de cet hypersthène sont normales.

**Biotite.** — Elle se rencontre seulement dans les microgabbros du premier type, et s'y trouve même assez abondante ; elle entoure et auréole généralement les grains de magnétite. Elle est uniaxe négative, s'éteint à 0° ; $n_g$-$n_p = 0,04$ ; $n_g =$ rouge-brun, $n_p =$ rouge-jaunâtre très pâle.

**Plagioclases.** — Ils sont abondants et souvent de grande taille, mais ne se rencontrent que dans le second type, dont ils forment presque entièrement la première consolidation. Ils sont d'aspect souvent vitreux. Les mâcles les plus ordinaires sont celles de l'albite et de Karlsbad, ou le complexe de ces deux mâcles.

Les types ordinairement rencontrés appartiennent à la série des labradors compris entre $Ab_1An_1$ et $Ab_3An_4$.

Fig. 26. — *Microgabbro*. Coupe n° 441 Ou. Lumière naturelle. Les feldspaths en lumière polarisée. Grossissement = 13 diam. P = pyroxène. O = olivine. F = feldspath. Pâte microgrenue.

## PÂTE

Dans les microgabbros du premier type, elle est formée par la réunion d'individus grenus et isométriques de pyroxène, d'olivine, de magnétite de mica rouge, et de labrador $Ab_1An_1$. L'olivine est rare, le pyroxène au contraire abondant ; les éléments fémiques sont au total en quantité égale à peu près aux feldspaths (fig. 26).

Dans le second type, elle est microgrenue également, holocristalline, et formée de nombreux grains octaédriques de magnétite, de grains arrondis de couleur brunâtre d'augite identique à celle qui forme les phénocristaux, puis de microlites courts et trapus de labrador, sans matière vitreuse intermédiaire (fig. 27). Ces divers éléments sont régulièrement enchevêtrés, avec une prédominance constante de l'augite, et les pâtes de ces différentes roches ne se distinguent les unes des autres que par la dimension de leur grain, qui, mesuré sur l'augite, varie entre : 0.13 et 0,06$^{mm}$.

Les microgabbros sont fréquemment altérés, la pâte se charge alors de lamelles de chlorite qui y remplace progressivement l'augite, tandis que les feldspaths kaolinisent et deviennent opaques. Il y a parfois production d'épidote, et même d'un peu de quartz secondaire.

On les subdivise en :

1. Microgabbros ordinaires, avec première consolidation très feldspathique.

2. Microgabbros à augite avec I renfermant de l'augite assez abondante.

3. Microgabbros à hypersthène, avec I renfermant à la fois de l'augite et de l'hypersthène.

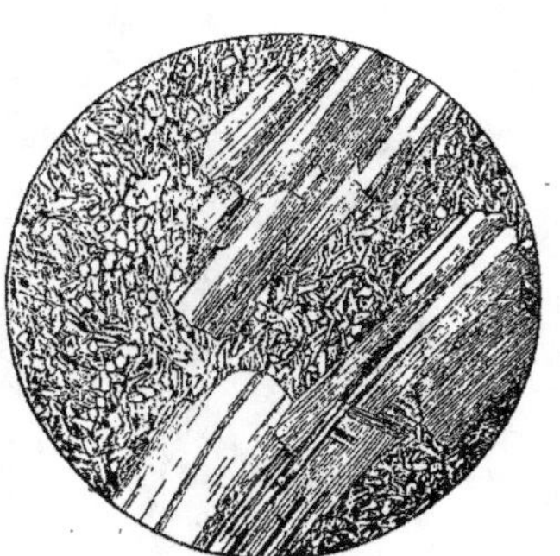

Fig. 27. — *Microgabbro*. Coupe nº 318. Lumière polarisée. Grossissement = 19 diam. Phénocristaux de plagiocloses dans une pâte microgrenue formée d'augite, de magnétite et de plagioclases.

*Composition chimique des microtilaïtes*

Nº 441 O*u*

|  | Analyse brute | Analyse réduite à 100 | Quotients | | |
|---|---|---|---|---|---|
| $SiO_2$ . . . | 46,56 | 46,72 | 0,7787 | | |
| $Al_2O_3$ . . | 12,33 | 12,37 | 0,1213 | 0,1591 $R_2O_3$ | |
| $Fe_2O_3$ . . | 6,02 | 6,04 | 0,0378 | | |
| $FeO$ . . . | 7,09 | 7,12 | 0,0989 | | |
| $CaO$ . . . | 13,18 | 13,22 | 0,2361 | 0,6483 RO | |
| $MgO$ . . . | 12,49 | 12,53 | 0,3133 | | 0,6793 $R_2O$ + $R_2O$ |
| $K_2O$ . . . | 0,24 | 0,24 | 0,0026 | 0,0310 $R_2O$ | |
| $Na_2O$ . . | 1,75 | 1,76 | 0,0284 | | |
| $MnO$ . . . | traces | — | | | |
| $H_2O$ . . . | 0,54 | — | | | |
|  | 100,20 | 100,00 | | | |

Coefficient d'acidité α = 1,34.

Rapport $R_2O$ : RO = 1 : 20,91.

Formule magmatique 4,9 $SiO_2$ : $R_2O_3$ : 4,27 RO.

Nº 441 O*u*. Microtilaïte, Tilaï, sources de Garéwaïa.

## Composition des microgabbros ordinaires

N° 318 pw

| | Analyse brute | Analyse ramenée à 100 parties | Quotients | | |
|---|---|---|---|---|---|
| $SiO_2$ . . . | 52,89 | 54,18 | 0,903 } 0,911 | | |
| $TiO_2$ . . . | 0,67 | 0,68 | 0,008 | | |
| $Al_2O_3$ . . . | 15,95 | 16,40 | 0,160 } 0,183 $R_2O_3$ | | |
| $Fe_2O_3$ . . | 3,74 | 3,81 | 0,023 | | |
| $FeO$ . . . | 8,16 | 8,33 | 0,115 | | |
| $CaO$ . . . | 8,63 | 8,82 | 0,157 } 0,350 RO | | 0,412 $R_2O$ + RO |
| $MgO$ . . . | 3,06 | 3,14 | 0,078 | | |
| $K_2O$ . . . | 2,08 | 2,13 | 0,022 } 0,62 $R_2O$ | | |
| $Na_2O$ . . . | 2,45 | 2,51 | 0,040 | | |
| $H_2O$ . . . | 0,90 | — | | | |
| | 98,53 | 100.00 | | | |

Coefficient d'acidité : $\alpha = 1,89$.

Rapport $R_2O$ : RO $= 1 : 5,80$.

Formule magmatique $= 5\ SiO_2 : R_2O_3 : 2,25$ RO.

N° 318 pw $=$ microgabbro de Porphyrowka, quartal 118, de la Pawdinskaya-Datcha, riche en feldspaths, avec peu d'augite plus petite, et pâte microgrenue riche en grains d'augite.

### MICRODIORITES

L'aspect de ces roches est absolument identique à celui des microgabbros de la seconde catégorie, et elles se rencontrent dans les mêmes conditions. Sous le microscope, la première consolidation renferme les minéraux suivants : magnétite, biotite, augite, hornblende et plagioclases.

#### PHÉNOCRISTAUX

**Magnétite.** — Elle est rare dans la première consolidation, et se rencontre en petits grains ou en octaèdres.

**Biotite.** — Elle joue un rôle secondaire et n'est d'ailleurs pas constante. On en trouve parfois quelques petites lamelles mélées aux cristaux de hornblende et empâtées par ces derniers. Elle est uniaxe négative et très polychroïque : $n_g =$ brun rougeâtre très foncé, $n_p =$ brunâtre pâle.

**Augite.** — Elle est rare également, petite par rapport aux plagioclases, et peut manquer fréquemment. Ses caractères sont identiques à ceux des microgabbros.

**Hornblende.** — Elle n'existe pas chez tous les spécimens, mais là où elle se rencontre, elle est d'habitude très abondante. Les cristaux sont très allongés suivant la zone du prisme, et présentent les profils $m = (110)$, $g^1 = (010)$ et $h^1 = (100)$, leurs extrémités sont corrodées; plusieurs d'entre eux sont mâclés selon $h^1 = (100)$. Le plan des axes optiques est dans $g^1 = (010)$ la bissectrice aiguë $= n_p$. L'extinction dans $g^1 = (010)$ oscille entre $18°$-$20°$, $n_g$-$n_p = 0,016$-$0,022$, $n_g$-$n_m = 0,007$-$0,006$, $n_m$-$n_p = 0,013$-$0,0145$, $2V$ calc. $= 71°\,30'$.

$n_g =$ vert bleuâtre plus ou moins foncé;      $n_m =$ vert;      $n_p =$ jaune brunâtre pâle.

**Plagioclases.** — Ils sont de taille généralement supérieure à la hornblende et d'habitude prédominants. Ils présentent parfois les profils $p = (001)$, $a^1 = (\overline{1}02)$, $h^1 = (100)$, avec allongement selon $pg^1$ et aplatissement parallèle à $g^1 = (010)$. Ils sont fréquemment zonés et mâclés selon l'albite et la péricline. Les variétés qui alternent dans les différentes zones s'échelonnent de l'andésine à 34 % d'An, jusqu'au labrador à 70 % d'An, les labradors moyens sont les termes les plus fréquents. La succession des zones est tout à fait irrégulière.

PÂTE

Elle est holocristalline, microgrenue, et formée des mêmes éléments que les phénocristaux, soit de prismes de hornblende, de lamelles de biotite, et de microlites raccourcis de labrador.

Au point de vue de la classification, on peut distinguer :

1. Les microdiorites ordinaires, avec phénocristaux de hornblende et de labrador.

2. Les microdiorites à augite, qui renferment aussi de l'augite dans la première consolidation.

*Composition chimique des microdiorites*

N° 4085 Ou

|  | Analyse brute | Analyse réduite à 100 parties | Quotients | | | |
|---|---|---|---|---|---|---|
| SiO$_2$ . . . | 58,81 | 59,31 | 0,988 | | | |
| Al$_2$O$_3$ . . | 16,94 | 17,12 | 0,168 | 0,181 R$_2$O$_3$ | | |
| Fe$_2$O$_3$ . . | 2,14 | 2,16 | 0,013 | | | |
| FeO . . . | 5,80 | 5,85 | 0,081 | | | R$_2$O + RO 0,366 |
| CaO . . . | 7,16 | 7,22 | 0,129 | 0,288 RO | | |
| MgO . . . | 3,10 | 3,12 | 0,078 | | | |
| MnO . . . | 0,01 | 0,01 | — | | | |
| K$_2$O . . . | 1,07 | 1,08 | 0,011 | 0,078 R$_2$O | | |
| Na$_2$O . . . | 4,09 | 4,13 | 0,067 | | | |
| H$_2$O . . . | 0,52 | — | | | | |
|  | 99,64 | 100,00 | | | | |

Cœfficient d'acidité $\alpha = 2,17$.

Rapport $R_2O : RO = 1 : 3,69$.

Formule magmatique $5,40\ SiO_2 : R_2O_3 : 1,7\ RO$.

N° 4085 $Ou$. Microdiorite dans les gabbros, chaine du Kumba-Zolotoï-Kamen sur la crête.

|  | N° 5379 $pw$ | | |
|---|---|---|---|
|  | Analyse brute | Analyse ramenée à 100 parties | Quotients |
| $SiO_2$ . . . | 52,04 | 52,99 | 0,883 } 0,892 |
| $TiO_2$ . . . | 0,75 | 0,75 | 0,009 } |
| $Al_2O_3$ . . . | 15,87 | 16,22 | 0,159 } 0,183 $R_2O_3$ |
| $Fe_2O_3$ . . . | 3,76 | 3,82 | 0,024 } |
| $FeO$ . . . | 8,16 | 8,29 | 0,115 } |
| $CaO$ . . . | 8,36 | 8,50 | 0,152 } 0,364 RO |
| $MgO$ . . . | 3,82 | 3,88 | 0,097 } |
| $K_2O$ . . . | 2,37 | 2,40 | 0,025 } |
| $Na_2O$ . . . | 3,12 | 3,16 | 0,051 } 0,076 $R_2O$ |
| $H_2O$ . . . | 1,16 | — | |
|  | 99,41 | 100,00 | |

0,440 $R_2O_3$ + RO

Cœfficient d'acidité : $\alpha = 1,81$.

Rapport $R_2O : RO = 1 : 4,80$.

Formule magmatique $= 4,87\ SiO_2 : R_2O_3 : 2,40\ RO$.

N° 5379 $pw$ = Microdiorite, quartal n° 86, roche à deux temps ; première consolidation formée par beaucoup de feldspaths et de petites augites ; pâte microgrenue, formée par des grains de plagioclase, de hornblende et d'augite.

## LAMPROPHYRES A OLIVINE

Ces belles roches n'ont, jusqu'ici, été rencontrées que sur la Pawdinskaya-Datcha, et dans les gabbros passant aux gabbros-diorites quartzifères. A l'œil nu, elles sont toujours très mélanocrates, noirâtres, avec une première consolidation abondante et grosse, qui est en grande partie formée par des éléments fémiques, généralement accompagnés par un feldspath vitreux beaucoup plus rare, et toujours fortement aplati. Sous le microscope, les phénocristaux sont représentés par les minéraux suivants : magnétite, olivine, augite et labrador.

### PHÉNOCRISTAUX

**Magnétite.** — Elle est très abondante, et se montre en petits octaèdres et en grains, libres ou inclus dans l'élément noir.

**Olivine.** — Elle est très abondante également, moins cependant que le pyroxène, et toujours de beaucoup plus petite taille. Elle se présente en cristaux incolores, craquelés, souvent corrodés, sur lesquels on peut cependant reconnaître fréquemment les profils $m = (110)$, $g^1 = (010)$ et $e^1 = (011)$ parfois, mais plus rarement $a^1 = (101)$ et $g^2 = (120)$. L'allongement est prismatique marqué, et de signe variable. Le plan des axes est parallèle à $p = (001)$, la bissectrice aiguë $= n_g$ perpendiculaire à (001) l'angle $2V = + 86°\ 49'$. Les trois biréfringences sont :

$$n_g\text{-}n_p = 0,036 ; \qquad n_g\text{-}n_m = 0,019 ; \qquad n_m\text{-}n_p = 0,017.$$

L'olivine montre parfois un accroissement concentrique souligné par des petites inclusions vitreuses. Elle se présente en cristaux libres, ou qui sont localement moulés ou empâtés par l'augite.

**Augite.** — C'est de beaucoup le minéral qui prédomine dans la première consolidation, et celui dont les cristaux sont le plus volumineux. Ceux-ci présentent les profils :

$$m = (110) ; \qquad h^1 = (100)\ g^1 = (010) \qquad \text{puis} \qquad b^1_{\frac{1}{2}} = (\bar{1}11) ;$$

ils sont allongés suivant la zone du prisme et parfois mâclés selon $h^1 = (100)$. Les clivages $m = (110)$ sont nets. L'augite est verdâtre en lumière naturelle, son relief est élevé : $n_m = 1,7$. Le plan des axes est dans $g^1 = (010)$ ; la bissectrice aiguë $= n_g^1$. $2VNa = + 56°$; extinction de $n_g$ dans $g^1 = 45°$.

$$n_g\text{-}n_p = 0,025\text{-}0,026 ; \qquad n_g\text{-}n_m = 0,018\text{-}0,019 ; \qquad n_m\text{-}n_p = 0,006$$

pas de polychroïsme appréciable.

Les cristaux d'augite présentent la structure zonée ou en sablier, ils renferment fréquemment de grosses inclusions d'olivine et des grains de magnétite.

**Plagioclases.** — Ils sont peu abondants parmi les phénocristaux et caractérisés par un très fort aplatissement suivant $g^1 = (010)$ qui leur communique un aspect lamellaire typique. Ils sont mâclés selon Karlsbad et l'albite, et dans ce cas les lamelles hémitropes sont peu nombreuses ; ou encore suivant la péricline, combinée à l'albite, la première prédominante ; les types zonés sont fréquents. Les variétés correspondent à des labradors compris entre 55-70 % An, pour le noyau prédominant, et à des andésines et oligoclases de 48-13 % d'An pour les bordures.

PÂTE

Elle est d'importance variable, parfois assez réduite, d'autres fois assez abondante, et renferme des octaèdres de magnétite, des grains d'augite, principalement des microlites de labrador, et plus ou moins de résidu vitreux (fig. 28). Les feldspaths des microlites sont analogues à ceux des phénocristaux, et mâclés selon la loi de Karlsbad ; les lamelles hémitropes ne se répètent généralement pas. Ils renferment autour de 64 % d'An, mais on trouve aussi des types plus acides de 48 % à 17 % d'An.

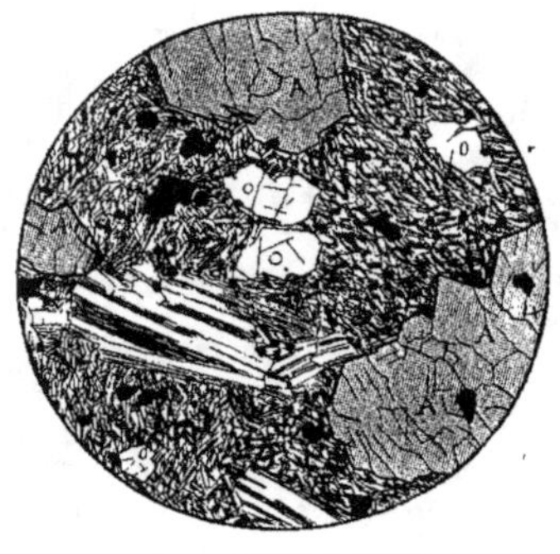

Fig. 28. — *Lamprophyre à olivine.* Coupe nᵒ 3841 pw. Lumière naturelle. Les feldspaths en lumière polarisée. Magnétite. O = olivine. A = augite. Pâte feldspathique avec magnétite et grains d'augite. Grossissement = 19 diam.

*Composition chimique des lamprophyres à olivine*

| | Nᵒ 3841 pw Analyse brute | Nᵒ 5503 pw Analyse brute |
|---|---|---|
| $SiO_2$ . . . . . . . . . | 48,42 | 47,16 |
| $TiO_2$ . . . . . . . . . | 0,46 | 0,76 |
| $Al_2O_3$ . . . . . . . . | 13,48 | 15,16 |
| $Fe_2O_3$ . . . . . . . . | 3,67 | 3,71 |
| $FeO$ . . . . . . . . . | 7,01 | 6,94 |
| $CaO$ . . . . . . . . . | 10,47 | 11,90 |
| $MgO$ . . . . . . . . . | 10,31 | 8,84 |
| $MnO$ . . . . . . . . . | traces | — |
| $K_2O$ . . . . . . . . . | 2,58 | 2,49 |
| $Na_2O$ . . . . . . . . | 2,51 | 2,22 |
| $H_2O$ . . . . . . . . . | 0,22 | 0,72 |
| | 99,03 | 100,00 |

Nᵒ 3841 pw. Lamprophyre à olivine. Pawdinskaya Datcha quartal nᵒ 127.
Nᵒ 5503 pw. Lamprophyre à olivine. Pawdinskaya Datcha quartal nᵒ 138.

| | Nᵒ 3841 pw Analyse ramenée à 100 parties | Quotients | |
|---|---|---|---|
| $SiO_2$ . . . . | 48,90 | 0,815 | 0,820 |
| $TiO_2$ . . . . | 0,46 | 0,005 | |
| $Al_2O_3$ . . . | 13,63 | 0,133 | 0,156 $R_2O_3$ |
| $Fe_2O_3$ . . . | 3,73 | 0,023 | |
| $FeO$ . . . . | 7,08 | 0,098 | |
| $CaO$ . . . . | 10,60 | 0,207 | 0,567 RO |
| $MgO$ . . . . | 10,49 | 0,262 | |
| $MnO$ . . . . | traces | — | |
| $K_2O$ . . . . | 2,59 | 0,027 | 0,067 $R_2O$ |
| $Na_2O$ . . . | 2,52 | 0,040 | |
| | 100,00 | | |

0,634 $R_2O$ + RO

Cœfficient d'acidité : α = 1,50.
Rapport $R_2O$ : RO = 1 : 8,46.
Formule magmatique = 5,25 $SiO_2$ : $R_2O_3$ : 4,6 RO.

|  | Nº 5503 $pw$<br>Analyse ramenée<br>à 100 parties | Quotients | | |
|---|---|---|---|---|
| $SiO_2$ . . . . | 47,52 | 0,792 | 0,801 | |
| $TiO_2$ . . . . | 0,76 | 0,009 | | |
| $Al_2O_3$ . . . | 15,26 | 0,149 | 0,172 $R_2O_3$ | |
| $Fe_2O_3$ . . . | 3,74 | 0,023 | | |
| FeO . . . . | 6,99 | 0,097 | | |
| CaO . . . . | 12,08 | 0,215 | 0,534 RO | 0,610 $R_2O$ + RO |
| MgO . . . . | 8,91 | 0,222 | | |
| MnO . . . . | traces | — | | |
| $K_2O$ . . . . | 2,51 | 0,040 | 0,076 $R_2O$ | |
| $Na_2O$ . . . | 2,23 | 0,036 | | |
| | 100,00 | | | |

Cœfficient d'acidité : $\alpha = 1,49$.

Rapport : $R_2O$ : RO $= 1 : 7,00$.

Formule magmatique $= 4,65\ SiO_2 : R_2O_3 : 3,54$ RO.


### LAMPROPHYRES A AUGITE

Ces roches rares sont finement grenues, de couleur noirâtre, présentent une première consolidation qui est exclusivement formée par de l'augite, et une pâte constituée essentiellement par les éléments fémiques également. Au microscope, les phénocristaux sont abondants, et présentent les caractères suivants :

#### PHÉNOCRISTAUX

**Augite.** — Elle forme de grands cristaux altérés, à contour généralement corrodé, qui présentent presque tous une structure zonaire. Sur quelques-uns d'entre eux, on reconnaît les profils :

$$h^1 = (100); \qquad g^1 = (010); \qquad m = (110) \qquad \text{et} \qquad b^{\frac{1}{2}} = (\bar{1}11).$$

Les propriétés optiques de cette augite sont sensiblement celles du même minéral des lamprophyres à olivine. Signe positif, $2V = 57°$; extinction de $n_g$ dans $g^1 = (010) = 43°$; $n_g\text{-}n_p = 0,026\text{-}0,027$ ; $n_g\text{-}n_m = 0,020\text{-}0,021$ ; $n_m\text{-}n_p = 0,005$ ; la biréfringence varie légèrement sur les différentes zones concentriques. En lumière naturelle, l'augite est grisâtre, presque tous les cristaux sont mâclés selon $h^1 = (100)$.

#### PATE

Elle est holocristalline et microgrenue, formée par un mélange de grains de magnétite, de grains et prismes d'amphibole verte abondante, mêlés à des lamelles de biotite brune altérée, et des microlites gros et raccourcis complètement kaolinisés, dont il ne reste plus que la silhouette, qui sont alors remplacés par des amas de séricite, de kaolin, et des grains d'épidote.

L'amphibole est vert foncé et paraît résulter de l'ouralitisation d'un pyroxène. Les cristaux, assez gros mais non terminés, parfois mâclés selon $h^1 = (100)$, présentent les profils $m = (110)$, $g^1 = (010)$, $h^1 = (100)$, et renferment des inclusions de magnétite et de jolis prismes d'apatite ; leur couleur est foncée, la bordure est souvent plus colorée que le centre. Le polychroïsme marqué est : $n_g = $ vert bleuâtre ; $n_m = $ vert brunâtre ; $n_p = $ jaunâtre. La biotite est généralement épigénisée selon $p = (100)$ en chlorite incolore et en épidote jaune d'or. Elle est uniaxe négative, avec $n_g = $ rouge brun foncé ; $n_p = $ jaunâtre presque incolore. L'épidote forme aussi des amas de petits grains irréguliers au milieu des autres éléments.

Les feldspaths sont indéterminables, mais sûrement d'un type basique.

La structure est toujours microgrenue (fig. 29) et la pâte largement cristallisée ; la hornblende y prédomine sur les plagioclases et le mica. La première consolidation l'emporte en quantité sur la pâte, elle est relativement grosse.

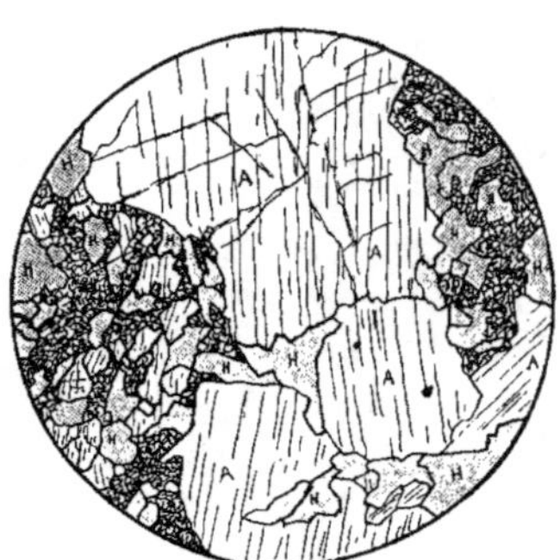

Fig. 29. — *Lamprophyre à augite*. Coupe n° 5o85 *pw*. Grossissement = 19 diam. Lumière naturelle. A = augite. H = hornblende. Pâte feldspathique.

*Composition chimique des lamprophyres à augite*

| | N° 5o85 *pw* | | |
| | Analyse brute | Analyse ramenée à 100 parties | Quotients |
| --- | --- | --- | --- |
| $SiO_2$ . . . | 44,94 | 46,36 | 0,772 ⎫ 0,781 |
| $TiO_2$ . . . | 0,75 | 0,75 | 0,009 ⎭ |
| $Al_2O_3$. . . | 13,96 | 14,39 | 0,141 ⎫ 0,174 $R_2O_3$ |
| $Fe_2O_3$. . . | 5,18 | 5,30 | 0,033 ⎭ |
| $FeO$ . . . | 7,56 | 7,66 | 0,106 ⎫ |
| $MnO$ . . . | traces | — | — ⎪ 0,575 RO |
| $CaO$ . . . | 13,86 | 14,29 | 0,255 ⎪ |
| $MgO$ . . . | 8,46 | 8,56 | 0,214 ⎭ |
| $K_2O$ . . . | 1,08 | 1,11 | 0,012 ⎫ 0,037 $R_2O$ |
| $Na_2O$. . . | 1,55 | 1,58 | 0,025 ⎭ |
| $H_2O$ . . . | 2,24 | — | |
| | 99,58 | 100,00 | |

0,612 $R_2O$ + RO

Cœfficient d'acidité : $a = 1,44$.

Rapport $R_2O : RO = 1 : 15,54$.

Formule magmatique $= 4,48\ SiO_2 : R_2O_3 : 3,51\ RO$.

N° 5085 *pw* = lamprophyre à augite, Pawdinskaya-Datcha, quartal n° 158.

## § 4. *Les filons mésocrates*

### MICRODIORITES QUARTZIFÈRES

Ces roches, proches parentes des précédentes, traversent généralement les gabbros-diorites ou les diorites quartzifères, et rappellent comme aspect macroscopique les micro-gabbros de la seconde catégorie.

La première consolidation, de petite taille, est formée d'un peu d'augite à contour corrodé, qui est généralement transformée en hornblende sur la périphérie ; puis en majorité de plagioclases appartenant à la série des andésines basiques allant jusqu'au labrador, ce que montrent les déterminations précises.

La pâte qui est toujours holocristalline et grenue, renferme de la magnétite en petits octaèdres, du sphène rare en grains craquelés et brunâtres, entourant parfois la magnétite, de la hornblende abondante, en grains verdâtres, de la biotite très abondante en petites lamelles rouges très polychroïques, des plagioclases très frais, appartenant au groupe des andésines-labradors entre 40-50 %, puis du quartz en petites plages, faisant ciment entre ces divers minéraux.

La première consolidation est toujours abondante par rapport à la pâte qui peut même se réduire considérablement. Le grain de celle-ci est généralement grossier (fig. 30).

*Analyse des microdiorites quartzifères*

N° 8173 *pw*

| | Analyse brute | Analyse ramenée à 100 parties | Quotients | | |
|---|---|---|---|---|---|
| SiO$_2$ . . . | 55,20 | 56,30 | 0,938 | 0,948 | |
| TiO$_2$ . . . | 0,86 | 0,86 | 0,010 | | |
| Al$_2$O$_3$ . . . | 15,48 | 15,78 | 0,154 | 0,182 R$_2$O$_3$ | |
| Fe$_2$O$_3$ . . . | 4,50 | 4,55 | 0,028 | | |
| FeO . . . | 6,67 | 6,75 | 0,093 | | |
| CaO . . . | 7,82 | 7,93 | 0,141 | 0,317 RO | 0,380 R$_2$O$_3$ + RO |
| MgO . . . | 3,28 | 3,33 | 0,083 | | |
| K$_2$O . . . | 1,62 | 1,64 | 0,017 | 0,063 R$_2$O | |
| Na$_2$O . . . | 2,82 | 2,86 | 0,046 | | |
| H$_2$O . . . | 0,88 | — | | | |
| | 99,13 | 100,00 | | | |

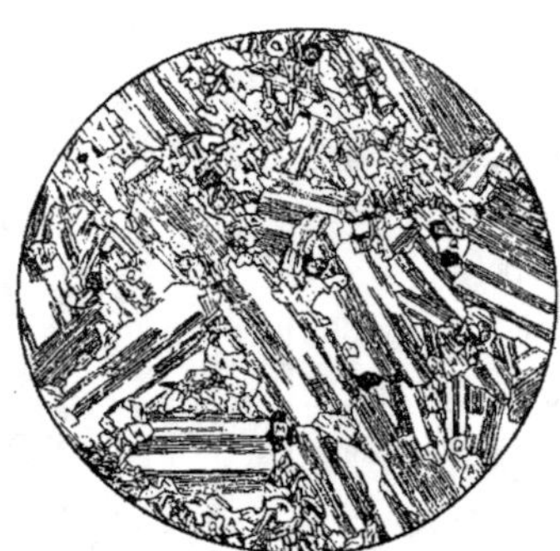

Fig. 3o. — *Microdiorite quartzifère*. Coupe n° 1108 *pw*. Lumière naturelle. Les feldspaths en lumière polarisée. Nombreux phénocristaux de plagioclases dans une pâte micro-grenue de quartz, amphibole et feldspath.

Cœfficient d'acidité : $\alpha = 2{,}04$.

Rapport $R_2O : RO = 1 : 5{,}03$.

Formule magmatique $= 5{,}20 \ SiO_2 : R_2O_3 : 2{,}08 \ RO$.

N° 8173 *pw* $=$ Microdiorite quartzifère, avec première consolidation formée par du plagioclase ; pâte microgrenue largement cristallisée, constituée par du plagioclase, un peu de mica noir, de la hornblende et du quartz.

## GLADKAÏTES

Ces roches ont été rencontrées en filons dans la dunite massive à Gladkaïa-Sopka, sur la crête même. A l'œil nu, elles sont à grain fin, feldspathiques, et légèrement micacées. Au microscope elles renferment les minéraux suivants : apatite, magnétite, biotite, muscovite, hornblende, épidote et quartz.

**Magnétite.** — Elle est plutôt rare, et se trouve en petits grains plus ou moins octaédriques, dispersés parmi les autres minéraux.

**Apatite.** — Elle est abondante, et se présente en prismes hexagonaux inclus dans la hornblende, ou libres dans la roche. Allongement et signe optique négatifs, $n_g\text{-}n_p = 0{,}006$.

**Biotite.** — Elle se rencontre en quantité inférieure à la hornblende, en petites lamelles corrodées, uniaxes et négatives, $n_g\text{-}n_p = 0{,}041$, $n_g =$ rouge brun, $n_p =$ jaunâtre pâle.

**Hornblende.** — L'amphibole forme des cristaux allongés selon $m = (110)$, qui sont rarement mâclés selon $h^1 = (100)$, mais par contre fréquemment accolés par leur face $m = (110)$ à celle $p = (001)$ du mica. Le plan des axes est parallèle à $g^1 = (010)$ la bissectrice aiguë est négative $= n_p$, l'extinction sur $g^1 = 22°$, l'angle $2V = 50° 30'$.

$$n_g\text{-}n_p = 0{,}020 ; \qquad n_g\text{-}n_m = 0{,}003\text{-}0{,}004 ; \qquad n_m\text{-}n_p = 0{,}0156$$

dispersion $\rho > V$ ; polychroïsme intense :

$$n_g = \text{vert bleuâtre très foncé} \qquad n_m = \text{vert} \qquad n_p = \text{jaunâtre pâle.}$$

**Muscovite.** — Elle est constante, mais ne se rencontre jamais en grande quantité. Les lamelles incolores sont cantonnées dans le voisinage des feldspaths ou de l'épidote. Elle est biaxe négative avec 2V assez grand.

**Epidote.** — Elle est abondante, et forme des plages irrégulières dans le voisinage de la hornblende, qu'elle moule et emprisonne de même que le mica. Elle est grise ou jaunâtre, de signe négatif, avec 2V grand, $n_g\text{-}n_p = 0{,}0385$.

**Plagioclases.** — Ils représentent l'élément prédominant. Leurs cristaux sont mâclés selon l'albite, la péricline, et plus rarement Karlsbad, les lamelles sont souvent très fines et peu nettes ; le centre des cristaux est fréquemment kaolinisé et montre alors des profils qui sont ceux habituels à la face $g^1 = (010)$. Les déterminations faites sur plusieurs spécimens montrent que les variétés rencontrées sont des andésines qui oscillent entre 32 et 41 % d'An.

**Quartz.** — Il est assez abondant, mais de plus petite taille que les feldspaths ; il se rencontre en grains idiomorphes mêlés aux éléments précités.

**Structure.** — Elle est panidiomorphe grenue. on observe cependant une tendance à l'orientation parallèle des hornblendes et du mica.

*Composition chimique de la gladkaïte*

N° 4102 Ou

|  | Analyse brute | Analyse réduite à 100 parties | Quotients | | |
|---|---|---|---|---|---|
| $SiO_2$ . . . | 62,20 | 61,82 | 1,030 | | |
| $Al_2O_3$ . . . | 19,63 | 19,49 | 0,191 | 0,193 $R_2O_3$ | |
| $Fe_2O_3$ . . . | 1,13 | 1,12 | 0,007 | | |
| $FeO$ . . . | 3,93 | 3,91 | 0,054 | | |
| $CaO$ . . . | 6,64 | 6,60 | 0,118 | 0,209 RO | 0,293 $R_2O$ + RO |
| $MgO$ . . . | 1,51 | 1,50 | 0,037 | | |
| $K_2O$ . . . | 1,06 | 1,05 | 0,011 | 0,084 $R_2O$ | |
| $Na_2O$ . . . | 4,54 | 4,51 | 0,073 | | |
| $H_2O$ . . . | 0,86 | — | | | |
| | 101,50 | 100,00 | | | |

Cœfficient d'acidité « $= 2{,}32$.

Rapport $R_2O : RO = 1 : 2{,}49$.

Formule magmatique $= 5{,}20\, SiO_2 : R_2O_3 : 1{,}48\, RO$.

N° 4102 Ou. Gladkaïte de Gladkaïa-Sopka.


### PEGMATITES A HORNBLENDE

Ces très belles roches sont caractéristiques pour les centres platinifères primaires ; elles sont formées par des cristaux parfois gigantesques de hornblende et de feldspath, et se rencontrent en filons qui mesurent souvent plusieurs mètres d'épaisseur, ou au contraire en filonnets multiples. Elles traversent indifféremment la dunite ou les pyroxénites ; au Kanjakowsky, on les rencontre près des sources de la rivière Poloudniéwaïa, formant un filon de 1$^m$,3 d'épaisseur dans les pyroxénites. Nous les avons rencontrées également à fois réitérées dans la chaîne du Tschistop, plus au nord, puis au Kazansky sur la crête de Wassiliewsky et de Borowskoï, toujours dans les pyroxénites. Au Kaménouchky, ces roches sont très abondantes, et traversent ici principalement la dunite, mais aussi les pyroxénites ; on en trouve d'innombrables blocs dans les alluvions des sources de Balchaïa-Kaménouchka.

Ces mêmes pegmatites peuvent être observées sur plusieurs points de la chaîne de Sinaïa-Gora près de Barantcha, et là encore dans les pyroxénites ; nous les avons retrouvées également dans la dunite du gisement de l'Omoutnaïa, dans le lit de l'un des petits lojoks qui descendent sur la rive droite de cette rivière. A Taguil, par contre, elles paraissent manquer.

Ces pegmatites comportent en général une proportion égale de feldspath et de hornblende ; celle-ci s'y présente parfois en cristaux énormes ; à Pouloudniéwaïa par exemple, il en est qui mesurent jusqu'à 20 centimètres de longueur et davantage, ailleurs leur dimension peut tomber à quelques centimètres.

Au microscope, les éléments constitutifs de ces roches sont :

Magnétite, apatite, sphène, hornblende, biotite, plagioclases et quartz ; les minéraux secondaires : l'épidote, la muscovite et la chlorite.

**Magnétite.** — Elle est rare et se rencontre en inclusions dans l'amphibole.

**Apatite.** — Elle est particulièrement abondante, et se trouve en gros cristaux, mesurant jusqu'à un millimètre, très allongés selon la zone du prisme, avec les faces $m = (10\overline{1}0)$ ; $p = (0001)$ et $h^1 = (1011)$. Les sections sont craquelées, et renferment des petites inclusions noirâtres. L'apatite est uniaxe négative.

**Sphène.** — Il est rare, et se présente en petits grains brunâtres avec les caractères optiques connus.

**Hornblende.** — Elle est tantôt brillante, tantôt mate, et dans ce cas rappelle par son éclat bien plus le pyroxène que l'amphibole. Les cristaux ne sont jamais terminés, et présentent les profils $m = (110)$, $g^1 = (010)$, parfois $h^1 = (100)$.

Les mâcles $h^1 = (100)$ se rencontrent, mais sont rares. Plan des axes dans $g^1 = (010)$ ; bissectrice aiguë $= n_p$ ; 2VNa $= - 83°58$ calc. $- 84°13$ obs. Sur $g^1 = (010)$ l'extinction de $n_g = 18° - 17°7'$.

Les indices mesurés au réfractomètre et les biréfringences qui s'en déduisent sont :

|  | $n_g$ | $n_m$ | $n_p$ | $n_g$-$n_p$ | $n_g$-$n_m$ | $n_m$-$n_p$ | 2V calc. | 2V obs. |
|---|---|---|---|---|---|---|---|---|
| Hornblende du Kaménouchky : | 1,6817 | 1,6710 | 1,6579 | 0,0238 | 0,0106 | 0,01315 | 83°,58 | 84°,13 |
| Hornblende de Poloudniéwaïa : | 1,6824 | 1,6719 | 1,6579 | 0,0242 | 0,0101 | 0,0140 | 80°,44 | 78°,30 |

La coloration est irrégulière, le polychroïsme comme suit :

$n_g$ = vert brunâtre ou bleuâtre foncé ;     $n_m$ = vert brunâtre ;     $n_p$ = brunâtre très pâle·

La hornblende est souvent marbrée de taches plus foncées, ou entourée d'une auréole plus claire d'un beau vert d'herbe, avec polychroïsme et biréfringence plus élevés.

La composition chimique de la hornblende est la suivante :

|  | I | II | III |
|---|---|---|---|
| $SiO_2$ | 45,22 | 45,35 | 41,99 |
| $TiO_2$ | — | — | 0,18 |
| $Al_2O_3$ | 9,23 | 9,82 | 11,23 |
| $Fe_2O_3$ | — | — | 17,40 |
| FeO | 18,89 | 23,30 | — |
| MnO | — | — | 0,05 |
| CaO | 13,56 | 12,10 | 12,42 |
| MgO | 12,99 | 12,37 | 13,74 |
| $P_2O_5$ | — | — | 0,07 |
| $K_2O$ | non | | 0,32 |
| $Na_2O$ | dosés | id. | 0,69 |
| $H_2O$ | — | — | 2,31 |
|  |  |  | 100,40 |

Nº I   = amphibole de la pegmatite de Pouloudniéwaïa.
Nº II  = amphibole de la pegmatite de Kaménouchky.
Nº III = amphibole de la pegmatite de l'Omoutnaïa (Sysertskaya-Datcha).

**Biotite.** — Elle est rare et peu constante. On en rencontre parfois une ou deux lamelles déchiquetées, très polychroïques, avec $n_g$ = rouge-brun très foncé ; $n_p$ = brun très pâle.

**Plagioclases.** — Vu leur taille, ils sont difficiles à déterminer au microscope, d'autant plus qu'ils sont souvent fortement kaolinisés. Presque toujours, lorsqu'ils sont encore frais, ils sont constitués par deux zones distinctes, à savoir : un noyau interne, et une bordure plus mince, périphérique, moins biréfringente que le noyau, et toujours beaucoup plus fraîche. Tous deux sont généralement mâclés selon l'albite, le noyau central avec lamelles hémitropes plus larges que la bordure. Le noyau est généralement représenté par un labrador basique $Ab_3An_4$ par exemple ; la bordure est une andésine souvent acide.

**Quartz.** — Il est rare, et forme çà et là quelques petites plages calées entre les cristaux de feldspath.

**Epidote.** — Elle se rencontre en grains ou petits prismes légèrement colorés, et toujours un peu polychroïques. L'allongement prismatique des cristaux est de signe variable. Signe optique négatif, extinction sur $g^1 = (010) = 32°$; $n_g\text{-}n_p = 0,054$; $n_g =$ jaune citron; $n_p =$ brun très pâle.

L'épidote se rencontre dans les feldspaths et principalement au contact de la hornblende.

**Chlorite.** — Elle forme quelques lamelles colorées, d'un beau vert-bleu, qui s'éteignent à 3° du clivage $p = (001)$, et qui sont fortement polychroïques, avec $n_g =$ vert bleuâtre, $n_p =$ brun pâle légèrement rosé. Elle est uniaxe négative, $n_g\text{-}n_p = 0,0038$.

**Muscovite.** — Ce minéral a été rencontré quelquefois sous forme de très petites lamelles biaxes incolores, ayant les propriétés optiques habituelles.

**Structure.** — Elle est gigantoplasmatique et typique pour les pegmatites. La hornblende et les feldspaths gisent péle-mêle, sans pénétration graphique des deux éléments.

*Composition chimique des pegmatites à hornblende*

La dimension même des éléments de ces roches en rend l'analyse en bloc difficile; nous donnerons ici l'analyse d'une pegmatite à éléments plus petits, qui provient des sources de Garéwaïa, dans la chaîne du Tilaï-Kanjakowsky.

N° 170 Ou

|  | Analyse brute | Analyse ramenée à 100 parties | Quotients | | |
|---|---|---|---|---|---|
| $SiO_2$ . . . | 45,86 | 46,84 | 0,780 | | |
| $Al_2O_3$ . . | 21,93 | 22,40 | 0,219 } 0,243 $R_2O_3$ | | |
| $Fe_2O_3$ . . | 3,82 | 3,88 | 0,024 } | | |
| $FeO$ . . . | 5,54 | 5,67 | 0,078 } | | |
| $CaO$ . . . | 12,98 | 13,26 | 0,236 } 0,445 RO | | |
| $MgO$ . . . | 5,14 | 5,25 | 0,131 } | 0,485 $R_2O$ + RO | |
| $K_2O$ . . . | 0,43 [1] | 0,44 | 0,004 } 0,040 $R_2O$ | | |
| $Na_2O$ . . | 2,21 | 2,26 | 0,036 } | | |
| $H_2O$ . . . | 2,16 | — | — | | |
|  | 100,07 | 100,00 | | | |

[1] Dans notre travail antérieur : *Recherches géologiques sur l'Oural du Nord*, 2me partie, p. 500, les chiffres $K_2O$ et $Na_2O$ ont été intervertis.

Coefficient d'acidité $a = 1,27$.

Rapport $R_2O : RO = 1 : 11,1$.

Formule magmatique $= 3,08\ SiO_2 : R_2O_3 : 2\ RO$.

N° 170 *ou* $=$ pegmatite du haut de l'entonnoir des sources de Garéwaïa, chaîne du Tilaï-Kanjakowsky.

## § 5. *Les filons leucocrates du type grenu*

### GRANULITES ET MICROPEGMATITES

Ces roches, très leucocrates, et d'aspect absolument granitique, sont assez rares, et ont été rencontrées sur plusieurs points de la chaîne du Kalpak-Kazansky. Elles y forment des filons épais ou même des petits gîtes massifs, qui traversent généralement les roches profondes, gabbros ou diorites quartzifères, et qui ont été rencontrés en différents points.

Généralement ces roches sont à grain fin ; elles paraissent peu micacées, quelques spécimens cependant renferment du mica noir visible à l'œil nu. Au microscope, les minéraux constitutifs des granulites sont les suivants : magnétite, zircon, biotite, muscovite, oligoclase, orthose, microline et quartz.

**Magnétite et zircon.** — La magnétite n'est jamais abondante et se trouve en petits grains disséminés parmi les éléments feldspathiques et quartzeux. Le zircon est plus rare encore, et fait même totalement défaut. Quand il existe, on en trouve un ou deux grains seulement, inclus dans la biotite, ou à proximité de ce minéral.

**Biotite.** — Elle est assez constante, mais toujours en petite quantité. Les lamelles, généralement corrodées et déchiquetées, sont toujours fortement colorées, uniaxes, de signe négatif, $n_g =$ rouge-brun foncé, $n_p =$ brunâtre pâle. La biotite est presque toujours épigénisée en chlorite selon $p = (001)$, soit partiellement, soit totalement. La chlorite est alors négative, avec $n_g =$ vert foncé, $n_p =$ jaunâtre très pâle, $n_g\text{-}n_p = 0,002 - 0,003$.

**Muscovite.** — Ce minéral paraît être plus rare encore que la biotite ; souvent il manque complètement, d'autres fois on en trouve une ou deux lamelles seulement. Elle est biaxe, avec 2V assez grand, et extinction sensiblement à 0° du clivage, $p = (001)$.

**Plagioclases.** — Ils sont constants, mais jouent un rôle secondaire vis-à-vis des feldspaths potassiques. Ils sont de consolidation antérieure à ces derniers, et présentent les lamelles hémitropes de l'albite. Les variétés rencontrées appartiennent au groupe des oligoclases acides à 7-10 % An, voire même de l'albite.

**Orthose.** — Il est parfois abondant, mais manque aussi complètement. Il forme des grandes plages avec filonnets d'albite, qui sont fréquemment kaolinisées, et mâclés selon Karlsbad.

**Microcline.** — Il est constant, et l'emporte sur l'orthose dans certaines de ces roches. Il forme des plages irrégulières, avec quadrillage caractéristique par le croisement des lamelles hémitropes. Le plan des axes est normal à $g^1 = (010)$, la bissectrice aiguë $= n_p$. Sur les lamelles $Sn_p$, l'extinction est de 5°; sur 1′ mâclé avec 1 de 8°-10°. Le microcline est d'habitude mieux conservé que l'orthose et pas kaolinisé.

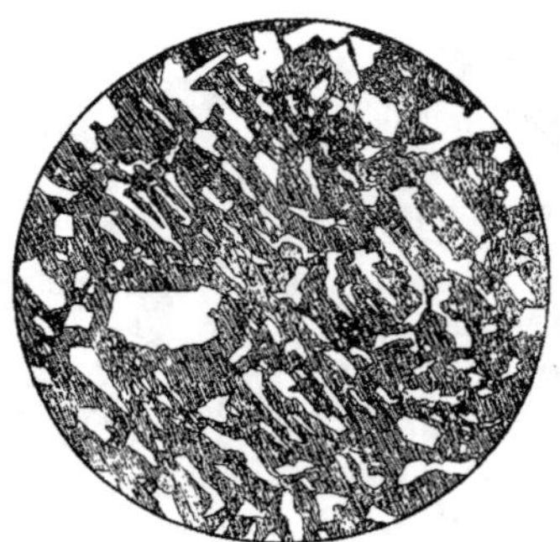

Fig. 31. — *Micropegmatite.* Coupe n° 2385 pw. Grossissement = 48 diam. Lumière polarisée. Association graphique du quartz et de feld-path.

**Quartz.** — C'est le dernier élément consolidé, il forme des graines idiomorphes, ou moule au contraire les éléments précités.

**Structure.** — Elle est généralement granulitique, granitique, ou encore micropegmatoïde. Dans ce dernier cas (fig. 31), toute la roche est formée par des plages de quartz et d'orthose qui se touchent directement, ou encore ces micropegmatites forment des étoilements autour du quartz et de l'orthose. Certains spécimens ont une tendance à la structure porphyroïde : les cristaux libres de microcline ou de quartz sont alors dispersés dans une masse plus finement grenue, formée de quartz, de feldspaths, et de lamelles de biotite.

*Composition chimique des granulites*

| | N° 8170 pw | | |
|---|---|---|---|
| | Analyse brute | Analyse réduite à 100 parties | Quotients |
| $SiO_2$ . . . | 76,80 | 78,05 | 1,300 } 1,302 |
| $TiO_2$ . . . | 0,18 | 0,18 | 0,002 } |
| $Al_2O_3$ . . . | 10,45 | 10,62 | 0,104 } 0,1042 $R_2O_3$ |
| $Fe_2O_3$ . . . | 0,03 | 0,03 | 0,0002 } |
| $FeO$ . . . | 1,23 | 1,24 | 0,018 } |
| $MnO$ . . . | traces | — | — } 0,084 RO |
| $CaO$ . . . | 2,62 | 2,67 | 0,046 } |
| $MgO$ . . . | 0,78 | 0,80 | 0,020 } |
| $K_2O$ . . . | 3,80 | 3,86 | 0,041 } 0,082 $R_2O$ |
| $Na_2O$ . . . | 2,51 | 2,55 | 0,041 } |
| $H_2O$ . . . | 0,52 | — | — |
| | 98,92 | 100,00 | |

0,166 $R_2O$ + RO

Coefficient d'acidité $\alpha = 5,43$.
Rapport $R_2O : RO = 1 : 1,02$.
Formule magmatique $= 12,5\ SiO_2 : R_2O_3 : 1,6\ RO$.

N° 8170 *pw* = granulite Pawdinskaya-Datcha, quartal n° 98, roche granulitique avec un peu de mica, de l'orthose, du microcline, de l'albite et du quartz.

## PLAGIAPLITES

Ces roches, que nous avons rencontrées pour la première fois au Koswinsky [1], sont fort répandues et tout à fait caractéristiques dans la région des gîtes platinifères primaires, aussi bien dunitiques que pyroxénitiques. On les rencontre abondamment au Koswinsky, au Kazansky, au Kaménouchky, au Gousséwy-Kamen, à Sinaïa-Gora, à l'Omoutnaïa, etc. Elles forment des filons qui ont quelques mètres de puissance, jusqu'à de simples veinules, qui souvent constituent un véritable réseau, notamment dans les pyroxénites. On les rencontre aussi parfois en amas plus ou moins continus ; ainsi, sur la Pawda, dans le quartal n° 23, près de l'extrémité nord du Cérébriansky et sur le versant est, elles forment un gisement assez considérable.

L'aspect microscopique des plagiaplites est assez varié ; certaines de ces roches sont grossièrement grenues, friables et saccharoïdes ; d'autres sont compactes, à grain très fin, mais toujours blanches. Souvent les éléments fémiques y font totalement défaut, et la roche est absolument feldspathique ; d'autrefois quelques rares cristaux de hornblende se mêlent aux feldspaths, et il est à remarquer que ceci se produit généralement dans le voisinage des salbandes. Chez beaucoup de plagiaplites le quartz n'est pas visible à l'œil nu, chez d'autres cet élément paraît au contraire fort abondant, et la roche ressemble alors à certaines granulites amphiboliques leucocrates. Certains spécimens sont cependant riches en amphibole, et passent alors à la diorite filonienne ; la hornblende s'y rencontre en prismes de toute taille, depuis des fines aiguilles, jusqu'à des cristaux mesurant plusieurs centimètres, qui établissent ainsi une transition avec les pegmatites décrites précédemment.

Cette hornblende est presque toujours irrégulièrement distribuée dans la masse aplitique leucocrate ; elle y forme volontiers des traînées ou des mouchetages, ce qui communique à ces roches une certaine inhomogénéité ; de même dans un filon souvent étroit, et sur un petit espace, les cristaux de hornblende sont de taille très différente.

Les variétés sans hornblende se rencontrent concurremment avec celles dioritiques, souvent sur des points très voisins ; les filons sont quelquefois si minces, qu'on peut les avoir entiers sur une seule préparation microscopique, avec quelques centimètres de la pyroxénite qui en forme les salbandes. Ces veinules sont très fréquentes par exemple au Gousséwy-Kamen ; elles se prêtent admirablement à l'étude du métamorphisme qu'elles font subir à la roche naissante, en l'espèce aux pyroxénites, et il en sera question dans les pages qui vont suivre.

[1] L. DUPARC et S. YERCHOFF. Bibliographie n° 60.

Sous le microscope, les minéraux constitutifs des plagiaplites sont : la hornblende, les plagioclases et le quartz, puis accessoirement le zircon, le sphène, les micas noir et blanc ; les minéraux secondaires, le kaolin, la chlorite, la zoisite et l'épidote, puis la calcite.

**Sphène et zircon.** — Ils paraissent être très rares, et n'ont été rencontrés que dans une ou deux préparations, le premier en fuseaux grisâtres, le second en petits grains arrondis et craquelés souvent inclus dans le mica.

**Biotite.** — Elle est rare également, et lorsqu'elle se rencontre elle est toujours chloritisée. Elle est uniaxe négative, et de couleur brun verdâtre, avec un polychroïsme intense : $n_g$ = vert brunâtre, $n_p$ = jaunâtre pâle.

**Muscovite.** — Elle paraît être plus fréquente, mais on en rencontre d'habitude une ou deux sections seulement par préparation. Elle est biaxe, avec 2V assez grand, et bissectrice aiguë négative également.

**Hornblende.** — Elle se présente en prismes courts, sur lesquels on observe rarement les profils $m = (110)$ et $g^1 = (010)$, et qui sont assez souvent mâclés selon $h^1 = (110)$. Le plan des axes optiques est parallèle à $g^1 = (010)$, la bissectrice aiguë est négative $= n_p$, l'extinction sur $g^1 = (010)$ oscille entre 20-22° (fréquemment 21°). La biréfringence $n_g\text{-}n_p = 0,023$. La couleur de la hornblende est généralement pâle, le polychroïsme toujours net avec $n_g$ = vert assez pâle, $n_m$ = vert brunâtre, $n_p$ = jaunâtre presque incolore. Souvent le centre des cristaux est plus coloré que la périphérie, la bordure est dans ce cas légèrement plus biréfringente que le noyau. La hornblende renferme des inclusions de magnétite, puis parfois des petits grains noirs analogues à ceux que l'on trouve à l'intérieur du diallage.

**Plagioclases.** — Ils forment de beaucoup l'élément prédominant, et sont souvent très fortement kaolinisés, du moins le noyau central. Ils présentent l'allongement $pg^1 = (001)$ (010), et sont généralement mâclés selon l'albite, plus rarement selon Karlsbad et la péricline.

Ordinairement les feldspaths sont zonés, et dans ce cas le noyau est fréquemment plus basique que la périphérie ; sur les faces $g^1 = (010)$ des cristaux zonés on reconnaît les profils $p = (001)$, $h^1 = (100)$ et $a\frac{1}{2} = (\overline{2}01)$. Le noyau est souvent constitué par du labrador $Ab_1An_1$ ou de l'andésine basique $Ab_5An_3$, la bordure par tous les termes compris entre Ab et l'oligoclase acide $Ab_4An_1$. Les zones intermédiaires correspondent d'habitude à l'oligoclase normal ou même à l'andésine acide. Il est à remarquer que la bordure est d'autant plus acide que la roche renferme plus de quartz libre ; ainsi dans les plagiaplites massives qui sont développées dans la partie Nord-Ouest de la Pawdinskaya-Datcha, l'albite n'est pas rare.

**Quartz.** — Il est assez variable, et peut même manquer complètement. Il est particulièrement abondant dans les plagiaplites massives qui sont toujours quartzifères, et peut presque y égaler le feldspath. Il forme généralement de petites plages qui localement moulent les plagioclases.

**Epidote.** — C'est de tous les minéraux secondaires le plus répandu. Il se présente en grains de couleur jaunâtre, et parfois en petites plages allotriomorphes ; l'épidote se rencontre également en grains, à l'intérieur des feldspaths. Elle est fréquemment associée à la zoïsite ; les deux minéraux dessinent alors souvent un véritable squelette à l'intérieur de certains plagioclases.

**Chlorite.** — Elle épigénise la biotite, et est ordinairement peu colorée et à peine polychroïque, dans ce cas de couleur verdâtre pâle.

**Kaolin.** — Il remplit l'intérieur des feldspaths. Souvent ces derniers ont un centre kaolinisé et chargé d'épidote, tandis que la bordure est parfaitement fraiche et déterminable ce qui provient sans doute d'une différence primordiale dans les plagioclases qui forment les différentes zones, le centre étant généralement plus riche en anorthite.

**Structure et phénomènes dynamiques.** — La structure est parfaitement grenue et souvent miarolitique (fig. 32). Les divers éléments sont idiomorphes, et les feldspaths pénètrent dans les vides remplis par du quartz. Les formes pegmatoïdes ne sont pas rares.

Plusieurs de ces roches, notamment celles des gisements massifs, accusent d'importantes déformations mécaniques, qui se manifestent par les extinctions onduleuses du quartz, l'écrasement partiel de ce minéral, puis le ploiement des lamelles hémitropes des feldspaths.

On peut distinguer les variétés suivantes :

1. Plagiaplites sans quartz, et généralement sans hornblende, ou dans lesquels ce minéral est rare.

2. Plagiaplites à hornblende ou diorites filoniennes.

3. Plagiaplites quartzifères.

*Composition chimique des plagiaplites*

| | N° 18 Ou | N° 19 Ou | N° 1024 Ou | N° 1028 Ou | N° 34 pt |
|---|---|---|---|---|---|
| SiO₂ . . | 56,87 | 56,65 | 62,00 | 60,42 | 60,80 |
| TiO₂ . . | — | — | — | — | — |
| Al₂O₃ . . | 25,62 | 25,59 | 22,71 | 23,38 | 24,06 |
| Fe₂O₃ . | — | 0,57 | 0,85 | 0,52 | 0,42 |
| FeO . . | — | — | — | — | 0,39 |
| CaO . . | 9,55 | 8,22 | 7,12 | 7,68 | 5,78 |
| MgO . . | 0,66 | 0,34 | 0,21 | 0,36 | 0,21 |
| K₂O . . | 0,81 | 0,25 | 0,43 | 0,48 | 0,33 |
| Na₂O . . | 6,18 | 6,62 | 6,70 | 6,93 | 7.64 |
| H₂O . . | 1,79 | 2,38 | 1,38 | 1,81 | 0,45 |
| | 101,48 | 100,62 | 101,40 | 101,58 | 100,08 |

Fig. 32. — *Plagiaplite quartzifère.* Coupe n° 27 Ou. Grossissement = 19 diam. Les feldspaths en lumière polarisée. A = amphibole. F = feldspath. Q = quartz.

Nº 18 $Ou$ = plagiaplite leucocrate, du Koswinsky.
Nº 19 $Ou$ = plagiaplite pauvre en quartz, du Koswinsky.
Nº 1024 $Ou$ = plagiaplite quartzifère, du Koswinsky.
Nº 1028 $Ou$ = plagiaplite quartzifère pauvre en hornblende, du Koswinsky.
Nº 34 $pt$ = plagiaplite pauvre en hornblende, du Kaménouchky.

*Moyenne des quatre premières analyses*

| | Analyse ramenée à 100 parties | Quotients | |
|---|---|---|---|
| $SiO_2$ | 59,48 | 0,9913 | |
| $Al_2O_3$ | 24,10 | 0,2362 | 0,2403 $R_2O_3$ |
| $Fe_2O_3$ | 0,66 | 0,0041 | |
| $CaO$ | 8,21 | 0,1466 | 0,1563 RO |
| $MgO$ | 0,39 | 0,0097 | |
| $K_2O$ | 0,49 | 0,0052 | 0,1128 $R_2O$ |
| $Na_2O$ | 6,67 | 0,1076 | |
| | 100,00 | | |

0,2691 = $R_2O$ + RO

Coefficient d'acidité : $a = 1,99$.
Rapport $R_2O$ : RO = 1 : 1,38.
Formule magmatique = 4,12 $SiO_2$ : $R_2O_3$ : 1,12 RO.


## BRÈCHES DE PLAGIAPLITES ET ORIGINE DE L'OURALITISATION


En de nombreux points des massifs du Kalpak-Kazansky ou du Tilaï-Cérébriansky,
comme aussi dans les Kaménouchky, et surtout au Goussewi-Kamen, les filons leucocrates
de plagiaplites empâtent fréquemment des fragments plus ou moins volumineux de pyroxénite, et il se forme ainsi des brèches éruptives, dont l'étude est particulièrement intéressante, par le fait qu'elle solutionne du premier coup la question de l'origine de l'amphibole
dans le phénomène de l'ouralitisation magmatique[1]. Ces brèches se rencontrent abondamment parmi les blocs des alluvions de Poloudniéwaïa ; elles proviennent des falaises qui
encaissent la rive droite de celle-ci ; au Kazansky, et à Wassiliewsky, on en observe *in situ*
de superbes spécimens, chez lesquels de nombreux et petits fragments de pyroxénite verte
sont soudés et réunis par une roche leucocrate, qui devient très amphibolique à leur contact.
A l'œil nu déjà, on peut remarquer que les fragments empâtés de pyroxénite ont subi une

[1] L. DUPARC. Bibliographie nº 79.

métamorphose importante ; partout où leur taille est petite, ils sont noirâtres, cristallins, et
paraissent entièrement formés par de l'amphibole. Partout où ils sont plus volumineux,
on les voit, au contact avec la roche leucocrate du filon, bordés par une zone plus ou
moins épaisse, de couleur noirâtre et d'aspect cristallin, qui est formée par un
minéral de nature amphibolique, tandis que l'intérieur du fragment est de couleur verdâtre et ne se distingue en rien de la pyroxénite des salbandes (fig. 33). Lorsque le fragment

Fig. 33. — Bloc de brèche de plagiaplite provenant des Gousséwi-Kamen. Les pyroxènes
sont transformés en amphibole sur la périphérie et le long des fissures des fragments
de pyroxémite.

présente une fissure, le minéral noir amphibolique se développe le long de celle-ci et dans
son voisinage immédiat ; il la souligne de la sorte par la différence de coloration entre le
pyroxène et l'amphibole. Au microscope, la pyroxénite est du type banal ordinaire, et formée
par des plages de pyroxène monoclinique, parmi lesquelles on trouve quelques cristaux
craquelés d'olivine, puis de la magnétite en octaèdres ou en plages sidéronitiques. Le
diallage est de taille variable ; il peut même être très grand. La bordure noire qui circonscrit les blocs de pyroxénite est exclusivement formée par l'amphibole en cristaux différem-

ment orientés, qui se touchent directement, ou sont localement réunis par une plage de magnétite sidéronitique. Cette hornblende est très fraîche et fortement polychroïque ; $n_g$ = vert d'herbe, $n_m$ = vert brunâtre, $n_p$ = jaunâtre pâle. A cette bordure où l'amphibole forme le seul élément noir, succède une zone plus interne dans laquelle on trouve à la fois le pyroxène et la hornblende, le premier marbré de taches vertes et souvent réduit à l'état de squelette. Puis au fur et à mesure qu'on avance vers l'intérieur du fragment, toute trace de hornblende disparaît. Le phénomène qui vient d'être décrit se reproduit dans le même ordre de part et d'autre des fissures capillaires qui sillonnent les fragment.s Lorsque ceux-ci sont de petite taille, ils sont fréquemment transformés complètement en hornblende, mais tandis que le minéral développé sur la périphérie du fragment est de couleur vert foncé et très polychroïque, celui de l'intérieur est moins coloré, moins polychroïque, et renferme souvent au dedans quelques noyaux de pyroxène intransformé. Dans le voisinage immédiat des fragments, la plagiaplite leucocrate se charge de cristaux isolés et plus ou moins gros de hornblende et prend l'aspect absolument dioritique.

L'explication de l'origine de l'ouralitisation du pyroxène des brèches en question a été donnée antérieurement par **M.** Duparc [1]. La transformation observée est incontestablement due à une métamorphose d'origine chimique, produite en présence d'un fluide capable d'opérer certains changements dans la composition centésimale du pyroxène, soit une perte en silice et en chaux, une oxydation partielle du fer au maximum, puis une adjonction d'alumine et d'alcalis nécessaires pour la formation de l'amphibole au détriment de ce dernier minéral. Ce fluide, c'est le magma des plagiaplites qui l'a fourni, et l'on comprend aisément qu'un milieu ayant une composition chimique qui correspond à celle de ces roches, ait pu décalcifier le pyroxène, puis l'enrichir en alumine et en alcalis, chose nécessaire pour le transformer en amphibole, comme on peut le voir par la comparaison des compositions chimiques respectives de ces deux minéraux :

|  | Pyroxène | Hornblende sorétite (var. d'ouralitisation) |
|---|---|---|
| $SiO_2$ | 50,91 | 43,34 |
| $Al_2O_3$ | 2,64 | 12,60 |
| $Fe_2O_3$ | — | 10,44 |
| $FeO$ | 10,07 | 7,92 |
| $MnO$ | 0,41 | — |
| $CaO$ | 23,33 | 12,91 |
| $MgO$ | 13,30 | 12,52 |
| $K_2O$ | — | 0,24 |
| $Na_2O$ | — | 1,90 |
|  | 100,66 | 101,87 |

[1] L. DUPARC. Bibliographie n° 79.

Cette preuve de l'action chimique exercée par le magma des plagiaplites sur le pyroxène est encore évidente aux salbandes mêmes de leurs filons dans les pyroxénites massives. Au contact des deux roches, il y a invariablement une zone noire de quelques centimètres d'épaisseur, formée entièrement par de l'amphibole, dont les cristaux s'orientent parfois perpendiculairement aux salbandes (fig. 33). Cette transformation du pyroxène en hornblende se fait soit par métamorphose *in situ*, soit par métamorphose suivie d'une véritable recristallisation *in globo* de la hornblende qui en résulte. Ainsi les cristaux gigantesques d'amphibole trouvés dans les pegmatites à hornblende n'ont pas d'autre origine. Ces roches ont été tout d'abord des variétés bréchoïdes de plagiaplites, puis les fragments de pyroxénite ont été métamorphosés en agrégats de cristaux de hornblende, qui ont ensuite recristallisé en bloc, en donnant naissance à des individus uniques, mais de taille gigantesque. La preuve que nous donnerons à l'appui de cette affirmation est que, dans les galets de la rivière Poloudniéwaïa, nous avons trouvé un bloc de pegmatite à hornblende qui est actuellement conservé au musée de Pawda, et dans lequel les grands cristaux de hornblende n'étaient pas homogènes, mais s'étaient développés autour d'un centre formé par un noyau de pyroxénite en partie seulement ouralitilisée, et constituée par des individus grenus de pyroxène diversement orientés, et en grande majorité transformés en hornblende.

Les phénomènes que l'on peut observer sur les plagiaplites bréchiformes peuvent servir de base à une théorie générale de l'ouralitisation magmatique des gabbros ; celle-ci a été exposée antérieurement [1], nous n'en donnerons ici que le résumé : le magma primordial duquel sont issus les gabbro-diorites, a cristallisé, en donnant tout d'abord naissance à du pyroxène. Puis avant la consolidation définitive de la roche sous forme de pyroxénite ou de gabbro hyperbasique, un nouvel apport, comparable comme composition aux plagiaplites, est venu modifier la composition du milieu en voie de cristallisation. Les eaux-mères en quelque sorte rénovées, ont réagi sur le pyroxène déjà formé, en le transformant en hornblende par le processus chimique indiqué. La métamorphose s'effectuant par l'intermédiaire d'un fluide, le degré de son intensité dépendra de la perméabilité plus ou moins grande du pyroxène, du mode d'agrégation des cristaux déjà formés, du fait que ces derniers sont isolés ou réunis en plages, de leur grosseur initiale, etc.

C'est donc une épigénie magmatique commandée par les conditions indiquées, qui est la cause première de la transformation du pyroxène en hornblende, et comme les circonstances qui modifient le magma peuvent tenir à des conditions locales, et que la réaction de celui-ci sur le pyroxène commence après sa rénovation bien avant le moment où la diffusion, toujours difficile dans un milieu de cette nature, aura égalisé la composition chimique du bain en voie de cristallisation, on comprend l'origine des variations de faciès que l'on observe chez les gabbro-diorites, sur des points souvent très rapprochés d'un même affleurement.

[1] L. DUPARC et F. PEARCE. Bibliographie n° 70.

# CHAPITRE VII

. . . . .

## LES ROCHES MÉTAMORPHIQUES QUI FLANQUENT
## LA ZONE ÉRUPTIVE PLATINIFÈRE

§ 1. — Généralités sur les formations métamorphiques. — § 2. Les amphibolites et les roches subordonnées — § Les roches quartziteuses et les schistes cristallins.

### § 1. *Généralités sur les formations métamorphiques*

Il n'entre pas dans le cadre de cet ouvrage d'examiner d'une façon détaillée les différentes roches métamorphiques qui, tantôt flanquent les gabbros et les centres dunitiques primaires, tantôt les entourent complètement. Nous dirons seulement que ces roches qui sont constamment développées sur le flanc occidental de la grande bande éruptive de l'Ouest, appartiennent à deux groupes distincts. Le premier est représenté par des roches verdâtres, de couleur plus ou moins foncée, toujours riches en amphibole et parfois en épidote ; il forme le *groupe des amphibolites* ; le second, généralement plus schisteux et de couleur plus claire, presque toujours riche en quartz et en minéraux feuilletés, constitue le *groupe des quartzites et schistes quartzito-micacés*, qui comporte de nombreuses variétés, distinctes par leur structure ou leurs minéraux constitutifs. L'origine de ces deux groupes est d'ailleurs différente ; tous deux sont formés par des roches métamorphiques, mais tandis que les amphibolites représentent à l'évidence des roches éruptives basiques de la famille des diabases ou des gabbros, qui sont écrasées et transformées plus ou moins complètement par le métamorphisme, les quartzites et schistes quartzito-micacés sont, au contraire, des sédiments d'origine détritique, plus ou moins complètement recristallisés, souvent avec la production de minéraux nouveaux, tels que la glaucophane, le chloritoïde, etc.

## § 2. *Les amphibolites et les roches subordonnées*

Les amphibolites sont des roches de couleur généralement foncée, verdâtre ou noirâtre, plus ou moins litées, mais parfois schisteuses. Les unes paraissent à l'œil nu, absolument dénuées de feldspaths, les autres au contraire sont plus ou moins feldspathiques et ressemblent même à des diorites ou des gabbros à structure parallèle. Certains spécimens sont fréquemment fortement quartzeux, et renferment même des filons et des veinules de quartz laiteux, d'autres sont au contraire plus ou moins épidotiques.

Sous le microscope (comme aussi sur le terrain), on peut grouper ces roches en deux classes, à savoir : 1. Celles dont l'origine peut être établie avec certitude, et qui gardent indiscutablement le caractère d'une roche éruptive (gabbros ou diabase) ouralitilisée et plus ou moins écrasée ; ce sont les amphibolites dites du type diabasoïde. 2. Celles chez lesquelles toute trace de la structure primitive a disparu ; ce sont les amphibolites proprement dites.

### AMPHIBOLITES DIABASOÏDES ET SCHISTES DIABASIQUES

Ce sont des roches mélanocrates, noirâtres ou verdâtres, plus ou moins feldspathiques, qui se rencontrent sous deux formes : grenue ou porphyrique. La forme grenue est habituellement très foncée, les feldspaths n'y sont pas toujours visibles à l'œil nu. Au microscope ces roches sont formées par de la hornblende, un peu de magnétite, des feldspaths, et des quartz.

**Hornblende.** — C'est généralement l'élément prédominant; les cristaux raccourcis et informes sont mâclés selon $h^1 = (100)$ avec plan des axes dans $g^1 = (010)$ bissectrice aiguë négative, et biréfringence maximum $n_g$-$n_p = 0,022$-$0,023$. Le polychroïsme est toujours appréciable, $n_g$ = vert sale, $n_m$ = verdâtre, $n_p$ = jaunâtre. Le centre des cristaux est souvent plus pâle et plus biréfringent que la périphérie. Entre ces cristaux de hornblende on trouve un feldspath d'habitus microlitique, qui pénètre dans les cristaux de hornblende qui les moule, comme dans la structure ophitique; cette structure est alors absolument celle d'une diabase ouralitisée et albitisée.

Chez les variétés porphyriques, les roches bien que litées présentent de nombreux porphyroblastes feldspathiques, disséminés dans une masse grenue, formée de hornblende et de plagioclases albitisés. La structure est alors celle d'un micrograbbro ouralitisé, dans lequel la première consolidation serait feldspathique.

A côté des amphibolites diabasoïdes, on trouve aussi de véritables schistes diabasiques, qui ne sont pas ouralitisés, mais qui ne sauraient être séparés des précédents, car ils représentent un autre mode de transformation de roches qui primitivement étaient identiques. L'augite primordiale est encore reconnaissable dans ces roches; elle se présente en plages ophitiques incolores ou grisâtres qui, sur $g^1 = (010)$, s'éteignent à 55°, avec bissectrice aiguë $= n_g$, 2V $= 58°$ environ. $n_g - n_p = 0,002$. Les plagioclases sont rares, toujours décomposés, et appartenant au groupe des labradors. On distingue chez les schistes diabasiques plusieurs types, à savoir :

*a)* Un *type dolérilique* à structure ophitique, roche à grain fin, verdâtre, plus ou moins schisteuse, d'aspect diabasique, qui, au microscope, renferme des plages ophitiques d'augite moulant des feldspaths d'habitus microlitique toujours décomposés et remplacés par une masse kaolinique qui contient plusieurs produits secondaires, soit :

1. Des amas de chlorite vert pâle à peine biréfringente, qui sont souvent disposés en houppes, et qui remplissent la carcasse d'un minéral complètement disparu, lequel était vraisemblablement la hornblende.

2. Des amas de petites lamelles brunâtres, uniaxes, très polychroïques, avec $n_g = $ vert brunâtre foncé, $n_p = $ verdâtre pâle; qui sont de la biotite.

3. Des plages grisâtres, formées par des dépôts leucoxéniques.

*b)* Un *type dolérilique microlitique grenu*, formé de gros microlites feldspathiques enchevétrés, mêlés à de l'augite abondante, en individus plus petits. Les deux minéraux sont enchevétrés, et il existe des formes transitoires avec le type précédent. Ces roches sont très décomposées et dynamo-métamorphiques, les feldspaths, toujours kaolinisés, sont plus basiques que l'andésine. La chlorite, en petits amas localisés, y remplace régionalement l'augite (ou la hornblende); on y trouve également des produits ferrugineux et titanifères, puis quelques plages de calcite.

*c)* Un *type porphyrique ou labradorique*, à deux temps de consolidation marqués, dont les phénocristaux sont formés par de l'andésine et un minéral ferromagnésien complètement décomposé (augite ou hornblende), rempli par des amas de chlorite vert d'herbe en petites lamelles. La pâte est formée par des grains d'augite et des microlites feldspathiques, les premiers chloritisés, les seconds kaolinisés, avec amas leucoxéniques et produits ferrugineux.

Ce type, comme le précédent, est dynamo-métamorphique et souvent même complètement feuilleté; quand l'écrasement est complet, il devient même difficile de reconnaître l'origine de ces roches. Il est à remarquer que là où les amphibolites diabasoïdes sont développées, les schistes diabasiques sont généralement exclus et vice versa. Ce fait s'observe sur les deux versants du Koswinsky-Kamen, par exemple; les premiers sont développés au flanc est, les seconds au flanc ouest du massif de gabbros et de pyroxénites.

*d)* Il existe enfin, mêlé aux trois premiers, mais paraissant plus rare, *un second type porphyrique dit basaltique*, dont les phénocristaux sont exclusivement de l'augite, plus ou moins altérée, disposée dans une pâte qui a dû être hyalopilitique et microlitique, mais qui présentement est entièrement décomposée et remplacée par une masse kaolino-séricitique dont les lamelles ont fréquemment une structure parallèle.

### Composition chimique des schistes diabasiques

**N° 205 Ou**

|  | Analyse brute | Analyse ramenée à 100 | Quotients |
|---|---|---|---|
| $SiO_2$ . . . | 45,56 | 46,34 | 0,772 $RO_2$ |
| $Al_2O_3$ . . . | 14,67 | 14,92 | 0,146 |
| $Fe_2O_3$ . . . | 4,61 | 4,69 | 0,029 } 0,175 $R_2O_3$ |
| FeO . . . . | 10,95 | 11,14 | 0,1547 |
| CaO . . . . | 12,08 | 12,29 | 0,2190 } 0,5594 RO |
| MgO . . . | 7,31 | 7,43 | 0,1857 |
| $K_2O$ . . . . | 0,56 | 0,57 | 0,006 |
| $Na_2O$ . . . | 2,58 | 2,62 | 0,042 } 0,048 $R_2O$ |
| Perte au feu | 3,90 | — | |
|  | 102,22 | 100,00 | |

0,6074 $R_2O$ + RO

Coefficient d'acidité $a = 1,36$.
Rapport $R_2O$ : RO 1 : 11,65.
Formule magmatique : 4,41 $SiO_2$ : $R_2O_3$ : 3,47 RO.

**N° 700 Ou**

|  | Analyse brute | Analyse ramenée à 100 | Quotients |
|---|---|---|---|
| $SiO_2$ . . . . | 51,83 | 52,79 | 0,8798 $RO_2$ |
| $Al_2O_3$ . . . | 8,13 | 8,28 | 0,0811 |
| $Fe_2O_3$ . . . | 5,58 | 5,68 | 0,0355 } 0,1166 $R_2O_3$ |
| FeO . . . . | 6,91 | 7,04 | 0,0977 |
| CaO . . . . | 12,54 | 2,77 | 0,2280 } 0,5512 RO |
| MgO . . . | 8,86 | 9,02 | 0,2255 |
| $K_2O$ . . . . | 0,71 | 0,72 | 0,0076 |
| $Na_2O$ . . . | 3,63 | 3,70 | 0,0596 } 0,0672 $R_2O$ |
| Perte au feu | 2,82 | — | |
|  | 101,01 | 100,00 | |

0,6184 $R_2O$ + RO

Cœfficient d'acidité $a = 1,8$.
Rapport $R_2O$ : RO = 1 : 8,2.
Formule magmatique = 7,545 $SiO_2$ : $R_2O_3$ : 5,3 RO.

No 702 Ou

|  | Analyse brute | Analyse ramenée à 100 | Quotients | | |
|---|---|---|---|---|---|
| $SiO_2$ . . . | 52,75 | 53,36 | 0,8898 $RO_2$ | | |
| $Al_2O_3$ . . . | 12,12 | 12,26 | 0,1202 | 0,1288 $R_2O_3$ | |
| $Fe_2O_3$ . . . | 1,36 | 1,38 | 0,0086 | | |
| $FeO$ . . . | 7,39 | 7,48 | 0,1038 | | |
| $CaO$ . . . | 10,13 | 10,25 | 0,1830 | 0,5713 RO | |
| $MgO$ . . . | 11,25 | 11,38 | 0,2845 | | 0,6324 $R_2O$ + RO |
| $K_2O$ . . . | 0,29 | 0,29 | 0,0031 | 0,0611 $R_2O$ | |
| $Na_2O$ . . . | 3,56 | 3,60 | 0,0580 | | |
| Perte au feu | 2,26 | — | | | |
|  | 101,11 | 100,00 | | | |

Coefficient d'acidité : $\alpha = 1,70$.

Rapport $R_2O$ : RO $= 1 : 9,35$.

Formule magmatique $= 6,908\ SiO_2 : R_2O_3 : 4,91\ RO$.

N° 205 Ou. Type doléritique à structure ophitique, flanc O. du Kroutoï-Ouwal, massif du Koswinsky.

N° 700 Ou. Type basaltique, rive gauche de Malaïa-Sosnowka.

N° 702 Ou. Type porphyrique à phénocristaux feldspathiques, rive gauche de Malaïa-Sosnowka, près de l'embouchure.


## AMPHIBOLITES NORMALES

Elles comprennent plusieurs types pétrographiques différents, qui souvent alternent régionalement, ou forment au contraire des zones plus ou moins bien délimitées dans le complexe. Ces roches peuvent renfermer des minéraux variés qui sont les suivants :

**Sphène.** — Il ne se trouve pas partout et forme souvent une couronne autour des grains de magnétite. On le trouve aussi en fragments grisâtres et en fuseaux, avec un fort relief et une biréfringence élevée, 2V petit.

**Rutile.** — Il est assez fréquent, et se présente sous forme de grains ou de cristaux très allongés dans la zone du prisme, fréquemment terminés par la pyramide $b^1 = (112)$. Il sont quelquefois mâclés en genou, colorés en jaune brunâtre foncé, et renferment des inclusions opaques. Signe optique positif, relief considérable, $n_g - n_p = 0,23$, polychroïsme appréciable $n_g =$ jaune brunâtre foncé, $n_p =$ jaunâtre plus pâle.

**Grenat.** — Il est rare, et ne se rencontre que dans quelques spécimens seulement. Il se présente en porphyroblastes craquelés, à contour corrodé, avec profils $m = (110)$. Il est isotrope, de couleur rosée en lumière naturelle, et renferme des inclusions de magnétite.

**Magnétite.** — Elle se trouve presque toujours, mais en petite quantité, elle peut même manquer complètement. Elle se présente en grains opaques, inclus dans les autres minéraux.

**Muscovite.** — Elle est assez rare dans les amphibolites, et quand elle s'y rencontre, c'est en petites lamelles qui s'éteignent à 0. Bissectrice aiguë $= n_p$, $n_g - n_p = 0,026$.

**Chlorite.** — C'est un élément assez fréquent, qui se présente en grandes lamelles, voire même en porphyroblastes ayant parfois des extinctions onduleuses. Le signe optique est généralement positif, l'angle 2V est le plus souvent nul ou très petit. $n_g - n_p = 0,002-0,004$. Dispersion très forte ; polychroïsme : $n_g =$ vert d'herbe plus ou moins foncé, parfois très pâle ; $n_p =$ vert jaunâtre.

**Hornblende.** — Il existe dans les amphibolites de nombreuses variétés de hornblende qui peuvent se rattacher à deux groupes, à savoir : celui des amphiboles colorées, à polychroïsme intense, et celui des amphiboles pâles, généralement faiblement polychroïques.

Les amphiboles colorées sont toujours très allongées suivant la zone du prisme, elles présentent les profils $m = (110)$, $g^1 = (010)$ et $h^1 = (100)$ ne sont pas terminées et rarement mâclées selon $h^1 = (110)$ sans répétition. Le plan des axes optiques est dans $g^1 = (010)$ : la bissectrice aiguë est négative $= n_p$, l'angle d'extinction sur $g^1 = (010)$ oscille entre 12-18°. Les propriétés optiques sont résumées dans le tableau suivant :

| N° des coupes | Angle d'extinction sur (010) | 2V | $n_g - n_p$ | $n_g - n_m$ | $n_m - n_p$ |
|---|---|---|---|---|---|
| 4051 O*u* { | 16° | 73° calc. | 0,017 | 0,006 | 0,011 |
| | 12° | 84° | — | — | — |
| 4054 O*u* { | 18° | 88° calc. | 0,023 | 0,011 | 0,012 |
| | 18° | 85° | — | — | — |
| 4033 O*u* | 10° | 87° | 0,020 | — | — |
| 4010 O*u* | — | — | 0,021 | — | — |
| 4051 O*u* | 12° | 78° | 0,019 | — | — |

$n_g =$ vert plus ou moins foncé ;     $n_m =$ vert ;     $n_p =$ jaunâtre pâle ;

Les amphiboles pâles se présentent en grands cristaux, ou mieux en plages, à allongement prismatique encore visible mais moins accusé, et avec profils moins nets. Le plan des axes y est encore dans $g^1 = (010)$, la bissectrice aiguë est négative, la coloration toujours faible, verdâtre ou grisâtre. Le polychroïsme est beaucoup moins intense que chez les variétés colorées ; on a :

$n_g$ = verdâtre clair ;     $n_m$ = vert jaunâtre ;     $n_p$ = presqu'incolore.

Les propriétés optiques de ces amphiboles sont données dans le tableau ci-dessous :

| Numéro des coupes | Angle d'extinction sur (010) | 2V | $n_g - n_p$ | $n_g - n_m$ | $n_m - n_p$ |
|---|---|---|---|---|---|
| 4023 Ou | 18° | 82 calc. | 0,021 | 0,009 | 0,012 |
| 4020 Ou | 13° | 72°30′ | 0,020 | 0,007 | 0,013 |
| 4022 Ou | 15° | 84°30′ | 0,020 | 0,009 | 0,011 |
| 4027 Ou | 16° | — | 0,022 | 0,009 | 0,013 |
| 4021 Ou | 14° | 72°30′ | 0,020 | 0,007 | 0,013 |
| | 17° | 74°30′ | 0,019 | 0,007 | 0,012 |
| 4013 Ou | 14° | 82°30′ | — | — | — |
| | 15°30′ | 80° | — | — | — |
| 4027 Ou | 15° | 77° | — | — | — |
| 4060 Ou | 17° | 74° | — | — | — |

**Epidote**. — Ce minéral, qui manque dans certains amphibolites, peut devenir très abondant dans d'autres. Il se présente en grains informes, ou en sections quadrangulaires, allongées suivant la zone $ph^1$ (001) (100) avec clivage $p$ = (001) parfait et $h^1$ = 100 moins parfait. Sur $g^1$ = (010) l'angle de la trace de ces clivages = 115°. Le plan des axes optiques est parallèle à $g^1$ = (010), soit transversal à l'allongement de signe variable, la bissectrice aiguë = $n_p$. Sur $g^1$ = (010) l'extinction est de 1 ½ à 3° par rapport à $h^1g^1$. Le tableau suivant résume les propriétés de l'épidote.

| Numéro des coupes | 2V | $n_g - n_p$ | $n_g - n_m$ | $n_m - n_p$ |
|---|---|---|---|---|
| 4025 Ou | 83° | 0,0113 | 0,004 | 0,006 |
| 4051 Ou | 76° | 0,008 | 0,008 | 0,011 |

Ces propriétés sont celles d'une épidote à basse biréfringence qui est assez répandue : le centre des cristaux est alors souvent notablement plus biréfringent que la périphérie.

Il existe aussi une autre épidote, généralement fortement colorée, dont la biréfringence $n_g$-$n_p$ atteint 0,035. D'habitude l'épidote est incolore ou légèrement jaunâtre, dans ce cas polychroïque dans les teintes jaunes, avec $n_g > n_m > n_p$. Dispersion inclinée $\varrho > V$.

**Zoïsite**. — La zoïsite est plutôt rare et résulte de la décomposition des plagioclases. Elle se présente en baguettes quadrangulaires à fort relief et faible biréfringence, qui sont incolores, et sur lesquelles on voit les clivages $g^1$ = (010) et les cassures $h^1$ = (100). Le plan des axes optiques est transversal à l'allongement qui est de signe variable, 2V varie de 0 à 30°, $n_g$-$n_p$ = 0,006, $n_g$-$n_m$ = 0,005, $n_m$-$n_p$ = 0,001.

**Plagioclases.** — Ils sont variables et plus ou moins bien conservés. Quand ils sont mâclés on observe :

1. Ou bien la mâcle de la péricline seule ;
2. Ou bien la mâcle de l'albite ;
3. Ou bien le complexe albite-Karlsbad ;
4. Ou bien la mâcle de Karlsbad seule.

Les types rencontrés sont souvent fort différents. Tantôt c'est de l'albite de 3 à 10 % d'An., tantôt de l'oligoclase à 20-22 % d'An., tantôt enfin du labrador de 50 à 60 % d'An.

**Quartz.** — Quand il existe, il se rencontre en grains polyédriques, ou en lentilles formés par des individus de plus grande dimension.

Les amphibolites peuvent se subdiviser suivant la nature des minéraux constitutifs ou la structure de la manière suivante en :

1º *Amphibolites compactes*, formées essentiellement de hornblende.

2º *Amphibolites feldspathiques*, formées de hornblende et de feldspath, qui se rattache ordinairement à l'albite.

3º *Amphibolites quartzeuses*, caractérisées principalement par l'association du quartz et de la hornblende.

4º *Amphibolites épidotiques et albito-épidotiques*, chez lesquelles la hornblende est associée à de l'épidote, puis dans certains cas à de l'albite.

5º *Amphibolites porphyroblastiques*, caractérisées par le développement de gros porphyroblastes de hornblende, dans une masse formée de chlorite, d'épidote, de hornblende et de quartz.

6º *Épidotites et épidotites quartzeuses*.


## AMPHIBOLITES COMPACTES

Ce sont des roches vert foncé, compactes, parfois schisteuses, qui, à l'œil nu, paraissent formées exclusivement par de la hornblende, en plus ou moins gros cristaux. Celle-ci est généralement peu colorée, sans formes géométriques, avec clivage $m = (110)$ et mâcles $h^1 = (100)$ assez fréquentes. Elle s'éteint de 19º-22º sur $g^1 = (010)$, sa couleur est généralement pâle ; $n_g =$ vert très pâle, $n_p =$ incolore. Les cristaux sont enchevêtrés, ou d'autre fois ont une orientation parallèle ; souvent ils sont comme noyés dans une masse fibrillaire, d'origine amphibolique également. Dans certains cas, entre les cristaux de hornblende on rencontre des petits amas kaoliniques qui sont à attribuer à un feldspath disparu, puis aussi quelques grains d'épidote.

Les variétés très compactes, à grain excessivement fin, ont une disposition analogue à celle qui vient d'être signalée et une structure parfois nématoblastique.

*Composition chimique des amphibolites compactes*

N° 6502 *pw*

| | Analyse brute | Analyse ramenée à 100 parties | Quotients | |
|---|---|---|---|---|
| $SiO_2$ . . . | 48,76 | 49,95 | 0,832 | 0,846 |
| $TiO_2$ . . . | 1,11 | 1,13 | 0,014 | |
| $Al_2O_3$ . . . | 16,50 | 16,90 | 0,165 | 0,214 $R_2O_3$ |
| $Fe_2O_3$ . . . | 7,75 | 7,94 | 0,049 | |
| $FeO$ . . . | 4,13 | 4,24 | 0,058 | 0,372 RO |
| $CaO$ . . . | 9,48 | 9,70 | 0,173 | |
| $MgO$ . . . | 5,52 | 5,65 | 0,141 | |
| $K_2O$ . . . | 1,35 | 1,38 | 0,014 | 0,064 $R_2O$ |
| $Na_2O$ . . . | 3,04 | 3,11 | 0,050 | |
| $H_2O$ . . . | 2,06 | -- | | |
| | 99,70 | 100,00 | | |

0,436 $R_2O$ + RO

Coefficient d'acidité : $\alpha = 1.56$.

Rapport $R_2O : RO = 1 : 5,81$.

Formule magmatique $= 3.95\ SiO_2 : R_2O_3 : 2,03\ RO$.

N° 6502 *pw*. Roche formée par une masse nématoblastique de grains d'épidote et de prismes d'amphibole verte. Un peu de quartz de feldspath et de chlorite. Type plutôt intermédiaire que franc des amphibolites compactes.


## AMPHIBOLITES FELDSPATHIQUES

Ces roches, mélanocrates également, sont d'aspect et de couleur variés. Chez les unes, qui sont généralement massives, les minéraux constitutifs sont gros, et la hornblende prédomine sur le feldspath ou vice-versa. Chez les autres, qui sont schisteuses, le grain est très fin, et les roches ne paraissent pas contenir de feldspaths visibles à l'œil nu. Chez d'autres encore, finement grenues également, on observe au contraire dans la masse des nodules et des plages feldspathiques d'assez grande taille.

Sous le microscope, la hornblende que l'on rencontre chez ces différentes roches correspond à trois types principaux. Le premier type est représenté par des cristaux très allongés, quasi-aciculaires, et souvent bicolores, les extrémités étant généralement vertes et le centre peu coloré. Ils ne présentent pas de profils reconnaissables ; leur allongement est positif, la bissectrice aiguë négative, 2V est relativement petit, et dans $g^1 = (010)$, $n_g$ s'éteint à 10°-20° de l'allongement. Les trois biréfringences sont : $n_g\text{-}n_p = 0,022$, $n_g\text{-}n_m = 0,010$,

$n_m\text{-}n_p = 0,015$. La variété incolore a la même valeur de l'angle d'extinction, mais la biréfringence $n_g\text{-}n_p$ est de 0,003 supérieure à celle de la variété colorée. $n_g =$ vert bleuâtre, $n_m =$ vert, $n_p =$ brunâtre pâle. Cette hornblende contient souvent des inclusions de magnétite. Le second type correspond à une hornblende verte normale, en cristaux plus raccourcis, avec les faces $m = (110)$, puis $g^1 = (010)$ et $h^1 = (100)$ fréquemment observables. Les mâcles selon $h^1 = (100)$ sont plutôt rares, l'extinction sur $g^1 = (010)$ est de 20°, $n_g\text{-}n_p = 0,021\text{-}0,022$, $n_g =$ vert jaunâtre foncé, $n_m =$ verdâtre, $n_p =$ jaune brunâtre.

Le troisième type est formé par une hornblende à noyau brun verdâtre sale, et à bordure incolore, le noyau est alors moins biréfringent que cette dernière. L'extinction sur $g^1 = (010)$ comporte 22° pour les deux variétés, mais $n_g\text{-}n_p = 0,024$ pour celle incolore et 0,018 pour la colorée. Les *plagioclases*, qui sont mêlés aux cristaux de hornblende, sont tantôt mâclés, tantôt absolument lisses et sans clivages. Là où une détermination exacte est possible on trouve généralement de l'albite. L'*épidote* se rencontre aussi, mais en petits grains isolés. Quant à la *magnétite*, elle est assez rare, sauf dans le type qui renferme de l'amphibole du premier genre.

Composition des amphibolites feldspathiques

N° 6309 pw

| | Analyse brute | Analyse ramenée à 100 parties | Quotients | |
|---|---|---|---|---|
| $SiO_2$ . . . . | 48,99 | 49,08 | 0,818 | ⎰ 0,822 $SiO_2$ |
| $TiO_2$ . . . | 0,34 | 0,34 | 0,004 | ⎱ |
| $Al_2O_3$ . . . | 12,53 | 12,55 | 0,123 | ⎰ 0,196 $R_2O_3$ |
| $Fe_2O_3$ . . . | 11,75 | 11,77 | 0,073 | ⎱ |
| FeO . . . . | 4,49 | 4,50 | 0,062 | |
| MnO . . . | 0,02 | 0,02 | 0,0005 | 0,460 RO |
| CaO . . . . | 11,53 | 11,55 | 0,206 | |
| MgO . . . | 7,67 | 7,69 | 0,192 | |
| $K_2O$ . . . . | 0,52 | 0,52 | 0,005 | ⎰ 0,037 $R_2O$ |
| $Na_2O$ . . . | 1,98 | 1,98 | 0,032 | ⎱ |
| $H_2O$ . . . | 0,88 | — | | |
| | 100,70 | 100,00 | | |

0,497 $R_2O$ + RO

Coefficient d'acidité : « $= 1,50$.
Rapport $R_2O : RO = 1 : 12,43$.
Formule magmatique $= 4,20\ SiO_2 : R_2O_3 : 2,53\ RO$.

N° 6309 *pw*. Amphibolite feldspathique (extrémité S.-O. de Pawda), avec sphène, magnétite, beaucoup d'amphibole vert pâle, très peu d'épidote et du feldspath en petits grains en partie altéré.

## AMPHIBOLITES QUARTZEUSES

Ce type spécial est à structure généralement parallèle. Les roches qu'il représente sont noires ou de couleur foncée, et se débitent ordinairement en plaquettes à cassure plus ou moins esquilleuse, ayant un aspect siliceux. Sur le délit de schistosité, on observe une sorte d'éclat soyeux, et à l'œil nu ou à la loupe, on distingue des petits nématoblastes de hornblende noire. Quelques variétés, plutôt rares il est vrai, renferment des porphyro-blastes de grenat. Au microscope, ces roches sont toujours riches en hornblende, et présen-tent une structure parallèle manifeste. Les cristaux d'amphibole sont presque toujours très allongés selon $m$ (110), et couchés parallèlement ; ils sont d'habitude fortement colorés, non terminés, sans formes reconnaissables également, et rarement màclés selon $h^1 = (100)$. Le plan des axes optiques est dans $g^1 = (010)$ ; la bissectrice aiguë $= n_p$ ; l'extinction sur $g^1 = (010) = 16$-$17°$. Les biréfringences sont : $n_g$-$n_p = 0,018$ ; $n_g$-$n_m = 0,004 — 0,005$ ; $n_m$-$n_p = 0,013$ ; 2V petit ; le polychroïsme est intense et comme suit : $n_g =$ vert bleuâtre très foncé ; $n_m =$ verdâtre ; $n_p =$ jaunâtre pâle. Entre les cristaux de hornblende on trouve généralement un peu de kaolin qui les empâte, quelques rares petits prismes d'épidote, puis du quartz grenu disposé en lentilles. Dans les variétés porphyroblastiques, les porphy-roblastes de grenat rosé, et aussi de chlorite verte en grandes lamelles, sont distribués dans une masse à structure parallèle, qui renferme souvent des petits grains d'albite et des lamelles de chlorite associés aux grains de quartz, lesquels sont répartis régulièrement dans la masse.

*Composition chimique des amphibolites quartzeuses*

Nᵒ 6719 pw

| | Analyse brute | Analyse ramenée à 100 parties | Quotients | | |
|---|---|---|---|---|---|
| $SiO_2$ | 68,25 | 68,40 | 1,140 | 0,144 | |
| $TiO_2$ | 0,31 | 0,31 | 0,004 | | |
| $Al_2O_3$ | 14,30 | 14,35 | 0,140 | 0,175 $R_2O_2$ | |
| $Fe_2O_3$ | 5,66 | 5,68 | 0,035 | | |
| $FeO$ | 0,88 | 0,88 | 0,012 | | |
| $MnO$ | 0,03 | 0,03 | 0,0004 | 0,091 RO | |
| $CaO$ | 2,86 | 2,87 | 0,051 | | 0,175 $R_2O$ + RO |
| $MgO$ | 1,98 | 1,99 | 0,028 | | |
| $K_2O$ | 0,75 | 0,75 | 0,008 | 0,084 $R_2O$ | |
| $Na_2O$ | 4,74 | 4,74 | 0,076 | | |
| $H_2O$ | 1,48 | — | — | | |
| | 101,24 | 100,00 | | | |

Coefficient d'acidité : $\alpha = 3,14$.

Rapport $R_2O : RO = 1,13$.

Formule magmatique $= 2,49\ SiO_2 : R_2O_3 : 1,02\ RO$.

N° 6719 *pw*. Amphibolite quartzeuse de la Pawdinskaya-Datcha, avec porphyroblastes de grenat et de chlorite, dans une masse à structure parallèle, formée d'albite, d'amphibole, de grains de quartz très abondants, et de lamelles de chlorite. Ça et là un grain d'épidote.


## AMPHIBOLITES ÉPIDOTIQUES, ALBITO-ÉPIDOTIQUES ET QUARZITO-ÉPIDOTIQUES

### AMPHIBOLITES ÉPIDOTIQUES

Ces roches sont avant tout caractérisées par l'association prépondérante de l'épidote à la hornblende, le premier de ces minéraux pouvant devenir très abondant. Elles sont à grain plus ou moins fin. La hornblende y forme de longs prismes, ou des cristaux aciculaires effrangés, non terminés, et sans contour, qui sont généralement mêlés à des aiguilles incolores et de plus petite dimension, rattachables à l'actinote. Entre ceux-ci on trouve une multitude de grains d'épidote de couleur grisâtre, qui sont souvent zonés, puis parfois un peu de mica blanc en petites lamelles. Ces roches sont très pauvres en éléments ferrugineux ; elles renferment souvent un peu de quartz et d'albite. La proportion relative de hornblende et d'épidote varie, mais c'est presque toujours ce dernier minéral qui l'emporte.


*Composition chimique des amphibolites épidotiques*

N° 6868 *pw*

|  | Analyse brute | Analyse ramenée à 100 parties | Quotients | |
|---|---|---|---|---|
| $SiO_2$ . . . | 46,53 | 47,10 | 0,785 | $\Big\}\ 0,793\ SiO_2$ |
| $TiO_2$ . . . | 0,70 | 0,71 | 0,008 | |
| $Al_2O_3$ . . . | 18,76 | 19,00 | 0,186 | $\Big\}\ 0,227\ R_2O_3$ |
| $Fe_2O_3$ . . . | 6,49 | 6,58 | 0,041 | |
| $FeO$ . . . | 3,61 | 3,66 | 0,051 | |
| $CaO$ . . . | 12,92 | 13,08 | 0,233 | $0,487\ RO$ |
| $MgO$ . . . | 8,02 | 8,12 | 0,203 | |
| $K_2O$ . . . | 0,57 | 0,57 | 0,006 | $\Big\}\ 0,025\ R_2O$ |
| $Na_2O$ . . . | 1,17 | 1,18 | 0,019 | |
| $H_2O$ . . . | 2,32 | — | | |
|  | 101,09 | 100,00 | | |

$0,512\ R_2O + RO$

Cœfficient d'acidité $\alpha = 1,33$.

Rapport $R_2O : RO = 1 : 19,48$.

Formule magmatique $= 3,50\ SiO_2 : R_2O_3 : 2,26\ RO$.

N° 6868 *pw*. Extrémité S.-O. de la Pawdinskaya-Datcha. Roche formée par un mélange de cristaux d'amphibole verte, disposés parallèlement, avec du kaolin, des grains d'épidote et de la zoïsite.

### AMPHIBOLITES ALBITO-ÉPIDOTIQUES

Ces roches qui sont généralement très fraîches et qui paraissent de cristallisation récente, présentent trois types assez différents :

Le premier type est représenté par une roche à grain fin, grisâtre, verdâtre ou jaunâtre, souvent fortement schisteuse, et se débitant en plaquettes. Sous le microscope, elle renferme de la magnétite abondante, en grains noirs, volumineux, répandus partout, puis de la hornblende, en gros prismes allongés, couchés parallèlement au plan de la schistosité. Les propriétés de celle-ci sont les suivantes : le plan des axes est dans $g^1 = (010)$, la bissectrice aiguë est négative $= n_p$ ; l'extinction de $n_g = 18°$ ; $n_g\text{-}n_p = 0,015\text{-}0,016$ ; $n_g\text{-}n_m = 0,003$ ; $2V = $ presque nul ; polychroïsme : $n_g = $ vert bleuâtre très foncé ; $n_m = $ vert brunâtre ; $n_p = $ vert jaunâtre pâle. On y trouve aussi de la biotite uniaxe, généralement accolée à la hornblende, et presque toujours chloritisée, puis de l'épidote en petits prismes allongés, grisâtres, et enfin de l'albite en grains limpides et rarement mâclés. La structure est toujours parallèle, l'albite est mêlée à l'épidote et remplit l'espace entre les cristaux de hornblende.

*Composition chimique des amphibolites albito-épidotiques*

| | Analyse brute | Analyse ramenée à 100 parties | Quotients | | |
|---|---|---|---|---|---|
| | | N° 6530 *pw* | | | |
| $SiO_2$ | 49,06 | 49,16 | 0,819 | } 0,827 | |
| $TiO_2$ | 0,67 | 23,12 | 0,008 | | |
| $Al_2O_3$ | 23,12 | 23,17 | 0,227 | } 0,272 $R_2O_3$ | |
| $Fe_2O_3$ | 7,21 | 7,23 | 0,045 | | |
| $FeO$ | 4,09 | 4,10 | 0,057 | | |
| $MnO$ | 0,03 | 0,03 | 0,0004 | } 0,275 RO | |
| $CaO$ | 5,68 | 5,69 | 0,101 | | } 0,351 $R_2O$ + RO |
| $MgO$ | 4,67 | 4,68 | 0,117 | | |
| $K_2O$ | 1,45 | 1,45 | 0,015 | } 0,076 $R_2O$ | |
| $Na_2O$ | 3,82 | 3,82 | 0,061 | | |
| $H_2O$ | 1,93 | — | | | |
| | 101,73 | 100,00 | | | |

Cœfficient d'acidité : $\alpha = 1,42$.

Rapport $R_2O : RO = 1 : 3,60$.

Formule magmatique : $3,04\ SiO_2 : R_2O_3 : 1,28\ RO$.

N° 6530. Extrémité S.-O. de la Pawdinskaya-Datcha, amphibolite albito-épidotique renfermant de la magnétite, des lamelles de chlorite, de l'amphibole et beaucoup d'albite.

### AMPHIBOLITES QUARTZITO-ÉPIDOTIQUES

Ces roches sont une variété des amphibolites porphyroblastiques. Elles sont formées par des cristaux de hornblende, disposés dans une masse à structure parallèle, formée par beaucoup de quartz en petits grains, par de l'épidote, puis des paillettes de séricite et de chlorite.

*Composition chimique des amphibolites quartzito-épidotiques*

N° 6724 pw

| | Analyse brute | Moyenne ramenée à 100 parties | Quotients | | |
|---|---|---|---|---|---|
| $SiO_2$ | 48,24 | • 49,54 | 0,826 | } 0,839 | |
| $TiO_2$ | 1,01 | 1,03 | 0,013 | | |
| $Al_2O_3$ | 15,04 | 15,44 | 0,151 | } 0,194 $R_2O_3$ | |
| $Fe_2O_3$ | 6,78 | 6,96 | 0,043 | | |
| $FeO$ | 5,84 | 5,99 | 0,083 | | |
| $MnO$ | — | — | — | | } 0,491 $R_2O$ + RO |
| $CaO$ | 9,68 | 9,94 | 0,177 | } 0,427 RO | |
| $MgO$ | 6,52 | 6,69 | 0,167 | | |
| $K_2O$ | 1,27 | 1,30 | 0,014 | } 0,064 $R_2O$ | |
| $Na_2O$ | 3,03 | 3,11 | 0,050 | | |
| $H_2O$ | 1,92 | — | | | |
| | 99,33 | 100,00 | | | |

Cœfficient d'acidité $\alpha = 1,54$.

Rapport $R_2O : RO = 1 : 6,67$.

Formule magmatique $= 4,32\ SiO_2 : R_2O_3 : 2,53\ RO$.

N° 6724. Extrémité SO de la Pawdinskaya-Datcha, roche formée par des grands prismes allongés d'amphibole vert bleuâtre, disposés en traînées parallèles dans une masse formée de quartz grenu et de grains d'épidote.

### AMPHIBOLITES PORPHYROBLASTIQUES

Ces roches, très caractéristiques, sont toujours de couleur foncée, à grain plus ou moins grossier, avec nombreux et gros cristaux de hornblende, qui paraissent disposés comme dans une sorte de pâte plus ou moins grisâtre. Bon nombre de variétés sont compactes, d'autres schisteuses, les porphyroblastes paraissent alors comme couchés, et étirés dans le plan de la schistosité.

Ces porphyroblastes sont parfois très nombreux par rapport à la pâte, qui est considérablement réduite ; d'autres fois ils sont rares dans celle-ci, la roche est alors beaucoup plus claire et grisâtre. Sous le microscope, ces porphyroblastes présentent souvent encore un contour géométrique ; le plus fréquemment cependant le pourtour du cristal est jalonné par une auréole déchiquetée de même couleur, de nature fibrillaire, qui provient d'un commencement de dislocation et sans doute d'un étirement dynamique. L'allongement des cristaux de hornblende est manifeste, et toujours positif ; le plan des axes est dans $g^1 = (010)$ ; l'extinction de $n_g$ dans ce plan se fait à 20°-22° du clivage $m = (110)$ ; la bissectrice aiguë est négative $n_p$. 2V est relativement petit :

$$n_g\text{-}n_p = 0,022 ; \qquad n_g\text{-}n_m = 0,018\text{-}0,022 ; \qquad n_m\text{-}n_p = 0,004.$$

La coloration de la hornblende n'est pas intense, le polychroïsme comme suit : $n_g =$ vert bleuâtre pâle ; $n_m =$ vert brunâtre ; $n_p =$ verdâtre presque incolore.

La masse dans laquelle se trouvent les porphyroblastes est de composition variable ; dans la majorité des cas elle est formée par des petites aiguilles d'amphibole verte, des lamelles de chlorite vert olive, des grains et des petits prismes d'épidote, puis du quartz toujours plus ou moins abondant. On trouve aussi quelquefois un peu de mica blanc, puis de la biotite, qui sans doute donne la chlorite indiquée. Chez certains spécimens, la masse est beaucoup plus quartziteuse, mais en somme de composition analogue. Elle renferme de l'oligiste et de la biotite rubéfiée, puis des lamelles de damourite mêlées au quartz et à l'épidote, et orientées parallèlement.

*Composition chimique des amphibolites porphyroblastiques*

No 6161 pw

|  | Analyse brute | Analyse ramenée à 100 parties | Quotients | | |
|---|---|---|---|---|---|
| SiO$_2$ . . . | 47,76 | 49,05 | 0,817 | 0,825 | |
| TiO$_2$ . . . | 0,63 | 0,63 | 0,008 | | |
| Al$_2$O$_3$ . . | 11,54 | 11,83 | 0,116 | 0,171 R$_2$O$_3$ | |
| Fe$_2$O$_3$ . . . | 8,70 | 8,93 | 0,055 | | |
| FeO . . . | 3,41 | 3,47 | 0,048 | | |
| MnO . . . | — | — | — | 0,554 RO | |
| CaO . . . | 12,06 | 12,46 | 0,222 | | 0,588 R$_2$O + RO |
| MgO . . . | 11,08 | 11,37 | 0,284 | | |
| K$_2$O . . . | 0,36 | 0,36 | 0,004 | 0,034 R$_2$O | |
| Na$_2$O . . . | 1,88 | 1,90 | 0,030 | | |
| H$_2$O . . . | 2,72 | — | | | |
|  | 100,14 | 100,00 | | | |

Cœfficient d'acidité $\alpha = 1,49$.

Rapport $R_2O : RO = 1 : 16,30$.

Formule magmatique $= 4,82\ SiO_2 : R_2O_3 : 3,43\ RO$.

N° 6161 *pw* partie SO de la Pawdinskaya-Datcha. Amphibolite porphyroblastique avec grandes amphiboles dans une masse quartzito-chloriteuse.

## ÉPIDOTITES FRANCHES ET ÉPIDOTITES QUARTZEUSES

Les épidotites sont des roches de couleur vert jaunâtre, compactes ou finement grenues, litées en bancs épais, et rarement schisteuses. Par places elles sont comme teintées ou tachetées, et présentent deux types, à savoir les épidotites franches, et les épidotites quartzeuses.

### ÉPIDOTITES FRANCHES

Ces roches d'un vert jaunâtre, et toujours finement grenues, sont formées dans leur totalité par des grains d'épidote, directement pressés les uns contre les autres, ou réunis localement par des petites plages de quartz grenu, logé dans des cryptes. Dans cette masse où l'épidote prédomine de beaucoup, on trouve çà et là une lame de chlorite vert foncé, et polychroïque, puis des glandules formées par des gros grains d'épidote beaucoup plus transparente et généralement moins colorée que celle rencontrée dans la masse. Cette épidote est légèrement polychroïque; elle s'associe volontiers à du quartz grenu dans les glandules en question, dans ce dernier cas, le quartz occupe le centre de la glandule, et l'épidote est dispersée tout autour en association centro-radiée. Quelquefois l'épidote se trouve, dans la masse principale, mêlée à des prismes déchiquetés de hornblende verte très polychroïque, avec $n_g =$ vert foncé, $n_p =$ vert jaunâtre. Dans les régions où se fait cette association on trouve fréquemment un peu d'albite mêlée à du quartz.

*Composition chimique des épidotites franches*

|  | N° 6636 *pw* | | |
|---|---|---|---|
|  | Analyse brute | Analyse ramenée à 100 parties | Quotient |
| SiO$_2$ . . . | 39,66 | 40,89 | 0,681 } 0,694 |
| TiO$_2$ . . . | 1,02 | 1,05 | 0,013 |
| Al$_2$O$_3$ . . . | 18,02 | 18,58 | 0,182 } 0,265 R$_2$O$_3$ |
| Fe$_2$O$_3$ . . . | 12,99 | 13,40 | 0,083 |
| FeO . . . | 1,67 | 1,72 | 0,024 |
| MnO . . . | 0,03 | 0,03 | 0,0004 } 0,494 RO |
| CaO . . . | 11,82 | 12,18 | 0,217 |
| MgO . . . | 9,80 | 10,10 | 0,252 |
| K$_2$O . . . | 0,63 | 0,64 | 0,007 } 0,031 R$_2$O |
| Na$_2$O . . . | 1,37 | 1,41 | 0,024 |
| H$_2$O . . . | 3,70 | — | — |
|  | 100,71 | 100,00 | |

0,525 R$_2$O + RO

Coefficient d'acidité $\alpha = 1,02$.

Rapport $R_2O : RO = 1 : 15,90$.

Formule magmatique $= 2,62 \ SiO_2 : R_2O_3 : 1,97 \ RO$.

N° 6636 *pw* (polygone n° 37) Pawdinskaya-Datcha, épidotite contenant de la magnétite, de l'épidote en gros grains, un peu de chlorite incolore ou légèrement verdâtre, du mica blanc, du quartz, et un peu de calcite.

ÉPIDOTITES QUARTZEUSES

Dans ces roches, la proportion de quartz mêlée à l'épidote est presque égale, et très souvent les deux minéraux sont accompagnés par des lamelles de chlorite vert foncé et des grains de magnétite. Les structures et dispositions qu'on observe sont alors infiniment variées et l'on peut distinguer quatre types principaux :

Le *premier* type est représenté par une roche à structure nettement parallèle, formée par une association de grains de quartz et de lamelles de chlorite, dans laquelle l'épidote, abondante et en gros cristaux, paraît s'être développée comme après coup sans aucun souci de la disposition parallèle précitée.

Le *second* type est formé par des zones parallèles de petits grains de quartz et de grains d'épidote, dans lesquelles on trouve de grosses lentilles et amygdales d'épidote, en grains irréguliers, ou en cristaux à structure fibro-radiée.

Le *troisième* type est encore constitué par une association de grains de quartz et d'épidote jaunâtre, avec ça et là quelques petites lamelles de chlorite. Dans cette masse on trouve alors quelques grosses glandules formées par des larges lamelles de chlorite verte associée à des cristaux d'albite, et des lamelles de biotite d'un rouge brun, et très polychroïques.

Le *quatrième* type enfin est formé par la réunion de grains de quartz, d'épidote jaunâtre, de lamelles de chlorite, et de petites aiguilles de hornblende. Dans la masse constituée par ces minéraux on trouve alors des lentilles de quartz grenu, et des lamelles de chlorite.


## § 3. *Les roches quartziteuses et les schistes cristallins*

Ces roches qui sont très répandues sur le versant occidental de la chaîne de l'Oural dans le voisinage de la ligne de partage des eaux européennes et asiatiques, ont ceci de particulier qu'elles sont toujours schisteuses, et d'un type quartzeux. Elles présentent plusieurs variétés qui sont étroitement liées, et passent les unes aux autres avec une grande facilité, ce sont :

1° Les *quartzites métamorphiques* en bancs plus ou moins épais, formées essentiellement de grains de quartz associé à quelques minéraux de métamorphisme, ou à l'oligiste,

2° Les *schistes quartziteux*, qui peuvent être considérés comme des variétés schisteuses et laminées du type précédent.

3° Les *schistes quartzito-micacés*, caractérisés par le développement du mica blanc en abondance, roches qui sont de véritables micaschistes.

4° Les *schistes chlorito-micacés*, très analogues aux précédents, mais chez lesquels la chlorite s'adjoint au mica blanc.

5° Les *schistes chlorito-épidotiques* chez lesquels l'épidote s'associe à la chlorite.

6° Les *schistes tuffoïdes*, qui ne sont point développés partout dans le complexe, mais qui s'y rencontrent sur certains points, notamment près des centres de l'Iss.

## QUARTZITES MÉTAMORPHIQUES

Ce sont des roches grisâtres ou jaunâtres, généralement assez compactes, mais qui souvent montrent l'indice d'une schistosité qui les fait passer aux schistes quartziteux. Sous le microscope elles sont formées par des grains de quartz de dimension variable, qui sont parfois très petits. Lorsque la tendance à la schistosité existe, celle-ci est indiquée par des trainées ferrugineuses parallèles, formées par une matière opaque. Les grains de quartz sont généralement alignés parallèlement à leur grand axe, avec couches alternantes d'individus plus grands et plus petits. Plusieurs variétés ne comportent que du quartz, d'autres cependant renferment des porphyroblastes de divers minéraux, à savoir :

1° Des porphyroblastes de quartz et d'albite, cette dernière souvent disposée en losanges comme la première consolidation de certains porphyres.

2° Des plages de quartz grossièrement grenu, associé à des gros prismes d'épidote, ce qui forme le passage aux quartzites à épidote.

3° Des grandes et larges lamelles de chlorite verte, associée également à des plages d'albite.

4° Des nombreux porphyroblastes de glaucophane. Celle-ci est allongée selon l'axe prismatique, sans profil géométrique, à contour souvent déchiqueté et irrégulier. Elle correspond à un type déjà trouvé par M. Duparc [1] dans les quartzites de l'Oural du Nord.

On a dans ce type l'orientation suivante : $n_g = b$ ; $n_m$ à 8° de $c$ dans l'angle obtu $ph$. Le plan des axes est donc normal à $g^1 = (010)$, soit transversal, et l'allongement est de signe variable. La bissectrice aiguë $= n_p$ ; 2V est petit, la dispersion toujours très forte. Les trois biréfringences sont :

$$n_g\text{-}n_p = 0,010\text{-}0,011 \;\; ; \qquad n_g\text{-}n_m = 0,009 \;\; ; \qquad n_m\text{-}n_p = 0,002\text{-}0,003.$$

La coloration et le polychroïsme sont intenses, avec :

$$n_g = \text{bleu violacé tirant sur le violet};$$
$$n_m = \text{bleu foncé plus ou moins verdâtre};$$
$$n_p = \text{jaunâtre, presque incolore.}$$

L. Duparc. Bibliographie n°s 70 et 80.

Ces porphyroblastes de glaucophane sont souvent très abondants par rapport à la pâte.

5° Des porphyroblastes de chloritoïde qui sont parfois abondants et assez gros, aplatis suivant $p = (001)$ et associés en houppe. Bissectrice aiguë $= n_g$, extinction de 16°-18°. $n_g$-$n_p = 0,016$. Polychroïsme : $n_g =$ jaunâtre pâle, $n_m =$ jaune verdâtre, $n_p =$ bleuâtre.

Lorsque le mica blanc se mêle aux petits grains de quartz sous forme de fines lamelles orientées parallèlement, la roche passe aux quartzites micacés, et de là aux schistes quartzito-micacés.

### Composition chimique des quartzites

| | N° 6839 pw | | |
|---|---|---|---|
| | Analyse brute | Analyse ramenée à 100 parties | Quotients |
| $SiO_2$ . . . | 75,62 | 75,71 | 1,2618 ⎰ 1,2618 |
| $TiO_2$ . . . | — | — | — |
| $Al_2O_3$ . . | 0,12 | 0,12 | 0,0012 ⎰ |
| $Fe_2O_3$ . . | 23,22 | 23,26 | 0,1454 ⎱ 0,1466 $R_2O_3$ |
| $FeO$ . . . | 0,31 | 0,32 | 0,0044 |
| $MnO$ . . . | — | — | — |
| $CaO$ . . . | 0,02 | 0,02 | 0,0004 ⎰ 0,0059 RO |
| $MgO$ . . . | 0,08 | 0,08 | 0,0011 |
| $K_2O$ . . . | 0,11 | 0,11 | 0,0012 ⎰ 0,0073 $R_2O$ |
| $Na_2O$ . . . | 0,38 | 0,38 | 0,0061 |
| $H_2O$ . . . | 0,29 | — | |
| | 100,15 | 100,00 | |

$0,0132\ R_2O + RO$

Cœfficient d'acidité $\alpha = 5,35$.

Rapport $R_2O : RO = 1 : 1,23$.

Formule magmatique 95,60 $SiO_2$ : 11,10 $R_2O_3$ : RO.

N° 6839 pw. Angle S.-O. de la Pawdinskaya-Datcha, quartzite à oligiste du Magdalynsky-Kamen, formée exclusivement d'oligiste et de quartz.

### SCHISTES QUARTZITEUX

Ce sont des roches quartzeuses, grises ou noirâtres, se débitant en plaquettes, d'aspect souvent charbonneux, avec de nombreux froissements secondaires. Au microscope elles sont formées par une multitude de petits grains de quartz, mêlés à de la matière charbonneuse, opaque, disséminée comme une fine poussière, ou encore accumulée par zones opaques parallèles qui dessinent la schistosite ; dans les zones quartzeuses on trouve çà et là un peu de quartz plus grenu en plages et en lentilles.

*Composition chimique des schistes quartziteux*

| | N° 6645 pw | | |
| --- | --- | --- | --- |
| | Analyse brute | Analyse ramenée à 100 parties | Quotients |
| $SiO_2$ . . | 91,75 | 93,03 | 1,5005 |
| $Al_2O_3$ . . | 3,15 | 3,18 | 0,0312 ⎫ 0,0352 $R_2O_3$ |
| $Fe_2O_3$ . . | 0,62 | 0,64 | 0,0040 ⎭ |
| FeO. . . | 0,52 | 0,53 | 0,0074 ⎫ |
| MnO . . | 0,02 | 0,02 | 0,0003 ⎪ 0,0229 RO |
| CaO. . . | 0,31 | 0,32 | 0,0057 ⎪ |
| MgO . . | 0,37 | 0,38 | 0,0095 ⎭ |
| $K_2O$ . . . | 0,69 | 0,71 | 0,0076 ⎫ 0,0268 $R_2O$ |
| $Na_2O$ . . | 1,17 | 1,19 | 0,0192 ⎭ |
| $H_2O$ . . | 2,12 | — | |
| | 100,72 | 100,00 | |

0,0497 $R_2O$ + RO

Coefficient d'acidité $\alpha = 20,07$.

Rapport $R_2O : RO = 1 : 1,17$.

Formule magmatique $65,52\ SiO_2 : R_2O_3 : 1,14\ RO$.

N° 6645 *pw*. Schiste quartziteux extrémité S.-O. de la Pawdinskaya-Datcha.


## SCHISTES QUARTZITO-MICACÉS

Ces schistes sont grisâtres, d'aspect quartzeux, schisteux, de couleur claire, avec un éclat micacé ou soyeux sur les plans de décollement. Au microscope ils sont formés par des grains polyédriques de quartz de dimension uniforme, mêlés à des petites paillettes de mica blanc incolores, orientées parallèlement, ce qui communique sa schistosité à la roche, puis souvent à des nombreux et petits grains d'épidote. Des lamelles de chlorite s'associent fréquemment à celles du mica blanc, et il y a passage aux schistes quartzito-chlorito-micacés.

En principe, c'est toujours le quartz qui domine, mais chez les variétés fortement micacées le mica en paillettes, au lieu d'être réparti régulièrement parmi les grains de quartz, forme des rubans plus ou moins parallèles, souvent froissés et ondulés, entre lesquels ceux-ci se répartissent. Les minéraux accessoires sont rares dans ce type; ça et là on y rencontre parfois un octaèdre de magnétite, puis quelques grains de grenat incolore, des amas rougeâtres et d'aspect lamellaire d'une biotite altérée, et parfois quelques porphyroblastes d'albite, ou encore quelques plages de quartz grenu, de plus grande taille que celui qui forme la masse. Plus rarement on observe quelques cristaux de grenat incolore.

N° 5010 Ou

| | Analyse brute | Analyse ramenée à 100 parties | Quotients | |
|---|---|---|---|---|
| $SiO_2$ . . . | 71,09 | 73,77 | 1,230 | 1,236 $RO_2$ |
| $TiO_2$ . . . | 0,52 | 0,54 | 0,006 | |
| $Al_2O_3$ . . . | 12,21 | 12,67 | 0,124 | 0,138 $R_2O_3$ |
| $Fe_2O_3$ . . . | 2,29 | 2,37 | 0,014 | |
| $FeO$ . . . | 2,57 | 2,67 | 0,037 | |
| $CaO$ . . . | 1,78 | 1,85 | 0,033 | 0,112 RO |
| $MgO$ . . . | 1,60 | 1,66 | 0,042 | |
| $K_2O$ . . . | 3,64 | 3,77 | 0,040 | 0,051 $R_2O$ |
| $Na_2O$ . . . | 0,68 | 0,70 | 0,011 | |
| $H_2O$ . . . | 3,29 | — | | |
| | 99,67 | 100,00 | | |

0,163 $R_2O$ + RO

Cœfficient d'acidité $a = 4,226$.
Rapport $R_2O$ : RO $= 2,52$.
Formule magmatique 8,9 $SiO_2$ : $R_2O_3$ : 1,18 RO.
N° 5010 *Ou*. Schiste quartzito-micacé, chaîne de Kwarkouche.


## SCHISTES QUARTZITO-CHLORITEUX

Ces roches, proches parentes des précédentes, sont de couleur grise ou vert clair, d'apparence parfois gneissique, avec de fréquents plissottements microscopiques. Comme disposition générale, elles rappellent tout à fait les schistes quartzito-micacés, et sont formées par la réunion de grains de quartz informes à des lamelles de chlorite, puis à des grains d'épidote jaune ou grise, à des produits ferrugineux opaques, et çà et là à une petite plage de leucoxène, ou encore à un porphyroblaste d'albite.

La structure est parallèle, et ce sont les lamelles de chlorite couchées dans le même plan qui soulignent la schistosite. Cependant, chez certaines variétés très riches en chlorite, cet élément forme alors le canevas de la roche, et le quartz bouche simplement les vides entre les lamelles de celle-ci. Ces variétés sont alors fréquemment riches en épidote, et passent à des schistes *épidotico-chloriteux*.

*Composition chimique des schistes quartzito-chloriteux*

**N° 6271 *pw***

| | Analyse brute | Analyse réduite à 100 | Quotients | |
|---|---|---|---|---|
| $SiO_2$ . . | 55,67 | 56,29 | 0,938 | } 0,952 |
| $TiO_2$ . . | 1,78 | 1,78 | 0,014 | |
| $Al_2O_3$ . . | 10,27 | 10,40 | 0,102 | } 0,183 $R_2O_3$ |
| $Fe_2O_3$ . . | 12,87 | 13,03 | 0,081 | |
| $FeO$ . . . | 2,81 | 2,83 | 0,039 | |
| $MnO$ . . | 0,04 | 0,04 | 0,0006 | } 0,307 RO |
| $CaO$ . . | 5,12 | 5,19 | 0,092 | |
| $MgO$ . . | 7,07 | 7,17 | 0,176 | |
| $K_2O$ . . . | 0,76 | 0,76 | 0,008 | } 0,048 $R_2O$ |
| $Na_2O$ . . | 2,48 | 2,51 | 0,040 | |
| $H_2O$ . . . | 2,51 | — | | |
| | 101,38 | 100,00 | | |

0,355 $R_2O$ + RO

Coefficient d'acidité $\alpha = 2,12$.

Rapport $R_2O : RO = 1 : 8,40$.

Formule magmatique $= 5,20\ SiO_2 : R_2O_3 : 1,94\ RO$.

N° 6271 *pw*. Angle S.-O. de la Pawdinskaya-Datcha, schiste quartzito-chloriteux avec quelques rares porphyroblastes d'albite, beaucoup de quartz et de chlorite.

## SCHISTES CHLORITO-MICACÉS

Ces schistes représentent un type mixte formé par l'association intime de lamelles de mica et de chlorite verte, interpénétrées, ou au contraire disposées de telle façon, que les traînées de mica blanc entourent les lamelles de chlorite couchées parallèlement à $p = (001)$. Ces lamelles sont mêlées à de la magnétite, des grains de quartz, des prismes d'épidote grise ou jaune, et des aiguilles plus grosses de rutile.

Ce sont les rubans de mica blanc qui dessinent la schistosité ; le quartz, quand il existe, est enrobé par les minéraux chlorito-micacés.

Dans certains cas cependant, la structure est fort différente ; la chlorite forme un canevas continu, qui, entre les nicols croisés, paraît isotrope, et qui empâte des grains disséminés de quartz. Dans cette masse on trouve alors des grandes lamelles porphyroblastiques de mica blanc, qui s'éteignent parallèlement au clivage $p = (001)$, sont à deux axes, avec bissectrice aiguë $= n_p$, et un angle 2V petit ; biréfringence $n_g\text{-}n_p = 0,038$.

## SCHISTES CHLORITO-ÉPIDOTIQUES

Ces roches verdâtres sont, sous le microscope, formées d'innombrables grains d'épidote, associés à des lamelles de chlorite, de magnétite et beaucoup de grains de quartz. Le tout forme une masse à structure parallèle, dans laquelle l'épidote domine généralement et où l'on trouve quelques gros porphyroblastes de hornblende ou d'albite à contour effrangé, et qui présentent généralement des lamelles hémitropes.

*Composition chimique des schistes chlorito-épidotiques*

N° 6661 *pw*

| | Analyse brute | Analyse ramenée à 100 parties | Quotients | |
|---|---|---|---|---|
| $SiO_2$ . .. | 49,45 | 50,09 | 0,834 | } 0,856 |
| $TiO_2$ . . | 1,82 | 1,82 | 0,022 | |
| $Al_2O_3$ . . | 16,02 | 16,23 | 0,159 | } 0,206 $R_2O_3$ |
| $Fe_2O_3$ . . | 7,39 | 7,51 | 0,047 | |
| $FeO$. . . | 6,16 | 6,24 | 0,086 | |
| $MnO$ . . | 0,02 | 0,02 | 0,0003 | } 0,410 RO |
| $CaO$ . . | 7,40 | 7,49 | 0,133 | |
| $MgO$ . . | 7,56 | 7,65 | 0,191 | |
| $K_2O$. . . | 0,81 | 0,81 | 0,008 | } 0,042 $R_2O$ |
| $Na_2O$ . . | 2,12 | 2,14 | 0,034 | |
| $H_2O$ . . | 2,38 | — | | |
| | 101,13 | 100,00 | | |

0,452 $R_2O$ + RO

Coefficient d'acidité $\alpha = 1,60$.

Rapport $R_2O : RO = 1 : 9,76$.

Formule magmatique $= 4,15\ SiO_2 : R_2O_3 : 2,18\ RO$.

N° 6661 *pw*. Angle S.-O. de la Pawdinskaya-Datcha, schiste chlorito-épidotique, avec quelques porphyroblastes d'amphibole vert-grisâtre, disposés dans une masse formée par de la chlorite et de l'épidote.

## ROCHES TUFFOÏDES

Les roches de cette famille sont développées dans l'angle S.-O. de la Pawdinskaya-Datcha, qu'elles traversent obliquement ; elles y flanquent les amphibolites. Leur structure est toujours schisteuse, leur aspect parfois ligneux, leur cassure généralement esquilleuse. Leur couleur est grisâtre, blanchâtre ou encore gris verdâtre. A l'œil nu déjà, elles semblent assez peu cristallines, et rappellent soit certains schistes argileux, soit certains tufs verdâtres toujours très métamorphosés et solidement agglomérés.

Sous le microscope, bien qu'elles diffèrent souvent assez notablement les unes des autres, toutes ces roches gardent un air de famille incontestable. Leur fond est toujours constitué par une masse grisâtre plus ou moins opaque, qui, en lumière polarisée, se comporte comme telle, et qui sans doute est de nature argileuse. Aux forts grossissements cependant, on distingue dans celle-ci divers produits qui, sur tous les spécimens examinés, ne se rencontrent pas toujours simultanément. Ce sont :

1. Des petites et longues aiguilles enchevêtrées et incolores, de couleur légèrement verdâtre en lumière naturelle, positives en long, et s'éteignant à $+$ 18°-20°. Ce minéral est rattachable à la famille des amphiboles.

2. Des grains mal individualisés et à contour généralement flou, d'une épidote qui est en quelque sorte naissante.

3. Des petits amas et des grains polyédriques de quartz grenu de très petite dimension.

4. Des plages, plus ou moins grandes, de calcite.

Le degré de cristallinité de ces roches varie d'un type à l'autre ; souvent la roche est encore très amorphe, d'autres fois par contre déjà assez cristalline et riche en aiguilles.

Dans certains spécimens plus particulièrement quartzeux, il existe des zones plus ou moins parallèles d'une matière brune, concrétionnée, et isotrope entre les nicols croisés, qui semble être formée par une substance colloïde à structure vaguement sphérolitique. Au centre de ces sphérules on voit souvent un peu de calcédoine. Beaucoup de ces roches renferment un pigment noir ou brunâtre très divisé, de nature ferrugineuse ou charbonneuse.

*Composition chimique des tuffoïdes*

Nº 1

| | Analyse brute | Analyse ramenée à 100 parties | Quotients | | |
|---|---|---|---|---|---|
| $SiO_2$ . . . | 61,43 | 62,88 | 1,048 | | |
| $Al_2O_3$ . . . | 13,83 | 14,18 | 0,139 | 0,174 $R_2O_3$ | |
| $Fe_2O_3$ . . | 2,19 | 2,23 | 0,035 | | |
| $FeO$ . . . | 6,17 | 6,32 | 0,087 | | |
| $CaO$ . . . | 6,06 | 6,21 | 0,111 | 0,287 RO | 0,341 $R_2O$ + RO |
| $MgO$ . . . | 3,50 | 3,58 | 0,089 | | |
| $K_2O$ . . . | 0,60 | 0,61 | 0,006 | 0,054 $R_2O$ | |
| $Na_2O$ . . . | 3,90 | 3,99 | 0,048 | | |
| $C + H_2O$ . | 1,53 | — | | | |
| | 99,21 | 100,00 | | | |

Cœfficient d'acidité : $\alpha = 2,55$.

Rapport $R_2O$ : RO $= 1 : 5,31$.

Formule magmatique $= 6,02$ $SiO_2$ : $R_2O_3$ : 1,96 RO.

Nº 1. Roche tuffoïde, sur la rivière Kipcia, in *Wyssotsky. Bibliographie Nº 103.*

# CHAPITRE VIII

## DISPOSITION DU PLATINE DANS LES ROCHES MÈRES ET GITES PRIMAIRES DU PLATINE

§ 1. Éléments constitutifs du platine natif. — § 2. Disposition du platine dans la dunite. — § 3. Disposition du platine dans les pyroxénites. — § 4. Les gîtes primaires de platine dans les dunites. — § 5. Richesse moyenne des roches mères du platine et exploitation éventuelle des gîtes primaires. — § 6. Genèse probable des gîtes platinifères primaires. - § 7. Synthèse de la dunite.

### § 1. *Éléments constitutifs du platine natif*

Le platine natif, tel qu'il se rencontre dans les dunites ou les pyroxénites, et tel qu'on l'extrait par conséquent des alluvions ou des éluvions des lojoks qui sont exclusivement encaissés dans ces roches, n'est pas un métal pur. C'est un mélange de divers métaux natïfs du groupe du platine, dans lequel prédominent de beaucoup des alliages variés de ce métal avec différents corps, principalement avec le fer. Les éléments constitutifs de ce mélange peuvent, suivant la prépondérance de tel ou tel métal (et l'exclusion de tel ou tel autre), se répartir dans les groupes suivants :

    1. Groupe de l'iridium.
    2. Groupe des osmiures d'iridium.
    3. Groupe du palladium.
    4. Groupe du platine.
    5. Groupe du fer.

**Iridium métallique.** — Il paraît être fort rare, il a cependant plusieurs fois été rencontré à l'état libre dans le platine de l'Oural [1], en petits grains isolés, en petites pépites,

---

[1] Breithaupt in Schweigg, *Jahrbuch. chem.*, 1833, t. I, p. 96, puis Svanberg in Berzélius, *Neues Jahrb.*, 1835, p. 185.

voire même en cristaux caractérisés par leur dureté, et leur poids spécifique élevé. On l'a observé également, mais plus rarement, en inclusions dans les grains ou les pépites de platine, notamment à Taguil, et sur les gisements de la Bissertskaya-Datcha. Les grains sont d'habitude anguleux ou arrondis ; les rares cristaux connus sont cubiques, et présentent les formes (100) et (110) ; plus rarement (111), (310) et (430). La couleur est blanche, avec un léger reflet jaunâtre, la cassure grise et esquilleuse. L'iridium natif est peu ductile et légèrement malléable, la dureté = 6-7, la densité = 22,6-22,8. Autant qu'il est permis d'en juger par les documents existants, l'iridium est rarement pur ; il contient généralement passablement de platine, un peu de rhodium, mais pas d'osmium. L'augmentation de la teneur en platine jusqu'à 50 %, et au-dessus, le fait passer au platine iridié.

**Osmiures d'iridium.** — Les osmiures d'iridium sont beaucoup plus fréquents dans le platine natif que l'iridium métallique, et se rencontrent en plus ou moins grande quantité dans tous les platines bruts de l'Oural, mais principalement dans les platines d'origine dunitiques, et ordinairement en inclusions. L'habitus le plus fréquent est celui de grains anguleux, puis aussi de lamelles aplaties et assez trapues, irrégulières, ou qui présentent souvent un contour hexagonal ; on trouve même parfois dans certains alluvions des petites pépites, nous en possédons deux dont la plus grosse pèse 5 grammes ; leur aspect est bien différent de celui des pépites de platine de même volume, la couleur en est plus grise, l'éclat métallique plus prononcé, et la densité sensiblement plus élevée. Souvent les osmiures sont cristallisés, et présentent des faces suffisamment nettes pour permettre des mesures. Les cristaux qui appartiennent au système rhomboédrique, sont toujours fortement aplatis suivant (0001) ce qui leur vaut leur aspect tabulaire ; les formes qui sont le plus ordinairement développées sont : (0001), (10$\bar{1}$0), (11$\bar{2}$0), (10$\bar{1}$1), puis (01$\bar{1}$1) et (22$\bar{4}$3).

Les principaux angles des normals sont : (10$\bar{1}$1) : ($\bar{1}$101) = 95° 8′ ; (10$\bar{1}$1) : (0001) = 58° 27 ; (22$\bar{4}$3) : ($\bar{2}$4$\bar{2}$3) = 52° 24′ ; (22$\bar{4}$3) : (0001) = 62°. Le clivage des cristaux est parfait suivant (0001). L'éclat de l'osmiure est toujours métallique, la couleur varie avec la richesse en iridium, et à ce point de vue on peut distinguer deux types : la *Néwianskite,* variété la plus claire, qui est de couleur gris d'étain, et la *Syssertskite,* variété la plus foncée, de couleur gris d'acier. La Néwianskite se rencontre principalement dans les alluvions aurifères ; on connaît même des cristaux d'osmiure qui sont mâclés avec l'or natif. La Syssertskite, autant qu'il est permis d'en juger par les documents très incomplets que l'on possède sur ce minéral, paraît être l'osmiure qui accompagne le plus souvent le platine ; c'est elle que l'on rencontre dans le platine de Taguil ; c'est elle qui paraît aussi prédominer (à en juger par la couleur du résidu du l'attaque à l'eau régale) dans les autres platines de l'Oural (notamment dans ceux du Jow, du Koswinsky, etc.).

La dureté des osmiures d'iridium oscille entre 6 et 7, la densité entre 19 et 23,6. Lorsqu'on soumet les variétés riches en osmium (Syssertskite) à la calcination, elles perdent fréquemment un peu d'osmium, ce dont il faut tenir compte dans l'analyse des platines natifs.

Les analyses de l'osmiure d'iridium faites à ce jour, ont malheureusement porté presque exclusivement sur la Néwianskite ; elles sont dues en grande partie à Sainte-Claire Deville et Debray, et montrent qu'à côté de l'iridium et de l'osmium, les osmiures renferment toujours un peu de rhodium, souvent une assez forte proportion de ruthénium (ce métal se trouve en effet exclusivement dans les osmiures et jamais dans le platine natif), un peu de platine, puis parfois des petites quantités de cuivre et de fer.

En ce qui concerne le ruthénium, il existe de véritables Néwianskites ruthénifères, chez lesquelles cet élément peut atteindre jusqu'à 6 et 8 % ; des essais qui malheureusement ne sont point achevés, nous ont montré que le ruthénium est beaucoup plus abondant encore dans certaines Syssertskites.

Le tableau qui suit résume les analyses d'osmiures provenant non seulement de l'Oural, mais d'autres pays du monde ; elles démontrent l'existence d'une série de termes différents, caractérisés par l'augmentation croissante de l'osmium au détriment de l'iridium. La teneur minimum en iridium donnée sur ce tableau est de 43,28 %, or certaines Syssertskites n'en renferment que 19 à 25 % seulement, souvent avec de fortes proportions de ruthénium.

*Analyses de l'osmiure d'iridium (Néwianskite)*

| Nos | Ir | Ro | Pt | Ru | Os | Cu | Fe |
|---|---|---|---|---|---|---|---|
| I | 77,20 | 0,50 | 1,10 | 0,20 | 21,00 | traces | — |
| II | 70,36 | 4,72 | 0,41 | — | 23,01 | 0,21 | 1,29 |
| III | 64,50 | 7,70 | 2,80 | — | 22,90 | 0,90 | 1,40 |
| IV | 43,94 | 1,65 | 0,14 | 4,68 | 48,85 | 0,11 | 0,63 |
| V | 43,28 | 5,73 | 0,62 | 8,49 | 40,11 | 0,78 | 0,99 |
| VI | 46,77 | 3,15 | — | — | 49,34 | — | 0,74 |
| VII | 55,24 | 1,51 | 10,08 | 5,85 | 27,32 | traces | traces |
| VIII | 70,40 | 12,30 | 0,10 | — | 17,20 | — | — |
| IX | 57,80 | 0,63 | — | 6,37 | 35,10 | 0,10 | 0,20 |
| X | 53,50 | 2,60 | — | 0,50 | 43,40 | — | — |
| XI | 58,27 | 2,64 | 0,15 | — | 38,94 | — | — |
| XII | 58,13 | 3,04 | — | 5,22 | 33,46 | 0,15 | — |

Nos I à V. — Osmiures de l'Oural. Deville et Debray, *Annal. chim. et physiq.*, 2859, t. LVI, p. 481 et *Americ. journ. o. sc.*, 1860, t. XXIX, p. 373.

Nº VI. — Osmiure de l'Oural (Taguil), Berzelius, *Pogg. Annal.*, 1834, t. XXXII, p. 236.

Nº VII. — Osmiure de l'Oural. Claus, *Liebigs. Jahresber.*, 1855, p. 906.

Nos VIII et IX. — Osmiures de Colombie. Deville et Debray, *loc. cit.*

Nº X. — Osmiure de Californie. Deville et Debray, *loc. cit.*

Nº XI. — Osmiure de Bornéo. Deville et Debray, *loc. cit.*

Nº XII. — Osmiure d'Australie, Deville et Debray, *loc. cit.*

**Palladium.** — Le palladium natif est excessivement rare dans le platine brut de l'Oural ; Breithaupt a trouvé une fois un petit grain de couleur blanche et de densité 13,2 qui, par ses propriétés, paraissait correspondre au palladium. Nous mêmes, dans les platines de Taguil et de Tilaï, avons trouvé un résidu non attirable à l'aimant, de densité 11,25 et 10,84, qui avait les propriétés du palladium. Par contre ce métal a été assez souvent rencontré dans le platine brut du Choco (Colombie équatoriale) où d'ailleurs il a été découvert ; puis dans le platine du Brésil. On le trouve habituellement, en petits grains anguleux, et plus rarement en cristaux, qui présentent les faces de l'octaèdre (111), plus rarement combiné avec le cube (100). Le clivage est difficile, la cassure esquilleuse. Le palladium natif est ductile et malléable ; sa dureté oscille entre 4 et 5, sa densité entre 11,3 et 11,8. Il possède l'éclat métallique très prononcé, sa couleur est blanche ou gris d'acier. Il se distingue des autres métaux de son groupe par sa solubilité dans les acides, notamment dans l'acide nitrique.

**Platine.** — Les platines natifs sont des solutions solides de deux métaux principaux, le platine et le fer, auxquels s'ajoutent ordinairement d'autres éléments tels que l'iridium, le rhodium, le palladium, l'osmium, le cuivre, l'or, l'argent, voire même le nickel, le cobalt et le manganèse. Cet énoncé s'applique essentiellement aux platines de l'Oural, par contre au Brésil notamment, on connaît des platines exempts de fer, mais qui renferment de fortes proportions de palladium. Il existe donc deux types de platine ; les ferroplatines et les platines palladiés. Mais les ferroplatines eux-mêmes présentent deux variétés distinctes ; la première, qui renferme 80-88 % de platine et 6 à 10 % de fer, n'est généralement pas magnétique, et de couleur plutôt claire ; elle s'appelle *polyxène* ; la seconde qui contient 70 à 78 % de platine et 12 à 20 % de fer, est presque toujours magnétique et de couleur plus foncée, c'est le *ferroplatine* proprement dit. On a donc en réalité les trois types principaux suivants de platine natif : 1° le platine pur et palladié ; 2° le polyxène ; 3° le ferro-platine.

M. Vernadsky[1] estime que le palladium et le fer ne sont pas les seuls éléments qui doivent être pris en considération pour une classification rationnelle des platines natifs ; il y ajoute également l'iridium, en faisant remarquer d'ailleurs qu'une connaissance plus approfondie de la composition de ces derniers, entraînera la création probable de nouveaux types. Il constate qu'en effet, certains platines du Brésil sont absolument exempts d'iridium ; d'autre part Berzelius[2] a trouvé plusieurs échantillons de ferroplatine de Goroblagodat qui n'en renfermaient pas également. Ces observations sont confirmées par les recherches de Moukhine[3] qui a séparé les différents grains constitutifs du platine brut de Goroblagodat, et a trouvé que certains d'entr'eux ne renfermaient que des traces d'iridium. En outre les analyses de divers spécimens d'iridium natif ont montré que, tandis que certaines variétés renferment jusqu'à 22 % de platine mais pas de fer, certains platines iridiés

[1] V. N. VERNADSKY. *Minéralogie,* tome 1. Éléments, p. 208 (en russe).

[2] V. WöHLER. Berzelius, *Jaresber. u. d. Fortschritt. d. physik. wissenschaften.* Tubingen, 1829, t. VIII.

[3] MOUKHINE. Bibliographie n° 12.

contiennent jusqu'à 4 % de cet élément. Enfin, en comparant également les analyses des divers platines palladiés, il a observé que certains types sont très riches en palladium (jusqu'à 21 %) et ne renferment que des traces d'iridium ; d'autres au contraire en contiennent jusqu'à 4 %, mais sont alors plus pauvres en palladium. La classification qu'il propose dans ces conditions pour les différents minéraux du groupe du platine est la suivante :

|                          | Pt % | Fe % | Ir % | Pd % |
|--------------------------|------|------|------|------|
| 1. Platine               | 100  | 0    | 0    | 0    |
| 2. Iridium               | 20   | 0    | 77   | 0    |
| 3. $\alpha$-Ferroplatine     | 73-78 | 16-20 | 1-1,5 | 0,2-0,3 |
| 4. $\alpha$-Polyxène         | 80-90 | 6-10 | 1-3 | 0-2,5 |
| 5. $\beta$-Ferroplatine      | 73-78 | 16-20 | 0 | 2 |
| 6. $\beta$-Polyxène          | 80-90 | 6-10 | 0 | 2 |
| 7. Platine iridié        | 56 | 28 | 4 | 0 |
| 8. $\alpha$-Platine palladié | 73-74 | 0 | 0,1-0,9 | 21-8 |
| 9. $\beta$-Platine palladié  | 83-84 | 0 | 1,3-3,6 | 3,0-3,7 |

Les divers platines natifs se présentent généralement en grains plus ou moins anguleux, en masses irrégulières qui, roulées, donnent naissance aux pépites, puis plus rarement en petits cristaux. Ceux-ci appartiennent à la symétrie cubique et se rencontrent habituellement sous la forme du cube (100), quelquefois du dodécaèdre (110) (à Taguil, par exemple, rivière Wyssim). Sur certains cristaux cubiques on a observé parfois des facettes de cubes pyramidés de symbole (210), (310), (320) et (530). Il est probable cependant que la véritable symétrie des cristaux correspond à celle de l'hémiédrie non centrée $3A\frac{.}{.}$, $4A^3$, $6P^2$ ; nous avons en effet vu un cristal provenant des laveries de l'Iss qui était parfaitement tétraédrique. Les cristaux de platine sont presque toujours considérablement déformés, et ne présentent pas l'ensemble des faces exigées par leur symétrie. Ces déformations sont compatibles avec l'existence de $3A^2$, mais pas avec celles de $3A^4$ ; les cristaux déformés sont alors d'aspect franchement rhombique. On a plusieurs fois observé des mâcles suivant (111).

Les cristaux de platine ne présentent pas de clivage appréciable, leur cassure est esquilleuse, ils sont ductiles et malléables, la dureté $= 4$, la densité $= 14$ à 19. L'éclat est métallique, la couleur blanc d'argent ou gris d'acier. Les ferroplatines sont généralement attirables au barreau aimanté, quelques pépites (provenant notamment de Nijni-Taguil) sont magnétipolaires, la cause de ce phénomène attribué primitivement à la richesse en fer est problématique, les expériences de Daubrée[1] ayant établi que des alliages parfois très riches en fer bien qu'attirables au barreau aimanté, ne sont cependant pas magnétipolaires. D'autre part, les travaux de Moukhine[2] montrent que certains ferroplatines caractérisés

[1] DAUBRÉE. Comp. rend. Académie des sciences. Paris, 1875, t. LXXX, p. 528.
[2] MOUKHINE. Bibliographie n° 12.

comme tels par leur analyse, ne sont pas magnétiques ; ils le deviennent fréquemment lorsqu'on les écrase, mais cessent de l'être après calcination ; c'est cependant une exception, car la plupart des ferroplatines sont attirables à l'aimant.

En dehors de l'iridium et du palladium, le platine natif renferme en solution solide les éléments suivants :

Le *rhodium* qui se rencontre dans tous les ferroplatines sans exception et dans les platines non attirables au barreau aimanté, en quantité qui varie de 0,20 à 4 %, mais qui, spécialement dans les platines de l'Oural, oscille généralement entre 0,20 et 0,70.

L'*osmium* qui d'après Karpoff[1], est très constant également, mais ne s'observe d'habitude qu'en traces seulement dans les alliages naturels de platine.

L'*Or* qui paraît être très rare dans ces alliages, y fait même, dans la plupart des cas, totalement défaut. Les teneurs ordinaires varient entre 0,05 et 0,5 % ; celles plus élevées qui sont données dans certaines analyses proviennent certainement de grains d'or natif, incomplètement séparés du platine au cours des manipulations qui précèdent l'analyse.

Le *Cuivre* qui est signalé dans presque tous les platines, et souvent en quantité assez considérable (de 0,1 à 5 %). Cet élément joue probablement un rôle aussi important que l'iridium dans la constitution des alliages naturels du platine, et il est plus que vraisemblable qu'il existe des types de platines cuprifères, comme il existe des platines iridiés ou palladiés.

L'*Argent*, qui semble être plus rare encore que l'or. D'après Karpoff, il a été rencontré une fois seulement dans le platine de l'Oural, et encore en quantité excessivement minime.

Le *Nickel* enfin qui a déjà été signalé dans le platine natif de Taguil par Terreil[2] lequel en a trouvé 0,81 %. D'après Karpoff, il se trouve dans tous les platines dunitiques ou pyroxénitiques en quantité variant de 0,03 à 1,08, et sa présence y a été signalée par le réactif de Tschugaeff. Il convient de remarquer toutefois que ce réactif est également sensible pour le palladium, fait qui a été découvert postérieurement aux travaux de Karpoff. Le cobalt et le manganèse ont été rencontrés, en traces également, dans certains platines natifs.

**Fer métallique et ferronickel.** — Le fer métallique à l'état natif, a été isolé du ferroplatine de Taguil en petites écailles. En 1842, Nakerine[3] a en effet envoyé à la Société minéralogique de St-Pétersbourg quelques échantillons de fer natif et de fer platiné provenant des laveries du rayon de Nijni-Taguil. Il a été rencontré aussi dans le centre platinifère de l'Iss, sur les laveries Poltava Goussewka, etc.

Le fer natif paraît parfois accompagné de ferronickel. En 1905, en effet, en lavant les alluvions de la rivière Bobrowka qui appartient au centre platinifère de Taguil, les staratélis ont trouvé dans les schlichs des petits grains de couleur bronzée, par suite d'une

[1] Karpoff in Wyssotsky. Bibliographie n° 103.
[2] Terreil. Bibliographie n° 25.
[3] Nakerine in Wyssotsky. Bibliographie n° 103.

altération superficielle. Ceux-ci analysés par Karpoff[1], montrèrent la composition suivante :

$$
\begin{aligned}
&\text{Ni} \quad . \quad . \quad . \quad . \quad . \quad . \quad 71{,}93\ \% \\
&\left.\begin{array}{l}\text{Fe} \\ \text{Co} \\ \text{Mn}\end{array}\right\} \quad . \quad . \quad . \quad . \quad . \quad 28{,}07\ \% \\
&\hspace{5.5cm}\overline{\hspace{2cm}} \\
&\hspace{5cm} 100{,}00\ \%
\end{aligned}
$$

Cette composition répond sensiblement à la formule $Ni_3Fe_2$ et le ferronickel, appelé Bobrowkite, rappelle beaucoup celui qu'on trouve au Piémont[2]. Le platine des alluvions de la Bobrowka qui reste dans les schlichs avec ce ferronickel est lui-même très riche en nickel (0,95 à 1,08 % de Ni). C'est de ce gisement que provenait le fer platiné qui, d'après les analyses d'Osann[3], contenait 8,15 % de Pt (ce qui correspond à Fe 40 Pt).

Nous avons déjà indiqué que les alliages de platine natif renferment en inclusions cette fois, et non pas à l'état de solution solide, quelques-uns des éléments précités. C'est tout particulièrement le cas pour l'osmiure d'iridium, puis dans une mesure beaucoup moindre pour l'iridium, le platine iridié et le fer natif. Quant à l'or il est très rare à l'état d'inclusions dans le platine de l'Oural, nous connaissons cependant une pépite de petite dimension trouvée sur l'Iss, dans laquelle on voyait des traînées d'or empâtées dans le platine. Ces inclusions paraissent plus fréquentes dans le platine d'autres gisements, notamment dans celui de la Colombie équatoriale[4].

## § 2. *Disposition du platine dans la dunite*

La présence du platine dans la dunite est incontestable, et cependant il est excessivement rare de le trouver directement dans la roche en place. Ainsi, au Koswinsky, après être arrivés à la conviction que la dunite était la roche mère du platine, nous avons cherché bien longtemps et cependant dans des conditions favorables, avant de pouvoir trouver un ou deux grains de métal dans celle-ci. C'est à Taguil que le platine a le plus souvent été rencontré dans sa gangue, et c'est de ce gisement que proviennent les quelques échantillons dispersés dans les collections. Et cependant, à en juger parce que l'on récolte dans les alluvions des lojoks encaissés dans la dunite, le platine doit former dans cette roche des amas parfois volumineux. La plus grosse pépite trouvée à Taguil mesurait en effet 18 cent. et pesait 23 livres 43 zolotniks ; nous possédons une série de moulages de pépites provenant de Taguil également à l'époque où on travaillait encore les alluvions vierges, qui, sans


[1] Karpoff in Wyssotsky, Bibliographie n° 103, p. 106.
[2] Hintze. *Handb. d. mineral.*, B. II, p. 162.
[3] *Annalen d. physik*, 1827, t. XI, p. 318.
[4] T. Kemp. Bibliographie n° 59.

être aussi colossales, sont cependant de très grande taille. Aujourd'hui où on relave pour la sixième ou huitième fois d'anciens tailings,. il n'est pas rare de trouver encore des pépites pesant de 3 à 50 grammes. Sur les centres de l'Iss, à Wéressowy-Ouwal, dans les alluvions des deux Pokap comme dans celle des Malaia et Srednia Prostokischenka, on a à plusieurs reprises, rencontré aussi des grosses pépites qui sont en partie conservées par l'administration des laveries, la plus volumineuse mesurait 13 cent. et pesait 20 liv. 49 zol. ; une autre un peu plus petite et de forme ovoïde, a été trouvée au même endroit, et à la même époque, elle pesait 9 liv. 49 zol. Au Kaménouchky les pépites, bien que notablement plus petites, étaient abondantes également dans les alluvions des lojoks qui forment les sources des deux Kaménouchka ; au Koswinsky et au Sosnowsky-Ouwal elles ont été rencontrées en plus petit nombre, il est vrai, dans les alluvions de la Kitlim et des deux Sosnowka ; enfin dans la rivière Iow qui ravine le plus petit centre dunitique de l'Oural, les pépites toujours petites, sont très nombreuses dans les éluvions qui se trouvent à la source même de celle-ci.

Or, dans les rares cas où le platine a été observé dans la roche en place, c'est toujours en très petits grains ou cristaux, et jamais en masses un peu volumineuses (sauf peut-être dans une certaine mesure à Taguil, au gisement d'Awrorinsky dont nous parlerons ultérieurement); la fréquence des pépites dans les alluvions des lojoks encaissés dans la dunite, et leur richesse parfois très grande en ce genre de formation ne peuvent s'expliquer qu'en admettant que la dunite, envisagée dans son ensemble, est très pauvre en platine, que celui-ci y forme des concentrations locales, et que le métal accumulé dans les alluvions représente le produit résiduel d'un cube énorme de roche mère désagrégée et lessivée.

Dans tous les centres dunitiques le platine se présente invariablement sous deux formes, à savoir : 1° *Cristallisé directement avec l'olivine*, ou au contraire 2° *cristallisé avec la chromite* et par conséquent accumulé dans les régions où ce minéral forme des ségrégations dans la dunite. Les deux formes existent généralement concurremment, mais peuvent aussi s'exclure, la seconde paraît être beaucoup plus générale que la première.

Le platine, en inclusions macroscopiques dans la dunite, a été observé dans la roche en place à Taguil, sur deux points distincts. Le premier est situé près de la laverie d'Awrorinsky, sur la rive droite de la rivière Martian et sur la bordure du massif dunitique; le second se trouve sur le Kroutoï-Log, à l'endroit appelé Mokroï-Otnogki. Il est probable qu'il existe encore d'autres gisements, notamment près du sommet du Mont-Solowieff, puis aux sources de la rivière Kotchkowatka, dans les alluvions de laquelle on a trouvé des fragments de dunite avec des inclusions de platine.

A Swetli-Bor sur le centre de l'Iss, d'après Barbot de Marny, le platine inclus dans la dunite a été observé au log n° 7 ; au Koswinsky, nous l'avons trouvé également dans la dunite du Popowsky-Log, aux sources de la rivière Kitlim.

Lorsque le platine est invisible à l'œil nu ou à la loupe, sa présence dans la dunite peut être mise en évidence par des essais de laboratoire, et dans ce cas, soit par broyage avec enrichissement subséquent par un lavage approprié, soit par fusion plombeuse suivie de coupellation. Le tableau que nous donnons ci-après qui est emprunté à l'ouvrage

*Tableau des essais faits par voie sèche sur la dunite*

| Date | Gisement | Roche | Prise en grammes | Concen-trés | Teneur par 100 pouds | Analyste |
|---|---|---|---|---|---|---|
| 1904 | Bielogorsky-Log, Taguil | Dunite | 1000 | — | 46.0 dolis | K. Jodakis |
| 1904 | Awrorinsky (gisement en place), Taguil | Id. | 1000 | — | 18,6 » | Id. |
| 1904 | Mᵗ Solowief, Taguil | Dunite noire serpentinisée | 1000 | — | 29,4 » | Id. |
| 1902 | Log nᵒ 6, Swetli-Bor | Dunite ser-pentinisée | 400 | 230 | Traces | A. Cement-chenko |
| 1902 | Id. | Dunite | 500 | 170 | Sans platine | Id. |
| 1902 | Swetli-Bor | Id. | 500 | 250 | Id. | Id. |
| 1902 | Rive gauche de l'Iss | Id. | 450 | 215 | Id. | Id. |
| ? | Id. | Id. | 1000 | — | Id. | Jodakis |
| 1902 | Malaïa, Prostokischenka. Iss | Id. | 500 | 275 | Id. | Cement-chenko |
| 1904 | Martian, Pupkof-Log. Taguil | Id. | 1000 | — | Id. | Jodakis |
| 1904 | Solowief (sommet), Taguil | Id. | 1000 | — | Id. | Id. |
| 1904 | Riv. Bobrowka, Taguil | Id. | 1000 | — | Id. | Id. |
| 1902 | Rive gauche de l'Iss, Swetli-Bor | Id. | 400 | — | Id. | Id. |
| 1902 | Wéressowy-Bor, entre M. Pokap et M. Prosto-kischenka (sur la crète) | Id. | 300 | — | Id. | Id. |
| 1906 | Kaménouchky | Id. | 1000 | — | Id. | Id. |
| 1903 | Wéressowy-Bor | Id. | 1000 | — | Id. | Id. |
| 1902 | Id. | Id. | 1000 | — | Id. | Id. |
| 1902 | Swetli-Bor | Id. | 1000 | — | Id. | Id. |
| 1906 | Kaménouchky | Id. | 1000 | — | Id. | Id. |
| 1902 | Mᵗ Pokap, Wéressowy-Ouwal | Dunite ser-pentinisée | 450 | 175 | Id. | Cement-chenko |
| 1902 | Srednia Prostokischenka, Wéressowy-Ouwal | Id. | 500 | 280 | Id. | Id. |
| ? | ? | Id. | 590 | 170 | Id. | Id. |
| 1904 | Kossogorsky-Log (haut), Taguil | Dunite noire serpentinisée | 1000 | — | Id. | Jodakis |
| 1904 | Id. | Id. | 1000 | — | Id. | Id. |

de M. Wyssotsky[1], résume les essais faits sur la dunite des centres primaires de Taguil. Wéressowy-Ouwal, Swetli-Bor et Kaménouchky, des années 1902 à 1904.

En somme, sur vingt-cinq essais exécutés sur différentes dunites, trois seulement ont indiqué la présence du platine en très petite quantité.

En 1907 une série de recherches fut entreprise à Taguil par l'ingénieur Conradi sur la dunite du quartal forestier d'Awrorinsky, sur lequel se trouvait le gîte primaire mentionné ci-dessus. Il procédait par puits alignés et équidistants les uns des autres ; la dunite extraite de ces puits était broyée et soumise aux essais par voie sèche. Les résultats obtenus furent les suivants : le 35 % des essais seulement montra la présence du platine dans la dunite, avec une teneur moyenne générale de 0,98 dolis pour 100 pouds, le 65 % ne donna pas de traces de platine. En répartissant la teneur indiquée sur la totalité des essais, on trouve 0,34 dolis pour 100 pouds, chiffre qui représente la richesse moyenne de la dunite du quartal d'Awrorinsky en platine non visible à l'œil nu. Les essais faits à proximité immédiate du gîte primaire d'Awrorinsky furent plus satisfaisants ; le 65 % de ceux-ci montra la présence du platine avec une teneur moyenne de 3,4 dolis pour 100 pouds, ce qui semble indiquer une certaine concentration du platine invisible dans la dunite, tout autour des centres riches où ce dernier est macroscopique et gîté. Or, ce sont évidemment ces centres seulement qui sont intervenus d'une manière efficace pour l'apport du platine dans les alluvions des cours d'eau platinifères.

*La disposition du platine natif dans la dunite* est alors la suivante : Il se rencontre tout d'abord en petits cristaux isolés, qui mesurent de 1 à 3 ½ milimètres, et qui sont idiomorphes par rapport à l'olivine, laquelle est en grande majorité postérieure. Ces cristaux apparaissent surtout quand la dunite est rubéfiée par altération superficielle, mais nous en avons vu également dans la dunite fraîche. Ils sont complètement isolés, ou d'autres fois concentrés sur certains points dans une partie de la roche, qui ailleurs n'en renferme pas. La dunite platinifère est tout à fait normale, et ne contient seulement que des octaèdres de chromite qui peuvent même y être assez rares.

Le platine se trouve également dans la dunite en masses plus volumineuses, dont l'intérieur est compact, tandis que la périphérie est souvent hérissée de petits cristaux cubiques, qui sont en contact avec les grains avoisinants d'olivine. Ce minéral, dans sa presque totalité, s'est consolidé après le platine ; on en trouve parfois en grain toujours parfaitement hyalin, inclus dans celui-ci, ce qui prouve qu'il lui est également contemporain et parfois même légèrement antérieur. Ce sont ces masses qui donnent naissance à certaines pépites curieuses, que l'on trouve par exemple dans la rivière Martian à Taguil, et dont la surface décortiquée est couverte de cristaux émoussés.

Le platine forme encore dans sa roche mère des gouttes ou des globules informes, analogues par exemple aux grenailles métalliques de ferrochrome que l'on obtient dans les culots de chromite fondue et partiellement réduite. Le platine paraît ici tout à fait homo-

---

[1] Wyssotsky. Bibliographie n° 103, p. 296.

gène, et sa véritable structure ne peut être mise en évidence que par des essais métallographiques.

Le volume de ces masses de platine natif est souvent notable ; nous en possédons du gisement d'Awrorinsky, qui mesurent jusqu'à 1 ½ cent. et pèsent 6 à 8 gr., on a trouvé dans le même gisement de beaucoup plus grosses. qui pesaient jusqu'à 32 et même 80 gr. Jusqu'à présent, ces concentrations de platine ne sont connues que dans la dunite altérée et rubéfiée, et n'ont jamais été rencontrées dans la roche verte fraîche.

Lorsqu'on traite à froid, puis ensuite à chaud par l'eau régale. les coupes du platine natif de la dunite de Taguil. la masse de celui-ci qui. de prime abord. semble tout à fait homogène, se divise en alvéoles polyédriques irrégulières. qui correspondent à autant de grains différents, distincts par la couleur de la lumière qu'ils réfléchissent. Les uns, en effet. sont gris. les autres jaunâtres ou encore brunâtres. Après une attaque plus prolongée. ces grains se séparent par le choc ou la pression ; d'ailleurs, entre leurs interstices on remarque parfois de très minces rubans d'antigorite. Il paraît donc évident que le platine d'apparence homogène qu'on trouve inclus dans la dunite est en réalité formé par deux ou plusieurs alliages distincts de ferroplatine.

*Le platine en inclusions macroscopiques dans la chromite* a été observé sur plusieurs centres primaires, notamment à Taguil. au Koswinsky et au Iow. Indépendamment des pépites encapuchonnées de fer chromé cristallin que l'on trouve si fréquemment dans les alluvions des ravins encaissés dans la dunite, on a vu le platine inclus dans plusieurs ségrégations de chromite *in situ* dans la dunite. et on a même exploité celles-ci pour en récupérer le précieux métal. A Taguil, on connaît une vingtaine de gîtes primaires de cette espèce, par exemple au Kroutoï-Log, Alexandrowsky-Log, etc. Le platine se rencontre ordinairement dans la chromite en petits grains blancs, brillants, qui mesurent de ¼ à 2 mill. et qui y sont tout à fait isolés. ou au contraire concentrés sur un point déterminé. Les grains occupent les parties centrales des ségrégations de chromite, ou au contraire y sont développés dans le voisinage du contact avec la roche encaissante. Comme le platine est toujours postérieur à la chromite, et par conséquent allotriomorphe vis-à-vis de celle-ci, ces grains ont des formes anguleuses et tourmentées, et sont parfois réunis par de fines apophyses. Nous n'avons jamais vu de masse plus volumineuse de platine dans la chromite, mais l'abondance de pépites encapuchonnées de chromite qui sont parfois fort grosses (Taguil, Wéressowy-Bor, etc.) ne laisse aucun doute sur la réalité de leur existence. Quand on débarrasse ces pépites de leur enveloppe de fer chromé par une fusion prolongée avec du carbonate de sodium, additionné de salpêtre, il reste alors une sorte d'éponge de platine, qui montre clairement quels étaient les rapports de ce métal avec la chromite, qu'il moule à l'instar d'un véritable ciment. Ce fait ressort encore plus clairement de l'examen des coupes de ces pépites ; on voit que c'est la chromite qui détermine la forme de leur contour, et chez les spécimens de petite dimension, la structure est alors absolument identique à celle que nous avons appelé sidéronitique, avec cette différence que la chromite remplace ici le pyroxène et l'olivine, et le platine natif la magnétite. Chez les pépites volumineuses dont

l'intérieur est sensiblement formé de platine compact, on trouve cependant encore souvent
en inclusions quelques grains idiomorphes ou plages de chromite. Les fig. nᵒ 34, *a*, *b*, *c*, *d*
et *e*, ainsi que la planche Nᵒ VI, montrent les rapports du platine avec la chromite. En

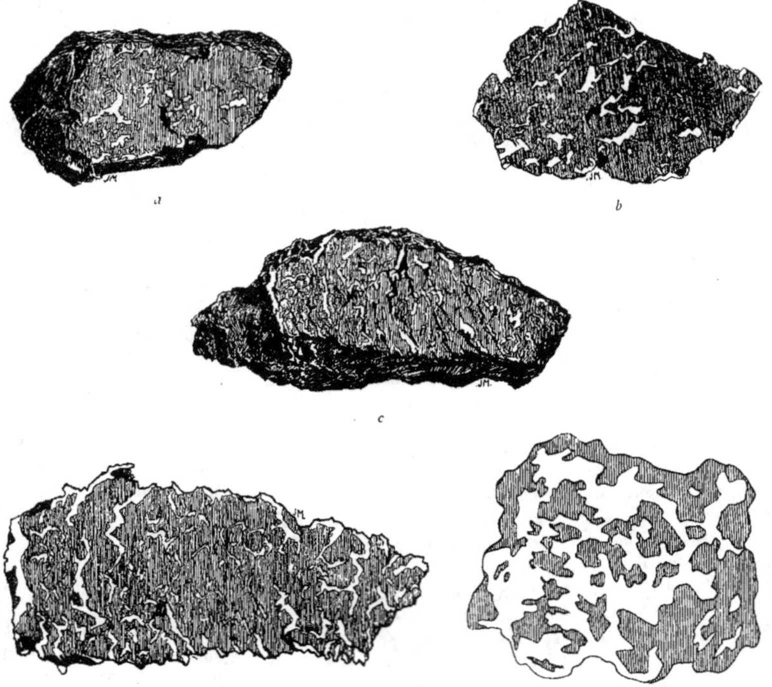

Fᴵɢ. 34. — Coupes faites dans des pépites avec fer chromé, montrant les relations du platine et de la chromite.
Les échantillons désignés par *a*, *b*, *c* et *d* sont des variétés très riches en chromite ; *e* est au contraire un
type où le platine domine. Les parties laissées en blanc représentent le platine, celles striées la chromite.

somme le platine se comporte vis-à-vis de la chromite comme un véritable ciment, et il
saute à l'œil que sa consolidation est postérieure à celle de ce minéral. Or la chromite du
Koswinsky, d'après Brun, fond à 1850°, l'olivine à 1370°, et, d'après Day, le platine pur à
1755°. Pour que la succession indiquée soit possible, il faut évidemment que les ferro-
alliages de platine fondent sensiblement plus bas que le métal pur et que la chromite.

*Les essais métallographiques des platines natifs* ont été faits pour la première fois par R. Beck[1] et répétés depuis lors par divers expérimentateurs. Un traitement par l'eau régale effectué sur une pépite de Taguil très riche en chromite, disposée en grains idiomorphes plus ou moins arrondis et cimentés par du platine natif, a fait apparaître sur ce dernier une structure en cellules polygonales irrégulières, séparées par des lignes marquées qui en accusent les contours (fig. 35. Sur ces cellules qui, en réalité, correspondent à des grains irréguliers, on observe nettement trois zones concentriques, qui se succèdent de la périphérie vers le centre. La première, extérieure, se distingue de la zone centrale qui est d'un blanc argenté, par un reflet jaunâtre. La seconde, médiane, est couverte par un double système de fines stries qui se coupent sous des angles aigus. La partie centrale est généralement lisse et blanc d'argent. La disposition indiquée est sujette à des variations, ainsi, dans certains cas exceptionnels, le reflet jaunâtre de la bordure périphérique a été au contraire observé dans la partie centrale, et l'ordre de succession décrit précédemment est alors renversé. Quoiqu'il en soit, il reste évident que les cellules apparues sur les surfaces polies de la pépite correspondent à des grains, qui sont en somme des cristaux zonés analogues aux cristaux de mélange connus en métallographie, obtenus artificiellement par la fusion de deux composants. Les différentes zones observées correspondent sans doute à des alliages de platine de différentes compositions.

Fig. 35. — Essai métallographique fait sur une pépite de platine de Taguil associé à de la chromite, d'après N. Wyssotsky.

La disposition qui vient d'être indiquée n'est d'ailleurs pas commune à tous les platines des divers gisements de l'Oural ; elle varie sur divers spécimens d'un même gisement. Ainsi, sur une pépite provenant de Malaïa Prostokischenka, Beck a observé qu'un traitement d'abord rapide et ensuite prolongé par l'eau régale n'a pas altéré la structure primitive du platine qui reste homogène.

Nous avons déjà indiqué que le platine natif renferme presque toujours en inclusions de l'osmiure d'iridium. Lorsqu'on attaque les pépites polies par l'eau régale, les traces des soudures de ces cristaux d'osmiure apparaissent d'abord comme de fines hachures, puis bientôt ceux-ci dessinent dans la masse du platine des porphyroblastes tabulaires, qui y sont dispersés fort irrégulièrement. Si l'attaque se prolonge, tout le platine disparaît, et il reste un résidu plus ou moins volumineux, formé par des tables hexagonales ou des morceaux d'iridosmine qui sont généralement très petits ; mais qui, dans certains cas cependant, sont d'assez grande taille (fig. 36). Lorsqu'on traite avec précaution certaines pépites riches en osmiure directement par l'eau régale, il reste parfois un véritable squelette

[1] R. Beck. Bibliographie n° 76.

cristallin, formé par les lamelles hexagonales d'osmiure, squelette qui garde fidèlement la forme de la pépite primitive. Ce phénomène ne se produit qu'avec les platines très riches en osmiure; dans le cas contraire le squelette se désagrège, et il reste comme produit final du traitement, une poussière formée par les petites lamelles hexagonales d'iridosmine, dispersées dans une sorte de solution colloïdale qui passe à travers les filtres, mais que l'on peut souvent centrifuger, et qui renferme de l'osmiure très divisé lequel reste alors comme

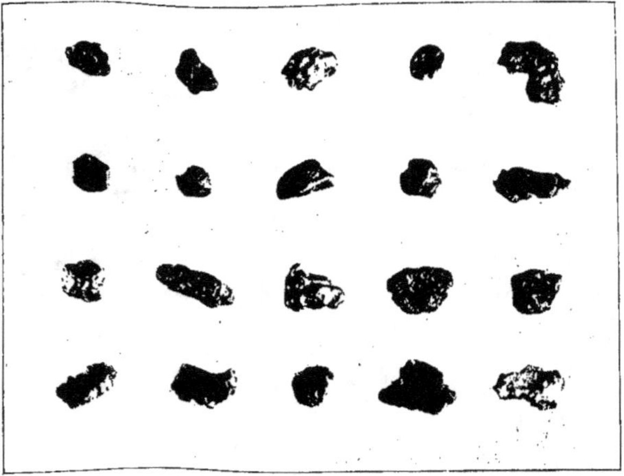

Fig. 36. — Lames, grains et petites pépites d'osmiure d'iridium isolés du platine après traitement à l'eau régale.

poussière excessivement ténue. La teneur en osmiure d'iridium de certaines pépites est parfois très considérable, elle peut dépasser 30 %. Dans certains cas, l'action de l'eau régale sur certaines pépites polies montre que leur intérieur est formé par une sorte d'eutectique d'osmiure et de platine, tandis que la périphérie présente l'aspect d'une association largement cristallisée qui rappelle celle des pegmatites, comme le montre la fig. 37, dont l'original est dû à M. Quenessen.

En résumé, la succession dans l'ordre de consolidation des divers éléments constitutifs de la dunite telle qu'elle découle des observations qui précèdent, est la suivante :

1. Chromite. 2. Osmiure d'iridium et iridium. 3. Or natif. 4. Ferroplatines divers. 5. Olivine (une petite partie de cet élément est antérieure au platine et à l'or). Il résulte

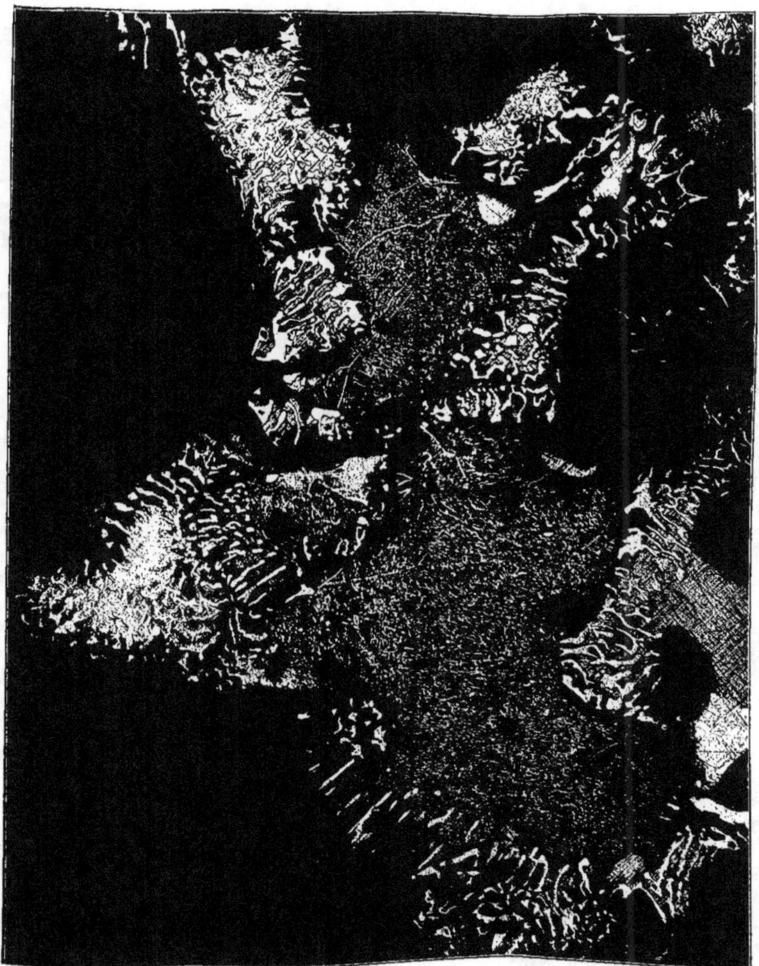

FIG. 37. — Essai métallographique d'une pépite traitée à l'eau régale, montrant l'eutectique
de platine et d'osmiure.

encore de ces observations que, dans la dunite, les différentes variétés de platine rencontrées ne sont pas toujours absolument contemporaines, fait corroboré d'ailleurs par les variations que l'on constate dans la composition des platines natifs.

## § 3. Disposition du platine dans les pyroxénites

Le platine qui se trouve dans les pyroxénites, s'y présente sous deux formes différentes, à savoir : 1. Dans les pyroxénites elles-mêmes, ségrégé parmi les cristaux de pyroxène. 2. Dans la magnétite, la première forme étant d'ailleurs infiniment plus fréquente que la seconde. Le platine cristallisé dans les pyroxénites n'a jamais, jusqu'à ce jour, été observé dans la roche en place, on a trouvé seulement quelques pépites qui sont associées à leur gangue, et sur lesquelles les rapports du platine et de la roche mère sont aisément discernables. Les plus belles de ces pépites se rencontrent sur la rivière Goussewka, aux laveries de Walérionowka et de Katchkanar ; nous en possédons une série qui proviennent de la première de ces laveries, qui sont particulièrement démonstratives, et qui ont été reproduites (Pl. N°ˢ X et XI). Il en existe aussi de beaucoup plus petites sur la rivière Schoumika, près de Barantcha, mais elles sont moins belles et souvent complètement décortiquées ; on en rencontre cependant qui gardent encore un peu de gangue adhérente.

*La disposition du platine dans les pyroxénites* est tout à fait caractéristique ; il forme ciment entre les éléments de cette roche, notamment entre les cristaux de pyroxène et représente le dernier produit de consolidation de celle-ci. La structure des pépites riches en gangue est absolument sidéronitique, avec cette différence que le platine remplace ici la magnétite. Celui-ci s'infiltre dans toutes les cavités et tous les espaces vides laissés entre les cristaux, et prend alors des formes excessivement bizarres, qui sont la cause première de l'aspect singulier que présentent les pépites entièrement décortiquées. Là où le pyroxène a complètement disparu, le platine garde les empreintes en creux de chaque cristal, qu'on dirait avoir été moulé par une substance plastique, et comme les cristaux de pyroxène sont de dimension très supérieure à celle de l'olivine de la dunite, les pépites prennent par suite un aspect cloisonné tout à fait caractéristique, et présentent des formes tourmentées et caverneuses, avec des angles saillants et rentrants. Les fig. 38, *a*, *b* et *c* montrent l'aspect de ces pépites avec la disposition cloisonnée, ou encore associées au diallage.

Ces formes sont tellement caractéristiques, qu'elles permettent de reconnaître le platine des pyroxénites, même quand il est vierge de toute gangue, comme c'est par exemple le cas pour celui des rivières Kiédrowka et Kamenka. Sur les coupes polies de ces pépites [1], on observe avant toute attaque aux acides et à de faibles grossissements, un double système de

---

[1] R. BECK. Bibliographie n° 76.

fines lignes qui se coupent sous un angle presque droit ou légèrement aigu, et qui simulent les clivages de certains minéraux. Une faible attaque par l'eau régale à froid, fait se dessiner sur la surface polie une série de grains polyédriques à contour dentelé, qui sont tout à fait nets, et qui se distinguent déjà les uns des autres par leur relief, comme aussi par leur

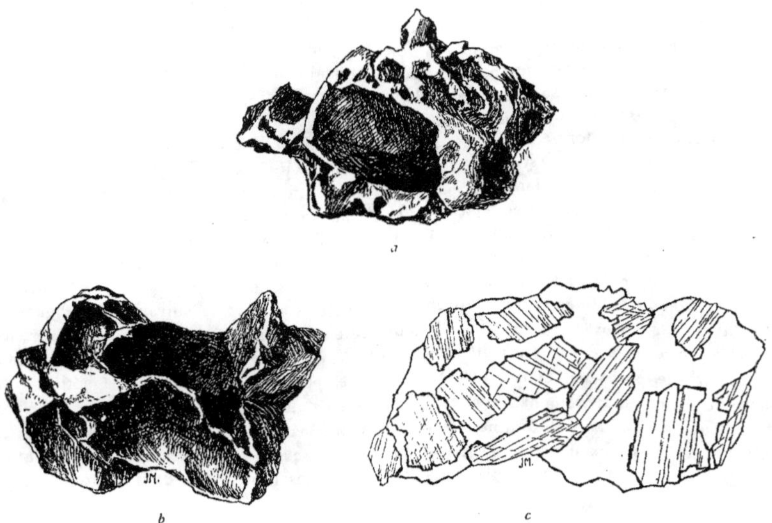

Fig. 38. — Pépites caverneuses et appendiculées de platine dans les pyroxénites. Les échantillons désignés par *a* et *b* sont des types caverneux, qui ne présentent que les empreintes en creux des cristaux disparus de pyroxène ; *c* est une coupe faite dans une pépite associée à sa gangue, qui montre les rapports du pyroxène avec le platine. Sur la figure, le pyroxène est strié, tandis que le platine qui forme ciment, correspond aux parties laissées en blanc.

coloration qui est souvent différente. Une attaque plus prolongée et à chaud fait apparaitre sur certains grains une série de sillons plus ou moins profonds et parallèles ; sur d'autres, on observe deux systèmes de lignes plus fines, qui se coupent sous un certain angle, et qui ne coïncident généralement pas avec les premiers, sur d'autres encore d'aspect plus mat, on voit se dessiner des figures de corrosion triangulaires. Il est donc évident que le platine des pyroxénites est polygène également, et dans le cas particulier, composé de trois ou quatre alliages dont les propriétés physiques sont différentes.

*Le platine associé à la magnétite* est de couleur noire, et les pépites de cette catégorie rappellent, comme aspect, celles encapuchonnées de fer chromé, la magnétite toutefois est beaucoup plus mate et ne présente pas la structure cristalline de la chromite. Sur plusieurs coupes de ces pépites on peut voir que la magnétite y est moulée par le platine qui, là encore, forment ciment, et la disposition est en somme analogue à celle observée sur les pépites de fer chromé. Cette magnétite renferme toujours du manganèse, comme nous l'avons vérifié sur les échantillons provenant de la Goussewka, ainsi que sur ceux de la Kamenka de Barantcha. Quand on examine à la loupe des petites pépites décortiquées de leur enveloppe de magnétite par une fusion préalable avec le salpêtre et le carbonate de sodium, on voit qu'elles sont parsemées de cryptes profondes, dont les surfaces sont mamelonnées, rugueuses, et nullement cristallines.

Cette seconde forme paraît être plus rare que la première, les deux peuvent exister concurremment, comme c'est le cas sur la Goussewka; ou s'exclure en partie, comme on le voit sur la Schoumika de Barantcha par exemple, qui ne renferme presque que du platine blanc sur gangue pyroxénitique, alors que la Kamenka qui est voisine, et qui provient du même massif, contient principalement du platine noir sur gangue de magnétite.

En somme, il y a une analogie parfaite entre les platines dunitiques et pyroxénitiques, en ce qui concerne tout au moins la disposition dans la roche mère, et l'ordre de consolidation des éléments des pyroxénites normales est alors le suivant : 1. Magnétite. 2. Olivine. 3. Pyroxène. 4. Platine. Il faut seulement remarquer que dans les variétés appelées koswites, cet ordre est différent en ce qui concerne la magnétite, qui vient seulement après le pyroxène, et qui forme ciment. Les points de fusion de la magnétite et du diopside sont respectivement $1350°$ et $1260°$, l'alliage de platine qui moule ces minéraux doit donc fondre plus bas. Comme nous ne connaissons pas de gites platinifères primaires *in situ* dans les pyroxénites, il n'est pas possible de savoir pour le moment si le platine sur gangue de magnétite se trouve dans les pyroxénites franches ou dans les koswites.


## § 4. *Les gîtes primaires de platine dans la dunite*


C'est à Taguil que le platine a été observé pour la première fois dans la roche en place, et c'est dans ce centre dunitique que se trouvent presque tous les gites primaires connus à ce jour. La découverte officielle du platine dans la dunite en place de Taguil date de 1892 ; mais il est certain que depuis fort longtemps déjà, les staratélis [1] étaient fixés sur les relations du métal avec cette roche, relations qui sautent aux yeux au cours du lavage des alluvions des lojoks encaissés dans la dunite. Dès le début, en effet, on y trouva des

---

[1] On donne le nom de staratélis à des tâcherons qui exploitent les alluvions aurifères ou platinifères.

morceaux de platine qui adhéraient encore à la roche mère, et de là à la solution du problème des gîtes, il n'y a qu'un pas à faire. Les staratélis ont exploité le platine dans la roche en place bien avant que l'administration des laveries de Taguil n'eût connaissance du gîte du Kroutoï-Log découvert en 1892, et c'est par un de ceux-ci que ce gîte fut signalé, il porta même son nom, on l'appela « filon Cérébriakoff ».

Depuis lors, d'assez nombreux gisements primaires ont été découverts, soit accidentellement, soit à la suite de recherches systématiques ; on en connaît une vingtaine environ, la plupart situés dans des « schlieren » de chromite, quelques-uns dans la dunite même. L'historique de ces différentes découvertes et la description détaillée de ces gîtes ont été donnés d'une manière complète par M. Wyssotsky [1] dans son ouvrage ; nous nous bornerons donc à un exposé tout à fait sommaire de ce sujet, en examinant d'abord les gîtes qui se trouvent dans les schlieren de chromite, et ceux plus rares qu'on a rencontrés dans la dunite.

I. Gîte du Kroutoï-Log (Nº 1 sur la fig. 39 [2]). Il se trouve sur la pente S.-O. du Solowieff, dans le thalweg du Kroutoï-Log, affluent de la rivière Roublévik, et a été découvert par un staratéli qui, pendant un certain temps, extrayait de la chromite de la roche en place, pour la broyer et en retirer le platine qu'on y voyait inclus à l'œil nu. Il fut visité peu de temps après sa découverte par le professeur Inostranzeff [3] qui en donna

Fig. 39. — Carte des gîtes primaires de platine dans la dunite de Taguil, d'après N. Wyssotsky.

une description détaillée, puis par M. Karpinsky et par d'autres géologues. Ce gisement consistait en une ségrégation de chromite dont l'épaisseur totale variait de 1 à 35 centimètres, qui était formée par une zone enrichie de fer chromé, dans laquelle on trouvait des veinules de chromite compacte mesurant de 1 à 5 centimètres, qui présentaient des étranglements et des bifurcations. Par place, les veinules se résolvaient en petits amas lenticulaires qui, presque toujours, étaient alignés plus ou moins parallèlement au filon principal. La dunite encaissante était fortement serpentinisé, ce qui faisait ressortir la chromite. En certains

[1] Wyssotsky. Bibliographie Nº 103.
[2] La petite carte qui figure dans le texte est reproduite de l'ouvrage de M. Wyssotsky, la numérotation qui y figure pour les divers gîtes a été conservée.
[3] Inostranzeff. Bibliographie Nº 34.

endroits, la chromite était fissurée, avec formation de serpentine, de carbonates et d'opale, par places même elle était bréchiforme. La ségrégation de chromite descendait à quelques mètres de profondeur, puis s'incurvait, et se résolvait en filonnets. Le platine était dispersé dans la chromite en grains blancs d'argent, de 1 à 1,5 mm. de diamètre, isolés, ou réunis en groupes, formant des petits amas de 2 à 3 cm. La teneur de la chromite en platine est difficile à établir, bien que ce gîte ait été complètement exploité, mais en grande partie par le staratéli en question, qui naturellement n'a point communiqué les résultats obtenus, de sorte qu'on ignore la quantité totale de platine qui en a été extraite. Pendant la période de recherches faites par l'administration des laveries, la teneur moyenne en platine de la chromite exploitée fut de 8 zolotniks pour 100 pouds. La détermination fut effectuée par broyage, avec lavage consécutif. Sur des morceaux choisis de chromite, on trouva jusqu'à 41 zolotniks pour 100 pouds.

II. Gisements du Solowiewsky-Log. Ils sont au nombre de quatre, et numérotés par M. Wyssotsky de 2 à 5. Les numéros 2 et 3 ont été exploités par des staratélis; ils consistaient en schlieren de chromite avec platine visible à l'œil nu. Les renseignements exacts sur les teneurs manquent; elles semblent cependant avoir été très élevées (probablement plus d'une livre par 100 pouds pour le N° 3). Le N° 4 a été découvert par M. Zawaritsky; il consiste en filonnets irréguliers et en petites inclusions de chromite dans la dunite serpentinisée. Le broyage de la chromite a montré la présence de quelques grains de platine. Le N° 5 se trouve sur un petit lojok, affluent du Solowieff. Il a été travaillé de 1909 à 1910 jusqu'à 4,5 m. de profondeur, d'abord par les staratélis, ensuite par l'administration des laveries. Il consistait en une série de veinules parallèles de chromite, dont la suite mesurait 0,40-0,70 m. d'épaisseur, qui étaient orientées O.-N.-O., et qui, à la profondeur de 4,5 m., avaient un plongement rapide au N.-N.-E. A la profondeur de 7 m. environ, ces veinules de chromite subissaient une incurvation, tandis que la dunite serpentinisée encaissante se continuait telle quelle au-dessous. Le platine, visible à l'œil nu, était contenu dans la chromite; les essais ont donné une teneur moyenne de 1 livre 38 zol. 88 dol. pour 100 pouds, pour la totalité de la chromite extraite du gisement. Sur certaines veinules où le platine était apparent, on a trouvé jusqu'à 22 livres 13 zol. pour 100 pouds; sur d'autres, sans platine visible à l'œil nu, 4 zol. 75 dol. Le platine de ce gisement était très petit, et dans les parties un peu profondes des veinules de chromite, il était toujours invisible à l'œil nu. La quantité totale de métal extrait par l'administration des laveries sur ce gisement fut de 8 livres, et encore dans ce chiffre n'entre pas le platine exploité antérieurement par les staratélis.

III. Gîtes d'Alexandrowsky-Log. Ils sont au nombre de six, et numérotés de 6 à 11. Le N° 6 est une ségrégation qui mesure 1,2 m. de longueur sur 0,12 m. de largeur, de chromite fissurée, dans la dunite serpentinisée. La teneur en platine au broyage était de 5,6 zol. pour 100 pouds. Le platine, toujours petit, était cependant visible à l'œil nu; il se rencontrait dans la chromite, et dans la dunite serpentinisée (en petits cubes). Deux autres petits nids ont été observés près de là; ils contenaient également du platine visible à l'œil nu, la teneur était de 60 dol. pour 100 pouds. Les N^os 7 et 8 étaient des petites ségrégations platinifères sans importance. Le N° 9 a été découvert par M. Conradi, et consistait en petits nids apophysés de chromite de 0,12 m. environ de longueur, sur 0,04 à 0,05 m. de largeur. Le platine était accumulé principalement au contact de la chromite et de la dunite. Le N° 10 formait une assez longue veine de fer chromé, dirigé N.-O. avec prolongement N.-E. 40-60°; au broyage, la chromite ne donna pas de platine. Le N° 11 était représenté par une petite poche de chromite stérile également.

IV. Gîtes du Cierkof-Log. Ils sont au nombre de trois, et numérotés de 12 à 14. Le N° 12 était une veinule de chromite dirigée N.-O., qui au broyage, donna, paraît-il, des teneurs élevées.

Le n° 13 se trouve au sommet de Cierkof-Log; il formait deux petits nids avec platine apparent, en petites inclusions dans la chromite. La teneur au broyage était de 54 dolis dans 100 pouds. Le n° 14 exploité certainement par un staratéli, n'a pu être retrouvé.

V. Gîtes du Kamenny-Log. Ils sont numérotés de 15 à 16.

Le n° 15 a été découvert par un staratéli (Kustoff), et exploité jusqu'à la profondeur de deux mètres; M. Zawaritsky l'a suivi jusqu'à la profondeur de huit mètres. Il était formé par des veinules de chromite de 0,04-0,05 m. orientés N.-S. dans la dunite. Les essais de broyage de la dunite serpentinisée contenant des inclusions de chromite donnèrent quelques grains de platine.

Le n° 16 qui forme l'une des plus grandes ségrégations connues, a été découvert par M. Zawaritsky. Il consistait en nombreuses veinules parallèles de chromite orientées N.-N.-O., qui passaient latéralement du minerai compact à la dunite franche. La teneur de la chromite était de 1 dolis dans 100 pouds.

VI. Gisements du Kroutinsky-Log. Ils sont au nombre de deux, et numérotés 17 et 18. Découverts par les staratélis, ils ont été exploités par ces derniers. Ils consistaient en schlieren d'une chromite presque pure, dirigés N.-N.-E.; dans laquelle les essais de broyage n'ont pas montré la présence du platine.

Dans tous les gisements dont il vient d'être question, le platine se trouve toujours dans les ségrégations de chromite, par contre, dans ceux qui suivent, il a été rencontré dans la dunite même.

VII. Gisement d'Awrorinsky. Il porte le n° 19, c'est vraisemblablement le plus important ou tout au moins le second des gîtes dans la roche en place connus à Taguil jusqu'à ce jour. Il est aussi désigné sous le nom de Dietkowoï-Yam, et se trouve à 200 mètres environ au Sud-Est du comptoir de Soukhoï-Prusk, sur la rive droite de Martian, et sur le bord même du centre dunitique, à une cinquantaine de mètres au plus du contact de la dunite avec les pyroxénites de la première ceinture. Il a été découvert par hasard en 1898; en creusant le sol à l'endroit indiqué, on trouva en abondance un platine d'aspect terreux, en grains, cristaux, ou masses irrégulières toujours non roulés, et qui paraissait avoir été mis en liberté à la suite d'une décomposition *in situ* de la dunite dans laquelle il était primitivement engagé (Pl. XI, fig. 4). Ce platine a été en partie conservé par l'administration, et nous en possédons plusieurs excellents spécimens. Les fragments sont grisâtres ou jaunâtres, souvent absolument identiques à des morceaux de dunite rubéfiée et désagrégée. Le platine métallique y est parfois à peine visible, et apparaît comme des cristaux isolés ou des mamelons cristallins qui percent dans la masse décomposée. Celle-ci n'est nullement de l'argile ou du sable qui adhère au platine, c'est à l'évidence la dunite même au sein de laquelle ce dernier s'est ségrégé, ce que montrent d'ailleurs clairement les coupes faites dans les fragments les plus enrobés. Les formes que présente ce platine lorsqu'il a été décapé et débarrassé de sa gangue par une fusion prolongée avec le carbonate de sodium, sont différentes de celle du platine trouvé dans la chromite ; on observe généralement des cristaux cubiques isolés, ou des masses plus volumineuses hérissées de cristaux et présentant une disposition analogue à celle dite en chou-fleur, ou encore des véritables grenailles informes.

Plus tard, en 1900, l'administration de Taguil fit faire des recherches sur l'endroit indiqué, qui est occupé actuellement par une grande fosse, tout autour de laquelle on peut voir encore aujourd'hui une série de tranchées. Les données précises au sujet de ces recherches font défaut, bien que le plan et les échantillons en aient été en partie conservés par l'administration des laveries. Des ouvriers qui ont travaillé à cette époque, racontent qu'à une profondeur de 1,10 m. environ, au-dessous de formations argileuses, on a trouvé, sur un espace restreint, des grains et masses plus volumineuses de platine, dans une argile jaunâtre produite par la désagrégation de la dunite en place. Après le lavage de cette argile, on récupéra plusieurs livres de platine[1]. La dunite désagrégée qui avoisinait cette bonanza, donna aux lavages des teneurs de 10 à 30 zol. pour 100 pouds, et même davantage, mais le gîte fut vite épuisé et abandonné. Plus tard, en 1900, des essais de la dunite décomposée de Dietkowoï-Yam furent faits par Johnson Matthey & C$^{ie}$ à Londres, sur un échantillon expédié par l'administration des laveries. Les teneurs trouvées oscillaient entre 7 et 20 dolis pour 100 pouds (3 à 8 gr. par tonne). Enfin en 1907, M. Conradi, dans ses recherches faites sur la dunite d'Awrorinsky, a trouvé 3,4 dolis pour 100 pouds dans la dunite qui avoisine le gîte primaire de Dietkowoï-Yam, ce qui semblerait indiquer une certaine concentration du platine dans celle-ci tout autour de ce gîte.

VIII. Gite de Mokroï Otnogky. Il porte le n° 20, et a été découvert au cours des recherches de MM. Conradi et Zawaritzky. Le platine s'y rencontre en inclusions dans la dunite serpentinisée normale. En 1908, on a extrait de ce gisement environ $^3/_4$ de livre de platine. Les travaux ont atteint trois mètres de profondeur et ont suivi une crevasse de 3 à 4 centimètres de largeur, dirigée N.-E. 25°, qui était remplie par des produits serpentineux grisâtres dans lesquels se trouvait le platine.

VIII. Gite du Kossogorsky-Log n° 21. Ce gisement, qui se trouve dans la dunite

---

[1] Les indications qui nous ont été données au sujet du poids total de ce platine sont discordantes; celui-ci oscille entre 2 et 5 livres. M. Wyssotsky indique 2 livres $^1/_2$. Nous avons vu en 1906 une partie de ce platine qui avait été conservé par l'administration ; nous ne l'avons pas pesé, mais il nous semble que le poids devait dépasser une livre.

serpentinisée également, est situé sur le flanc N. du Solowieff, dans la partie supérieure du Kossogorsky-Log. Le platine en a été extrait principalement d'une serpentine noire qui remplissait des fissures de dislocation; ce gisement paraît avoir été de minime importance.

## § 5. *Richesse moyenne des roches mères du platine et exploitation éventuelle des gîtes primaires*

L'exposé qui précède montre clairement que le platine n'est pas uniformément réparti dans la dunite, mais qu'il y est au contraire gîté d'une façon tout à fait irrégulière. Si donc on voulait exploiter le platine dans la dunite, il ne faudrait pas un seul instant songer à extraire cette roche au hasard pour la soumettre ensuite à un broyage approprié. On devrait tout d'abord rechercher les bonanzas dans lesquelles le platine est concentré, or, celles-ci sont des plus rares, et disséminées d'une façon tout à fait capricieuse dans la dunite. Rien ne permet donc de se guider dans une recherche semblable qui, de la sorte, devient purement aléatoire, et partant, toujours fort coûteuse. Sans doute le platine est con_centré dans la chromite et la découverte des ségrégations de ce minéral peut fréquemment conduire à celle du métal précieux, mais les schlierens de fer chromé ne sont pas toujours platinifères, et d'après ce que nous avons pu voir aux sources de Poloudniéwaïa, elles sont rares dans la dunite. Si donc il fallait les aller chercher au sein de celle-ci par des travaux de mine, l'opération serait sinon impraticable, du moins tout à fait ruineuse. Il reste, il est vrai, la ressource de chercher sur les affleurements superficiels, mais sur tous les centres primaires, la dunite est presque partout couverte par la végétation ou les produits de désa-grégation de la roche sous-jacente; enlever le tout pour découvrir quelques veinules de chromite, serait également une opération peu rentable. On objectera, il est vrai, qu'à Taguil les staratélis ont, à fois réitérées, exploité le platine dans la roche en place; mais c'est là un phénomène purement accidentel, car les gîtes primaires qui ont fait l'objet de ces exploitations ont été trouvés en lavant les alluvions platinifères des lojoks, ce qui a eu pour résultat de mettre à nu sur de nombreux points la dunite qui en forme le ravin, et ce qui a permis de voir ainsi les schlierens de chromite là où ils existaient. Si dans le même but il avait fallu faire cet énorme travail de déblayage, l'opération eut été impossible. La con-clusion de tout ceci est que *l'exploitation rationnelle du platine en gîtes primaires reste impossible, et ne peut être qu'occasionnelle.*

Il résulte également de ce qui a été dit dans ce qui précède, que la teneur moyenne en platine des dunites et des pyroxénites est excessivement faible. Nous entendons par teneur moyenne celle d'une dunite idéale, dans laquelle le platine existant aurait été unifor-mément réparti. Or cette teneur exacte ne peut être établie par l'expérience, le platine étant gîté. Pour tâcher de l'évaluer, nous avons procédé comme suit : nous avons, d'après la statistique, établi la production globale reconnue à ce jour de gisements bien cartographiés, pour lesquels la chose était possible. Nous avons ensuite majoré le chiffre obtenu d'une fraction que nous avons évaluée d'après la connaissance que nous avons de chaque gisement [1], puis nous avons encore ajouté au total des deux chiffres obtenus, le platine qui constitue les réserves de chaque gisement, en évaluant ces réserves au moyen de certains documents que nous possédons.

D'autre part, en utilisant les cartes à courbes de niveau de ces gisements, nous avons établi une série de profils transversaux très exacts à l'échelle puis, en nous servant des chapeaux de pyroxénites qui fonctionnent comme témoins, nous avons d'abord reconstitué les limites de la dunite, puis calculé le cube de cette roche qui était parti par érosion, et qui par conséquent avait fourni la totalité du platine trouvé dans les gisements. Sans doute, ces calculs ne sont qu'approximatifs, mais ils suffisent parfaitement pour nous donner une idée de la teneur initiale en platine du magme dunitique qui, d'ailleurs, varie beaucoup d'un gisement à l'autre.

| Gisement | Cube de dunite érodée | Platine extrait jusqu'en 1915 | Platine volé | Platine restant | *Teneur par m³* |
|---|---|---|---|---|---|
| Taguil . . . . | 938,477,981 m³ | 6866 pouds | 2288 pouds | 1000 pouds | 0,1700 gr. |
| Sosnowsky-Ouval. | 166,334,500 » | 90 » | 10 » | 20 » | 0,0115 » |

L'examen des cartes des gîtes dunitiques primaires de l'Oural montre que pour la majorité d'entr'eux, le platine rencontré dans les alluvions provient de la partie périphérique de la dunite, c'est-à-dire de la région qui avoisine plus ou moins le contact de celle-ci avec les pyroxénites, qui seule a été dénudée. La masse totale de la dunite qui reste en place dans ces gisements est en tout cas infiniment supérieure à celle qui a été érodée et, si la teneur en platine de cette dunite reste constante, ou si, comme on peut le supposer, elle augmente avec la profondeur, on peut affirmer que la réserve en métal de ces gisements primaires est considérablement supérieure à la quantité de platine libérée de ceux-ci par l'érosion, et cumulée dans les alluvions des cours d'eau qui les ont ravinés.

## § 6. Genèse probable des gîtes platinifères primaires

Les structures des divers platines natifs que nous avons décrites aussi bien pour les variétés dunitiques que pour celles pyroxénitiques, ne laissent aucun doute sur l'origine de ce métal, qui représente incontestablement un produit de différenciation magmatique. Le platine moule en effet indifféremment la chromite, la magnétite, l'olivine ou le pyroxène, et se comporte absolument dans les dunites ou les pyroxénites comme le fer météorique de certains syssidères, notamment celui du météorite de Pallas.

---

[1] Pour tenir compte du platine volé qui fait défaut dans les statistiques de la production.

De plus, sous réserve de constatations ultérieures venant infirmer cette observation que nous avons toujours trouvée exacte dans les cas où il nous a été donné de la vérifier, *les roches de la double ceinture qui circonscrit les effleurements dunitiques sont stériles ou à peu près au point de vue du platine.* Ce fait que nous avons constaté au Koswinsky comme au Tilaï, paraît se vérifier également à l'Omoutnaïa, au Kaménouchky et à Taguil.

En outre, les analyses des divers platines de l'Oural et d'ailleurs, montrent que ceux-ci ne sont jamais des associations de métaux nobles seulement, ils renferment toujours une quantité plus ou moins grande de fer, et se comportent en somme comme un alliage insuffisamment coupellé, la scorie qui résulte de la coupellation représentant en l'espèce la roche éruptive elle-même. Le platine natif nous apparaît donc en quelque sorte comme le produit d'un affinage naturel incomplet, comparable à un bouton d'argent qui retiendrait du plomb sur la coupelle.

Dans ces conditions, supposons qu'un ridement orogénique quelconque ait déterminé l'intrusion laccolithique ou batholitique d'une masse M d'un magma déterminé dans les formations qui, en cet endroit, constituent l'écorce solide du globe terrestre[1]. Ce magma, sorte de bain de substances silicatées fondues provenant d'une oxydation incomplète de ce que Michel-Lévy[2] a appelé le bouton de fer, amène avec lui de la profondeur une partie de la substance qui constitue ce bouton, en l'espèce du fer tenant en dissolution divers métaux, parmi lesquels le platine et les éléments de son groupe. Les relations des deux éléments, bain de silicates et alliages complexes liquides, sont d'ailleurs comparables à celles des solutions de sulfures métalliques dans les métaux ou les silicates fondus. Mais on sait que le milieu profond est toujours réducteur[3] et que des phénomènes d'oxydation plus ou moins énergiques accompagnent l'ascension des magmas dans l'écorce terrestre. Cette oxydation va produire au détriment des alliages complexes une scorie, qualifiée par Michel-Lévy de scorie ferro-magnésienne, source primitive de l'élément noir des roches éruptives, tandis que le produit de rochage de cette scorification contiendra principalement les alcalis, l'alumine et la silice, qui donnent naissance aux minéraux feldspathiques, et qui sont des corps essentiellement mobiles et véhiculables par les minéralisateurs. Cette scorification n'est pas une conception théorique, elle a été réalisée par Daubrée[4] en fondant en atmosphère oxydante des alliages de fer, magnésium et silicium.

La masse M arrivée en place, va se différencier, en donnant successivement de la périphérie vers le centre, trois produits que nous désignerons par *a*, *b* et *c*. Le premier *a*, représentera les roches leucocrates, types plus acides et feldspathiques qui forment la ceinture externe, dans lesquels la scorie ferro-magnésienne est mêlée à une notable proportion de magma alcalin. Le second *b*, plus basique, correspondra aux roches de la première ceinture (pyroxénites, tilaïtes, etc.) dans lesquelles la scorie ferro-magnésienne est presque pure;

---

[1] L. Duparc. Bibliographie n° 91.
[2] A. Michel-Lévy. Classification des magmas. *Bull. de la Soc. géol. de France*, 1897, t. XXV, p. 367.
[3] Fouqué. Santorin et ses éruptives.
[4] Daubrée. *Etudes synthétiques de géologie expérimentale*, t. II, p. 553.

le troisième $c$, le plus profond et aussi le plus basique, représentera la dunite formée exclusivement par la scorie ferro-magnésienne.

Ces trois termes ne sont pas égaux en quantité, $c$ en particulier est notablement inférieur à la somme des deux autres.

Le platine contenu initialement dans le magma, se concentrera par suite de ces différenciations successives, dans le terme $c$, soit la dunite. Au cours de la cristallisation de celle-ci, il se séparera au milieu des minéraux déjà ségrégés, comme un produit de coupellation d'autant plus parfaitement affiné que les métaux auxquels il était primitivement allié, notamment le fer, seront plus complètement fixés, après oxydation préalable, pour la formation de l'olivine, ainsi que celle de la chromite.

L'importance du terme $c$ est évidemment liée à la grandeur de M ; or, pour certaines valeurs de celui-ci, ce terme ne pourra pas toujours s'isoler comme tel ; dans ces conditions, les termes $a$ et $b$ seuls pourront se former, et $c$ se trouvera donc réuni à $b$. Le platine qui aurait dû passer dans la dunite, se trouvera dès lors entièrement contenu dans les pyroxénites à olivine, d'où il se séparera sous la forme ordinaire. Telle sera l'origine des gites primaires pyroxénitiques, et la présence du platine dans les pyroxénites doit avoir comme conséquence logique l'absence de dunite en profondeur au-dessous de celles-ci.

Il reste évident que, toutes choses égales d'ailleurs, la quantité de platine qui se trouve initialement dans le magma, dépend de la grandeur de M et aussi de la profondeur de la région d'où est issu ce magma. Comme la valeur du terme $c$ dépend de ces deux facteurs, il en résulte que la richesse des gisements dunitiques en platine doit être liée à leur importance. C'est en effet sensiblement ce que l'on observe ; le centre de Taguil est incontestablement le plus grand, ce fut aussi le plus riche ; le centre de Swetli-Bor qui vient ensuite comme importance, occupe également la seconde place comme richesse ; les petits centres comme le Jow, l'Omoutnaïa, etc., n'ont fourni que très peu de platine. De plus la grosseur et la fréquence des masses ségrégées de platine natif concentrées sur certains points, paraissent dépendre du même phénomène. Les plus grosses pépites ont été rencontrées à Taguil, où au début de l'exploitation, elles étaient assez fréquentes. Des pépites déjà moins volumineuses et plus rares aussi ont été trouvées sur les deux centres de l'Iss. Au Kaménouchky, par contre, les plus grosses pépites trouvées dans les éluvions des lojoks ne dépassaient guère 30 à 40 grammes et restaient généralement fort au-dessous de ce poids, au Sosnowsky-Ouwal, l'exemplaire le plus gros pesait 25 grammes, à l'Omoutnaïa et au Koswinsky enfin, les pépites, rares d'ailleurs, ne pesaient généralement que quelques grammes seulement.

La dunite draine en somme à son profit tout le platine qui s'est trouvé originellement dans une masse déterminée de magma avant sa différenciation. Or l'analogie de cette dunite avec certains météorites a déjà été signalée par Daubrée [1], et il est probable que si les conditions indiquées précédemment permettaient une différenciation plus complète, les

---

[1] Daubrée. *Etudes synthétiques de géologie expérimentale,* vol. II, p. 553.

produits que l'on trouverait en profondeur au-dessous de la dunite se rapprocheraient de plus en plus des divers types connus de ces météorites, dans lesquels d'ailleurs on a trouvé du platine.

Dans l'Oural, comme en d'autres gisements, la dunite est déjà une roche très profonde, comme on peut s'en convaincre par l'exposé suivant : L'Oural qui est aujourd'hui presqu'une pénéplaine, compte cependant des chaînes dont l'altitude est voisine de 2000 mètres, et il n'est pas téméraire d'affirmer qu'à l'origine, cette altitude était triple ou quadruple de celle d'aujourd'hui. Or à Taguil, par exemple, on peut aisément fixer le niveau atteint par la dunite ; celle-ci, en effet, près de la ligne de faîte du gisement est, en plusieurs endroits, recouverte par des chapeaux de pyroxénites, et un profil par le Solowief, point culminant qui cote 600 m., montre clairement que la dunite massive qui forme présentement ce sommet, devait s'y trouver originellement à quelques mètres à peine au-dessous des pyroxénites que l'érosion a enlevées en cet endroit. Les profils des autres centres dunitiques primaires montrent également que ce n'est que la partie la plus voisine de la ceinture pyroxénitique qui a été érodée et, comme l'altitude de ces centres est presque toujours peu considérable, la conclusion à tirer de ces faits est conforme à celle qui concerne Taguil. La dunite est donc une roche très profonde, et l'on comprend alors pourquoi elle n'arrive que difficilement à la surface par la dénudation. C'est là la principale cause de la rareté de cette roche, et par conséquent des gîtes platinifères, qui ne peuvent donc se rencontrer que dans des massifs éruptifs profonds très fortement érodés, et originellement très importants.

## § 7. *Synthèse de la dunite*

Nous avons essayé de reproduire synthétiquement la dunite, afin de vérifier si la voie sèche seule était suffisante pour expliquer la formation de cette roche. On sait que c'est le cas pour les pyroxénites, dont la synthèse a déjà été effectuée par divers expérimentateurs[1]. Dans ce but, nous avons entrepris avec Mme Choumoff-Déléano[2], une série d'essais qui ont été effectués à Vienne dans le laboratoire de M. le prof. Dölter.

Nous avons tout d'abord cherché à déterminer les conditions de la fusion des minéraux constitutifs de la dunite, en opérant sur des coupes minces qu'on examinait au microscope de Dölter, en les chauffant dans une atmosphère d'acide carbonique pour éviter l'oxydation, et avons obtenu les résultats suivants :

*Essai n° 1*. La température était maintenue à 1330 pendant 3 heures et demie. Dans ces conditions l'olivine commençait à fondre tandis que la chromite restait infusible.

*Essai n° 2*. La température fut poussée à 1370 avec un résultat analogue. On sait

[1] Notamment par Moroséwitch, Vogt, etc.
[2] L. DUPARC. Bibliographie n° 101.

que **A.** Brun[1] a indiqué que l'olivine chauffée en poudre fine à 1350 dans un creuset de platine se contracte, se soude, mais que chaque grain garde encore son individualité, le point de fusion franc du minéral étant à 1730.

*Essai n° 3.* Il fut effectué sur de la chromite compacte de l'Amérique du Nord. La température fut poussée à 1540 (qui est celle maximum que l'on peut obtenir sur le microscope de Dölter), sans que l'on puisse observer un commencement de fusion. **M. A.** Brun fixe à 1850° le point de fusion de la chromite, contenue dans la dunite platinifère du Koswinsky.

*Essai n° 4.* Il a été effectué sur de la chromite d'Asie Mineure qui, cette fois, fut pulvérisée en poudre fine et chauffée pendant 30 minutes dans le four électrique à charbon. La température a été mesurée au pyromètre optique Holborn-Kurlbaum. Elle atteint 1650°. A la fin de l'opération, on obtint un culot scoriacié accompagné de grenailles métalliques de ferrochrome. Une coupe mince de ce culot montra qu'il était formé par des grains noirs, opaques, reste des octaèdres de chromite, réunis par une substance brune, transparente translucide, isotrope, à indice élevé. Dans les parties de la préparation où ce produit rouge prédominait, on y observait parfois des sections à profils d'apparence hexagonale. Cette substance rouge est tout à fait différente de la chromite, et il faut admettre que la fusion a été accompagnée d'une réduction ayant donné naissance au ferrochrome, suivie d'une accumulation de l'alumine fixée comme spinelle brun, qui correspond sans doute au produit rouge indiqué.

Nous avons, dans une seconde série d'essais, fondu de la dunite naturelle, sans l'additionner d'aucun réactif. On a pris comme matériel d'expérience la dunite de Taguil, qui est fortement serpentinisée, et dans laquelle l'olivine est réduite à l'état de noyaux isolés dans un tissu d'antigorite.

*Essai n° 5.* 30 grammes de dunite furent pulvérisés et chauffés pendant 15 heures au four Forquinion à une température qui n'excédait pas 1350. Le produit de la fusion fut soumis à un refroidissement lent, le culot taillé en plaques minces. Sous le microscope, le produit fondu n'a plus la moindre analogie avec la dunite. Il est formé par une roche vacuolaire renfermant des cristaux hyalins corrodés et fortement biréfringents, mêlés à des octaèdres de chromite intacts, le tout disséminé dans une masse grisâtre semblable à un verre, mais qui est ponctuée de produits opaques et polarise comme certains agrégats. A des grossissements plus forts, on voit que cette masse est formée par des petits grains idiomorphes arrondis d'un minéral identique à celui qui constitue les phénocristaux, mais qui sont surchargés d'inclusions. Les caractères optiques de ce minéral sont ceux d'une olivine moins biréfringente que celle de la dunite primitive. Il est difficile de dire si les grands cristaux sont le résidu corrodé de l'olivine de la dunite, ou un produit nouvellement cristallisé, ce que nous ne pensons pas d'ailleurs ; quant aux petits grains, ils sont incontestablement un minéral né de la fusion.

---

[1] A. Brun. Étude sur le point de fusion des minéraux. Genève, *Archives des sciences physiques.*

*Essai n° 6.* Il a été effectué avec la même dunite dont la poudre fut chauffée au four électrique à charbon entre 1800 et 2000, avec refroidissement lent subséquent Pour éviter l'oxydation, la poudre avait été recouverte d'un peu de charbon. Le culot obtenu, léger et rugueux, était d'apparence cristalline et analogue à certaines variétés de dunites fraiches.

Au microscope, le produit est encore vacuolaire, mais largement cristallisé. Il est constitué par des cristaux idiomorphes de péridot hyalin aux formes courtes et trapues, qui rappellent celles arrondies typiques pour les grains d'olivine de la dunite, cristaux qui sont saturés d'inclusions au centre. On reconnait sur ceux-ci les profils $g^1 = (010)$; $g^3 = (210)$; $p = (001)$ et $h^1 = (100)$ avec clivage $h^1 = (100)$ et $g^1 = (010)$. Le plan des axes optiques est parallèle à $h^1 = (100)$, la bissectrice aiguë $= n_g$; $2V = 85°$; $n_g$-$n_p = 0,0353$; $n_g$-$n_m = 0,0188$; $n_m$-$n_p = 0,0165$. La variété parait se rapprocher de la Forstérite; en tout cas la fusion a été complète, et les péridots se sont ségrégés d'une masse parfaitement fluide. La seule distinction entre la roche primitive et le produit de la fusion est que chez ce dernier, la structure est vacuolaire, le péridot criblé d'inclusions, et la chromite absente.

Nous avons enfin cherché à reproduire la dunite par la fusion directe des constituants. Pour cela, nous avons tout d'abord calculé la composition moyenne de la dunite de l'Oural, en utilisant les analyses des dunites des principaux centres indiqués précédemment; puis, après défalcation de l'eau provenant de la serpentinisation, nous avons calculé les résultats sur 100 parties, ce qui donne :

| | |
|---|---|
| $SiO_2$ | 39,81 |
| $Fe_2O_3$ | 5,39 |
| $FeO$ | 4,69 |
| $MgO$ | 48,44 |
| $Al_2O_3$ | 0,56 |
| $Cr_2O_3$ | 1,11 |
| | 100,00 |

Nous avons alors pesé le mélange ci-dessous, qui répond à la composition indiquée :

| | |
|---|---|
| $SiO_2$ | 36,69 |
| $FeCO_3$ | 14,17 |
| $MgCO_3 + 3H_2O$ | 153,10 |
| $Al_2O_3$ | 0,52 |
| $Cr_2O_3$ | 1,02 |

60 gr. de ce mélange furent fondus au four électrique à charbon en une masse bien liquide, qu'on laissa refroidir lentement, puis qu'on soumit à un recuit prolongé à 1560°.

Le culot obtenu était grisâtre, très cristallin et vacuolaire. Au microscope, les coupes minces qui en furent faites, montraient une roche largement et entièrement cristallisée, formée par des grains idiomorphes et hyalins de péridot, accompagnés d'octaèdres d'un minéral ferrugineux opaque, sans aucune trace de produit vitreux intermédiaire. Sur les cristaux on pouvait observer, mais rarement, les traces des faces $p = (001)$; $g^1 = (010)$; $h^1 = (100)$ et parfois $g^3 = (210)$, avec des clivages peu marqués. L'orientation de l'ellipsoïde correspond à

$$n_g = c \quad ; \quad n_m = a \quad ; \quad n_p = b$$

Le plan des axes optiques est parallèle à $h^1 = (100)$, la bissectrice aiguë positive $= n_g$, 2V calculé $= 83°$.

$$n_g\text{-}n_p = 0,027\text{-}0,029 \quad ; \quad n_g\text{-}n_m = 0,016 \quad ; \quad n_m\text{-}n_p = 0,013$$

Par places, la structure de la roche est tout à fait analogue à celle de la dunite, les cristaux sont cependant plus petits, criblés de bulles, mais absolument arrondis comme chez cette dernière. Le produit synthétique a la plus grande analogie avec la roche naturelle; en augmentant la proportion de fer, et en créant un milieu réducteur; il peut être obtenu accompagné de grenailles métalliques, et rappelle alors tout à fait la dunite platinifère.

# CHAPITRE IX

## ANALYSE ET COMPOSITION CHIMIQUE DES PLATINES

§ 1. Triage à l'aimant des platines bruts, et proportion des différentes fractions obtenues sur les platines de l'Oural. — § 2. Analyse des minerais de platine, examen des méthodes analytiques ordinaires, et exposé de celles, nouvelles, qui ont été adoptées. — § 3. Composition chimique des platines provenant de la dunite. — § 4. Composition chimique des platines provenant des pyroxénites. — § 5. Composition chimique des platines des gisements autres que ceux de l'Oural. — § 6. Conclusions qui se dégagent de l'examen des analyses des divers platines.

### § 1. Triage à l'aimant des platines bruts, et proportion des différentes fractions obtenues sur les platines de l'Oural

Nous avons vu que certains platines sont aisément attirables au barreau aimanté, tandis que d'autres ne le sont que difficilement, ou même pas du tout. On peut donc toujours, avec l'aide d'un aimant permanent, séparer un platine brut et suffisamment fin en deux fractions, l'une attirable, l'autre qui ne l'est pas; ces fractions correspondent à des produits dont la composition chimique est différente, ce qui a été notoirement constaté. Cette séparation, toutefois, est assez grossière, car l'aimantation d'un barreau est nécessairement variable, et le même platine traité par deux barreaux différents, ne donne pas toujours un même poids des deux fractions.

Nous avons donc cherché à perfectionner la méthode, et avons substitué à l'aimant permanent, un électroaimant actionné par un courant d'intensité connue.

Le diamètre des fers de cet électro-aimant était de 5 mm. On l'actionnait par un courant de 1 ampère et de 16 volts, pour séparer une première fraction. L'intensité du courant était alors portée à 3 ampères, ce qui permettait de séparer une seconde fraction, et il restait un résidu inaltérable, formé par des métaux du groupe du platine et par l'or. Ce dernier était trié à la loupe binoculaire, et la densité des quatre fractions ainsi séparées était déterminée par la méthode du flacon, après avoir purifié le tout par un examen à la loupe binoculaire, notamment pour enlever la chromite et quelques minéraux accessoires. La première fraction correspond sensiblement à celle attirable au barreau aimanté ordinaire.

Les résultats obtenus ont été les suivants [1] :

*Tableau des résultats obtenus par l'action de l'aimant sur divers platines*

| Gisements | Fraction I | Fraction II | Fraction III | Or |
|---|---|---|---|---|
| | % | % | % | % |
| 1. Taguil (échant. moyen) | 88,16.D=15,53 | 11,74.D=16,92 | 0,0270.D=11,25 | 0,0730 |
| 2. Koswinsky (Sosnowka) | 83,44.D=16,41 | 14,44.D=16,66 | 0,0280. — | 0,0800 |
| 3. Omoutnaya . . . . | 53,21.D=16,84 | 46,25.D=17,86 | 0,5040.D=19,48 | 0,0250 |
| 4. Petite Koswa . . . | 19,67.D=17,50 | 77,93.D=17,65 | — | 2,3800 |
| 5. Jow, 1912. . . . . | 57,91.D=16,97 | 41,64.D=17,93 | 0,4420.D=21,31 | — |
| 6. Kaménouchky . . . | 22,69.D=17,71 | 77,01.D=17,71 | 0,2530.D=22,96 | 0,0439 |
| 7. Tilaï, 1910 . . . . | 82,98.D=15,93 | 16,85.D=17,24 | 0,1580.D=10,84 | — |
| 8. Kitlim . . . . . . | 90,65.D=17,00 | 9,24.D=17,32 | 0,0085. — | 0,0680 |
| 9. Kitlim, 1912. . . . | 96,61.D=16,79 | 3,27.D=16,67 | — | 0,1020 |
| 10. Iss . . . . . . . | 88,32.D=17,93 | 11,32.D=17,00 | 0,3200.D=12,42 | 0,0260 |
| 11. Kamenka de Barantcha | 41,36.D=15,61 | 54,72.D=16,47 | 3,4600.D=15,69 | 0,4400 |
| 12. Solwa . . . . . . | 85,06.D=17,08 | 13,92.D=17,00 | 0,3800.D=14,91 | 0,6400 |

Les résultats qui se dégagent de ce tableau sont intéressants. Ils montrent une grande variété dans la composition minéralogique des divers platines en ce qui concerne la proportion relative des deux fractions principales ; c'est cependant la première qui est presque toujours la plus forte. La densité de la première fraction est généralement un peu plus faible que celle de la seconde, ce qui est normal. Quant au résidu inattirable, il est toujours très petit. La densité de ce dernier montre qu'il est loin d'avoir une composition uniforme. Pour les platines de Tilaï et de Taguil, cette densité de 10,89 et de 11,25 ne peut se rapporter qu'au palladium. Les grains non attirables étaient en effet d'un blanc d'argent, et avaient les propriétés de ce métal ; pour Iow et Kaménouchky (21,31 et 22,96), ces densités sont celles de l'iridium métallique, ou des osmiures. De toute façon, il est intéressant de

[1] Ces déterminations ont été faites par M^me E. Rogowine, D^r ès-sciences, assistant à notre laboratoire de chimie analytique.

constater la présence de métaux natifs ou d'alliages non magnétiques dans le platine brut, mais il est certain que ces derniers sont toujours en très faible proportion, et ne jouent pour ainsi dire pas de rôle dans la composition du minerai brut de la mine de platine.

## § 2. *Analyse des minerais de platine; examen des méthodes analytiques ordinaires et exposé de celles, nouvelles, qui ont été adoptées*

Lorsqu'on examine en bloc les analyses publiées à ce jour des divers platines provenant d'un même centre, celui de Taguil par exemple, on est d'emblée frappé par les divergences de certains résultats. Sans doute, dans bien des cas, ces divergences sont réelles, car l'expérience prouve de plus en plus que la composition chimique d'un même platine est sujette à des variations locales; cependant les différences systématiques que l'on observe sur certains dosages dans telle ou telle série d'analyses, ne peuvent, à notre avis, être attribuées qu'aux méthodes mêmes qui ont servi à effectuer ces derniers. Ainsi, pour n'en citer qu'un exemple, les anciennes analyses du platine de Taguil faites par Berzélius, Deville, Moukhine, etc., indiquant presque sans exception, une assez forte proportion de rhodium dans ce platine (de 0,8-3,1 %); celles plus récentes faites sur des échantillons qui représentent sensiblement le type moyen du gisement, n'en donnant que 0,5 environ; on pourrait multiplier les exemples analogues.

Les mêmes divergences s'observent souvent aussi entre les analyses d'un même échantillon faites par différents chimistes, comme nous avons eu maintes fois l'occasion de le constater au cours d'une expertise contradictoire. Cela tient à la complication relative de la chimie des métaux de la série du platine, puis aussi au fait que le groupement de ceux-ci adopté en vue des séparations finales, a une grande influence sur l'exactitude des résultats.

Comme nous désirions effectuer pour notre travail les analyses de nombreux platines de l'Oural dont la composition était encore inconnue, nous avons préalablement fait procéder, pendant plusieurs années, dans le laboratoire de chimie analytique que nous dirigeons, à des recherches, en vue de vérifier le degré d'exactitude des méthodes analytiques en usage, d'y apporter certains perfectionnements, et d'en créer éventuellement de nouvelles. Ces recherches faites avec la collaboration de plusieurs élèves [1] ont fait l'objet de divers travaux et thèses de doctorat auxquels nous ferons de fréquents emprunts dans les pages qui vont suivre.

Il existe cinq méthodes anciennes pour l'analyse du minerai de la mine de platine; trois, celles de Berzélius, de Claus et de Sainte-Claire Deville et Debray sont basées sur les propriétés des chlorosels complexes et des sulfures, une, celle de Sainte-Claire Deville et Stas, sur les propriétés des alliages des métaux du groupe du platine avec le plomb, la dernière, celle de Leidié, sur les propriétés des nitrites complexes.

---

[1] Notamment MM. C. HOLTZ, M. WUNDER, THURINGER et KOIFMANN.

Nous résumerons sommairement ces différentes méthodes sous forme d'un schéma que nous avons extrait du travail de M. Holtz [1].

## I. Méthode de Berzélius

Elle est basée sur l'attaque du minerai par l'eau régale et la précipitation du platine et de l'iridium par le chlorure de potassium.

*Schéma de la méthode de Berzélius* [2]

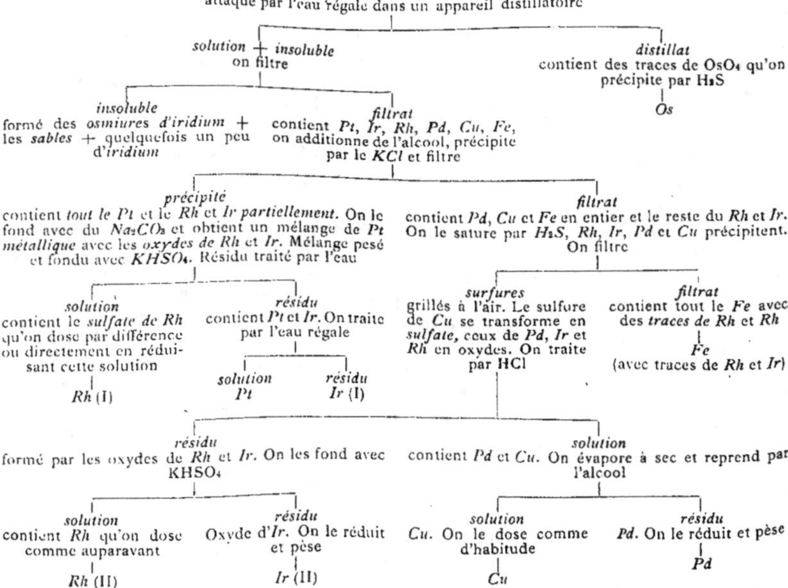


[1] H.-C. Holtz. *La composition des minerais de platine de l'Oural.* Thèse de doctorat faite au laboratoire de chimie analytique de l'Université de Genève (prof. L. Duparc), et présentée à la Faculté des sciences, 1911. Bibliographie n° 89.

[2] *Ann. der Phys.*, Poggend., 1828, t. XIII, p. 533.

## II. Méthode de Claus

Elle est basée sur : 1. L'insolubilité des : chloroplatinate, iridate, osmiate et rhuténiate d'ammonium dans une solution saturée de chlorure d'ammonium.

2. La solubilité des : chloroiridite, rodite et palladite d'ammonium dans cette même solution.

3. La réductibilité du chloroiridate d'ammonium en chloroidite par l'acide sulfhydrique.

*Schéma de la méthode de Claus* [1]

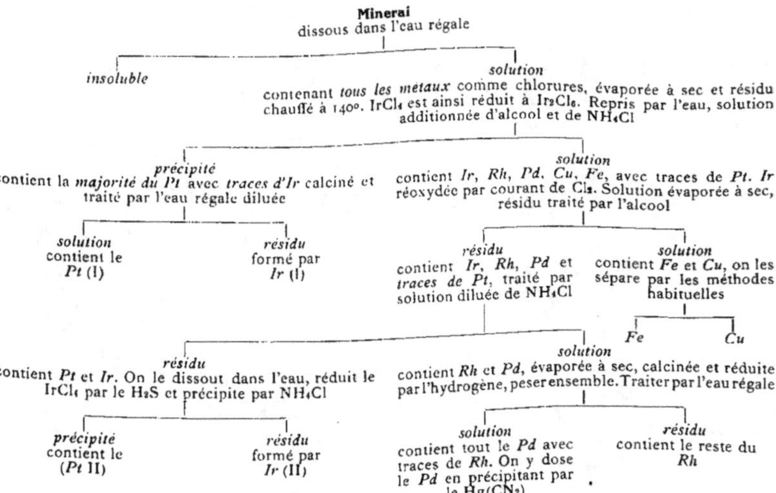


## III. Méthode de Sainte-Claire Deville et Debray

Elle est basée :

1. Sur l'insolubilité des chloroplatinate et chloroiridate d'ammonium dans une solution saturée de chlorure d'ammonium en présence d'alcool.

[1] Claus, *Beiträge zur Chemie der Platinmetalle.* Dorpat, 1855, p. 55.

2. Sur l'action différente du sulfure d'ammonium et du soufre à haute température sur le palladium, l'or, le rhodium d'une part, le fer et le cuivre de l'autre.

3. Sur l'insolubilité de l'or et du rhodium, et la solubilité du palladium (ainsi que du fer et du cuivre) dans l'acide nitrique.

*Schéma de la méthode de Sainte-Claire Deville et Debray* [1]

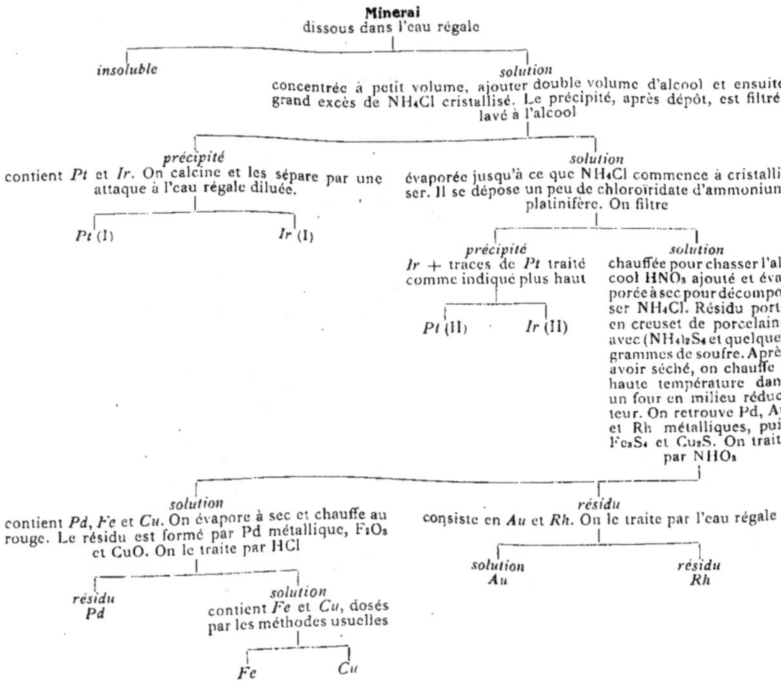


Ces trois méthodes s'appliquent directement au minerai de la mine de platine, toutes trois abandonnent comme résidu de la première attaque à l'eau régale, l'osmiure d'iridium, qui doit être analysé séparément. Celle de Sainte-Claire Deville et Debray peut être consi-

[1] *Ann. de Chim. et de Phys.*, 1859, t. III, LVI, p. 439.

dérée comme un réel perfectionnement des deux autres, notamment en ce qui concerne la séparation du platine et de l'iridium d'avec les autres métaux du groupe.

## IV. Méthode de Sainte-Claire Deville et Stas

Elle a été créée pour analyser le platine iridié qui a servi à construire le mètre-étalon, mais avec certaines modifications, elle peut également s'appliquer à l'analyse du minerai de platine.

Elle est basée sur la formation d'alliages définis du plomb avec le platine, le rhodium, le palladium et le cuivre, tandis que l'iridium, le rhuténium et le fer s'allient entre eux, et se séparent de l'alliage plombeux.

*Schéma de la méthode de Sainte-Claire Deville et Stas*[1]

**Fondre l'alliage**
de $Pt$ avec 10 fois son poids de plomb. Attaquer le culot par $NO_3H$ dilué

A) *solution*
contenant $Pb$, $Pd$, $Cu$ et traces de $Pt$, $Rh$, $Fe$

B) *résidu*
formé par : 1° un alliage de $Pb$, $Pt$ et $Rh$
2° » $Ir$, $Ru$ et $Fe$

**Traitement de la solution nitrique A**
on ajoute du $H_2SO_4$

*précipité*
formé par la majorité du $Pb$ comme $PbSO_4$

*filtrat*
évaporé à siccité, résidu repris par l'eau

*résidu*
formé par du $PbSO_4$ coloré. Lavé à blanc par une solution de $(NH_4)_2CO_3$. Eaux de lavage ajoutées à la solution

*solution*
après addition des eaux de lavage du $PbCO_3$, on acidule par $HCl$. Elle contient : $Pt$, $Rh$, $Pd$, $Cu$, $Fe$. On la sature de $NH_4Cl$

*précipité*
formé par la majeure partie du $Pt$ comme chloroplatinate. Calcination donne
$Pt$ (I)

*filtrat*
additionné d'acétate d'ammonium et d'acide formique. Chauffé

*précipité*
contient $Pt$, $Rh$, $Pd$ fondu avec $KHSO_4$, masse reprise par l'eau

*filtrat*
contient $Fe$ et $Cu$ avec traces de platine. On oxyde par l'eau de chlore et ajoute de l'ammoniaque

*résidu*
formé de platine
$Pt$ (II)

*solution*
additionnée de $Hg(CN)_2$

*précipité*
formé de $Fe(OH)_3$ pesé comme $Fe_2O_3$
$Fe$

*solution*
contient le $Cu$. On précipite par $H_2S$
$Cu$

*précipité*
Pd comme cyanure donne par calcination
$Pd$

*solution*
contient $Rh$ et $Hg$ réduit par acétate d'ammonium et acide formique
$Rh$

[1] Procès-verbaux du Comité international des poids et mesures, 1878.

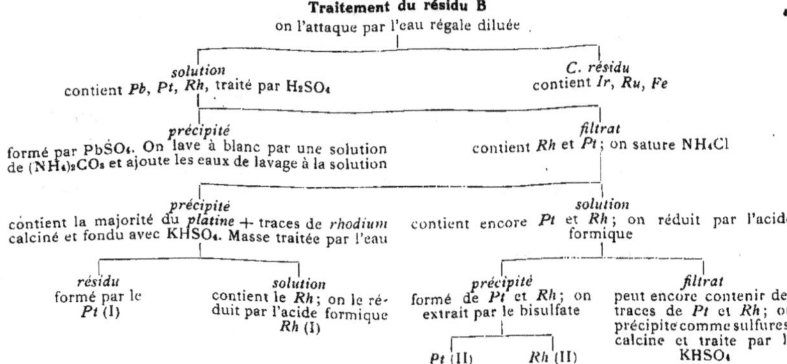



## V. Méthode de Leidié

Elle est basée tout d'abord sur l'attaque du minerai au rouge par le chlore et le chlorure de sodium, qui a pour but de solubiliser les divers éléments contenus dans le platine ainsi que dans les osmiures ; puis sur l'action du nitrite de soude qui, en présence de carbonate de sodium, précipite à l'ébullition les métaux usuels (tels que plomb, fer, cuivre et aussi or), tandis que les métaux du groupe du platine sont maintenus en solution comme nitrites doubles et comme chloroosmite.

### Schéma de la méthode de Leidié [1]

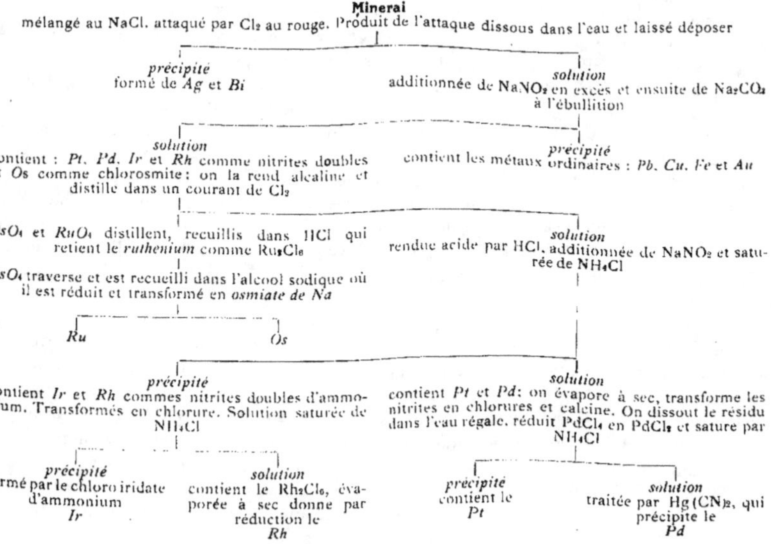


Sans entrer dans une discussion détaillée et une étude critique de ces différentes méthodes, ce qui sortirait de notre cadre, nous dirons seulement, qu'abstraction faite de la méthode de Deville et Stas, qui est certainement la plus exacte, mais aussi la plus longue et la moins appropriée à l'analyse des platines bruts, c'est celle de Deville et Debray qui paraît donner les meilleurs résultats. La méthode de Leidié présente comme premier inconvénient l'attaque du minerai par le chlore, qui s'effectue très difficilement et reste toujours incomplète. Puis elle exige une grande quantité de sels en solution. et enfin la présence de nitrites gêne parfois beaucoup les séparations subséquentes.

Dans son travail sur la composition des minerais de platine de l'Oural C.-H. Holtz [2] a, dans les grandes lignes, suivi la méthode de Deville et Stas, mais en y introduisant certains perfectionnements. Nous la décrirons avec plus de détails que les précédentes. car

[1] Leidié. *Comptes rendus Acad. des Sciences de Paris*, 1900. t. CXXXI. p. 188.
[2] C.-H. Holtz. Bibliographie n° 89.

elle a servi à effectuer une partie de nos analyses. La prise d'essai de chaque analyse est de 7 grammes ; l'or contenu dans le platine est toujours trié préalablement à la loupe binoculaire, avec une aiguille enduite de cire.

Le platine purifié est attaqué en flacon Erlenmeyer couvert par l'eau régale pendant 12 heures, en chauffant au bain de sable à 80°. On évapore ensuite à consistance fortement syrupeuse, puis reprend par 25 c. d'acide chlorhydrique pour chasser les dernières traces de produits nitrés, réévapore presque à sec ou du moins à l'état semi-pâteux, puis porte le flacon et son contenu à 130° exactement, en les chauffant dans une étuve convenablement réglée. La température doit être maintenue pendant 3 à 4 heures. A 130° en effet, $IrCl_4$ est transformé en $Ir_2Cl_6$ qui ne précipite plus par le chlorure d'ammonium, tandis que $PtCl_4$ n'est pas décomposé, et précipite comme $PtCl_4, 2NH_4Cl$, ce qui permet une séparation convenable des deux métaux. La masse desséchée est reprise par 50 c. d'acide chlorhydrique et maintenue à douce chaleur jusqu'à dissolution des chlorures ; le liquide est filtré sur un filtre sans cendres, et le résidu est lavé avec de l'eau acidulée d'acide chlorhydrique jusqu'à ce que le filtrat ne donne plus de coloration avec le sulfocyanure de potassium.

Le filtre avec son contenu (osmiure, sable et éventuellement or réduit) est incinéré en creuset de porcelaine, en évitant de calciner trop longtemps et à une température trop élevée, certains osmiures s'oxydant aisément dans ces conditions en dégageant de l'acide osmique. Après pesée à poids constant, le résidu est réattaqué par 10 cc. d'eau régale pour le débarrasser de l'or ; la solution filtrée du résidu après ébullition avec l'acide chlorhydrique est traitée par le sulfate ferreux qui précipite l'or que l'on dose à l'état métallique.

Le résidu formé d'osmiures et de sables est introduit dans un petit creuset de terre réfractaire glacé préalablement au borax fondu ; on le mêle à 5 avec 6 grammes d'argent fin ; puis le creuset rempli aux trois quarts de borax est ensuite chauffé dans un four Perrot pour amener la fusion de l'argent. Après une demi-heure on laisse refroidir, casse le creuset, sépare le culot d'argent, et traite celui-ci par de l'acide sulfurique à 10 % pour le nettoyer complètement. Il est ensuite dissous dans l'acide nitrique ; les osmiures purs qui restent sont filtrés, lavés, puis calcinés et pesés à nouveau. La différence des deux poids donne celui du sable mêlé aux osmiures. Ce procédé qui diffère de celui original de Deville et Debray, évite la formation de produits colloïdaux infiltrables que l'on obtient inévitablement quand on fond directement le minerai avec l'argent et le borax.

Le liquide filtré des osmiures est additionné de 25 gr. de chlorure d'ammonium ; son volume total ne doit pas dépasser 100-150 cc. On laisse à température ordinaire pendant 12 heures en rajoutant encore 50 cc. d'une solution saturée de chlorure d'ammonium. Le volumineux précipité jaune obtenu dans ces conditions est lavé par décantation avec 50 cc. de la solution de $NH_4Cl$, puis filtré, et lavé sur le filtre avec la même solution, jusqu'à ce que le filtrat ne donne plus la réaction du fer.

Le filtre avec son contenu sont incinérés en capsule de platine et au four à moufle. Après refroidissement, la mousse de platine obtenue est lavée par trituration avec 90 cc.

d'acide chlorhydrique dilué, pour la débarrasser d'un peu de fer qu'elle retient. On chauffe ensuite au bain-marie, filtre, lave, et incinère à nouveau le filtre avec la mousse dans la même capsule, puis on pèse à poids constant. Le filtrat du décapage est ajouté à celui du chloroplatinate, le volume du liquide total doit être environ d'un litre.

Ce liquide est additionné de 60 gr. de zinc pur et de 50 cc. d'acide chlorhydrique conc. dans un bocal couvert. Tous les métaux qui étaient contenus dans le filtrat, sauf le fer, sont alors réduits à l'état d'une poudre qui forme les *noirs*, et qui contient Ir., Rh., Pd., et Cu. Au bout de 5 à 6 heures, le zinc est dissous totalement, et la solution complètement décolorée. Les noirs sont filtrés rapidement à la trompe, car *ils sont très attaquables aux acides*, puis lavés à l'eau jusqu'à cessation de la réaction du chlore. Le liquide filtré qui contient tout le fer est mis de côté.

Le filtre contenant les noirs est incinéré en capsule de platine toujours au four à moufle, puis au sortir de celui-ci, la capsule est chauffée d'abord dans un courant d'hydrogène pour réduire les oxydes formés, ensuite dans un courant d'acide carbonique dans lequel on laisse les noirs se refroidir. On peut simplement recouvrir pendant ces deux calcinations successives, la capsule avec un entonnoir renversé, lequel est réuni par une connexion bifurquée avec deux appareils de Kipp qui dégagent à volonté de l'hydrogène ou de l'acide carbonique. Après calcination, on décape les noirs par de l'acide chlorhydrique dilué comme précédemment, pour enlever les traces de fer qu'ils pourraient retenir; puis on concentre les filtrats, y rajoute 10 à 15 gr. de zinc, et procède à une nouvelle réduction pour extraire les noirs qui s'étaient redissous (principalement Cu). Ces seconds noirs filtrés sont réunis aux premiers, calcinés, réduits comme précédemment par l'hydrogène, puis pesés à poids constant. Le tout est traité au bain-marie dans une capsule de porcelaine après broyage, par 50 cc. d'acide nitrique. Le liquide se colore, on le décante, répète l'attaque, puis filtre les noirs intacts qui forment le résidu que l'on calcine, réduit ensuite dans l'hydrogène, chauffe dans l'acide carbonique, et pèse à poids constant. Le liquide renferme le palladium et le cuivre. On lui additionne 20 cc. d'une solution saturée de cyanure de mercure et concentre au bain de sable à un petit volume. Tout le palladium précipite en entraînant cependant un peu de cuivre. On filtre, lave, calcine, réduit par l'hydrogène, traite la mousse obtenue par l'acide nitrique comme précédemment, puis reprécipite la solution par le cyanure. Le filtrat est ajouté au premier, le palladium est dosé comme mousse de palladium, après calcination et réduction dans l'hydrogène, puis refroidissement dans l'acide carbonique comme ci-dessus.

La solution nitrique contenant le cuivre est évaporée à deux reprises au bain-marie avec de l'acide chlorhydrique concentré pour transformer les nitrates en chlorures. Le résidu sec est calciné légèrement à feu nu jusqu'à cessation de dégagement de vapeurs; il est de couleur noire. On le reprend par l'acide chlorhydrique, et précipite le cuivre de la liqueur par l'hydrogène sulfuré.

Les noirs qui restent après le second décapage à l'acide nitrique sont réunis à la mousse de platine; le tout est introduit dans un petit creuset de charbon de cornue avec 35-45 gr.

de plomb pur. Le creuset couvert est placé dans un second creuset de biscuit, entouré de poussier de charbon de bois, et chauffé pendant deux heures au four Perrot ou au four à moufle. On laisse ensuite refroidir, extrait le culot, le lave à l'eau pure, puis l'attaque en capsule de porcelaine avec un mélange de 60 cc. d'acide nitrique concentré et 300 cc. d'eau. L'attaque dure 5 à 6 heures. On filtre ensuite le liquide, lave par décantation le résidu d'abord avec de l'eau chaude ensuite avec de l'acide nitrique dilué, puis de nouveau avec de l'eau bouillante, jusqu'à cessation de la réaction du plomb. Il faut éviter pendant la décantation de faire passer les noirs sur le filtre ; si tel n'était pas le cas, on les en chasserait avec la fiole à jet pour les faire retomber dans la capsule où reste le gros du résidu de l'attaque, puis on incinèrerait le filtre et ajouterait les cendres au résidu.

La solution qui renferme le nitrate de plomb contient encore des traces de rhodium et de platine ; elle est concentrée au bain-marie jusqu'à commencement de cristallisation du nitrate, puis on en précipite le plomb par l'acide sulfurique concentré. On laisse déposer, filtre le sulfate de plomb formé et lave à l'eau bouillante. Le filtrat est ensuite évaporé au bain de sable jusqu'à dégagement de vapeurs blanches d'acide sulfurique, ce qui amène la séparation du reste du sulfate de plomb, lequel est généralement légèrement coloré par des traces de métaux nobles.

Après dilution, on filtre, lave le sulfate de plomb à l'eau bouillante, puis si cela est nécessaire, avec une solution de carbonate d'ammonium, qui enlève les dernières traces des métaux du groupe du platine. Le liquide sulfurique filtré est soigneusement conservé. D'autre part, les noirs qui restent après traitement par l'acide nitrique, sont traités au bain-marie par 25 cc. d'acide sulfurique concentré, puis on chauffe le tout au bain de sable pendant deux heures jusqu'à l'apparition de vapeurs blanches. Après refroidissement, on dilue le liquide avec la solution sulfurique filtrée du second précipité de sulfate de plomb, et s'il se forme un précipité de sulfate basique de rhodium, on ajoute à la solution un peu d'acide chlorhydrique concentré. On décante ensuite le liquide sur un filtre, puis on reprend encore une fois le résidu par l'acide sulfurique pour enlever si possible tout le rhodium qui passe donc en solution.

Le résidu de l'attaque est formé par le platine et l'iridium. On le traite par l'eau régale diluée (1 NO₃H + 4 HCl + 9 H₂O) à 80° pendant 24 heures environ. Le platine seul se dissout, l'iridium reste insoluble. On décante le liquide sur un filtre, reprend une seconde fois le résidu par l'eau régale, puis fait passer ce dernier sur le filtre où on le lave à l'eau bouillante. Le filtre est ensuite calciné en creuset taré, puis le résidu est chauffé dans un courant d'hydrogène et ensuite d'anhydride carbonique ; l'iridium qui reste alors est pesé à poids constant.

La liqueur filtrée de l'iridium et contenant le platine est évaporée à consistance syrupeuse, le résidu repris par l'acide chlorhydrique concentré et précipité par le chlorure d'ammonium comme précédemment. Le chloroplatinate d'ammonium est calciné, puis la mousse de platine obtenue pesée à poids constant.

La solution filtrée du platine est ajoutée à la solution sulfurique contenant tout le rhodium (et encore des traces de platine) puis réduite par le zinc jusqu'à décoloration complète. Les noirs obtenus sont filtrés et lavés (en évitant de les calciner, car par la calcination, il se forme entre le rhodium et le platine des alliages qui empêchent une séparation complète des deux métaux); on les fond ensuite avec le bisulfate de potassium en prolongeant l'opération pendant plusieurs heures. Après refroidissement, la masse qui est de couleur jaune-brun est reprise par l'eau bouillante, puis on ajoute à la liqueur de l'acide chlorhydrique concentré pour maintenir le rhodium en solution. Le résidu insoluble formé par un peu de platine est filtré, lavé, calciné et pesé; le poids obtenu est ajouté à celui du platine trouvé après la calcination du deuxième chloroplatinate; la somme de ces deux poids doit être sensiblement égale au poids du platine obtenu après la calcination du premier chloroplatinate.

La liqueur filtrée du platine est réduite par le zinc et l'acide chlorhydrique, le rhodium en est extrait sous forme d'une poudre noire qu'on filtre, lave, calcine d'abord dans l'hydrogène, puis dans l'anhydride carbonique, en laissant refroidir dans ce gaz, et qu'on pèse à poids constant.

Le fer enfin qui était contenu dans le minerai, se trouve entièrement dans la solution initiale réunie aux eaux de lavage provenant de la réduction des noirs. On porte cette solution à un volume déterminé, soit 2000 ou 2250 cc., puis on en prend une partie aliquote, 250 cc. par exemple, dans laquelle on oxyde complètement le fer par une ébullition prolongée avec l'acide nitrique ou le chlorate de potassium. On laisse refroidir à 40°, puis précipite le fer par l'ammoniaque. L'hydrate ferrique obtenu ainsi renferme toujours du zinc; on le filtre, lave à l'eau bouillante, redissout dans l'acide chlorhydrique, puis on le reprécipite de la solution par l'ammoniaque comme ci-dessus. Après une nouvelle filtration suivie d'un lavage complet, on incinère le précipité et dose comme $Fe_2O_3$.

La méthode qui vient d'être décrite a été contrôlée par des analyses artificielles; elle s'est montrée assez satisfaisante, sauf en ce qui concerne l'iridium, dont les quantités retrouvées sont toujours trop faibles.

Postérieurement aux travaux de Holtz, M. Thuringer[1] a entrepris sous notre direction et dans notre laboratoire de chimie analytique, une série de recherches en vue de trouver une méthode nouvelle de groupement des métaux dans l'analyse du minerai de la mine de platine. Ces recherches détaillées et particulièrement minutieuses, basées principalement sur la précipitation du palladium par la diméthylglyoxyme, ont abouti à une modification très notable du procédé suivi par Holtz; nous exposerons cette méthode in-extenso, car elle nous a servi également à effectuer une série d'analyses de platines de l'Oural dont la composition était encore inconnue.

M. Thuringer procède dans l'échantillonnage, le triage de l'or et l'attaque par l'eau régale, comme il a été dit précédemment. Les osmiures et le sable sont dosés de la même manière, et les sables séparés par le procédé de Holtz, par fusion avec l'argent, dans des conditions identiques à celles indiquées par cet auteur.

[1] THURINGER. Bibliographie n° 110.

Le filtrat des osmiures réuni aux eaux de lavage est concentré à consistance pâteuse dans un vase à précipiter de forme haute, puis on reprend plusieurs fois par l'acide chlorhydrique concentré pour chasser complètement l'acide nitrique. On dissout dans l'eau chaude, concentre au bain d'air à 30 cc., puis fait passer dans le liquide chaud pendant une demi-heure un courant de chlore. On concentre ensuite au bain d'air à la température limite de 38-42°, qui, en aucun cas, ne doit être dépassée, jusqu'à ce que la masse soit de nouveau pâteuse. Ce traitement a pour but de maintenir tout l'iridium à l'état de $IrCl_4$, d'empêcher la réduction de l'or, et aussi la formation de certains sels basiques, les expériences de Thuringer lui ayant en effet montré que la dessication à 130° adoptée par Holtz pour transformer l'iridium en $Ir_2Cl_6$ non précipitable par le chlorure d'ammonium, n'aboutit pas à un résultat absolu.

La solution aqueuse du produit concentrée à 38°, est sursaturée par le chlorure d'ammonium (28 à 30 gr. qu'on ajoute par petites portions). Tout le platine et l'iridium sont précipités comme $PtCl_4$, $2NH_4Cl$ et $IrCl_4$, $2NH_4Cl$.

On filtre le précipité au bout de deux jours seulement, après avoir lavé d'abord par décantation, ensuite sur le filtre par une solution saturée à froid de chlorure d'ammonium ; un bon lavage réclame de 600-700 cc. de cette solution ; il est terminé quand le filtrat ne réagit plus au sulfocyanure. On passe alors sur le précipité un peu d'alcool pur et concentré, évapore le filtrat à sec, dissout le résidu dans l'eau, puis on ajoute cette solution à la première.

Le filtre et son contenu sont calcinés avec précaution au four à moufle dans un creuset de porcelaine, la mousse obtenue est triturée avec de l'acide chlorhydrique étendu, et chauffée au bain-marie pour la débarrasser de traces de fer qu'elle retient, puis on la calcine à nouveau dans le même creuset, réduit dans un courant d'hydrogène, puis laisse refroidir dans l'anhydride carbonique et pèse à poids constant. On fait ensuite digérer cette mousse dans une capsule en porcelaine avec de l'eau régale étendue de cinq fois son volume d'eau, à une température qui ne doit pas dépasser 50° (donc au bain d'air), et en couvrant la capsule pour éviter une concentration. On répète l'opération en décantant la solution et en renouvelant de temps en temps le liquide, jusqu'à ce qu'une digestion subséquente de 12 h. laisse celui-ci incolore. On filtre alors, lave le résidu avec de l'acide chlorhydrique à 1 %, sèche, puis calcine, et réduit dans l'hydrogène, en achevant l'opération dans l'anhydride carbonique.

Le platine est reprécipité de la dissolution par le chlorure d'ammonium et dosé comme précédemment. Il est bon de le soumettre à un second traitement par l'eau régale diluée, pour voir si l'iridium a été complètement séparé ; la couleur du chloroplatinate est d'ailleurs déjà une indication à cet égard.

La dissolution filtrée du chloroplatinate qui contient tous les métaux en dehors de Pt et Ir est chauffée au bain-marie, puis additionnée de 0,75-1 gr. de diméthylglyoxyme dissoute dans l'eau bouillante. On chauffe jusqu'à formation d'un précipité qui est jaune pur ou jaune brun en l'absence ou en la présence de l'or (et parfois de traces de platine).

On filtre, lave à l'eau légèrement acidulée, sèche et, calcine ce précipité dans un creuset de porcelaine taré. La mousse obtenue est ensuite dissoute dans quelques gouttes d'eau régale, l'acide nitrique éliminé par évaporations successives avec l'acide chlorhydrique concentré, puis le liquide est précipité par le chlorure d'ammonium. S'il se forme un précipité, on le filtre, lave à l'alcool, puis dose le platine comme ci-dessus, en ajoutant le chiffre obtenu au premier.

Le filtrat du platine est évaporé à sec : le résidu repris plusieurs fois par l'acide nitrique concentré, puis par l'acide chlorhydrique. Le résidu privé d'acide est dissous dans l'eau, puis traité par 1-2 gr. d'oxalate d'ammonium et chauffé à 60° au bain d'air. Au bout de 4 à 6 heures, l'or est totalement réduit à l'état métallique. On peut accélérer le dépôt de ce dernier en ajoutant à la liqueur un peu d'acide sulfurique dilué. On filtre, lave à l'eau acidifiée d'abord par l'acide sulfurique, ensuite par l'acide chlorhydrique, sèche le précipité d'or, puis on le calcine et on le pèse comme or métallique. Le filtrat de l'or contient tout le palladium. On neutralise l'excès d'acide par l'ammoniaque, traite la solution faiblement acide par 1 gr. environ de diméthylglyoxyme dissoute dans l'eau bouillante, filtre le précipité jaune formé, et après lavage et séchage, on le calcine d'abord, puis on le réduit par l'hydrogène, le laisse refroidir dans une atmosphère d'anhydride carbonique, et on le pèse comme Pd.

Le filtrat de l'or et du palladium est additionné de 50 gr. de grenaille de zinc et de 50 cc. d'acide chlorhydrique concentré, en ayant soin de couvrir le vase dans lequel on opère. Tous les métaux de la solution sauf le fer, sont alors réduits à l'état de mousse, et l'opération dure de 5 à 6 heures. Les noirs obtenus sont rapidement filtrés et lavés jusqu'à cessation de la réaction du chlore. Le filtre desséché est ensuite incinéré, puis le résidu est calciné pendant trois heures environ dans un creuset de porcelaine taré. Les noirs calcinés sont alors, après pulvérisation en mortier de verre, attaqués dans une capsule de porcelaine avec de l'acide nitrique à 50%, puis après deux heures d'attaque le résidu est filtré et lavé. Le filtrat contient tout le cuivre et parfois des traces de rhodium, le résidu renferme le rhodium (souvent avec des traces de palladium et de platine).

La solution contenant le cuivre est évaporée à sec, et les sels transformés en chlorures par ébullition avec l'acide chlorhydrique concentré. On reprend par l'eau, ajoute un excès d'une dissolution d'acide sulfureux, puis précipite le cuivre comme $Cu(CNS)_2$ qu'on filtre et dessèche à 110° à poids constant dans un creuset de Gooch. Le filtrat du cuivre est évaporé à sec, puis traité avec précaution d'abord par l'acide azotique, puis par l'acide chlorhydrique pour décomposer les sulfocyanures ; on reprend ensuite par l'eau et réduit par le zinc et l'acide chlorhydrique. S'il reste un peu de rhodium dans la solution, on le filtre, calcine, puis ajoute celui-ci au résidu de l'attaque des noirs par l'acide nitrique.

Ce dernier est fondu avec précaution avec le bisulfate de potassium, en évitant une température trop élevée, mais en maintenant celle-ci pendant 30 heures environ ; le rhodium se dissout dans ces conditions, tandis que l'iridium est à peine oxydé et le platine reste indemne. Le creuset est, après refroidissement, introduit dans une capsule de porcelaine dans laquelle on verse 10-15 cc. d'acide chlorhydrique concentré, puis de l'eau ; on chauffe ensuite au bain-marie. Le rhodium se dissout entièrement dans ces conditions ; le résidu, s'il en existe, est formé par un peu de platine et d'iridium. Il est filtré, calciné, réduit dans l'hydrogène, puis pesé après refroidissement dans l'acide carbonique. Il est ajouté ensuite au platine et attaqué en même temps que lui par l'eau régale diluée pour en séparer l'iridium.

La liqueur contenant le rhodium est réduite par le zinc, les noirs filtrés, lavés, séchés puis calcinés. On lave à nouveau après calcination, avec de l'acide chlorhydrique dilué, dans le but d'enlever un peu de zinc qui reste avec le rhodium, puis on calcine dans un courant d'hydrogène, laisse refroidir dans une atmosphère d'anhydride carbonique, puis pèse à poids constant.

Le dosage du fer se fait dans le filtrat des noirs obtenus après la première réduction par le zinc. Le filtrat est porté à un volume déterminé et connu, puis on en prend une partie aliquote, dans laquelle on oxyde le fer par ébullition prolongée avec l'acide nitrique. L'excès d'acide libre est ensuite neutralisé par le carbonate de sodium, puis le fer précipité deux fois par l'acétate de soude, comme à l'ordinaire. Le précipité d'acétate basique est lavé par décantation, filtré, dissous dans l'acide chlorhydrique, et dans la liqueur le fer est reprécipité par l'ammoniaque. On dose comme $Fe_2O_3$ et calcule comme Fe.

Voici maintenant les résultats obtenus avec la méthode qui vient d'être décrite sur des mélanges de composition connue :

### Contrôle N° I

| Substances pesées | | Substances trouvées à l'analyse |
|---|---|---|
| Platine. | 2,0230 gr. | 2,0130 |
| Iridium | 0,0916 » | 0,0882 |
| Palladium | 0,0248 » | 0,0240 |
| Rhodium. | 0,0624 » | 0,0596 |
| Or. | 0,0288 » | 0,0282 |

### Contrôle N° II

| | | |
|---|---|---|
| Platine. | 2,1904 | 2,1864 |
| Iridium | 0,0752 | 0,0743 |
| Rhodium | 0,0252 | 0,0240 |
| Palladium | 0,0284 | 0,0282 |
| Or. | 0,0310 | 0,0305 |
| Cuivre. | 0,0802 | 0,0778 |
| Fer | 0,3346 | 0,3423 |

Nous donnerons également trois analyses du même platine natif de Taguil, faites en double par trois chimistes différents de notre laboratoire avec la méthode qui vient d'être décrite.

|              | I |   | II |   | III |   |
|--------------|------|-------|-------|-------|-------|-------|
|              | 1    | 2     | 1     | 2     | 1     | 2     |
| Sables . . . . . | 1,00 | 1,00 | 1,00 | 1,00 | 1,06 | — |
| Osmiure . . . . | 1,50 | 1,57 | 1,72 | 1,51 | 1,28 | 1,46 |
| Platine. . . . . | 77,12 | 77,11 | 77,15 | 77,23 | 77,18 | 77,18 |
| Iridium. . . . . | — | 2,48 | 2,79 | 2,33 | 3,00 | 2,98 |
| Rhodium . . . . | 0,76 | 0,50 | 0,65 | 0,50 | 0,51 | 0,61 |
| Palladium . . . | 0,25 | 0,28 | 0,27 | 0,26 | 0,25 | 0,27 |
| Cuivre . . . . . | 3,31 | 3,28 | — | — | 3,51 | 3,47 |
| Fer . . . . . . | 14,57 | 14,63 | 14,70 | — | 14,92 | 14,83 |

## ANALYSE DES OSMIURES

Il existe plusieurs méthodes pour analyser les osmiures, la plus employée est celle de Deville et Debray.

*Méthode de Deville et Debray.* — L'osmiure est préalablement fondu avec six fois son poids de zinc métallique, en creuset de graphite enveloppé généralement d'un second creuset), d'abord au rouge sombre, puis pendant deux heures au rouge blanc. Le zinc se volatilise et il reste une éponge friable d'osmiure que l'on pulvérise, puis on tamise la poudre, pour la séparer de quelques particules grossières que l'on repasse au zinc une seconde fois. On pèse environ deux à trois grammes d'osmiure pulvérisé qu'on mêle avec 10 grammes de bioxyde de baryum (ou encore 6 gr. de $BaO_2$ + 2 gr. de $Ba(NO_3)_2$. On chauffe en creuset d'argent enveloppé d'un creuset de porcelaine pendant quelques heures au four à moufle ; le creuset doit être couvert, la température n'a pas besoin d'être très élevée.

Après refroidissement, la masse est traitée par l'eau, en la séparant du creuset qui est nettoyé. Le tout est introduit dans une capsule de porcelaine, et traité par un mélange de 100 cc. HCl + 20 cc. $HNO_3$ qu'on introduit progressivement, puis on porte à l'ébullition, et on prolonge celle-ci aussi longtemps que l'odeur des composés osmiques est perceptible. Si cependant on veut doser directement l'osmium, il faut opérer cette ébullition en cornue ou en ballon tubulés, et recevoir le distillat dans une série de flacons remplis d'une dissolution d'ammoniaque ou de potasse caustique, qui arrête l'osmium, lequel est déterminé comme il sera indiqué plus loin.

La solution qui se trouve dans la cornue ou dans la capsule selon le mode d'opérer, est évaporée presqu'à sec. Le résidu est repris par de l'eau acidulée, à ce moment on ne doit sentir aucune odeur d'acide osmique. En décantant le liquide contenu dans la capsule, il reste souvent dans celle-ci un résidu d'osmiure non attaqué, accompagné d'un peu de silice. On le filtre, le lave, et on le fait passer dans une capsule de platine, dans laquelle on le traite par un peu d'acide fluorhydrique. On évapore à sec, calcine légèrement et pèse.

Le poids d'osmiure non attaqué obtenu est défalqué du poids total de la substance pesée initialement.

On précipite ensuite la solution décantée par l'acide sulfurique, que l'on introduit avec une burette, et on abandonne quelques heures le liquide dans un endroit chaud ; le sulfate de baryum se dépose alors complètement.

La solution est rouge ; on lui ajoute un peu d'alcool, puis on la filtre du précipité de sulfate de baryum qu'on lave par décantation jusqu'à ce que le filtrat soit incolore. On ajoute alors au filtrat 7 à 8 grammes de chlorure d'ammonium, et après avoir remué le liquide, laisse séjourner celui-ci dans un endroit chaud. On évapore ensuite le tout presque à siccité et filtre le précipité qu'il n'est pas nécessaire de laver complètement pour le moment. Le filtrat est additionné de quelques centimètres cubes d'acide nitrique pour péroxyder les traces d'iridium qu'il pourrait encore renfermer, puis évaporé presqu'à sec. On reprend par une dissolution saturée de chlorure ammonique, et s'il reste un précipité, on le filtre avec le premier. Le lavage final se fait d'abord avec la solution de chlorure ammonique, puis avec de l'eau alcoolisée, et enfin avec de l'alcool. Le précipité de chloro-iridate est calciné avec le filtre dans un creuset de platine enveloppé d'un creuset de porcelaine. On opère au four à moufle, et on monte graduellement la température pour éviter des pertes. Après avoir ouvert le creuset, on calcine fortement pour détruire le filtre. S'il se dégage une odeur d'acide osmique, il faut chauffer plus fortement, après avoir versé dans le creuset une goutte d'essence de thérébentine pour réduire les oxydes d'osmium intermédiaires. On pèse alors à poids constant, après avoir réduit la masse du métal dans un courant d'hydrogène. Le poids obtenu est celui de l'iridium platiné qui contient le ruthénium et le platine.

Cet iridium brut est traité ensuite à plusieurs reprises par l'eau régale diluée pour en extraire le platine s'il en renferme ; puis ce métal est précipité de la solution évaporée plusieurs fois à sec avec l'acide chlorhydrique, au moyen de chlorure ammonique. Le platine est dosé alors comme à l'ordinaire.

Le résidu du traitement par l'eau régale faible qui contient l'iridium et le ruthénium, est fondu en capsule d'or avec un mélange de potasse caustique et de nitrate de potassium, en opérant au four à moufle. On reprend plusieurs fois la masse par l'eau bouillante et on filtre. Le liquide est saturé d'acide nitrique, ce qui précipite l'oxyde de ruthénium de la solution ; celui-ci est lavé par décantation, filtré, calciné avec précaution, puis réduit dans un courant d'hydrogène, et pesé à poids constant. Imbibé d'eau régale et chauffé, il ne doit pas donner l'odeur de l'acide osmique. La méthode accuse ordinairement pour le ruthénium des résultats un peu forts, parce que l'iridium est toujours légèrement attaqué par le mélange oxydant.

La mousse qui reste après le traitement précité est donc de l'iridium pur. On la filtre, sèche, et calcine dans un courant d'hydrogène, puis on la pèse à poids constant.

La solution primitive filtrée du précipité des chloroiridate, ruthénate et platinate d'ammonium contient le rhodium (et aussi de l'aluminium). On la concentre après adjonction d'une forte quantité d'acide nitrique, dans une capsule couverte d'un entonnoir, puis on l'évapore à sec dans un creuset de porcelaine. Le résidu est humecté avec une dissolution de sulfure ammonique, puis on ajoute un peu de soufre en poudre et calcine dans un courant d'hydrogène. La mousse obtenue est successivement épuisée par les acides nitrique, chlorhydrique et sulfurique, puis lavée à l'eau chaude, séchée, calcinée dans un courant d'hydrogène et pesée, ce qui donne le rhodium pur.

Les solutions acides provenant de l'épuisement de la mousse sont réunies; elles renferment éventuellement du fer et du cuivre provenant de l'osmiure, et de l'aluminium provenant du bioxyde de baryum qui en renferme toujours. Le fer et le cuivre en sont séparés comme à l'ordinaire.

Quant à l'osmium, on le détermine ordinairement par différence. Cependant si on veut en faire la pesée directe, on réunit les liquides des flacons laveurs qui contiennent l'osmium, puis on y ajoute du sulfure de sodium. On filtre le sulfure obtenu, puis on le calcine avec un peu de soufre dans un creuset de porcelaine placé dans un second creuset de plombagine. On obtient ainsi de l'osmium métallique pur que l'on pèse.

On peut aussi opérer autrement. La mousse d'iridium impure (contenant un peu de platine et le ruthénium) est fondue comme précédemment dans une capsule d'or avec un mélange de 12 parties de potasse caustique et de 3 parties de nitre. On amène d'abord la fusion tranquille de la potasse et du nitre, puis on ajoute la mousse par petites portions. On maintient la température au rouge sombre pendant deux ou trois heures (au four à moufle) et on laisse refroidir.

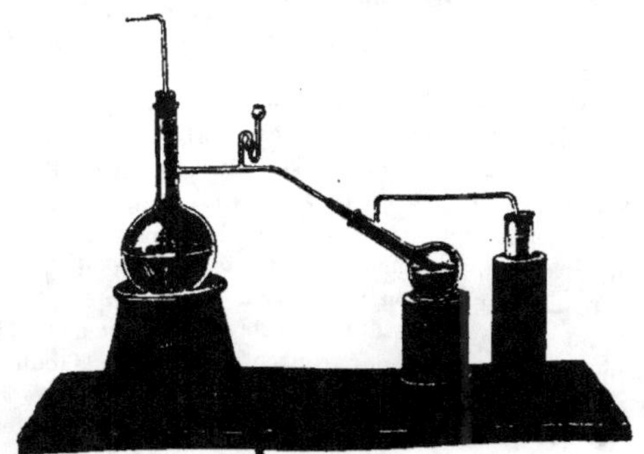

Fig. 40. — Appareil servant à la distillation du ruthénium.

On reprend par l'eau, puis on introduit le liquide et le résidu dans un verre à précipiter, et on laisse déposer. Le ruthènate de potasse se dissout avec une couleur rouge, l'iridate se dépose. On sépare le liquide du dépôt par décantation, et on le verse dans un ballon à distiller. On reprend le résidu resté dans le cylindre par un solution diluée de soude caustique et d'hypochlorite de soude; on agite, puis décante à nouveau le liquide clair et on répète plusieurs fois cette opération, qui a pour but d'extraire tout le ruthénium, jusqu'à ce que le liquide surnageant sur le résidu soit incolore. Le résidu est mis de côté pour le traitement ultérieur. L'appareil utilisé pour la distillation du ruthénium est représenté fig. 40. Le ballon qui doit servir à la distillation du ruthénium contient préalablement un mélange de 20 parties d'acide chlorhydrique, 800 parties d'eau, et 180 parties de potasse à l'alcool. On dirige à froid dans ce ballon un courant de chlore, de façon à saturer l'alcali, et quand l'opération est achevée (ce que l'on voit parce que le chlore libre n'est plus absorbé), on chauffe à 70°-80°. Il se forme alors des vapeurs jaunes d'acide perruthénique qui se condensent en goutelettes de couleur orangé. On reçoit le distillat dans un mélange d'eau et d'alcool, qui se colore en brun. La distillation est répétée, en rajoutant chaque fois dans le ballon le liquide alcalin provenant de l'extraction du résidu par la solution de soude et d'hypochlorite. En général, une triple extraction du résidu est suffisante pour enlever tout le ruthénium qui est ainsi complètement chassé par distillation.

La solution alcoolique contenant le ruthénium est évaporée au bain d'air dans un creuset de porcelaine taré, puis le chlorure de ruthénium est réduit par un courant de gaz d'éclairage, d'abord à basse température, ensuite au rouge. Il reste du ruthénium métallique On lave ensuite à l'eau bouillante, en faisant passer sur un filtre les parcelles qui se détachent, puis on sèche le filtre, enlève le ruthénium qui s'y trouve adhérer avec un pinceau pour le faire tomber dans le creuset, calcine et pèse une seconde fois. Ce ruthénium doit se dissoudre complètement dans une solution d'hypochlorite de soude, avec une coloration verdâtre.

Le contenu du ballon ainsi que les eaux de lavage sont évaporés à sec dans une capsule de porcelaine, le résidu est repris par l'eau et ajouté à celui provenant de la première opération, qui contient l'iridium. On fait bouillir le tout, en ajoutant un peu d'alcool et de soude caustique pour insolubiliser l'iridium, puis on filtre en lavant d'abord avec de l'alcool étendu, puis ensuite avec de l'eau. Le filtre est séché, incinéré, après avoir séparé aussi complètement que possible le contenu, puis ce dernier est calciné avec précaution et suffisamment longtemps dans un creuset de platine de façon à ce que l'oxydation de l'iridium soit complète. On humecte ensuite avec de l'acide chlorhydrique, et traite le résidu calciné par une dissolution concentrée et acide d'iodure d'ammonium, pour dissoudre le fer qui pourrait se trouver avec l'iridium. Après lavage à l'eau, puis à l'eau de chlore (pour enlever l'or qui pourrait provenir des creusets et qui serait mêlé à l'oxyde d'iridium), on filtre cet oxyde, le lave à l'eau chaude, incinère le filtre, puis traite l'oxyde d'iridium par l'acide fluorhydrique, pour enlever la silice prise au cours des opérations. On filtre alors l'oxyde d'iridium purifié, sèche le filtre, qu'on incinère à part, ajoute les cendres à l'oxyde, puis calcine le tout en creuset de platine dans un courant de gaz d'éclairage. On pèse alors l'iridium métallique, qui est pur, ou qui peut renfermer des traces de platine, qu'on a extrait comme précédemment par l'eau régale diluée.

Souvent pendant le traitement par l'iodure d'ammonium, un peu d'iridium se dissout. Pour le récupérer, on sature le liquide par l'eau de chlore, et précipite l'hydrate ferrique par l'ammoniaque à l'ébullition. Le précipité filtré, lavé, calciné, est alors introduit dans une petite nacelle de platine qu'on chauffe au rouge dans un tube de porcelaine, en présence d'un courant lent de chlore. Le fer est volatilisé comme chlorure; la nacelle est ensuite calcinée au four à moufle, puis son contenu est ajouté à l'oxyde d'iridium pour subir le traitement indiqué ci-dessus.

## § 3. *Composition chimique des platines provenant de la dunite*

Nous avons réuni dans ce paragraphe toutes les analyses des platines de l'Oural publiées dans divers ouvrages, notamment dans le travail de M. Wyssotsky, ainsi que toutes celles qui ont été faites sous notre direction dans le laboratoire de chimie analytique de l'université de Genève par divers chimistes de nos élèves. Nous avons groupé ces analyses d'abord par centre dunitique primaire, puis nous avons réuni en une même catégorie les analyses des platines qui correspondent à un échantillon plus ou moins moyen du gisement. Nous avons ensuite, pour chaque centre, réuni les analyses des platines des différentes sources de telle ou telle rivière, puis celles du platine de la rivière elle-même, de façon à pouvoir comparer la composition des platines provenant d'un même centre dunitique. Pour chaque analyse, nous communiquerons les renseignements concernant le platine qui s'y rapporte, puis les éléments dosés en dehors de la liste ordinaire de ceux-ci, et enfin le nom de l'analyste. Les analyses faites dans notre laboratoire sont suivies des lettres L. C. A.[1] accompagnées du nom de l'analyste. Nous ferons remarquer que toutes nos analyses ont été recalculées après défalcation des sables et de l'or qui a pu être trié à la loupe du platine brut. Pour plusieurs anciennes analyses, nous n'avons pas pu trouver de renseignements précis sur la provenance ; nous admettons volontiers dans ce cas que le platine analysé représente un échantillon plus ou moins moyen, les platines des différentes laveries étant souvent mélangés par les administrations de celles-ci pour faire des types de composition moins sujette à de grosses variations. Ce fait n'est cependant pas général, et nous connaissons des entreprises qui vendent séparément les platines extraits sur différentes rivières, ceci lorsqu'il y a avantage à le faire par suite de compositions chimiques un peu spéciales.

PLATINES DE TAGUIL

*Echantillons du type moyen, ou sans désignation spéciale*

|  | I | II | III | IV | V | VI | VII | VIII | IX | X |
|---|---|---|---|---|---|---|---|---|---|---|
| Osmiure | 1,50 | 1,25 | 1,34 | 0,50 | 1,09 | 2,69 | 1,19 | 1,88 | 1,96 | 1,04 |
| Platine | 77,16 | 78,70 | 78,38 | 76,40 | 78,92 | 82,16 | 81,34 | 82,46 | 78,94 | 81,72 |
| Iridium | 2,68 | 2,25 | 5,32 | 4,30 | 3,97 | 1,00 | 2,42 | 1,21 | 4,97 | 1,81 |
| Rhodium | 0,54 | 0,46 | 2,79 | 0,30 | 2,57 | 2,19 | 2,14 | 2,35 | 0,86 | 2,44 |
| Palladium | 0,27 | 0,21 | 0,17 | 1,40 | 0,24 | 0,25 | 0,30 | 0,23 | 0,28 | 0,30 |
| Or | — | — | — | 0,40 | — | — | — | — | — | — |
| Cuivre | 3,39 | 3,01 | 0,28 | 4,10 | 0,25 | 0,21 | 1,13 | 0,64 | 0,70 | 0,95 |
| Nickel | — | — | — | — | — | — | — | — | — | — |
| Fer | 14,72 | 13,70 | 11,72 | 11,70 | 11,52 | 11,50 | 11,48 | 11,23 | 11,04 | 10,94 |
| Somme | 100,26 | 99,58 | 100,00 | 99,10 | 98,56 | 100,00 | 100,00 | 100,00 | 98,75 | 99,20 |

[1] Laboratoire de chimie analytique.

|              | XI     | XII    | XIII   | XIV    | XV     | XVI    | XVII   | XVIII  | XIX    |
|--------------|--------|--------|--------|--------|--------|--------|--------|--------|--------|
| Osmiure      | 1,80   | 2,35   | 3,33   | 2,33   | 2,30   | 4,54   | 2,62   | 7,99   | 3,68   |
| Platine      | 83,07  | 77,50  | 81,02  | 77,14  | 73,58  | 74,67  | 73,42  | 68,72  | 73,70  |
| Iridium      | 1,91   | 1,45   | —      | 5,10   | 2,35   | 0,83   | 1,12   | 4,73   | 1,15   |
| Rhodium      | 0,59   | 2,80   | —      | 2,74   | 1,15   | 2,26   | 2,30   | 2,48   | 3,12   |
| Palladium    | 0,26   | 0,85   | —      | 0,22   | 0,30   | 0,18   | 0,15   | 0,20   | 0,23   |
| Or           | —      | —      | —      | —      | —      | —      | —      | —      | —      |
| Cuivre       | 1,30   | 2,15   | 3,14   | 0,34   | 5,20   | 1,98   | 2,01   | 0,30   | 1,47   |
| Nickel       | —      | —      | 0,75   | —      | —      | —      | —      | —      | —      |
| Fer          | 10,79  | 9,60   | 8,18   | 12,13  | 12,98  | 15,54  | 15,58  | 15,88  | 16,65  |
| Somme        | 99,72  | 96,70  | 96,42  | 100,00 | 97,86  | 100,00 | 97,50  | 100,00 | 100,00 |

N° I. Echantillon prélevé sur plusieurs pouds de platines mêlés, provenant des différentes laveries. Renfermait 1 % de sables. L. C. A. MM. Thuringer, Bordato et Koïfmann.

N° II. Echantillon prélevé sur plusieurs pouds de platines mêlés, provenant des différentes laveries. Renfermait 0,84 % de sables. L. C. A. Koïfmann.

N° III. Platine gris clair, mélange de « polyxène et de « ferroplatine. Moukhine.

N° IV. Platine gris clair, mélange de « polyxène et de « ferroplatine. Sainte-Claire Deville et Debray.

N° V. Gris clair non magnétique, mélange de « polyxène et de « ferroplatine. Moukhine.

N° VI. Gris non magnétique, séparé du platine blanc, lavé à l'acide, mélange de « polyxène et de « ferroplatine. Moukhine.

N° VII. Platine gris clair, non magnétique, séparé du platine noir, lavé à l'acide, mélange de « polyxène et de « ferroplatine. Moukhine.

N° VIII. Platine gris noir, non magnétique, séparé du platine noir, mélange de « polyxène et de « ferroplatine. Moukhine.

N° IX. Platine gris clair, non magnétique, mélange de « polyxène et de « ferroplatine (traces de Mn). Berzelius.

N° X. Platine noir, non magnétique, mélange de « polyxène et de « ferro-platine. Moukhine.

N° XI. Platine gris clair, mélange de « polyxène et de « ferroplatine. Osann.

N° XII. Platine gris sombre, en grande partie formé de « polyxène avec un peu de ferroplatine. Sables 1,00 %. St-Claire-Deville et Debray.

N° XIII. Platine gris clair, magnétique, en grande partie formé de « polyxène. Sables 3,26 %. A. Terreil.

N° XIV. Platine gris de plomb, non magnétique, mélange de « polyxène et de « ferroplatine. Moukhine.

N° XV. Platine gris clair, magnétique, mélange de « ferroplatine et de « polyxène. Berzelius.

N° XVI. Platine gris, magnétique, séparé du platine blanc. « ferroplatine. Moukhine.

N° XVII. Platine gris clair, magnétique, séparé du platine blanc, « ferroplatine. Moukhine.

N° XVIII. Pépites de platine, gris de plomb, non magnétique, « ferroplatine. Moukhine.

N° XIX. Platine gris, magnétique, séparé du platine noir et lavé à l'acide. Moukhine.

*Platines provenant du bassin de la rivière Martian*

| | XX | XXI | XXII | XXIII | XXIV | XXV | XXVI | XXVII |
|---|---|---|---|---|---|---|---|---|
| Osmiure | 4,16 | 1,95 | 2,12 | 3,97 | 4,46 | 2,60 | 2,74 | 1,29 |
| Platine | 74,56 | 75,34 | 77,48 | 78,11 | 74,33 | 76,62 | 81,85 | 80,43 |
| Iridium | | 2,20 | | 0,55 | | 1,12 | 4,00 | 2,86 |
| Rhodium | 5,00 | 0,25 | 6,35 | 1,32 | 4,22 | 0,33 | 0,71 | 0,20 |
| Palladium | | 0,20 | | 0,50 | | 5,95 | 0,67 | 0,56 |
| Or | | — | | — | — | 0,05 | — | — |
| Cuivre | 4,17 | 3,96 | | 3,55 | 4,33 | 0,90 | 0,40 | 2,22 |
| Nickel | — | 0,70 | — | — | — | | — | 0,08 |
| Fer | 12,12 | 13,80 | 14,71 | 11,98 | 12,66 | 12,19 | 9,55 | 12,00 |
| Somme | 100,01 | 98,40 | 100,66 | 99,98 | 100,00 | 99,76 | 99,92 | 99,64 |

N° XX. Platine de laverie Awrorinsky. Rivière Martian. Couleur gris sombre, magnétique. Gervex.

N° XXI. Platine de la laverie Josiphowsky près de l'embouchure de Dikaïa Martian. Couleur gris foncé, magnétique, mélange de « polyxène et de « ferroplatine. Karpoff.

N° XXII. Platine de Bielogorsky-log, affluent de Martian. Couleur foncée, platine grossier, mélange de « ferroplatine et de « polyxène. L. C. A. Holtz.

N° XXIII. Platine d'Alexandrowsky-log, affluent de Martian. Couleur gris clair, faiblement magnétique, mélangé de ferroplatine et de polyxène. Karpoff.

N° XXIV. Platine d'Alexandrowsky-log. Gris sombre, magnétique. Gervex.

N° XXV. Platine du gite d'Awrorinsky, en place dans la dunite sur la rive gauche de Martian, type de platine dans la dunite, petites pépites d'un blanc d'argent empâtées dans la dunite décomposée. Véreschaguine.

N° XXVI. Platine du même gite que le N° XXV, blanc d'argent ségrégé dans la dunite. Karpoff.

N° XXVII. Platine du gite en place d'Awrorinsky, petites pépites blanc d'argent, magnétiques, ségrégées dans l'olivine, mélange de « polyxène et de « ferroplatine. Renferme 0,01 argent. Karpoff.

*Platine provenant du bassin de la rivière Wyssim*

|              | XXVIII | XXIX | XXX | XXXI | XXXII |
|--------------|--------|------|------|------|-------|
| Osmiure      | 0,71   | 1,39 | 1,45 | 1,35 | 0,57  |
| Platine      | 78,75  | 77,28| 78,99| 75,37| 76,39 |
| Iridium      | —      |      |      |      |       |
| Rhodium      | 3,96   | 3,28 | 5,31 |      |       |
| Palladium    | 0,15   |      |      | 8,04 | 6,14  |
| Or           | —      | —    |      | —    | —     |
| Cuivre       | 0,56   | 4,17 |      |      |       |
| Nickel       | —      | —    | —    | —    | —     |
| Fer          | 15,67  | 13,88| 14,77| 14,58| 16,60 |
| Somme        | 99,80  | 100,00| 100,52| 99,34| 99,70 |

N° XXVIII. Platine de la rivière Wyssim à deux verstes en aval du confluent des rivières Roublévik et Zakharowka. Mélange de « ferroplatine et de « polyxène. L'échantillon renfermait 2,94 % d'or enlevé avant l'analyse, puis 0,76 % de sables. L.C.A. Holtz

N° XXIX. Platine de la rivière Wyssim à Nadejdinsky-priisk. Couleur gris sombre, fortement magnétique, mélange de « ferroplatine et de « polyxène. Gervex.

N° XXX. Platine du Solowiewsky-log, affluent de Wyssim. Grossier cristallin, de couleur sombre, mélange de « ferroplatine et de « polyxène. Ne renferme pas d'or, mais 2,06 % de sables. L. C. A. Holtz.

N° XXXI. Platine du Kroutoï-log, affluent de Wyssim. Grossier cristallin, de couleur sombre. L'échantillon ne renfermait pas d'or, mais 15,97 % de sables. L. C. A. Holtz.

N° XXXII. Platine d'Arkhipowsky-log, affluent de Wyssim. Platine grossier et cristallin, de couleur foncée. L'échantillon ne renfermait pas d'or, mais 1,25 % de sables. L, C. A. Holtz.

*Platines provenant des bassins des rivières Syssim, Tschauch et Bobrowka*

|              | XXXIII | XXIV | XXXV | XXXVI | XXXVII |
|--------------|--------|------|------|-------|--------|
| Osmiure      | 1,02   | 0,61 | 0,56 | 1,66  | 1,57   |
| Platine      | 79,56  | 81,52| 78,63| 76,51 | 73,02  |
| Iridium      | —      | 1,13 | —    | —     | 1,68   |
| Rhodium      | 3,40   | 0,58 | 2,79 | —     | 0,98   |
| Palladium    | 0,22   | 0,43 | 0,20 | —     | 0,51   |
| Or           | —      | —    | —    | —     | —      |
| Cuivre       | 0,59   | 1,75 | 1,66 | 3,12  | 3,20   |
| Nickel       | —      | 0,22 | —    | 0,93  | 1,05   |
| Fer          | 14,04  | 12,86| 15,57| 17,78 | 16,42  |
| Somme        | 98,83  | 99,10| 99,41| 100,00| 98,43  |

N° XXXIII. Platine de la rivière Syssim dans la partie médiane du cours. On en a extrait 1,61 % d'or avant l'analyse, et 0,35 % de sables. L. C. A. Holtz.

N° XXXIV. Platine de la rivière Tschauch, près de Pawlowsky-priisk. Gris clair magnétique. Mélange de « ferroplatine et de « polyxène. Karpoff.

N° XXXV. Platine de la rivière Tschauch, dans la partie tout à fait supérieure du cours, aux sources, près du premier grand lavoir. Le minerai contenait 0.1 % d'or trié, puis 1,27 % de sable. L. C. A. Holtz.

N° XXXVI. Platine de la rivière Malaïa Bobrowka. Gris clair, magnétique, en majeure partie formé de « ferroplatine. Il a été séparé des petites pépites de ferronickel avec lesquelles il était mélangé. Le platine et les métaux de son groupe ont été dosés par différence. Karpoff.

N° XXXVII. Platine de la rivière Bolchaïa Bobrowka. Gris clair, magnétique. Karpoff.

PLATINES DES CENTRES DE L'ISS

*Échantillons du type moyen de l'Iss, donnant la composition du mélange des platines des deux centres de Swetli-Bor et de Wéressowy-Ouwal*

|  | XXXVIII | XXXIX | XL | XLI | XLII | XLIII | XLIV |
|---|---|---|---|---|---|---|---|
| Osmiure | 4,47 | 9,24 | 5,83 | 4,37 | 5,03 | 4,52 | 3,97 |
| Platine | 85,10 | 76,80 | 83,58 | 82,46 | 83,73 | 84,07 | 85,02 |
| Iridium | 1,38 | 3,83 | 0,27 | 1,83 | 0,81 | 1,55 | 1,34 |
| Rhodium | 0,30 | 0,45 | 0,36 | 0,26 | 0,53 | 0,77 | 0,30 |
| Palladium | 0,30 | 0,30 | 0,55 | 0,61 | 0,41 | 0,21 | 0,35 |
| Or | 0,09 | — | — | 0,07 | — | — | — |
| Cuivre | 0,63 | traces | 0,46 | 0,66 | 0,25 | 0,52 | 0,60 |
| Nickel | — | — | — | — | — | — | — |
| Fer | 7,86 | 7,50 | 8,10 | 8,29 | 7,67 | 7,49 | 8,10 |
| Somme | 100,13 | 98,12 | 99,15 | 98,55 | 98,43 | 99,13 | 99,68 |

N° XXXVIII. Platine, échantillon moyen de l'Iss, transmis par la Compagnie industrielle du platine. L. C. A. Koifmann.

N° XXXIX. Platine de la laverie de Verkh-Kossinsky sur l'Iss. Platine blanc d'argent non magnétique. Quelques pépites avec fer chromé. Karpoff.

N° XL. Platine de la laverie Pétropawlowsky, sur l'Iss. Blanc d'argent pas ou faiblement magnétique. Karpoff.

N° XLI. Platine de la laverie Alexandrowsky, sur l'Iss. Gris blanc d'argent, peu ou pas magnétique. Karpoff.

Nº XLII. Platine de la laverie Wladimirowky, sur l'Iss. Blanc d'argent, peu magnétique. Karpoff.

Nº XLIII. Platine de la laverie Illinsky, sur l'Iss. Platine blanc, peu magnétique, en grande partie formé par le polyxène. Karpoff.

XLIV. Platine de la laverie Josiphowsky sur l'Iss. Blanc d'argent en grande partie formé par le polyxène. Karpoff.

| | XLV | XLVI | XLVII | XLVIII | XLIX | L. | LI |
|---|---|---|---|---|---|---|---|
| Osmiure . . . . . | 5,27 | 3,70 | 3,11 | 3,74 | 4,89 | 5,73 | 4,24 |
| Platine . . . . . . | 84,80 | 86,33 | 83,01 | 84,78 | 83,24 | 83,10 | 84,30 |
| Iridium . . . . . | 0,58 | — | 1,13 | 1,14 | 1,35 | — | — |
| Rhodium . . . . . | 1,00 | 1,15 | 1,89 | 1,70 | 0,84 | 0,47 | 0,52 |
| Palladium . . . . | 0,30 | 0,42 | 1,07 | 0,78 | 0,51 | 0,28 | 0,35 |
| Or . . . . . . . . | — | — | — | — | — | — | 0,04 |
| Cuivre . . . . . . | 0,50 | 0,50 | 0,97 | 0,54 | 0,48 | 0,02 | |
| Nickel . . . . . . | — | — | — | — | — | — | |
| Fer . . . . . . . | 7,72 | 7,90 | 8,68 | 7,53 | 8,04 | 10,40 | 10,55 |
| Somme . . . . | 100,17 | 100,00 | 99,86 | 100,21 | 99,35 | 100,00 | 100,00 |

Nº XLV. Platine de la laverie de Iourewsky sur l'Iss. Blanc, peu magnétique, en grande partie formé de polyxène. Karpoff.

Nº XLVI. Platine de la laverie Mariinsky sur l'Iss. Blanc d'argent, non magnétique, en majeure partie formé par du polyxène. Karpoff.

Nº XLVII. Platine de la laverie du log Morosine, affluent de l'Iss. Blanc d'argent, en grande partie formé par du polyxène. Karpoff.

Nº XLVIII. Platine de la laverie du log Morosine ; après lavage, blanc d'argent, non magnétique. Karpoff.

Nº XLIX. Moyenne de toutes les analyses de platines des laveries de l'Iss, correspondant vraisemblablement à la composition moyenne du platine des deux centres de Wéressowy et Swetli-bor dans la proportion de leur mélange dans les alluvions de l'Iss.

Nº L. Analyse déduite des résultats de l'affinage de 21 pouds de platine provenant des laveries Schouwaloff (Iss supérieure et affluents ravinant les dunites). L'iridium et les osmiures ont été réunis.

Nº LI. Analyse déduite des résultats de l'affinage 7 autres pouds du dit platine.

PLATINES DE WÉRESSOWY-OUWAL

*Platines provenant des bassins des rivières Bolchaïa et Malaïa Prostokischenka,*
*Bolchoï et Maloï Pokap*

| | LII | LIII | LIV | LV | LVI | LVII | LVIII | LIX | LX |
|---|---|---|---|---|---|---|---|---|---|
| Osmiure . . . . | 0,47 | 3,80 | 1,38 | 4,30 | 1,35 | 0,55 | 0,68 | 0,61 | 2,38 |
| Platine . . . . | 80,28 | 86,58 | 73,61 | 83,42 | 80,10 | 87,53 | 87,00 | 87,23 | 78,70 |
| Iridium . . . . | — | 0,38 | 2,18 | 0,56 | — | — | — | 1,01 | — |
| Rhodium . . . | 1,30 | 0,24 | — | 0,60 | 3,39 | 2,03 | 3,02 | 0,66 | — |
| Palladium . . . | 0,23 | 0,30 | — | 0,77 | — | — | — | 0,49 | — |
| Or. . . . . . . | — | — | — | — | — | — | — | — | — |
| Cuivre . . . . . | 2,23 | 0,57 | — | 0,91 | 1,52 | 0,80 | 0,80 | 0,31 | 0,55 |
| Nickel . . . . . | — | — | — | 0,03 | 1,14 | — | — | — | 0,14 |
| Fer . . . . . . | 14,69 | 7,09 | — | 8,75 | 12,50 | 9,09 | 8,50 | 8,24 | 11,20 |
| Somme . . | 99,20 | 98,96 | — | 99,34 | 100,00 | 100,00 | 100,00 | 98,55 | 92,97 |

N° LII. Platine noir provenant des sources de Malaïa Prostokischenka, au haut du lojok, contenant du « ferroplatine et du « polyxène. Renfermait 2,38 % de sables. L. C. A. Holtz.

N° LIII. Platine de Malaïa Prostokischenka. Foncé, magnétique en partie. Mélange de polyxène et de ferroplatine, avec petites pépites encapuchonnées de chromite. Karpoff.

N° LIV. Platine de Malaïa Prostokischenka. Gris sombre, magnétique. Grande pépite avec inclusions de chromite. Sables 15.29 (analyse non terminée). Karpoff.

N° LV. Platine de Malaïa Prostokischenka ; en majorité de couleur gris sombre, mélange de polyxène et de ferroplatine avec grains de chromite. Karpoff.

N° LVI. Platine de la région supérieure du cours de la grande Pokap, de couleur gris sombre, en partie magnétique, mélange de ferroplatine et de polyxène, petits grains triés des schlichs. Karpoff.

N° LVII. Platine du cours supérieur de la grande Pokap, couleur gris clair, faiblement magnétique. Karpoff.

N° LVIII. Platine de la grande Pokap. Gris clair, faiblement magnétique. Gervex.

N° LIX. Platine de la grande Pokap sur la laverie Andreewsky, gris clair passant au blanc d'argent, mélange de polyxène et de ferroplatine. Karpoff.

N° LX. Platine des sources de la petite Pokap. Noir brunâtre, magnétique, en grains non roulés, mélange de ferroplatine et de polyxène. Karpoff.

PLATINES DE SWETLI-BOR

*Platines provenant des bassins de l'Iss et de la Kossia*

| | LXI | LXII | LXIII | LXIV | LXV |
|---|---|---|---|---|---|
| Osmiure | 3,23 | 3,38 | 5,41 | 7,85 | 4,41 |
| Platine | 83,90 | 81,32 | 80,44 | 80,79 | 83,19 |
| Iridium | — | — | — | 1,57 | — |
| Rhodium | 2,29 | — | — | 0,52 | — |
| Palladium | 0,21 | 4,30 | 4,20 | — | 3,00 |
| Or | — | — | — | 0,16 | — |
| Cuivre | 0,44 | — | — | 0,56 | — |
| Nickel | — | — | — | — | — |
| Fer | 9,45 | 11,00 | 9,60 | 8,55 | 8,70 |
| Somme | 99,52 | 100,00 | 99,65 | 100,00 | 99,30 |

No LXI. Platine du log No 1, affluent droit de l'Iss. Blanc, formé en partie de polyxène et de ferroplatine. Contenait 2,02 % d'or enlevé au triage, puis 1,47 % de sables. L. C. A. Holtz.

No LXII. Platine du log No 2, affluent droit de l'Iss. L'échantillon contenait 1,38 % d'or, puis 1,87 % de sables. L. C. A. Holtz.

No LXIII. Platine du log No 6, affluent gauche de Kossia. L'échantillon contenait 0,05 % d'or et 3,70 % de sables. L. C. A. Holtz.

No LXIV. Platine de la région supérieure du log No 6. Platine gris clair, faiblement magnétique, formé en grande partie par le polyxène. Le platine dosé avec le palladium par différence. Véreschaguine.

No LXV. Platine du Travénisti-log, affluent du log No 3 qui se jette dans l'Iss (rive droite). L'échantillon contenait 0,1 % d'or et 2,30 % de platine. L. C. A. Holtz.

PLATINES DU KAMÉNOUCHKY

*Platine provenant des bassins des rivières Bolchaïa et Malaïa Kaménouchka*

| | LXVI | LXVII |
|---|---|---|
| Osmiure | 4,99 | 0,23 |
| Platine | 82,46 | 81,94 |
| Iridium | 1,79 | — |
| Rhodium | 0,69 | — |
| Palladium | 0,18 | 3,37 |
| Or | 0,27 | — |
| Cuivre | 0,54 | — |
| Nickel | — | — |
| Fer | 9,49 | 14,46 |
| Somme | 100,41 | 100,00 |

N° LXVI. Platine du Kaménouchky. Mélange des platines du bassin de Bolchaïa-Kaménouchka avec très peu de platine de Malaïa Kaménouchka. Echantillon remis à M. Duparc par la direction de Pawda. Platine grisâtre, mélange de polyxène et de ferro-platine. L. C. A. Thuringer.

N° LXVII. Platine de la rivière Kamenka, à une faible distance en aval du confluent de Malaïa-Kaménouchka. Echantillon récolté sur place par M. L. Duparc en 1908. Platine gris. L. C. A. Holtz.

PLATINES DU CENTRE DU KOSWINSKY

*Platines provenant du Sosnowsky Ouval, soit des bassins des rivières Bolchaïa et Malaïa Sosnowka et de la rivière Tilaï qui les reçoit*

|            | LXVIII | LXIX |
|------------|--------|------|
| Osmiure    | 4,35   | 6,09 |
| Platine    | 78,54  | 78,62 |
| Iridium    | —      | 1,22 |
| Rhodium    | 4,48   | 0,58 |
| Palladium  | —      | 0,22 |
| Or         | —      | — |
| Cuivre     | —      | 1,83 |
| Nickel     | —      | — |
| Fer        | 13,07  | 11,33 |
| Somme      | 100,44 | 99,89 |

N° LXVIII. Platine provenant de la rivière Tilaï, à quelques mètres en aval du confluent de la petite Sosnowska, et provenant de cette rivière. Récolté en 1908 par L. Duparc. Platine noir, formé en majorité de ferroplatine. 2,42 % de sable. L. C. A. Holtz.

N° LXIX. Platine provenant de la rivière Tilaï, en aval de B. Sosnowka. Récolté en 1908 par L. Duparc. Platine noir, renfermant 1,73 % de sables. L.C.A. J. Koifmann.

*Platines provenant du Kamennoe-Koswinsky, soit du bassin des rivières Kitlim et Petite Koswa*

|            | LXX    | LXXI   | LXXII  |
|------------|--------|--------|--------|
| Osmiure    | 0,79   | 0,76   | 0,90   |
| Platine    | 83,50  | 83,12  | 87,23  |
| Iridium    | 2,74   | 1,30   | 1,61   |
| Rhodium    | 0,62   | 0,67   | 0,77   |
| Palladium  | 0,28   | 0,50   | 0,37   |
| Or         | 0,07   | —      | —      |
| Cuivre     | 1,14   | 1,55   | 0,21   |
| Nickel     | —      | —      | —      |
| Fer        | 11,05  | 11,51  | 8,97   |
| Somme      | 100,19 | 99,41  | 100,06 |

N° LXX. Platine de la rivière Kitlim. Echantillon remis en 1912 à M. L. Duparc, par l'administration de Pawda. Platine de couleur grise, formé principalement de ferroplatine, contient 0,074 % d'or et 0,61 de sables. L. C. A. Thuringer.

N° LXXI. Platine de la rivière Kitlim, récolté en 1908 par L. Duparc. Couleur grise. Contient 2,42 % de sables. L. C. A. Holtz.

N° LXXII. Platine de la petite Koswa, récolté en 1912, sur place, par L. Duparc. Platine blanc grisâtre, contient 0,475 de sables et 2,93 d'or. L. C. A. Koifmann.

### PLATINES DU CENTRE DE KANJAKOWSKY
*Platines des rivières Jow et Poloudniéwaïa*

| | LXXIII | LXXIV [1] |
|---|---|---|
| Osmiure | 20,21 | 20,07 |
| Platine | 60,39 | 64,65 |
| Iridium | 6,80 | 1,55 |
| Rhodium | 0,80 | 1,57 |
| Palladium | 0,19 | 0,14 |
| Or | — | — |
| Cuivre | 0,49 | 0,32 |
| Nickel | — | — |
| Fer | 11,16 | 11,47 |
| Somme | 100,04 | 99,77 |

N° LXXIII. Platine de la rivière Jow, tout près du col qui sépare cette rivière de Poloudniéwaïa. Echantillon remis en 1912 à M. Duparc par l'administration de Pawda. Platine noir, grossier, encapuchonné de chromite. 2,17 % de sables. L. C. A. Thuringer.

N° LXXIV. Platine de la rivière Jow, récolté à 1500 mètres environ en aval du numéro précédent, et remis en 1908 à M. L. Duparc par l'administration de Pawda. Mêmes caractères que le N° 73. 2,11 % de sables. L. C. A. Holtz.

### PLATINE DU CENTRE DE L'OMOUTNAÏA
*Platine des bassins des rivières Kroutoiarka et Omoutnaïa*

| | LXXV | LXXVI | LXXVII |
|---|---|---|---|
| Osmiure | 9,58 | 8,76 | 13,00 |
| Platine | 77,16 | 80,30 | 74,92 |
| Iridium | — | 5,26 | 7,54 |
| Rhodium | — | 0,50 | 0,35 |
| Palladium | 4,37 | 0,30 | 0,35 |
| Or | — | — | — |
| Cuivre | — | 2,05 | 1,82 |
| Nickel | — | — | — |
| Fer | 8,93 | 2,63 | 2,33 |
| Somme | 100,04 | 99,80 | 100,31 |

[1] La différence sur les teneurs en Pt, Ir et Rh de ces deux analyses nous parait tenir à une question de méthode car les sommes de ces métaux sont égales dans les deux analyses, soit 77,99 et 77,77.

Nº LXXV. Platine provenant du mélange des différentes laveries transmis à M. L. Duparc, en 1910, par l'administration des usines de Syssert. Platine gris. Sables 0,87. L. C. A. Holtz.

Nº LXXVI. Platine grossier de l'Omoutnaïa, provenant du mélange des platines des différentes laveries. L. C. A. Koifmann.

Nº LXXVII. Platine grossier de l'Omoutnaïa. L. C. A. Koifmann.

PLATINE DU CENTRE DU DANESKIN-KAMEN

*Platine du bassin de la Solwa*

| | LXXVIII |
|---|---|
| Osmiure . . . . . . . . . | 3,10 |
| Platine . . . . . . . . . | 81,87 |
| Iridium. . . . . . . . . | — |
| Rhodium . . . . . . . . | — |
| Palladium. . . . . . . . | 3,35 |
| Or. . . . . . . . . . . | 0,07 |
| Cuivre . . . . . . . . . | — |
| Nickel . . . . . . . . . | — |
| Fer. . . . . . . . . . . | 11,31 |
| Somme. . . . . . . | 99,70 |

Nº LXXVIII. Platine de la Solwa. Produit de la réunion des platines de différentes laveries. Sables 0,97 %. L. C. A. Holtz.

## § 4. *Composition chimique des platines provenant des pyroxènites*

Nous avons groupé dans ce paragraphe les platines qui proviennent incontestablement des pyroxènites, et qui appartiennent à trois centres distincts. Nous y avons joint le platine de l'Obleiskaya Kamenka sur la Datcha de Taguil, dont la provenance est probablement indentique, mais pas absolument certaine cependant.

PLATINES DU CENTRE DES GOUSSEWI-KAMEN

*Platines du basssin de la Goussewka et de ses affluents*

| | LXXIX | LXXX | LXXXI | LXXXII |
|---|---|---|---|---|
| Osmiure . . . . . | 0,33 | 0,40 | 0,18 | 0,20 |
| Platine . . . . . . | 88,98 | 88,06 | 90,16 | 86,98 |
| Iridium. . . . . . | 1,65 | 0,22 | 0,33 | 2,57 |
| Rhodium . . . . . | 0,61 | 0,78 | 1,32 | 0,58 |
| Palladium. . . . . | 0,90 | 1,36 | 1,18 | 0,55 |
| Or . . . . . . . . | — | 0,07 | — | — |
| Cuivre . . . . . . | 0,88 | 0,54 | 0,38 | 0,48 |
| Nickel . . . . . . | — | — | — | — |
| Fer. . . . . . . . | 7,03 | 8,12 | 6,26 | 8,64 |
| Somme. . . . | 100,38 | 99,55 | 99,81 | 100,00 |

Nᵒ LXXIX. Platine de la rivière Goussewka, laverie Walérionowka. Petites pépites brillantes à empreintes de diallage, récoltées sur place en 1908 par L. Duparc. L.C.A. Holtz.

Nᵒ LXXX. Platine de la rivière Goussewka, laverie d'Ousabda. Blanc d'argent, non magnétique, attirable à l'électro-aimant, formé par l' « polyxène. Karpoff.

Nᵒ LXXXI. Platine de la rivière Katchkanar, sur la haute Goussewka. Gris-clair, non magnétique, « polyxène. Karpoff.

Nᵒ LXXXII. Platine de la laverie Katchkanar, sur la haute Goussewka. Véreschaguine.

PLATINE DU CENTRE DE KIÉDROWKA SUR LA TAGUILSKAYA-DATCHA

*Platine du bassin de la rivière Kiédrowka*

|  | LXXXIII |
|---|---|
| Osmiure . . . . . . . . . | 0,72 |
| Platine . . . . . . . . . | 86,10 |
| Iridium . . . . . . . . . | — |
| Rhodium . . . . . . . . . | 4,29 |
| Palladium . . . . . . . . | — |
| Or . . . . . . . . . | 1,12 |
| Cuivre . . . . . . . . . | — |
| Nickel . . . . . . . . . | — |
| Fer . . . . . . . . . | 8,46 |
| Somme . . . . . . . | 100,69 |

Nᵒ LXXXIII. Platine de la rivière Kiédrowka. Echantillon récolté sur place en 1910 par M. L. Duparc. Gris clair, anguleux, avec petites empreintes de diallage. Sables 0,70. L. C. A. Holtz.

PLATINE DU CENTRE DE SINAÏA-GORA A BARANTCHA

*Platines des bassins des rivières Schoumika, Kamenka et Bielitchnaïa*

|  | LXXXIV |
|---|---|
| Osmiure . . . . . . . . | 0,28 |
| Platine . . . . . . . . | 85,05 |
| Iridium . . . . . . . . | 0,24 |
| Rhodium . . . . . . . . | 1,66 |
| Palladium . . . . . . . | 1,20 |
| Or . . . . . . . . . | — |
| Cuivre . . . . . . . . | 0,71 |
| Nickel . . . . . . . . | — |
| Fer . . . . . . . . . | 10,88 |
| Somme . . . . . . | 100,02 |

N° LXXXIV. Platine de la rivière Schoumika affluent droit de la Barantcha, récolté sur place en 1908, par M. L. Duparc, Platine grenu, gris-blanchâtre, avec empreinte de diallage. Au triage. 0,05 d'or puis 1,25 % de sables. L. C. A. Holtz.

PLATINE DES CENTRES DE L'OBLEISKAYA KAMENKA

*Platine de l'Obleiskaya Kamenka*

|                | LXXXV | LXXXVI |
|----------------|-------|--------|
| Osmiure        | 2.10  | 1,68   |
| Platine        | 78.60 | 78.21  |
| Iridium        |       | 0,97   |
| Rhodium        |       | 2,07   |
| Palladium      | 5.10  | 1,08   |
| Or             |       | —      |
| Cuivre         |       | 1.30   |
| Nickel         | —     | —      |
| Fer            | 14,08 | 13,39  |
| Somme          | 99,88 | 98,70  |

N° LXXXV. Platine de la rivière Obleiskaya-Kamenka sur la Taguilskaya Datcha, récolté sur place en 1910 par M. L. Duparc. Platine gris clair, assez roulé. L'échantillon renfermait 0,03 d'or et 0,42 de sables. L. C. A. Holtz.

N° LXXXVI. Platine de la rivière Obléiskaya Kamenka. Gris clair, magnétique mélange de polyxène et de ferroplatine. Karpoff.


## § 5. *Composition chimique des platines des gisements autres que ceux de l'Oural*

Il est nécessaire, pour les comparaisons possibles, de donner également les analyses, des platines d'autres gisements que ceux de l'Oural. Malheureusement la plupart de ces analyses sont anciennes, et souvent les renseignements concernant les gites primaires d'où sont issus ces différents platines font défaut. L'énorme majorité cependant est dunitique. ce qui découle de l'étude géologique qui en a été faite.

*Platines provenant de la Colombie équatoriale (Choco)*

|  | I | II | III | IV | V |
|---|---|---|---|---|---|
| Osmiure | 0,95 | 1,19 | 1,56 | 1,40 | 7,98 |
| Platine | 86,20 | 86,16 | 84,34 | 80,00 | 76,82 |
| Iridium | 0,85 | 1,09 | 2,52 | 1,55 | 1,18 |
| Osmium | — | 0,97 | 0,19 | — | — |
| Rhodium | 1,40 | 2,16 | 3,13 | 2,50 | 1,22 |
| Palladium | 0,50 | 0,35 | 1,66 | 1,00 | 1,14 |
| Or | 1,00 | — | — | 1,50 | 1,22 |
| Cuivre | 0,60 | 0,40 | traces | 0,65 | 0,88 |
| Fer | 7,80 | 8,03 | 7,52 | 7,20 | 7,43 |
| Manganèse | — | 0,10 | 0,31 | — | — |
| Sables | 0,95 | — | — | 4,35 | 2,41 |
| Somme | 100,25 | 100,45 | 101,23 | 100,15 | 100,28 |

I. Platine du Choco. Deville et Debray.
II. Platine du Choco. Svanberg.
III. Platine du Choco. Svanberg.
IV. Platine du Choco. Deville et Debray.
V. Platine du Choco. Deville et Debray.

D'après des communications précises et aussi l'examen des échantillons, le platine du Choco (versant pacifique) provient de roches à olivine; nous avons eu l'occasion de voir plusieurs pépites récoltées *in situ* aux sources de certains affluents du San Juan, qui étaient encapuchonnées de chromite.

*Platines de la Californie et des Etats-Unis*

|  | VI | VII | VIII | IX | X | XI | XII |
|---|---|---|---|---|---|---|---|
| Osmiure | 1,10 | 4,95 | 7,55 | 22,55 | 27,65 | 37,30 | — |
| Platine | 85,50 | 79,85 | 76,50 | 63,30 | 57,75 | 51,45 | 82,81 |
| Iridium | 1,05 | 4,20 | 0,85 | 0,70 | 3,10 | 0,40 | 0,62 |
| Osmium | — | 0,05 | 1,25 | — | 0,81 | — | — |
| Rhodium | 1,00 | 0,65 | 1,95 | 1,80 | 2,45 | 0,65 | 0,28 |
| Palladium | 0,60 | 1,95 | 1,30 | 0,10 | 0,25 | 0,15 | 3,10 |
| Or | 0,80 | 0,55 | 1,20 | 0,30 | — | 0,85 | — |
| Cuivre | 1,40 | 0,75 | 1,25 | 4,25 | 0,20 | 2,15 | 0,39 |
| Fer | 6,75 | 4,45 | 6,10 | 6,40 | 6,79 | 4,30 | 11,04 |
| Manganèse | — | — | — | — | — | — | — |
| Sables | 2,95 | 2,60 | 1,50 | — | — | 3,00 | — |
| Somme | 101,15 | 100,00 | 99,45 | 99,40 | 99,00 | 100,25 | 98,24 |

N^os VI, VII et VIII. Platines de Californie des sables noirs de la côte du Pacifique. Deville et Debray, *Annal. chim. et physiq.*, vol. LVI, 1859, p. 449-481.

N° IX. Platine de Californie (sables noirs). Kromayer, *Archiv. pharm.*, vol. CX, Jahresberichte 1862, p. 707.

N° X. Platine de Californie (sables noirs). F. Weil, *Armengards genie Industriel*, Mai 1859, p. 262, et *Dingler Polyt.*, Jahresberischte, vol. CLIII, p. 41.

N° XI. Platine de l'Orégon. Deville et Debray, *loc. cit.*

N° XII. Platine de New-York Plattsbourg. P. Collier, *American Journal*, of. sc., 3 d. séries, VIII, p. 123. Pépite trouvée dans le drift glaciaire de Plattsburg; elle était encapuchonnée de chromite.

*Platines de l'Australasie et du Brésil*

| | XVI | XVII | XVIII | XIX | XX |
|---|---|---|---|---|---|
| Osmiure | 3,80 | 26.00 | 25,00 | 9,30 | — |
| Platine | 82,60 | 61,40 | 59,80 | 75,90 | 55,44 |
| Iridium | 0,66 | 1,10 | 2.20 | 1,30 | 27,79 |
| Osmium | — | — | 0,80 | — | — |
| Rhodium | — | 1,85 | 1,50 | 1,30 | 6,86 |
| Palladium | — | 1,80 | 1,50 | traces | 0,49 |
| Or | 0,20 | 1,20 | 2,40 | — | — |
| Cuivre | 0,13 | 1,10 | 1,10 | 0,41 | 3,30 |
| Fer | 10,67 | 4,55 | 4,30 | 10,15 | 4,14 |
| Manganèse | — | — | — | — | — |
| Sables | — | 1,20 | 1,20 | 1,22 | — |
| Somme | 98,06 | 100,20 | 99,80 | 99,58 | 98,02 |

N° XVI. Platine de Bornéo. M. Bocking, *Liebigs. Annal.*, vol. XCVI, 1855, p. 243.

N° XVII. Platine d'Australie. Deville et Debray, *loc. cit.*

N° XVIII. Platine d'Australie. Deville et Debray.

N° XIX. Platine de la Nouvelle Galles du Sud. Téfield, J.-C.-H., *Mingaye Record. geol. survey. New. South Wales*, vol. V, 1896-98, p. 35.

N° XX. Platine du Brésil. L.-F. Svanberg, *loc. cit.*

*Platines de la Colombie britannique*

|  | XIII | XIV | XV |
|---|---|---|---|
| Osmiure | 10,51 | 3,77 | 14,62 |
| Platine | 72,07 | 78,43 | 68,19 |
| Iridium | 1,14 | 1,04 | 1,21 |
| Osmium | — | — | — |
| Rhodium | 2,57 | 1,70 | 3,10 |
| Palladium | 0,19 | 0,09 | 0,26 |
| Or | — | — | — |
| Cuivre | 3,39 | 3,89 | 3,09 |
| Fer | 8,59 | 9,78 | 7,87 |
| Manganèse | — | — | — |
| Sables | 1,69 | 1,27 | 1,95 |
| Somme | 100,15 | 99,97 | 100,29 |

N° XIII. Platine brut de la rivière Tulamen. C. Ch. Hofmann, *Report of the geol. survey of Canada*, vol. II, 1886, part T.

N° XIV. Fraction magnétique du dit platine,    id.    id.

N° XV. Fraction non magnétique.    id.    id.

Le platine brut renfermait 37,88 % de platine magnétique et 62,12 % de platine non magnétique.


## § 6. *Conclusions qui se dégagent de l'examen des analyses des divers platines*

L'examen des analyses qui précèdent suggère quelques remarques intéressantes. Tout d'abord on peut dire qu'abstraction faite de certaines variations locales, chaque centre dunitique primaire est en quelque sorte caractérisé par la composition chimique de son platine. Pour le démontrer, nous avons groupé les résultats d'un certain nombre d'analyses dans le tableau suivant, qui donne approximativement la composition moyenne du platine de chaque centre primaire. Dans ce tableau, nous avons conservé telles quelles les analyses des platines qui, naturellement ou artificiellement mêlés, nous paraissent correspondre au type moyen du gisement (moyenne des analyses I et II pour Taguil, ou celle des analyses XXXVIII et XLIX pour l'Iss). Là où ces analyses manquent, nous avons, pour tel ou tel centre dunitique primaire, simplement fait la moyenne d'un certain nombre d'analyses de platines récoltés dans les alluvions des lojoks ou des rivières qui les ravinent, en sélectionnant autant que possible ces analyses, et en utilisant certains chiffres seulement de celles-ci lorsqu'elles sont incomplètes (osmiure, platine, fer, etc.). Sans doute le procédé est défectueux, car ces analyses sont encore trop peu nombreuses, et se résument souvent à quelques dosages, puis la composition des platines des lojoks est sujette à de fortes variations, suivant la grosseur des grains, et l'endroit où l'échantillon a été récolté : mais à défaut d'une autre méthode possible, nous avons dû nous contenter de celle-ci, quitte à rectifier dans la suite certains chiffres lorsque les circonstances le permettront. Nous avons cependant certains motifs de penser que les compositions qui sont indiquées doivent être voisines de la réalité. Dans ce tableau, nous avons fait abstraction du nickel, de l'or, et des éléments accidentels.

*Tableau de la composition moyenne des platines des centres dunitiques primaires de l'Oural*

| | Osmiure | Pt | Ir | Rh | Pd | Cu | Fe |
|---|---|---|---|---|---|---|---|
| Taguil | 1,37 | 77,93 | 2,46 | 0,50 | 0,24 | 3,20 | 14,21 |
| Wéressowy-Ouwal | 1,68 | 84,60 | 1,88 | | 0,45 | 1,02 | 9,84 |
| Swetli-Bor | 4,86 | 81,93 | 2,19 | | 0,21 | 0,50 | 9,08 |
| Iss | 4,68 | 84,17 | 1,37 | 0,57 | 0,40 | 0,55 | 7,95 |
| Kaménouchky | 4,99 | 82,46 | 1,79 | 0,69 | 0,18 | 0,54 | 9,49 |
| Koswinsky-Kitlim | 0,79 | 83,50 | 2,74 | 0,62 | 0,28 | 1,14 | 11,05 |
| Id. Tilaï | 5,22 | 78,58 | 1,22 | 0,58 | 0,22 | 1,83 | 12,20 |
| Kanjakowsky-Jow | 20,21 | 60,39 | 6,80 | 0,80 | 0,19 | 0,49 | 11,16 |
| Solwa | 3,10 | 81,87 | | 3,35 | | 1,93 | 11,31 |
| Omoutnaïa | 10,44 | 77,60 | 6.40 | 0,42 | 0,32 | | 2,48 |

L'analyse du platine de Taguil est la moyenne des analyses N° I et II des tableaux précédents. L'échantillon correspond à un mélange de tous les platines extraits actuellement sur les différentes laveries, mais dans ce mélange, le type du platine de Martian doit probablement prédominer.

Les chiffres indiqués pour les centres de Wéressowy-Ouwal et Swetli-Bor sont les moyennes des analyses des platines des lojoks, de ceux de la grande et petite Pokap, et des deux Prostokischenka. Le platine de l'Iss résulte du mélange naturel des platines de ces deux centres, dans une proportion qu'il est difficile de déterminer, mais en tout cas avec forte prédominance du platine de Swetli-Bor. L'analyse donnée dans le tableau est la moyenne des N°ˢ XXXVIII et XLIX ; elle correspond à peu près à un mélange de une partie de platine de Wéressowy pour trois de platine de Swetli-Bor, mais avec une teneur trop faible en platine et en fer, ce qui semblerait indiquer que les moyennes calculées pour ces deux centres ne sont pas absolument exactes (celle de Wéressowy-Ouwal notamment est probablement trop faible en fer et trop forte en platine, l'inverse a lieu pour Swetli-Bor).

Le platine de Kamenouchky est un mélange des platines de différentes laveries situées en majeure partie sur Bolchaïa Kamenouchka puis aussi sur Kamenka; celui de Kitlim est un échantillon moyen, qui correspond absolument à celui du centre dunitique du Koswinsky, la rivière Kitlim recevant, en effet, tous les tributaires qui descendent de l'éperon du Koswinsky. Le platine de Tilaï représente également le type moyen du centre dunitique du Sosnowsky-Ouwal; tous les lojoks platinifères qui descendent de cet ouwal convergent en effet dans cette rivière. Le platine d'Iow provient de la source unique de ce cours d'eau, dans la région où celui-ci ravine exclusivement l'affleurement de dunite massive qu'il traverse suivant un de ses diamètres; l'échantillon analysé correspond également au type moyen du gisement. Quant aux platines de la Solwa et de l'Omoutnaya, les spécimens analysés provenaient d'un échantillonnage fait pour chacun d'entre eux sur un assez gros stock de minerai provenant des différentes laveries de ces deux centres platinifères.

Un coup d'œil jeté sur le tableau qui précède, montre les variations des constitutifs de ces divers platines. Tout d'abord, en ce qui concerne les osmiures, ceux-ci oscillent entre les limites extrêmes de 20,21 % au Jow et 0,79 % à Kitlim. C'est le platine de l'Omoutnaïa qui, après celui de Jow, est le plus riche en osmiure; viennent ensuite ceux de Tilaï, du Kamenouchky, et de Swetli-Bor, tandis que les plus pauvres en osmiure sont, avec celui de Kitlim, les platines de Wéressowy-Ouwal et de Taguil. La teneur en platine varie entre 84,6 % à Wéressowy-Ouwal et de 60,39 % au Jow; elle est plus ou moins en relation avec la richesse en osmiures, mais n'en dépend pas exclusivement; ainsi à Taguil, pour 1.37 % d'osmiure, la teneur correspondante en platine n'est que 77,93; tandis qu'à Swetli-Bor, pour 4.86 d'osmiures, elle atteint 81,93 %. C'est le fer, qui, avec les osmiures, règle principalement la teneur en platine. Le platine de Taguil qui, en effet, est le plus riche en fer, avec 14.21 % de cet élément, est aussi un des plus pauvres en osmiure; par contre, le platine de Swetli-Bor qui ne contient que 9,08 de fer, renferme 4,86 d'osmiure. Quant au platine de l'Omoutnaïa, avec ses 2.48 % de fer pour 10,38 d'osmiure, il constitue une véritable anomalie, et comme les analyses faites en double éliminent toute cause d'erreur possible, on peut se demander si les échantillons analysés par Koïfmann (qui étaient fort grossiers d'ailleurs) représentaient vraiment le type du gisement, d'autant plus que l'échantillon analysé par Holtz avait une composition toute différente.

L'iridium libre oscille entre 1,3 % et 2,74 % dans les divers platines examinés; ceux du Jow avec 6,80 % et de l'Omoutnaïa avec 6,40 % forment des exceptions; ce sont précisément aussi ces deux platines qui sont les plus riches en osmiure, de sorte qu'il semblerait que la teneur en iridium libre marche de pair avec celle en iridosmine.

Le rhodium se rencontre toujours en faible quantité, soit de 0,42-0,80 %; il en est de même du palladium, qui paraît bien être l'élément le plus rare dans le platine natif. Quant au cuivre, c'est le platine de Taguil qui en referme de beaucoup la plus forte proportion, soit 3,20 %; vient ensuite celui de l'Omoutnaïa avec 1,93, puis ceux de Tilaï, Kitlim et Wéressowy-Ouwal qui en renferment plus de 1 %, et enfin ceux de Swelti-Bor, Kaménouchky et Jow avec 0,5 % environ. La haute teneur en cuivre du platine de Taguil marche de pair avec celle en fer, et fait de ce platine un type très spécial, immédiatement reconnaissable.

Un second point qu'il convient de mettre en lumière, c'est que la composition des platines de deux gisements dunitiques très voisins diffère souvent totalement. Ainsi les deux centres de l'éperon du Koswinsky et du Sosnowsky-ouwal appartiennent tous deux au massif du Koswinsky, et apparaissent comme deux boutonnières de dunite qui percent au milieu de l'imposant dôme de pyroxénites qui constitue cette montagne, la première sur le versant de l'est, la seconde sur celui de l'ouest. Or, la composition des platines de Kitlim et de Tilaï qui proviennent de ces deux centres est fondamentalement différente, et comme on peut le voir sur le tableau, ces différences portent sur la plupart des éléments constitutifs. Il en est exactement de même pour les deux centres de Swetli-Bor et de Wéressowy-Ouwal qui se font pour ainsi dire immédiatement suite du Sud au Nord.

En troisième lieu, il ressort clairement de l'examen des analyses, que les platines provenant de différentes régions d'un seul et même centre dunitique ne sont pas de composition identique, mais présentent entre eux des différences d'autant plus suggestives que celles-ci se manifestent à peine dans la composition globale de la dunite ou de ses minéraux constitutifs. Ainsi à Taguil, par exemple, où les bassins des cinq grandes rivières platinifères sont échelonnés en divers points de l'affleurement dunitique et sur ses deux versants, la composition du platine trouvé dans les alluvions de celles-ci est fort variable, comme le montre le tableau suivant [1] :

| Rivières | Osmiure | Platine | Cuivre | Nickel | Fer | Noirs [2] |
|---|---|---|---|---|---|---|
| Martian. . . . | 3,05 | 74,95 | 4,07 | 0,35 | 12,96 | 3,82 |
| Wyssim . . . | 1,05 | 78,01 | 2,36 | — | 14.77 | 3,62 |
| Syssim . . . . | 1,02 | 79,56 | 0,59 | — | 14,04 | 3,62 |
| Tschauch . . . | 0,58 | 80,07 | 1,70 | 0,11 | 14,21 | 2,56 |
| Bobrowka. . . | 1,57 | 73,02 | 3.20 | 1,05 | 16,42 | 3,17 |

Pour Martian, moyenne des analyses XX du platine de la laverie d'Awrorinsky et XXI du platine de la laverie Josiphowsky.

Pour Wyssim, moyenne des analyses XXVIII du platine en aval du confluent de Roublévik et Zakharowka, et XXIX du platine de Nadéjdinsky-prisk.

Pour Syssim, analyse XXXIII du platine provenant d'une laverie située sur la partie médiane du cours.

Pour Tschauch, moyenne des analyses XXXIV du platine près de Pawlowsky-priisk et XXXV du platine provenant de la partie supérieure du cours de la rivière.

Pour Bobrowka, analyses XXXVII du platine de Bolchaïa Bobrowka.

On voit que, tandis que le platine de la dunite ravinée par les affluents de Martian est relativement riche en osmiure et en cuivre, celui de la dunite des sources de Tschauch ou de Syssim est au contraire pauvre en ces deux éléments, et celui de la dunite des sources de Bobrowka caractérisé à la fois par sa haute teneur en cuivre et surtout par sa richesse en nickel.

Des différences du même ordre, bien que moins fortement accusées, s'observent entre les platines provenant des alluvions des sources d'une seule et même rivière, qui souvent s'amorcent dans la dunite à une faible distance les unes des autres. Tel est par exemple le cas pour les platines des alluvions des sources de Roublevik, comme le montre le tableau suivant :

| Nom | Osmiure | Platine | Fer | Noirs avec cuivre |
|---|---|---|---|---|
| Solowiewsky-log . . . | 1,45 | 78,99 | 14,77 | 5,31 |
| Kroutoï-log . . . . . | 1,35 | 75,37 | 14,58 | 8,04 |
| Arkhipowsky-log . . | 0,57 | 76,39 | 16,60 | 6,14 |

Ces différences peuvent s'expliquer aussi bien par les variations dans les proportions relative des platines sur gangue dunitique ou sur gangue de chromite dans le mélange naturel trouvé dans les alluvions, que par celles de la composition chimique même de chacun de ces deux types de platine. La comparaison des analyses Nos XXV, XXVI et XXVII du même platine provenant du gîte en place dans la dunite d'Awrorinsky montre en effet que ces variations sont réelles et souvent même considérables.

Les conclusions qui précèdent s'appliquent en partie seulement aux platines pyroxénitiques, car, autant qu'il est permis d'en juger d'après le nombre insuffisant des analyses qui en ont été faites à ce jour, leur composition paraît être beaucoup plus uniforme que celle des platinss dunitiques, comme le montre le tableau suivant :

*Tableau de la composition moyenne des platines des centres pyroxénitiques primaires de l'Oural*

| Rivières | Osmiure | Pt | Ir | Rh | Pd | Cu | Fe |
|---|---|---|---|---|---|---|---|
| Goussewka. . . . . | 0,28 | 88,54 | 1,19 | 0,82 | 0,99 | 0,57 | 7,51 |
| Kiédrowka. · . . . | 0,72 | 86,10 | | 4,29 | | | 8,46 |
| Schoumika. . . . . | 0,28 | 85,03 | 0,24 | 1,66 | 1,20 | 0,71 | 10,88 |
| Obleiskaya-Kamenka | 1,89 | 78,40 | 0,97 | 2,07 | 1,08 | 1,30 | 13,39 |

L'analyse du platine de la Goussewka est la moyenne de celles Nos LXXIX, LXX, LXXXI et LXXXII des platines récoltés sur les différentes laveries de cette rivière ; celle du platine de Kiédrowka a été faite sur un échantillon pris sur un stock de quelques kilos de minerai provenant des différents lavoirs échelonnés le long du cours de la rivière. L'analyse du platine de Schoumika a été exécutée également sur un échantillon moyen prélevé sur une vingtaine de kilos de minerai brut.

Les platines des pyroxénites paraissent se distinguer de ceux de la dunite par leur pauvreté en osmiure, par une teneur élevée en platine, et surtout par une richesse relative en palladium, qui n'a été observée sur aucun platine, aussi bien sur gangue de chromite que sur gangue dunitique. Nous remarquerons en passant que dans le tableau des analyses des platines pyroxénitiques, nous avons donné celle du platine de l'Obléiskaya-Kamenka, bien que nous estimons que l'origine pyroxénitique de ce platine, quoique très vraisemblable, n'est pas encore définitivement démontrée.

# CHAPITRE X

## LES GITES SECONDAIRES ET LES ALLUVIONS PLATINIFÈRES

§ 1. Notion des gîtes secondaires et action du ruissellement sur les centres primaires. — § 2. Relations des rivières platinifères avec les centres primaires. — § 3. Structure et disposition des alluvions platinifères. — § 4. Répartition du platine dans les alluvions et richesse de celles-ci. — § 5. Forme aspect et caractères du platine alluvial. — § 6. Le platine surimposé et les gîtes alluviaux tertiaires.

### § 1. *Notion des gîtes secondaires et action du ruissellement sur les centres primaires.*

Nous avons montré dans un précédent chapitre, que la dunite, de même que les pyroxénites, sont trop pauvres en platine pour autoriser une exploitation des gites primaires. Celle-ci en effet n'est possible que là où le métal natif est accumulé localement dans la roche mère, mais nous savons que ces accumulations sont fort rares et que leur recherche systématique n'est pas possible, faute d'un phénomène indicateur. La formation d'un gite platinifère industriel est donc subordonnée à une concentration naturelle du métal contenu dans la dunite ou les pyroxénites, par une désintégration préalable de ces roches, suivie de l'entraînement mécanique des minéraux légers qui en résultent, soit de l'olivine, du pyroxène ou de leur produits de décomposition. Les métaux lourds natifs tels que le platine ou l'or, ainsi que certains oxydes métalliques (magnétite, chromite, etc.) restent en quelque sorte *in situ*, ou subissent un déplacement beaucoup moins considérable, vu leur densité ; ils s'accumulent ainsi dans les appareils naturels où s'effectue cette désintégration, en l'espèce dans les rivières et dans les fleuves. C'est donc dans leurs alluvions que tout le platine contenu originellement dans un cube parfois considérable de roche mère va se concentrer, et c'est ainsi que se formera un *gîte alluvial secondaire*.

La désintégration de la roche mère se fait dans les cours d'eau suivant le processus établi par Daubrée[1] pour la formation des galets de rivière ; elle est d'origine purement mécanique. La dunite, en effet, est remarquablement friable et ses galets se détruisent rapidement après un parcours peu considérable dans le lit des cours d'eau. Ainsi, à une faible distance des centres dunitiques primaires, les galets de dunite sont déjà introuvables dans les alluvions des cours d'eau qui s'y amorcent. A Taguil, par exemple, sur la rivière Wyssim, à quelques centaines de mètres du confluent de Roublewik et Zakharowka, on ne voit plus de dunite dans les alluvions, alors que la serpentine qui accompagne cette roche dans le centre primaire est abondante, et se retrouve fort loin en aval dans celles-ci.

Dans les centres primaires, la dunite qui forme les pentes des ouwals est toujours profondément altérée et rubéfiée par les agents atmosphériques. Elle est même fréquemment désagrégée et transformée en une terre rougeâtre. Nous nous sommes demandés si, sans être localisé dans un thalweg, le ruissellement qui se fait à la surface de ces arènes pouvait y produire un certain enrichissement en platine comparable à celui qui s'effectue dans les cours d'eau. Dans ce but, nous avons fait plusieurs essais de lavage de ces arènes, soit sur le Sosnowsky-Ouwal dans le centre du Koswinsky, soit sur l'ouwal dunitique de l'Omoutnaïa, et avons obtenu les résultats suivants :

*Essai de lavage des terres dunitiques du Sosnowsky-ouwal*

| Numéro des essais | Longueur de la tranchée | Largeur de la tranchée | Profondeur de la tranchée | Volume du tout venant lavé | Platine trouvé | Teneur au m³ |
|---|---|---|---|---|---|---|
| 1 | 2 m. | 1 m. | 1,10 m. | 2,7 m³ | 0,0186 gr. | 0,007 gr. |
| 2 | 1,50 | 1,10 | 1,40 | 2,9 | 0,0337 | 0,0011 |
| 3 | 2,40 | 1,50 | 0,61 | 2,8 | 0,0158 | 0,0056 |

La moyenne des trois déterminations qui précèdent est de 0,0079 gr. par m³.

[1] DAUBRÉE. *Études synthétiques de géologie expérimentale*, loc. cit.

*Essai de lavage des terres dunitiques de l'Omoulnaïa* [1]

(Tous les puits circulaires de 0,90 de diamètre)

| Numéro des puits | Profondeur en mètres | Volume lavé en m³ | Platine trouvé en gr. | Teneur au m³ en grammes |
|---|---|---|---|---|
| — | 1,93 | 1,25 | 0,0022 | 0,002 |
| — | 0,70 | 0,45 | 0,0044 | 0,001 |
| 2154 | 1,25 | 0,81 | 0,0073 | 0,009 |
| 2155 | 0,70 | 0,45 | 0,0073 | 0,016 |
| 2156 | 1,05 | 0,68 | 0,044 | 0,064 |
| 2157 | 1,25 | 0,81 | 0,022 | 0,028 |
| 2158 | 1,75 | 1,15 | 0,176 | 0,152 |
| 2159 | 0,70 | 0,45 | 0,088 | 0,195 |
| 2160 | 0,35 | 0,22 | — | — |
| 2161 | 0,70 | 0,45 | — | — |
| 2162 | 1,25 | 0,81 | 0,0073 | 0,009 |
| 2163 | 2,90 | 1,35 | 0,0073 | 0,0054 |
| 2164 | 1,05 | 0,68 | 0,0073 | 0,011 |
| 2171 | 0,70 | 0,75 | — | — |
| 2179 | 1,25 | 0,81 | 0,0022 | 0,003 |
| 2180 | 1,05 | 0,68 | — | — |
| 2181 | 0,90 | 0,58 | — | — |
| 2183 | 0,90 | 0,58 | — | — |

La moyenne générale de ces essais est de 0,041, soit à peu près dix fois plus forte que dans le cas précédent.

Ces divers essais montrent clairement qu'il se produit certainement une concentration du platine à la surface même des affleurements dunitiques par suite de la désagrégation atmosphérique et du ruissellement subséquent, mais cette concentration est excessivement faible, et ne peut guère donner naissance à un gîte secondaire ayant un caractère industriel, quand bien même les procédés de traitement particulièrement économiques (la méthode hydraulique notamment) y seraient applicables.

[1] Ces essais ont été effectués par le M. prof. Henry SIGG.

## § 2. *Relations des rivières platinifères avec les centres primaires*

Il résulte de ce qui précède, que les seuls gîtes de platine susceptibles d'une exploitation industrielle, sont ceux alluviaux, et que chaque centre dunitique ou pyroxénitique primaire donne naissance à une série de ruisseaux plus ou moins importants qui le ravinent, et qui tous sont platinifères. Ces ruisseaux sont souvent les sources même de rivières plus importantes dont les alluvions contiennent nécessairement du platine en plus ou moins grande quantité. Tel est par exemple le cas pour les rivières Martian et Tschauch dans le centre de Taguil, ou pour la rivière Iow dans le centre du Kanjakowsky, etc. D'autrefois, les grandes rivières platinifères sont sans relations immédiates avec les centres primaires dans lesquels elles ne prennent point leur source, mais à proximité desquels elles passent cependant. Elles reçoivent alors leur platine d'une série d'affluents latéraux qui en proviennent, et qui tantôt forment de simples ruisselets, tantôt se réunissent dans le centre même ou en dehors, pour former des petites rivières (la Kossia, par exemple, dans le centre de l'Iss) qui sont toujours caractérisées par une richesse exceptionnelle en platine. Les rivières Iss, Tilaï, Kamenka, Omoutnaïa, etc., etc. se trouvent dans ces conditions ; elles ne deviennent platinifères qu'à partir de l'endroit où elles reçoivent leur premier affluent provenant du centre dunitique ou pyroxénitique primaire, et si ces affluents se multiplient, leurs alluvions peuvent alors être d'une richesse exceptionnelle. C'est ce qui se vérifie pour l'Iss, qui ne devient platinifère qu'immédiatement en aval du confluent de Bolchaïa Prostokischenka, mais dont les alluvions sont de plus en plus riches au fur et à mesure qu'on descend vers l'aval, la rivière recevant sur ses deux rives entre les confluents de Bolchaïa Prostokischenka et de Bolchoï Pokap une série de ruisselets encaissés dans la dunite de leur source à leur embouchure.

Il est rare que les grandes rivières platinifères traversent de part en part les centres primaires ; c'est le cas cependant pour l'Omoutnaïa, qui traverse l'extrémité N. de l'affleurement dunitique du même nom, puis pour l'Iss, qui traverse obliquement tout le centre dunitique de Swetli-Bor dans sa plus grande largeur, et près de son extrémité Nord également.

Certaines rivières sont platinifères au sens industriel du mot, depuis leur contact avec le centre primaire jusqu'à leur embouchure ; souvent aussi les rivières qui les reçoivent sont platinifères également sur une certaine longueur. Tel est par exemple le cas pour l'Iss et pour la Toura dont elle est l'affluent. D'autrefois les alluvions d'une rivière platinifère ne sont suffisamment riches pour mériter un traitement que jusqu'à une certaine distance seulement du centre primaire ; au-delà le platine diminue graduellement, noyé dans une masse d'alluvions stériles de plus en plus grande, puis finit par disparaître. Tel est par exemple le cas pour la rivière Iow, pour la Lobwa, et pour beaucoup d'autres rivières. Le platine est cependant susceptible de faire de très longs voyages dans les alluvions, et souvent on en trouve encore quelques paillettes dans celles-ci à une très grande distance à l'aval du point où ces alluvions sont encore exploitables.

A chaque centre primaire dunitique ou pyroxénitique correspond donc un certain nombre de kilomètres de rivières platinifères exploitables de richesse variable, ce nombre ainsi que cette richesse étant généralement en relation avec l'importance de ce centre et dépendant aussi de l'intensité du ravinement qu'il a subi. Le plus grand rayon platinifère est celui de l'Iss, cette rivière est en effet travaillée sur 52 verstes environ. la Toura qui lui fait suite sur 80, les divers affluents provenant de Swetli-Bor ou de Wéressowy-Ouwal sur 73, ce qui fait donc au total plus de 200 kilomètres.

A Taguil, la longueur totale des gîtes alluviaux exploitables est, d'après M. Wyssotsky. de 102 kilomètres, se décomposant comme suit : environ 30 kil. pour le système de Martian, 25 pour Wyssim, 23 pour Tschauch, 15 pour Syssim, 6 pour Bobrowka et 3 pour les petits gîtes isolés du lac de Tschernoistotschnik.

Au Wyja, la longueur totale des alluvions exploitables atteint 47 kil. Au Kaménouchky, si on ne fait entrer en ligne de compte que Kamenka et Bolchaïa-Kaménouchka, cette longueur est de 8 kil. , si on y joint Niasma jusqu'à l'endroit où se trouve actuellement la première drague qui travaille avec bénéfice, elle est de 40 kilomètres environ.

Au Koswinsky, le centre du Sosnowsky-Ouwal représente à lui seul (y compris le cours de Logwinska)[1] 15 kil. d'alluvions exploitables; si on y ajoute le cours de Tilaï rivière qui n'a pas été travaillée, mais qui est draguable du confluent de la petite Sosnowka jusqu'à son embouchure, on trouve alors 28 à 30 kilomètres environ.

Au Kamennoc-Koswinsky, les sources de la rivière Kitlim, cette rivière elle-même, et la portion de la Lobwa actuellement reconnue dont les alluvions sont exploités ou vont l'être, représentent au total 18 à 20 kil. environ, chiffre qui est un minimum, car la Lobwa est certainement platinifère en aval du confluent de Katécherska où cessent les recherches. Si on y ajoute la petite Koswa, qui provient probablement du même centre que la Kitlim, on trouve alors 26 à 30 kilomètres au total.

La richesse des alluvions n'est d'ailleurs pas toujours en relation avec la longueur totale des gîtes; ainsi Taguil a certainement été le gisement le plus riche, et cependant la longueur totale des rivières et lojoks platinifères exploitables y est notablement inférieure à celle de l'Iss.

## § 3. *Structure et disposition des alluvions platinifères*

Les alluvions platinifères exploitables appartiennent à trois types dont les caractères sont assez différents, ce sont : 1° les alluvions des lojoks; 2° les alluvions des rivières; 3° les alluvions des terrasses ou des ouwals

---

[1] Pour le moment, les alluvions de Logwinska ont été considérés comme trop pauvres pour rémunérer une exploitation.

## ALLUVIONS DES LOJOKS

Ce sont celles des ruisseaux ou petites rivières entièrement encaissés dans la dunite ou les pyroxénites des centres primaires. Elles présentent un caractère mixte, à la fois éluvial et alluvial. La vallée qu'elles occupent, qui est plus ou moins accusée, et qui se borne parfois à une simple dépression à peine indiquée dans la topographie, est alors remplie par une couche d'épaisseur variable des produits de l'érosion du centre primaire, soit de blocs de dunite, de pyroxénites, et des roches filonneuses qui les traversent (issites pegmatites à hornblende, etc.). Ces blocs souvent à peine roulés et parfois très volumineux (il en est qui mesurent parfois jusqu'à un demi mètre cube), gisent pêle-mêle dans une masse sableuse ou argileuse, de couleur brunâtre. Il n'y a pas ici formation d'une alluvion au sens du mot, et ces produits encore mal classés, qui proviennent de l'érosion et de la désagrégation *in situ* de la roche platinifère, ont à peine subi un léger déplacement selon l'axe de la vallée par l'action des eaux ruisselantes concentrées dans son thalweg. Ces formations se rencontrent généralement au sommet même des lojoks, soit à l'origine du cours d'eau actuel qui serpente à leur surface ; elles ont parfois, comme au Diudinsky-lojok, dans le Kamennoe-Koswinsky, la forme d'un cône, dont le sommet coïncide avec la naissance du lojok. Le platine est alors distribué dans toute la masse de ces alluvions, mais il est généralement déjà concentré près du bed-rok. Les blocs du matériel constitutif qui sont énormes, sont toujours des pyroxénites, la dunite en effet est plus friable, plus rapidement décomposée, et forme moins aisément des blocs volumineux.

Plus en aval, le caractère de ces alluvions change rapidement, et l'on voit bientôt apparaître entre celle-ci et le bed-rock, une couche plus ou moins épaisse de véritables sables platinifères, qui contiennent des petits galets de dunite serpentinisée, ou même fraîche, disposés dans une masse argileuse de couleur jaunâtre ou brunâtre. C'est dans cette couche que s'accumule pour ainsi dire tout le platine exploitable, bien que ce métal se retrouve cependant toujours dans toute la masse alluviale qui la surmonte. Le profil le plus ordinaire d'une alluvion de lojok est alors le suivant :

1. Terre végétale = 0,15 — 0,30 m.
2. Argile brune avec cailloux plus ou moins volumineux de dunite ou de pyroxénite = 0,20 à 16 mètres.
3. Sables platinifères ou peskis = 0,20 — 3 m.
4. Bed rock décomposé.

La terre végétale forme toujours une couche peu épaisse, et la tourbe superficielle si fréquente dans les vallées, fait généralement défaut dans les lojoks. L'argile à cailloux volumineux et peu soudés de dunite et roches subordonnées est d'épaisseur très variable. Sur certains lojoks, elle est réduite à quelques centimètres, mais dans la majorité des cas, son épaisseur oscille entre 4 ou 6 mètres et peut même atteindre 15 mètres. Il en résulte que très souvent les alluvions des lojoks n'ont pu être exploitées avec avantage que par des travaux souterrains. C'est dans cette couche argileuse que l'on rencontre fréquemment des galets de chromite, si le centre primaire est dunitique, et de magnétite, s'il est pyroxénitique.

L'épaisseur des peskis oscille entre 0,20 et 3 mètres, le plus ordinairement cependant entre 0,40-0,75 m. ; ils sont généralement plus argileux que la couche qui les surmonte.

Le bed-rock, s'il est dunitique, est toujours fortement altéré ; la dunite y est décomposée, serpentinisée et très friable. Ce bed-rock s'appelle dans l'Oural « potchwa » et les « peskis » ou sables platinifères passent fréquemment à la potchwa décomposée sans ligne de démarcation bien nette. Comme le platine alluvial s'infiltre souvent profondément dans le bed-rock décomposé, celui-ci doit toujours, en cours d'exploitation, être enlevé sur une certaine épaisseur (au moins 0,30-0,60). Dans certains cas spéciaux cependant, la potchwa n'est point décomposée profondément, mais fissurée et couverte de gros blocs anguleux de dunite, entre lesquels les sables platinifères se sont en quelque sorte infiltrés. L'exploitation de ces derniers est alors difficile, et il faut souvent faire sauter plusieurs de ces blocs à la dynamite pour pouvoir extraire les peskis intercalés entr'eux. Ce cas se présente par exemple aux sources même de la rivière Jow, là où celle-ci coule dans la dunite. A Taguil, il existe aussi un conglomérat spécial, formé par des galets parfois anguleux de dunite, de pyroxénite, de serpentine et de chromite, soudés par un ciment calcareo-magnésien ou silico-argileux. Ce conglomérat se développe régionalement parmi les peskis ordinaires ; il contient alors à côté du platine un peu d'or (de $\frac{1}{4}$ à 4 zoloniks pour 100 pouds), on y trouve aussi des pépites de platine (l'une de 86 zoloniks est conservée au musée de l'Ecole des mines de Pétrograd). L'épaisseur de ce conglomérat peut atteindre jusqu'à 3 mètres ; il a été rencontré dans la partie supérieure de la rivière Roublevik, puis sur Martian aux laveries Bielogorsky et Awrorinsky, et enfin aux sources de la rivière Tschauch.

La largeur de la zone alluviale dans la région des lojoks n'est jamais bien considérable, elle est généralement comprise entre 15 et 50 mètres ; le cours d'eau actuel qui mesure quelques mètres de largeur à peine, a creusé son lit à la surface même des dépôts alluviaux anciens. Souvent toute trace de cours d'eau a disparu ; le lojok est alors sec et envahi par la forêt. Il ne faudra donc jamais négliger de prospecter une dépression quelconque qui se trouve dans un centre dunitique primaire, quand bien même celle-ci n'est pas occupée par un cours d'eau temporaire ou permanent.

Lorsque plusieurs lojoks se réunissent, il se forme en aval une sorte de petite plaine alluviale sur laquelle des dépôts présentent les mêmes caractères que ceux des lojoks, mais dont les sables sont particulièrement riches ; tel est le cas par exemple à Taguil pour certains lojoks appartenant au bassin de la rivière Martian. Nous ajouterons que les alluvions des lojoks encaissés dans les pyroxénites se comportent comme celles des centres dunitiques, à cette différence près que la nature pétrographique du matériel alluvial est autre (blocs de pyroxénite) et que les galets de chromite y sont remplacés par de la magnétite.

## ALLUVIONS DES RIVIÈRES

La disposition des alluvions des vallées occupées par les grandes rivières platinifères est assez différente du type précédemment décrit. La vallée d'érosion de ces rivières est parfois très grande, et la nappe alluviale qui la remplit peut mesurer de 150 à 200 mètres de largeur et même davantage. Le cours d'eau contemporain a creusé son lit dans ses alluvions anciennes à la surface desquelles il serpente, en formant de nombreux méandres, qui sont sans relation avec la forme de l'ancienne vallée. Le profil de ces alluvions est ordinairement le suivant (fig. 41).

1. Terre végétale de 0,35 à 1 m.
2. Argile brune, passant à l'argile brunâtre ou grisâtre de 0,50 à 1,50 m.
3. Graviers perméables, sableux, à galets de nature pétrographique variable, à sable grisâtre, verdâtre ou jaunâtre, appelés « retschnikis » de 0,30 à 4 m.

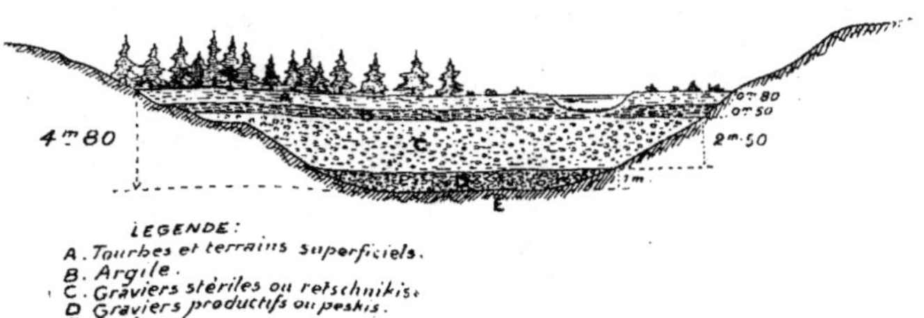


Fig. 41. — Coupe transversale d'une vallée alluviale montrant la succession des différentes formations.

4. Sables platinifères, à galets altérés, généralement argileux, appelés « peskis » de 0,25 à 1,50 m.
5. Bed-rock plus ou moins profondément décomposé et de nature variable.

**La terre végétale** est ordinairement peu épaisse et couverte par la végétation, notamment par la forêt de pins ou de sapins qui occupait primitivement toute la vallée.

Elle est fréquemment remplacée par de la tourbe, dont l'épaisseur totale oscille généralement entre 0,75 et 3 m. Cette tourbe se rencontre principalement là où la pente de la vallée est faible, et où celle-ci est marécageuse ; on la trouve par exemple sur la Goussewka, sur la petite Koswa, sur la Lobwa, etc., etc.

**L'argile brune** est d'aspect souvent lössoïde ; sa couleur change rapidement en profondeur ; elle devient rougeâtre ou jaunâtre, puis gris-verdâtre ou bleuâtre, et généralement alors plastique. Cette argile brune fait ordinairement défaut où il y a de la tourbe ; celle-ci repose alors sur une argile grise de 0,30 à 1,30 d'épaisseur.

Les " **retschnikis** „ sont de nature différente d'un gisement à un autre, les galets qui les constituent sont parfaitement arrondis, polis, lavés, et mêlés à une proportion variable de sable, qui peut être plus ou moins argileux, et dont la couleur va du jaune-grisâtre au gris-verdâtre. Ordinairement les galets qui se trouvent dans la partie supérieure de la couche sont petits, leur dimension augmente de haut en bas et de l'aval vers l'amont. Dans la partie inférieure et médiane des grandes vallées, les gros galets sont plutôt exceptionnels; dans la partie supérieure ils sont fréquents et parfois de grande taille. Tel est par exemple le cas pour les rivières Kitlim, Sosnowka, Lobwa, Niasma, etc., où les galets atteignent 0,15 à 0,40 m. de diamètre, voire même exceptionnellement 0,75 à 1 m.

La nature pétrographique de ces galets est naturellement différente d'un cours d'eau à un autre, elle n'est pas nécessairement identique sur toute la largeur. Souvent un gros galet se trouve en quelque sorte noyé au milieu de galets de beaucoup plus petite taille, à un niveau supérieur des retschnikis.

L'épaisseur des retchnikis est fort variable; elle augmente généralement vers l'amont. Sur les grandes rivières et dans la partie inférieure et médiane de leur cours elle est ordinairement de 1 à 2 m.; plus en amont, elle peut atteindre 3 ou 4 mètres et même davantage. La partie inférieure des retschnikis est toujours plus argileuse que le sommet; il y a même parfois passage graduel des retschnikis aux peskis, sans ligne de démarcation bien nette.

Les retschnikis sont presque toujours considérés pratiquement comme stériles, ce qui n'est point exact, car ils contiennent, comme nous le verrons, du platine, mais en quantité considérablement moindre que les peskis.

Les « **peskis** » se distinguent des « retschnikis » par le fait que leurs galets sont généralement beaucoup plus altérés, et par leur nature éminemment argileuse. Ces galets sont identiques ou en partie différents de ceux des retschnikis, et souvent plus petits. Suivant la nature spéciale du ciment qui les relie, on distingue les peskis argileux, sableux ou graveleux, ces derniers se trouvent généralement immédiatement au-dessous des retschnikis. Les peskis sont d'habitude de couleur grisâtre ou mieux gris-verdâtre, ils sont remarquablement collants vu la proportion d'argile qu'ils contiennent. Dans les grandes vallées, leur épaisseur oscille ordinairement entre 0,15 et 1 mètre, le plus fréquemment elle est de 0,75 environ, par conséquent presque toujours notablement inférieure à celle des « retschnikis ». Exceptionnellement elle peut atteindre 2 et 3 mètres, tel est par exemple le cas en certains points de la rivière Kitlim. Les « peskis » renferment presque toujours à leur base des fragments anguleux plus ou moins abondants du bed-rock.

La couche de peskis platinifères est presque toujours unique, et située immédiatement sur le bed-rock. On connaît cependant certaines rares rivières où elle est double (la rivière Malaïa Kaménouchka par exemple) ; la première couche de peskis se trouve alors sur les tourbes et au-dessus des retschnikis, elle est moins riche que la seconde.

Le **bed-rock** ou **potchwa** est naturellement formé par des roches variées, qui tantôt sont éruptives (gabbros porphyrites etc.) tantôt schisteuses (micaschistes, amphibolites, etc.) tantôt enfin calcaires, et dans ce cas fortement fissurées.

Ce bed-rock est toujours décomposé sur une profondeur qui va de 0,90 à 1,50 mètre ; il est parfois transformé en une masse argileuse. Toute anfractuosité du bed-rock est une cause d'arrêt et de concentration du platine ; les feuillets verticaux de certaines schistes durs notamment, lorsqu'ils sont coupés transversalement par le lit de la rivière, fonctionnent comme les rifles d'un sluice naturel pour arrêter le platine dans sa descente. Ce dernier en tout cas pénètre toujours plus ou moins profondément dans le bed-rock, et lorsque celui-ci est fissuré, le platine des peskis tombe dans les cassures au fond desquelles il peut s'accumuler en quantité parfois considérable. Tel est le cas pour les calcaires, et il arrive que le platine peut descendre par le procédé indiqué à plusieurs mètres à l'intérieur de ces roches.

En somme, l'épaisseur totale des alluvions platinifères qui remplissent les grandes vallées, calculés de la surface jusqu'au bed-rock, oscille habituellement entre 2,50 et 5 m. ; cette épaisseur augmente ordinairement quand on remonte vers l'amont, et peut atteindre de 7 à 15 m. dans la partie supérieure du cours des grandes rivières platinifères (rivières Kitlim, Lobva, etc.) Cette épaisseur totale, de même que celle relative des différentes nappes alluviales sur un même profil transversal, sont loin d'être uniformes. L'épaisseur totale est naturellement la plus grande à l'endroit où le profil présente sa concavité maximum, c'est-à-dire dans l'axe même de l'ancien thalweg (qui ne correspond d'ailleurs que rarement à celui du cours contemporain. Cette épaisseur décroît alors progressivement de part et d'autre de cet axe. Souvent le profil de la vallée présente une série de V successifs, preuve évidente de plusieurs lits distincts. Quand à l'épaisseur des différentes formations alluviales elle est essentiellement variable ; les peskis comme les retschnikis sont ordinairement les plus épais dans l'axe des anciens lits, mais il arrive parfois qu'ailleurs l'un ou l'autre des dépôts précédemment indiqués disparaît localement. La fig. N° 42 qui représente un profil

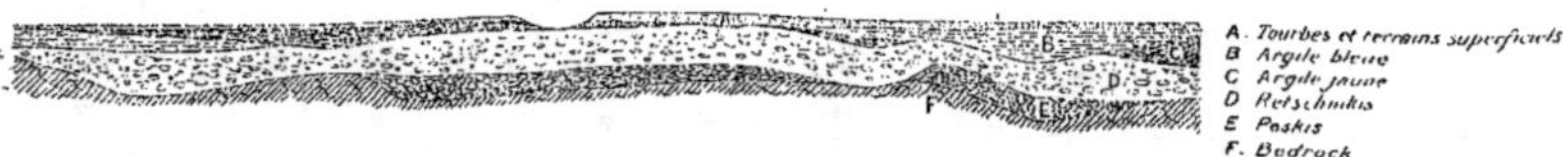


FIG. 42. — Profil de la nappe alluviale de la petite Koswa montrant l'existence de 4 concavités en V successives, correspondant à d'anciens thalwegs.

des alluvions de la petite Koswa que nous avons levé à 300 m. en amont des bâtiments du comptoir, est particulièrement démonstrative à cet égard ; elle montre l'existence de quatre V successifs ; dans celui de gauche, les peskis manquent, et les retschnikis reposent directement sur la potchwa. La couche des peskis n'a d'ailleurs pas une épaisseur uniforme ; elle s'amincit graduellement à partir de l'axe du thalweg, puis disparaît sur les bords de profil, ce qui amène directement le contact des reschnikis avec la potchwa.

## ALLUVIONS DES TERRASSES OU D'OUWAL

On sait que, sur les grandes rivières platinifères, il existe généralement une seconde terrasse qui, aux crues, est ordinairement recouverte par les hautes eaux. C'est sur cette seconde terrasse que se trouve ce que l'on appelle les gisements d'ouwal, qui sont développés alternativement sur les deux rives de la vallée, et qui pénétrent parfois dans celle des affluents latéraux. La largeur de ces gisements oscille entre 10 et 50 m. elle peut exceptionnellement atteindre et dépasser 150 à 200 m. Ces gisements d'ouwal sont un peu différents de ceux des grandes vallées; les peskis y sont ordinairement directement recouverts par les argiles, tandis que les retschnikis font défaut. Nous disons ordinairement, car il existe cependant certains gisements où ils existent, mais où ils sont toujours réduits par rapport aux argiles; ils ne mesurent alors guère plus de 0,75—2,25 m. d'épaisseur, tandis que celle des argiles varie de 3,70 à 10 m. et peut même dans certains gisements arriver jusqu'à 40 m. Dans le complexe de ces argiles, on rencontre parfois des couches intercalées de blocs anguleux dont la nature pétrographique est identique à celle des roches qui forment le seuil de la terrasse ; l'épaisseur de ces couches peut varier de 0,80 à 5 m.

Les peskis des gisements d'ouwal sont en somme analogues à ceux des gisements de vallée, mais cependant fréquemment plus argileux; leur couleur est également jaunâtre et verdâtre. Leur épaisseur est en moyenne de 0,80—1 m.; elle peut tomber à 0,40 m. ou au contraire atteindre jusqu'à 7 m., mais plus rarement. Ces peskis contiennent aussi des débris anguleux de la potchwa ; l'argile qui soude ces galets est souvent sableuse.

Il arrive quelquefois que les peskis sont divisés en deux horizons par une intercalation d'argile qui est alors stérile. Ce phénomène a été observé en certains endroits sur l'Iss, et le profil des alluvions d'ouwal est alors, d'après M. Wyssotsky, le suivant :

1. Argile brune 0,30 - 10 m.
2. Couche supérieure de peskis platinifères, tantôt riche en galets, tantôt argileuse = 0,20 - 1,50 m. (exceptionnellement 4,50 m. sur l'Iss à Ekaterinebursky-priisk).
3. Argile brune stérile 0,57 - 9 m.
4. Couche inférieure de peskis platinifères, généralement plus argileuse que le n° 2, et avec teneurs en platine habituellement plus élevées, 0,19 à 3 m.
5. Potschwa de nature variable.

La disposition générale des alluvions que nous venons d'examiner est celle que l'on observe dans les vallées des grandes rivières platinifères telles que l'Iss, la Toura, la Vyja, la Lobwa, la Martian, etc. Elle reste en principe la même, à l'échelle près, sur les alluvions des affluents latéraux, et la succession des formations y est identique. En tous cas, l'érosion des centres primaires qui ont fourni le matériel des alluvions ainsi que le platine qu'elles contiennent est quaternaire, et c'est vraisemblablement au retrait de la mer tertiaire qui a déplacé le niveau de base et accentué la pente des vallées, qu'est due l'intensité particulière de cette érosion sur le versant Est de l'Oural. La formation des peskis est contemporaine de l'éléphas primigénius; on trouve en effet dans ceux-ci des restes parfois abondants de ce mammifère (molaires, défenses, etc.). Celle des retschnikis est postérieure et correspond à un changement dans les conditions générales précédentes. Les restes d'éléphas ne s'y rencontrent que fort rarement, et le caractère pétrographique des alluvions y est souvent différent.

## § 4. *Répartition du platine dans les alluvions et richesse de celles-ci*

La répartition du platine dans les alluvions est assez irrégulière. Tout d'abord, sauf dans certains cas rares, les terrains superficiels, tourbes, argiles etc. ne renferment généralement pas de platine. Les alluvions des lojoks sont, comme nous l'avons vu, généralement platinifères sur toute leur épaisseur, mais le platine est toujours en grande majorité contenu dans la partie voisine de la potchwa. Ce ne sont alors presque jamais les alluvions de la source ni de l'embouchure du lojok qui sont les plus riches, mais bien les parties moyennes du cours.

Les retschnikis des alluvions de vallée ont été longtemps considérés comme stériles, mais depuis qu'on les a prospectés plus sérieusement en vue du draguage éventuel de certaines rivières, on a constaté qu'ils renfermaient presque toujours du platine, en petite quantité il est vrai, mais en quantité qui mérite d'être prise en considération dans le traitement des alluvions par les puissants moyens mécaniques dont on dispose aujourd'hui. Ce platine est généralement plus fin que celui des peskis, il est roulé ou anguleux, et d'habitude accumulé dans la partie inférieure des retschnikis, près de leur contact avec les peskis; à ce point de vue, dans une exploitation, il faut toujours prendre avec les sables platinifères la couche inférieure des retschnikis. On connaît cependant des cas où le platine se trouve dans toute la masse des retschnikis ou tout au moins sur les deux tiers de leur épaisseur, comme nous l'avons fréquemment observé sur les alluvions de la rivière Kitlim par exemple ou de la Lobwa.

Ce sont les peskis qui cumulent pour ainsi dire tout le platine des alluvions; ce dernier est d'ailleurs rarement distribué d'une façon régulière dans toute l'épaisseur de la formation, il est plus volontiers accumulé au voisinage immédiat du bed-rock, dans la zone de 0,10 à 0,26 m. qui se trouve immédiatement au-dessuos de celui-ci. Cette zone, suivant les cas, contient les trois quarts ou les deux tiers du platine total des peskis; mais il n'y a cependant pas de règle absolue à cet égard. Il arrive parfois que la zone riche des peskis se trouve au milieu de la formation, ou encore au voisinage immédiat des retschnikis, mais ce sont là des faits exceptionnels. On connaît également certaines alluvions (notamment celle de Malaïa Kaménouchka) qui présentent deux couches distinctes de peskis à teneurs, séparées par des retschnikis à peu près stériles; la première, la plus pauvre, se trouve immédiatement sous la couche de terrain superficiel et d'argile, la seconde, la plus riche, repose sur le bed-rock.

Si l'on envisage maintenant la distribution du platine dans les peskis sur un même profil transversal de la vallée alluviale, ce platine est manifestement accumulé dans la région du profil où le bed-rock présente sa concavité maximum, c'est-à-dire suivant l'axe de l'ancien thalweg, soit l'endroit de la plus grande profondeur et de la plus grande vitesse. Les teneurs des peskis croissent donc ordinairement depuis l'une des rives de la vallée vers l'axe de cet ancien lit, et vice-versa jusqu'à l'autre rive, mais cette croissance n'est point régulière, et on observe toujours une brusque augmentation du platine à l'approche de l'ancien thalweg. Il existe donc un véritable lit platinifère dont l'axe projeté sur le plan horizontal et sur toute la longueur de la vallée, trace la ligne du plus grande richesse des alluvions. (Fig. 43). Cette ligne est celle de l'ancien thalweg, elle est nécessairement sinueuse, et coïncide ou non avec celle qui jalonne l'axe du cours d'eau contemporain. La largeur de la zone riche localisée suivant l'axe de l'ancien lit, est toujours peu considérable si on la rapporte à celle de la nappe alluviale qui remplit la vallée. Souvent il existe plusieurs zones riches parallèles, qui correspondent à plusieurs lits distincts, dont la trace se retrouve toujours dans le profil du bed-rock ; ces lignes n'occupent pas nécessairement le milieu de la vallée, elles sont fréquemment rejetées vers l'une ou l'autre rive.

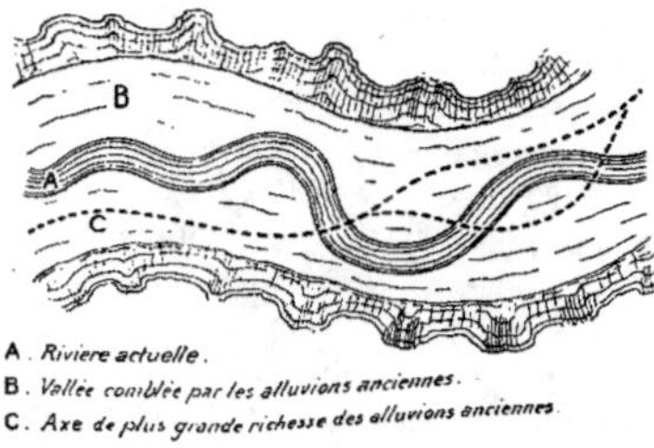

A . Rivière actuelle.

B . Vallée comblée par les alluvions anciennes.

C . Axe de plus grande richesse des alluvions anciennes.

FIG. 43. — Schéma montrant la disposition que peut affecter l'axe C de plus grande richesse des alluvions anciennes, par rapport au lit actuel A d'une rivière platinifère.

Si l'on envisage maintenant la distribution générale du platine dans les peskis le long de la vallée, on peut dire que, toutes choses égales d'ailleurs, la richesse de ces peskis diminue progressivement, de l'amont vers l'aval, avec la distance du point considéré au centre platinifère primaire. Cette règle comporte cependant plusieurs exceptions. Il peut en effet se produire en tel ou tel point un enrichissement local par l'apport d'affluents latéraux platinifères, ou encore par la disposition spéciale du bed-rock qui a arrêté une partie du platine pendant le charriage du matériel constitutif des peskis. Ce phénomène se présente fréquemment là où, par exemple, le bed-rock est schisteux, et formé par des bancs redressés alternativement durs et friables, qui, de plus, ont été coupés perpendiculairement à leur direction par l'ancien cours d'eau. Les bancs friables ont été aisément érodés, mais les lits durs ont mieux résisté et sont restés en saillie sur le bed-rock, fonctionnant ainsi comme les « rifles » d'un sluice pour retenir le métal. Les filons de diabases durs, qui, dans l'Oural traversent des roches variées, se comportent de la même façon ; les calcaires et les dolomies enfin, qui presque toujours sont fortement fissurés, arrêtent aussi le platine, et le bed-rock, quand il est formé par ces roches, peut devenir exceptionnellement riche. L'enrichissement ou l'appauvrissement local des alluvions peut résulter aussi d'un resserrement ou d'un élargissement de la vallée ; dans le premier cas il y a concentration du platine dans la nappe alluviale, dans le second au contraire, étalement, accompagné souvent par la formation de plusieurs lits parallèles.

Dans les lojoks encaissés dans la dunite, les teneurs moyennes des peskis varient naturellement beaucoup suivant les rivières et les centres dunitiques primaires, mais en principe elles sont toujours très élevées si on les compare à celles des peskis des alluvions des grandes vallées.

A Taguil, par exemple, d'après M. Wyssotsky[1], au début de l'exploitation des alluvions des affluents latéraux et des sources de Martian, Wyssim, Syssim et Tschauch, la teneur des peskis atteignait en certains endroits jusqu'à 10 livres de platine à la sagène cube[2]; et dans la couche inférieure des peskis de certains de ces cours d'eau où le platine était visible à l'œil nu (sur la rivière Roubléwik par exemple). Jusqu'en 1830, les teneurs ordinaires oscillaient entre 18 et 40 zolotniks par 100 pouds, et atteignaient même 75 zolotniks, ce qui fait de 216 à 900 zolotniks par sagène cube.

De 1830 à 1883, ces teneurs se sont abaissées progressivement jusqu'à 2-5 zolotniks (exceptionnellement à 10 zolot. pour 100 pouds, de 24 à 60 zolot. par sagène cube, voire même 120 zolot.). De 1884 à 1894, les teneurs moyennes oscillaient entre 1 et 1,5 zolot. pour 100 pouds (soit de 12 à 18 zolot. par sagène cube). De 1895 à 1900, ces teneurs étaient de 92 à 72 dolies par 100 pouds (soit de 11 à 9 zolot. par sagène cube), et de 1900 à 1914, enfin, les teneurs moyennes sont tombées de 66 à 8 dolies pour 100 pouds (soit de 8 à 1 zolot. par sagène cube). Cette diminution progressive de la teneur moyenne s'explique par le fait que l'on a exploité tout d'abord les alluvions des lojoks suivant l'axe riche, puis au fur et à mesure que le prix du platine montait, on entamait les alluvions vierges plus pauvres situés à droite et à gauche de cet axe. Puis lorsque la totalité de l'alluvion eût été extraite, on relava les anciens tailings, et présentement le platine extrait sur les lojoks provient exclusivement de ces derniers, qui ont souvent été relavés cinq ou six fois (ce qui n'est possible que là où les peskis ont été initialement excessivement riches).

Sur les deux centres de l'Iss, Swetli-Bor et Wéressowy-Ouwal, les teneurs des peskis des lojoks étaient également fort grandes, quoiqu'en moyenne inférieures à celles de Taguil. Sur plusieurs lojoks de Swetli-Bor, de 1831 à 1865, ces teneurs se sont élevées dans certains cas à 2 et même 3 livres par sagène cube, elles oscillaient cependant ordinairement entre 6 et 60 zolotniks par sagène cube. Depuis 1865, ces teneurs se sont progressivement abaissées pour le même motif qu'à Taguil ; elles atteignent actuellement 60 à 80 dolies à la sagène cube, même moins.

Sur le centre des Kaménouchky et sur les sources de M. et B. Kaménouchka, les teneurs atteignaient au début jusqu'à une livre de platine par sagène cube de sables en

---

[1] Wyssotsky. Bibliographie n° 103.

[2] On admet que la sagène cube de peskis pèse 1200 pouds. Le poud vaut 40 livres, la livre russe vaut 96 zolotniks, le zolonik 46 dolies. Comme le dolie équivaut à 0,044 grammes, le zolonik correspond à 4,267 gr., la livre russe à 409,7 gr. et le poud à 16,38 kilogs.

certains endroits, mais ordinairement elles oscillaient entre 12 et 50 zolotniks. En cours d'exploitation, elles se sont graduellement abaissées, et les teneurs actuelles qui sont de 60 dolis à 1,5 zoloniks à la sagène cube, se rapportent non pas aux alluvions vierges, mais aux tailings relavés.

Sur le centre du Kamennœ-Koswinsky, les teneurs des alluvions des trois sources de Kitlim variaient au début de une livre et demie à 5 ou 6 zolotniks à la sagène cube, elles étaient ordinairement de 10 à 30 zolotniks, mais sont rapidement tombées à 2 zolotniks et au-dessous. Ces teneurs sont actuellement inférieures à 1 zolotnik, et se rapportent également aux anciens tailings que l'on relave.

Sur le centre du Sosnowky-Ouwal, les teneurs les plus élevées que l'on a observées n'ont guère dépassé 40 zolotniks à la sagène cube, et ont généralement oscillé entre 5 et 15 zolotniks; il en est à peu près de même sur le centre de l'Omoutnaïa.

Ce qui vient d'être dit pour les centres dunitiques s'applique également aux centres pyroxénitiques, et les alluvions des lojoks qui sont encaissés dans les pyroxénites ont été parfois d'une richesse exceptionnelle, tel est par exemple le cas pour le Kischnitchesky-lojok, affluent gauche de la Goussewka, sur lequel on vit s'abattre lors de sa découverte, une véritable nuée de voleurs, qui travaillèrent pendant toute une saison, en résistant à la gendarmerie qu'on avait envoyée pour leur faire évacuer les lieux. Il est impossible de connaître quelles ont été les teneurs initiales des alluvions de ce lojok, mais elles étaient sans doute fort élevées, à en juger par la grosse quantité de platine produite en quelques mois sur ce ruisselet. En 1908, nous avons nous-mêmes relavé les tailings du Kischnitchesky-lojok en certains points, et avons trouvé fréquemment dans ces derniers jusqu'à 33 zolotniks par sagène cube; or, si l'on admet que le lavage fait par les voleurs de platine a été particulièrement défectueux, et a entraîné une perte du cinquième environ du platine total contenu dans les peskis, on trouve ainsi 165 zolotniks à la sagène cube, ce qui doit sensiblement correspondre à la réalité. En général, cependant, les alluvions des lojoks encaissés dans les pyroxénites, sont considérablement plus pauvres que celle des lojoks dunitiques, ce qui tient sans doute à la moindre richesse initiale de ces roches en platine.

Les teneurs des alluvions des rivières platinifères situées en dehors des centres dunitiques ou pyroxénitiques, sont naturellement plus faibles que celles des lojoks, bien que par suite de certaines conditions spéciales, on observe parfois un très grand enrichissement local, notamment à l'embouchure d'affluents latéraux platinifères ou au passage sur les calcaires. A Nijni-Taguil, sur Martian, Wyssim, Syssim et Tschauch, les teneurs étaient ordinairement de 0,5 à 1 zolotnik pour 100 pouds, soit 6 à 12 zolotniks par sag.[3] et en certains endroits, on a même trouvé (mais rarement) de 200 à 300 zolotniks. Il s'agit ici naturellement des teneurs des alluvions vierges au début même de leur exploitation; les teneurs actuelles données par les dragues qui travaillent sur ces rivières, sont celles de l'alluvion pauvre encore en place, et surtout des tailings.

Sur l'Iss même, les teneurs des sables ont été parfois énormes, mais elles se rapportaient alors aux axes riches seulement, on cite couramment en effet des teneurs de 20 à 30 zolotniks et même d'une demi-livre à une livre par sagène cube. Cependant en moyenne, et rapportées à la totalité de l'alluvion, ces teneurs oscillaient au début entre 4 et 12 zolotniks à la sagène, cube et souvent même on travaillait avec 3 et 4 zolotniks.

Sur la Wyja, les teneurs étaient très irrégulières. Dans la région où la vallée d'érosion est creusée dans les calcaires, ces teneurs atteignaient de 3 à 7 zolotniks et localement de 12 à 28 zolotniks à la sagène cube, mais dans les régions où la rivière a creusé son lit dans les porphyrites, ces teneurs étaient ordinairement de 1 à 2,5 zolotniks par sagène cube et exceptionnellement de 3 à 8 zolotniks.

Sur la Toura, le platine est mêlé à beaucoup d'or, les teneurs oscillent ordinairement entre 1/2 et 2 zolotnik par sag.[3] mais peuvent atteinde exceptionnellement de 8 à 12 zolotniks et même davantage.

Sur la Kamenka des Kaménouchky, les teneurs des sables variaient au début entre 3 et 15 zolotniks ; elles se sont abaissées dans la suite pour les raisons précédemment exposées.

Sur la rivière Kitlim, les teneurs oscillaient au début entre 7 et 20 zolotniks par sag.[3] et on travaillait avec une moyenne de 12 zolotniks ; ces teneurs se sont abaissées également dans la suite, présentement elles sont de 1 à 3 zolotniks.

Sur la rivière Sosnowka enfin, les teneurs variaient initialement de 5 à 12 zolotniks à la sag.[3], elles se sont également abaissées par la suite.

Toutes les teneurs qui ont été précédemment indiquées, *se rapportent exclusivement aux peskis*, seule formation qui était exploitée et que l'on estimait payante. Les retschnikis étaient toujours considérés comme stériles, car l'on estimait que leurs teneurs les plus élevées ne permettaient pas un traitement rémunérateur. Il en résulte que l'on est très mal renseigné sur ces teneurs, que l'on ne déterminait jamais au cours des prospections. Nous avons eu l'occasion de faire de nombreuses vérifications de ces teneurs sur la rivière Kitlim, en les comparant à celles des peskis correspondants ; voici quelques chiffres à l'appui.

Sur la rivière Severney-Kitlim, en aval de la frontière de Pawda, l'épaisseur des retschnikis variait de 8 à 17 archines, celle des peskis de ½ à 2 archines. Les teneurs des retschnikis étaient comprises entre 17 et 52 dolies, celle des peskis entre 119 et 300 dolies à la sag.[3]. Sur une ligne de puits qui coupait obliquement toute la nappe alluviale, à une petite distance en aval de la Sémiwladiltchewskaya-datcha, l'épaisseur des retschnikis était de 2 ¼ à 6 ³/₄ archines, celle des peskis de 1 ½ à 4 ½ archines, les teneurs respectives des retschnikis et des peskis variaient entre 6 et 128 dolies, avec une moyenne de 2 zolotniks, 26 dolies à la sag.[3] pour les seconds.

Ces chiffres montrent que la teneur des retschnikis ne saurait être négligée avec certaines formes d'exploitations (les dragues notamment).

Quant aux teneurs des alluvions d'ouwal (sables des terrasses) sur l'Iss, la Wyja, et quelques rivières de Taguil, elles sont fréquemment plus élevées que celles des alluvions de vallée, mais la répartition du platine y est considérablement plus irrégulière.

## § 5. *Forme, aspect et caractères du platine alluvial*

La forme que présente le platine dans les alluvions, dépend de celle qu'il avait dans le centre primaire d'où il est issu, et du chemin qu'il a parcouru dans le lit de la rivière en présence des galets qui constituent le matériel alluvial. Dans les peskis des lojoks encaissés dans la dunite où les pyroxénites, peskis qui contiennent comme nous l'avons vu souvent plus de matériel éluvial qu'alluvial, le platine est généralement anguleux, peu ou point roulé, et fréquemment acccompagné de sa gangue. Les grains qui le constituent sont toujours plus gros que ceux des peskis des alluvions de vallée, et c'est dans le platine des lojoks que l'on a trouvé ordinairement les cristaux plus ou moins déterminables des platines natifs qui existent dans les collections. C'est également dans les lojoks que l'on trouve les pépites, et l'on peut même dire que celles-ci ne se rencontrent que bien rarement dans les alluvions des cours d'eau platinifères au delà des régions où ces derniers sont encaissés dans les dunites ou les pyroxénites des centres primaires. L'aspect que présentent ces pépites est assez différent selon la nature du centre primaire, et la forme sous laquelle le métal se trouvait dans la roche mère. Dans les centres dunitiques, les pépites qui proviennent de la concentration locale du platine dans la dunite même, et où par conséquent le métal a cristallisé avec l'olivine, sont de forme irrégulière. Leur surface est lisse, ou au contraire rugueuse, et les petites aspérités qui font saillie correspondent alors à des cristaux de platine émoussés et arrondis. Ces pépites ont toujours l'éclat métallique sur toute leur surface, elles présentent lorsqu'elles ont un peu roulé avec les galets, des surfaces polies et mamelonnées ; rarement elles sont encore attachées à leur gangue dunitique, car la dunite se décompose trop rapidement pour cela, cependant quand elles ont une structure caverneuse, les cavités sont remplies d'un sable ocreux jaunâtre, qui n'est autre chose que l'olivine altérée *in situ*. Les pépites qui proviennent de la concentration du platine dans les ségrégations de chromite sont fort différentes. Elles ont fréquemment l'aspect de morceaux anguleux ou arrondis de chromite noire et cristalline, sur lesquels on ne voit pas de platine, et sans leur poids élevé, on ne pourrait guère soupçonner que ces cailloux noirs renferment le précieux métal. D'autres fois cependant le platine apparaît par trouées à la surface polie du galet de chromite, d'autres fois encore, toute la surface de la pépite est cristalline, et le platine forme des pointes brillantes au milieu de la chromite noire ; l'aspect est alors celui d'une sorte d'éponge de platine, dont les cryptes seraient remplies par de la chromite cristalline (pl. n° XI). Les proportions relatives de chromite et de platine dans ces pépites sont fort variables ; dans certains cas, la chromite ne forme guère que l'enveloppe d'un noyau compact et massif de platine, dans d'autres, les deux éléments sont interpénétrés dans toute la masse, et il faut broyer ces pépites pour en libérer le platine, dont le volume total est alors notablement inférieur à celui de la chromite.

Dans les centres pyroxénitiques, les pépites qui proviennent de la concentration du platine dans les pyroxénites mêmes, sont remarquablement caverneuses ; elles ont l'éclat métallique, et les cavernes présentent presque toujours la forme des cristaux de pyroxène dont elles ne sont que les empreintes. Très souvent ces pépites contiennent encore de la gangue, sous forme de cristaux de diopside ou de dialliage, empâtés dans le platine, et nous possédons plusieurs spécimens provenant de la Goussewka ou de la Schoumika de Barant-cha, qui sont absolument démonstratifs à cet égard. Lorsque la concentration du platine s'est faite dans les schlieren de magnétite, les pépites sont noires, lisses et semblables à des petits galets de ce minéral ; leur surface n'est pas cristalline comme celle de leurs congé-nères dans la chromite, et le platine métallique apparaît également par trouées au milieu de la magnétite (pl. n<sup>os</sup> X et XI).

C'est à Taguil, et notamment dans les lojoks des affluents de Martian, que les plus belles et les plus nombreuses pépites ont été trouvées, elles y étaient même exceptionnelle-ment abondantes. En 1843, dans le Cirkof-log, on trouva la plus grosse pépite actuellement connue ; elle pesait 23 livres et 43 ½ zolotniks ; d'autres pépites très grosses également ont été rencontrées à Alexandrowsky-log, à Poupkow-log, Soukhoï-log, etc. ; elles sont repro-duites planche n° VII. Dans les lojoks affluents de Wyssim, Syssim et Tschauch, les pépites étaient plus rares, et généralement de beaucoup plus petite taille. Il est vraisemblable que les grosses pépites provenaient des concentrations locales de platine dans la dunite et non point de celles dans la chromite ; elles sont en effet toujours lisses, à éclat métallique, et ont l'aspect d'un véritable bloc de métal fondu, ce qui ne pourrait guère être le cas pour des pépites sur gangue de fer chromé, car celles-ci étant formées par l'association intime de platine et de chromite sont nécessairement plus friables, ont peu de chance d'être conser-vées telles quelles si elles sont initialement volumineuses, et ne donnent généralement pas par leur morcellement subséquent, des gros morceaux de platine métallique compact.

Sur l'Iss, les très grosses pépites étaient rares, elles provenaient toutes du centre de Wéressowy-Ouwal et non pas de celui de Swetli-Bor.

Aux sources de Maloï Pokap, on a trouvé deux pépites qui pesaient, l'une 5 livres 51 zolotniks, l'autre 4 livres 74 zolotniks ; sur le cours supérieur de Malaïa Prostokischenka on a extrait des alluvions, une pépite qui pesait 1 livre 19 zolotniks, et une autre pesant 90 zolotniks. Toutefois, ce sont là des cas exceptionnels, et dans la grande majorité des cas, les pépites pesaient de 2 à 18 zolotniks seulement. C'est d'un petit lojok, affluent gauche de l'Iss, à un kilomètre environ en aval de l'embouchure de B. Prostokischenka, que pro-viennent les deux énormes pépites trouvées en 1904 dont l'une est représentée planche n° X ; l'une pesait 20 livres 49 zolotniks 48 dolis, l'autre 9 livres 49 zolotniks.

A Swetli-Bor, les lojoks sont très pauvres en pépites, bien que le platine y soit sou-vent très grossier, le poids ordinaire de celles-ci variait entre ¼ et 1 ½ zolotniks.

Dans les alluvions de l'Iss elle-même, les pépites n'étaient point rares, mais ne se rencontraient que dans la région de son cours qui avoisine les centres dunitiques ; on en a extrait là qui pesaient de 2 à 7 zolotniks, et qui étaient alors toujours décortiquées et d'as-pect métallique.

Au Kaménouchky, les pépites des peskis de B. et M. Kaménouchka étaient beaucoup plus petites que celles de l'Iss et de Taguil, leur poids habituel était de $\frac{1}{2}$ à 2 zolotniks, mais atteignait dans certains cas exceptionnels 6-7 et même 10 zolotniks.

Au Sosnowsky-Ouval les plus grosses pépites trouvées dans les deux rivières Sosnowka n'excédaient pas 5 zolotniks et restaient fort au-dessous de ce poids. Sur les sources de Kitlim (Popowsky-log, Diudinsky-log et Obodranny-log) les plus grosses pépites trouvées pesaient à peine $\frac{3}{4}$ de zolotnik; elles étaient d'ailleurs fort rares.

Au Kanjakowsky, les pépites étaient abondantes aux sources du Iow. et toutes recouvertes d'un capuchon de fer chromé riche en magnétite. Les plus grosses pesaient de $\frac{1}{4}$ à 2 zolotniks; nous en possédons une du poids de 7 grammes. Sur l'Omoutnaya et sur les Solwa du Daneskin-Kamen, les pépites n'étaient point rares également, mais toujours petites et encapuchonnées de chromite, leur poids n'excédait guère de 1.5 à 3 zolotniks.

Dans les alluvions des rivières qui proviennent des centres dunitiques, sur la Goussewka notamment, on en a trouvé qui pesaient de $\frac{1}{2}$ à 4 zolotniks, et aux sources du Kischnitchesky-lojok, d'autres du poids de 5 à 10 zolotniks, voire même de $\frac{1}{4}$ à $\frac{1}{2}$ livre.

Sur la Schoumika de Barantcha par contre, les pépites sont toujours très petites, et d'un poids inférieur à un zolotnik. Il en est de même pour la Kiédrowka et l'Obleiskaja Kamenka de Taguil.

Le platine grossier qui accompagne les pépites dans les alluvions des lojoks, mesure de 0,2 à 7 millimètres de diamètre, sa couleur est généralement grisâtre plus ou moins foncée; parfois même il est complètement noir. surtout quand il est enveloppé de magnétite. Au fur et à mesure qu'on descend de l'amont vers l'aval, ce platine subit des modifications importantes par suite du morcellement des grains, et aussi de leur classement; les plus gros restent en amont, les plus petits sont entraînés à l'aval. En même temps, les aspérités des grains disparaissent, leur surface se polit, puis, par le choc répété des galets, il se produit une sorte de martelage qui les aplatit légèrement, et leur communique l'aspect lamellaire des paillettes aurifères. Toutefois, le platine étant beaucoup plus dur et résistant que l'or, cet aplatissement n'est jamais aussi manifeste que chez ce dernier. Il résulte de ceci que la dimension des grains de platine diminue régulièrement de l'amont vers l'aval, ce que l'on peut aisément vérifier sur l'Iss, par exemple. Dans le cours supérieur de cette rivière, sur la Schouwalowskäya-datcha, le platine est encore assez gros, notamment à la hauteur des laveries de Verkh-Kossinsky et de Petropawlowsky, il est déjà moins gros à la laverie de Sredne-Issowkoï située à 2 kilomètres en aval de Petropawlowsky, il diminue encore à Artelni, la laverie qui est située le plus en amont de celles que la compagnie industrielle du platine possède sur l'Iss, au-delà de la frontière Schouwaloff; il est déjà beaucoup plus menu à Jourawlik, et tout à fait fin et à l'état de petites paillettes sur la Toura, en aval du confluent de l'Iss. Ce classement du platine ne se fait pas seulement suivant le long de la vallée, il se produit aussi sur un même profil transversal: le platine grossier s'accumule en effet suivant l'axe de l'ancien thalweg, qui est celui de la plus grande vitesse, tandis que le platine à grains plus fins se répartit sur les bords de la nappe alluviale.

Il est à remarquer que le grain du platine est plus grossier là où les peskis sont sableux, que là où ils sont argileux ; il est également plus grossier quand le bed-rock est dur, que lorsqu'il est tendre.

Le platine des alluvions des grandes rivières est nécessairement un mélange de différents platines de divers points d'un même centre dunitique, ou encore de centres dunitiques différents. Tel est particulièrement le cas pour l'Iss, qui reçoit par les affluents provenant de Wéressowy-Ouwal, des platines pauvres en osmiure et riches en fer, et par ceux qui ravinent Swetli-Bor des platines pauvres en fer et riches en osmiure. Ce mélange n'est vraiment complet qu'à une distance souvent assez considérable des centres primaires. De plus il n'est pas rare de constater que pendant son transport le long du cours d'eau, le platine brut subit en dehors du classement indiqué, une modification parfois sensible dans sa composition chimique, surtout en ce qui concerne les osmiures et le fer; les platines des lojoks sont en effet fréquemment plus riches en osmiure que ceux des grandes rivières qu'ils alimentent.

## § 6. *Le platine surimposé, et les gîtes alluviaux tertiaires*

Le platine contenu dans les alluvions des lojoks, comme dans celles des grandes rivières, provient donc exclusivement des centres dunitiques et pyroxénitiques primaires, et en remontant les grands cours d'eau ainsi que leurs affluents latéraux, on doit nécessairement retrouver les affleurements de dunite ou de pyroxénite, source première de ce platine.

Il n'en est pas toujours ainsi cependant, et l'on connaît certaines rivières qui, de leur source à leur embouchure, coulent dans des roches manifestement stériles, de sorte que l'origine de leur platine semble problématique. Tel est par exemple le cas pour la petite Koswa. Cette rivière s'amorce actuellement au flanc S.E. du Koswinsky, dans une région plate et marécageuse (voir la carte), qui fait en cet endroit ligne de partage entre les eaux asiatiques et européennes. La longueur totale de son cours est de 11 kilomètres; les sources de la rivière se trouvent dans des roches amphiboliques, et dans les pyroxénites et koswites du Koswinsky-Kamen qui, les unes comme les autres, sont stériles, ce qui a été vérifié non seulement par des lignes de puits faites sur ces différentes sources, mais encore sur plusieurs rivières et lojoks qui ravinent ces pyroxénites en divers points de la montagne. En aval de la région des sources, la petite Koswa coule dans les schistes cristallins; les affluents gauches qu'elle reçoit proviennent de ces roches, et sont aurifères, les affluents droits ravinent les koswites et les tilaites. Or, les alluvions de la petite Koswa sont platinifères, et même à des teneurs très élevées, sur la presque totalité du cours de cette rivière. L'épaisseur totale de la couche alluviale ne dépasse guère 4 m., celle des peskis 0,20-0,70 m. ; les teneurs variaient de 2 à 10 zolotniks à la sagène cube de peskis. Le platine de la petite Koswa est blanc, les grains sont de taille uniforme, généralement petits et jamais anguleux; la couleur en est blanche et non grisâtre.

Il n'existe donc aucune possibilité de rattacher le platine de la petite Koswa à aucune des roches qui se trouvent dans son bassin, ce qui a été dûment vérifié par l'expérience ; et il ne reste pour expliquer sa présence dans les alluvions de cette rivière, que deux alternatives à savoir :

1. Il existait jadis dans le bassin de Malaïa-Koswa, un laccolithe dunitique dans les pyroxénites du Koswinsky, celui-ci a disparu complétement par l'érosion subséquente, et le platine que contenait cette dunite à passé entièrement dans le lit de la petite Koswa.

2. A une époque antérieure la topographie étant différente de celle actuelle, la petite Koswa s'amorçait plus haut et plus au nord, dans le centre dunitique du Kamennoe-Koswinsky, qui alimente également la rivière Kitlim. Dans la suite, la ligne de partage entre les bassins de ces deux rivières se déplaça vers le sud, par suite d'un phénomème d'érosion régressive très fréquent dans ces contrées, et la petite Koswa ravina dès lors des roches stériles. Le platine contenu dans ses alluvions proviendrait, dans cette hypothèse, de l'époque où la rivière s'amorçait dans la dunite, et il n'est pas impossible qu'à ce moment, la Kitlim n'existait pas encore, ou tout au moins avait ses sources rejetées plus au nord. Il se pourrait donc que le platine de la petite Koswa soit plus ancien que celui de la Kitlim, et provienne d'une région du centre dunitique primaire située plus près de l'ancienne couverture pyroxénitique actuellement décapée. Il reste avéré que les platines de ces deux rivières ont une certaine analogie de composition, qui est d'autant plus suggestive, qu'une semblable analogie n'existe pas entre ces platines et celui de Tilaï qui provient du Sosnowsky-Ouwal.

A notre avis, c'est la seconde hypothèse qui paraît la plus vraisemblable, et nous donnerons bientôt les preuves évidentes des changements survenus dans la topographie non seulement du bassin de la petite Koswa, mais encore des divers centres platinifères de l'Oural. La petite Koswa est d'ailleurs curieuse à un autre point de vue. A son embouchure dans la grande Koswa, ses alluvions sont encore fort riches, mais à quelques centaines de mètres en aval de ce confluent, celles de la grande Koswa ne renferment déjà que des traces de platine, et on peut dire que tout le tronçon de cette rivière situé entre les confluents de la petite Koswa et de la Tilaï est complétement stérile. Cette disparition spontanée du platine dans les alluvions de la grande Koswa est tout à fait inattendue, elle est peut-être attribuable aussi à des changements importants survenus dans le régime hydrographique. Nous proposons le nom de *platine surimposé* pour le platine alluvial qui se trouve dans les conditions de celui de la petite Koswa.

L'origine du platine contenu dans les alluvions de la grande Koswa est tout aussi mystérieuse. Cette rivière, en aval du confluent de Tilaï, quitte les roches cristallines et coupe transversalement sur 15 kilomètres environ, le synclinal de Tépil. Ce synclinal est formé par une large bande de terrains sédimentaires d'âge dévonien, qui est dirigée à peu près N. S. et se poursuit très loin vers le Nord jusqu'au bassin de la Wichéra. Cette bande est constituée par des dolomies plus ou moins bitumineuses et saccharoïdes de faciés variés, souvent bréchiformes, qui passent aux calcaires dolomitiques, et que l'on rapporte généralement au dévonien moyen $D^2$. On y trouve aussi des dolomies siliceuses, des quartzites, et des conglomérats quartzeux. La Koswa coule dans une vallée dominée par des falaises rocheuses plus ou moins abruptes, formées ordinairement par des dolomies cristallines, et dans la région qui avoisine le cours de la rivière, le synclinal de Tépil constitue une contrée assez plate et boisée. Mais quand on remonte vers le nord, on voit distinctement une ride montagneuse qui s'y dessine ; c'est la crête du Schutschy-Odinoky, qui occupe le bord oriental de la zone synclinale, et qui sépare d'une façon continue les cours des rivières Tilaï et Tépil, dont les bassins sont, de ce fait, sans communication possible. Dans le synclinal de Tepil il n'existe nulle part des pointements de roches platinifères, et les seules roches éruptives que l'on y rencontre sont quelques rares dykes et filons de diabase.

Les alluvions de la grande Koswa, en aval du confluent de Tilaï, renferment un peu de platine, mais il ne s'agit pas là de platine industriel, et à mi distance entre les confluents de Tépil et de Tilaï, elles n'en contiennent déjà plus que des traces. Les tributaires latéraux de la Koswa entre ces deux confluents sont de l'amont vers l'aval : Soukhaïa-Bérézowka sur la rive gauche, Bérézowka sur la rive droite, Stépanof-log et Serguef-log sur la rive gauche. Glouboka ïa sur la rive droite, Kyria, Bérézowka et Pétrouchina sur la rive gauche, puis Molitchowka et Tépéletz enfin sur la rive droite (fig. 44). Or les alluvions de toutes ces rivières sont platinifères, et certaines d'entre elles, celles de Stépanoff-log par exemple, ont même été d'une grande richesse, car en certains endroits on a lavé jusqu'à 1 ½ livre



LEGENDE :



Fig. 44. — Carte des gîtes platinifères tertiaires des affluents de la Koswa dans la région du synclinal dévonien de Tépil.

de platine par sag.[s] de peskis. Les recherches détaillées que nous avons faites sur toutes ces rivières par des batteries de puits appropriées, nous ont conduit à plusieurs conclusions importantes, que nous formulerons *in extenso* comme suit :

1. Tous les affluents gauches et droits de la Koswa entre les confluents de Tilaï et de Tepil renferment du platine.

2. Ce platine n'est pas réparti sur toute la longueur des cours d'eau, il est concentré dans une zone de quelques centaines de mètres, qui commence à une faible distance de l'embouchure. Au delà de cette zone riche, le platine diminue rapidement en amont, puis disparaît complètement dans les alluvions, de sorte que l'on peut affirmer qu'au delà de 1500 à 2000 mètres, à partir de l'embouchure, le cours d'eau est stérile.

3. Les dernières traces de platine cessent à la hauteur de 20 mètres au-dessus du niveau de la Koswa, hauteur qui est à peu près celle de la falaise dévonienne qui encaisse la vallée. La zone riche est généralement comprise entre 5 et 15 mètres au-dessus de ce niveau.

4. Le profil de la nappe alluviale de ces divers cours d'eau est très uniforme. Le bed-rock est toujours formé par les dolomies du $D^2$, en cailloux anguleux, mêlés à de l'argile. Au-dessus vient une couche de retschnikis d'épaisseur variable, qui est toujours fortement argileuse. Ces retschnikis sont formés par des cailloux arrondis de dolomie et de quartz blanc, auxquels s'ajoutent dans certains cas (Sergueff-log, Stépanoff-log, etc.) quelques galets analogues à ceux des alluvions de la Koswa (tilaites, gabbros, pyroxénites, etc.). Ces galets sont rares, et ne se trouvent que dans les alluvions. Toute trace d'une nappe alluviale assise sur le Dévonien au-dessus de la falaise fait en effet défaut. Ces galets se rencontrent donc à un niveau qui exclut toute idée d'un rapport dû à la Koswa, dans les conditions actuelles où se trouve cette rivière.

5. Les alluvions des divers affluents de la Koswa ne sont pas également riches, ce qui permet de supposer l'existence de certaines conditions locales, ayant influencé la distribution du platine.

La conclusion logique à tirer de ces faits est que le platine trouvé dans les affluents de la Koswa, provient de la Koswa elle-même, et il faut donc se représenter la succession des phénomènes comme suit :

A une époque reculée, la Koswa a coulé ainsi que beaucoup de ses congénères, à un niveau supérieur à celui d'aujourd'hui. Elle a déposé à ce moment une large nappe alluviale, dont la composition était identique à celle de ses alluvions contemporaines.

Cette nappe alluviale *n'a sans doute pas toujours coïncidé avec l'emplacement de la vallée actuelle*, et a pu même s'en écarter notablement; son niveau devait être sensiblement à 20 mètres au-dessus de celui de la Koswa, car les galets typiques de cette rivière cessent de se rencontrer dans les alluvions des affluents latéraux au-dessus de cette altitude.

La Koswa a ensuite établi sa vallée actuelle, en ravinant par place ses propres alluvions, et en érodant profondément les roches qui en formaient le soubassement, en l'espèce les dolomies de $D^z$. La nouvelle vallée de la Koswa étant considérablement rétrécie par rapport à son ancien lit, il en résulta nécessairement qu'une partie des alluvions déposée sur celui-ci continua à recouvrir les dolomies à un niveau supérieur à celui de la rivière. C'est à ce moment que s'établirent les affluents latéraux, et sous l'influence d'un ruissellement intense, cette nappe alluviale fût balayée, alors qu'une partie des dolomies qui lui servaient de soubassement était arrachée également. Tout ce matériel roulé fut concentré dans l'axe des nouveaux cours d'eau qui s'établissaient, et vint former le matériel constitutif des retschnikis et des sables platinifères. Le platine contenu dans cette ancienne nappe alluviale subit une concentration analogue. Puis survint une période de calme pendant laquelle les dolomies argileuses furent largement dissoutes, et les argiles qu'elles contenaient vinrent former la couche de « terra rossa » qui surmonte généralement les graviers platinifères.

Si la Koswa a coulé à 20 mètres de son niveau actuel, ceci a eu lieu sur tout le cours de cette rivière, et par conséquent les affluents que l'on rencontre en amont du confluent de Tilaï et en aval de celui de Tépil devraient être aussi platinifères sur une partie de leur cours. C'est en effet ce qui a lieu, mais les alluvions y sont notablement moins riches, et le platine n'y est généralement pas exploitable. Il y a donc, dans la région du synclinal de Tépil, une cause enrichissante; celle-ci est bien connue et tient à la présence des dolomies fissurées qui arrêtèrent au passage le métal précieux.

Nous avons donné le nom de *gisements tertiaires* à ceux dont il vient d'être question; le platine y ayant été remanié pour la seconde fois, et il est certain que ces gisements sont beaucoup plus répandus qu'on ne se le figure généralement.

Si l'on jette par exemple un coup d'œil sur la carte générale des gîtes platinifères de l'Iss dressée par M. Wyssotsky[1], on peut voir que, sur une vaste étendue et souvent à une distance assez grande de l'Iss même, les affluents de celle-ci, comme aussi d'autres cours d'eau indépendants, contiennent du platine dans leurs alluvions, alors qu'ils coulent dans des roches qui sont manifestement stériles. Il en est de même pour Niasma, dont certains affluents droits, tels que Vosnessenska et Vogoulka, contiennent du platine, alors que leur lit est encaissé entièrement dans des roches stériles. On sait aussi que la rivière Aktaï, affluent de la Toura, renferme également du platine dans ses alluvions; or, à notre connaissance du moins, cette rivière, de même que ses affluents, ne reçoivent les apports d'aucun centre platinifère primaire. On peut donc se demander si le platine de l'Aktaï n'est pas tertiaire, et s'il ne provient pas de très anciennes alluvions de l'Iss, déposées en dehors de l'axe de la vallée du cours d'eau actuel, et reconcentrées ensuite dans le bassin de l'Aktaï par un processus analogue à celui qui a fonctionné sur la Koswa.

Les observations qui précèdent conduisent à cette conclusion remarquable *qu'il ne faut jamais négliger de prospecter les affluents latéraux d'une rivière qui a eu des rapports avec un centre platinifère primaire, surtout quand ceux-ci coulent sur des calcaires ou sur des dolomies.*

Dans les exemples qui précèdent, le platine tertiaire est le produit remanié d'anciennes alluvions platinifères, dont le centre primaire est connu. Il existe cependant des cas où ce centre est introuvable, pour l'excellente raison qu'il a disparu, et où le platine tertiaire est le produit remanié d'anciennes formations marines ou fluviales déjà platinifères, dont le platine provenait de ce centre. Tel est le cas des rivières B. et M. Oupouda, Oulair et Bérézowka dans l'Outkinskaya-datcha. Ici les formations ravinées sont exclusivement celles d'Artinsk, et notamment des conglomérats marins renfermant des galets de roches basiques. C'est sans doute dans ceux-ci que se trouvait le platine, qui a été reconcentré par les cours d'eau indiqués.

---

[1] Wyssotsky. Bibliographie N° 103.

# CHAPITRE XI

## L'EXTRACTION DU PLATINE
## DANS LES ALLUVIONS PLATINIFÈRES

§ 1. Prospection des alluvions platinifères. — § 2. Exploitation sommaire par les maraudeurs et les staratélis. § 3. Exploitation rationnelle des alluvions par détourbage des sables platinifères. § 4. Extraction de l'alluvion platinifère par des travaux souterrains. — § 5. Appareils de lavage, motila, stanok, amérikanka. — § 6. Les grands lavoirs mécaniques, boronka, boutara. tschachka. Lavoirs mixtes. — § 7. Exploitation des alluvions contemporaines à la pelle sibérienne. — § 8. Le draguage des alluvions platinifères, historiques et tâtonnements. — § 9. Divers types de dragues et leur mode de travail. — § 10. Enumération et description des principaux types de dragues employés sur les placers platinifères.

### § 1. *Prospection des alluvions platinifères*

La prospection des alluvions platinifères se fait ordinairement par des puits, disposés en batteries, qui doivent toujours être creusés jusqu'au bed-rok. En principe, ces puits sont équidistants, et placés sur une ligne piquetée qui doit être autant que possible normale sur la direction de la vallée au point considéré. Ces lignes sont tracées au viseur ou à la boussole à pinules, la distance des puits y est mesurée à la chaîne, ou avec une chevillère, et l'emplacement que doit occuper chaque puits est fixé par un pieu planté dans le sol. La distance qui sépare deux puits consécutifs est naturellement très variable, elle oscille ordinairement entre 10 et 30 mètres suivant la largeur de la nappe alluviale et aussi suivant le but que l'on se propose dans la prospection. Il est toujours préférable d'espacer tout d'abord les puits, et d'après les résultats obtenus, d'intercaler ensuite de nouveaux puits entre les premiers aux endroits qui semblent particulièrement intéressants. Si la prospection a pour but une simple reconnaissance des alluvions d'un cours d'eau plus ou moins important, il suffit d'échelonner le long de la vallée alluviale un certain nombre de lignes de puits parallèles, distantes les uns des autres de un ou plusieurs kilomètres suivant les cas.

S'il s'agit au contraire d'étudier les alluvions et d'en préciser la teneur en vue d'un draguage éventuel, comme aussi de fixer les limites de la zone qui est pratiquement exploitable, les lignes de puits devront être beaucoup plus rapprochées les unes des autres, et seront ordinairement distantes de 100 à 250 mètres. Si enfin la prospection doit servir à établir, sur tel ou tel tronçon déterminé du cours d'eau, les zones des alluvions qui sont suffisamment riches pour permettre une exploitation à la main faite soit en régie, soit par affermage à des tâcherons (qui portent dans le pays le nom de staratélis), les lignes doivent être encore plus resserrées, et les puits plus rapprochés. Dans ce cas, les distances qui séparent deux lignes de puits consécutives variant d'habitude entre 20 et 50 mètres.

Les puits sont de forme rectangulaire (et jamais circulaire comme c'est le cas dans certains pays pour la prospection des alluvions aurifères), leur dimension varie beaucoup suivant les conditions locales. Si la nappe alluviale est peu épaisse, si les galets ne sont pas très gros, et si les venues d'eau sont normales, les dimensions les plus fréquemment choisies sont $1,10 \times 0,80$ ou $1,20 \times 0,90$ mètre. Par contre, quand il faut descendre profondément, et quand on rencontre dans les retschnikis ou sur le bed-rok des gros blocs roulés ou anguleux, il faut augmenter les dimensions jusqu'à $1,50 \times 1,20$ ou encore à $2 \times 1,60$ et même davantage. Si le terrain est solide, la profondeur peu considérable, et les alluvions relativement sèches, on peut se dispenser d'emboiser ; dans le cas contraire, il faut emboiser dès le début, et avoir dans ce but une équipe spéciale, qui coupe le bois dans la forêt, et prépare les bûches à la longueur voulue.

Après avoir tracé sur le sol les côtés du puits avec une pelle, on arrache la végétation, et on commence le creusement. Dans un puits de dimensions habituelles, un seul homme peut travailler au pic de mineur et à la pelle ; tant que la profondeur ne dépasse pas 1,80 à 2 m. il rejette lui-même les déblais tout autour du puits. Mais lorsque la profondeur devient plus considérable, il faut monter un treuil sur un cadre de bois placé à l'orifice du puits, et l'on extrait alors les déblais au moyen d'un seau de tôle, fixé à l'extrémité d'une corde ou d'un fil d'acier, qu'on enroule sur le treuil. L'installation de ce treuil est très rapide ; le cadre et les montants sont façonnés à la hache avec le bois fourni par la forêt. L'axe et la manivelle du treuil sont en fer, le revêtement en bois est serré sur l'axe par des cercles métalliques. L'ouvrier qui creuse, travaille sans discontinuer de vingt minutes à une demi heure, il est alors changé, et se repose pendant un temps correspondant.

Lorsque l'emboisement est indiqué, les bûches nécessaires sont fournies par des arbres de la forêt, dont le tronc doit mesurer de 15 à 20 centimètres de diamètre. On les débite à la longueur voulue à la scie (ou à la hache), puis on les fend par le milieu en deux parties aussi égales que possible ; celle plane est placée directement contre le terrain qui forme les parois du puits, celle convexe qui est encore couverte de son écorce, est tournée contre le vide intérieur. Deux demi-bûches semblables sont placées parallèlement aux grands côtés du rectangle du puits, et deux autres sont forcées à coups de masse entre les deux premières, et amenées parallèlement aux petits côtés du rectangle, après avoir préalablement excavé leurs deux extrémités pour leur donner un profil convenable. Les quatres demi-

*a*) Prospection. Campement de prospection dans la forêt.

*b*) Prospection. Puits de prospection (foncé en hiver) sur les alluvions de la rivière Kitlim.

*c*) Prospection. Sondage au Diamand-drill sur les alluvions de la rivière Kitlim.

bûches ainsi mises en place, forment un cadre solide, et au fur et à mesure que l'on approfondit le puits, on place un nouveau cadre au-dessous du premier. Il faut d'habitude trois ou quatre hommes pour préparer les bûches d'un puits ; quelquefois même cette équipe suffit pour en alimenter deux. L'ouvrier qui creuse, place lui-même les cadres ; il est souvent aidé dans cette besogne par un second. Il est bon de mettre un peu d'argile mêlée à de la mousse ou des branchages entre les cadres et la paroi, pour diminuer les suintements.

A partir d'une profondeur souvent très petite, l'eau commence à filtrer dans le puits, et lorsque les alluvions sont perméables, ces venues d'eau sont parfois considérables, et gênent alors beaucoup le travail. Il faut donc épuiser sans cesse cette eau pendant le creusement. On se sert ordinairement pour cela de pompes aspirantes très primitives (fig. 45), composées de cylindres de tôle, qui mesurent 2 mètres de longueur environ, et 10 ou 12 centimètres de diamètre, que l'on peut ajouter les uns aux autres, et qui forment le corps de pompe. Le piston très simple, est formé d'une tige de bois fournie par un jeune sapin, à l'extrémité de laquelle on cloue par quatre brides un piston de cuir mou de forme conique muni d'une soupape, qui épouse exactement la surface interne du cylindre quand bien-même celui-ci serait localement plus ou moins bosselé, ce qui est fréquemment le cas. L'extrémité du tube qui arrive au dessus de l'orifice du puits, est munie d'un dégorgeoir latéral, par lequel s'écoule l'eau aspirée. Ces pompes sont manœuvrées à bras par deux ou quatre hommes, selon la profondeur et la quantité d'eau à épuiser ; une équipe de rechange est toujours indiquée. On peut faire, quand cela est nécessaire, travailler simultanément deux de ces pompes dans un seul et même puits, bien que les deux tubes d'aspiration soient gênants pour celui qui creuse.

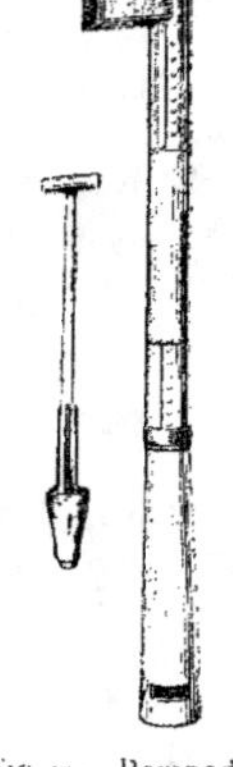

Fig. 45.— Pompe de prospection. Type primitif utilisé dans l'Oural pour épuiser l'eau pendant le creusement des puits.

Il est bien évident qu'avec de pareils instruments, on ne peut guère élever l'eau au-dessus de 5 ou 6 mètres, et que leur débit est relativement restreint. Lorsqu'il s'agit d'atteindre de plus grandes profondeurs, et surtout lorsque les venues d'eau sont considérables, on utilise alors ou bien des pompes à diaphragme, ou encore et c'est généralement le cas dans l'Oural des pompes à deux corps symétrique et à balancier, dont les tubes d'aspiration sont en caoutchouc épais, et terminés à leur extrémité par une pomme d'arrosoir, pour éviter l'aspiration des gros graviers. Ces appareils sont très robustes, et ont un assez gros débit ; leur manœuvre exige cependant une équipe nombreuse (huit hommes et souvent plus) et dès que l'eau est abondante dans un puits, le coût de celui-ci augmente dans une portion notable. Lorsqu'on est à proximité d'un centre industriel, on peut utiliser des pompes qui marchent avec une force motrice ; soit par exemple des pulsomètres, soit des pompes électriques rotatives, que l'on peut installer dans le puits à la profondeur qui convient, et qui ont généralement un fort débit. La force électrique est alors produite par un petit moteur à benzine, accouplé à une dynamo.

Dans les prospections qui doivent s'effectuer à une grande distance de tout centre habité, au cours d'une exploration minière par exemple, les seules pompes utilisables sont celles que l'on peut transporter à dos d'homme à travers la forêt; l'expérience nous a montré qu'il faut alors en revenir au système primitif précédemment décrit. Les tubes de tôle ne sont pas lourds, le piston peut se mettre dans une poche, et il suffit de quelques hommes pour transporter à de grandes distances plusieurs de ces instruments. Malheureusement avec ceux-ci les moyens d'action sont forcément limités, et bien souvent il faut abandonner un puits parce qu'on ne peut pas se rendre maître des infiltrations, ou que la profondeur est trop considérable. La pompe de prospection idéale, c'est à dire légère, de petit volume, transportable à dos d'homme, et possédant un débit suffisant, est encore à trouver; nous mêmes en avons créé plusieurs types que nous avons expérimentés au cours de nos nombreuses explorations; les résultats n'ont malheureusement jamais été à la hauteur de nos espérances. En tout cas l'épuisement de l'eau est souvent la dépense la plus considérable de celles que nécessite le creusement d'un puits. Sur la Kitlim par exemple, pour certains puits dont la profondeur était de 18 archines, le coût s'élevait à 150 roubles, se répartissant comme suit :

$$
\begin{aligned}
\text{Frais de creusement} &= 60.55 \text{ roubles} \\
\text{Épuisement de l'eau} &= 81.35 \quad \text{»} \\
\text{Emboisement} \ldots &= \underline{\phantom{00}9.50} \quad \text{»} \\
&\phantom{=} 151.40 \quad \text{»}
\end{aligned}
$$

On peut pour creuser les puits, adopter deux systèmes avec les ouvriers. Dans le premier, ceux-ci sont payés à la journée, et travaillent sous la direction d'un surveillant. Dans le second, on procède alors par contrat, et les ouvriers entreprennent le travail à la tâche, et reçoivent une somme fixe par archine de profondeur pour une section déterminée du puits; ce prix croît rapidement avec cette profondeur.

Le surveillant des travaux note les formations rencontrées au fur et à mesure de l'approfondissement du puits, et les inscrit dans un carnet spécialement disposé pour cet usage. Le journal des travaux relate alors pour chaque puits, la succession, la nature, et l'épaisseur des formations traversées, ainsi que la nature du bed-rock.

Lorsque le puits est achevé ; on procède au lavage de l'alluvion extraite. Dans ce but, on sépare dès le début les différentes formations rencontrées, tourbes, retschnikis, peskis etc., pour les traiter séparément. Ordinairement on ne lave que les peskis que l'on considère comme la seule couche payante ; si cependant on se propose de travailler avec des dragues, on lave alors le tout-venant sorti du puits. Il est recommandable dans un cas comme dans l'autre, de passer sur le sluice la totalité du matériel extrait dont on veut déterminer la teneur, et pas seulement une partie aliquote de celui-ci. Le platine est entièrement contenu dans les schliches noirs qui restent sur le sluice comme produit final de l'enrichissement ; il en est séparé, pesé, et enfermé dans une capsule de papier. La teneur doit être rapportée non pas au volume des déblais lavés, mais à celui du vide qui correspond à la formation extraite, et qui est obtenu en multipliant la section du puits par la hauteur de la formation *in situ*. La quantité totale de platine obtenue ainsi que la teneur sont inscrites dans le journal en regard des formations correspondantes. Ordinairement ces teneurs se rapportent exclusivement aux peskis, et sont exprimées en zolotniks et dolis par sag.[3]. Lorsque cependant on n'a lavé qu'une partie seulement du matériel extrait, on rapporte les teneurs à 100 pouds, et l'on admet alors que la sag.[3] d'alluvion pèse 1200 pouds .ce qui est peut-être vrai pour des graviers remués, mais ce qui nous a toujours semblé trop faible pour de l'alluvion en place). Lorsque les recherches s'effectuent en vue d'un draguage éventuel des alluvions. les teneurs calculées se rapportent alors à la totalité du tout-venant sorti du puits, stérile et productif ensemble. Il est de règle d'enlever toujours de 0.20 à 0.30 m. de bed-rok qu'on lave avec les peskis : les teneurs que l'on donne se rapportent alors toujours à l'ensemble des deux formations, et la hauteur à prendre pour calculer le volume de peskis est celle de l'épaisseur totale de ceux-ci, additionnée des 0.20 à 0.30 m. de bed-rock enlevé.

La prospection des alluvions platinifères par les puits est la méthode la plus sûre et la seule qui mérite confiance. Souvent cependant on a essayé des sondages, qui sont moins coûteux, et qui semblaient particulièrement désignés là où la couche alluviale était épaisse et les venues d'eau abondantes. Les appareils qui ont été utilisés sont de types variés; celui qui paraît avoir eu le plus de vogue est l'empire-drill qui, en Sibérie, a donné d'excellents résultats avec les alluvions aurifères. Il n'en a pas été de même avec les alluvions platinifères, et partout où nous avons vu employer cet appareil, les mécomptes à enregistrer ont été nombreux. Tout d'abord, les sondages dans ces alluvions sont difficiles, et souvent impossibles, par suite de la grosseur et de la dureté de certains galets; fréquemment aussi on ne peut retirer les tubes, et sur la Lobwa, par exemple, où ces appareils ont été employés, on peut voir encore plusieurs de ces tubes qui sont restés dans le sol. Ensuite, ce qui est plus grave, les résultats obtenus par ces sondages ne sont pas du tout conformes à ceux donnés par les puits, et sont ou considérablement plus forts, ou au contraire notablement plus faibles. Nous avons vérifié ce fait sur la rivière Kitlim par exemple, où après avoir évalué la teneur de l'alluvion par un puits, nous avons tout autour de celui-ci placé plusieurs sondages, qui ont pu être poussés jusqu'au bed-rok. Les résultats fournis par ces sondages étaient tout-à-fait discordants, et nullement conformes à ceux donnés par le puits, lesquels étaient exacts d'ailleurs, ce que nous avons pu vérifier dans la suite. Ces divergences tiennent sans doute à la façon dont le platine est réparti dans les peskis, à la grosseur des grains de ce métal, et à la petitesse du diamètre des trous de sonde.

L'empire-drill se compose d'une plateforme métallique sur laquelle on peut visser les tubes de sondages qui doivent descendre en profondeur. Cette descente s'effectue par une rotation du tube autour de son axe, rotation qui est imprimée au moyen d'un levier horizontal fixé solidement à ce tube, que l'on pousse à la main, ou fait tirer par un cheval attelé à son extrémité. La partie pénétrante du tube est terminée par un sabot dentelé, en acier au manganèse très dur, qui fonctionne en quelque sorte comme une vrille. Les manœuvres du sondage se font par des hommes placés sur la plateforme : leur poids ajouté à celui de l'appareil, facilite la descente du tube .fig. 46).

Fig. 46 a. — Exécution d'un sondage à l'empire-drill.

Le sondage lui-même comporte trois opérations simultanées, à savoir : 1° l'enfoncement du tube ; 2° le morcellement et le broyage du terrain qui se trouve à son intérieur ; 3° le curetage du matériel ainsi préparé. Le morcellement et le broyage s'effectuent comme à l'ordinaire avec un trépan vissé sur des tiges métalliques : le curetage, avec des cuillers ou des pompes à sable du type habituel. Souvent les opérations du morcelage et du curetage sont concomittantes ; on emploie pour cela des pompes spéciales à boulet, et à couronne d'acier très résistant, qui font à la fois l'office de pompes et de trépans. Lorsqu'il s'agit de descendre à une certaine profondeur, on monte sur la plateforme une potence munie de poulies et d'un treuil sur lequel s'enroule un câble servant à soulever et à abaisser l'appareil de sondage. L'extraction des tubes se fait, le sondage une fois terminé, par les procédés ordinaires. Les fig. 46 a, b, c, d, e et f représentent la disposition générale d'un sondage avec

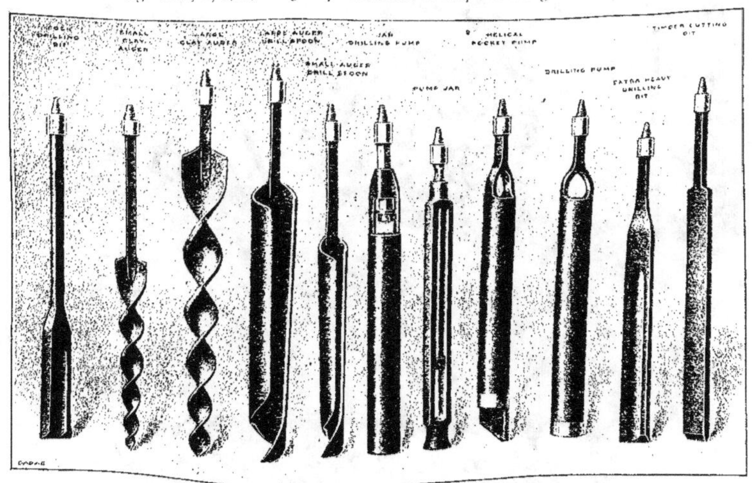


Fig. 46 b. Trépans, curettes et vrilles.

l'empire-drill ainsi que tous les accessoires de l'appareil. Pour le détail des appareils, on pourra consulter avec avantage la petite brochure publiée par Engeneering Co[1].

On fait généralement un plan à grande échelle de la rivière, ou du tronçon de celle-ci qui a été exploré, sur lequel on reporte les lignes de puits exécutées, en inscrivant généralement au-dessous de chaque puits, et en rouge, les teneurs des peskis calculées par sagène

[1] *The Empire Hand prospecting drill.* New-York, Engeneering Co.

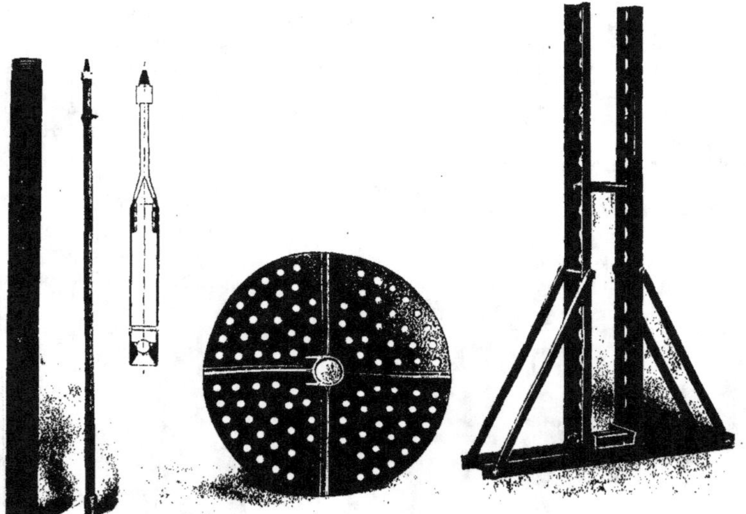

FIG. 46 *c*. — Pompe à boulet, tige de sondage
et plateforme.

FIG. 46 *d*. — Support du levier servant
à l'extraction des tubes.

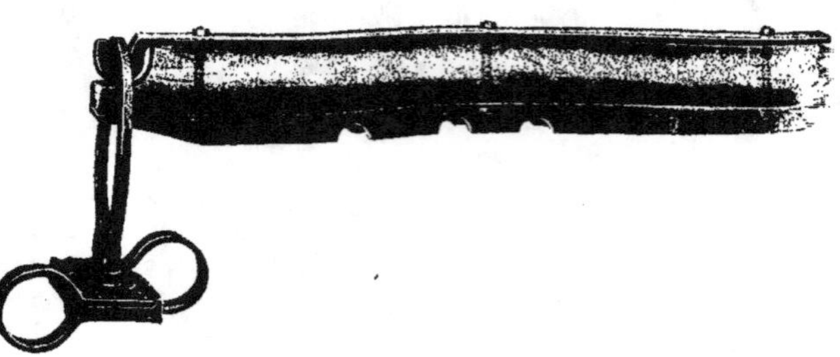

FIG. 46 *e*. — Levier pour l'extraction des tubes.

cube, à droite leur épaisseur. et à gauche, celle totale de la nappe alluviale de la surface jusqu'au bed-rock. y compris les 0,20-0,30 m. de ce dernier qui doivent être enlevés fig. 47. Il est bon de construire aussi et à une échelle plus grande. les profils de la nappe alluviale suivant chaque ligne de puits, en se servant pour cela des résultats fournis par les puits de

FIG. 46 f. Extraction d'un tube.

la ligne. Le plan une fois établi, connaissant les conditions économiques locales, il est aisé de tracer sur celui-ci la zone des peskis qui est pratiquement exploitable avec bénéfice. Si l'on se propose d'extraire ceux-ci à la main, il faudra alors calculer :

1. La quantité et le coût du stérile à enlever.
2. Le volume des peskis productifs (y compris le bed-rock) à extraire et à laver, et le coût total de ces deux opérations.
3. La teneur moyenne des peskis.
4. La réserve de platine contenue dans les peskis et la valeur totale de ce platine calculée sur la valeur du minerai brut.

Le bénéfice qui doit résulter de l'ensemble des opérations qui précèdent se calcule en tenant compte de l'amortissement du matériel utilisé (notamment des lavoirs, des machines, etc.)et de l'amortissement de la valeur de la concession ; ces divers amortissements doivent être calculés pour une période qui est celle pendant laquelle on se propose de faire l'extraction et le lavage de la totalité des alluvions prospectés.

Si la prospection a été faite en vue du draguage des alluvions, il faudra, après avoir dressé le plan mentionné, résumer les données des recherches suivant le schéma ci-dessous.

1. Indiquer la profondeur minima, moyenne, et surtout maxima du bed-rock au-dessous du niveau hydrostatique.

2. Indiquer la hauteur minima, moyenne et maxima des alluvions au-dessus de ce niveau.

3. Donner les particularités de chacune des formations de la nappe alluviale, indiquer notamment le caractère argileux ou sableux des retschnikis et des peskis, le diamètre ordinaire des galets ou des blocs contenus dans ces formations, ainsi que leur abondance relative.

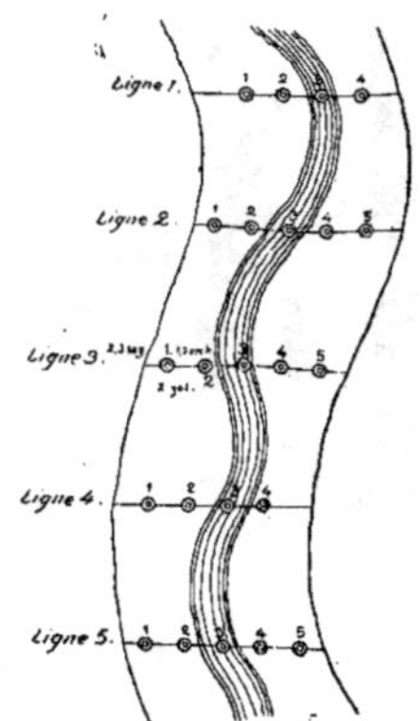

Fig. 47. — Disposition générale des recherches par des batteries de puits ou de sondages sur une rivière.

4. Préciser la nature pétrographique et la disposition du bed-rock, et indiquer s'il est dur, décomposé ou friable, s'il est fissuré ou compact, etc.

5. Calculer le volume des alluvions à extraire dans la zone, tracée sur le plan, qui doit être travaillée.

6. Donner les teneurs minimum, maximum et moyennes des alluvions à la sagène cube, teneurs qui sont rapportés non plus aux peskis, mais à l'ensemble de l'alluvion en place, et qui sont obtenues en divisant le poids de platine extrait par le volume total du vide du puits, de la surface jusqu'à 0,25 au-dessous du bed-rock.

7. Calculer la réserve totale de platine contenue dans la nappe alluviale à extraire, et la valeur que représente cette réserve.

8. Chiffrer enfin le bénéfice qui doit résulter de l'exploitation des alluvions platinifères, échelonnée sur une période établie par les opérations qui précèdent et qui doit être de 10 années au moins.

9. Indiquer le temps nécessaire pour exploiter la totalité de l'alluvion, avec une drague de capacité connue, et pour un nombre de jours de travail par an déterminé.


## § 2. *Exploitation sommaire par les maraudeurs et les staratélis.*

Ce sont des maraudeurs qui ont découvert la plupart des gites platinifères alluviaux de l'Oural, et pendant une période plus ou moins longue, qui peut aller depuis quelques jours jusqu'à quelques mois, il les ont exploités clandestinement et souvent avec un profit considérable. Ordinairement ces découvertes se font par un petit groupe d'individus qui partent sac au dos, avec quelques provisions, une mauvaise pompe, et deux ou trois pics et pelles. Ils parcourent souvent de grandes distances à travers la forêt impénétrable qui couvre le pays. Lorsqu'ils arrivent sur une rivière qui leur paraît intéressante, ils y commencent des recherches.

Il faut admirer souvent leur sagacité, car sans connaissances géologiques, et en quelque sorte par intuition, ils trouvent les endroits où il est avantageux de travailler. Leurs recherches ne sont cependant pas toujours couronnées de succès, et c'est par centaines que sur des rivières ignorées et qui ne figurent souvent sur aucune carte, on trouve des puits en majorité inachevés, qui témoignent que des tentatives ont été faites mais sans résultats. Les recherches des maraudeurs se font d'ailleurs sans aucune méthode et consistent en puits isolés, qui trop fréquemment ne sont point arrivés jusqu'au bed-rock. La teneur des alluvions y est déterminée au juger, et de temps en temps au cours du creusement, on fait un essai à la « kofscha »[1] (fig. 48), et on estime par le nombre et la grosseur des grains de platine si le travail est rentable sur l'emplacement considéré. Si c'est le cas, on fait alors sur place une série de puits rapprochés et souvent établis sans méthode. ou parfois même des petites tranchées, et on lave clandestinement les peskis platinifères. Lorsque les teneurs deviennent insuffisantes ou que les difficultés de travail sont trop grandes, on abandonne le chantier et on se transporte un peu plus loin. Cette forme d'exploitation est évidemment très fâcheuse, car elle consiste à enlever ce qui est le meilleur, en laissant le reste, et elle crible souvent le cours de la rivière de puits disposés sans ordre ni méthode qui, dans la suite, peuvent devenir gênants. Il faut ajouter que la plupart des puits n'arrivent pas à la couche platinifère quand les venues d'eau sont un peu fortes, vu l'insuffisance de moyens d'épuisement dont disposent les maraudeurs.

Fig. 48. — Kofcha servant au lavage des sables platinifères.

En général, lorsqu'une équipe a découvert un gisement, elle travaille parfois plusieurs semaines sans être inquiétée; puis l'affaire se découvre par la nécessité de ravitaillement, les hommes envoyés pour chercher des provisions n'étant pas toujours d'une discrétion absolue. et la police locale intervient, qui disperse les maraudeurs.

Quelquefois, cependant, une véritable cohorte de ces derniers a, pendant plusieurs mois, occupé un nouveau gisement riche, et l'a pour ainsi dire complètement dépouillé, à la barbe des autorités constituées, qui n'ont osé intervenir dans la crainte d'amener de véritables émeutes. Tel fut par exemple le cas sur le Kischnitchesky-lojok, dans le bassin de la Goussèwka, puis sur l'Obodranny-lojok, aux sources de Kitlim. Nous avions découvert ce dernier gisement en 1902, mais il resta ignoré pendant quelques années. Il fut ensuite retrouvé par un des ouvriers qui nous accompagnait, et immédiatement envahi par une bande de maraudeurs, qui l'exploitèrent entièrement, en le massacrant pour ainsi dire ; le nom de « lojok plumé » qui lui a été donné, est suffisamment éloquent pour qu'on se dispense de commentaires.

Au surplus, les travaux des maraudeurs fournissent souvent des indications précieuses :

[1] La kofcha est une sorte de poêle à frire enmanchée dans laquelle on fait le lavage rapide des alluvions.

là où par exemple on en trouve tout le long d'une rivière, il est évident que les alluvions de celle-ci sont rentables, surtout quand il s'agit de les exploiter avec des dragues ; car là où les maraudeurs n'ont pu travailler avec avantage, les dragues trouveront certainement dans le terrain considéré par eux comme trop pauvre, des teneurs rémunératrices.

L'exploitation par les staratélis se fait d'une manière déjà plus rationnelle. On donne dans l'Oural le nom de *staratélis* à des tâcherons, qui travaillent par petites associations sur un terrain concédé par le propriétaire. Ils reçoivent une certaine superficie ou « déleanka », dont ils peuvent disposer exclusivement, et l'exploitent avec les moyens qu'ils jugent convenables. En général, on donne aux staratélis les portions du cours des rivières platinifères qui sont considérées comme trop pauvres pour le travail en régie ; fréquemment cependant, on leur concède les alluvions du cours total d'une rivière, qui sont alors exclusivement exploitées par eux.

D'habitude, le propriétaire leur fournit les moyens de travail et de recherches, soit les pompes, les tuyaux, les pics, pelles, etc., moyennant une certaine redevance ; ils peuvent aussi prendre le bois nécessaire à leurs travaux dans les forêts avoisinantes. Tantôt ce sont eux qui font la prospection préalable du terrain qui leur est accordé, tantôt c'est le propriétaire qui fait à ses frais procéder à ce travail, et qui répartit les lots suivant les résultats obtenus. Chaque groupe de staratélis travaille alors sur son lot, en enlevant généralement le stérile au fur et à mesure de l'exploitation, et en lavant les sables platinifères. Ils procèdent généralement non pas par puits, mais par tranchées, ce qui leur permet d'enlever l'alluvion sur une certaine étendue. Le métal extrait est vendu par eux au propriétaire, à un prix fixé d'avance, et qui laisse à ce dernier un bénéfice déterminé. La récolte de ce platine se fait chaque jour par un ou plusieurs fonctionnaires comme nous l'indiquerons plus loin.

L'exploitation par les staratélis est avantageuse quand elle est combinée avec le travail en régie, et quand les lots qu'on leur accorde sont situés sur des parties de la nappe alluviale qui ne sauraient être travaillées avec avantage par le propriétaire. Elle est des plus néfaste, au contraire, quand elle s'applique à la totalité des alluvions d'une rivière. Les staratélis travaillent un peu comme les maraudeurs, et localisent exclusivement leurs efforts sur les parties riches. Le gisement est de la sorte bientôt complètement saccagé, et devient dans la suite inexploitable par une méthode plus rationnelle. Sans l'introduction récente des dragues qui a sensiblement amélioré la situation, bon nombre de gisements de l'Oural seraient présentement inexploitables, alors qu'ils renferment encore de notables quantités de platine.

## § 3. *Exploitation rationnelle des alluvions par détourbage des sables platinifères*

L'exploitation rationnelle des alluvions se fait généralement par les travaux en régie. On commence par prospecter exactement le tronçon que l'on se propose d'exploiter dans l'année courante, par des lignes parallèles de puits suffisamment rapprochées, puis après

*a*) Exploitation des sables platinifères par les staratélis. Laverie de Verkhne-Issowskoï, rivière Iss.

*b*) Exploitation. Enlèvement des tourbes et du stérile sur la laverie de Nijne-Issowskoï, rivière Iss.

avoir abattu la forêt qui recouvre généralement les alluvions anciennes, on trace sur le terrain les limites de la zone à exploiter. On procède alors à l'enlèvement du stérile, c'est-à-dire des tourbes, des argiles et des retschnikis, pour ne laisser en place que les sables platinifères. Dans ce but, on attaque la bande alluviale sur toute la largeur de la zone à exploiter, en remontant généralement de l'aval vers l'amont, et on transporte à une certaine distance le stérile enlevé, ce transport se fait soit sur des petits charriots à deux roues, à cuvette hémicylindrique, qui sont traînés par un cheval, soit dans certaines grandes exploitations, sur des wagonnets placés sur des rails Decauville que l'on fait avancer au fur et à mesure du recul du front de taille. On établit dans ce dernier cas une tranchée d'avancement longitudinale, que suivent les rails, et on enlève latéralement le stérile qu'on charge sur les wagonnets. D'habitude ce stérile est extrait pendant l'hiver, ce qui est plus économique, et l'on prépare ainsi les sables platinifères que l'on peut extraire et laver pendant l'été ; quelquefois cependant les deux opérations marchent de pair. Il est à remarquer que dans l'Oural, les recherches par puits, comme aussi les travaux de terrassement, gagnent à être éxécutés en hiver, car le sol est gelé à une certaine profondeur, et l'eau incommode beaucoup moins qu'en été. Il importe de choisir judicieusement les places sur lesquelles on veut déposer le stérile ; il est arrivé très souvent en effet qu'on a rejeté ce dernier sur des alluvions productives laissées en place sur les bords de la zone exploitée, parce qu'elles étaient considérées comme trop pauvres ; dans la suite les teneurs auraient été parfaitement payantes, sans la surcharge de mort terrain qu'on avait imposée à ces alluvions par le rejet des déblais. Il est donc toujours recommandable de rejeter le stérile en dehors des limites de la nappe alluviale, pour parer à toute éventualité.

On pourrait, à la rigueur, enlever le stérile sur les grandes rivières platinifères (Iss, Wyja, Martian) par des excavateurs appropriés ; l'expérience sauf erreur a été tentée sur l'Iss. Nous ne sachons pas qu'elle ait donné de bons résultats.


## § 4. *Extraction de l'alluvion platinifère par des travaux souterrains*

Nous avons montré précédemment que l'épaisseur totale de la couche alluviale était parfois très considérable et pouvait, dans certains cas, atteindre 12 à 26 archines et même plus. Celle des peskis par contre reste toujours faible et dépasse rarement 2 archines. Il en résulte que la quantité de stérile à enlever dans ces conditions devient énorme, et que les frais nécessités pour cette extraction peuvent dépasser la valeur du platine contenu dans les peskis. Il faut dans ce cas, procéder par travail souterrain ; on fonce des puits qui traversent toute la nappe alluviale jusqu'au bed-rock, puis quand on arrive sur la couche platinifère, on attaque celle-ci par des galeries, qu'il faut toujours solidement emboiser. Les sables riches sont sortis par le puits au moyen d'un seau métallique fixé à un câble qu'on enroule sur un treuil supporté par un bâtis de bois placé sur l'orifice. Par suite des difficultés d'aération, on ne peut naturellement pas s'enfoncer trop loin sous l'alluvion, et la zone exploitable par un seul et même puits est généralement un rectangle de 200 à 300 m.² de surface. Les galeries parallèles qui sont creusées dans les alluvions sont si rapprochées, qu'entre les boisages de deux de celles-ci consécutives il ne reste qu'une épaisseur très faible de peskis platinifères, qui est inexploitable.

Une rivière qui, sur toute sa longueur est travaillée souterrainement, exige naturellement une infinité de puits ; entre les régions atteintes par le réseau de galeries qui émane de chacun de ces derniers, il existe des portions plus ou moins considérables d'alluvion intacte, dont les teneurs ne sont pas considérés comme payantes avec ce genre de travail. Le platine contenu dans ces portions est absolument perdu et inexploitable par le procédé indiqué, a fortiori donc à ciel ouvert; c'est alors que la drague intervient avec un réel succès, comme nous le verrons dans la suite.

Quelquefois le travail à ciel ouvert a été combiné avec l'exploitation souterraine ; ce fut le cas par exemple pour la rivière Kitlim dans la première période où celle-ci fut exploitée en régie. Lorsqu'en 1901, nous visitâmes ce gisement, on enlevait à ciel ouvert la partie la plus riche des alluvions, puis, utilisant la tranchée produite par cette extraction, on attaquait les peskis latéralement par des galeries, qui partaient du niveau du bed-rock, et s'enfonçaient sous l'alluvion d'un bord et de l'autre de cette tranchée.

Le travail souterrain a été employé avec succès sur de nombreux lojoks encaissés dans la dunite des centres primaires, là où l'épaisseur des alluvions et en partie des produits éluviaux était trop considérable pour permettre l'extraction à ciel ouvert; tel a été le cas par exemple pour plusieurs lojoks à Swetli-Bor, à Wéressowy-Ouwal, à l'Omoutnaïa, etc. C'est le mode classique d'exploitation des gisements d'ouwal.


## § 5. *Appareils de lavage, motila, stanok, amerikanka*


Les appareils utilisés pour le lavage des sables platinifères sont en partie mobiles et déplaçables, en partie fixés.

### MOTILA

Le plus simple de tous est la « *motila* » employée par les maraudeurs. Elle se compose d'une sorte de canal creusé à la hache dans un tronc de sapin, qui sert de débourbeur, et qui est réuni à un second canal analogue dans lequel on a disposé des chicanes. Celui-ci fonctionne comme sluice. La partie inférieure de ce canal est généralement tapissée de mousse ou de branches de pin, pour arrêter le métal. On donne à la motila la pente convenable, puis on fait arriver l'eau dans le canal, soit par une dérivation prise sur la rivière, soit simplement par la pompe à bras primitive précédemment indiquée. On verse alors les peskis à la partie supérieure du canal ; dès qu'ils arrivent en contact avec l'eau, le fin est entraîné, et les galets restent sur place. On les fait cheminer à la pelle le long du canal, en les brassant en présence de l'eau, puis on les rejette avant qu'ils arrivent sur le sluice ; dans ces conditions, ils sont plus ou moins complétement débarrassés de leur argile. On passe ainsi sur la *molila* deux ou trois mètres cubes de sables, puis on arrête l'opération, réunit les produits enrichis restés sur le sluice dans une « kofcha » après avoir consciencieusement secoué sur le sluice les mousses ou les branches de sapin en présence de l'eau, pour en extraire les particules de métal qu'ils pourraient contenir. On finit ensuite le lavage à la kofcha comme à l'ordinaire.

Ce mode de travail est absolument défectueux ; les pertes qu'il entraîne sont considérables, et on a trouvé parfois dans les tailings presque autant de platine qu'il en a été extrait des peskis.

## STANOK

Le « stanok » ou sluice simple, est l'instrument par excellence dont se servent les staratélis ; c'est certainement l'appareil le plus répandu. Il se compose d'un canal en bois de forme rectangulaire. dont le plancher est disposé en plan incliné à deux pentes distinctes (voir planche A). Il est construit en planches rabotées ; la longueur totale de l'appareil est de 1,95 m., la largeur interne du canal de 0,49-0,50 m. La pente la plus forte forme la tête du sluice. Elle est surmontée d'un cadre de bois *A*, munie d'un tôle perforée *B*, placée horizontalement dans la position indiquée sur le dessin ; l'épaisseur de cette tôle est de 5 millimètres, la dimension des trous varie suivant la nature de l'alluvion. Le canal de sluice, dans la partie qui fait immédiatement suite au cadre indiqué, est fermé par un couvercle amovible *C* que l'on peut fixer au moyen d'une tringle de fer transversale qui traverse de part en part les parois du sluice et dont les deux extrémités aplaties sont perforées pour livrer passage à un cadenas, qui sert à la réunir à un piton vissé à proximité dans l'épaisseur du bois. Le sluice reste ainsi couvert pendant toute la durée du lavage, ce qui sert à prévenir le vol toujours possible à un moment déterminé. La fermeture du cadenas est généralement cachetée à la cire et le cachet est rompu au moment de la levée du sluice.

Sur le plancher fortement incliné *E* qui se trouve immédiatement au-dessous de la tôle perforée, on place généralement une natte appelée « rogoschka », recouverte à son tour par un treillis à larges mailles, formé par des petites barres de fer entrecroisées. Le tout est fixé sur le plancher par deux baguettes de bois transversales, qui forment rifle, et que l'on force entre les parois du sluice au moyen de petits coins de bois appropriés. Souvent la natte ainsi que le treillis sont remplacés par de simples touffes de bruyères ou de mousses, que l'on maintient en place par la pression exercée au moyen des baguettes indiquées. Dans la partie couverte du sluice, le plancher est à nu ; la pente est interrompue par par trois rifles, disposés successivement, et formés comme ci-dessus par de simples baguettes forcées entre les parois. Une pièce de bois enfin placée sous le cadre et inclinée en sens inverse de la pente du sluice, sert à rejeter vers le haut le matériel entraîné par l'eau qui passe à travers la grille.

Le fonctionnement de cet appareil est très simple : L'alluvion platinifère est versée sur la grille, et brassée à la pelle en présence d'une quantité d'eau suffisante, amenée par un canal ou une pompe à bras. Le brassage s'effectue jusqu'à ce que les galets soient propres et exempts d'argile, ceux-ci sont alors évacués latéralement, puis l'opération recommence avec une nouvelle charge et ainsi de suite. A la fin de l'opération, le cadre, ainsi que le couvercle du sluice sont enlevés, les baguettes qui fixent les nattes sont chassées par un choc brusque, puis les nattes sont lavées et tapées soigneusement sur le plancher du sluice en présence d'un mince filet d'eau, pour extraire tout le métal qu'elles peuvent contenir. On procède ensuite à l'enrichissement du matériel retenu sur la sluice, en laissant d'abord courir un mince filet d'eau sur celui-ci, puis en repoussant sur son plancher et à fois réitérées, les sables enrichis contre le courant, au moyen d'une raclette de bois enmanchée. L'opération se fait en allant de bas en haut, tout d'abord entre deux rifles consécutifs ; on fait ensuite tomber les baguettes de bois qui forment chicane, et l'on procède de même sur toute la longueur de la seconde pente du sluice, en remontant constamment les sables contre le courant. On sépare aisément de la sorte les schlichs noirs à magnétite, chromite, etc., qui contiennent tout le platine, et qui se trouvent sur le stanok au haut de la pente, des produits plus légers qui sont entraînés près de son extrémité. L'extraction du platine des schlichs noirs se fait en les étalant à la main sur le plancher du sluice, puis en procédant comme précédemment, c'est-à-dire en remontant le matériel étalé contre le courant, d'abord au moyen d'une raclette que l'on tient à la main, puis ensuite avec une brosse. On arrive à séparer ainsi tous les schlichs noirs du platine, qui reste en tas au haut du sluice, on le récolte ensuite au moyen d'une petite pelle en tôle, et on le sèche en chauffant celle-ci sur une flamme. Il ne reste plus qu'à débarrasser les grains de métal de quelques impuretés qui y restent mêlées, en procédant simplement par ventilation. La fig. 49 montre l'aspect d'un stanok avec ses accessoires, soit les pelles à brasser et la raclette enmanchée. Quelque soit l'appareil employé au lavage des sables, la concentration des schlichs et l'extraction du platine qu'ils renferment se font ordinairement par le procédé indiqué. Il est évident d'ailleurs qu'une seule opération n'est pas toujours suffisante, et qu'il faut reprendre une seconde fois de la même manière les schlichs restés sur le stanok après la première séparation. Quelquefois cependant les staratélis procèdent un peu différemment, et effectuent la concentration finale des schlichs dans la kofcha ; la méthode est moins recommandable et les pertes sont plus grandes, comme nous l'avons vérifié.

Le stanok est un appareil facilement démontable, qui peut se transporter aisément, et qui reste l'instrument par excellence du staratéli. Un appareil, en marche normale, exige le personnel suivant : deux brasseurs, un ou deux pompiers, si l'eau ne peut être amenée par une canalisation, et un ou deux chargeurs à la pelle, pour jeter l'alluvion sur la tôle perforée. L'enrichissement final, ainsi que l'extraction du platine, se font en général par un des individus de l'équipe. On peut traiter habituellement avec une équipe semblable de 3 à

*a*) Exploitation. Stanok sur la laverie située aux sources de la rivière Jow.

*b*) Exploitation. Sluice dit « amérikanka » à Pétropawlowsky-priisk sur la rivière Iss.

5 mètres cubes de peskis par jour de travail. Les pertes que l'on fait avec le stanok varient naturellement beaucoup suivant la grosseur du platine, la teneur initiale des alluvions, la façon dont le travail a été conduit, etc. Nous avons, à plusieurs reprises, et sur différentes rivières platinifères, déterminé la valeur de ces pertes. Sur la petite Koswa, par exemple, les tailings fins des staratélis contiennent de 10 à 70 dolies à la sagène cube : la moyenne la plus ordinaire étant de 30 dolies. Or les teneurs initiales des peskis lavés à l'endroit où se trouvent ces tai

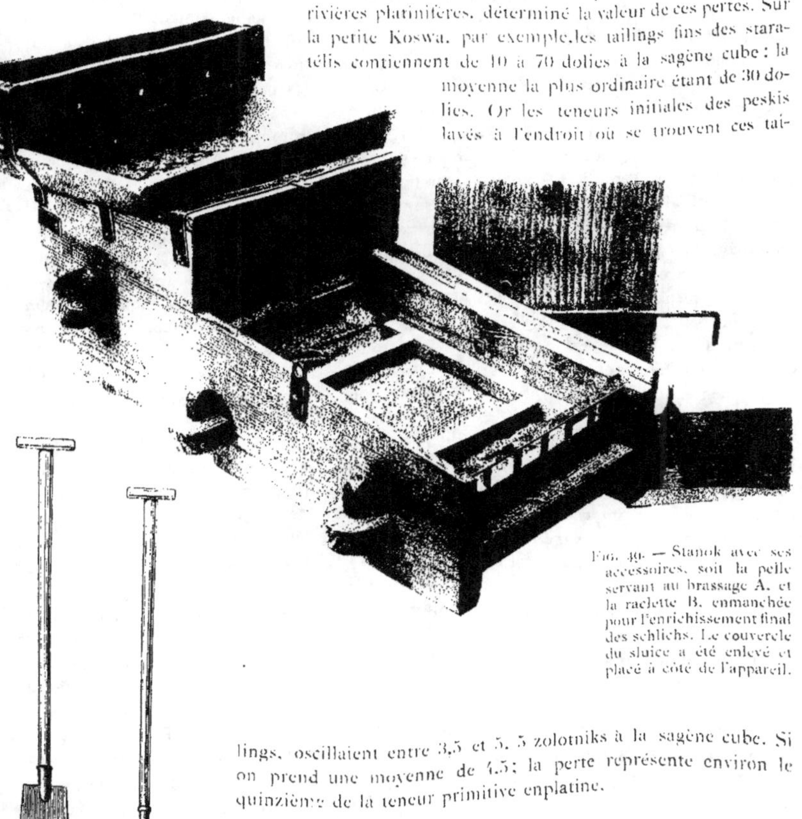

Fig. 49. — Stanok avec ses accessoires, soit la pelle servant au brassage A, et la raclette B, emmanchée pour l'enrichissement final des schlichs. Le couvercle du sluice a été enlevé et placé à côté de l'appareil.

Fig. 49 A.      Fig. 49 B.

lings, oscillaient entre 3,5 et 5,5 zolotniks à la sagène cube. Si on prend une moyenne de 4,5 ; la perte représente environ le quinzième de la teneur primitive en platine.

### AMERIKANKA

On donne dans l'Oural le nom d'« amerikanka » à un grand sluice construit, à la dimension près, sur le modèle du précédent, mais qui est généralement fixe et sert par conséquent au lavage des peskis situés dans un périmètre déterminé. Ceux-ci doivent être alors apportés sur le sluice, soit à dos d'homme, soit ordinairement sur de petits charriots à deux roues et à cuvette hémicylindrique qui sont traînés par un cheval, soit encore sur des wagonnets qui roulent sur des rails Decauville.

L'appareil se compose de quatre parties disposées comme suit (planche B) :

1. Un débourbeur A, canal en bois épais de forme rectangulaire et de construction solide. Il mesure 6 m. 20 de longueur sur 1 m. 20 de largeur, sa pente est assez forte. La tête de ce canal est surmontée d'une grille sur laquelle on culbute l'alluvion amenée par des charriots ou des wagonnets. Le plancher de ce débourbeur est recouvert par des tôles perforées, ou bien par un treillis à larges mailles formé par des petits barreaux de fer entrecroisés, ou encore par des planches brutes juxtaposées dans lesquelles on a creusé çà et là des cavités rectangulaires. Un canal d'arrivée, dont les évents débouchent sur la tête même du débourbeur, lance dans celui-ci un violent courant d'eau qui le parcourt sur toute sa longueur. Comme la tête de ce débourbeur se trouve à une certaine élévation au-dessus du sol, l'appareil étant monté sur des tréteaux, il faut nécessairement construire un plan incliné à faible pente, qui aboutit à la grille de décharge, pour pouvoir aisément traîner les charriots ou remonter les wagonnets chargés d'alluvion.

2. Le lavoir proprement dit, B, qui présente à peu de chose près la disposition indiquée pour le stanok. Il est formé par une série de plaques de tôle perforée disposées parallèlement, de façon à faire une surface horizontale mesurant 2 m. 70 $\times$ 1 m. 80 environ, qui est bordée par un cadre de bois épais. C'est sur ces plaques, et à l'intérieur de ce cadre, que s'effectue le lavage des galets encore chargés d'argile qui sortent du débourbeur. Le plancher du sluice qui se trouve au-dessous des tôles perforées est moins incliné que celui du débourbeur. Il est en partie recouvert par des nattes de coco fixées par plusieurs lattes de bois transversales, qui sont équidistantes, forment des chicanes, et sont forcées entre les parois latérales du sluice par des coins en bois. Un canal de bois, qui est percé de trous multiples, et qui fonctionne comme gicleur, G, s'avance au-dessus de la plateforme de tôles perforées, l'eau est amenée dans ce canal par une dérivation latérale. Ce gicleur mouille abondamment les galets sur la plateforme, dès leur sortie du débourbeur.

3. Le sluice proprement dit, D, qui mesure en général de 3 m. 20 $\times$ 1 m. 80, avec une pente faible également. Le plancher est ordinairement revêtu de nattes maintenues par des règles de bois K. transversales et équidistantes, qui forment autant de chicanes, et qui sont mises en place par le procédé déjà indiqué. On les assure souvent encore au moyen de deux règles longitudinales parallèles, qui sont fixées contre les parois latérales du sluice. Près de l'extrémité inférieure de ce dernier, on pratique quelquefois une poche, E, destinée à arrêter le platine.

*a*) Exploitation. Sluice dit « amérikanka », sur la rivière Tilaï.

*b*) Exploitation. Laverie mécanique à trommel, avec chaine élévatrice à godets.
Laverie de Nijne-Issowskoï sur la rivière Iss.

4. Le canal de décharge, F, qui mesure 4,30 × 0,85, et qui, à l'exception des nattes, est disposé comme le sluice précédemment indiqué.

Tout l'appareil, sauf le débourbeur, est couvert comme il a été montré à propos du stanok, pour éviter le vol pendant la marche des opérations.

Le fonctionnement de l'amérikanka est très simple. L'alluvion culbutée sur la grille, tombe au haut du débourbeur, où elle reçoit une grosse quantité d'eau. Les menus sont immédiatement entraînés, les galets restent plus ou moins sur place ; ils sont acheminés le long du débourbeur par des équipes d'ouvriers qui sont placées des deux côtés de celui-ci, et qui les poussent avec des pelles. Du débourbeur, les galets arrivent sur la plateforme de tôles perforées ; ils y sont soumis à un brassage énergique en présence d'une grande quantité d'eau fournie par le gicleur. Ce brassage se fait au moyen de pelles carrées par une seconde équipe, placée également sur les deux côtés du lavoir. Après lavage complet, les galets sont évacués par une porte latérale pratiquée dans le cadre, et transportés au loin sur des charriots ou des wagonnets. Lorsqu'on procède à la levée du sluice, on enlève dans le débourbeur les planches ou les grilles métalliques, on chasse avec un balai les sables riches qui restent au-dessous de celles-ci sur les tôles

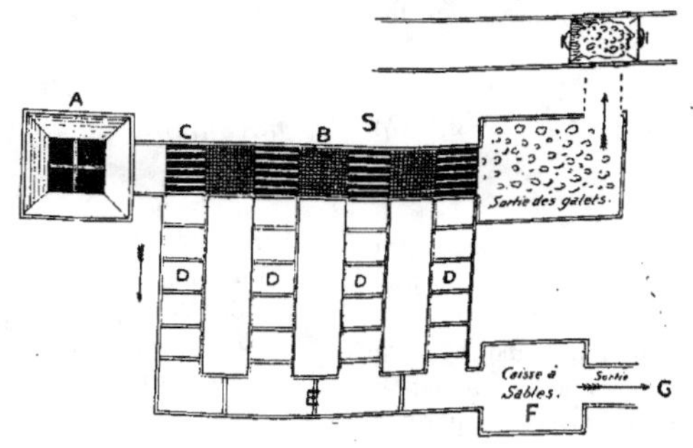


FIG. 50. — Disposition schématique du sluice employé jadis à Taguil.

perforées où de là ils tombent sur le sluice, puis on procède alors exactement comme dans le cas précédent, pour l'enrichissement final et l'extraction du platine.

A Taguil, on utilisait jadis des sluices un peu différents de celui qui vient d'être indiqué. Le matériel alluvial était culbuté sur une grille A (fig. 50), puis de là chassé en présence d'un violent courant d'eau, sur un premier sluice S recouvert de treillis métalliques B à larges mailles et à barreaux épais. En quatre endroits, le sluice était à claire-voie, et muni de fortes grilles C métalliques. Au-dessous de ces ouvertures se trouvaient des sluices latéraux D à rainures, dont la tête seulement était recouverte de nattes fixées par pression contre le fond. Ces sluices latéraux aboutissaient tous à un canal de décharge E, disposé en sluice également, qui arrivait dans une fosse F munie d'un canal d'échappement G.

Le matériel culbuté sur la grille, était acheminé à la pelle par des équipes d'ouvriers le long du premier sluice S ; le fin passait à travers les grilles et tombait sur les sluices latéraux, les galets étaient en cours de route, complètement lavés, et sortaient propres par l'extrémité de S. d'où ils étaient chargés sur des charriots et transportés sur les haldes. Les fins s'accumulaient sur les sluices latéraux et dans celui E, puis le matériel plus léger entrainé arrivait dans la fosse F, où il se déposait, tandis que l'eau fuyait par le canal G. De temps en temps la fosse était curée, et les boues extraites, chargées sur des wagonnets ou des charriots, étaient remontées sur les haldes. A la fin de l'opération, les concentrés qui se trouvaient sur les différents sluices indiqués, étaient réunis, puis enrichis généralement sur un petit stanok, sur lequel on les transportait au moyen de bacs en bois appropriés, et l'extraction du platine se faisait comme il a été indiqué précédemment.

Avec un grand sluice du type amérikanka, on peut traiter par jour de 24 heures jusqu'à 20 sagènes cubes, et souvent il est avantageux de placer deux de ces appareils parallèlement, ce qui double la production. Avec les sluices du type utilisé à Taguil, on lavait de 6 à 8 sagènes cubes, mais avec un personnel peu considérable.

## § 6. Les grands lavoirs mécaniques, boronka, boutara, et tschachka. Lavoirs mixtes

Les appareils qui ont été décrits au paragraphe précédent, servent sans doute sur tous les gites alluviaux platinifères, mais lorsque ceux-ci ont une certaine importance, et qu'il s'agit notamment de traiter un gros cube d'alluvion, on utilise des appareils plus puissants, qui sont mus par la vapeur, l'électricité, ou la force hydraulique, et qui sont placés dans une construction *ad hoc*, dont l'emplacement doit être choisi avec discernement. Les peskis platinifères sont apportés à l'appareil sur des charriots à deux roues tirés par des chevaux, ou encore sur des wagonnets Decauville ; l'appareil doit être installé de façon à pouvoir desservir une superficie d'alluvions assez considérable pour l'alimenter pendant plusieurs années, sans être forcé d'effectuer le transport du matériel à traiter à de trop grandes distances. Ces appareils sont d'une construction notablement plus coûteuse que les précédents, leur prix de premier établissement oscille en effet entre dix et cinquante mille roubles, parfois même davantage ; ils représentent de suite une immobilisation de capital assez considérable, et ne sont, par conséquent, utilisés que dans des entreprises qui peuvent supporter des dépenses semblables.

Tout lavoir mécanique fixe comporte les pièces essentielles suivantes :

1. Un moteur d'un type quelconque, dont la puissance peut varier de 10 à 80 chevaux-vapeur environ, suivant l'importance du lavoir.

2. Un débourbeur, dans lequel s'effectue le classement et le lavage des peskis qu'on y introduit. Les galets dépouillés de l'argile et du sable qui y adhèrent, doivent sortir propres de ce débourbeur, tandis que les menus passent au travers et arrivent sur le sluice. Les appareils utilisés comme débourbeurs varient à l'infini ; dans l'Oural, ils se rattachent à trois types, à savoir :

*a)* La boronka.

*b)* La boutara.

*c)* La tschachka.

3. Un sluice, généralement de grande taille, qui peut être construit sur des types variés.

4. Un système quelconque permettant de transporter et surtout de remonter les tailings, de façon à ce que ceux-ci ne viennent pas gêner le travail et l'écoulement des eaux en aval, par leur accumulation.

Les combinaisons qui ont été réalisées sur l'Iss par exemple, ou encore à Taguil sur Martian, Wyssim, etc., sont innombrables : nous en examinerons plusieurs types, en suivant dans cet examen le groupement indiqué ci-dessus. Nous dirons cependant d'une manière générale, que le volume d'eau nécessaire pour le lavage des alluvions varie naturellement avec le caractère de celles-ci. Ordinairement on admet que ce volume doit être de 8 à 10 fois celui de l'alluvion : avec des peskis argileux, ce volume peut s'élever à 12 ou 14 fois celui des peskis.

## BORONKA

On donne le nom de boronka à un débourbeur spécial (planche C) qui consiste en brasseurs oscillants A, disposés au-dessus d'une tôle perforée B, inclinée et à profil concave. Cette tôle forme en somme une portion de cylindre, dont le rayon est un peu supérieur à celui des agitateurs. Ces derniers, pour épouser la pente donnée à cette tôle, doivent être montés en cascade ; ils sont mus alternativement par des excentriques, ou par des cylindres à bras disposés verticalement, qui sont mis en mouvement oscillant par une bielle calée sur une roue motrice. Le bâtis des brasseurs est solidement construit, mi partie en bois, mi partie en fer, ceux-ci portent à leur partie inférieure quatre ou six sabots en fer, qui sont libres dans la pièce qui les soutient. Suivant l'importance du lavoir, on accouple deux, quatre ou six brasseurs analogues. La tôle n'est perforée que dans la partie où elle recouvre la tête du sluice située au dessous.

L'alluvion apportée sur des charriots ou des wagonnets, est culbutée sur une trémie et amenée par un couloir dans la partie supérieure de la tôle perforée, où elle reçoit un violent courant d'eau qui arrive par des évents. Elle est alors brassée énergiquement en présence de l'eau, qui est amenée aussi par des gicleurs latéraux, et s'achemine suivant la pente jusqu'à l'extrémité de la tôle. Les galets qui restent sur celle-ci, doivent être parfaitement propres, et exempts de l'argile qui y adhérait, ils sont évacués latéralement. La dimension ainsi que le nombre des trous de la tôle varient naturellement suivant le caractère de l'alluvion et la grosseur des grains et paillettes du métal contenu dans celle-ci ; l'épaisseur de la tôle est généralement de 8 millimètres. Les fins entraînés par l'eau, passent à travers les trous, et tombent sur le sluice S, qui se trouve au-dessous de la tôle inclinée, et qui est accompagné d'un sluice de concentration finale T, placé parallèlement. Dans sa partie élargie, le plancher du sluice est généralement tapissé par des nattes, sur lesquelles on place un treillis métallique à larges mailles, ou des châssis en bois disposés en forme d'échelle, que l'on juxtapose et serre avec pression contre le plancher par des coins forcés, ou par des tringles transversales ; dans sa partie rétrécie le sluice est simplement recouvert par une échelle en bois de la forme indiquée. La planche C donne le plan et la disposition générale d'une boronka qui fonctionnait sur l'Iss à la laverie Élisabeth ; l'appareil est à quatre brasseurs. Celui qui travaillait jadis à l'embouchure de Jourawlik en avait 6, et pouvait traiter de 40 à 50 sag.³ de sables par 24 heures. La planche F donne la disposition d'une autre boronka, celle de Marinsky, dans laquelle le mouvement des agitateurs était obtenu par des piliers oscillants.

La boronka est une forme de lavoir qui a été employée principalement sur l'Iss, la Wyja et leurs tributaires ; nous en avons vu fonctionner une également sur la Kamenka des Kaménouchky. Ces appareils paraissent convenir pour le traitement de certaines alluvions à gros galets, dont le ciment est de nature argilo-sableuse ; on peut traiter avec ceux de 20 à 50 sag.³ de peskis par 24 heures.

### BOUTARA

La boutara est un trommel débourbeur conique en tôle d'acier perforée, d'une épaisseur de 9 à 10 millimètres, qui est muni à l'intérieur de chicanes en acier, rivées à la tôle. Le débourbage de l'alluvion se fait dans ce trommel en présence d'une grande quantité d'eau, amenée sous pression à l'intérieur de celui-ci par l'orifice d'entrée au moyen d'une canalisation appropriée. Le matériel alluvial est introduit dans le trommel par son extrémité la plus étroite ; il chemine le long de celui-ci en se délayant au contact de l'eau sous pression, qui entraîne les fins à travers les trous percés dans la tôle, tandis que les galets lavés sortent par l'extrémité la plus large, et tombent là sur une grille inclinée qui sert à leur évacuation latérale.

La disposition adoptée pour les trommels sur les différentes laveries, est éminemment variable. Ordinairement ils mesurent de 3.50 à 5 m. de longueur: le diamètre de l'extrémité large oscille entre 1.40 et 1.80 m., celui de la partie étroite de 1.10 à 1.30 m. L'axe du trommel est en acier doux, c'est sur lui qu'est fixée la roue motrice qui, généralement, est dentée et engrène sur un pignon ; la rotation du trommel par des galets tangents, telle qu'elle existe par exemple sur les laveries des dragues modernes, ce qui supprime l'axe du trommel et facilite l'irrigation centrale de celui-ci sur toute sa longueur, n'a, à notre connaissance du moins, jamais été employée sur les lavoirs fixes. L'enveloppe de tôle est reliée à l'axe par des disques évidés, calés sur lui et distants les uns des autres d'un mètre environ; ces disques forment une sorte de squelette métallique sur lequel la tôle du trommel est boulonnée. Le diamètre des trous de la tôle varie de 10 à 30 millimètres, suivant la grosseur du matériel à classer; les rangées parallèles sont espacées de 4 à 6 centimètres. les trous eux-mêmes sont distants, sur les rangées, de 65 à 75 millimètres.

La disposition adoptée pour les trous des trommels varie également beaucoup selon les laveries ; fréquemment ces trous ont différentes dimensions et sont disposés par séries de diamètre décroissant. Dans certains cas aussi, le trommel en tôle perforée est remplacé par un appareil analogue formé par des fortes barres de fer parallèles, disposées sur le manteau du cône, et distantes les unes des autres de quelques centimètres, pour laisser passer les fins. Ce dispositif, particulièrement robuste, est spécialement désigné pour le traitement des alluvions à gros galets, qui détériorent rapidement les trommels en tôle du type ordinaire. Quelquefois on emploie deux trommels concentriques, calés sur le même axe : le premier interne et à barres de fer parallèles, le second externe et en tôle perforée. L'alluvion est introduite dans le premier trommel qui sépare ainsi les gros galets du matériel déjà plus fin, qui passe dans le trommel extérieur : les refus des deux trommels sont évacués simultanément ou séparément à volonté, sur une grille, et transportés de là sur les haldes. Les fins passent successivement à travers les deux trommels et tombent sur le sluice qui peut présenter les dispositions les plus variées. La fig. 51 donne le schéma général du lavoir à boutara de Voskressensky sur l'Iss. L'alluvion, charriée comme il a été indiqué, est précipitée sur une grille et amenée dans le trommel T, par le couloir G ; les galets lavés s'échappent de ce trommel en E et tombent dans des wagonnets qui les transportent sur des haldes. Le sluice S présente deux rétrécissements successifs : sous le trommel, il est divisé en deux parties par une pièce de bois médiane.

Le type le plus parfait des lavoirs à boutara est celui adopté sur les laveries Schouwaloff : il

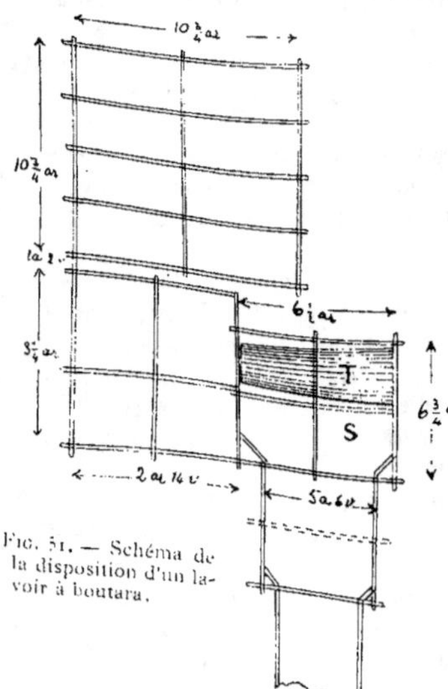

Fig. 51. — Schéma de la disposition d'un lavoir à boutara.

a été établi en grande partie par **M.** l'ingénieur Perret ; nous reproduisons ici entièrement le plan général du lavoir de Katchkanarsky sur la Kossia (planche D). Les sables extraits après enlèvement du stérile, sont amenés au lavoir par un petit chemin de fer à câble, permettant la circulation continue des wagonnets. A l'arrière, les wagons chargés sont décâblés, glissés sur des rails par un homme d'équipe, et placés sur une bascule qui culbute leur charge dans une fosse où arrive par un tuyau une petite quantité d'eau pour délayer la masse. Celle-ci est reprise par une chaîne à godets A qui l'élève jusqu'à la partie supérieure du lavoir. Les godets se vident alternativement sur un plan incliné B, qui écoule leur contenu dans le trommel laveur T. Celui-ci mesure 4 mètres de longueur. C'est un appareil du type de ceux à barres de fer parallèles, distantes de 2 centimètres environ, et fixées sur le pourtour par quatre disques de fonte évidés placés à un mètre de distance les uns des autres, et calés sur l'axe. Ces disques forment les seules chicanes. L'irrigation du trommel est centrale et se fait sur toute la longueur de celui-ci. L'introduction de l'eau a lieu par l'axe même, qui traverse un tube cylindrique percé de trous, lequel est mis en relation avec de l'eau sous trois mètres de pression, provenant d'un réservoir dans lequel cette eau est amenée par une pompe centrifuge. La disposition mécanique adoptée est telle que l'axe tourne dans l'eau, et que l'irrigation se fait par le centre sur toute la longueur du trommel. Celui-ci est arrosé également à l'extérieur par une série de jets émanant de deux gros tubes parallèles, disposés de chaque côté du trommel, et percés à des intervalles réguliers. Les fins sont donc entraînés sur le sluice par une grande quantité d'eau venant de l'intérieur et de l'extérieur.

Les galets lavés sortent du trommel et arrivent sur un plan incliné qui les fait tomber sur une chaîne à godets, laquelle les remonte à 10 mètres environ sur une plateforme où se trouvent des wagonnets dans lesquels ils tombent; ils sont alors évacués sur un lieu approprié.

Le sluice S qui est d'abord d'une largeur égale à celle de la longueur du trommel, est rétréci ensuite. Il mesure 12 mètres environ, sa pente est de 10° à 12°. Il est, dans la partie élargie, couvert par des nattes de coco, surmontées par un treillis en gros fil de fer, serré contre les nattes par des pièces de bois transversales. La région rétrécie du sluice est également couverte de nattes et de treillis métalliques ; elle est divisée en deux parties égales par une pièce de bois longitudinale. Les treillis sont serrés contre les nattes par des pièces de bois forcées entre les montants. Le sluice possède trois poches. La première I à l'endroit où commence le rétrécissement; la seconde II au milieu du canal rétréci; la troisième III à son extrémité. Le plancher, dans la partie trapézoïdale qui raccorde la zone élargie avec le canal rétréci, est dépourvue de tout revêtement.

L'appareil est fort bien disposé pour l'enrichissement final. Ce dernier s'effectue sur un second sluice étroit R, dont la tête est en regard de la première poche, et sur le fond duquel on a placé une échelle en bois pour former des chicanes. Il aboutit à un stanok ordinaire M, un peu plus long que de coutume, sur la pente duquel se trouve une poche avec deux rifles, et dont la partie située sous la grille est couverte par des nattes surmontées de treillis métalliques. La deuxième poche du grand sluice se trouve immédiatement en regard de la tôle percée du stanok. On lève le grand sluice comme à l'ordinaire, et fait passer tout le contenu de sa partie supérieure et de la première grande poche sur le sluice auxiliaire, en l'acheminant graduellement avec des pelles en bois. On fait de même passer le contenu de la partie moyenne du sluice et de la deuxième poche sur la grille du stanok. On enlève alors les échelles du sluice auxiliaire, et on retire le platine arrêté par la méthode ordinaire, en procédant toujours à un deuxième lavage des schlichs pour retirer une fraction du platine qui a échappé à la première opération. On chasse alors la totalité de ceux-ci sur la grille du stanok, sur lequel ils descendent, et on procède au lavage final du matériel contenu sur ce dernier. Voici par exemple les résultats fournis au lavoir de Katchkanarsky par ces opérations successives :

Premier lavage des concentrés de la tête du sluice et de la première poche, 4 livres 60 zolotniks.

Deuxième reprise des dits concentrés, 23 zolotniks.

Troisième lavage du stanok comprenant les concentrés précédents et en plus ceux de la seconde poche et de la partie du sluice située entre les deux poches, 3 zolotniks.

Ces chiffres montrent que presque tout le platine est arrêté sur la tête du sluice, et à la première poche. La partie du sluice comprise entre la seconde et la troisième poche, n'est lavée que tous les huit jours, et passée sur le stanok, c'est là que se trouve généralement l'or qui accompagne le platine dans les alluvions.

Les schlamms, au sortir du sluice, sont d'abord dirigés dans deux spitzkasten K où se fait le dépôt des sables lourds, tandis que les eaux épurées s'échappent par un canal latéral retournant à la rivière. Quand les spitzkasten sont pleines, on ouvre leurs volets, et on déverse leur contenu sur des wagonnets, qu'on remonte sur un plan incliné, pour les acheminer sur les haldes.

La machine à vapeur qui actionne l'appareil donne 100 chevaux, dont 75 environ sont consommés pratiquement.

Les lavoirs à trommels sont certainement la forme la plus répandue ; ils peuvent débiter de 20 à 60 sag.³ par jour (ordinairement de 30 à 40). Ils conviennent aux alluvions d'un caractère moyen, c'est-à-dire qui ne sont ni trop argileuses, ni trop riches en gros galets. Généralement sur tous les lavoirs, le sluice est placé dans un bâtiment à claire-voie, dont les portes sont scellées, et qui ne s'ouvrent qu'au moment où l'on procède à la concentration finale.

Tous les lavoirs sont ordinairement situés en contre-bas, c'est-à-dire dans l'ancien lit de la rivière ; il est donc toujours nécessaire, si l'on a pas de spitzkasten, de remonter les tailings, notamment les sables, pour éviter l'ensablement à l'aval. Généralement on utilise dans ce but une vis d'Archimède inclinée, construite en bois, et dont l'une des extrémités plonge dans une auge dans laquelle arrivent les boues sortant des sluices, tandis que l'autre aboutit à un canal par lequel on achemine latéralement les eaux chargées de sables. Ces vis d'Archimède remontent généralement les boues à une dizaine de mètres de hauteur. Sur certaines laveries (sur Martian notamment, en aval d'Awrorinsky) où il fallait relever les boues à un niveau plus élevé, on utilisait deux vis d'Archimède échelonnées. Ces vis d'Archimède fonctionnent généralement pendant une ou deux campagnes, on les brûle ensuite, pour en récupérer du platine excessivement fin, qui se fixe par ses angles dans le bois, au cours de l'ascension de l'eau à l'intérieur de la vis.


## TSCHACHKA


Cette forme de lavoir, moins répandue que la précédente, s'emploie principalement avec les graviers très argileux. La tschachka se compose d'une cuve cylindrique horizontale de fonte ou de tôle, dont le diamètre peut varier de 2.50 à 5 m., la hauteur des bords étant de 0.30 à 1.20 m. selon les cas. Le fond de la cuve est perforé, et forme par conséquent tamis, il est rarement fait d'une seule pièce ; ordinairement il est formé par la réunion de plusieurs secteurs ; les trous ont, à la partie supérieure, un diamètre de 15 à 20 millimètres, à la partie inférieure, de 20 à 25 millimètres ; ils sont espacés à 10 centimètres les uns des autres. Entre les secteurs, on ménage une trappe orientée suivent un rayon, par laquelle on évacue les galets par intermittence.

Le centre de la cuve laisse passage à un arbre vertical mû par une roue dentée horizontale, qui engrène sur un pignon. Il supporte un agitateur formé par huit bras horizontaux fixés à l'arbre et disposés en étoile suivant les rayons du cercle de base de la tschachka. Ces bras sont reliés entr'eux par des barres formant armatures ; le brasseur a de la sorte la forme d'une claie polygonale. Le long des bras on a placé des manchons verticaux, qui portent des sabots de fer dont la partie inférieure arrive à une petite distance du fond de la cuve. Ces sabots présentent généralement trois formes ; ceux qui se trouvent placés au milieu des bras sont droits ; ceux qui sont à l'extrémité des rayons près du bord de la cuve ont une aile, dans le but de ramener le matériel brassé vers le centre ; ceux enfin qui se trouvent près de l'axe ont une aile placée en sens inverse, pour ramener la matière dans la partie où les sabots sont droits. La cuve est irriguée par une série de jets périphériques convergents, provenant d'un tuyau circulaire perforé à des distances égales.

Sous la tschachka se trouve le sluice, qui présente l'une des nombreuses dispositions indiquées précédemment. L'eau est amenée directement d'un réservoir situé en élévation, pour donner une pression de 2 à 4 mètres ; le réservoir est rempli par un canal d'amenée ou par des pompes centrifuges. Les sables déchargés sur une grille située au dessus de la tschachka, tombent à l'intérieur de celle-ci et sont brassés en présence de l'eau par l'agitateur. Les fins passent à travers les trous du fond de la tschachka, et arrivent sur le sluice. Les boues sont généralement remontées par une vis d'Archimède. La planche E montre le détail de la construction de la tchachka de Pétropawlowsky sur l'Iss (propriété Schouwaloff). Les refus de la tschachka T sont retraités au trommel K, et les galets éliminés à la sortie de ce dernier en B. Le grand sluice S recueille les fins sortis de la tschachka, le petit sluice R ceux sortis

*a)* Exploitation. Lavoir mécanique avec chaine à godets élévatrice. Laverie d'Oust-Kossinsky, rivière Iss.

*b)* Exploitation. Lavoir mécanique à « tschachka ». Laverie de Pétropawlowsky, rivière Iss.

du trommel. La sortie des galets pour l'arrivée dans le trommel, se fait par la trappe **A**. La vis d'Archimède V remonte les schlamms au niveau convenable.

La force nécessaire pour actionner l'appareil est de 60 chevaux environ ; l'appareil peut traiter 40 sag. cubes d'alluvion.

Généralement le rendement de la tschachka est inférieur à celui du trommel ; le travail est plus coûteux, et exige toujours une grande quantité d'eau. C'est toutefois le seul appareil qui permet de traiter certaines alluvions très argileuses.

### LAVOIRS MIXTES

On a souvent combiné plusieurs des systèmes précédemment indiqués sur un même lavoir, dans le but d'obtenir un meilleur lavage du matériel alluvial. Dans certains cas, par exemple, on emploie successivement deux trommels distincts étagés : d'autrefois un trommel et une baronka, d'autrefois encore un trommel et une tschachka, etc. La planche F donne un schéma d'une série de ces lavoirs employés sur l'Iss et ses tributaires, par la Compagnie Industrielle du platine. Un type intéressant par exemple est celui réalisé au lavoir de Bogoiawliensky figuré planche G.

L'alluvion arrive d'abord dans un trommel à barres métalliques T, où elle subit un premier lavage. Les galets à leur sortie du trommel, sont amenés par le couloir N, sur une petite boronka B, puis éliminés ensuite définitivement en **M**. Les fins, sortis du trommel T, sont conduits par un couloir K, dans le trommel R en tôle perforée : les refus de ce trommel sont éliminés à leur tour en N, et les fins provenant de ces divers appareils, passent sur un sluice S unique, disposé comme l'indique la figure.

## § 7. *Exploitation des alluvions contemporaines à la pelle sibérienne*

Dans l'Oural et en Sibérie, certains maraudeurs ou staratélis exploitent les alluvions contemporaines platinifères ou aurifères de certains cours d'eau par un appareil curieux et primitif, appelé *pakhari*, qui peut cependant rendre de grands services, soit comme instrument de prospection, soit comme moyen d'extraction local. C'est une sorte de drague à bras, montée sur un radeau improvisé. La drague se compose d'une seule pelle en tôle, ayant la forme et les dimensions indiquées par la fig. 52 ; elle est montée sur un long manche en bois près de l'extrémité duquel se trouve un levier horizontal. La pelle est attachée à une chaîne métallique, qu'on peut enrouler sur un treuil placé sur le radeau. La pelle est plantée dans l'alluvion, puis on la fait avancer et mordre dans celle-ci, en enroulant le câble sur le treuil, pendant que deux hommes pèsent sur le manche en utilisant le levier adapté à celui-ci. La pelle est guidée par une entaille longitudinale pratiquée dans le radeau en supprimant localement un ou deux troncs ; c'est par cette entaille que passe le manche. Lorsque la pelle est pleine, on la remonte, en enroulant le câble, et en cessant d'exercer une pression sur le manche ; son contenu est alors versé sur un petit stanok placé sur le radeau, et lavé sur place , les taillings étant rejetés à la rivière. L'eau nécessaire au lavage est pompée directement au moyen de l'appareil primitif indiqué précédemment à

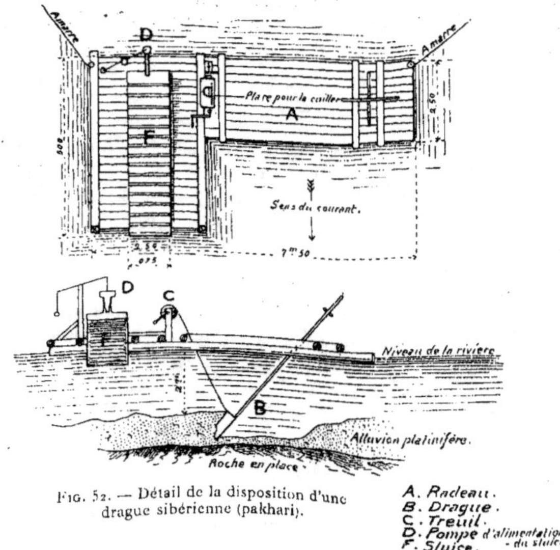


Fig. 52. — Détail de la disposition d'une drague sibérienne (pakhari).

A. Radeau.
B. Drague.
C. Treuil.
D. Pompe d'alimentation du sluice.
F. Sluice.

propos des prospections. Le radeau est maintenu en place par deux amarres fixées sur les rives. L'appareil est essentiellement mobile, et exige une équipe restreinte. Il faut compter un ou deux hommes pour maintenir le manche de la pelle, deux hommes pour le treuil, un homme pour la pompe, et deux hommes pour le débourbage et le lavage, soit au total sept hommes au plus. L'appareil peut extraire plus d'une sagène cube par jour.

## § 8. *Le draguage des alluvions platinifères, historique et tâtonnements*

Le draguage des alluvions des rivières platinifères de l'Oural est d'assez fraîche date, et il est curieux de constater qu'alors que l'on travaillait depuis fort longtemps avec des dragues en Nouvelle-Zélande, en Australie, en Amérique du Nord, etc., dans l'Oural on

*a*) Exploitation. Exploitation des alluvions dans le lit contemporain par la pelle sibérienne.

*b*) Travail à la pelle sibérienne (d'après l'ouvrage de M. N. Wissotsky, loc. cit.).

paraissait ignorer ce mode de traitement des alluvions. Ce fut, sauf erreur, la Compagnie Industrielle du platine qui établit, il y a de cela quinze ans environ, les premières dragues sur l'Iss ; elle fut suivie par l'Administration des Schouwaloff qui plaça, sur l'Iss également, en aval de la laverie de Pétropawlowsky, deux dragues qui, sauf erreur, existent encore aujourd'hui. Taguil suivit beaucoup plus tard, et c'est en 1904 que la première drague travailla sur la rivière Martian. Puis vint enfin tout récemment la Compagnie Nikolaï-Pawda, qui a placé plusieurs dragues sur les rivières Kitlim, Lobwa et Niasma.

Les causes de la lenteur apportée à la généralisatiion de ce merveilleux outil industriel sont multiples ; elles résident tout d'abord dans la richesse initiale des alluvions. Il est évident qu'aussi longtemps que, dans l'Oural, les terrains vierges étaient abondants, et que surtout on pouvait les travailler à des conditions rentables avec les procédés ordinaires, il était superflu de songer à employer d'autres moyens. Les dragues sont d'ailleurs des instruments coûteux, qui parfois immobilisent un gros capital, et que l'on introduit seulement quand il est impossible de faire autrement, à moins que l'exploitation n'ait été montée dès le début pour ce genre de travail, et par conséquent avec des moyens financiers suffisants. L'ascension progressive du prix du platine a agi dans le même sens ; en effet, certains terrains qui, au début, étaient trop pauvres pour permettre de travailler avec les moyens habituels, vu le prix du platine, sont, dans la suite, devenus parfaitement rentables dans les mêmes conditions, le prix du métal ayant considérablement augmenté. Ce ne fût que lorsqu'on eût accumulé des quantités considérables de tailings à faibles teneurs, et que l'on eût épuisé, ou à peu près, les alluvions riches, que l'on songea à introduire les dragues pour récupérer du platine que l'on pouvait considérer comme perdu. Ce fut particulièrement le cas pour certaines rivières sur lesquelles on avait travaillé souterrainement pour exploiter les places riches, en laissant intactes celles à teneurs non payantes. Comme au cours du travail, on avait rejeté le stérile et les tailings sur ces places pauvres ; il ne fallait plus songer à employer la même méthode pour extraire le platine qui restait dans le terrain, et ce malgré le prix élevé du métal.

Au début, l'expérience faite avec les dragues fût assez mauvaise, ce qui tenait à plusieurs causes. Les premiers appareils qui furent utilisés étaient, sauf erreur, des dragues de construction hollandaise. Ces appareils, fort bien construits d'ailleurs, étaient du type de ceux employés pour extraire et laver les alluvions contemporaines de certaines rivières aurifères des Indes néerlandaises, de l'Australie, etc. Or il existe une différence essentielle entre ces alluvions et celles de l'Oural ; elles sont considérablement plus friables, tendres, moins cimentées, et se comportent à peu de choses près, comme les sables et les graviers qui sont dragués pour empêcher le colmatage des cours d'eau ou des estuaires. Il en résulte que ces dragues étaient toujours de construction trop légère ; l'élinde où la chaîne à godets se rompaient à chaque instant, l'usure était énorme, les réparations incessantes, et la période de travail effectif toujours réduite. Nous avons à fois réitérées, pu constater les nombreuses avaries qui se produisaient sur ces instruments, qui étaient plus souvent au repos qu'en activité. Puis l'expérience manquait également ; le personnel capable était rare ou insuffisant, et souvent les dragueurs mal éduqués commettaient des imprudences ou des fautes graves.

Au début, lorsqu'il s'agissait de travailler des alluvions vierges, on employa (sur l'Iss notamment, et à la Compagnie industrielle) deux dragues, qui travaillaient en quelque sorte en tandem. La première, plus forte, n'avait pas de lavoir, et servait simplement à enlever le stérile ; la seconde, plus faible, extrayait seulement les peskis, qui étaient lavés sur la drague même. Le système fut reconnu défectueux, et l'on ne tarda pas à se rendre compte qu'il était infiniment préférable d'exécuter les deux opérations avec un seul et même instrument. Grâce à un dispositif approprié, qui permettait de culbuter à volonté le matériel extrait soit dans un couloir latéral, soit dans le trommel, on pouvait évacuer directement le stérile, ou au contraire envoyer les sables platinifères dans le lavoir. C'est sur ce type par exemple, que l'on construisit les premières dragues qui travaillèrent sur la Goussewka et la Wyja (Walérionowsky, etc.). La drague fonctionnait alors pendant un certain temps comme détourbeuse, puis revenait en arrière, et attaquait ensuite les sables productifs débarrassés du stérile. Il est évident que ce mode de travail ne pouvait convenir que là où il s'agissait d'alluvions vierges. Plus tard cependant, on arriva à la conviction qu'il était préférable de faire passer au lavoir la totalité du matériel extrait par la drague, et c'est ainsi que l'on procède actuellement sur la plupart des gisements de l'Oural. La drague elle-même a subi des changements notables. Au début, ou travailla avec une capacité de godets de 3 ½ pieds cubes environ ; on monta dans la suite cette capacité à 5 ½ pieds cubes, pour arriver finalement à 7 ½, qui est pour le moment la dimension maximum qui ait été atteinte. La force motrice utilisée, a jusqu'à ces dernières années, toujours été la vapeur ; tout récemment on a commencé à travailler à l'électricité, et il est vraisemblable que ce mode de travail va rapidement se généraliser ; c'est en conséquence sur la drague électrique que nous nous arrêterons plus particulièrement.

Fig. 53. — Ponton de bois en construction.

## § 9. *Divers types de dragues, et leur mode de travail*

Nous allons examiner successivement les divers organes d'une drague, pour indiquer comment un tel appareil doit être construit pour travailler avantageusement sous les conditions généralement réalisées avec les alluvions platinifères.

**Ponton.** Le ponton de la drague peut être fait en bois (fig. 53) ou en fer. Le ponton en bois présente l'avantage de pouvoir être construit sur place, avec le matériel fourni par la forêt, ce qui est toujours une notable économie, à laquelle vient s'ajouter celle souvent beaucoup plus considérable du transport sur place des matériaux du ponton métallique. En effet, les rivières platinifères sont souvent situées à une grande distance des lieux habités, les moyens de locomotion manquent, les chemins sont mauvais et souvent praticables en hiver seulement, et les frais de transport deviennent énormes dans ces conditions. Nous connaissons dans l'Oural certaines dragues dont le transport représente une somme quasi équivalente à celle du prix d'achat. Mais les pontons de bois offrent une rigidité bien moindre que celles des pontons métalliques ; ils ne sont jamais complètement exempts de voie d'eau, et il est difficile d'y pratiquer des compartiments étanches si nécessaires en cas d'accident pour éviter un naufrage.

Le ponton de fer présente généralement la forme indiquée par la fig. 54 [1]. L'avant est à pans coupés, ce qui présente un avantage pour les déplacements ; l'entaille qui y est prati-

Fig. 54. — Plan d'un ponton moderne en tôle d'acier.

quée, et qui divise ici le ponton en deux caisses distinctes, sert au passage de l'élinde ; elle doit être faite de façon à permettre le travail de celle-ci sous un angle de 45°. Les dimensions du ponton varient naturellement d'un cas à l'autre ; elles sont en relation avec la capacité des godets, comme l'indique le tableau suivant :

| Capacité des godets en pieds³ anglais | Longueur du ponton en pieds | Largeur du ponton en pieds |
|---|---|---|
| 3 | 80-86 | 30-34 |
| 4 | 86-90 | 30-34 |
| 5 | 90-96 | 30-36 |
| 6 | 96-100 | 36-40 |
| 7 | 96-110 | 40-42 |
| 8 et au-dessus | 110-120 | 49-58 |

Une augmentation de 5 pieds de la capacité des godets augmente la largeur du ponton de 10 pieds. La hauteur du ponton est de 6 à 7 pieds, le tirant d'eau de 3 à 5 ½ pieds.

La membrure du ponton est faite avec des fers à cornières (généralement de 50 sur 50)

[1] Une partie des figures concernant les dragues a été empruntée à divers catalogues, puis aux deux ouvrages suivants : « Longridge gold and tin dridging, London » et « Darcy Weatherbe dredging for gold in California, San-Francisco Mining and scientific press. 1907.

qui sont plus ou moins espacés suivant l'épaisseur des tôles employées. Avec des tôles de 4 millimètres, cet écartement varie entre 0,50 et 0,60. Les tôles qui servent au revêtement de la membrure ont de 5 à 7 millimètres pour celles du fond, et de 4 à 6 millimètres pour celles des parois ; elles sont généralement rivées. La rigidité est augmentée par des armatures métalliques transversales, faites en poutrelles, et par des fers à treillis longitudinaux, qui, d'ailleurs, servent de point d'appui aux différentes parties de la superstructure. La coque est divisée en plusieurs compartiments étanches par des cloisons latérales. Le ponton doit, en somme, présenter une rigidité absolue, vu la grandeur des efforts qu'il est destiné à supporter.

**Potences.** Les cadres métalliques ou potences, qui servent à supporter les principaux organes de la drague, sont en bois ou en acier ; pour les dragues de fort tonnage l'acier seul convient, et présente une résistance suffisante. Ces cadres sont montés solidement sur la

Fic. 55. — Ponton et carcasse métalliques d'une drague du type « Empire ».

coque (fig. 55). Le cadre à la proue sert à la suspension de l'élinde, celui du milieu supporte le tambour sur lequel s'appuie la chaîne à godets ; celui de la poupe supporte le transporteur. Ces cadres sont construits en poutrelles d'acier plein, ou en poutrelles avec croisillons rivés. La fig. 56 montre la carcasse d'un ponton métallique en construction.

**Elinde.** L'élinde sert de support à la chaîne à godets ; elle doit, en conséquence, offrir une résistance toute particulière. C'est en somme une

Fic. 56. — Ponton en construction d'une drague Folsom No 3.

a) Exploitation. Drague électrique modèle de Marion (U. S. A.), avec capacités des godets de 7 1/2 pieds cubes, travaillant en bassin fermé les alluvions et les tailings de la rivière Kitlim Puwdinskaya-Datcha.

b) Exploitation. Montage de la drague Marion.

c) Exploitation. Drague Poutiloff à godets de 5 1/2 pieds cubes, travaillant en b[...]

échelle dont les deux montants sont contruits avec des fers aciérés en T, raccordés par des plaques d'acier rivées. La fig. 57 montre la disposition de l'élinde vue de profil. Sa lon-

Fig. 57. — Elinde supportant la chaîne à godets.

gueur est naturellement très variable suivant la profondeur à atteindre ; ordinairement elle oscille entre 40 et 120 pieds entre les deux tambours. Sur l'élinde se trouvent des rouleaux d'acier destinés à faciliter le glissement de la chaîne à godets. Ces rouleaux (fig. 58) sont situés à 5 ou 7 pieds de distance les uns des autres ; ils sont construits en acier au manganèse, pleins ou creux, leur diamètre varie de 8 à 14 pouces.

**Chaîne à godets.** Les chaînes à godets des dragues sont construites sur deux types, appelés « open connected » et « close connected ». Dans le premier (fig. 59), deux godets successifs sont réunis par une pièce d'acier intermédiaire ; dans le second (fig. 60), les godets sont directement réunis les uns aux autres. Ces deux systèmes présentent des avantages et des inconvénients. La chaîne open connected. marche avec une vitesse plus grande que celle

Fig. 58. — Rouleaux d'acier sur l'élinde. Drague Folsom N° 3.

close connected, soit en moyenne 60 pieds par minute contre 50 pour la seconde, mais tandis que la chaîne open connected donne un rendement de 12 à 15 godets par minute, celle close connected en donne 18 à 25, le rendement est donc supérieur. Il résulte de ceci que, dans l'Oural, toutes les dragues récentes ont leur chaîne à godets de ce dernier système.

On a objecté que le type open connected était plus approprié là où l'alluvion renfermait de très gros blocs. qui ne peuvent trouver place entre deux godets successifs dans le système close connected. Cette objection n'est que relativement justifiée ; nous avons en effet vu de très gros blocs amenés à la surface par des chaînes close connected, avec godets de 7,5 pieds cubes.

**Godets.** Les godets doivent être d'une solidité exceptionnelle, et construits avec un matériel de choix pour résister le plus longtemps possible à l'usure ; leur profil est aussi important à déterminer, soit au point de vue de la

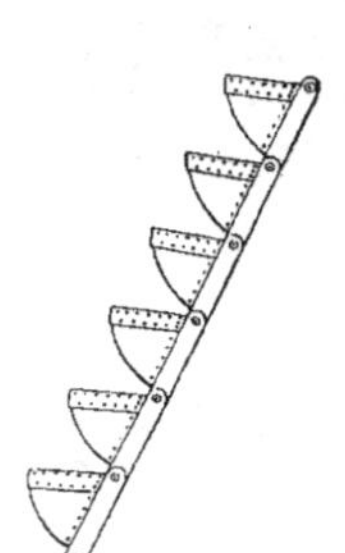

Fig. 59. — Chaîne à godets du type open connected.

Fig. 60. — Chaîne à godets du type close connected.

rapidité du travail, soit à celui du rendement. On peut les faire en deux ou trois pièces. Dans les godets de la première catégorie, le godet proprement dit est fondu en acier d'une seule pièce, et la lèvre protectrice que l'on place autour de sa bouche est rivée directement sur celui-ci. Comme c'est sur la lèvre que se fait surtout l'usure, on prend pour celle-ci un acier très dur, généralement un acier au manganèse d'un type spécial. Les poids de ces godets varient naturellement avec leur capacité ; pour ceux de 3,5 pieds cubes, on compte généralement 1300

Fig. 60 A. — Chaîne à godets du type close connected d'une drague Marion.

livres anglaises ; pour 5 pieds cubes, 1600 livres et pour 10 pieds cubes, 2400 à 2450 livres (le poids des axes de raccord non compris).

Dans les godets de la seconde catégorie, le godet se compose de trois parties distinctes, à savoir : un fond, des parois rivées, et une lèvre. Le fond qui supporte les frictions des rouleaux et des tambours, doit être très résistant ; on le fait généralement en acier fondu au nickel. Les parois sont en acier forgé de $\frac{1}{4}$ à $\frac{1}{2}$ pouce d'épaisseur, ou en tôles d'acier de $\frac{3}{4}$ de pouce, rivées ensemble. La lèvre, rivée également sur le godet, est en acier au nickel ou au manganèse ; on donne souvent à cette lèvre une forme arquée pour augmenter sa résistance. Ces godets sont généralement plus légers que ceux du type précédent ; le modèle de 3 pieds cubes pèse 500 livres. En général il est bon de faire les godets courts, larges, et bien ouverts ; le travail est meilleur avec le même effort, et les godets peuvent enlever des masses adhérentes plus volumineuses ; ils se déchargent aussi plus facilement. On a parfois, pour l'extraction des alluvions dures, préconisé des godets à dents. Ce système ne paraît pas avoir eu grand succès.

Les axes qui réunissent les godets doivent être extraordinairement solides, car ce sont eux qui supportent une grande partie de l'effort. L'expérience a montré que sur les premières dragues utilisées, ces axes étaient considérablement trop faibles ; nous ajouterons qu'ils ne sont pour ainsi dire jamais trop forts. Leur diamètre monte naturellement avec la grosseur des godets ; pour les dragues ordinaires de 5 à 7 pieds cubes, il est de 4 $\frac{1}{4}$ à 5 $\frac{1}{2}$ pouces. L'axe est plein ou creux, cylindrique, et terminé à une extrémité par un L plat qui peut s'encastrer dans une fente placée à la base du godet, disposition qui empêche l'axe de tourner sur lui-même. Ces axes peuvent à volonté s'introduire par un côté ou par l'autre.

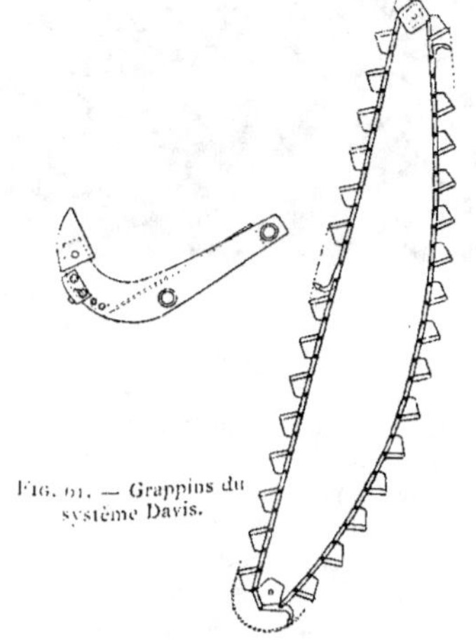

Fig. 61. — Grappins du système Davis.

Quelquefois (à Taguil notamment), on place sur la chaîne une ou deux paires de grappins, qui prennent la place des godets correspondants. Ces grappins (du type Davis par exemple), quand ils touchent le tambour inférieur, agissent comme un pic, et donnent en quelque sorte un coup de pioche dans le front de taille (fig. 61) ce qui contribue parfois à en détacher des portions plus ou moins volumineuses. Les fig. 62 A, B et C, puis D et E, représentent divers types de godets isolés ou associés.

C'est la chaîne à godets qui souffre le plus dans le travail de la drague, c'est elle qui est la cause principale des arrêts, et c'est elle qui demande le plus de réparations. Ce

Fig. 62 A. — Godets isolés en deux pièces.

sont les bagues des axes et les axes eux-mêmes qu'il faut le plus souvent remplacer ; quant à l'usure, elle varie beaucoup selon l'alluvion traitée. Il faut généralement compter qu'un godet doit être remplacé après un travail moyen de 12 mois, mais c'est là une règle qui souffre de nombreuses exceptions.

**Tambours.** — C'est par les tambours que se fait le déplacement de la chaîne à godets ; l'élinde en porte nécessairement deux ; un inférieur, immergé, l'autre supérieur, communiquant avec la roue dentée, qui lui imprime son mouvement. La forme que l'on donne aux tambours est variable ; au début, elle était carrée, actuellement elle est pentagonale, hexagonale, et même pour les petites chaines heptagonale ou octogonale. La forme qui parait être préférable est le pentagone pour le tambour supérieur, et l'hexagone pour l'inférieur. Les axes des tambours supérieurs sont creux ou massifs et, dans les dragues modernes, toujours en acier au nickel, trempé à l'huile ; ils sont fixés au tambour par quatre clavettes. La monture du tambour supérieur (fig. 63) doit offrir une résistance et une solidité énormes, la résistance pratique qui est adoptée doit de beaucoup dépasser celle qui est calculée théoriquement. Dans la monture du tambour inférieur (fig. 64 A et B) se trouve un dispositif de graissage, et un autre dispositif permettant de préserver l'axe des sables et graviers qui pourraient s'introduire entre lui et les coussinets. Le diamètre des axes des tambours est variable, il oscille en général entre 15 et 18 pouces, pour les dragues de force moyenne.

Fig. 62 B. — Godet isolé.

*a*) Montage de la drague Poutiloff sur la Lobwa; Pawdinskaya-Datcha.

*b*) Exploitation. Ancienne drague Verf-Konrad travaillant sur Pétropawlowsky-priisk, rivière Iss.

Comme la friction des godets sur le tambour
entraîne une usure rapide, les pans de celui-ci,
sont revêtus de plaques d'aciers au manganèse (fig. 65 et 66). Le tambour lui-même
est en acier et fondu d'une seule pièce.

**Treuils.** — Les différents treuils qui
servent à la manœuvre de la drague sont
généralement groupés sur un même banc, et
disposés de façon à ce que leur commande
puisse aisément se faire par un seul surveillant. Il sont mûs soit par l'électricité (fig. 67),
soit par une poulie avec transmission (fig. 68),
soit par des moteurs locaux (fig. 69). Le banc
des treuils comporte généralement 6 ou 8 de
ces appareils, disposés par couples de part et
d'autre de la roue dentée motrice ; leur rotation peut se faire alternativement dans les
deux sens.

Dans le banc à 6 treuils, le premier
sert à remonter ou abaisser l'élinde, le second
à la manœuvre du câble d'amarre qui se
trouve à l'avant, les quatre autres sont en
relation avec les câbles d'amarre latéraux.

Fig. 62 C. — Godet isolé en tôles rivées.

Souvent la manœuvre de l'élinde se fait par
un treuil séparé ; puis, sur les
dragues avec piquets pour le
papillonnage, il faut deux treuils
supplémentaires pour remonter
les piquets, soit au total 8
treuils. Le diamètre des tambours des treuils doit être assez
grand, pour permettre un en-
roulement rapide ; leur construction sera toujours d'une solidité à toute épreuve.

**Piquets pour le papillon-
nage.** — Toutes les dragues
modernes peuvent travailler à
volonté sur câble ou sur piquet.
Ces piquets (fig. 70) sont placés
dans deux glissières disposées à

Fig. 62 D. — Godets associés du type close connected.

l'arrière ; l'un de ceux-ci sert à la fixation pendant le travail, l'autre au déplacement de la drague. Ces piquets sont généralement massifs, et excessivement lourds, pour une drague de 5 à 7 ½ pieds cubes ils pèsent de 10 à 13 tonnes ; souvent le poids du piquet qui sert

à la fixation est notablement plus élevé que celui qui sert au déplacement. La longueur de ces piquets varie naturellement beaucoup avec les conditions locales ; ils sont remontés et descendus par des câbles enroulés sur des treuils.

**Câbles.** — Les câbles utilisés sur les dragues pour les amarres ou pour le relèvement ou l'abaissement de certains organes (élinde, transporteur etc.) doivent être confectionnés en fil d'acier de la meilleure qualité. Le nombre et les dimensions de ces câbles sont les suivants :

Fig. 62 E. — Godets associés du type close connected.

    1 câble pour relever le transporteur de  2 ½ pouces de circonférence
    2 câbles pour remonter l'élinde         de 3       »              »
    1 câble d'amarre à l'avant              de 3 ½     »              »
    2 câbles d'amarre à la poupe            de 2       »              »
    2 câbles d'amarre à la proue            de 2 ½     »        -      »

La longueur de ces câbles est d'environ 100 brasses pour le câble d'amarre à l'avant, et 50 à 60 pour les câbles d'amarre latéraux.

**Appareils laveurs.** — L'appareil tamiseur généralement utilisé sur les dragues est le trommel à barres métalliques parallèles, ou mieux le trommel en tôle perforée. Aux début, les trommels étaient beaucoup plus petits que ceux employés aujourd'hui, et fréquemment, dans l'idée de diviser la matière à laver et d'obtenir un lavage plus parfait, on employait deux trommels identiques. Ces trommels

Fig. 63. — Tambour supérieur d'une drague El Oro N° 1.

Fig. 64 A. — Tambour inférieur d'une drague El Oro N° 1.

étaient d'abord placés transversalement par rapport au ponton, et les sluices dans le sens longitudinal. Dans la suite, leur dimension étant devenue trop considérable, ils ont été placés parallèlement au grand axe du ponton, et les sluices disposés alors transversalement.

Actuellement, sur les nouvelles dragues qui travaillent en Oural, c'est presque exclusivement cette disposition qui est adoptée; la seule drague récente à deux trommels est celle de construction Poutiloff qui travaille sur la Lobwa, et qui date de 1914.

Les trommels utilisés ordinairement sont cylindriques, ou formés par des portions successives de cylindre, de diamètre croissant, disposition dite en télescope; les portions du cylindre sont raccordées par des

Fig 64 B. — Tambour inférieur d'une drague Ophir.

anneaux d'acier au manganèse. Le squelette est formé par des barres parallèles d'acier rivées, les tôles perforées sont de $1/2$ pouce d'épaisseur; quant au diamètre des trous, il varie beaucoup suivant les conditions locales. Généralement, on adopte $3/10$ de pouce pour le haut, et $3/8$ pour le bas; ailleurs, $5/16$ et $1/2$. A Taguil, par exemple, l'extrémité du trommel de certaines dragues qui travaillent sur Martian, est percée près de la sortie, de gros trous pour livrer passage aux petites pépites qui se trouvent encore dans l'alluvion. A l'intérieur du trommel, il existe des chicanes dont la disposition varie d'ailleurs d'un constructeur à l'autre. La longueur, ainsi que le diamètre des trommels, dépen-

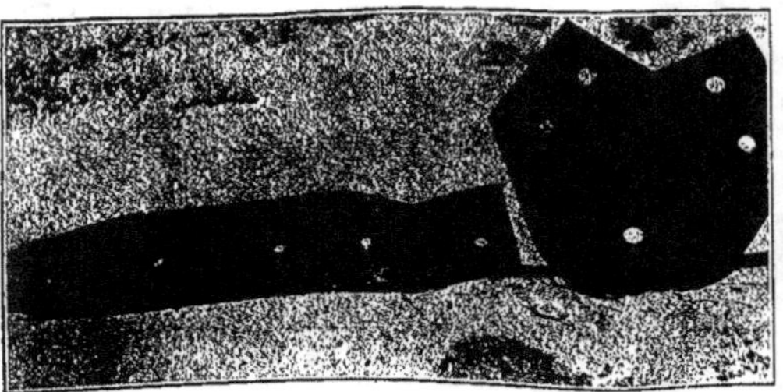

Fig. 65. — Plaques d'acier servant au revêtement du tambour supérieur.

dent naturellement de la capacité des godets ; les chiffres extrêmes sont de 17 et 60 pieds pour la longueur et de 48 à 108 pouces pour le diamètre ; pour des dragues de 5 ¼ à 7 ½ pieds cubes, la longueur du trommel est généralement de 25 à 30 pieds. Le cylindre est toujours faiblement incliné pour faciliter la sortie des tailings ; dans les appareils modernes, il est exclusivement mû par l'extérieur, au moyen de galets tangents. La vitesse de rotation du trommel varie également, elle oscille entre 7 et 12 tours par minute, cette vitesse doit être absolument réglable. L'irrigation du trommel est toujours centrale, et l'eau qui sort des gicleurs arrive sous une pression déterminée pour désintégrer l'argile. Au moment où elle est culbutée dans le trommel, l'alluvion reçoit également une grosse quantité d'eau amenée par une pompe.

**Sluice.** La disposition des sluices adoptée sur les différentes dragues varie à l'infini ; ils sont construits en bois ou en fer, longitudinaux ou latéraux, disposés symétriquement en deux batteries de part et d'autre du trommel, ou en une seule. Il existe aussi certains types (à Taguil, par exemple) où la partie supérieure du trommel va dans un sluice qui se déverse à bâbord et la partie inférieure dans un sluice qui se déverse à tribord. Il serait superflu de donner ici la description des divers lavoirs employés sur les dragues de l'Oural, on peut dire seulement qu'ils se divisent en deux catégories distinctes, à savoir :

1. Ceux qui, pour la levée des sluices, exigent l'arrêt momentané de la drague. 2. Ceux qui permettent une marche continue. Les premiers sont des sluices du type ordinaire, sur lesquels nous n'insisterons pas ; les seconds sont

Fig. 66. — Plaques d'acier du tambour inférieur.

Fig. 67. — Treuil électrique à mouvement alternatif de la maison Fraser et Chalmers.

Fig. 68. — Treuil alternatif à poulie de la maison Fraser et Chalmers.

décrits plus loin, à propos de la drague électrique Marion. Lorsque les sluices sont disposés latéralement, ils débouchent naturellement tous dans un grand canal longitudinal
de. décharge, dans lequel on peut placer des rifles pour récupérer les dernières traces de

FIG. 69 — Treuil à moteur local de la maison Lobnitz and Co.

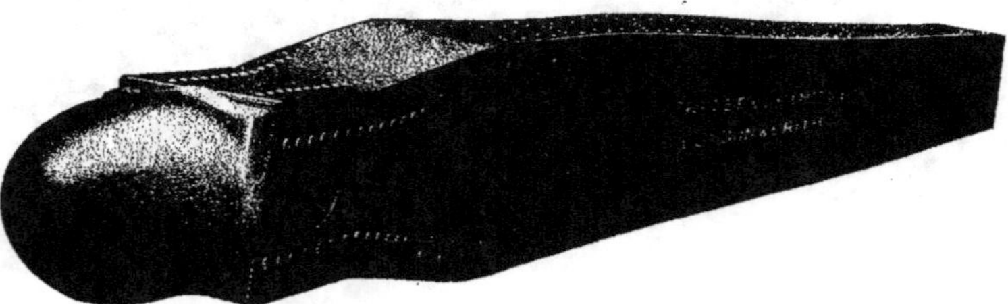

FIG. 70. — Piquet de papillonnage.

*a*) Drague N° 1 Braun, du type open-connected, avec godets de 7 pieds cubes,
travaillant en lac sur les alluvions de la rivière Martian, à Taguil.

*b*) Exploitation. Treuil et chaîne à godets d'une drague du système open-connected,
travaillant sur la rivière Tschauch à Taguil.

platine qui pourraient être entraînées. La levée de ces appareils ne se fait que de temps en temps.

Au moment où les godets se déversent dans le trommel, il arrive souvent qu'une partie de leur charge retombe à l'eau en cours de route, ce qui entraîne des pertes. Sur les dragues récentes, on a placé un dispositif qui récolte ces matières et les amène dans la circulation générale.

L'eau nécessaire au lavage est toujours élevée par des pompes centrifuges, il est bon de faire passer cette eau par le condensateur, pour la chauffer légèrement. Le débit des pompes est calculé de façon à ce que le volume d'eau qui passe dans le trommel et sur les tables soit de 10 à 12 fois celui de l'alluvion.

**Transporteur et pompe à sable.** L'évacuation des tailings est une des opérations les plus importantes de la drague, car la bonne marche de celle-ci, dans le présent comme dans le futur, est souvent liée à la façon dont on dispose ces tailings. Il y a lieu de considérer le refus du trommel formé par des galets et des graviers grossiers, et les schlamms, qui sortent du canal de décharge des sluices. Lorsqu'on drague en bassin fermé, il est évident que tout ou partie de ces matériaux doivent être déposés au-delà du bassin, car nonobstant le foisonnement, ce dernier serait rapidement rempli. Or on estime entre 60 et 70 % la proportion des graviers volumineux dans une alluvion ordinaire ; le charriage de ce matériel incombe au transporteur. Quant aux schlamms qui, en bassin fermé, rentrent dans le bassin pour s'y déposer, ils peuvent, si ce dernier est assez grand à l'origine, et si leur quantité n'est pas trop forte, ne pas gêner le travail subséquent. Dans le cas contraire, ils deviennent fort embarrassants, car ils produisent rapidement, vu leur tendance à glisser vers l'endroit le plus profond, un ensablement sous la poupe, qui peut empêcher la manœuvre de la drague ; le transport des schlamms, s'il est nécessaire, se fait alors au moyen de la pompe à sable.

Dans l'Oural on utilise deux catégories de transporteurs ; celui à godets et celui à courroies. Le transporteur à godets est une chaîne sans fin à godets, de type ordinaire, qui est mue au moyen de deux tambours, et qui est supportée par une élinde métallique fonctionnant en somme comme celle plongeante, mais à air libre, et d'un poids considérablement inférieur. Le transporteur est placé en porte-faux à la poupe. La longueur de l'élinde métallique doit, dans chaque cas, être soigneusement calculée suivant la hauteur et la distance auxquelles on veut rejeter les graviers ; l'angle que fait cette élinde avec l'horizon, doit également pouvoir varier dans de certaines limites, dans ce but, le transporteur peut pivoter autour d'un axe, de façon à pouvoir l'incliner à volonté ; il est attaché à un câble passant sur des poulies fixées à une potence, et qui s'enroule sur un treuil. Le glissement de la chaîne à godets est facilité par des rouleaux creux en acier, fixés à distance égale, le long de l'élinde ; leur diamètre est aussi élevé que possible pour éviter l'usure. La forme des godets est éminemment variable ; ceux articulés en forme de S sont les plus avantageux, car ils se bloquent moins facilement que les autres. Ces appareils cependant se détraquent assez fréquemment, et sont la cause d'arrêts réitérés. On préfère actuellement beaucoup employer les transporteurs à courroie (fig. 71), qui marchent avec des vitesses beaucoup plus grandes que la chaîne à godet, ce qui réduit les dimensions de l'appareil. On utilise comme courroie des lames de toile caoutchoutée superposées, dont la largueur varie de 50 à 60 centimètres, qui roulent sans fin sur des galets disposés le long de l'élinde. L'axe de ces galets est légèrement incliné, en sens contraire, sur les deux côtés de l'élinde (fig. 72), de façon à communiquer à la bande de caoutchouc un profil légèrement concave lorsqu'elle s'appuie à leur suface. Ces transporteurs marchent aisément avec des vitesses de 2 à 2,50 mètres par seconde, et peuvent déblayer de la sorte un gros volume de matériel, ils sont malheureu-

FIG. 71. — Transporteur à courroie (Belt-conveyor) d'une drague Folsom N° 3.

sement assez délicats ; la courroie de caoutchouc se détériore aisément, et son remplacement est coûteux. Dans les dragues de construction récente, le transporteur est revêtu d'une enveloppe protectrice contre le froid, et chauffé à la vapeur sur toute la longueur de la transmission. Ce dispositif allonge beaucoup la période de travail et protège la courroie, car celle-ci commence à se détériorer lorsqu'il fait froid, l'eau et la boue se congelant à sa surface, ce qui la fait écailler et la rend cassante. Les refus du trommel sont envoyés au transporteur par un couloir en tôle.

La pompe à sable qui sert à éliminer les schlams, est toujours une pompe centrifuge, à grand diamètre et à gros débit. Le fonctionnement de cette pompe est coûteux, car il ne faut pas oublier qu'elle aspire des schlamms qui contiennent 90 % d'eau. De plus, quelque soit la qualité du matériel employé pour leur construction, l'usure de ces pompes et très rapide. Leur fonctionnement exige d'ailleurs une assez grande force motrice supplémentaire. Elle sont cependant d'une grande utilité quand on travaille en bassin fermé, notamment dans la phase de début, pendant laquelle la drague creuse et élargit sa fosse, et il est toujours bon d'en avoir une à disposition sur la drague.

**Moteurs.** La force qui actionne les divers organes des dragues est produite par la vapeur, l'électricité, ou les moteurs à huiles lourdes Diesel. Dans l'Oural, toutes les dragues que nous connaissons sur les placers platinifères marchent à la vapeur, à l'exception d'une partie de celles de Nikolaï-Pawda, qui sont électriques.

Dans les dragues à vapeur, chaudière et moteurs sont sur le ponton ; dans les dragues électriques, la force est produite par une centrale, et amenée ensuite sur la drague par une canalisation appropriée ; dans les dragues à moteur du type Diesel, les moteurs sont sur la machine également. Il est inutile de dire que c'est la drague électrique qui doit, dans la majorité des cas, être préférée. En effet, les machines et les chaudières étant lourdes, entraînent nécessairement une augmentation du volume des pontons et ceux-ci, pour les fortes dragues, finissent par acquérir des dimensions montrueuses. Puis la force électrique se laisse diviser aisément, et cela permet de donner à chaque organe important un moteur indépendant, ce qui est un énorme avantage ; ces moteurs sont toujours de poids relativement faible, et peu encombrants. De plus, les commandes

Fig. 72. - Transporteur à courroie d'une drague Folsom N° 4.

des divers appareils, qui fonctionnent ensemble ou séparément sur le ponton, peuvent être centralisées, ce qui diminue les employés et assure un meilleur fonctionnement. La souplesse du moteur électrique est un avantage incomparable dans un instrument aussi exposé aux « à coups » que les dragues, et l'on peut affirmer que, de par ce simple fait, les réparations diminuent dans une énorme proportion. L'inconvénient réside dans la nécessité d'une centrale pour créer la force électrique, mais cet inconvénient devient encore un avantage s'il s'agit d'actionner simultanément plusieurs dragues, car la force, dans ce cas, est plus aisée à produire, et souvent beaucoup moins coûteuse.

Dans les dragues à vapeur, les chaudières que l'on utilise sont tubulées et généralement du système compound à haute pression ; elles n'ont jamais de revêtement en briques, on utilise des types variés, que l'on construit toujours de façon à occuper le plus petit volume possible. Les foyers sont disposés soit pour brûler le bois en grosses bûches, soit pour le bois ou le charbon à volonté. Les moteurs doivent être aussi légers et peu encombrants que possible ; on choisit ordinairement les moteurs à cylindres verticaux. Actuellement, on divise, autant que faire se peut, également la force, et le moteur unique des premières dragues est remplacé par plusieurs moteurs disposés en divers points du ponton. On a généralement un moteur pour la chaîne à godets, un second pour le lavoir, un troisième pour les treuils et un quatrième pour l'éclairage.

Les moteurs électriques employés sur les dragues sont ordinairement à courant alternatif et à haut voltage ; le 200 ou le 400 volts utilisés jadis sont remplacés aujourd'hui par le 2000 volts. La force est amenée de la ligne sur la drague par un cable du type des cables transatlantiques, qui est d'habitude supporté par des tonneaux flotteurs.

Les leviers de commande des divers appareils qui fonctionnent sur la drague, peuvent être placés en plusieurs endroits de celle-ci. S'ils sont sur le pont inférieur, il faut plusieurs surveillants pour les mouvements des différents organes. Si, au contraire, toutes les commandes sont placées dans une cabine située au-dessus du tambour supérieur de l'élinde, le surveillant voit tous les mouvements qui s'exécutent sur l'avant comme sur l'arrière ; c'est évidemment la disposition préférable entre toutes.

**Force motrice.** Elle varie avec la capacité de la drague et aussi avec le genre de travail à effectuer. Toutes choses égales, on peut dire que la tendance constante a été d'augmenter la force disponible sur les dragues, car très souvent, l'insuffisance d'énergie a été la source de graves ennuis. Il ne faut pas oublier que, vu les frottements et les résistances, la force effective est, sur une drague, toujours notablement supérieure à la force théorique ; normalement on admet que pour élever un poids de 1000 kilos, par exemple, jusqu'à la hauteur du tambour supérieur, la force nécessaire est 7 fois supérieure à celle théorique. Voici quelques chiffres destinés à fixer les idées à ce sujet.

Pour les dragues de 3 à 3 ½ pieds cubes, les forces utilisées varient entre 50 et 150 HP., la moyenne étant généralement de 100 ; pour 5 à 5 ½ pieds cubes, elle varie entre 100 et 250 HP., la moyenne étant de 150 environ ; pour 7¼ pieds cubes enfin, la force utilisée varie de 450 à 700 HP. Voici le détail de la répartition de la force aux divers organes, pour une drague de 5 pieds cubes, du type employé communément en Nouvelle Zélande.

Moteur pour l'élinde.... = 70 à 100 HP.
Moteurs des treuils...... = 20          »
      »     du trommel.... = 15          »
      »     du transporteur. = 10 à 15   »
      »     des pompes.... = 50          »
      »     de la pompe à sable = 30     »
      »     divers ......... = 5         »
                           200 à 250 HP.

**Grues auxiliaires.** — Il est bon d'avoir sur une drague, une grue pour permettre de soulever et mettre en place certaines pièces lourdes, dans les cas de réparations. Généralement cette grue est placée sur un pont roulant solidement établi sur le ponton ; elle est actionnée par un moteur spécial, ou par le moteur général de la drague.

**Eclairage.** — L'éclairage est toujours électrique, et le moteur qui sert à cet usage est actionné directement. Il est indispensable d'avoir sur la drague un éclairage aussi parfait que possible, et notamment un bon projecteur, qui envoie la lumière sur l'élinde et le front de taille.

**Chauffage.** — Le chauffage est nécessaire pour le travail dans la saison avancée ; dans l'Oural, les froids arrivent vite et, pour prolonger la durée de ce travail, il faut installer sur la drague un chauffage approprié. Lorsque les chaudières sont sur le ponton, on peut aisément établir un chauffage à la vapeur, en utilisant les générateurs mêmes ; sur les dragues électriques, il faut installer une chaudière sur le ponton avec des radiateurs en différents points de celui-ci, et sous le transporteur.

**Monitor.** — Lorsqu'on doit abattre des falaises qui surplombent le ponton, il est bon de placer sur la drague un monitor actionné par une pompe spéciale.


## MODE DE TRAVAIL DE LA DRAGUE

**Travail de la drague.** La drague peut travailler en bassin fermé, en rivière, ou encore en étang ; ces différents modes de travail sont imposés par les conditions générales du champ alluvial à draguer.

*Dans le travail en bassin fermé*, qui, dans l'Oural, constitue la majorité des cas, on creuse d'abord dans le champ des alluvions une fosse plus ou moins étendue, qu'il faut prévoir suffisamment grande pour que la drague ne soit pas gênée dans son premier travail. On arrête généralement le creusement au moment où l'eau commence à arriver avec une certaine abondance. Il faut l'épuiser alors par des pompes, pour qu'elle ne gêne pas le travail de construction du ponton. Celui-ci s'effectue dans la fosse même ; lorsque le ponton est suffisamment étanche et peut supporter les organes qui se placent sur sa superstructure, on le met à flot, en laissant l'eau entrer dans la fosse, puis on complète l'équipement de l'appareil. C'est, dans la suite, la drague elle-même qui approfondit sa fosse jusqu'au bed-rock, et l'agrandit comme cela convient pour les travaux subséquents. Il est indispensable d'avoir, pour cette première période, fait un plan de travail très exact et très bien établi, pour éviter des accidents graves. C'est là où, précisément, il faut savoir comment on doit faire marcher la drague, et où il faut faire rejeter les tailings. La pompe à sable rend de grands services dans cette première mise en train, car elle permet de rejeter les schlams au delà de la fosse, et d'éviter l'ensablement de celle-ci.

*Dans le travail en rivière*, il s'agit généralement d'exploiter des alluvions contemporaines, ou des alluvions anciennes dans l'axe du cours d'eau actuel. Ce cas n'est, à notre connaissance, que rarement réalisé dans l'Oural ; il est d'ailleurs très simple. La drague peut être construite dans un bassin à proximité immédiate du cours d'eau ; elle se fraye un chemin jusqu'à celui-ci, et travaille alors de l'aval vers l'amont, en rejetant les tailings dans le lit même de la rivière.

*Dans le travail en étang*, on fait généralement sur le cours de la rivière un barrage vers l'aval, qui retient les eaux de celle-ci et transforme rapidement la région en amont en lac, dont on peut régler la profondeur par la hauteur du barrage. Ce cas, par exemple, est réalisé sur la rivière Martian à Taguil. Le barrage doit être solidement établi, car sa rupture entraîne l'écoulement rapide des eaux et l'échouement de la drague.

Quant à la manœuvre de celle-ci, elle peut se faire de deux façons, c'est-à-dire par câble, ou par papillonage sur piquet.

La manœuvre par câble est la plus généralement répandue ; c'est celle qui est considérée comme classique, à tel point que bon nombre de dragues n'ont pas de piquets pour le papillonnage.

*Dans la manœuvre par câble*, la drague est d'abord amarrée à l'avant par un long câble d'acier enroulé sur un treuil ; ce câble, par la réduction de sa longueur, permet le mouvement d'arrière en avant, et la drague se déplace latéralement à l'extrémité de ce câble, en traçant dans le terrain un arc de cercle convexe contre l'aval, dont le rayon dépend de la longueur du câble, et se réduit au fur et à mesure de l'avancement. Le mouvement de la drague sur ce front convexe est en somme comparable à celui d'un pendule sur sa trajectoire. Les déplacements latéraux sont obtenus par des câbles, dont le schéma est donné fig. 73. Le câble de proue passe sur des poulies placées sur le ponton et s'enroule sur deux treuils réversibles, dont le jeu alternatif assure le mouvement latéral de l'avant à droite et à gauche. Le mouvement de l'arrière est donné par deux autres câbles distincts, enroulés sur deux treuils également. Ces câbles sont amarrés à une certaine distance à la surface même du champ alluvial. Pour l'ancrage, on peut se servir comme point d'attache d'arbres ou de poteaux solidement plantés dans le sol. Il est cependant préférable de procéder de la manière suivante : on creuse dans le sol une fosse étroite en forme de T, profonde de 4 pieds sur la ligne de la barre du T, tandis que la tige remonte en pente douce jusqu'à la surface du sol. Puis on fixe solidement un câble à un morceau de tronc ou de poutre, que l'on enfouit dans le fossé transversal, on fait à l'extrémité de ce câble, qui arrive à la surface du sol, une boucle (fig. 74), et on attache cette boucle au câble d'amarre de la drague.

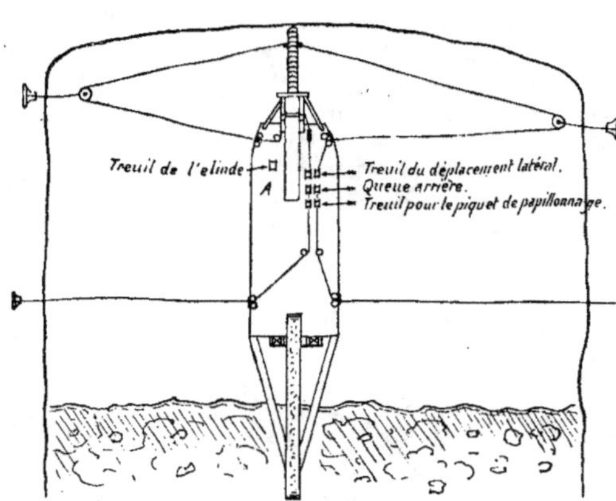


Fig. 73. — Manœuvre de la drague par cable.

Le déplacement latéral de la drague se fait aisément par le jeu des treuils mis en relation avec les différents câbles indiqués, et la façon dont travaille l'appareil est évidente, elle se résume ainsi : déplacement latéral et alternatif sur le front de taille convexe par le jeux des câbles latéraux, et déplacement de l'aval vers l'amont par le jeu du câble d'amarre à la proue. En réunissant ce déplacement latéral avec des abaissements successifs de l'élinde après chaque passe, on enlève ainsi sur tout le front de taille, une série de gradins jusqu'au bedrock, et le profil du front de taille est également convexe contre l'amont, la courbure dépendant de la valeur du rayon de l'élinde.

*Dans le papillonnage sur piquet,* la drague pivote autour d'un point fixe, qui est le piquet d'amarre enfoncé dans l'alluvion, et toutes les passes s'exécutent autour d'un même centre, et forment un tore descendant de la surface au bed-rock. Lorsque ce bed-rock est atteint, la drague est alors déplacée à l'aide du second piquet, et avance d'une longueur que l'on fait, par construction, égale à celle dont il faut avancer la drague à chaque passe pour dépouiller complètement le bed-rock. La manœuvre s'exécute donc au moyen des deux piquets, et du mouvement de déplacement à droite ou à gauche, par deux câbles amarrés, passant à bâbord et à tribord sur des poulies, et enroulés sur des treuils. Quand on veut faire avancer la drague après avoir, à la dernière passe, atteint le bed-rock, on relève l'élinde au niveau de l'alluvion, et on procède comme suit :

1. On fait pivoter de 30° environ la drague sur bâbord, autour du piquet A¹, on relève celui-ci, et plante le piquet B² de tribord.

Fig. 74. — Ancre d'amarre.

2. On relève le piquet de babord A², et fait pivoter de 60° sur tribord B².

3. On plante le piquet A² de babord, et relève le piquet B² de tribord, puis on reprend le travail. On enlève ainsi un nouveau tore, qui s'emboîte parallèlement avec le premier, ce qui assure l'enlèvement automatique de l'alluvion sur toute sa hauteur (fig. 75).

Dans le papillonnage autour d'un point, le front de taille de la drague est concave contre l'aval et non point convexe, comme dans le cas précédent.

Les opinions, en ce qui concerne l'emploi de l'une ou de l'autre de ces méthodes, sont essentiellement variables. La méthode au câble est généralement considérée comme

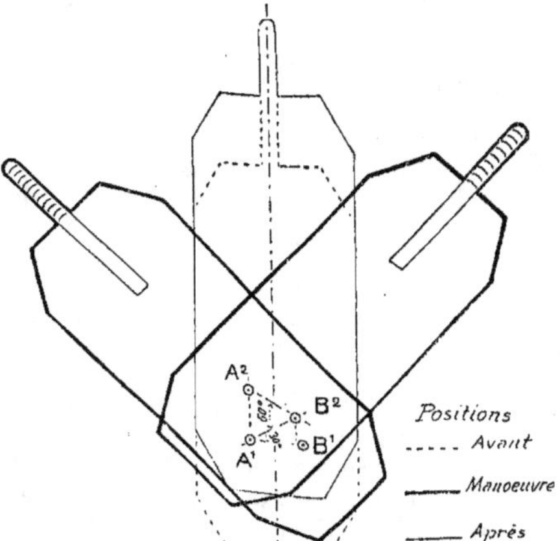


Fig. 75. — Manœuvre de la drague par papillonnage.

ayant plus de souplesse que celle par papillonnage au piquet ; elle est plus rapide, et paraît particulièrement appropriée au draguage des terrains peu consistants ou des tailings. Celle au piquet semble surtout convenir aux alluvions dures, dont l'extraction est difficile. Avec cette dernière méthode, tout l'effort de résistance est concentré sur la drague, laquelle reçoit en quelque sorte le grand choc, qui n'est pas atténué par l'extensibilité du câble ; celle-ci doit donc être construite avec une grande solidité. Les partisans de cette méthode disent qu'elle est en quelque sorte automatique, tandis que celle du câble exige un dragueur habile pour replacer la drague dans sa position initiale après chaque déplacement latéral. Il reste de la sorte entre deux passes consécutives, des bandes triangulaires de terrain non dragué, ce qui offre un grand inconvénient quand celles-ci se trouvent près du bed-rock, zone toujours particulièrement riche, comme l'on sait.

## RENDEMENT GÉNÉRAL DES DRAGUES

Dans l'Oural, une drague n'utilise généralement pas plus du 60 % de son temps de travail théorique, soit au plus 32 ou 36 semaines par an, et ce chiffre peut-il encore être considéré pour le moment comme un maximum rarement atteint, la plupart des dragues travaillant de 180 à 200 jours par an. Il faut compter les jours de 20 heures, au maximum, chiffre qui est rarement atteint et jamais dépassé. Pendant sa période de travail, la drague ne donne guère que le 57 % de sa capacité théorique. Les causes de perte de temps et d'arrêt se répartissent comme suit, suivant divers auteurs [1] :

| Causes d'arrêt | I | II | III |
|---|---|---|---|
| Accidents de chaîne | 24,9 % | 18,8 % | 30,7 % |
| Accidents d'élévateur | 4,1 | 24,5 | 10,7 |
| Accidents de treuil | 2,1 | 1,8 | 3,5 |
| Accidents de trommel | 4,5 | 4,5 | 9,9 |
| Accidents de pompe à eau | 4 | 2,1 | 2,6 |
| Accidents de pompe à sable | 3,9 | — | — |
| Force | 18,7 | 11,4 | 7,9 |
| Câbles | 1,7 | — | 9,0 |
| Epieux | — | 9,3 | — |
| Nettoyage | 5,6 | 12,2 | 3,5 |
| Divers | 26 | 13,3 | 21,7 |

Les chiffres sont donc très différents selon les auteurs, ce qui tient sans doute aux constructions spéciales qu'ils ont eu à envisager. Cependant un fait se dégage à l'évidence de ces tableaux, c'est que dans tous les cas, ce sont les accidents de la chaîne à godets qui l'emportent de beaucoup sur les autres en fréquence; c'est donc là surtout qu'il faudra faire le nécessaire pour les éviter, c'est-à-dire prévoir pour celle-ci une construction extraordinairement solide, qui d'ailleurs ne le sera jamais assez. Sans doute le renforcement des pièces entraîne une augmentation de poids et de force motrice considérables, et partant une augmentation de prix correspondante, mais il ne faudra jamais hésiter à adopter entre deux projets, celui qui correspond à l'instrument le plus solide. Les accidents d'élévateur sont parfois très fréquents, d'autrefois rares ; on peut hardiment avancer que dans le premier cas, il s'agit d'élévateurs à godets.

Puis viennent les accidents de force ; il est difficile de dire aujourd'hui si ceux-ci sont plus fréquents avec les moteurs à vapeur qu'avec les moteurs électriques ; nous pencherions cependant pour la seconde alternative, car aux accidents de moteurs qui peuvent toujours se produire dans la centrale comme sur la drague, viennent encore s'ajouter les accidents

[1] I d'après L.-E. Aubury. II d'après Weatherbe. III d'après prof. C. Cory. In C.-C. Longridje Gold and Tin dredging. London *The Minning Journal.*

de ligne, de transformateurs, d'alternateurs, etc. La tendance des constructeurs actuels est en tous cas de diminuer dans la mesure du possible les arrêts et les réparations en cours de marche.

Dans l'Oural, par exemple, la proportion moyenne des chômages causés par les arrêts et les réparations peut varier de 3 à 20 % suivant les dragues ; la moyenne est de 5 à 10 % et c'est déjà beaucoup trop ; il est certain que dans un avenir prochain, ces chiffres se réduiront notablement par l'emploi des dragues électriques.

## § 10. *Enumération et description des principaux types de dragues employés sur les placers platinifères*

Depuis quelques années, l'emploi des dragues s'est généralisé sur les placers platinifères de l'Oural, mais il reste encore dans ce domaine de notables progrès à réaliser. Les centres où l'on travaille avec des dragues sont Taguil, l'Iss et la Pawdinskaya-Datcha. Taguil possède sept dragues qui travaillent généralement en étang, six de ces dragues sont du constructeur anglais Arthur Brown ; une septième a été exécutée aux usines de Néwiansk. Les dragues Brown sont du système Marshall et d'un type utilisé en Nouvelle-Zélande. Les pontons sont métalliques, la capacité des godets de sept pieds cubes, le système de la chaîne « open connected ». En plein travail il passe 13 godets à la minute. La chaîne possède quelques grappins destinés à arracher les bois là où se trouvent d'anciens travaux souterrains de staratélis.

Le trommel a dix mètres de long, il est légèrement incliné, et tourne sur des galets. La grandeur des trous va en augmentant de haut en bas ; près de la sortie, ces trous sont très grands pour livrer passage aux petites pépites. Il existe trois sluices distincts : un étroit, sous la zone du trommel, réservé aux pépites ; deux autres inclinés, l'un à droite, l'autre à gauche, qui reçoivent les fins, passés dans la partie supérieure et inférieure du trommel. Ces sluices sont en fer. L'enrichissement final se fait sur un petit stanok, sur lequel on transporte les concentrés dans des caisses en bois appropriées. Le transporteur est une chaîne à godets métalliques. La force utilisée, de 125 HP, est la vapeur ; le travail se fait par câble. Ces dragues peuvent laver de 140 à 160 sagènes cubes par jour.

Sur l'Iss, la Compagnie industrielle possède douze dragues de différents systèmes, cinq dragues Poutiloff, deux dragues anciennes de Taatz, une très vieille drague du constructeur hollandais Verf. Konrad, et quatre dragues construites sur ses propres chantiers. Les dragues Poutiloff sont du type ordinaire à cette maison, dont nous dirons quelques mots dans un instant ; celles construites par la C. I. P. ont été disposées pour travailler séparément le stérile, qui n'est pas lavé, et les peskis, qui passent sur le lavoir. Leur ponton est métallique ; la capacité des godets est de 3 ½ pied cubes, le système « open connected ». La force motrice est la vapeur ; les machines, placées du même côté sur le ponton sont au nombre de trois, une pour l'élinde et le transporteur, une pour les pompes et une pour l'éclairage. Les treuils, disposés sur un même banc, ont une seule commande de vapeur. La chaudière tubulée se trouve de l'autre côté du ponton par rapport aux treuils. Le lavoir se compose d'un seul trommel ; le sluice placé au-dessous, est large et court, avec deux poches. Il est recouvert de nattes et de treillis métalliques. Le transporteur est une chaine à godets qui présentent la disposition en S. La capacité journalière est de 80 à 90 sagènes cubes de matériel lavé.

Sur l'Iss également, mais sur les propriétés Schouwaloff, il existe deux dragues qui travaillent près du lavoir de Pétropawlowsk. Ce sont d'anciens appareils de faible tonnage, du constructeur Verf-Konrad, qui n'offrent rien de particulier et qui ont plutôt un intérêt historique.

Sur la Pawdinskaya-Datcha, trois dragues travaillent présentement et trois autres sont en construction. Deux de ces dragues sont du système Poutiloff, la troisième est une drague électrique du système Marion. L'une des dragues Poutiloff est ancienne et montée sur un ponton de bois ; l'autre est toute récente et construite en 1913. Elle est sur un ponton métallique et du type close-connected, avec des godets de 5 ½ pieds cubes. Sa capacité maximum est de 160 sagènes cubes par jour. La force motrice, de 250 HP, est la vapeur. L'appareil est solidement construit, les godets massifs ont une lèvre d'acier au manganèse ; les axes de connexion sont très massifs également et en acier de qualité. Le lavoir est formé par deux trommels parallèles qui reçoivent par un distributeur l'alluvion versée par les godets. Les trommels sont cylindriques et mus par des galets. Les tables sont en fer et disposées symétriquement sous les trommels. Le transporteur est à lame de caoutchouc.

Quant à la drague électrique Marion, qui représente un type tout à fait nouveau pour l'Oural, et qui a été installée en 1915 sur la rivière Kitlim, à la suite de recherches que nous fîmes exécuter sur cette rivière, nous la décrirons d'une manière beaucoup plus détaillée, vu sa nouveauté et aussi parce que nous pensons que ce genre d'appareil présente de réels avantages. Cette drague a nécessité la construction d'une usine centrale de force qui, dans la suite, pourra actionner également les deux dragues électriques qui vont prochainement travailler sur la Lobwa ; l'élévation en est donnée par la planche H.

Le ponton est métallique, et mesure 95 pieds de longueur sur 44 de large et 8 ½ de haut, la partie émergée est de 2 pieds environ, il déplace 40,000 pieds cubes. Il a été construit en tôles d'acier de l'Oural, rivées sur une charpente métallique. Le ponton est à trois compartiments étanches, le premier protège la partie toujours exposée où se trouvent les glissières des deux piquets pour le papillonage ; le deuxième, la partie d'avant occupé par l'élinde ; le troisième, le plus grand, occupe la partie centrale. C'est là qu'est installé le chauffage obtenu au moyen d'une chaudière de 35 HP, avec radiateurs reliés par des canalisations. La chaine à godets mesure, d'un tambour à l'autre, 72 pieds, le nombre des godets est de 62, leur capacité, de 7 ½ pieds cubes, le poids de chaque godet est de 65 pouds (1040 kg.), leur profondeur est de 32 pouces. Ils sont en acier ordinaire, d'une seule pièce, et munis d'une lèvre rivée en acier au manganèse (ou au chrôme), d'une très grande dureté. Les godets sont étanches pour conserver l'eau remontée avec l'alluvion. Les axes qui servent à la connexion des godets sont en acier au manganèse également, et de diamètre 5 ¹/₂ pouces. La chaîne à godets peut travailler à 25 pieds au-dessous du niveau de l'eau, pour une inclinaison de 45°; elle peut travailler aussi à 16 pieds au-dessus de ce niveau. Les tambours sont à 6 pans et revêtus de plaques d'acier au manganèse, le glissement de la chaîne se fait sur des rouleaux d'acier régulièrement espacés. La vitesse de la chaîne, en marche normale, est de 18 godets à la minute. La courbure des godets est telle que leur raccord est exact, de sorte qu'au déversage il n'y a jamais d'accrochage, ni d'intercalation de matière entre deux godets.

Le bâtis qui supporte l'élinde est exceptionnellement solide ; les câbles de soutien glissent sur des poulies mobiles, avec contre-poids, ce qui évite leur usure ; ces poulies sont montées sur axes et prennent, sous l'effort du câble, automatiquement la position la meilleure.

L'appareil laveur est composé d'un seul trommel à télescope incliné, long de 30 pieds, avec trois sections successives de six, cinq et quatre pieds de diamètre ; sa vitesse réglable, est ordinairement de huit tours par minute.

Les tôles sont montées sur de solides armatures annulaires en acier au manganèse, réunies par des tringles longitudinales. L'épaisseur des tôles est de ⁵/₈ de pouce, la dimension uniforme des trous de ³/₈ de pouce. Dans le trommel il y a des chicanes droites en acier chromé.

L'irrigation du trommel est centrale, et se fait par un tube perforé sur toute la longueur. Elle est alimentée par une pompe Worthington à tamis et godets, de douze pouces, débitant 4000 gallons par minute. Une dérivation, soudée au tube principal d'amenée, fait arriver un fort jet contre la chaîne à godets, au moment où ceux-ci se déversent dans la trémie qui aboutit au trommel. Ceci a pour but de nettoyer l'intérieur des godets et d'éviter que des matières s'incorporent entre deux godets successifs. Le trommel est entouré d'une enveloppe de tôle, portant au bas autant de fenêtres qu'il y a de sluice-box échelonnées le long du trommel ; ces fenêtres peuvent se fermer par des volets en fer. A l'intérieur de la boite se trouve, tout le long du trommel, un premier tube perforé, qui lance un jet contre l'orifice de sortie, puis un tube extérieur parallèle au premier, qui arrose directement la tête du sluice. Ces deux tubes sont alimentés par une seconde pompe Worthington de dix pouces et à vitesse constante, qui débite 3000 gallons par minute.

Le sluice général est ici remplacé par un double système de sluice-box, transversaux et parallèles, disposés tout le long du trommel, une série à bâbord et l'autre à tribord ; ils sont échelonnés en cascade, à 1 ¹/₂ archine de distance et disposés par groupe de trois. Le sluice-box supérieur est percé de deux ouvertures fermées par des volets. On peut de cette façon réaliser les combinaisons suivantes :

1. Le volet correspondant de l'enveloppe du trommel est ouvert, ainsi que l'ouverture du sluice-box supérieur ; les fins qui sortent du trommel se répartissent alors sur les deux sluices.

2. Le volet est fermé, et les deux sluices-box qui se trouvent en regard de la fenêtre, ne fonctionnent plus, tandis que ceux qui sont en aval fonctionnent comme à l'ordinaire.

3. Le volet de l'ouverture du sluice-box est fermé, celui-ci seul fonctionne et le sluice-box inférieur est arrêté.

Les sluice-box glissent sur des rainures, ce qui permet de les retirer latéralement. Ils se déversent dans un grand sluice de décharge, qui est placé longitudinalement. Ce dispositif permet d'extraire le contenu des sluice-box sans arrêter la marche de la drague. Quant au sluice de décharge, il n'est levé que tous les huit jours seulement; il est terminé par un canal rétréci qui dégorge dans le bassin : c'est dans ce canal que se trouve la prise d'aspiration de la pompe à sable.

Le transporteur mesure 145 pieds de longueur; il est mobile autour d'un axe, ce qui permet de lui donner des inclinaisons variables. Il est suspendu à une potence en charpentes d'acier, haute de 77 pieds au-dessus du ponton, avec une plateforme terminale. L'élinde est également en petites poutrelles d'acier, avec des croisillons. Les deux câbles de suspension passent sur des poulies fixées sur la potence et vont s'enrouler au treuil placé sur le ponton. La courroie de caoutchouc du transporteur mesure 34 pouces de largeur, son épaisseur est de deux centimètres. Elle est construite avec des solides bandes de toile parallèles, noyées dans le caoutchouc et roule sur des galets inclinés de part et d'autre, en sens contraire. Le transporteur est entouré d'une cage en bois suffisamment haute pour permettre la circulation, et qui est chauffée par des radiateurs.

Les deux piquets qui servent au papillonnage sont placés des deux côtes de la potence; ils pèsent 800 pouds chacun et sont soulevés par des câbles roulés sur des palans et aboutissant à un treuil. Les treuils sont au nombre de huit, à savoir :

1. **A** l'avant, à tribord et à la hauteur de l'élinde, huit treuils placés sur le ponton, et disposés comme suit : deux treuils pour le mouvement de droite à gauche avant; deux treuils pour le mouvement arrière; deux treuils pour les piquets de papillonnage; un treuil pour abaisser le petit pont levis servant à surveiller la chaîne à godets; un treuil pour le câble de fixation quand on travaille par câble.

2. Sur le ponton, à bâbord, et à l'avant, un treuil pour abaisser et remonter la chaine à godets.

3. Pour le ponton, à tribord et à la poupe, mais en élévation au-dessus du ponton, un treuil pour remonter ou abaisser le transporteur.

Toutes les commandes et les freins de ces divers appareils se trouvent dans une cabine située en élévation sur l'avant, et à tribord. Cette disposition permet à un seul dragueur de faire toute les manœuvres, et d'avoir une vue d'ensemble sur la chaine à godets et le front de taille.

Les principales manettes sont les suivantes :

1. Une manette pour régler la vitesse du trommel;

2. Une manette pour régler la vitesse des godets;

3. Une manette pour le déplacement latéral de la drague;

4. Une manette pour le mouvement de l'élinde de bas en haut :
5. Une manette pour l'abaissement du transporteur :
6. Une manette pour la mise en mouvement du ruban :
7. Cinq manettes pour la mise en marche des différentes pompes.

Quant aux treuils, ils ont chacun une mise en marche. et un frein à ruban actionné par un levier. Les commandes et les freins des treuils sont disposés en batteries.

Chaque organe est actionné par un moteur électrique spécial, et la force nécessaire pour la marche normale de la drague est la suivante :

1. Moteur pour le mouvement de la chaîne à godets. . . . . . . . . . . . . . 150 HP
2. Moteur pour soulever l'élinde . . . . . . . . . . . . . . . . . . . . . . . 75 »
3. Moteur pour le déplacement latéral de la drague et le soulèvement des piquets  50 »
4. Moteur pour le mouvement de la bande du transporteur . . . . . . . . . . 25 »
5. Moteur pour le relèvement ou l'abaissement du transporteur. . . . . . . . 15 »
6. Moteur pour le mouvement du trommel. . . . . . . . . . . . . . . . . . 57 »
7. Moteur de la pompe d'irrigation du trommel . . . . . . . . . . . . . . . 100 »
8. Moteur de la pompe de 10 pouces pour les sluices . . . . . . . . . . . . 50 »
9. Moteur de la pompe de trois pouces pour amorcer les centrifuges. vider le
    ponton, et servir en cas d'incendie (380 gallons par minute . . . . . . . . 15 »
10. Moteur de la pompe à sable de huit pouces . . . . . . . . . . . . . . . 57 »
11. Moteur de la pompe de quatre pouces à haute pression pour le monitor . . . 35 »

La force totale est donc de 600 chevaux environ. si tous les organes fonctionnent à la fois. ce qui n'est jamais le cas.

Comme la drague doit quelquefois travailler en butte avec un surplomb assez considérable. elle est munie d'un petit monitor pour abattre la falaise, et éviter les éboulements de celle-ci sur l'élinde, ce qui entraîne ordinairement de sérieux dégats.

La force électrique est fournie par une centrale située à six kilomètres environ de l'emplacement où travaille la drague. Le générateur est un turbo-moteur Laval, sur l'axe duquel le moteur triphasé est directement calé ; il peut donner 500 kw. à 2000 volts aux bornes. Le courant est transformé dans la centrale même en courant à 10,000 volts. Le générateur tourne à 3000 tours par minute. il est à régulateur automatique. Les fils de ligne sont en cuivre de 16 mm.² de section. La ligne est surmontée d'un quatrième fil de fer qui sert de parafoudre. A l'arrivée. le courant est transformé, et la tension abaissée à 2000 v. La chaudière qui alimente le turbo-moteur a 225 m.² de surface de chauffe et marche à douze atmosphères. Le chauffage est au bois et les foyers sont du système Strogonoff. dans lequel l'air entre chauffé dans le foyer. Les gaz chauds au sortir de la chaudière, vont dans un économiseur pour chauffer l'eau qui se rend à la chaudière.

Cette drague peut laver 240 à 260 sag. cubes par jour : elle extrait de l'alluvion vierge en place, recouverte par des tailings. La drague travaille généralement à 270 kw. elle consomme quatre sagènes de bois par jour.

Le calcul du prix de revient avec cette drague peut s'établir comme suit :

Sur la drague on a trois équipes qui travaillent chacune huit heures par jour, avec le coût total suivant :

|  |  |  |  |  |
|---|---|---|---|---|
| 3 dragueurs | à 2.50 roubles | . | 7.50 roubles [1] |  |
| 3 mécaniciens | à 2.— | » | 6.00 | » |
| 3 graisseurs | à 1.50 | » | 4.50 | » |
| 9 ouvriers | à 1.40 | » | 12.60 | » |
| 6 laveurs | à 1.40 | » | 8.40 | » |
| Graisse et chiffons | . . . | . | 10.00 | » |
| Divers | . . . . | . | 5.00 | » |
| Portier et logements | . . . . | | 21.00 | » |
|  |  | Total | 75.00 roubles | |

Pour la centrale on a :

|  |  |  |  |  |
|---|---|---|---|---|
| 2 mécaniciens | à 2.50 roubles | . . | 5.00 roubles |  |
| 2 aides | à 1.50 | » | 3.00 | » |
| 3 chauffeurs | à 1.40 | » | 4.20 | » |
| 4 sag. de bois | à 9.60 | » | 38.40 | » |
| Transport du bois à 1 r. la sag. | | | 4.00 | » |
| Graisse | . . . . | | 3.50 | » |
| Gardien | . . . . | | 1.00 | » |
| Chevaux et cochers | . . . . | | 4.00 | » |
| Logements | . . . . | | 10.00 | » |
| Divers | . . . . | | 5.00 | » |
|  |  |  | 78.10 roubles | |

La dépense totale s'élève donc à 150 roubles par jour en chiffre rond, non compris les frais de remonte, le matériel pour cela, les frais généraux, et l'amortissement.

A Kitlim il faut compter sur 180 jours de travail effectif environ, ce qui, à 150 roubles par jour, correspond à 27.000 roubles.

La remonte et les réfections, en tant que matériel d'achat et travail s'élèvent au maximum à 25000 roubles : les frais généraux à 10000 roubles ; l'amortissement calculé sur dix ans à 60000 roubles, et les intérêts à 16500 roubles ; cela fait un total de 138000 roubles. Pour 180 jours de travail, une production de 240 sagènes cubes par jour correspond à un total de 43200 sagènes cubes, ce qui porte la sagène cube à 3,20 roubles, prix qui peut être considéré comme un maximum rarement atteint, le prix réel étant resté notablement au-dessous de cette limite.

[1] Les prix indiqués sont ceux d'avant la guerre.

# CHAPITRE XII

## DESCRIPTION DES GITES DUNITIQUES DE L'OURAL

§. Les gisements de l'Omoutnaïa sur la Syssertskaya-Datcha. Les rivières Omoutnaïa. Starichne-log, etc. — § 2. Les gisements de Taguil. Les rivières Martian, Wyssim. Syssim. Tschauch, Bobrowka et leurs affluents. — § 3. Les gisements de l'Iss. Les centres de Swetli-Bor et de Wéressowy-Ouwal. Les rivières Iss. Toura, et leurs affluents. — § 4. Les gisements du Kaménouchky. Les rivières Bolchaïa et Malaïa Kaménouchka, la rivière Kamenka. la rivière Niasma et leurs affluents. — § 5. Les gisements du Koswinsky. Le Sosnowsky-Ouwal. Les rivières Bolchaïa et Malaïa Sosnowka. la rivière Logwinska. la rivière Tilaï, les rivières Malaïa et Bolchaïa-Koswa. Le Kamennoe-Koswinsky. la rivière Kitlim et ses sources : la rivière Lobwa. — § 6. Les gisements du Kanjakowsky. La rivière Jow, la rivière Poloudniéwaïa, la rivière Bolchaïa Kanjakowska.  § 7. Les gisements de Gladkaïa-Sopka. La rivière Travianka et ses sources. — § 8. Les gisements du Daneskine-Kamen. Les rivières Bolchaïa et Malaïa Solwa : les rivières Talaïa et Soupréïa. la rivière Soswa.

## § 1. *Les gisements de l'Omoutnaïa, sur la Syssertskaya-Datcha. Les rivières Omoutnaïa, Starichne-log, etc.*

Le centre dunitique primaire de l'Omoutnaïa est le plus méridional de tous ceux de l'Oural. Il est située sur la Syssertskaya-Datcha. et entièrement sur le versant européen de la chaine. C'est avec celui du Kanjakowsky et de Gladkaïa-Sopka. un des plus petits centres dunitiques connus; il se trouve entre la partie inférieure du cours de l'Omoutnaïa tributaire de la Tschoussowaïa, et la rivière Malaïa Kroutoyarka. L'ellipse dunitique qui forme le gîte primaire. est sensiblement orientée N.-E.. S.-O.. son grand axe mesure 2720 m.. son petit axe 1085 m.. la superficie totale est de 2.667.660 m². L'ouwal dunitique lui-même forme une région très abrasée. dont l'altitude n'a pas été mesurée exactement. mais qui ne doit pas dépasser 400 mètres environ. La forme de l'affleurement est presque régulièrement elliptique voir la carte géologique N° II et la fig. 76 [1], son extrémité N.-E. est entamée sur quelques centaines de mètres environ par le cours de la rivière Omoutnaïa. La dunite est très altérée, rubéfiée, transformée en arènes rougeâtres, et couverte de pins. Elle est assez

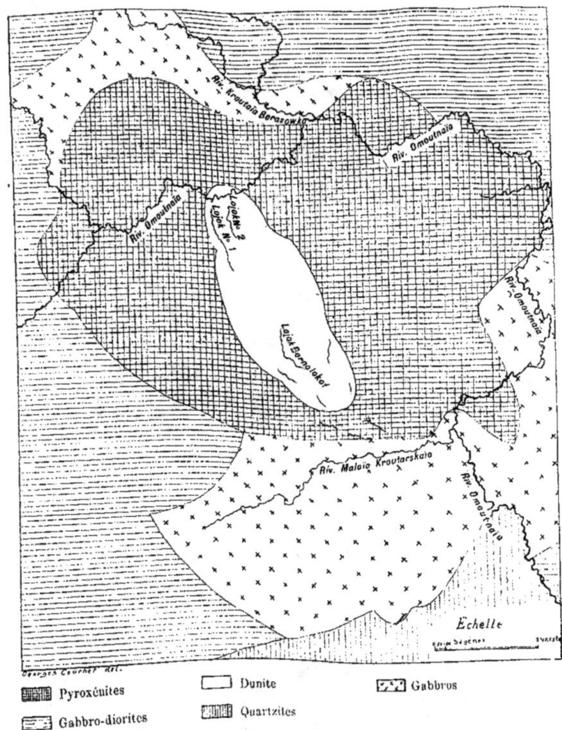



Fig. 76. — Croquis géologique du centre dunitique primaire de l'Omoutnaya par L. Duparc.

[1] Les petites cartes en zincogravure données dans le texte sont celles qui figurent dans la note que nous avons antérieurement publiée (Bibliographie N° 91). Elles ont été rectifiées dans la suite comme on le verra dans les cartes en couleur qui figurent dans l'atlas. Elles ne sont ici que pour faciliter la lecture du texte.

riche en chromite. quelques ségrégations de ce minéral ont été trouvées en galets dans le log N° 1 qui se jette dans l'Omoutnaïa. Elle est traversée par de nombreux filons d'issite, qui se rencontrent un peu partout dans l'affleurement, et qui parfois volumineux, passent au rang de véritables dykes. Ceux-ci sont par endroits si abondants. qu'on pourrait aisément les prendre pour la roche principale. car ils résistent mieux à l'érosion que la dunite qui donne des arènes. et font saillie à la surface du sol. On trouve aussi dans la dunite des filons peu épais de pegmatite à hornblende, à individus de grande taille. du type classique décrit précédemment. Ces filons. dont on observe les débris dans les déblais et dans les tranchées de recherche du premier lojok qui se jette dans l'Omoutnaïa vers l'amont. paraissant beaucoup moins abondants que ceux des issites. La dunite est parfois serpentinisée, et transformée localement en une roche lamellaire verdâtre. notamment sur l'extrémité N.-E. de l'affleurement, et sur la rive gauche de l'Omoutnaïa.

La dunite est circonscrite par une ceinture continue de pyroxénites ordinaires, qui contiennent de l'olivine et de la magnétite, et qui sont traversées par quelques filons d'issite également. Cette ceinture est assez régulière. et d'épaisseur presqu'uniforme, elle finit en pointe vers l'extrémité sud de l'affleurement dunitique. Les pyroxénites sont entourées par les gabbros très largement développés en cet endroit, et qui appartiennent à la grande bande de ces roches cantonnée sur le bord occidental de la datcha. Ces gabbros sont généralement amphiboliques. et plus ou moins mélanocrates : vers l'est. ils entrent en contact avec la zone des roches vertes, formée par des types amphiboliques et épidotiques généralement schisteux, qui sont le produit de la transformation de diabases et de roches analogues, et qui présentent comme tels des faciès très variés. bien que leurs minéraux constitutifs soient toujours les mêmes et en nombre restreint. Dans cette zone des roches vertes, et à l'est du massif dunitique. se trouvent deux enclaves de serpentine dont l'une est assez importante.

Les rivières platinifères du centre de l'Omoutnaïa sont : l'Omoutnaïa et les petits lojoks. ses affluents droits. qui ravinent la dunite, puis la Kroutoberoga. et le Starichne-log.


### RIVIÈRE OMOUTNAÏA

La rivière Omoutnaïa. de sa source à son embouchure dans la Tschoussowaïa mesure environ 12 à 15 verstes. elle coule d'abord du S.-O. vers le N.-E., puis à peu près de l'O. vers l'E. et fait un coude assez brusque. d'abord vers le S.-E. puis vers le S., jusqu'à son confluent avec Tschoussowaïa.

Sa vallée est assez large. tout au moins dans la région où les alluvions sont platinifères ; la pente est faible, et certainement peu supérieure à 4 sag. par verste.

Les sources, ainsi que la partie supérieure du cours de l'Omoutnaïa, sont dans les gabbros ; tout près de l'endroit où elle tourne franchement vers l'est, la rivière coupe transversalement l'extrémité nord de l'affleurement dunitique ; elle traverse une première fois les pyroxénites, puis les dunites sur une faible longueur. ensuite une seconde fois les pyroxénites. et enfin rentre dans les gabros. De là, à l'endroit où elle tourne vers le S. E.. elle passe dans les roches vertes, qu'elle ne quitte plus jusqu'à sa réunion avec la Tschoussowaïa.

L'Omoutnaïa n'est platinifère qu'à partir du point où elle pénètre dans la dunite, elle n'était suffisamment riche qu'en aval de son premier affluent droit appelé log. N° 1 qui est entièrement encaissé dans cette roche. Trois autres affluents soit les logs. N° 2, 3 et 4, qui sont encaissés dans la dunite également, ont contribué aussi à l'apport du platine dans les alluvions de l'Omoutnaïa ; ces lojoks sont des dépressions à peine accusées dans la topographie.

La rivière Omoutnaïa non loin de sa sortie de la dunite, coulait jadis sur un court espace presque du sud au nord, ou mieux au nord nord est, et se réunissait à la rivière Kroutobéroga. Il existe un ancien lit platinifère que les travaux faits en cet endroit ont mis en évidence, et qui explique alors d'une façon absolument satisfaisante la présence du platine dans la partie tout à fait inférieure du cours de Kroutobéroga, tandis que ce platine fait totalement défaut dans les alluvions de cette rivière en amont de sa jonction avec l'ancien lit de l'Omoutnaïa.

Le gisement de l'Omoutnaïa fut découvert en 1904 et sauf erreur, les travaux furent tout d'abord localisés sur l'Omoutnaïa elle même, puis ensuite sur les lojoks. On travailla toujours sur ce gisement avec des moyens très primitifs, et en grande partie avec des staratélis ; c'était le seul moyen de travail qui était usité lors des deux visites que nous y fîmes en 1910 et 1913. Le platine débute dans l'Omoutnaïa à 90 sagènes en amont du lojok N° 1 soit par conséquent de la pénétration de la rivière dans le massif dunitique, bien que cependant plus en amont, on ait trouvé parait-il des traces de platine dans les alluvions.

La bande alluviale exploitée tout d'abord à l'Omoutnaïa était assez étroite et ne dépassait guère 15 à 20 sag. : elle fut élargie progressivement au fur et à mesure de l'épuisement des gisements riches et du prix ascendant du platine ; lors de notre dernière visite du gisement, on travaillait des sables déjà assez distants du lit actuel, et qui étaient très pauvres.

Le profil de l'alluvion de l'Omoutnaïa était variable, nous avons pu relever en certains endroits la succession suivante :

| | |
|---|---|
| Tourbes et terrain superficiel . . . . . = 0.3 à 2.10 archines |
| Retschnikis . . . . . . . . = 1 à 1 ½ » |
| Peskis . . . . . . . . . = ½ à 1 ½ » |
| Bed-rock dunitique puis pyroxénitique. |

Les teneurs étaient peu élevés ; nous n'avons pas pu d'ailleurs en juger de visu, car on travaillait déjà les tailings. Au dire des staratélis, elles étaient en moyenne de 2 à 7 zolotniks par sag.[3] de sables.

Les alluvions ont été travaillées sur une partie du cours de l'Omoutnaïa seulement, et pas jusqu'à l'embouchure, car elles devenaient trop pauvres déjà à quelques centaines de sagènes en aval des bâtiments du comptoir.

On a travaillé également sur les quatre lojoks qui sont ses affluents droits, dans la

région où elle traverse la dunite : le log N° 1 paraît-il fut particulièrement riche. Lors de
nos visites, les travaux avaient cessé, mais on voyait cependant que le matériel extrait de ces
lojoks avait à la fois un caractère éluvial et alluvial. Ces lojoks ont été exploités mi partie à
ciel ouvert, mi partie en galeries souterraines, ce mode de travail a été appliqué dans leur
partie moyenne. D'après les renseignements qui nous ont été communiqués par des staratélis, les sables avaient une épaisseur de 1 à 4 archines et reposaient sur un bed-rock dunitique : le stérile de puissance variable, pouvait atteindre de 6 à 10 archines. La zone riche
était localisée dans un sillon très étroit, et le platine pénétrait dans le bed-rock. Les galets
des peskis étaient formés de dunite serpentinisée, d'issites, et principalement, au log N° 1,
de blocs de pegmatites à hornblende. On a trouvé dans ces alluvions des galets de chromite :
nous-mêmes en avons récolté quelques uns dans des tailings, près de la naissance du
lojok N° 2. Le platine des lojoks était grossier, anguleux, noirâtre, et mêlé à de la chrô-
mite qui restait abondante dans les schlichs. Les petites pépites n'étaient point rares : nous
en possédons plusieurs du poids de 2 à 4 grammes. Toutes étaient encapuchonnées de fer
chromé. Les teneurs des sables des lojoks étaient, paraît-il, notablement plus élevées que
celles de l'Omoutnaya même : on a eu exploité jusqu'à 15 et 20 zol. à la sag.³ en certains
endroits.

On a travaillé aussi la partie tout à fait inférieure du cours de Kroutobéroga, en
aval du point où elle recevait jadis les eaux de l'Omoutnaïa : les alluvions y étaient assez
pauvres, de même que les sables de l'ancien lit dont il a été précédemment question.

**Starichne-log.** C'est un affluent gauche de la rivière Kroutoyarka, et le produit de la
réunion d'une série de petites sources qui occupent des lojoks assez plats encaissés dans la
dunite de la partie sud de l'affleurement dunitique. Quelques-uns de ces lojoks débutent
dans les pyroxénites, et se continuent dans la dunite. Le starichne-log coule en moyenne
du NO au SE : la vallée de ce petit cours d'eau est si peu accusée dans la topographie, qu'à
l'époque de notre première visite à l'Omoutnaïa on pensait que les eaux des petits lojoks
qui en forment les sources se perdaient dans les marécages. Le profil de l'alluvion sur les
sources du Starichne-log était le suivant :

Tourbes et terrain superficiel . . . . . . . . =   4      à 6 archines
Retschnikis . . . . . . . . . . . =  1 ¼ à 2      "
Peskis . . . . . . . . . . . . . =  2            "
Bed-rock de dunite décomposée.

Les travaux ont été développés sur une longueur de 150 sag. et sur un front de 20 à
30 sag. Les teneurs étaient, en 1910, de 35 dolies pour 100 pouds ; mais au début, sur les
petits lojoks latéraux, elles étaient plus considérables.

Les alluvions de Kroutoyarka renferment sans doute des traces de platine, mais elles
n'ont pas fait l'objet d'une exploitation parce qu'elles sont probablement trop pauvres.

## § 2. *Les gisements de Taguil* [1]. *Les rivières Martian, Wyssim, Syssim, Tschauch, Bobrowka et leurs affluents*

Taguil est le plus important des centres platinifères primaires de l'Oural, il fut découvert en 1825. Il est situé sur la Taguilskaya-datcha, et sur la ligne de partage des eaux européennes et asiatiques, à 25 kilomètres environ au SO de Taguil. Le gîte dunitique primaire (carte Nº III de l'atlas et figure 77) a la forme d'une lentille. dont le grand axe, dirigé à peu près au N.-S., mesure 10,584 mètres et le petit axe 5250 m. dans sa plus grande largeur. Cette lentille est irrégulière, et renflée en forme de poire dans la partie sud : la superficie totale de l'affleurement dunitique est de 28.312.200 m². La bordure ouest est assez régulière, celle est est beaucoup plus accidentée. La dunite forme à l'intérieur de l'affleurement, une série de petits mamelons aux formes arrondies et caractéristiques, tels par exemple que le Mont Solowieff, la grande Chourpikha, etc.

La dunite de Taguil est très uniforme, et ne renferme que de l'olivine et de la chromite ; elle est partout rubéfiée, altérée, et recouverte par la végétation de pins habituelle. là où toutefois la forêt n'a pas été détruite. Elle est particulièrement riche en chromite. que l'on trouve en galets abondants dans les alluvions des lojoks, mais aussi en schlieren *in situ*. C'est sur le flanc est de l'affleurement, notamment sous le mont Solowieff, que cette chromite parait être plus particulièrement localisée. Nous n'avons jamais rencontré de roches filoniennes dans la dunite de Taguil. Nous avons déjà montré dans un chapitre précédent, qu'en plusieurs points de cette dunite, on a observé le platine dans la roche en place, aussi bien dans les schlieren de chromite, que dans la dunite elle-même ; nous n'y reviendrons pas.

La dunite est circonscrite par une ceinture continue de pyroxénites à olivine, qui est généralement fort mince, sauf dans la partie sud où elle acquiert un grand développement. et forme le petit môle de Malaïa Chourpikha. De nombreuses et importantes « langues » de ces pyroxénites se détachent du bord oriental de la ceinture. et s'avancent à l'intérieur de la dunite qu'elles recouvrent manifestement, et qui en forme le soubassement. Des chapeaux locaux de ces mêmes pyroxénites se rencontrent isolés par l'érosion à l'intérieur de l'affleurement dunitique. notamment dans les parties nord et sud de celui-ci. Les pyroxénites de Taguil sont, comme toujours, formées de pyroxène monoclinique, d'olivine et de magnétite, mais elles passent volontiers latéralement aux koswites. et dans tous les cas sont généralement riches en magnétite. Dans la partie ouest et nord-ouest de l'affleurement dunitique, une bande de véritables serpentines s'intercale entre la dunite et les pyroxénites. Cette ser-

---

[1] La carte géologique des gisements de Taguil qui figure dans l'atlas est une réduction de celle que M. Wyssotsky a publiée dans son ouvrage. *loc. cit.*, Bibliographie Nº 103.

pentine se distingue de la dunite
par sa croûte d'altération qui est
blanchâtre, puis aussi par sa dureté
relativement grande, qui la fait se
conserver intacte en galets dans les
alluvions. Elle est évidemment
un produit d'altération locale de
la dunite ou d'une roche analogue, sous l'influence d'une cause
déterminée qui a agi en cet endroit — peut-être le phénomène
hydrothermal. Nous avons ailleurs
décrit ces serpentines et donné leur
composition, nous n'y reviendrons
pas : elles sont entièrement formées
d'antigorite, mais la présence de
grenats démantoïdes qu'on y trouve
empâtés dans la masse serpentineuse, est une preuve
que la roche originelle n'était
pas de la dunite ordinaire,
celle-ci ne renfermant, comme on
sait, jamais de grenats associés à
la chromite.

Les gabbros et les roches
gabbroïques circonscrivent complètement la ceinture pyroxénitique. Ces roches sont en grande
majorité métamorphosées et ouralitisées, et rentrent dans la catégorie des gabbros amphiboliques,
ou gabbros-diorites. Sur le flanc
ouest, elles sont réduites à une
zone très mince, mais continue,
qui, vers l'ouest, est flanquée par
des amphibolites et des schistes
amphiboliques, lesquels représentent certainement le produit de
l'écrasement dynamique et de la
métamorphose de roches éruptives

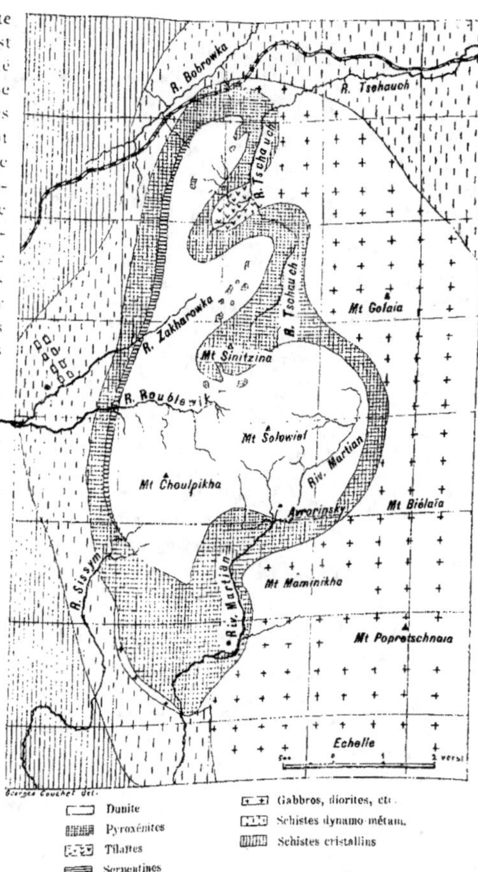



Fig. 77. — Carte géologique du centre platinifère de Taguil d'après MM. Wyssotsky et Zavaritsky, montrant la disposition générale de l'ellipse dunitique et des deux ceintures concentriques de pyroxénites et de gabbros.

gabbros ou diabases. Sur le flanc est. les roches gabbroïques sont considérablement plus développées. et toujours de caractère amphibolique également : elles forment les monta gnes de Pawlowsky. de Golaïa, de Bielaïa, de Mamminikha etc. En plusieurs points du contact immédiat avec les pyroxénites, et sur la bordure même de la ceinture. apparaissent cependant. mais toujours sporadiquement.des variétés plus basiques. Sur l'extrémité N.-E.. et N. de la ceinture pyroxénitique. ce sont des gabbros normaux plus ou moins saussuritisés. qui affleurent sur le flanc est ; dans la région du lojok appelé Zotikha. des gabbros du type à biotite et olivine ; ces mêmes roches se retrouvent un peu plus loin. sur le cours de la rivière Tschauch ; puis plus largement en face d'Awrorinsky. sur la rive gauche de Martian. Des gabbros à biotite et hornblende apparaissent encore localement dans la région du confluent de Warlamikha, puis une mince bande de gabbros rubannés s'intercale entre les pyroxénites et les gabbros amphiboliques sur toute la bordure S.-O. de la ceinture pyroxénitique. Le gisement dunitique de Taguil est donc du type le plus classi- que. et peut être cité comme modèle.

Les rivières platinifères primaires du centre de Taguil sont : Martian, Syssim[1]. Wys- sim, Tchauch et Bobrowka.

## RIVIÈRE MARTIAN

La rivière Martian, qui, de ses sources à son confluent avec la Chaïtanka mesure 12 à 13 verstes. coule sur le versant européen de l'Oural du N. N.-E. au S. S.-O. Sa véritable source actuelle est le Schwedsky-lojok. Dans toute la partie supérieure de son cours. jusqu'à la laverie Awrorinsky, le lit actuel de Martian est dans la dunite, mais il existe un ancien lit qui passe plus à l'E.. à la base du flanc occidental de la rivière Bielaïa. et qui est cou- vert par une couche épaisse de terrain meuble et d'argile.

Depuis Awrorinsky jusqu'en amont du confluent de Warlamikha, la vallée alluviale de Martian est étroite. et le cours de celle-ci encaissé dans les pyroxénites. A Warlaminsky- priisk même la plaine alluviale subit un élargissement local, puis se rétrécit à nouveau en aval jusqu'à Josiphowsky-priisk. La rivière passe alors des pyroxénites dans les gabbros. Au delà. elle entre dans les amphibolites. La vallée s'élargit alors considérablement. mais l'ancien lit. là encore, ne coïncide plus avec le lit actuel, mais se trouve rejetée vers l'E. Plus en aval. près de l'embouchure. la vallée se resserre à nouveau. et la nappe alluviale se rétrécit. La pente de la vallée de Martian est. dans la région des sources. de 15 sag. par verstes ; en aval. dans les dunites. de 5 à 6 sag. seulement. Au passage dans les pyroxénites. elle remonte à 15 sagènes. retombe à 5 près du confluent de Warlamikha, puis à 3,5 et 2,5 plus en aval, enfin près de l'embouchure. elle atteint à 5 sag.

Tout le platine contenu dans les alluvions de Martian provient de ses affluents droits qui ravinent la dunite. et sont des lojoks qui. pendant l'été. restent la plupart du temps sans eau. C'est à l'abondance de ces lojoks que Martian doit sa richesse exceptionnelle en platine. Ceux-ci sont. de l'amont vers l'aval :

[1] L'orthographe de ces divers noms est variable : on écrit également Syssim. Sissym et Syssym. etc.

*a*) Gisements de Taguil. Vue générale de la vallée de Martian, dans la région de Chourpikha.

*b*) Gisements de Taguil. Lavoir à boutara, sur la laverie d'Awrorinsky, rivière Martian.

1. *Le Biélogorsky-log*, qui mesure une verste environ, et qui comporte deux artères distinctes et des petits lojoks secondaires.

2. *Le Poupkoff-log*, formé lui même par la réunion de 7 petits lojoks distincts, qui aboutissent tous à un plateau alluvial disposé en triangle dont la pointe est tournée contre Martian.

3. *Le Soukhoï-log* qui mesure 1 ¼ à 1 ½ verstes environ.

4. *Alexandrowsky-log*, dont les deux sources comportent de nombreux petits lojoks accessoires, celle du nord formant le Cirkoff et le Souchinsky-log, celle de droite l'Alexandrowsky-log proprement dit.

5. *La grande Chourpikha* ou *Choulpikha* qui mesure 2 verstes, et se joint à Alexandrowsky à 500 m. environ du confluent avec Martian. Elle comporte plusieurs petits lojoks accessoires, droits ou gauches.

6. *La petite Chourpikha*, plus en aval, qui mesure à peine une verste.

Vu l'ancienneté de l'exploitation des alluvions de Martian et de ses affluents, on en est réduit, pour la reconstitution de la disposition de celles-ci, à compulser les documents qui existent à ce sujet[1]. Ce travail a été excellement fait par M. Wyssotsky[2] auquel nous emprunterons de nombreuses citations dans les pages qui suivent.

Nous examinerons tout d'abord les lojoks, en allant de l'amont vers l'aval.

**Bielogorsky-log.** Il s'amorce presque au sommet du Solowieff, et a été travaillé sur toute sa longueur ; les travaux commencèrent en 1832 et continuèrent jusqu'en 1834. On ne trouve pas de renseignements sur la constitution originelle des alluvions de ce lojok. On sait qu'il a produit 3 pouds 20 livres et 60 zolotniks de platine, et que la teneur de la première bande exploitée était en moyenne de 2 zolotniks pour 100 pouds. Le platine qu'on y lave encore aujourd'hui sur les tailings est grossier et anguleux[3].

**Poupkoff-log.** Il a été travaillé dès 1828 sur une largeur de la bande alluviale variant de 4 à 25 sagènes. Le profil de l'alluvion était :

Terrain superficiel . . . . . . . . = ¾ à 2 archines
Peskis platinifères . . . . . . . . = ¾ à 2 archines
Bed-rock formé par la dunite décomposée.

Les teneurs au début furent de 49 ½ zolotniks pour 100 pouds et tombèrent dans la suite de 4 à 1 zol. Le platine, d'après les échantillons que nous possédons, est assez grossier et anguleux, noir, et ne renferme pas d'or.

De 1828 à 1829 on a extrait des alluvions de ce log 13 pépites de 1 zol. à ¼ de livre, 3 pépites de 50 zol. et 2 de 1 livre 82 zol. et de 4 livres 15 zol. La chromite était abondante

[1] Voir notamment, Rose bibliographie N° 6, puis Koltowsky, mines et laveries du district de Taguil, Gorny-Journal 1846 III 272, Helmersen bibliographie N° 9 et 10, et Kemmer Gorny-Journal 1846 I.

[2] N. Wyssotsky. Bibliographie N° 103.

[3] Tous les platines qui sont décrits dans les pages qui suivent se trouvent dans la collection que nous avons réunie depuis bien des années; ils ont tous fait l'objet d'une étude microscopique et physique.

dans les schlichs, on trouvait des morceaux de platine encapuchonnés de ce minéral. C'est au cours de recherches faites de 1907 à 1908 sur le Kroutinsky-log, qui va dans le Poupkoff, que l'on trouva deux gîtes primaires dans des schlieren de chromite.

**Soukhoï-log.** Il fut travaillé dès 1828, les alluvions et éluvions étaient en partie dans le lit, et sur les pentes. Au début, on travailla une bande qui mesurait de 3 à 5 sagènes de largeur, avec des teneurs de 55 zol. pour 100 pouds. Plus tard, la bande fut étendue à 25 sagènes, mais avec des teneurs de 1 à 6 zol. pour 100 pouds. Le profil de l'alluvion était :

          Tourbes et terrain superficiel . . . . . = 1 à 2      archines
          Peskis . . . . . . . . . . . = ³/₄ à 1 ¹/₄      »
          Bed-rock de dunite décomposée.

Le platine est noir, grossier et anguleux. En deux ans on a extrait 191 pépites pesant de 1 zol. à ¹/₄ de livre, et une de 3,8 zolotniks. Le platine renfermait un peu d'or 0,52 %.

**Alexandrowsky-log.** Il fut travaillé dans sa partie supérieure dès 1827, à l'époque où fut créée la laverie de Martianowsky I, puis les travaux commencèrent sur le Cirkoff-log en 1830, et sur Alexandrowsky même en 1837, à la laverie de Tsarewo-Alexandrowsky. Les alluvions de ce log et de ses tributaires avaient un caractère mixte, soit alluvial et éluvial, les peskis étaient particulièrement riches en chromite, en blocs parfois volumineux. La partie supérieure de ce log ainsi que ses tributaires (Cirkoff, etc.), sont encaissés dans la dunite, l'inférieure dans les pyroxénites.

La laverie de Martianowsky I se trouvait à la partie supérieure d'Alexandrowsky-log, plus bas que les marécages. Ici la largeur de la bande exploitée au début était de de 4 à 5 sagènes. Plus tard, en 1842, elle fut poussée de 10 à 20 sag. Le profil de l'alluvion était :

          Terrain superficiel et argile brune . . = ¹/₂ à 1 ¹/₂ archines
          Sables . . . . . . . . . . . = 1 à 2      »
          Bed-rock de dunite décomposée.

Les teneurs de début étaient 30 ¹/₂ zol. pour 100 pouds, plus tard, en 1842, elles tombèrent de 10 à 1 zol. pour 100 pouds. Le platine est noir, gros, et souvent associé à la chromite, les pépites étaient extrêmement abondantes. De 1827 à 1829, on trouva 3340 pépites de 1 zol. à ¹/₄ de livre, 24 pépites de ¹/₄ à ¹/₂ livre, 14 de ¹/₂ à 1 livre, 3 de 1 livre 83 zol., 1 livre 69 zol. et 1 livre 59, 2 de 3 livres 73 zol. et de 8 livres 30 zol., 1 de 5 livres 76 zol., 1 de 13 livres 65 zol. et 1 de 20 livres 34 zol.

Au **Cirkoff-log**, et dans la partie inférieure de celui-ci, le profil de l'alluvion était :

          Terrain superficiel et argile brune . . . = 2 à 3 archines
          Sables platinifères . . . . . . . = 13 à 14 verchoks
          Bed-rock en dunite décomposée.   .

On commença à travailler sur ce lojok en 1830, et jusqu'en 1834, au début sur une bande mesurant de 5 à 9 sagènes, plus tard sur 100 sagènes. Les teneurs qui s'élevaient

Jusqu'à 48 zol. pour 100 pouds, étaient en moyenne comprises entre 1-6 zol. Le platine de Cirkoff-log est noir et anguleux, toujours grosssier : les pépites étaient abondantes et grosses, les principales pesaient 20 livres 2 ½ zol., 19 livres 20 zol., 15 livres 34 zol., 13 livres 52 zol. et 7 livres 16 zol. Les schliches renfermaient beaucoup de fragments de chromite qui contenaient du platine.

Dans la partie inférieure d'Alexandrowsky-log, les alluvions furent travaillées, en 1837, sur une bande mesurant de 30 à 50 sagènes de largeur : le profil de l'alluvion était alors :

        Terrain superficiel et tourbes . . . . . = 1 à 2 ½ archines
        Sables platinifères . . . . . . . . = 2 à 4         »
        Bed-rock en dunite.

Le platine était noir et anguleux, les teneurs de 1 à 10 zolotniks pour 100 pouds. On trouva des pépites de 10 livres 6 zol., 6 livres 48 zol. et 4 livres 73 zol.

**Bolchaïa Chourpikha.** La partie inférieure de ce petit affluent ravine les pyroxénites, la partie supérieure la dunite. La zone des sables exploités était étroite, les teneurs comprises entre 1 et 15 zolotniks. Le platine était noir et peu roulé.

**Malaïa Chourpikha.** Ce petit lojok débute dans la dunite, mais coule en grande partie dans les pyroxénites. Il a été également travaillé, mais les renseignements à son sujet manquent.


### RIVIÈRE MARTIAN

**La rivière Martian** elle-même a été travaillée sur toute sa longueur ; les centres de laveries étaient, de l'amont vers l'aval : Martiansky, Biélogorsky, Awrorinsky, Chourpinsky, Warlaminsky et Josiphowsky. Martian a été tout d'abord travaillée dans sa vallée supérieure. Là les sables se partagent en deux lits, celui contemporain le plus réduit, est entièrement encaissé dans la dunite, l'autre est rejeté vers l'est et entame en partie les pyroxénites sous le Biélaïa-gora. Dans l'ancien lit, les sables sont recouverts de 20 sagènes de mort terrain. Entre les deux lits, il existe une mince bande de deux archines, de sables, platinifères également. La réunion des deux lits se fait en aval d'Awrorinsky. Les sables du lit actuel ont été exploités à ciel ouvert, ceux de l'ancien lit par travaux souterrains. Leur centre était à Biélogorsky-priisk où la bande se trouve à 150-400 sagènes du lit actuel. Le profil de l'alluvion était alors :

        Argile brune . . . . . . . = 53 ½      archines
        Retschnikis . . . . . . . = 4 à 5        »
        Conglomérat dur cimenté . . . = 1 ½        »
        Peskis platinifères . . . . = ³/₄ à 1 ½    »
        Bed-rock de dunite.

La largeur de la bande exploitée était de 5 à 40 sagènes, la teneur moyenne de 2 zol. 84 dolis par 100 pouds. Le platine était gris ou blanc, mêlé d'or.

Le même lit a été exploité à Awrorinsky, au-dessus de l'étang, là où la bande rejoignait le lit de Martian. Ici il y avait deux couches platinifères distinctes, dont l'une à la profondeur de 17 archines. La teneur était de 2 à 7 zol. pour 100 pouds. Près du lit de Martian, ces formations sont sans platine. En aval d'Awrorinsky, à Chourpikhinsky-priisk, les sables platinifères coïncidaient avec l'axe de la vallée actuelle qui est encaissée ici dans les pyroxénites. En 1834, époque où l'on y travailla, la teneur moyenne des sables était de 1 zol. 93 dol. pour 100 pouds. Entre le confluent de M. Chourpikha et le priisk de Warlamikha on trouva de nouveau des alluvions d'ouwal qui ont été travaillés souterrainement par puits de 10 à 16 archines de profondeur. La succession était alors :

| | | |
|---|---|---|
| Argile brune | = 15 | archines |
| Retschnikis | = 2 | » |
| Peskis | = 1-1 3/4 | » |
| Bed-rock de pyroxénites. | | |

En aval de Warlaminsky-priisk, les sables platinifères se trouvaient de nouveau suivant l'axe de la vallée actuelle, puis en ouwal également, près de l'embouchure de Warlamikha. Là, ils ont été travaillés par des puits dont la profondeur variait de 8 à 36 archines, alors qu'on s'éloignait de plus en plus du lit actuel. L'épaisseur des peskis était de 2-3 archines, les teneurs étaient de 70 dolis pour 100 pouds.

En aval du confluent de Warlamikha, les sables platinifères se trouvaient dans l'axe de la vallée. La succession était :

| | | |
|---|---|---|
| Argile brune | = 1 1/2 | archine |
| Retschnikis | = 3 | » |
| Peskis | = 1 1/2 | » |
| Bed-rock de pyroxénites. | | |

Plus en aval, la vallée de Martian quitte les pyroxénites, et entre dans les gabbros. Ici les sables se trouvaient soit en ouwal, soit sur le lit même. Ceux d'ouwal étaient travaillés par des puits de 6 à 13 archines de profondeur, l'épaisseur des peskis était de 1 à 2 archines, leur teneur de 62 dolis en moyenne pour 100 pouds. Les sables dans l'axe du lit actuel, ont été travaillés à Josiphowsky-priisk, sur une largeur de 30 à 40 sag., l'épaisseur de ceux-ci était de 1 à 4 1/2 archines, celle du stérile de 1 à 3 archines. Les teneurs oscillaient de 1 à 4 zolotniks pour 100 pouds. En 1897, d'après Zaetzeff[1], la succession en face du comptoir de Josiphowsky était :

| | | |
|---|---|---|
| Tourbes | = 2 à 3 1/2 | archines |
| Sables | = 1 à 1 1/2 | » |
| Bed-rock de gabbro décomposé. | | |

[1] Zaetzeff, bibliographie N° 46.

Les teneurs étaient de 18 à 20 dolis pour 100 pouds. Le platine était petit, roulé, et de taille uniforme.

Plus en aval, à partir d'une verste à peu près au delà du comptoir de Josiphowsky, jusqu'au confluent de Martian, les sables platinifères sont rejetés à l'est du lit actuel et réduits à une bande mesurant de 100 à 200 sag. de largeur maximum, qui fut travaillée souterrainement par des puits dont la profondeur variait de 6 à 8 archines près du lit actuel, jusqu'à 12 et 16 archines sur la bordure E. de la bande. Les teneurs étaient de 40 à 70 dolis pour 100 pouds.

En aval de Soukhoï-Martian, les sables d'ouwal avaient des teneurs de 30 à 35 dolis pour 100 pouds, et ce sur une largeur de 20 à 50 sag. A la hauteur de Lipine-log la succession était :

$$
\begin{array}{lll}
\text{Argile brune} & = & \tfrac{1}{2} \text{ à 10 archines} \\
\text{Argile jaune} & = & \tfrac{1}{2} \quad\quad » \\
\text{Peskis} & = & 1 \text{ à } \tfrac{1}{2} \quad » \\
\text{Bed-rock} & = & \text{schistes dynamo-métamorphiques}
\end{array}
$$

Sur Martian et ses affluents, les méthodes de lavage des alluvions qui ont été employées depuis le début de l'exploitation jusqu'à nos jours, ont naturellement beaucoup varié. Au début, ce fut le stanok et l'amerikanka qui furent surtout utilisés ; plus tard ce furent des lavoirs mécaniques, tels que la boutara ou la tschachka. En 1908, il existait encore à Awrowinsky, une tschachka pouvant laver 50 sag.[3], une boutara de 25 sag.[3], et un amerikanka de 10 sag.[3]. A Chourpikinsky-priisk il y avait 3 boutaras pouvant laver de 30 à 50 sag.[3]. A Josiphowsky il y avait une tschachka de 30 sag.[3] et un grand sluice.

De plus, sur tous les lojoks, des staratélis travaillaient par groupe de 4 ou de 8, et lavaient pour la huitième ou dixième fois quand il y avait de l'eau pour cela), les anciens tailings. C'est de l'année 1906 que datent les premières dragues qui ont transformé les conditions de travail de Martian. Actuellement cinq dragues ont été placées sur cette rivière, deux sur Awrorinsky-priisk, et trois sur Chourpikhinsky-priisk. Ces dragues travaillent en étang, établis par des barrages successifs le long de la vallée. Ce sont des appareils Arthur Brown, open connected de 5 pieds[3], qui peuvent extraire 160 à 180 sag.[3] par jour. Elles traitent les tailings, le stérile, et les parties de peskis restées en place entre les travaux souterrains, parce que trop pauvres. Il est difficile d'évaluer la teneur du tout venant, elle varie d'ailleurs selon les places, et parfois ces teneurs sont considérablement réhaussées par certaines minces bandes d'alluvion riche, restées en place entre deux boisages parallèles. En 1908, nous avons vu l'une des dragues d'Awrorinsky produire 3 à 3 ½ livres de platine par jour, et encore la marche n'était elle pas tout à fait normale. A la même époque, nous estimons en moyenne de 2 à 3 zolotniks à la sag.[3] les teneurs des tailings lavés par les staratélis.

## RIVIÈRE WYSSIM

C'est la plus importante après Martian ; elle coule aussi sur le versant européen de l'Oural, et se jette dans le lac de Wyssimo-Chaïtansk. Elle est le produit de la réunion de deux artères distinctes, appelées Roubléwik et Zakharowka, et coule, à partir de la réunion de ces deux artères, sensiblement parallèlement à Martian, mais sur le flanc occidental du centre dunitique ; son cours mesure alors 7 verstes environ.

*La rivière Roublévik*, s'amorce sur le flanc occidental du Solowieff : elle est formée par deux sources qui sont, celle du sud, le Kroutoï-log, celle du nord, le Solowiewsky-log. Chacun de ces deux lojoks a de nombreuses ramifications secondaires, toutes encaissées dans la dunite. Roubléwik coule en moyenne E. O., et traverse de part en part tout le flanc occidental du centre dunitique. Elle reçoit encore sur sa rive gauche trois petits lojoks encaissés dans la dunite, dont le plus important, appelé Arkhipowsky, provient du flanc E. de Chourpikha ; il mesure une verste environ. En aval de sa sortie de la dunite, Roubléwik reçoit encore deux affluents gauche, qui n'entament qu'à peine celle-ci, le plus important s'appelle Zaetzeff. C'est Roubléwik qui a apporté à Wyssim la plus grande partie de son platine.

*La rivière Zakharowka*, qui coule en moyenne au S. O., est formée par la réunion de deux sources également, qui sont entièrement encaissées dans la dunite, sa longueur totale est de 5 verstes environ.

La pente moyenne de la vallée de Wyssim est de 7 sag. à la verste ; dans la région des lojoks, cette pente est de 15 à 30 sag. par verste.

La richesse la plus grande a, comme pour Martian, été rencontrée dans les alluvions des lojoks qui ravinent la dunite, mais l'historique de l'exploitation de ces lojoks est beaucoup moins complète que pour Martian. On sait que sur tous les lojoks encaissés dans la dunite, le platine était foncé, noir, et accompagné de chromite, ce que l'on peut voir aujourd'hui encore sur les échantillons de notre collection. Les pépites encapuchonnées de fer chromé étaient fréquentes, mais en général plus petites que celles trouvées sur les lojoks de Martian.

**Solowiewsky-log.** Les travaux commencèrent en 1830 et n'ont pour ainsi dire pas discontinué. La largeur de la bande alluviale exploitée sur ce lojok, comme aussi sur les petits tributaires latéraux, oscillait entre 3 et 5 puis 10 et 30 sagènes. Le profil de l'alluvion était :

Tourbes et stérile. . . . $=$ $^1/_4$ a 1 $^1/_2$ archines
Sables . . . . . . $=$ $^1/_2$ à 2 $^1/_2$ »
Bed-rock en dunite altérée.

Le platine était grossier, anguleux et grisâtre, accompagné de beaucoup de schliches de chromite ; les teneurs oscillaient entre 1 et 40 zol. et 1 et 8 zol. pour 100 pouds. Les pépites encapuchonnées de chromite, n'étaient pas rares ; en 1908 nous en avons encore trouvé plusieurs dans les tailings qui pesaient juspu'à 3 et 4 grammes.

*a*) Gisements de Taguil. Travaux de staratélis sur la rivière Roublevik.

*b*) Gisements de Taguil. Drague No 5, travaillant sur les alluvions de la rivière Tschauch.

**Kroutoï-log.** Les travaux commencèrent en 1830 également, la largeur de la zone alluviale oscillait entre 3 et 15 sag. Le profil de l'alluvion était :

   Tourbes et stérile . . .  = ½ à 2 ½ archines
   Peskis. . . . . .  = ½ à 2    »
   Bed-rock en dunite décomposée.

Les teneurs initiales variaient de 1 à 30, puis de 1 à 7 zol. pour 100 pouds, les schlichs étaient très riches en morceaux de chromite renfermant souvent du platine ; nous possédons plusieurs petites pépites encapuchonnées de chromite, lavées en 1908 sur les tailings de ce lojok.

**Roubléwik** en aval de la jonction des deux lojoks coule dans une vallée assez étroite et profonde ; les alluvions platinifères sont ici suivant le lit même de la rivière, et ont d'abord été travaillées sur une bande étroite qui avait au début 4 à 5 sag., puis dans la suite fût poussée de 25 à 40 sag. Le profil ordinaire de l'alluvion était :

   Tourbes et stérile . . . .  = ¾ à 3 archines
   Peskis. . . . . . .  = 1 ½ à 2 ½ archines
   Bed-rock dunitique.

Le platine était encore grossier, anguleux, et noirâtre, comme celui du lojok d'Arkhipowsky affluent latéral gauche. En certains endroits on trouvait, notamment près du bed-rock, des conglomérats durcis dans les alluvions, leur teneur était de 4 zol. pour 100 pouds, et on y rencontrait parfois des pépites de platine (entre autres une du poids de 86 zolotniks). Dans les sables mêmes ces pépites n'étaient point rares ; Koltowsky en cite une du poids de 1 livre 70 zol. qui fut trouvée à Roublensky-priisk. Les teneurs moyennes de début étaient de 10 à 40 zol., soit en moyenne 27 zol. pour 100 pouds, et tombèrent plus tard à 6 et 1 zol. pour 100 pouds. Dans la suite, on étendit beaucoup la largeur de la zone alluviale travaillée, avec des teneurs naturellement beaucoup plus faibles, et en 1908, on ne lavait déjà plus que les tailings sur le gisement.

En aval du confluent de la petite rivière Zaetzeff, la bande alluviale atteignait 75 sag.; elle s'élargissait ensuite près du confluent de Zakharowka.

**Zakharowka.** Sur cet affluent droit de Wyssim, les sables se trouvaient en général dans l'axe de la vallée, et furent travaillés à ciel ouvert sur une largeur allant de 4 à 40 sagènes. Au début, comme toujours, l'exploitation fut localisée dans la zone riche, puis la largeur de la bande s'étendit progressivement. Le profil de l'alluvion était ordinairement le suivant :

   Tourbes et terrain superficiel . . .  = 1 ½ à 3 ½ archines
   Peskis platinifères. . . . . .  = 1 ½ à 3    »
   Bed-rock formé de schistes dynamo-métamorphiques.

On trouvait souvent des traces de platine dans les tourbes et les argiles superficielles. Les teneurs moyennes ont beaucoup varié en cours d'exploitation ; en 1825, elles étaient de

25 zol. 20 dol. pour 100 pouds ; en 1826, de 18 zol. 67 dol., puis de 1835 à 1842, de 1-5 zol. pour 100 pouds. Le platine contenait toujours de l'or. Les sables de Zakharowka ont été entièrement travaillés, et lors de notre visite en 1908, on relavait les tailings pour la deuxième et troisième fois. Il y avait également de l'alluvion platinifère sur les pentes, notamment sur celles de la rive droite, et dans le village de Zakharowka même, on travaillait dans la rue, en amenant de l'eau par des canaux.

En aval du confluent de Roublevik et Zakharowka, près de l'endroit où elle forme un coude brusque vers le sud, la rivière Wyssim reçoit sur sa rive gauche trois petits affluents qui sont, de l'amont vers l'aval : Podmoskowoï-log, Morphine-log et Novoï-log, le premier ravinant les schistes dynamo-métamorphiques, les deux autres les schistes talqueux et séricitiques. Les alluvions de ces trois lojoks étaient platinifères, et ont été travaillées ; il est clair cependant qu'il s'agit ici de véritables gîtes tertiaires, produits par le remaniement et la concentration d'anciennes alluvions de Wyssim.

**Podmoskowoï-log.** Les alluvions, déposées dans le lit même, s'étendaient jusqu'à deux verstes en amont du confluent. En 1834, on travailla sur une longueur de 200 sagènes environ, et sur une largeur de 10 à 30 sagènes. L'épaisseur du stérile oscillait entre 1 et 2 archines, celle des sables ³/₄ à 3 archines ; la teneur était de 1 à 4 zol. pour 100 pouds. Le platine était de couleur claire, fin et roulé ; il contenait parfois des pépites de ¹/₄ de zol. et de l'or de 0,5 à 2 %.

**Morphine-log.** L'alluvion platinifère était cantonnée à la partie inférieure près du confluent. D'après Koltowsky, elle a été travaillée de 1839 à 1842 à Nadejdinsky-priisk, sur une longuenr de 300 sagènes, et une largeur de 20-40 sagènes. Le stérile était de 1 à 3 ¹/₂ archines, les sables de 1 à 3 ¹/₂ archines également, avec une teneur de 1 à 3 zol. pour 100 pouds. Le platine renfermait de 0.5-1 % d'Au.

**Novoï-log.** Les alluvions étaient dans le lit même, et aussi en ouwal. D'après Koltowsky, on a travaillé sur le lit comme sur le gisement d'ouwal, et généralement sur la rive droite, sur 300 sag. de longueur, et sur une largeur de 50 à 100 sag. Sur l'alluvion du lit, l'épaisseur du stérile était de 2 à 3 archines, celle des sables de ¹/₂ à 2 archines. Sur le gisement d'ouwal on travailla par puits de 20 à 48 archines de profondeur. En certains endroits, il existait deux couches platinifères séparées par du stérile ; l'épaisseur des peskis oscillait entre 1 et 3 archines, et parfois 6 et même plus, mais la zone riche était toujours localisée dans le voisinage du bed-rock. Le platine était fin, roulé, et de couleur claire ; il renfermait de 10 à 25 % d'or. Les teneurs étaient de 60 dolis à 1 ¹/₂ zol. pour 100 pouds.

En aval du Novoï-log, la rivière Wyssim a été travaillée sur une grande partie de son cours. A une faible distance de ce confluent, les sables platinifères ont été extraits sur le lit et sur la pente de la rive droite (gisement d'ouwal). Sur le lit même, l'épaisseur des sables (bed-rock compris) était de ¹/₂ à 1 ¹/₂ archine, les teneurs de ¹/₂ zol. pour 100 pouds. Sur le gisement d'ouwal, la profondeur était de 10 à 12 archines, l'épaisseur de l'argile et des tourbes de 5 archines, celle des retschnikis de 3 archines, celle des sables de $\frac{1}{4}$ d'archine seulement.

Plus en aval, à Nadejdinsky-priisk, près de l'intersection du lit de la rivière avec le chemin de Zakharowka à Wyssimo-Chaitansk, le gisement d'ouwal travaillé se trouve sur la rive droite. On l'a exploité par des puits qui mesurent de 15 à 17 archines de profondeur. Là on a observé deux couches platinifères, séparées par une couche de stérile reposant sur le bed-rock formé par les schistes talqueux : l'épaisseur de chacune de ses couches était de 1 à 1 $\frac{1}{4}$ archines. Là où le bed-rock était calcaire, les deux couches se confondaient en une seule. Les teneurs étaient de 48 à 70 dolies pour 100 pouds. Le platine était petit, clair, roulé, et mêlé à $\frac{1}{2}$ à 2 % d'or ; on y rencontrait des petites pépites pesant jusqu'à $\frac{1}{4}$ de zolotnik. Le platine trouvé dans le gisement du lit est généralement plus grossier.

En aval de Nadejdinsky, on n'exploite plus les alluvions de Wyssim, celles-ci faisant partie des terrains réservés aux paysans. Il existe cependant de ce point, jusqu'au confluent, de nombreuses recherches sous forme de puits ou de tranchées, qui ont mis en évidence la présence de ce métal dans les alluvions.

En 1908 et 1910, lorsque nous avons visité pour la seconde et troisième fois le gisement de Taguil, il n'y avait sur Wyssim que des staratélis, qui relavaient d'anciens tailings, et des entrepreneurs qui procédaient de même, mais travaillaient sur une échelle plus étendue. On comptait sur cette rivière plus de 3000 staratélis, et certains entrepreneurs lavaient sur un amérikanka jusqu'à 12 sag. cubes par jour ; le rendement moyen était de 3 zolotniks environ à la sagène cube.

Actuellement, une drague du type Newiansk a été placée en 1916 sur Wyssim, près de Pawlo-Anatolsky priisk.


## RIVIÈRE SYSSIM

Cette rivière, qui s'amorce dans la dunite au flanc SO de la grande Chourpikha, coule sur le versant européen de l'Oural et sensiblement parallèlement à Wyssim. La longueur totale de son cours est de 9 verstes environ, sa pente moyenne de 8.4 sag. par verste. Comme d'habitude, cette pente augmente dans la région dunitique, où elle est de 15 à 30 sagènes par verste, et diminue à l'aval, où elle tombe à 3.3 et même à 1.7. La rivière traverse successivement la dunite, les pyroxénites, les schistes dynamo-métamorphiques, puis, près de l'embouchure, les schistes et les calcaires du Dévonien inférieur. Dans la région dunitique, la largeur de la vallée est de 30 à 50 sagènes ; c'est là que l'on a commencé l'exploitation des alluvions platinifères, qu'on a extraites soit à ciel ouvert, soit sous terre. Le platine, en cet endroit, était anguleux, noirâtre, avec de la chromite, mais les pépites étaient petites et rares.

Plus en aval, là où la rivière s'incurve vers l'ouest pour quitter les pyroxénites et coule près du contact des gabbros et des schistes dynamo-métamorphiques, Syssim a été travaillée dans le lit et sur le gisement d'ouwal, alternativement sur les deux rives. Un peu au Nord, là où le chemin de Wyssimo-Chaitansk coupe le lit de la rivière, les travaux faits sur la rive droite montraient la succession suivante :

Argile brune et retschnikis  . . . . . =  7 ½ à 8 archines
Peskis platinifères  . . . . . . . =  ¼  à 1  . »
Bed-rock en schistes dynamo-métamorphiques.

Le platine était déjà roulé, gris blanchâtre et mêlé à passablement d'or.

En aval du grand coude que fait Syssim vers l'Ouest, on a travaillé les alluvions dans le lit, et en gisement d'ouwal, principalement là où la rivière pénètre dans les calcaires.

Sur les travaux dans le lit, la succession était la suivante :

Tourbes et argiles . . . . . . =  1  à 3 archines
Sables  . . . . . . . . . =  ¾ à 3  »
Bed-rock calcaire.

Dans le bed-rock fissuré, les peskis descendaient parfois jusqu'à 4 archines dans les crevasses de celui-ci, et même à une profondeur plus grande. Au début, de 1836 à 1842, les teneurs des sables étaient de 1 à 3 zol. pour 100 pouds, le platine renfermait passablement d'or (de 0,25 à 3 %).

On a aussi exploité le platine dans une série de petits lojoks affluents gauches de Syssim ; l'exploitation se faisait généralement sur les deux rives et par puits peu profonds. Les travaux les plus importants ont été effectués sur le Kirgichansky-log. L'épaisseur de la nappe alluviale était de 6 à 7 archines ; le platine accumulé près du bed-rock était fin, métallique, peu roulé, et mêlé à de l'or.

Lorsque nous visitâmes pour la première fois Syssim, en 1908, la rivière était exclusivement travaillée par des staratélis qui lavaient des taillings ; leur nombre était de 500 environ. Le platine que nous avons récolté à trois kilomètres en amont de l'embouchure, était roulé, blanc-grisâtre, fin, et mêlé à beaucoup d'or.

## AFFLUENTS GAUCHES DE LA CHAITANKA

En amont du confluent de Syssim, mais sur la rive gauche, la Chaïtanka reçoit plusieurs petits affluents dont les alluvions sont en partie platinifères. Ces derniers ravinant exclusivement des calcaires et des schistes dévoniens, le platine de ces alluvions ne peut donc provenir que de Syssim et de Martian, à une époque où le régime hydrographique était différent de celui actuel. Ces affluents sont :

1. **La rivière Soulatky,** qui coule dans une vallée étroite creusée dans les schistes et les calcaires. Le platine ne se trouve que dans la partie basse de la rivière, il n'a pas été exploité, les peskis étant trop minces et de teneur trop faible.

2. **La rivière Phédossiewka,** qui se présente dans les mêmes conditions que la précé-

dente. Dans son lit on a exploité de l'or contenant des traces de platine, mais seulement
dans le cours inférieur de la rivière.

3. **La rivière Doubnikine,** qui traverse également des calcaires et des schistes. Les
alluvions aurifères et platinifères étaient exploitées dans le lit, et aussi en gisement d'ouwal,
sur la rive droite. Les alluvions platinifères se trouvaient localisées à la partie inférieure du
cours de Doubnikine, la proportion d'or dans le platine était de 50 %.

## RIVIÈRE TSCHAUCH

Elle coule sur le versant asiatique de l'Oural et prend sa source dans la dunite, directement sous le flanc sud du Solowieff et presque au sommet de celui-ci. Elle se jette dans
le lac de Tschernoistotschnik. Sa longueur totale est de 15 verstes environ. La source même
de Tschauch constitue le Kossogorsky-log, qui est entièrement encaissé dans la dunite, et
qui est très voisin de la source de Martian : la ligne de partage des eaux européennes et
asiatiques coupe en effet obliquement l'affleurement dunitique. La pente moyenne de la
rivière est de 9,2 sag. par verste ; dans la région des sources elle est de 30 sagènes par verste,
puis tombe à 10,5 et finalement à 3,3 dans la partie inférieure de la vallée. Le caractère de
cette vallée est variable : dans la région des sources, elle est assez encaissée ; sur le flanc est
de Golaïa-Gora, elle est déjà plus large, et mesure 50 sagènes. La vallée reste en somme
assez étroite jusqu'au grand coude que décrit Tschauch vers l'est, au moment où elle quitte
le massif dunitique : elle atteint en aval 250 et 300 sagènes (notamment près du confluent
d'Ipatowka. A ³/₄ de verste environ de son embouchure actuelle, Tschauch coulait dans une
ancienne vallée orientée E. N.-E. : les alluvions platinifères suivent cette vallée puis tournent
à partir de ce point vers l'Est, et sont disposées plus ou moins parallèlement à la ligne du
chemin de fer. Toute cette région est marécageuse. Les sables platinifères vont jusque sur
la rivière Istok par l'intermédiaire de laquelle ils passent dans la rivière Tschernaïa.

Au-delà de ses sources, la rivière Tschauch reçoit plusieurs affluents gauches qui
proviennent du massif dunitique, et qui ont apporté comme tels du platine dans ses
alluvions. Ce sont, de l'amont vers l'aval :

1. *Un lojok sans nom,* composé de trois artérioles qui se réunissent, et qui est entièrement encaissé dans les pyroxénites.

2. *Un lojok appelé Zotikha,* formé par la réunion de deux cornes distinctes, encaissées dans la dunite, tandis que la plus grande partie de la vallée est comprise dans les
pyroxénites et les gabbros mélanocrates.

3. *Un lojok appelé Kolchkowalka,* formé également par la réunion de deux sources
distinctes, avec petits lojoks secondaires, le tout encaissé dans la dunite.

4. *Un petit lojok sans nom,* qui débute dans la dunite, et traverse les pyroxénites
près de l'endroit où Tschauch tourne vers l'Est.

**Kossogorsky.** L'exploitation des alluvions de Tschauch a débuté en 1831 sur le
Kossogorsky-log, et sur les deux sources qui se réunissent en aval, ainsi que les petits lojoks

latéraux situés un peu plus bas et toujours encaissés dans la dunite. Au début de l'exploitation. les teneurs indiquées étaient de 1 zol. 63 dol. pour 100 pouds ; les alluvions avaient un caractère mixte. éluvial et alluvial. comme à l'ordinaire. En 1908. on travaillait encore sur le Kossogorsky avec un amérikanka et par staratélis ; on lavait des tailings. mais aussi des alluvions vierges considérées jadis comme trop pauvres. Le profil de l'alluvion était alors le suivant :

         Tourbes et terrain superficiel . . . . . $=$ 1 à 3 archines
         Sables platinifères . . . . . . . . . $=$ 2       »
         Bed-rock formé par la dunite altérée.

La teneur des sables en place était, au dire des ouvriers. de 3 à 6 zolotniks à la sagène cube.

Au delà du Kossogorsky, Tschauch. quitte la dunite et coule sur 5 verstes environ, sur les pyroxénites et les gabbros à olivine ; les sables platinifères sont alors non seulement suivant le lit. mais encore en gisement d'ouwal. et principalement sur la rive droite. Dans le lit. les alluvions ont été travaillées à ciel ouvert. l'épaisseur du stérile était de 2 à 2 ½ archines. il se composait de tourbes ou d'argile brune et de retschnikis. L'épaisseur des peskis oscillait ordinairement entre 1 ½ et 1 ¾ archines. mais pouvait atteindre par places 4 archines. Quant aux teneurs, en 1841. à Pawlowsky-priisk. près du confluent de Kotchkowatka. elles étaient de 1 à 3 zol. pour 100 pouds. mais elles s'abaissèrent fortement dans la suite. En 1905, elles étaient de 40 dolies pour 100 pouds. Les alluvions d'ouwal étaient exploitées par des puits et des travaux souterrains ; la profondeur des puits variait de 5 à 10 archines près du lit. de 15 à 22 sur les pentes. L'épaisseur des sables oscillait entre 1 ½ et 2 archines. voire même 4 archines. Par places on observait un conglomerat. platinifère cimenté et dur comme sur Martian. Ce dernier pouvait avoir jusqu'à 4 archines d'épaisseur. Ce conglomérat. qui se trouvait parfois à la profondeur de 22 archines, était concassé désagrégé à l'air libre. puis lavé comme à l'ordinaire. La teneur des sables d'ouwal était de 70 à 80 dolis pour 100 pouds : le platine était plus gros que celui des sables du lit. il renfermait toujours un peu d'or.

*Les affluents gauches de Tschauch.* ont été exploités également sur toute leur longueur, et en 1908 nous avons encore vu des équipes de staratélis qui travaillaient sur plusieurs points et lavaient des tailings. Les teneurs les meilleures ont été fournies par le lojok Kotchkowatka. près de son confluent avec Tchauch. Le platine était noir et anguleux. les schliches riches en chromite. Les teneurs initiales étaient de ½ à 3 zolotniks pour 100 pouds.

En aval, au delà du massif dunitique. au coude que décrit Tschauch vers l'E.. S.-E.. les sables platinifères étaient disposées sur la rive droite. et descendaient jusqu'au lit de la rivière en s'amincissant.

Un peu plus en aval. dans la région où la rivière ravine les schistes dynamo-métamorphiques. la nappe alluviale s'élargit, et le gisement d'ouwal s'étend principalement sur la rive droite. Là on a atteint la couche platinifère par des puits de 32 sag. de profondeur.

Ces sables platinifères s'approchent ou s'éloignent du lit de Tschauch ; en certains points ils le touchent même, comme c'est le cas à l'intersection du chemin de Zkharowka à Tschernoistotschnik avec la rivière.

Plus en aval encore, les sables sont sur la rive droite : le profil de l'alluvion est alors :

$$\text{Tourbes et terrain superficiel} = 1\frac{1}{2} \text{ à } 4 \text{ archines}$$
$$\text{Sables platinifères.} \quad . \quad . \quad . = 2 \text{ à } 2\frac{1}{2} \quad \text{»}$$
$$\text{Bed-rock.}$$

Les teneurs étaient de 8 dolis[1] pour 100 pouds. le platine renfermait de 1 à 3 % d'or, il était relativement fin. En certains endroits. les peskis faisaient défaut.

Nous avons dit qu'à quelques centaines de sagènes en amont de son embouchure. l'alluvion platinifère de Tschauch tourne brusquement et se dirige sur la rivière Istok. On a travaillé dans cette région marécageuse une bande relativement étroite. Le profil de l'alluvion en cet endroit était :

$$\text{Tourbes et terrain superficiel} = 3 \text{ à } 4 \text{ archines}$$
$$\text{Argile grise.} \quad . \quad . \quad . \quad . = 1 \quad \text{»}$$
$$\text{Peskis} \quad . \quad . \quad . \quad . \quad . \quad . = \frac{3}{4} \text{ à } 1\frac{1}{2} \text{ »}$$
$$\text{Bed-rock en gabbro.}$$

Les teneurs étaient d'environ 40 dolis pour 100 pouds.

En 1908, la rivière Tschauch était en grande partie travaillée par les staratélis ; les travaux en régie se trouvaient sur le Kossogorsky-log où il existait un sluice, puis à la laverie de Pawlowsky. où il y avait une tschachka qui lavait chaque jour 30 à 60 zolotniks de platine. Actuellement une drague travaille sur Pawlowsky-priisk ; elle est, sauf erreur, du type de celles d'Awrorinsky.

## RIVIÈRE BOBROWKA

La rivière Bobrowka n'a qu'une importance tout-à-fait secondaire au point de vue du platine ; c'est un affluent de la rivière Tschornaïa. Cette rivière, dont la longueur est de 15 verstes environ, coule également sur le versant asiatique de l'Oural du S.-O. au N.-E. ; sa source appelée Bolchaïa Bobrowka s'amorce sur l'extrémité N.-O. du massif dunitique ; mais en dehors de la dunite. La pente assez faible. est en moyenne de 3 à 5 sag, par verste, sauf dans la région des sources où elle est plus forte. Elle reçoit plusieurs affluents, à savoir :

*La rivière Poutchenka*, affluent gauche qui provient des schistes dévoniens.

*La rivière Malaïa Bobrowka*, qui débute dans la dunite, et traverse successivement les pyroxénites et les gabbros.

*Le lojok appelé Kotchkowatka*, qui ravine la dunite également, et qui part de l'extré-

[1] Ce mot est écrit parfois dolie.

mité nord de l'affleurement dunitique. C'est exclusivement de ces deux lojoks que Bobrowka
tient son platine ; toute la rivière coule én effet dans les schistes dynamo-métamorphiques.

Les sables de Bobrowka ont été travaillés pour les chrysolites, le platine était tout à
fait secondaire et sans grand intérêt pour les staratélis. Les premiers travaux commencèrent
un peu en aval du confluent de Malaïa Bobrowka, sur les alluvions du lit, et sur une longueur de 4 verstes environ. Le profil de l'alluvion était :

| | | |
|---|---|---|
| Tourbes et argile brune . . . . | = 1 ½ à 2 | archines |
| Retschnikis . . . . . . . . . | = ½ | » |
| Peskis argileux . . . . . . . | = 1 ½ à 2 | » |
| Bed-rock en schistes. | | |

On lavait surtout là des petites chrysolites vertes qui restaient sur le stanok avec les
schlichs et le platine. La teneur en ce métal était de 20 à 30 dolis par sag.[3] de peskis.
Le platine était en grains plus ou moins aplatis, de petite dimension, et mêlé à 50 % d'ör.

Il existe aussi des sables d'ouwal situés sur la rive droite, qui ont été travaillés souterrainement par des puits de 6 à 22 archines de profondeur (qui étaient d'autant plus profonds qu'on s'éloignait davantage du lit). L'épaisseur des peskis était de ½ archine, les
teneurs en platine de 70 dolis à 1 zolotnik pour 100 pouds. (?)

On a travaillé aussi sur la petite Bobrowka, ainsi que sur le Kotchkowatka. Sur la
première on a extrait des sables, qui se trouvent à la profondeur de 7 archines environ, du
platine à raison de 1 à 1 ½ zol. par sag.[3].

Le platine était anguleux, noir, et renfermait des petites pépites de ferro-nickel natif.
C'est de la petite Bobrowka que viennent les chrysolites trouvées dans la grande Bobrowka,
et celles-ci ont été empruntées aux serpentines développées en cet endroit. Sur Kotchkowatka
on a également extrait du platine qui est noir, et dépourvu d'or ; présentement sur ces deux
lojoks, comme sur Bobrowka, on relave des tailings très pauvres.


### § 3. *Les gisements de l'Iss. Les centres de Swetli-Bor et de Wéressowy-Ouwal. Les rivières Iss, Toura, et leurs affluents.*


La rivière Iss constitue la plus grande et la plus riche rivière platinifère du monde ;
elle tient son platine, en effet, de deux grands centres dunitiques primaires voisins : Swetli-
Bor et Wéressowy-Ouwal, tous deux situés sur la Bisserskaya-Datcha. La rivière Iss elle-
même ne s'amorce dans aucun de ces deux centres ; elle traverse, à la vérité, de part en part
celui de Swetli-Bor, mais bien en aval de la région de ses sources, et ne reçoit son platine
que des affluents latéraux qui proviennent des massifs dunitiques, que nous étudierons
en conséquence séparément.

## LE CENTRE PRIMAIRE DE SWETLI-BOR

Le centre dunitique primaire de Swetli-Bor (carte N° IV et fig. 78) se trouve immédiatement à l'ouest de la montagne de Katchkanar, et à 35 kil. environ à vol d'oiseau de Nijne-Tourinsk. La forme de l'affleurement des dunites est plus ou moins elliptique, avec des contours légèrement accidentés surtout sur le versant occidental. Le grand axe, orienté sensiblement N.-E., mesure 6720 m., le petit axe 2520 ; la superficie totale de l'affleurement est de 12,656,700 m². La région des dunites est vallonnée, avec des petits ouwals de faible élévation, aux formes mamelonnées et aux profils peu accusés. Le point culminant qui se trouve dans la partie sud de l'affleurement, cote 189,5 sag. ; les ouwals sont couverts par la végétation de pins habituelle, mais la forêt a été en grande partie coupée, de sorte que le sol est à nu. L'affleurement dunitique est, dans sa partie nord, découpé par une profonde vallée, occupée par le cours de l'Iss ; deux ouwals peu élevés encaissent les deux rives de cette vallée, ils sont ravinés par des petits lojoks.

La dunite de Swetli-Bor présente les caractères habituels. Elle est recouverte

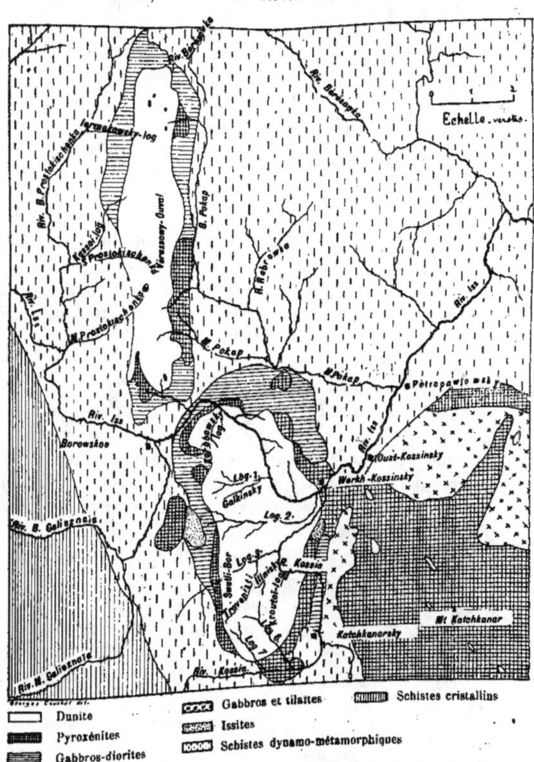



Fig. 78. — Croquis géologique des centres dunitiques primaires de Swetli-Bor et de Wéressowy-Ouwal, par M. N. Wyssotsky.

[1] La carte des gisements de Swetli-Bor et Wéressowy-Ouwal est une réduction de celle de M. Wyssotsky. Bibliographie N° 103.

par son épaisse croûte d'oxydation, et transformée en arènes rougeâtres. La roche dure affleure cependant en de nombreux points du massif, notamment sur les berges de certains lojoks. La dunite est verte, compacte, de couleur foncée, et presque toujours assez fortement serpentinisée ; elle est formée exclusivement d'olivine et de chromite. Ce dernier minéral y constitue des ségrégations, mais elles sont peu abondantes et petites ; les galets de chromite en effet sont rares dans les alluvions des lojoks encaissés dans la dunite.

La dunite est traversée par de très nombreux filons parfois fort importants d'issites variées, dont on trouve des blocs innombrables dans les alluvions de certains lojoks, notamment au log Nº 1, au Nº 2, au Korobowsky log, etc. Ces issites présentent les types les plus divers ; les unes sont presque exclusivement formées de hornblende sorétite, avec très peu d'anorthite et de magnétite, les autres du même type, renferment encore en abondance du pyroxène verdâtre dont semble provenir le hornblende, d'autres au contraire sont riches en feldspath et passent alors aux issites à plagioclases. En général, les galets d'issites sont très répandus dans les alluvions des lojoks de Swetli-Bor, ce qui montre que les filons de ces roches doivent être fort nombreux dans la dunite.

Les pyroxénites forment une ceinture presque continue autour de la dunite, elle n'est interrompue en effet que sur un court espace au flanc S.-O. de l'affleurement. Cette ceinture est généralement très mince ; au flanc N.-E. elle se raccorde avec l'important massif des pyroxénites qui forment la majeure partie du Katchkanar.

Ces pyroxénites sont des diallagites à olivine, à grain variable, souvent largement cristallisées, qui renferment du diopside, de l'olivine, et de la magnétite. Les passages latéraux à la koswite sont fréquents, et les ségrégations de magnétite ne sont point rares. Les chapeaux de pyroxénites à l'intérieur de la dunite manquent ordinairement ou sont rares à Swetli-Bor, ce qui témoigne de l'érosion profonde subie par ce massif ; on en trouve quelques petits dans la partie S.-O. et aussi au flanc E. de l'affleurement dunitique. A la pointe S.-E. de ce dernier, les pyroxénites de la ceinture sont traversées par un pointement isolé de dunite massive.

Les gabbros circonscrivent à leur tour complètement les pyroxénites ; ils sont principalement développés sur les bordures N.-E., N., N.-O. et S. de la ceinture pyroxénitique ; ailleurs, notamment dans la partie S.-O. et S.-E., ils sont réduits à une bande excessivement étroite. Ces gabbros sont de types variés, soit avec ou sans olivine, micacés, ou encore amphiboliques.

Dans les parties N. et N.-E. de la ceinture de gabbros, il existe plusieurs petits pointements isolés de pyroxénites. Le plus considérable se trouve au N. du chemin qui va du priisk de M. Pokap sur celui de Kossinsky. Un autre très gros pointement se trouve au flanc ouest, et arrive jusqu'à la rivière Jélieznaïa ; il est accompagné d'un dyke d'une surface égale à peu près d'issites, qui n'ont plus ici le caractère filonien, mais qui forment un véritable petit massif.

Les gabbros sont, sur presque tout le pourtour de Swetli-Bor, enveloppés par les schistes dynamo-métamorphiques, sauf sur le flanc E., où ils font défaut, et où ces gabbros entrent directement en contact avec les pyroxénites et les tilaïtes du Katchkanar auquel en somme Swetli-Bor paraît appartenir géologiquement, et dont il représente un prolongement vers l'ouest. Ce fait est assez fréquent chez les gîtes dunitiques qui se trouvent liés à de grands amas de pyroxénites ; rarement ils en occupent le centre, mais apparaissent au contraire toujours sur la bordure de ceux-ci.

Les rivières platinifères primaires qui s'amorcent dans la dunite de Swetli-Bor, sont toutes des lojoks de faible longueur, tributaires de l'Iss ou de la Kossia. Ce sont, pour les tributaires de l'Iss, sur la rive droite, et de l'amont vers l'aval :

1. Le *Korobowsky-lojok*, qui coule en moyenne du S.-O. vers N.-E., et dont la longueur totale est d'environ une verste et demie. Il possède dans le haut plusieurs sources sous forme de petits lojoks latéraux.

2. Le *Log N° 1*, qui coule du N.-O vers le S.-E., et qui mesure une verste environ. Il comporte également plusieurs petits lojoks aux sources, et un lojok affluent droit appelé *Galkinsky*.

3. Le *Log N° 2*, le plus considérable, qui traverse obliquement tout l'affleurement dunitique. Sa longueur totale est de trois verstes environ ; il coule d'abord N.-O. S.-E., puis presque O.-E., et ensuite au N. Il possède également plusieurs petits lojoks affluents.

Sur la rive gauche :

4. *Un petit lojok sans nom*, qui coule du NN.-O. au SS.-E. et qui mesure une verste environ.

Les affluents platinifères de la Kossia sont :

5. Le *Log N° 7*, qui se trouve à l'extrémité S. de l'affleurement dunitique, et qui coule au S. ou au S.-.E Sa longueur est d'une verste environ.

6. Le *Log N° 6*, qui ravine l'extrémité S. de l'affleurement dunitique également, et qui possède deux sources. Il coule au S.-E. Sa longueur est de une verste ³/₄.

7. Le *Kroutoï-log*, petit lojok sans importance, qui descend sur Kossia également.

8. L'*Illinsky-log*, petit lojok rapide, qui coule à peu près du S.-O. au N.-E.

9. Le *Travénisty-lojok*, affluent important, qui s'amorce dans la partie S.-O. de l'affleurement dunitique, et coule du S.-O. vers le N.-E. Il possède trois petits lojoks affluents dans sa partie supérieure, et mesure une verste et demie environ. Ses alluvions à l'aval se réunissent avec celles du log N° 3.

10. Le *Log N° 3*. Il s'amorce au delà de l'affleurement dunitique dans lequel cependant il est en grande majorité compris. Il coule d'abord du S. au N., puis ensuite presque de l'E. à l'O. ; sa longueur est d'environ une verste ³/₄.

Les rivières platinifères secondaires, qui reçoivent le platine des logs indiqués, sont la Kossia et l'Iss.

**La Kossia** prend sa source sur la ligne de partage des eaux européennes et asiatiques, et coule d'abord du S.-O. au N.-E., puis ensuite presque de l'O. à l'E., jusqu'au confluent de la rivière Outianka. Elle tourne alors brusquement vers le N. dans la vallée comprise entre le Katchkanar et Swetli-Bor, puis fait un grand coude vers l'ouest, en pénétrant à l'intérieur du massif dunitique ; enfin, avant de se jeter dans l'Iss, elle reprend sur un court espace une direction presque N.-S. ou mieux SS.-O., NN.-E. La longueur totale de la Kossia est de 11 à 12 verstes.

Quant à la rivière Iss, nous en parlerons en détail ultérieurement.

Tous les affluents platinifères dont il vient d'être question ont été exploités à l'intérieur, et parfois au delà de l'affleurement dunitique, et nous allons brièvement résumer les caractères que présentaient leurs alluvions, en utilisant les données précieuses de M. Wyssotsky [1], celles qui nous ont été communiquées par l'administration des laveries Schouwaloff, et enfin nos propres observations sur le terrain.

**Korobowsky-lojok.** Il débute par plusieurs petits lojoks (deux principaux) à la limite des dunites et des pyroxénites, puis ils s'encaisse plus profondément à l'aval. C'est la rive droite qui forme l'escarpement, tandis que la rive gauche est plus plate et en partie recouverte d'alluvions. Le lojok est pour ainsi dire entièrement encaissé dans la dunite ; des affleurements de cette roche se trouvent sur la rive droite.

Il a été travaillé sur toute son étendue, et lors de notre visite en 1908, on y relavait des tailings. Le lit de la partie inférieure du lojok est sans alluvion. L'alluvion d'ouval qui se trouve sur la rive gauche, a été exploitée en partie par des puits, et en partie à ciel ouvert. Dans la partie supérieure du log, ces puits avaient de 4 à 6 archines, dans la partie moyenne, de 6 à 14 archines. Le profil de l'alluvion était le suivant :

Tourbes, terrain superficiel et argile brune à cailloutis　=　3 à 15　archines
Peskis plus ou moins argileux, sableux, brunâtres .　.　=　$\frac{1}{2}$ à 1 $\frac{1}{4}$　»

Les blocs des peskis étaient de la dunite riche en chromite, des issites abondantes, puis des pyroxénites. Les teneurs initiales étaient de 48-87° zolotniks à la sagène cube, voire même une livre dans les parties riches ; dans les bords de la zone platinifère, de 1 à 10 zol. seulement. Sur les deux sources du log, la richesse était grande également, et de 47 à 50 zol. Le lojok affluent droit donnait du platine noir, celui de gauche du platine clair.

**Log N° 1.** Il est entièrement encaissé dans la dunite, et occupe en partie une vallée assez étroite. Il débute par quatre petites sources qui occupent des lojoks assez plats ; le plus important s'appelle Propretschnoï-log. La vallée est assez abrupte ; les pentes gauches présentent des affleurements, les droites sont plus plates et en partie couvertes d'alluvion. L'alluvion du lit a été exploitée à ciel ouvert sur une largeur de 8 sagènes environ ; celle d'ouwal par des puits de 6 à 7 archines de profondeur. Le profil de cette alluvion d'ouwal était :

Argile brune .　.　.　.　.　.　.　=　1 $\frac{1}{2}$ à 5　archines
Peskis argileux　.　.　.　.　.　.　=　1 /4 à 2 $\frac{1}{2}$　»
Bed-rock avec cailloux de dunite.

[1] Wyssotsky. Bibliographie N° 103.

Les galets des peskis renfermaient des blocs de dunite, d'issites et de pyroxénites. Les teneurs étaient élevées et comprises entre 25 et 30 zolotniks à la sagène cube; dans les lojoks des sources elles étaient plus basses et de 10 à 15 zolotniks. En 1908 déjà, on y lavait les tailings, ainsi que quelques parties plus pauvres restées en place dans le bas, et qui donnaient de 1 à 12 zol. à la sagène cube.

**Galkinsky-log.** C'est un affluent droit du log N° 1. Il a été également travaillé sur toute sa longueur, et il est entièrement encaissé dans la dunite. La bande alluviale exploitée avait une largeur de 4 sagènes environ, l'épaisseur du stérile était de 3 à 4 ½ archines, celle des peskis de ¾ à 1 archine. Les teneurs moyennes variaient entre 10 et 15 zol. pour les alluvions vierges. En 1908, on relavait les tailings.

**Log N° 2.** C'est le produit de la réunion de quatre petits lojoks dont trois seulement ont été travaillés, et dont le principal est celui situé le plus au sud. Il est entièrement encaissé dans la dunite, seule une petite source mord légèrement dans les pyroxénites. Aux sources, la vallée est assez plate, et là, on a exploité directement sous la terre végétale, une épaisseur de une demie à une archine de sables avec des teneurs d'environ 10 zol. à la sag. cube. Plus en aval, les sables étaient plus riches; le profil de l'alluvion du lit était :

```
Argile brune  . . . . .  ═  ½ à 5   archines
Peskis  . . . . . . .  ═  ¾ à 1 ¼    »
Bed-rock dunitique.
```

Les galets de l'alluvion renfermaient de la dunite, des issites et des pyroxénites. Dans la partie basse du lojok, les alluvions remontaient sur les pentes, et furent exploitées par des puits de 6 à 7 archines de profondeur. Plus en aval, près de l'embouchure, les alluvions du lit se réunissaient à celles d'ouwal développées sur la pente gauche de Kossia. En cet endroit, la profondeur des exploitations souterraines était assez considérable; les tourbes et le stérile atteignaient 4 à 8 ½ archines, les sables platinifères ½ à 1 ½ archines. Le bed-rok était en dunite. Dans les sables, on a trouvé des vertèbres de cervus alces. Les teneurs atteignaient de 6 à 20 zol. à la sagène cube, la moyenne était de 10 zol. environ.

Le platine du log N° 2 est gris, anguleux, assez gros; on y trouve des pépites de 1 zolotnik. Au dire des staratélis, les alluvions du log N° 2 ont été en certains endroits très riches; il paraît qu'on a lavé de 1 à 3 livres de platine à la sagène cube.

**Lojoks de la rive gauche de l'Iss.** Sur la rive gauche de l'Iss, il existe trois petits lojoks qui ont été prospectés, mais qui sont plats, et n'ont généralement pas d'alluvion. Le plus grand, qui tombe dans l'Iss en amont de Verkh-Kossinsky priisk, contenait du platine, mais les teneurs étaient très faibles, soit de 80 dolis à 1 zolotnik 70 dolis par sagène cube.


## AFFLUENTS DE LA KOSSIA

**Log N° 3.** Il s'amorce dans la zone des schistes dynamo-métamorphiques et traverse, dans la région des sources, les gabbros et les pyroxénites. La majeure partie de la vallée de ce log cependant est encaissée dans la dunite. Les alluvions de ce lojok ont été exploitées sur toute sa longueur; plus tard, on a relavé les tailings, et exploité quelques parties d'alluvion en place jadis considérées comme trop pauvres. Ces alluvions se trouvaient dans le lit et aussi en ouwal, sur la rive gauche. L'alluvion du lit présentait la composition suivante :

> Stérile (tourbes et argiles brunes) . . . . . = 2 à 3 archines
> Peskis platinifères . . . . . . . . . . . = ½ à 1 »
> Bed-rok dunitique.

Les teneurs oscillaient entre 6 et 20 zolotniks à la sagène cube ; on a rencontré quelques petites pépites pesant au plus un demi zolotnik. Le platine était assez grossier, gris, anguleux.

**Travénisty-log.** Il est encaissé entièrement dans la dunite. L'alluvion y est disposée dans le lit et aussi sur la rive gauche, tandis que la rive droite est plus escarpée et présente plusieurs affleurement de dunite. Près de la source, le Travénisty-log possède trois petits lojoks, affluents droits, étroits et assez encaissés. Dans ces derniers, la couche alluviale était de faible épaisseur. Le stérile, composé de terre végétale et d'argile brune, mesurait de 2 à 2 ½ archines; les sables platinifères ¾ à 1 archine. Les teneurs étaient, au dire des staratélis, de 10 à 20 zolotniks à la sagène cube. Sur le lit du lojok même, en aval des sources, l'alluvion se trouvait à la partie supérieure de la vallée. Les gisements d'ouwal sur la rive gauche, ont été travaillés souterrainement par des puits profonds de 5 à 8 archines ; le stérile comprenait 5 à 6 ½ archines, les peskis ¼ à 1 ½ archine, avec bed-rok dunitique. Les galets étaient formés par de la dunite, des pyroxénites, et des issites ; le ciment assez argileux. Les teneurs du gisement d'ouwal étaient élevées, soit de 20 à 30 zolotniks par sagène cube au début ; elles se sont abaissées à 8 et 10 dans la suite ; le platine gris était grossier, surtout dans les petits lojok de droite ; on y a trouvé une pépite de 22 zolotniks. Les alluvions d'ouwal du Travénisty-log se réunissent vers l'aval avec celles du log N° 3, et plus en aval encore, avec celles de la pente de la rive gauche de Kossia. Ici la nappe alluviale était très profonde et atteignait par endroits jusqu'à 26 archines. Le profil de l'alluvion était alors le suivant :

> Terrain superficiel et argile brune . . . . . = 6 à 20 archines
> Retschnikis . . . . . . . . . . . . . = ¼ à 3 »
> Peskis . . . . . . . . . . . . . . . = ½ à 1 ½ »
> Bed-rok dunitique.

Les teneurs, variables, oscillaient entre 8 et 23 zol., avec une moyenne de 10 à 12. En certains endroits, cependant, elles étaient beaucoup plus considérables. Ainsi, à la jonction du Travénisty avec le log N° 3, sur la pente gauche de Kossia, on a lavé jusqu'à deux livres de platine à la sagène cube. Présentement, sur le Travénisty-log, on relave exclusivement les tailings.

**Illinsky-log.** Ce petit lojok débute par deux dépressions assez peu accusées; lui-même est étroit. Ses alluvions ont été exploitées sur le log même ainsi que sur les petites dépressions indiquées. Dans ces dernières, la nappe alluviale était peu profonde; dans le log lui-même on avait la succession suivante :

| | |
|---|---|
| Terrain superficiel . . . . . . . . . | ¼ à 1 archine |
| Argile brunâtre puis grise. . . . . . . | 6 à 8 » |
| Peskis platinifères . . . . . . . . . | 1 » |
| Bed-rok dunitique. | |

Les teneurs au début, oscillaient entre 18 et 25 zolotniks par sag.[3], elles tombèrent dans la suite à 7; dans les deux petites dépressions des sources, ces teneurs étaient plus faibles, et variaient de 6 à 12 zolotniks. En certains endroits de l'Illinsky, il paraît que l'on a lavé jusqu'à deux livres de platine et même plus à la sag.[3]. Le platine d'Illinsky est gris clair, peu roulé, et renferme toujours un peu de chromite. Vers l'aval, les alluvions de l'Illinsky se réunissent à celles de Kossia, et là le profil est le suivant: Tourbes de 6 à 10 archines, sables ¼ à ¾ d'archine. Les teneurs oscillaient en général entre 10 et 20 zolotniks, le platine renfermait le 1 % d'or.

**Kroutoï-log.** Ce petit log se trouve un peu au S. O., du précédent; il est également entièrement encaissé dans la dunite. L'exploitation de l'alluvion a été faite suivant le lit, et aussi sur la pente gauche. La disposition de l'alluvion était la suivante :
Tourbe et argile brune = 2 à 7 archines. peskis platinifères ½ à ¾ archines; bed-rock en dunite. Les teneurs oscillaient entre 3 et 12 zolotniks à la sag.[3].

**Log N° 6.** Il s'amorce un peu à l'O. du précédent, et possède deux sources distinctes. Celles-ci, de même que la partie supérieure du log, sont encaissées dans la dunite; la partie inférieure traverse les pyroxénites et les gabbros. La vallée du log N° 6 est étroite dans la région des sources; plus en aval, la rive gauche est assez abrupte, avec affleurements de dunite; la pente droite par contre est couverte par les alluvions. Dans la partie médiane du lojok, il existe des alluvions du lit, et d'autres d'ouwal, mais en aval des bâtiments de l'administration l'alluvion du lit cesse par le fait qu'elle a sans doute été érodée, tandis que celle d'ouwal atteint la vallée de la Kossia et continue sur la rive droite de celle-ci jusqu'à son confluent avec l'Outianka. Au sources du log N° 6, le revêtement alluvial était faible, et immédiatement au dessous de la terre végétale on trouvait une couche de ½ à 2 ½ archines d'épaisseur de débris de dunite mêlés à l'argile, qui passe au bed-rock dunitique. Les teneurs paraît-il, etaient très élevés, on a trouvé jusqu'à 1 livre et davantage, de platine à la sag.[3].

En aval des sources, le profil de l'alluvion était : Terre végétale et stérile 1 à 3 archines; peskis = 1 à 2 archines, bed-rock dunitique. Les galets de l'alluvion étaient de la dunite, des issites, et aussi quelques blocs de pyroxénite. Les alluvions étaient travaillées à ciel ouvert, sur une largeur de 8 sag., les teneurs oscillaient entre 10 et 12 zolotniks et même plus à la sag.[3].

Plus en aval encore, là où les alluvions passent sur l'ouwal droit, et où le bed-rock est formé par les pyroxénites et les gabbros, la nappe alluviale était profonde, et a été exploitée souterrainement. Le profil était le suivant:

$$
\begin{array}{lll}
\text{Terrain superficiel et argile} & = & \text{10 à 15 archines} \\
\text{Retschnikis} & = & \text{1 à 2 »} \\
\text{Peskis} & = & \text{1/2 à 3 »} \\
\end{array}
$$

Bed-rock en pyroxénites ou gabbros.

Les teneurs en platine étaient élevées, et oscillaient entre 20 et 35 zolotniks à la sag.[3] et même plus. Le platine du log N° 6 est gris foncé, argileux, et accompagné parfois de chromite. Dans la partie supérieure du log il ne renferme pas d'or; dans la partie inférieure près de la Kossia, il en contient jusqu'à 1/2 %.

**Log N° 7.** Ce log assez court, ravine la dunite dans sa partie supérieure, puis effleure les pyroxénites, et finit dans les gabbros. La vallée qui le constitue est plate, et de faible pente. Le profil de l'alluvion, dans la partie supérieure du lojok, était : Terre végétale et argile avec débris de dunite = 2 à 4 1/2 archines, peskis = 1/2 à 2 archines, bed-rock en dunite altérée. Les peskis renfermaient des galets de dunite, d'issites, puis aussi quelques cailloux de chromite. Les alluvions ont été exploitées à ciel ouvert sur une verste environ, et sur une largeur maximum de 30 sag. Plus en aval, là où la vallée du lojok pénètre dans les pyroxénites, l'épaisseur des formations était beaucoup plus considérable ; le stérile (terre végétale, argile et retschnikis) atteignait de 8 à 12 archines, les peskis de 1 à 1 1/4 archines. Les teneurs oscillaient entre 10 et 30 zolotniks en moyenne, mais par places atteignaient jusqu'à 60 zolotniks. Le platine du log. N° 7 est gris, anguleux, peu roulé, on a trouvé sur ce log quelques petites pépites de 1/2 à 1 1/2 zolotniks associées à la chromite ou à l'olivine. Dans le haut du lojok le platine ne renferme pas d'or ; dans le bas il en contient jusqu'à 1 %.

**Rivière Kossia.** Elle débute sur l'Oural, dans les schistes tuffoïdes, traverse d'abord les schistes dynamo-métamorphiques, puis l'extrémité sud du Swetli-Bor, mais ici seulement les gabbros et les pyroxénites, elle rentre ensuite dans les schistes métamorphiques jusqu'à son coude vers l'E., puis elle coule tout d'abord dans les gabbros, entre Swetli-Bor et le Katchkanar, et pénètre ensuite dans le massif de Swetli-Bor à son grand coude vers l'ouest, en traversant d'abord la ceinture des pyroxénites, puis en érodant profondément le centre dunitique. Elle ressort ensuite de la dunite, et se jette dans l'Iss dans la région où les pyroxénites du Katchkanar se soudent à celles de Swetli-Bor.

Toute la région du cours supérieur de Kossia est sans platine, et là où la rivière traverse les schistes dynamo-métamorphiques, on a fait des recherches qui ont montré seulement la présence de l'or dans les alluvions de cette rivière. Le profil de l'alluvion était dans cette région :

              Terrain superficiel et argile     =   5        archines
              Retschnikis . . . . . .           =   ¹/₄       »
              Peskis jaunâtres   . . . .        =   1 ¹/₂     »
              Bed-rock en schistes.

Les galets des peskis étaient formés par des schistes et de nombreux débris de quartz. Les teneurs en or indiquées étaient de 12 zolotniks à la sag.³.

Sur la rive gauche de Kossia, en aval du point où elle coupe le chemin de Wyja à Borowskoe, il existe d'anciennes tranchées sur lesquelles on peut voir la succession suivante :

              Argile brune passant au gris en profondeur  =  6 à 10 archines
              Retschnikis . . . . . . . . . . .           =  1          »
              Peskis. . . . . . . . . . . . . .           =  ¹/₂ à ³/₄  »
              Bed-rock en schistes.

D'après les renseignements communiqués, les peskis étaient souvent stériles, ils renfermaient quelquefois de 1 à 5 zol. de métaux précieux (50 % Au et 50 % Pt).

La rivière Kossia ne devient vraiment platinifère qu'en aval du log N° 6, où sur la rive gauche, les alluvions contenaient de 6 à 12 zol. de platine par sag.³ Des recherches ont été faites également dans la vallée de Kossia en aval du confluent du log N° 6. Ici la succession observée était :

              Terrain superficiel et argile    =   5 à 19 archines
              Retschnikis . . . . . . .        =   3          »
              Peskis . . . . . . . . .         =   2 à 3      »
              Bed-rok en schistes.

Sur la pente de la rive droite, près de l'embouchure du log N° 6, on a trouvé des teneurs de 10 à 20 zolotniks à la sagène cube, et parfois davantage ; sur la rive gauche les teneurs étaient de 3 à 5 zolotniks seulement, et en aval, jusqu'au confluent d'Outianka, ces teneurs diminuaient progressivement.

Dans la partie de Kossia qui est située entre Swetli-Bor et le Katchkanar, la vallée est assez étroite, et le lit pierreux. C'est là, en aval du log VI, et près d'un petit lojok affluent droit, que se trouve la laverie de Katchkanarsky. En 1908, les profils que nous avons levés dans la région en exploitation étaient :

              Terrain superficiel, argiles et retschnikis   =   3 à 5 archines
              Peskis . . . . . . . . . . . . . .            =   ³/₄ à 1 ¹/₄ archines

La teneur moyenne était de 11 zolotniks à la sagène cube. Plus en aval, au coude brusque vers l'ouest, là où la Kossia pénètre dans le massif de Swetli-Bor, la vallée s'élargit, et atteint jusqu'à 200 sagènes. Le profil de l'alluvion un peu au-dessus d'Illinsky log. et sur la rive droite était :

              Tourbes, terre végétale et argile    =   1 ¹/₂ à 8 ¹/₂ archines
              Retschnikis . . . . . . . .          =   ³/₄ à 3 archines
              Peskis  . . . . . . . . . .          =   ¹/₄ à 1 archine

Sur la pente de la rive gauche, le stérile oscillait entre 2 et 10, les peskis entre ¹/₂ et 2 archines. Les alluvions paraissent avoir été assez pauvres dans cette région, nous n'avons pas eu de données sur leur teneur.

En aval d'Illinsky log, les pentes peu accusées de la rive gauche de Kossia sont couvertes d'alluvions platinifères. Celles-ci occupent tout l'espace compris entre le confluent d'Illinsky, celui des Travénisty log et le log No 3, puis elles se réunissent à celles du log No 2, et arrivent ainsi jusque sur la rive droite de l'Iss.

On n'a pas travaillé dans le lit même de Kossia à cause des faibles teneurs en platine ; le centre de l'exploitation des alluvions des pentes était à Koutchoumowsky.

## LE CENTRE DE WÉRESSOWY-OUWAL

Le centre dunitique primaire de Wéressowy-Ouwal est situé immédiatement au Nord, et un peu à l'Ouest de Swetli-Bor ; il en est séparé par une distance d'une verste à peine. Il forme une crête allongée dans la direction N.-S., qui est notablement plus étroite que Swetli-Bor, et qui constitue un long ouwal boisé sur lequel on distingue quelques petits sommets à peine accusés. Le grand axe de Wéressowy-Ouwal mesure 7938 m. Le petit axe 1344 m., la superfiicie totale de l'affleurement dunitique est de 7,302,960 m². Au point culminant, l'ouwal atteint 296 sagènes, il est raviné sur ses deux flancs par une série de petits lojoks affluents de Bolchaïa Prostokischenka ou de Maloï Pokap.

La dunite qui forme ici le centre primaire, est du type ordinaire ; sa couleur est vert-foncé, elle est toujours plus ou moins serpentinisée, et à la surface, profondément altérée, rubéfiée, et transformée en arènes rougeâtres et ocreuses.

Les affleurements de dunite sont très nombreux dans le massif ; on en trouve sur la crête, puis sur les pentes des principaux lojoks. La chromite parait être plus abondante dans la dunite de Wéressowy-Ouwal que dans celle de Swetli-Bor ; on en trouve en effet de nombreux galets dans les alluvions de Malaïa Prostokischenka, de Maloï Pokap, puis aussi des schlieren généralement assez minces dans la roche en place.

Nous n'avons jamais rencontré de roches filoniennes dans la dunite de Wéressowy-Ouwal, pas plus dans la roche en place que dans les alluvions des lojoks qui y sont complètement encaissés.

La première ceinture de pyroxénites qui circonscrit l'affleurement des dunites, est généralement étroite et discontinue. Elle est développée seulement sur quelques points du pourtour, notamment dans l'extrémité. S.-O. où elle est assez épaisse, au flanc O. où elle est réduite à une petite bande étroite et discontinue, à l'extrémité N.-O., N. et N.-E. ou elle est très étroite également, et sur une partie du flanc E. ou elle atteint sa plus grande largeur, qui est là de ³/₄ de verstes environ. Les pyroxénites sont du type ordinaire ; elles renferment toujours plus ou moins d'olivine, de la magnetite, et passent latéralement à la koswite par développement exagéré de ce dernier minéral. Les chapeaux de pyroxénite à l'intérieur de l'affleurement dunitique sont rares, petits et distribués un peu partout ; d'abord à l'extrémité S. de Wéressowy, puis dans la région centrale, sur les deux flancs, et dans le voisinage de la crête ; enfin dans la partie nord, soit près de la crête soit sur le flanc N.-E.

La seconde ceinture de gabbros est discontinue également, et très réduite aussi. Elle est développée dans la partie S. et S. E. de l'affleurement, réduite à une très mince bande aux flancs S.-O., O. et en partie supprimée sur ce flanc. Elle réapparaît aux extrémités N.-O., N. et N.-E., est de nouveau très réduite au flanc E. au point de disparaître, puis se retrouve enfin au flanc S. E. Les gabbros de la ceinture sont du type de ceux de Wéressowy-Ouwal.

Ces gabbros enfin sont circonscrits par les schistes dynamo-métamorphiques auxquels ils passent d'ailleurs latéralement, et au milieu desquels le pointement dunitique, dans son ensemble, perce en boutonnière.

Les rivières platinifères primaires qui ravinent la dunite de Wéressowy-Ouwal sont :

1. *Malaïa Prostokischenka* qui coule sur le flanc S.-O. de Wéressowy-Ouwal du N.-E. au S.-O. Sa longueur totale est de plus de 2 verstes, elle se jette dans Bolchaïa Prostokischenka.

2. *Srednia Prostokischenka* affluent de B. Prostokischenka, qui coule à peu près de l'E. à l'O., et mesure 2 verstes environ.

3. *Kossoï-log*, affluent droit de S. Prostokischenka, qui coule du N.-E. au S.-O. et mesure deux verses et demie.

4. *Yermakowsky-log* affluent de B. Prostokischenka, qui coule à peu près de l'E. à l'O., dans la partie N.-O. de Wéressowy. Sa longueur totale est de 1 ½ verste.

5. *Une des sources de Bérézowka*, qui s'amorce dans la partie nord de Wéressowy-Ouwal. La rivière elle-même se jette dans l'Issowskaya Labaska ; elle mesure au total 11 ¼ verstes, et coule du N.-E. au S.-O.

6. *La rivière Bolchoï Pokap*, qui s'amorce au flanc N.-E. de Wéressowy, et reçoit plusieurs affluents provenant du flanc E. de Wéressowy-Ouwal. Elle coule d'abord du N. au S. presque parallèlement à Wéressowy-Ouwal, puis coude vers le S.-E. et finit par couler presque de l'O. à l'E. La longueur totale de son cours est de 9 ¼ verstes environ.

7. *Un log sans nom*, affluent droit de B. Pokap, qui mesure 1 ¼ verste.

8. *La rivière Maloï Pokap*, qui s'amorce au flanc S.-E. de Wéressowy, et qui se jette dans B. Pokap. Elle coule à peu près O.O.-N. — E.E.-S., et mesure 3 ¼ verstes.

9. *Le Bezimianni log*, qui part de l'extrémité S. de Wéressowy, et qui se jette dans l'Iss. Il coule environ du N.-O. au S.-E., sa longueur totale est de 1 ¼ verste.

La seule rivière platinifère secondaire qui dépend de Wéressowy-Ouwal (en dehors de l'Iss) est *Bolchaïa Prostokischenka*. Elle coule un peu à l'O. de celui-ci, et reçoit une série d'affluents platinifères qui en proviennent. Elle se dirige tout d'abord du N.N.-E. au S.

S.-O., puis du **N.** au S., elle se jette dans l'Iss en amont de Borowskoe. Sa longueur totale est de 9 verstes environ.

Tous les affluents platinifères qui viennent d'être énumérés, ont été exploités également à l'exception des sources de Bérézowka ; présentement on relave les tailings, puis aussi çà et là quelques parties d'alluvion restées en place et considérées comme trop pauvres. Nous résumerons les caractères que présentaient ces alluvions à l'époque de leur exploitation d'après les documents déjà indiqués.

**Malaïa Prostokischenka.** Elle est encaissée dans la dunite seulement dans la région de la source, et plus en aval, ravine successivement des roches amphiboliques métamorphiques et des schistes. La vallée est assez plate, et la pente faible. La rive gauche est généralememt plus abrupte, c'est là que se trouvent les affleurements ; la rive droite est plus plate et alluvionnée. Aux sources, le caractère des dépôts est éluvial, l'épaisseur des tourbes variait de ½ à 4 archines, celle des peskis de ½ à 1 ½ archine, le bed-rock était en dunite décomposée. Sur la pente droite les teneurs étaient faibles, de 1 à 4 zolotniks ; dans le lit et sur la pente gauche elles étaient élevées, mais irrégulières ; on a, en certains endroits, lavé plus d'une livre et demie de platine à la sag.[3]. L'exploitation se faisait à ciel ouvert, les galets des peskis que l'on voit sur les haldes, sont formés par de la dunite décomposée, et aussi par des pyroxénites, les petits galets de chromite ne sont point rares.

C'est sur M. Prostokischenka qu'on trouve une grande partie des pépites du centre de l'Iss ; celles de 3 à 12 zolotniks n'étaient point rares, les deux plus grosses pesaient l'une 34 zolotniks 90 dolis, l'autre 1 livre 19 zolotniks. Les pépites étaient presque toujours encapuchonnées de fer chromé. C'est probablement de là que provenaient les deux grosses pépites l'une de 20 livres, 49 zolotniks, 48 dolis et l'autre de 9 livres 49 zolotniks qui ont été trouvées sur la rive gauche de l'Iss, en aval de M. Prostokischenka. Le platine de la région des sources est toujours grossier, anguleux, de couleur noire, et lié à la chromite.

Dans la région des sources, les teneurs moyennes étaient de 50 à 60 zolotniks environ à la sag.[3]. En aval, notamment à la sortie de la dunite, l'alluvion à le caractère alluvial ordinaire, elle est développée suivant le lit, et aussi sur la pente de la rive droite en alluvions d'ouwal. Dans le lit, les alluvions étaient exploitées par une tranchée étroite, mais à ciel ouvert ; sur l'ouwal, les alluvions qui se trouvaient sur la pente droite, et dans le cours moyen, étaient exploités par puits de 8 à 15 ½ archines de profondeur. L'épaisseur du stérile atteignait 6 à 13 archines, celle des sables ³/₄ à 2 ¼ archines. Les teneurs étaient en général plus élevées que dans le lit, en moyenne de 50 à 60 zolotniks et jusqu'à 2 livres ; dans certains endroits, contre 30 zol. dans le premier cas. En aval des dunites le platine de M. Prostokichenka renfermait de l'or, qui sy trouvait même en petites pépites pouvant peser jusqu'à 1 zolotnik.

**Srednia-Prostokischenka.** Aux sources elle ravine les dunites, puis passe ensuite dans les schistes dynamo métamorphiques. Elle coule dans une vallée assez étroite, et plate, et a été exploitée à ciel ouvert dans sa partie supérieure, suivant un front assez étroit. La disposition des alluvions était : terre brune et éluvions dunitiques 1 ³/₄ à 2 archines. Peskis dunitiques $=$ 1 archine. Les teneurs étaient très irrégulières et oscillaient au début entre

10 et 60 zolotniks. Le travail ne se faisait qu'en hiver faute d'eau. En 1908 les teneurs dans certaines parties encore vierges étaient de 1 à 8 zolotniks à la sag.[a]. Dans la portion moyenne du cours il existe des alluvions dans le lit et sur les deux ouwals, alluvions qui sont séparées par du stérile. Le profil était : Terre brune et argile = 3 archines, sables = 1 — 1 ¼ archines, avec débris de dunite. Le teneurs du gisement d'ouwal étaient de 7 à 8 zolotniks sur la rive droite, et de 18 à 25 sur la rive gauche. Les travaux ont été arrêtés en 1908 en amont du confluent de S. Prostokischenka par suite de l'abaissement des teneurs (3—4 zolotniks.)

**Kossoï-log.** Cet affluent droit de *S.* Prostokischenka débute aussi dans la dunite, puis traverse les pyroxénites, les gabbros et les schistes métamorphiques. Il a été travaillé un peu au dessous de son intersection avec le chemin de Pawda. L'épaisseur du stérile = 1 ½ —2 archines, peskis = 1 ½ à 1 archine (exceptionnellement 3 archines). Le bande alluviale suivant le lit est très étroite ; les teneurs très variables. A peu près nulles dans la région de la source, elles atteignaient de quelques dolis à 6—9 zolotniks par sag.[a]. On nous à même indiqué le chiffre de 20 zolotniks comme ayant été plusieurs fois atteint, il paraît cependant vraisemblable que les alluvions étaient plutôt pauvres.

**Yermakof-log.** Il s'amorce également dans la dunite et traverse successivement les pyroxénites, les gabbros et les schistes dynamo-métamorphiques. Il a été travaillé dans sa partie basse seulement, à 400 mètres au dessus du chemin de Pawda. Dans la partie supérieure du lojok on trouve des traces de platine, soit 10 à 40 dolis par sag.[a] ; dans la région travaillée située en aval du contact des dunites, les teneurs étaient plus élevées ; l'épaisseur du stérile était de 1 à 2 archines, celle des peskis de 1 à 2 archines également. Ces teneurs variaient de 5 à 15 zolotniks par sag.[a], on nous a même donné le chiffre de 30 zolotniks comme ayant été observé. Les galets des peskis renferment principalement des débris de gabbros et de schistes.

**Bolchaïa Prostokischenka.** Cette rivière coule entièrement en dehors des dunites et ne doit son platine qu'à ses affluents latéraux. A l'époque de nos visites elle n'était presque pas travaillée, ou seulement en quelques points. A savoir :

1. Près du confluent de Yermakoff-log où il existait quelques batteries de puits. Ici le stérile peu épais atteignait 1 ¼ à 2 ½ archines, les peskis, qui manquaient par places. ³/₄ à 2 archines près de la rive droite. Les teneurs paraissaient très faibles et étaient souvent nulles. Sur un puits ou a trouvé 1 zol. 41 dol. par sag[a].

2. Au confluent et en aval de S. Protokischenka, où il existe aussi plusieurs batteries de puits. Le profil de l'alluvion était : Tourbes et terrains stériles = ½ à 2 archines, peskis = ½-1 ¼ archines, sur deux puits seulement on a trouvé 72 dolis et 5 zol. 20 d. à la sagène[a].

3. En aval de M. Prostokischenka, où l'on a exploité en partie l'alluvion du lit. en partie celle située sur l'ouwal droit. Là on avait le profil suivant :

Terrain superficiel et argile  $= 1$ à 2 archines
Retschnikis argileux . . .  $= 2$          »
Bedrock de schistes.

Les teneurs étaient de 8 à 12 zolotniks à la sag.[3]

**Berézowka.** Elle s'amorce seulement sur un très-court espace dans la dunite, et coule entièrement dans les schistes dynamo-métamorphiques. Cette rivière n'a pas été exploitée, on y a seulement fait des recherches, qui, dans la partie supérieure, ont montré des traces de platine, alors qu'en aval les alluvions paraissent stériles.

**Bolchoï-Pokap.** Cette rivière s'amorce dans la dunite mais coule ensuite constamment en dehors de l'affleurement dunitique et parallèlement à Wéressowy-Ouwal, dans les pyroxénites, les gabbros, puis les schistes dynamo-métamorphiques. Le platine y fut découvert en 1819, au cours de recherches faites en vue de l'or. A la source, là où la rivière débute dans la dunite, au flanc N.-E. de Wéressowy, les alluvions ont comme toujours un caractère éluvial ; elles ont été exploitées sur une bande étroite et à ciel ouvert. Un peu plus en aval, près du flanc E. de Wéressowy, le profil de l'alluvion était :

Terrain superficiel  $= 1$ ½ 2 ½ archines
Peskis  . . . .  $= $ ¹/₂ à 3          »
Bed-rock en schistes métamorphiques

Les galets des peskis étaient formés de schistes et de pyroxénites. La bande alluviale était étroite, et exploitée à ciel ouvert, les teneurs très irrégulières. Dans l'axe riche qui était très étroit et d'une archine environ, elles atteignaient jusqu'à 60 zol. à la sag[3], mais se tenaient ordinairement entre 12 et 15; elles diminuaient rapidement. En aval, l'appauvrissement était manifeste, et les teneurs tombaient de 8 à 9, puis de 3 à 4 zol., ce qui fit cesser le travail. Le platine contenait jusqu'à 7 °/₀ d'or, il était de couleur claire et décortiqué, les pépites de ¼ à 1 zol. n'étaient point rares, nous en possédons une lisse et décortiquée qui est assez volumineuse.

Au priisk de Bolchoï Pokap, en amont de l'affluent gauche stérile appelé Rébrowka, les alluvions sont de nouveau exploitées, mais elles ne correspondent par avec le lit actuel du cours d'eau, qui passe dans une vallée encaissée. Elles commencent sur la pente de la rive gauche, croisent le cours de la rivière sous un angle aigu, et descendnt vers le S. dans une vallée marécageuse en se dirigeant vers Maloï Pokap.

Ces alluvions ont été exploitées par des tranchées étroites sur la rive gauche de B.-Pokap. Le profil en cet endroit était :

Terrain superficiel et argile brune  $= 3$ à 4 ½ archines
Sables argileux bruns . . . .  $= 1$ à 1 ³/₄     »
Bed-rock en schistes verts

Sur la rive droite, dans la grande tranchée, on avait :

Stérile (terre et argile) . . . . .  $= 1$ à 6 archines
Sable . . . . . . . . .  $= 1$ à 1 ³/₄     »

Les teneurs étaient très irrégulières, et oscillaient entre 7 et 30 zolotniks, avec une moyenne de 12 environ par sag[a]. L'on a même par endroits exploité jusqu'à une et deux livres à la sag[a].

Le platine est de couleur claire, toujours fortement roulé, il renferme de 3 à 5 % d'or.

Plus en aval, les alluvions de B.-Pokap tournent vers le S.S.-E., et passent par un marécage plat. Là le stérile mesure environ 3 archines d'épaisseur, les sables 1 à 1 ½ archines ; les teneurs étaient de 12 à 15 zolotniks alors que les recherches indiquaient de quelques dolis à 6 zolotniks.

Au confluent de M.-Pokap, dans la vallée même de B.-Pokap, le platine manque dans les alluvions, mais en aval, à stare Andreewsky-priisk, on a travaillé sur B.-Pokap les alluvions du lit, et celles d'ouwal situées sur la rive droite. Le profil de l'alluvion était ici :

Tourbes terrain superficiel et retschnikis   =   1 ½ à 2 archines
Peskis.   .   .   .   .   .   .   .   .   .   .   .   .   =   1 ½ à 2      »

Les teneurs oscillaient entre 4 et 12 zolotniks. Le platine était clair, roulé et contenait 4 à 5 % d'or.

En aval d'Andreewsky-priisk les travaux dans le lit cessent, mais il existe par endroits des puits de recherche. Dans un petit log affluent gauche de Pokap, on a fait quelques fouilles, mais les teneurs étaient faibles.

A l'embouchure de B.-Pokap, au S. de Pétropawlowsky-priisk, l'épaisseur du stérile était de 3 ½ à 6 archines, celle des sables de ½ à 1 ½ archines, les teneurs en platine étaient de ¼ à 3 ¾ zolotniks par sag[a].

Quand aux affluents latéraux platinifères de B.-Pokap nous avons :

**Popretschne-log,** qui se trouve sur le flanc E. de Wéressowy, à la hauteur de Kossoï-log. Cet affluent aux sources ravine la dunite, puis passe ensuite dans le gabbro. La bande alluviale travaillée était d'une centaine de sagènes ; la succession dans le haut du log. était la suivante : Stérile = 3 archines, peskis = 1 à 3 archines ; les teneurs étaient de 12 à 30 zol. à la sag[a]. Le platine était peu roulé, gros, et souvent mêlé à des petites pépites encapuchonnées de chromite.

**Petit log sans nom** au sud du précédent, et à l'E. de Srednïa Prostokischenka. Ce log est encaissé dans la dunite puis dans les pyroxénites. A la partie supérieure du log, l'alluvion platinifère débute sous la terre végétale qui couvrait les affleurements de pyroxénites ; à l'aval, dans la région des schistes dynamo-métamorphiques, la profondeur était de 7 à 15 archines, les peskis de 1 à 1 ¾ archine se trouvaient sous une couche argileuse riche en débris de pyroxénites. Les teneurs étaient de 6-9 zol. Nous n'avons pas vu le platine de ce log. ; il est attribué, sauf erreur, par M. Wyssotsky aux pyroxénites de la ceinture, qui se trouveraient donc ici platinifères, ce qui est contraire à tout ce que nous avons observé ailleurs.

**Maloï Pokap. A** ses sources, cette rivière ravine la dunite ; elle traverse ensuite les pyroxénites, puis les schistes dynamo-métamorphiques. Le lojok, dans la région encaissée dans la dunite, est plat et sec ; les alluvions de caractère éluvial se trouvaient directement sous la terre végétale. L'épaisseur des tourbes était de 1 ½ à 2 archines, et par places de 5 à 6, celles des peskis de 1 à 2 archines ; ils renfermaient des débris de dunite avec de la serpentine, des concrétions de quartz, puis d'assez nombreux galets de chromite. Les teneurs en platine aux sources de M.-Pokap étaient très élevées, car les taillings relavés donnaient de 6 à 20 zol. à la sagène cube. Les pépites étaient fréquentes, et nous en possédons quelques-unes qui ont été trouvées dans les tailings ; les plus grosses pesaient 4 livres 74 zol. et 5 livres 51 zol. ; la plupart étaient encapuchonnées de chromite. Le platine de M. Pokap est anguleux, noir, et grossier ; il ne renferme pas d'or dans la partie de la rivière qui est encaissée dans la dunite. Les alluvions ont été exploitées à ciel ouvert, par des tranchées de 20 à 30 sagènes.

Au priisk de Maloï Pokap, dans le petit lojok affluent droit de cette rivière, l'alluvion était peu épaisse, et les peskis renfermaient des galets de dunite et de pyroxénites. Les teneurs étaient en moyenne de 15 zol.

Après sa sortie du massif dunitique, là où la rivière entre dans les gabbros-diorites, la vallée de M.-Pokap est à peine accusée. Les alluvions se divisaient en deux branches ; celle de droite était exploitée à l'endroit appelé Soukhoï-Razriezdt, sur une largeur approximative de 25 sagènes. L'épaisseur totale de l'alluvion était de 4 archines ; les teneurs assez élevés, de 8 à 20 zol. Sur la branche gauche, l'épaisseur du stérile était de 1 ½ à 2 archines, celle des sables de une archine environ, les teneurs oscillaient entre 12 et 15 zol. par sag.³, et le platine renfermait 1 % d'or.

Ces deux traînées d'alluvion se perdaient en aval dans une vallée marécageuse, où cependant on a retrouvé des peskis avec des teneurs variables de 1 à 15 zol. A 300 sagènes en aval à peu près, l'alluvion proprement dite réapparaît ; elle présente alors la disposition suivante :

Terrain superficiel et argile . . . . . = 2 ½ à 4 archines
Peskis argileux . . . . . . . . = 1     à 2       „

Là encore, la distribution du platine était très irrégulière ; on trouvait ordinairement de 2 à 20 zol. à la sag³, mais souvent beaucoup plus, et on nous a indiqué les chiffres de 50 zol. à 1 ½ livre par sag.³. Plus en aval, les deux bandes alluviales se réunissent près de Stare Andreewsky. Ici les alluvions étaient plus épaisses ; on avait :

Tourbes et terrain superficiel . . . . = 4 à 5 archines
Retschnikis. . . . . . . . . . = 1 à 2       „
Peskis . . . . . . . . . . . = ¾ à 2       „
Bed-rock formé par les schistes.

Les teneurs étaient de 3 zol. par sag. cube ; le platine renfermait un faible quantité d'or. Les alluvions de Maloï Pokap ont été exploités de 1889 à 1892. On relave présentement les anciens tailings.

**Besimianni-log.** Ce lojok s'amorce dans la dunite, et traverse les pyroxénites, les gabbros, et les schistes métamorphiques. Il se jette dans l'Iss en aval de Borowskoe. Ses alluvions, au moment de notre visite, n'avaient pas été exploités parce que trop pauvres, mais il existait sur le lojok plusieurs lignes de puits. A la source du log, les tourbes avaient de 2 à 5 archines d'épaisseur, et l'on ne trouvait généralement pas de platine. A 150 sag. environ en amont du confluent les tourbes avaient de 2 à 5 archines, les peskis de ¼ à 2 archines, les teneurs étaient alors de 2 à 8 ½ zol. par sag. cube. Plus près de l'Iss encore, les tourbes et l'argile atteignaient de 7 à 11 archines, les peskis de ½ à 1, les teneurs trouvées étaient de 4 ½ à 6 ¼ zol. par sag.[3].

## RIVIÈRE ISS

C'est la plus importante rivière platinifère du monde, car avec ses affluents, elle fournissait environ les ⅚ du platine de l'Oural. Elle prend sa source sur la ligne de partage des eaux européennes et asiatiques, et en faisant abstraction des méandres, coule en moyenne du N. O. au S. E. jusqu'à son entrée dans le massif dunitique de Swetli-Bor, où elle fait un grand coude vers le S. De là, à la hauteur du confluent de Labaska, elle coule franchement vers l'E. et garde cette direction jusqu'à la Toura. La longueur totale de la vallée de l'Iss est de 64 verstes, dont 31 ½ sur la Bisserskaya-datcha et 32 ½ sur la Tourinskaya-datcha, elle est platinifère sur 52 verstes environ, depuis son contact avec les massifs dunitiques de Swetli-Bor et Wéressowy-Ouwal. De la source à l'embouchure, la différence de niveau est 135 sag., ce qui correspond à une pente moyenne de 2 sag. par verste ; mais cette pente n'est pas uniforme ; près de l'embouchure de la Toura elle est de 0,8, plus en amont de 1 sag., près d'Artelny de 0,6 à 0,7, puis entre les confluents de Labaska et de Kossia de 1,4 sag. ; elle atteint 2 ¼ sag. en amont de Borowskoe, puis 5 sag. près de Kipsia, et 10 à 15 sag. dans la région des sources. Le lit de l'Iss est régulier, il n'est légèrement accidenté qu'à la hauteur de Borowskoe.

La vallée de l'Iss est large et peu variée ; comme elle a été bouleversée par les travaux, son caractère primitif ne peut être établi qu'en de rares points, notamment près des limites de la propriété Schouwaloff avec la Tourinskaya-Datcha. La forme de cette vallée est d'ailleurs en relation avec les formations pétrographiques traversées, sa largeur près de Gelieznaïa varie entre 50 et 75 sag. ; en aval, jusqu'à l'entrée dans le massif de Swetli-Bor, elle atteint 75 à 100 sag. A sa sortie de ce massif, elle s'élargit notablement ; près de l'embouchure de Kossia, elle mesure une verste, et en aval, jusqu'à Sredny-Issowskoï priisk, de 150 à 300 sag. et présente une série d'étranglements et d'élargissements successifs. Près du confluent de l'Issowkaya Labaska elle atteint une verste.

Entre Alexandrowsky-priisk et Artelny, c'est-à-dire au passage de la Bisserskaya dans la Tourinskaya-Datcha, la vallée de l'Iss subit de nouveau une série de rétrécissements et d'élargissements allant de 150 à 350 sag. Elle se rétrécit fortement près de Chourkine-priisk, ce qui provient sans doute du passage dans les porphyrites, s'élargit près du confluent de

Talaïa, et plus en aval, en face de Vosnessensky-priisk, elle mesure de nouveau à peine 100 sag. Plus en aval encore, près du confluent de Phédina, la largeur de la vallée oscille entre 150 et 200 sag., avec un rétrécissement local à 60 sag. causé par le passage dans les diabases quartzifères. En aval de Troïtsky, jusqu'à Bakowoï, la rivière coule sur les calcaires ; la vallée mesure alors jusqu'à une verste, puis après son tournant vers l'est, elle se rétrécit, et sa largeur se maintient entre 150 et 200 sag. jusqu'à la Toura.

L'aspect que présente le profil transversal de la vallée dépend beaucoup de la nature pétrographique des roches traversées ; les affleurements, comme la falaise, sont tantôt sur une rive tantôt sur l'autre, parfois sur les deux. Les falaises s'observent sur le cours supérieur de l'Iss, puis au passage de Wéressowy, sur la rive gauche. Beaucoup plus en aval, on en trouve encore à Vossnessensky, et principalement dans la partie basse de l'Iss, là où la rivière traverse les calcaires.

La rive opposée à celle qui forme falaise est généralement en pente douce ; elle est recouverte par les dépôts d'une ancienne terrasse, dont l'élévation au dessus du lit majeur varie de 1 à 7 mètres suivant la portion du cours envisagée. C'est sur cette deuxième terrasse que se trouve les gites platinifères d'ouwal. La région qui forme le lit majeur, soit la première terrasse, était ordinairement marécageuse, ce que l'on peut voir encore en certains endroits, elle était fréquemment recouverte par de la tourbe, et toujours par la forêt. Le lit contemporain mesurait de 7 à 10 sag.

Le profil des alluvions dans la vallée était naturellement très variable d'un point à un autre, mais on avait ordinairement la succession suivante :

| | | |
|---|---|---|
| Tourbe, terre végétale ou humus . . . | $=$ ¼ à 2 ½ archines | |
| Argiles jaunâtres, devenant bleuâtes en profondeur, plastiques. . . . . . . | $=$ 1 ½ à 2 | » |
| Sables et retschnikis . . . . . . . | $=$ ¼ à 3 | » |
| Peskis platinifères . . . . . . . . | $=$ 1 | » |
| Bed-rock. | | |

La tourbe était parfois très épaisse, et formait à elle seule le terrain superficiel. Les argiles étaient presque constantes, mais d'épaisseur et de caractère variables. Les retschnikis étaient ordinairement sableux à la partie supérieure, et argileux à la base, parfois ils passaient latéralement aux peskis. Les galets petits vers la partie supérieure, augmentaient de dimension vers le bas ; les roches qui les constituent variaient naturellement selon le point considéré ; en pratique on lavait toujours la base des retschnikis, qui sont platinifères.

Les peskis étaient toujours argileux, de couleur verdâtre ou grisâtre, leur épaisseur habituelle etait d'une archine environ, mais ils pouvaient atteindre jusqu'à 3 archines. Le platine était ordinairement concentré près du bed-rock ou contraire dans le voisinage des retschnikis. Quant au bed-rock, sa constitution était éminemment variable ainsi que son état de fissuration. D'une manière générale on peut dire que le rapport du stérile total aux formations productives, était, dans la vallée de l'Iss, de 4 à 1 environ.

*a*) Gisements de l'Iss. Vue générale de la vallée de l'Iss et de la montagne de Sarannaya d'après M. N. Wyssotsky.

*b*) Gisements de l'Iss. Laverie de Verkh-Kossinsky.

L'Iss en temps que rivière platinifère, ne nous intéresse qu'à partir de son contact avec les deux centres dunitiques de Wéressowy et de Swetli-Bor, nous ferons donc complètement abstraction de la partie supérieure du cours de cette rivière, et ne l'étudierons qu'en aval du confluent de Bolchaïa Prostokischenka qui est le premier affluent platinifère venant de Wéressowy-Ouwal. Immédiatement en aval de cet affluent, les alluvions de l'Iss contiennent du platine, mais elles sont très pauvres, car des recherches échelonnées sur quatres verste en aval du confluent, n'ont montré que des traces de platine, dans les alluvions. Près de Borowskoe, sur des puits isolés, on a trouvé des teneurs allant de quatre dolis à deux zolotniks, avec une moyenne générale de ³/₄ de zolotniks. Le rapport du stérile au productif était environ de quatre à un. En aval de Borowskoe, les teneurs deviennent déjà plus considérables, soit ³/₄ à 3 zol. à la sag³, et par places 10 zol. et même davantage près du Bezimianni-log. A son entrée dans le centre dunitique de Swetli-Bor, le caractère des alluvions de l'Iss change ; les peskis contiennent d'abondants galets de dunite et sont particulièrement argileux. En aval du confluent du Korobowsky et jusqu'au log N° 1, les teneurs de l'alluvion du lit étaient de 4 à 4 ³/₄ zol. à la sag³ ; mais sur certains endroits on a trouvé jusqu'à 25. 30. et même 40 zol. De plus, du Korobowsky-lojok à la Kossia, il existe sur la rive droite, un gisement d'ouwal dont la hauteur au-dessus de la première terrasse est de trois à six sagènes. Le profil de l'alluvion de ce gisement était :

Argile et terrain superficiel  =  6 à 19 archines
Retschnikis . . . . . .  =  3 à 4 archines
Peskis . . . . . . . .  =  ¼ à 1 archine
Bed-rock dunitique altéré

Les teneurs étaient ordinairement de 7 à 12 zol, mais suivant l'axe riche on a observé de 15 à 80 zol. voire même plus d'une livre à la sag³. Au moment de notre visite, l'alluvion du lit de l'Iss dans la partie où celle-ci est encaissée dans la dunite, n'était pas exploitée ; le stérile était de une à six archines (en moyenne quatre) le productif de ¼ à deux archines (en moyenne une archine).

En face de l'embouchure de Kossia, là où le bed-rock est en pyroxénites puis en amphibolites, le gisement d'ouwal passe sur la rive gauche, à ½ verste environ en amont de Verkh-Kossinsky. Les parties riches de l'alluvion du lit se trouvaient à gauche du cours actuel. Les teneurs étaient en moyenne de 7 zolotniks à la sag.³, et par places de 25 à 27. En face de Verkh-Kossinsky priisk on avait :

Tourbes . . . . .  =  ¹/₂ à 1 ¹/₂ archines
Argiles bleues. . . .  =  1 à 2     »
Retschnikis . . . .  =  1 à 2     »
Peskis . . . . . .  =  1 ¹/₂      »
Bed-rock de pyroxénites.

Les teneurs étaient élevées, et de 12 à 18 zolotniks à la sag.³. Le platine était anguleux, gros, avec fer chromé ; les petites pépites de 1 zolotnik encore encapuchonnées de chromite, n'étaient pas rares, le platine renfermait une petite quantité d'or. Le gisement d'ouwal à Verkh-Kossinsky a été travaillé en galeries, l'épaisseur du stérile oscillait entre 6 et 20 archines, celle des sables y compris le bed-rock à extraire, de 1 à 1 ¹/₂ archines. Les teneurs étaient variables, mais d'environ 8 à 9 zolotniks en moyenne ; certains puits faits dans la zone riche ont donné cependant jusqu'à 1 livre.

Vis-à-vis de Kossinsky-priisk, la zone riche des alluvions du lit était rejetée sur la rive droite, elle a été exploitée à ciel ouvert sur une tranchée étroite. Le rapport du stérile au productif était de 5 à 1 environ, les teneurs 12 zolotniks en moyenne à la sag.³, mais avec des places beaucoup plus riches. Les plus grandes teneurs étaient ici à la limite des retschnikis et des peskis.

En aval du confluent de Pokap, les alluvions du lit étaient plus pauvres, et la zone riche rejetée sur la rive gauche de la vallée. Là, il existe aussi un gisement d'ouwal, qui, en face de la laverie de Pétropawlowsky, a été exploité sous terre. Les tourbes et argiles atteignaient 18 à 26 archines, les retschnikis 3 archines, et les peskis en moyenne 1 archine. Les teneurs oscillaient entre 10 et 12 zolotniks, et atteignaient par places jusqu'à 30. A Pétropawlowsky même, et en aval, sur une verste environ, on a exploité les alluvions du lit ; l'axe riche était rejeté vers la rive gauche, et l'exploitation se faisait à ciel ouvert. Le rapport du stérile au productif était d'environ 4 à 1, les teneurs très irrégulières atteignaient jusqu'à 50 zolotniks par sag.³, mais étaient ordinairement de 8 à 10 zolotniks environ. En aval de Pétropawlowsky, près de Sredny-Issowskoï, elles tombaient à 5 zolotniks, ce qui résulte de l'élargissement de la valllée. L'exploitation se faisait ici par deux petites dragues du constructeur Verf-Konrad ; au moment de notre visite en 1909 les teneurs du tout venant accusées par les dragues étaient d'à peu près 1 à 2 zolotniks. Au delà de Sredny-Issowskoï, l'exploitation se faisait à ciel ouvert, et à gauche du lit actuel ; on exploitait aussi le gisement d'ouwal qui se trouve sur la rive gauche.

Près de Nijne-Issowskoï, les alluvions ont été travaillées à droite du lit actuel, près de l'affluent appellé Krutchkowka. Le profil de l'alluvion était ici :

| | | |
|---|---|---|
| Tourbes, terrain superficiel et argile | = | 1 ¹/₂ à 2 archines |
| Retschnikis | = | 2 ¹/₂ à 2 ³/₄ » |
| Peskis | = | ¹/₂ à 2 » |

Les peskis étaient verdâtres et très argileux sur les bords. Les teneurs moyennes étaiens de 12 à 14 zolotniks à la sag.³, l'axe riche était rejeté sur la rive gauche. En aval de Nijne-Issowskoï, les alluvions ont été encore exploitées jusqu'au confluent de Labaska avec des teneurs de 6 zolotniks environ, puis aussi sur un petit lojok étroit de la rive droite sur une longueur de 150 sag. Les alluvions de ce lojok (sans doute un produit remanié et reconcentré) étaient d'une richesse exceptionnelle ; on indique les chiffres de 10 à 16 zolotniks pour 100 pouds, voir même plusieurs livres à la sag.³. Au S.-E. des bâtiments de Nijne-Issowskoï, il existe un lambeau d'une nappe alluviale ancienne, perchée à 10 et 15 sag. au dessus du niveau de la rivière. Cette alluvion est platinifère également,

*a*) Gisements de l'Iss. Chemin des Laveric d'Oust-Kossinsky.

*b*) Gisements de l'Iss. Laverie d'Oust-Kossinsky.

Laverie de Pétropawlowsky.

et a été exploitée par puits et par tranchées. Le stérile y oscille entre 1 et 6 archines, les sables entre 1 ½ et 2 archines ; le platine est très roulé et couvert d'une croûte noirâtre. Cette nappe est un témoignage du niveau élevé auquel l'Iss a coulé antérieurement.

En face des bâtiments de Nijne-Issowskoï, il existe aussi un gisement d'ouwal dont la largeur varie de 100 à 200 sag. L'épaisseur du stérile oscille entre 6 et 22 archines, celle des peskis entre ¾ et 1 ¼ archines ; les teneurs étaient d'environ 6 zolotniks, mais sur certains endroits, notablement plus élevées.

En aval du confluent de Labaska, la vallée de l'Iss s'élargit considérablement, et les teneurs s'abaissent en conséquence. Cette région a été prospectée sur la Bisserskaya-datcha par de nombreuses lignes de puits, dans le but d'y placer des dragues. Les recherches ont montré l'existence de 3 axes riches et étroits, encaissés dans une grande masse d'alluvions à faible teneur. Dans cette région, l'épaisseur du stérile varie de 2 ½ à 6 ½ archines, celle des peskis de ½ à 1 ¾. Les teneurs étaient en moyenne de 4 zolotniks, mais suivant les axes riches elles devenaient beaucoup plus élevées, et atteignaient par places de 11 à 26 zolotniks à la sag.[3].

Sur la Tourinskaya-datcha, les alluvions de l'Iss ont été exploitées depuis la frontière jusqu'au confluent de la Toura, soit dans le lit, soit sur les gisements d'ouwal, dans le premier cas par tranchées, dans le second par travaux souterrains. La grande majorité des concessions appartenait à la Compagnie Industrielle du platine, qui les a exploitées et les exploite encore aujourd'hui. Les laveries échelonnées le long de la rivière, se répartissent en plusieurs groupes, que nous examinerons successivement de l'amont vers l'aval.

Au groupe Alexandrowsky, les alluvions du lit ont été exploitées sur de nombreux points à partir de la frontière ; à mesure que la vallée de l'Iss se rétrécit, les teneurs augmentent. A Elisabéthinsky-priisk, les teneurs étaient successivement de l'amont vers l'aval de 4, puis 6, puis 8 zolotniks par sag.[3] ; elles s'élevaient en certains endroits à 16 et 23 zolotniks.

Dans la région comprise entre Alexandrowsky et le groupe d'Artelny, la zone riche se trouve d'abord sur la rive gauche, puis en aval du confluent de Krasminskaya, elle passe sur la rive droite de l'Iss. Cette zone est rétrécie, ou au contraire bifurquée ; les teneurs étaient variables ; à Pétrowsky par exemple, en certains endroits, on avait de 20 zolotniks jusqu'à une livre à la sag.[3]. Dans la suite les teneurs s'abaissèrent naturellement et atteignirent de 5 à 7 zolotniks. Sur les alluvions du lit, on observait la succession suivante : Tourbes, argiles es sables = 2 à 4 ½ archines ; retschnikis = ¼ à 2 archines ; peskis = 1 à 2 ½ archines. Bed-rock en schistes amphiboliques.

Les alluvions d'ouwal étaient développées sur la rive gauche et travaillées souterrainement. L'épaisseur du stérile était très variable, celle des peskis de ½ à 1 archine.

A la hauteur d'Alexandrowsky, le platine était encore assez grossier, roulé, et renfermait parfois des petites pépites décortiquées.

Au groupe d'Artelny, l'axe riche des alluvions de la vallée se trouvait à gauche du lit actuel, sur deux lignes distinctes.

On avait la succession suivante :

Tourbes, terre végétale et terrain superficiel = 1 à 2 archines
Argile grise sableuse puis glaiseuse . . . = 1 à 3 »
Retschnikis . . . . . . . . . . . = ¹/₂ à 3 »
Peskis verdâtres plus ou moins argileux , = ³/₄ à 1 »
Bed-rock d'amphibolites.

Les teneurs moyennes oscillaient entre 5 et 7 zolotniks, mais atteignaient par places 20 zolotniks et même plus. La zone riche se trouvait soit sur le bed-rock, soit à la limite des retschnikis et des peskis. On a aussi exploité sur la rive gauche un gisement d'ouwal à la profondeur de 7 à 9 archines, avec des teneurs élevées. Le platine renfermait de 1 à 3 zol. d'or, et parfois quelques pépites de plusieurs zolotniks de ce dernier métal.

Près du confluent de Talaïa, et en aval, au groupe de Vosnessensky, l'axe riche se trouvait sur la rive gauche par rapport au lit actuel, puis croisait ce dernier, et dans la partie aval du dit groupe passait sur la rive droite. L'alluvion de vallée était exploitée par des tranchées à ciel ouvert, et l'on avait :

Tourbes et stérile = 3 à 4 archines, peskis = 1 à 1 ¹/₂ archines. Les teneurs étaient de 4 à 5 zolotniks et par places de 12 à 18.

A Vosnessensky-priisk, on avait :

Tourbe et argile bleuâtre = 1 ¹/₂ à 2 archines
Sable fin avec galets . . = ¹/₄ à 1 »
Retschnikis . . . . . = ¹/₂ à 1 ¹/₂ »
Peskis . . . . . . = ¹/₂ à 1 ¹/₂ »
Bed-rock de porphyrites.

En certains endroits, les retschnikis atteignaient jusqu'à 3 ¹/₂ archines, notamment au milieu de la vallée, et les peskis 2 ¹/₂. Le passage des peskis au bed-rock était graduel, on enlevait toujours une certaine épaisseur de ce dernier. Les teneurs étaient très variables suivant les laveries, à Chérubinsky-priisk, elles étaient d'environ 4 zolotniks, mais par places atteignaient jusqu'à 15 zolotniks ; à Vosnessensky même, de 4 à 5 zolotniks ; à Chestlevii-priisk de 8 à 9 zolotniks etc. La proportion d'or dans le platine était variable, et oscillait entre 3 à 6 %, les petites pépites n'étaient point rares. Le platine à Vosnessensky est déjà bien calibré, de taille notablement inférieure à celle qu'il a sur la Bisserskaya-datcha, de couleur grise, et déjà fortement roulé.

A la hauteur de Vosnessensky, on a également exploité des gisement d'ouwal, notamment à Issakiewsky, Arsen-Witalewsky-priisk etc. L'épaisseur du stérile variait de 4 à 26 archines, celle des retschnikis de 1 ¹/₂ à 2 archines, celle des peskis de ³/₄ à 1 ¹/₂ archine. Le bed-rock était représenté par les porphyrites ouralitisées. Les mêmes alluvions d'ouwal ont été exploitées sur la rive droite, en aval, aux laveries de Tschasliwy et de Pobiédonosny. L'épaisseur totale des formations atteignait ici jusqu'à 23 archines, mais oscillait en général entre 7 et 15 archines. L'épaisseur des sables était de ¹/₂ à ³/₄ d'archines seulement, mais la

a) Gisements de l'Iss. Exploitation des sables sur la laverie de Pétropawlowsky.

b) Gisements de l'Iss. Laverie de Nijne-Issowskoï.

richesse était au début très grande et atteignait de 12 à 60 zolotniks à la sag.[3] ; on a même lavé de 1 à 2 livres. Le platine renfermait jusqu'à 6 % d'or.

En aval du groupe de Vosnessensky, la vallée s'élargit dans la région des affluents Gavrinka, B. et M. Ossokina etc. A Krestowozwidjensky, le rapport du stérile au productif était de 4 à 1, les teneurs étaient élevées également.

A Issowskoï-priisk, on avait : Tourbes et terrain superficiel = ½ à 1 ½ archines. Retschnikis = 3 à 4 achines, peskis = ¾ à 1 ½ archines. Les teneurs moyennes étaient ordinairement de 4 à 6 zolotniks.

A Troïtsky-priisk, en aval de l'affluent Phédina, la vallée se rétrécit grâce à l'affleurement des diabases quartzifères, puis elle se réélargit dans la suite, Dans la partie étroite, les teneurs étaient élevées et régulières, elles atteignaient jusqu'à ½ livre à la sag.[3]. On travaillait à ciel ouvert, sur un front de 35 sag. environ. Ce stérile mesurait 3 à 5 archines, les peskis 2 à 2 ¼ archines. En aval du confluent de Phédina, le stérile tourbes et argile mesuraient 5 archines, les retschnikis développés sporadiquement, 1 archine environ, les peskis ¼ à ½ archine. Le bed-rock était formé par les porphyrites. Les teneurs étaient ici de 8 à 12 zolotniks, et atteignaient même jusqu'à 30 zolotniks, à la sag.[3]. Sur la rive droite près de Troïtsky, il existait également un petit gisement d'ouwal qui a été travaillé souterrainement.

En aval de Troïtsky, sur les laveries de Pokrowsky, Trudny, Josiphowsky, etc., on a exploité par tranchées les alluvions riches de la vallée, et par dragues celles qui étaient plus pauvres. La succession était la suivante :

Tourbes et terrain superficiel = 2 à 6 archines
Argile plus ou moins sableuse = ½ à 2  »
Retschnikis . . . . . . = ¾ à 2  »
Peskis. . . . . . . . = ¼ à 1 ¾  »
Bed-rock . . . . . . . = porphyrites

Les teneurs étaient très variables suivant les laveries. A Pokrowsky-priisk elles étaient ordinairement de 6 à 10 zolotniks, parfois cependant notablement plus élevées à Anna-Josiphowsky de 4 à 6 zolotniks, à Trudy-priisk de 2 à 5 et même plus, à Nadejdinsky-priisk de 3 ½ à 4 etc. Le platine est ici petit, brillant, et fort roulé, il contient 3 % d'or.

Entre les confluents de Biélaya et de Jourawlik, sur les laveries de Jouriewsky, d'Alexandrinsky de Starichne et de Bogoiawlensky, les alluvions de vallée se trouvent sur un bed-rock calcaire, de plus, sur les deux rives, il existe là où la pente est faible, des alluvions d'ouwal qui ont été exploitées sur la rive gauche à Issakewsky-priisk, et plus en aval à Starichne-priisk, puis sur la rive droite, à Ekaterinebursky et Konioukowsky-priisk au sud.

A Alexandrinsky, et à Jouriewsky, les alluvions du lit ont été travaillées à ciel ouvert, près de la rive gauche, le stérile était de 1 ¾ à 4 ¼ archines, les peskis de 1 ¼ à 1 ½ archines ; le bed-rock calcaire. Les teneurs au début étaient de 10 à 12 zolotniks, elles s'abaissèrent dans la suite.

A Starichne-priisk et Bogoiawlensky-priisk, le rapport du stérile au productif était de 4 à 5 pour 1 à 1 ½, le bed-rock, calcaire également. Les teneurs étaient élevées, à Bogoiawlensky on comptait de 1 à 5 zolotniks pour 100 pouds, à Staritchne de 1 zol.-11 dolis à 1 zol.-36 dolis pour 100 pouds également, du moins au début, plus tard les teneurs baissèrent considérablement. La distribution du platine était d'ailleurs très irrégulière, la zone riche fréquemment localisée entre les peskis et les retschnikis, puis aussi dans le bed-rock calcaire toujours très fissuré. Le platine renfermait constamment de l'or, parfois même d'assez grosses pépites pesant plusieurs zolotniks (une de 24 notamment, à l'embouchure de Biélaïa).

Dans cette région, il existait également des alluvions d'ouwal qui ont été exploitées sur la rive droite, à Ekaterinebursky et Konioukowsky-priisk, et qui se continuaient jusqu'à l'embouchure de Pestchanka. La succession des formations, en temps qu'épaisseur, était très variable, on avait ordinairement :

| | |
|---|---|
| Terrain superficiel et argile | $=$ 1 ½ à 10 archines. |
| Retschnikis | $=$ 1 ½ à 5 » |
| Argile brunâtre | $=$ 1 ½ à ¾ » |
| Peskis | $=$ 1 ½ à 2 » |
| Bed-rock argileux, avec cailloux anguleux de calcaire. | |

En certains endroits, l'épaisseur des peskis était beaucoup plus considérable, et atteignait jusqu'à 9 archines. Parfois, comme à Ekaterinebursky-priisk par exemple, il existait deux couches platinifères séparées par du stérile. La couche supérieure qui mesurait deux archines, se trouvait au-dessous de 13 archines de mort terrain ; une couche d'argile de deux archines d'épaisseur la séparait de la couche inférieure qui reposait sur le bed-rock calcaire, et qui mesurait quatre archines environ. Les teneurs de la couche supérieure atteignaient 15 zolotniks, celles de la couche inférieure 25 zolotniks et même davantage à la sag. cube. La zone la plus riche se trouvait à l'embouchure d'Ekaterinebursky-log. Le platine était plus grossier que celui du lit, riche en or, et contenait même des petites pépites. Les peskis renfermaient parfois de beaux blocs de cinabre que nous avons récoltés dans les tailings, longtemps après la période de l'exploitation.

Sur la pente gauche de la vallée de l'Iss, il existait aussi des alluvions d'ouwal qui ont été exploitées en amont de l'embouchure de Jourawlik avec des teneurs de 6 à 12 zolotniks par sag. cube.

En aval du confluent de Jourawlik, la rivière Iss comme nous l'avons dit, se rétrécit et ne se réélargit que près de l'affluent Tschechéwita. Depuis Jourawlik jusqu'au confluent avec la Toura, il existe, tout le long de la vallée, d'importants et anciens travaux faits dans l'axe même de celle-ci pour exploiter les alluvions qui, dans cette partie du cours de l'Iss, étaient fort riches. L'axe riche se trouvait sensiblement au milieu de la vallée, mais se bifurquait souvent, et se subdivisait en plusieurs lignes parallèles. C'est dans cette région que furent créées les premières laveries d'Issowskoï en 1825. A Mariinsky-priisk, en aval

*a*) Gisements de l'Iss. Laverie de Nijne-Issowskoï.

*b*) Gisements de l'Iss. Enlèvement des sables platinifères après détourbage. Laverie de Nijne-Issowskoï.

de Jourawlik, les teneurs moyennes étaient encore de, 1878 à 1895, de 1 zol. 66 dol. pour 100 pouds, à Blagonadejny et à Bokowoï de 1 zol. 56 dol. pour 100 pouds également, et à Elisabéthinsky et Voskressensky-priisk, ellee étaient tout à fait analogues.

Actuellement, dans les localités en question, sur d'anciennes tranchées où il existe encore un peu d'alluvion en place, on observe encore des teneurs de 8 à 25 zol. à la sag. cube. Le profil de l'alluvion de vallée à ces différentes laveries était le suivant :

| | Marlinsky | Blagonadejny | Bokowoï | Idea | Elisabéthinsky | Voskressensky |
|---|---|---|---|---|---|---|
| Tourbes, terrain superficiel et argiles . . . | 1 ³/₄ - 2 ¼ | 2 - 3 ³/₄ | 2 ¼ - 4 | 1 - 4 ³/₄ | 4 | 1 - 5 ½ |
| Retschnikis . . . . . | 1 - 2 ½ | 2 - 3 | ¹/₂ | 1 - 4 | 1 ½ - 3 | ½ - 2 |
| Peskis . . . . . . . | 1 - 1 ³/₄ | ½ - 2 ½ | ½ - 2 ¼ | 1 - 1 ½ | ¼ - 1 ¼ | ½ - 1 |
| Bed-rock . . . . . . | calcaires | calcaires | argile et calcaire | calcaire | calcaire | porphyrites |

La répartition du platine dans les alluvions du lit était d'habitude très irrégulière, la richessse maximum se trouvait soit près du bed-rock, soit à la limite des peskis et des retchnikis. Le bed-rock lui-même, calcaire et fissuré, était parfois fort riche. Le platine était petit, roulé et calibré ; il était toujours mêlé à de l'or en assez forte proportion.

Les alluvions d'ouwal existaient aussi dans cette partie inférieure du cours de l'Iss, elles y ont été exploitées sur la rive gauche, à Elisabéthinsky-priisk, avec des teneurs de 11 à 12 zol., puis à Arkhangelsky-priisk et Tatiansky-priisk avec des teneurs de 6 à 10 et 18 à 20 zol., à Nikolaewsky avec 9 zol., etc. Des alluvions d'ouwal se trouvaient aussi en aval de Gloübokaïa, sur la pente gauche de la vallée ; les formations avaient ici une épaisseur totale variant de 3 à 14 archines, celle des sables était de ¼ à 3 archines. Les mêmes alluvions d'ouwal se trouvaient à Voskressensky-priisk, toujours sur la pente de la rive gauche. On avait en cet endroit :

Argile brune avec débris de porphyrites.  .  .  = 5 archines
Retschnikis .  .  .  .  .  .  .  .  .  .  = 3  »
Peskis .  .  .  .  .  .  .  .  .  .  .  = ¾  »
Bed-rock .  .  .  .  .  .  .  .  .  .  = porphyrites

Enfin des gisements d'ouwal ont encore été travaillés sur les pentes de la rive droite de l'Iss, à Nikolaewsky-priisk. Nikolaï-Phokiewsky et Arkhangelsky-priisk. L'alluvion platinifère recouvrait la pente la moins accusée. Les épaisseurs du stérile et des peskis étaient variables. A Nikolaewsky par exemple, le stérile mesurait 5 ½ archines (argiles et retschnikis), les sables 1 ¼ archines.

## AFFLUENTS LATÉRAUX DE L'ISS

Nous ferons dans ce qui suit, complètement abstraction des affluents qui proviennent des centres dunitiques, lesquels ont déjà été traités, et ne parlerons que de ceux qui se jettent dans l'Iss en aval de B.-Pokap. Ces affluents, ravinent sans exception des roches qui sont manifestement stériles, et leur platine ne peut donc provenir que d'anciennes alluvions de l'Iss, qui ont été déposées à un niveau notablement supérieur à celui de la seconde terrasse, puis qui, dans la suite, ont été érodées et dont le platine a été reconcentré dans le lit des affluents latéraux établis postérieurement. Presque tous les affluents latéraux de l'Iss, en aval du confluent de B.-Pokap, contiennent du platine, et on peut dire que la teneur de leurs alluvions va généralement en diminuant de l'aval vers l'amont. Ce sont principalement les affluents situés dans la partie inférieure du cours de la rivière qui sont les plus riches en platine, et les teneurs de ces derniers ont dépassé ou égalé souvent les plus élevées de l'Iss, ou celle des lojoks dans la dunite. Ceci provient exclusivement du fait que dans la région indiquée l'Iss traverse les calcaires, et que ceux-ci forment, comme on le sait, le bed-rock idéal pour arrêter le platine dans sa descente. Tous ces affluents ont été exploités, certains d'entre eux dès 1825 déjà, et actuellement on y relave les tailings, qui par places, sont encore assez riches. Nous étudierons successivement ces divers affluents de l'amont vers l'aval.

**Issowskaïa Labaska.** C'est un affluent gauche de l'Iss. Elle n'a jamais fait l'objet d'une exploitation, pas plus que son affluent la Berézowka, cependant de nombreuses recherches y ont été effectuées à différentes époques. On a trouvé en divers points de leur cours, des traces d'or et de platine dans les alluvions.

**Krasnouchka.** C'est un affluent gauche de l'Iss, qui ravine les schistes dynamo-métamorphiques Cette rivière n'est pas platinifère, mais ses alluvions renferment des petites quantités d'or.

**Petits lojoks affluents gauches.** En aval de la frontière de la Bisserskaya et de la Tourinskaya-datcha, il existe un petit log affluent droit de l'Iss, dont les alluvions étaient très-riches, mais fort étroites. On y a lavé jusqu'à 1 zolotnik de platine pour 3 pouds. Le rapport du stérile au productif était de 2 à $^3/_4$ d'archine. Dans d'autres petits lojoks affluents droits de l'Iss sur la Tourinskaya-datcha, on ne trouve que des traces de platine.

**Krasnenskaya.** C'est un affluent gauche de l'Iss, qui ravine les gabbros-diorites et les schistes dynamo-métamorphiques. Cette rivière n'est pas platinifère ; dans la partie de son cours située tout près de l'Iss, on a trouvé de $^1/_4$ à $3^3/_4$ zol. à la sag$^a$.

**Maloï Sakciam.** Cet affluent gauche de l'Iss provient de la pente sud de Sarannaya-gora, et des gabbros-diorites, Dans la partie supérieure de son cours elle ne renferme pas de platine ; dans la partie inférieure, au voisinage de l'Iss, elle en contient des petites quantité seulement.

**Bolchoï Sakciam.** Cet affluent gauche provient également de la pente S. de Saran naya-gora, et de la limite des gabbros à olivine avec les gabbros-diorites. Elle a été exploitée de part et d'autre de la route qui va à Artelny. Le profil de l'alluvion était :

    Tourbe, terre et argile.  . . . . . . .  = 3 à 5 archines
    Retschnikis . . . . . . . . . .  = ³/₄ archine
    Peskis . . . . . . . . . . . .  = ³/₄ à 1 archine
    Bed-rock en schistes dynamo-métamorphiques

Les teneurs étaient de 6 à 7 zol. en amont du chemin, et de 15 zol. environ à la sagène cube en aval. Le platine était riche en or (jusqu'à 27 %).

**Bolchaïa Choumika.** Cet affluent droit de l'Iss débute sur le flanc N. du Katchkanar dans la région des gabbros à olivine, et traverse ensuite les schistes dynamo-métamorphiques. Le cours supérieur de la rivière est accidenté et riche en rapides, puis la vallée devient plate et marécageuse en amont de Krestowozwidjensky. Elle se resserre en aval de cette localité et les affleurements rocheux sont fréquents sur la rive droite, dans la région des schistes métamorphiques. Dans la partie supérieure du cours de cet affluent, là ou il ravine les gabbros à olivine du Katchkanar, il n'y a pas de platine, ce qui est très suggestif et conforme à ce que nous avons observé au Koswinsky et au Kanjakowsky pour les rivières qui ravinent les mêmes roches. Sur le Krestowozwidjensky, on a travaillé une petite zone alluviale avec des teneurs de 8 à 9 zol. à la sag⁸ la succession était :

    Tourbes . . . . . . . . . .  = ¹/₂ à 2 archines
    · Argile . . . . . . . . .  = ¹/₂      »
    Retschnikis. . . . . . . . .  = ¹/₄ à ¹/₂  »
    Peskis . . . . . . . . . .  = 1 ¹/₂     »
Le platine contenait plus de 20 % d'or.

**Klioutchy.** Petit affluent droit qui parait avoir contenu un peu de platine, mais au sujet duquel les renseignements plus détaillés font défaut.

**Talaïa.** C'est un affluent gauche de l'Iss, qui provient du flanc S.-E. de Sarannaya-gora. Il coule d'abord dans les schistes dynamo-métamorphiques, puis dans les porphyrites, et occupe une vallée assez plate et marécageuse, qui se resserre vers l'aval ; notamment près de l'affluent Kroutaïa, puis se réélargit aux approches de l'Iss. A la source même de Talaïa, il n'y a pas de platine dans les alluvions, les peskis d'ailleurs font défaut. **Ploskaya** affluent-gauche de Talaïa a été exploitée sur une zone très-étroite de 1 à 2 sag. au plus, et sur une faible longueur. L'alluvion était très pauvre en platine, et contenait surtout de l'or. En aval du confluent de Ploskaya on a également exploité un petit gisement d'ouwal, mais pour l'or. Les teneurs étaient en moyenne 12 à 15 zol. à la sag³, les proportions de platine dans l'or variaient de l'amont vers l'aval entre 2 à 4 % et 30 à 55 %.

Au-delà du confluent de Kroutaïa les alluvions de Talaïa ont été encore exploitées d'abord sur le lit, puis, au **N.** de la route d'Artelny, sur un gisement d'ouwal de la rive droite. Ces alluvions étaient principalement aurifères, et les métaux bruts renfermaient le 33 % de platine.

**Motchalnik.** C'est un affluent gauche, qui a été travaillé localement, mais qui paraît avoir été pauvre. Il est entièrement encaissé dans les porphyrites, et les alluvions renfermaient principalement de l'or.

**Gavrinka.** Affluent gauche également, qui était principalement aurifère, et qui, comme son affluent Taniouchkina ravine les porphyrites. Sur Nikolaï-Gavrinsky-priisk on a travaillé dans le lit et sur les ouwals. Vers l'amont, les alluvions étaient surtout aurifères, et contenaient environ 12 % de platine, cette proportion augmentait jusqu'à 50 % à Gavrinsky-priisk même. Les teneurs étaient assez faibles, et en moyenne de 4 zol. à la sag³, mais par endroits elles étaient notablement plus élevées. Sur Taniouchkina, on a également travaillé dans des conditions à peu près analogues ; les teneurs cependant étaient plus faibles, et il y avait plus de platine que d'or dans le total des métaux précieux.

La région du cours moyen de Gavrinka n'a pas été exploitée ; près du confluent avec l'Iss, on a travaillé le gite d'ouwal qui se trouve sur la rive gauche, ainsi qu'un petit lojok affluent gauche de l'Iss, à une demi verste en aval de l'embouchure de Gavrinka.

**Bolchaïa Ossokina.** C'est également un affluent gauche de l'Iss, qui ravine les porphyrites à pyroxène. Près des sources, la vallée est assez large et marécageuse, elle se rétrécit plus en aval, et en regard de la laverie Alexandro-Pankowsky, la couche alluviale peu épaisse comportait ³/₄-1 archine de stérile pour ¹/₂-1 ¹/₄ archine de sables. En aval, il existait aussi des alluvions d'ouwal sur les deux rives ; sur la rive droite, le stérile avait une épaisseur de 4 à 7 archines, les sables de ¹/₂ à 2 archines ; sur la rive gauche l'épaisseur du stérile variait de 3 à 5 archines, celle des peskis de ¹/₂ à 2 archines également. Les teneurs atteignaient 21 zol. à la sag. cube. Près du confluent avec l'Iss, la vallée de B.-Ossokina est assez étroite ; les alluvions du lit y ont été exploitées depuis longtemps et présentement on y relave les tailings et quelques petites parties d'alluvions restées vierges. Les teneurs variaient initialement entre 8 et 16 zol., mais atteignaient par places jusqu'à 40 zol. à la sag. cube. Le platine était petit et roulé ; il renfermait jusqu'à 6 % d'or parfois en petites pépites.

**Malaïa Ossokina.** L'alluvion platinifère de cette rivière ne commençait qu'à partir du cours moyen, et descendait sur l'Iss par le log appelé Alexii-Olginsky. Dans la partie amont du cours, le stérile mesurait de 1-2 archines, les sables jusqu'à une demi archine. En amont de la route qui va à Balotnoe-priisk, on avait également 1 ¹/₂ archine de stérile pour ¹/₄-³/₄ d'archine de peskis platinifères. En aval de la partie moyenne du log Alexii-Olginsky, il existait deux couches platinifères et l'on avait la succession suivante :

Terre argileuse . . .    . . . . .    $=$ 1 à 1 $^3/_4$ archine.
Couche supérieure de peskis platinifères.   .   $=$ $^3/_4$ à 1 $^1/_2$   »
Argile brune . . . . . . . . . .   $=$ $^3/_4$ à 2 $^1/_2$   »
Couche inférieure de peskis platinifères .   .   $=$ $^1/_4$ à 2 $^1/_4$   »
Bed-rock en porphyrites.

Les teneurs de la première couche étaient de 10-40 zol. à la sagène cube ; celle de la seconde 16-28 zol.

Près du confluent avec l'Iss, la nappe alluviale était moins profonde, et la couche de peskis était unique, elle mesurait de une demi à une archine ; le platine était roulé, mais encore assez gros, et de couleur gris-clair.

**Log Blagoweschensky.** C'est un affluent droit de l'Iss, situé en face de l'embouchure de B. Ossokina. La teneur des alluvions platinifères était irrégulière ; on a extrait de 1 zol. 63 dolis, à 5 zol. 3 d. pour 100 pouds. Plus au sud, et sur la rive droite de l'Iss, on a également exploité les alluvions platinifères de plusieurs petits lojoks encaissés dans les porphyrites.

**Phédina.** C'est aussi un affluent droit de l'Iss, dont les alluvions ont été exploitées sur plusieurs points. Dans la partie supérieure, à Triok-Swiatitelsky, on a, sur une demi verste environ, travaillé les alluvions du lit sur un front de deux à cinq sagènes. Le stérile (tourbes, argiles, etc.), mesure de 2 $^1/_2$-3 archines, les peskis de 1 à 1 $^1/_4$ archine, voire même davantage. Les teneurs étaient ordinairement de 9 à 12 zol., mais parfois de 20-30 zol. à la sag. cube ; la proportion d'or dans le total des métaux précieux atteignait 75-80 %, tandis que sur le Kroutoï-log, affluent droit de Phédina, la proportion de platine l'emportait sur celle de l'or. Plus en aval, à l'intersection de Phédina avec le chemin qui va aux laveries d'Illinsky, Kazansky, etc., on a travaillé une alluvion d'ouwal, située sur la rive droite, et qui formait une bande étroite laquelle s'élargissait en arrivant près de l'Iss et passait alors dans le lit de Phédina. Le stérile (tourbe, argile et retschnikis) mesurait en cet endroit de 3 à 7 $^1/_2$ archnines, les peskis de $^1/_2$ à 1 ¼ archines. Les teneurs de sables étaient de 1 à 30 zol. à la sagène cube.

En aval de Phédina, et sur la rive gauche de l'Iss, il existe quelques petits lojoks dont les alluvions ont été exploitées dans le voisinage d'Issowskoï-priisk ; les renseignements plus détaillés sur les alluvions de ces lojoks font défaut.

**Trudny-log.** C'est un affluent gauche de l'Iss, dont les alluvions ont été assez riches en platine. Dans la région supérieure, il occupe un lojok assez plat, qui se ramifie ; près du confluent avec l'Iss, la rivière est au contraire encaissée, la rive gauche assez abrupte, présente des affleurements rocheux de porphyrites ; la rive droite est au contraire en pente douce et recouverte d'une alluvion d'ouwal qui mesurait à l'aval jusqu'à 20 sagènes, et se rétrécissait à l'amont. Le Trudny-log est encaissé dans les porphyrites à pyroxène ; dans la partie supérieure de cet affluent, les alluvions passaient dans le lit. L'exploitation a été faite sur quelques verstes, en partie à ciel ouvert, en partie par puits profonds de 12-16 archines.

L'épaisseur des sables variait de un quart à trois archines (en moyenne une archine), le bed-rock était en porphyrites. Les teneurs oscillaient entre 1 et 12 zol. pour 100 pouds. En aval, sur la rive droite, les teneurs atteignaient jusqu'à une livre pour 100 pouds, et en moyenne 2-3 livres par sag. cube. Dans ces dernières années, en 1902 par exemple, on trouvait encore dans certains puits de recherches de 1 à 50 zol. à la sag. cube. Le platine du Trudny-log était assez grossier, il renfermait jusqu'à 3 % d'or.

**Kisslaïa.** Cet affluent coule d'abord dans une vallée plate, avec rives boisées, où elle reçoit des petits lojoks qui sont ses affluents gauches. Près du confluent avec l'Iss, et jusqu'à deux verstes en amont, la vallée est plus resserée, ses rives sont abruptes et on observe de nombreux affleurements de calcaires sur la rive gauche ; à trois verstes environ en amont du confluent, Kisslaïa se bifurque, et l'une des branches s'amorce alors au flanc N. de l'Aktaï.

Le platine a été exploité sur Kisslaïa en plusieurs endroits, à savoir :

Sur deux petits logs affluents gauches, dans le rayon de la laverie de Pervonatchalnik. Le plus important de ces deux lojoks, celui du sud, a été exploité à ciel ouvert sur 130 sag. environ ; la bande alluviale était étroite ; on avait deux et demie archines de stérile pour trois quarts d'archine de peskis. Les teneurs en platine étaient en moyenne de 12 zol. à la sagène cube.

Dans la vallée même de Kisslaïa et en aval des logs en question, on a travaillé également l'alluvion du lit et celle des ouwals, notamment de celui à droite. La succession des formations était alors :

| | | |
|---|---|---|
| Argile brune | = 1 ³/₄ archines. | |
| Sables et retschnikis | = 1 ¼ | » |
| Peskis | = 1 ½ | » |
| Bed-rock calcaire. | | |

Les teneurs en platine étaient de 2 ½-7 zol. à la sag. cube : le platine contenait 50 °/₀ d'or.

En aval du tournant de Kisslaïa vers l'O., l'alluvion platinifère descendait directement sur l'Iss, en passant à la limite des calcaires et des porphyrites. Cette alluvion a été exploitée par des puits profonds de 6 à 10 archines, avec bed-rock en porphyrites. Les teneurs étaient fort élevées ; au début, on a lavé plusieurs livres de platine par jour et par stanok, dans la suite les teneurs se sont abaissées de 6-20 zol. à la sagène cube.

En aval de l'embouchure de Kisslaïa, sur la rive droite de l'Iss, il existe quelques petits lojoks qui ont été exploités en plusieurs endroits. Les sables platinifères se trouvaient un peu au S.-O. de la laverie de Troïtsk, dans la partie supérieure et plate du lojok. Là on avait à peu près une archine de stérile, puis les sables platinifères, tandis que plus en aval, là où le log se joint à l'Iss, l'épaisseur totale des formations était de 10 archines. Plus au sud, on a travaillé sur une verste à Drougelioubny-priisk des alluvions du lit situées dans un lojok sec qui était particulièrement riche ; on a en effet observé des teneurs de trois et quatre livres à la sagène cube dans la partie située plus en amont, et 60 à 70 zol. à la sag.

cube dans celle en aval ; la zone la plus riche se trouvait, dans les deux cas, dans le voisinage de la potchva. Le platine de Drougelioubny-log était un peu plus grossier que celui de l'Iss, il renfermait un peu d'or.

**Bielaïa.** C'est un affluent gauche de l'Iss, qui n'était platinifère que là où l'alluvion reposait sur les calcaires. Au sud de Biélaïa, le platine a été encore exploité sur deux ou trois petits lojoks tributaires de la rive gauche de l'Iss. Le platine était contenu dans une argile brunâtre, avec blocs anguleux de calcaire ; les teneurs atteignaient 10 zol. et plus à la sagène cube.

**Pestchanka.** C'est un affluent droit de l'Iss, qui ravine les porphyrites et les calcaires. Dans les porphyrites, la vallée est plate et marécageuse ; dans les calcaires, elle est profonde, étroite et karstienne. L'alluvion n'est platinifère que là où se trouvent les calcaires, soit sur une verste environ ; elle est développée sur le lit, et en partie sur l'ouwal gauche, et a été exploitée pro-parte à ciel ouvert, pro-parte souterrainement. Le stérile avait une épaisseur de 2 à 5 archines, les retschnikis et les peskis, de ½ à 2 archines. Le bed-rock était en calcaires, et toujours fissuré. Les teneurs étaient au début de 15 à 18 zolotniks à la sag.³ ; elles tombèrent plus tard à 6-8 zolotniks. Les alluvions de Pestchanka ont été travaillées déjà en 1825, c'est là que se trouvait la laverie Issowskoï, Nº 1.

**Jourawlik.** Cet affluent gauche, exploité dès 1825 également, était particulièrement riche, et de 1869 à 1895 ses alluvions ont fourni plus de 111 pouds de platine. La rivière débute au flanc S. et S. O. de l'Aktaï par deux sources, qui coulaient dans des vallées assez plates creusées dans les calcaires ; un peu en aval de la jonction de ces deux sources, le lit de Jourawlik est entièrement encaissé dans les porphyrites. La rive droite est généralement plate, elle est recouverte sur deux verstes environ, par des alluvions d'ouwal ; la rive gauche est plus abrupte, elle présente des affleurements de calcaires.

Les alluvions platinifères ont été exploitées en aval de la bifurcation des deux sources de Jourawlik, sur ³/₄ de verste environ ; l'alluvion se trouvait dans le lit de la vallée, et sur la rive droite, en ouwal. L'épaisseur du stérile y oscillait entre 2 et 7 archines, celle des sables de quelques pouces à ½ archine, le bed-rock était formé par des porphyrites et des tufs. Dans le cours supérieur de Jourawlik, là où la rivière passe dans les calcaires, l'alluvion se trouvait soit dans le lit, soit sur l'ouwal droit ; elle a été exploitée sur deux verstes à partir du confluent de l'Iss. Le profil de cette alluvion était le suivant : Argile brune et terrain superficiel = 1-2 archines. Retschnikis = 1-3 archines, peskis verdâtres = 1-2 archines, bedrock calcaire très fissuré. L'alluvion était extraite en tranchées, à ciel ouvert, sur une largeur allant de 2 à 30 sag. Les teneurs étaient élevées, notamment dans les parties des peskis tombées dans les fissures du bed-rock. On exploitait aussi sur la rive droite une alluvion d'ouwal assez profonde ; le stérile oscillait en effet entre 9 et 15 archines, les peskis entre ½ -1 ½ archines. Tous les petits lojoks affluents de Jourawlik encaissés dans les calcaires étaient également platinifères. Les teneurs des alluvions de Jourawlik étaient élevées et généralement meilleures dans le lit que sur l'ouwal ; on lavait couramment jusqu'à 13 zolotniks par 100 pouds, et même plus de deux livres à la sag.[3] en certains endroits. Les teneurs se sont abaissées au fur et à mesure de l'exploitation. Le platine de Jourawlik était roulé calibré, et de couleur claire ; il renfermait 1 % d'or.

**Soukhoï-log.** C'est un affluent droit de l'Iss qui coule dans une vallée étroite et assez plate. L'alluvion platinifère se trouvait dans la région occupée par les calcaires, aussi bien dans le lit, que sur l'ouwal gauche. L'épaisseur des formations était de 2 archines suivant le lit, et de 5 à 6 archines sur le gisement d'ouwal ; le bed-rock était formé par les calcaires. Les teneurs des sables oscillaient entre 1 ½ et 4 ½ zolotniks pour 100 pouds.

**Log. Zemlianoï-Mostik.** C'est également un affluent droit de l'Iss qui coule dans une vallée sur les rives de laquelle on voit quelques affleurements de calcaire. Le lojok a été exploité sur une verste et demie, soit sur le lit, soit sur l'ouwal gauche, et sur une largeur de 5 sag. environ. Dans la partie supérieure du lojok, près d'Ouralsky-priisk, l'épaisseur du stérile était de 4 à 6 archines, celle des peskis de 2 ½ à 3 archines, le bed-rock était formé par les calcaires. Plus en aval, aux environs du priisk Kapitonowsky, on a travaillé sur l'ouval de la rive gauche ; l'épaisseur du stérile oscillait entre 4 et 15 archines, celle des sables entre 1 et 1 ½ archines (voir même 6 archines). Les teneurs étaient variables ; dans la partie supérieure du log elles oscillaient entre 7 et 12 zolotniks, parfois même entre 18 et 50 zolotniks à la sag.[3], en aval on avait en moyenne 5 zol 30. dol. pour 100 pouds. Le platine était de couleur claire, fortement roulé, et contenait un peu d'or parfois en petites pépites (1-1 ½ %). L'alluvion platinifère a aussi été exploitée sur un petit lojok sans nom, qui se trouve près de Zemlianoï-Mostik, et qui est également un affluent droit de l'Iss, ravinant les calcaires. Les teneurs atteignaient au début 40 zolotniks par sag.[3], puis tombèrent plus tard à 3-5 zol. Le platine contenait 2-4 % d'or.

**Tschachewitaïa.** C'est aussi un affluent droit qui occupe une vallée assez étroite et profonde, et dont l'alluvion a été exploitée dans le lit et sur l'ouwal gauche, sur plus d'une verste à partir de l'embouchure, ainsi que sur deux petits lojoks situés sur la rive droite. Le profil de l'alluvion près de la laverie Floro-Lawrowsky était : Tourbes et terrain superficiel = ¼-4 ½ archines dans le lit et 13 archines sur l'ouwal, peskis = ¼-3 archines dans le lit, et ½-2 ½ archines sur l'ouwal, le bed-rock était calcaire. Les teneurs de l'alluvion du lit oscillaient entre ½-18 zolotniks. Dans la suite, ces teneurs s'abaissèrent, et de 1900-1907 on avait en moyenne 90 dolis pour 100 pouds. L'exploitation du platine sur Tschaschéwitaïa date de 1825 déjà.

Entre les confluents des rivières Jourawlik et Gloubokaïa il existe, sur la rive gauche, plusieurs petits logs occupant des vallées étroites et profondes, dont les alluvions ont été platinifères et même parfois assez riches, elles sont présentement exploitées.

**Gloubokaïa.** C'est un affluent gauche de l'Iss, qui est platinifère également, et dont les alluvions ont été exploitées sur plus de 1 ½ verstes. La rivière coule en partie dans les calcaires en partie dans les porphyrites. Les sables platinifères se trouvaient soit dans le lit, soit sur l'ouwal droit; ceux du lit ont été exploités sur plus de 400 sag. de longueur, et sur un front de 3 à 5 sag.; leur composition était la suivante : Tourbes et terrain superficiel de ¼-3 archines, peskis de 1 ¼-3 archines. Sur l'ouwal, le stérile était formé par 10 archines d'argiles bleues, les peskis avaient une épaisseur de ½-1 ½ archines (y compris la partie du bed-rock qu'on enlevait). Des dents de mamouth ont été trouvées à la limite des argiles et des peskis. La teneur des alluvions du lit oscillait entre 1 et 12 zolotniks pour 100 pouds. Le platine de Gloubokaïa était petit et fortement roulé.

En aval de Gloubokaïa, entre son confluent et celui de Kamenka, il existe, sur la rive gauche de l'Iss, trois petits lojoks dont les alluvions assez riches ont été exploitées également. Au Segmoï-log leur teneur était de 9 à 10 zolotniks et atteignait même 20 et 30 zol. par sag.[3] ; au Wasmoï-log qui coule en partie dans les calcaires et les porphyrites, ces teneurs au début, étaient élevées, et oscillaient entre 25 et 30 zolotniks, elles se sont abaissées dans la suite.

**Kamenka.** C'est un affluent gauche de l'Iss, qui coule dans une vallée assez étroite et profonde, creusée dans les porphyrites, et à la partie inférieure seulement dans les calcaires. Les alluvions platinifères se trouvaient dans le lit et sur une étendue d'environ 300 sag., principalement dans la région des calcaires.

Les teneurs de l'alluvion du lit dans la partie inférieure, près de l'Iss, étaient de 2 ¼-2 ¾ zolotniks pour 100 pouds, plus en amont, elles tombaient à ½ zolotnik pour 100 pouds. Il existait aussi une alluvion d'ouwal, dont le profil étaient le suivant :

| | | |
|---|---|---|
| Terrain superficiel et argile brune | $=$ 1 ½ à 2 archines | |
| Retschnikis argileux . . . . . . | $=$ ¼ à 1 ½ | » |
| Peskis platinifère . . . . . . . | $=$ ½ à 1 | » |
| Bed-rock en calcaires. | | |

Les teneurs des alluvions d'ouwal variaient de 5 à 10 zolotniks à la sag.[3]

**Log. Arkhangelsky.** Il se trouve sur la rive droite de l'Iss, vis-à-vis de Kamenka, et à la limite des calcaires et des porphyrites à pyroxène. Ses alluvions ont été travaillées sur 600 mètres environ dans le lit, et sur l'ouwal droit. Dans le lit, l'épaisseur du stérile était de 1½ à 5 archines, celle des peskis de ½-1 archine. Sur l'ouwal gauche, l'épaisseur du stérile variait de 4 à 14 archines, celle des sables de ½ à 1 ½. Le bed-rock était en porphyrites. Les alluvions d'ouwal étaient plus riches que celles du lit, les teneurs oscillaient entre 5 et 7 zolotniks à la sag.[3]

## RIVIÈRE TOURA

Elle n'est platinifère qu'après sa jonction avec la Wyja d'abord, et avec l'Iss ensuite ; c'est à cette dernière rivière qu'elle doit la presque totalité du platine contenu dans ses alluvions. La Toura ne nous intéresse par conséquent que dans la partie de son cours située en aval des confluents de ces deux rivières. La largeur de sa vallée est variable, elle oscille entre 50 et 100 sagènes, mais peut atteindre une demi-verste, comme au Tourinsky-Zavod par exemple. Une des rives est abrupte, l'autre en pente douce. La rivière présente deux terrasses ; la première, qui coïncide avec l'ancien lit majeur, est ordinairement couverte de prairies ; la seconde se trouve à un niveau qui varie de une à trois sagènes au-dessus de la première, elle est presque toujours marécageuse. Il existe encore une troisième terrasse qui occupe un niveau supérieur, et qui est alors creusée dans la roche en place.

Les alluvions de la Toura sont platinifères et aurifères, jusqu'à son entrée dans les formations tertiaires et même au-delà ; il en est de même pour ses affluents latéraux, qui souvent ne le sont que dans les parties de leur cours qui avoisinent le lit de l'Iss. Ce platine n'est pas autochtone, il provient évidemment des anciennes alluvions de la Toura, qui ont été reconcentrées localement par les affluents latéraux. Le platine de la Toura est toujours très menu, roulé, aplati, et de couleur grise, sa teneur en or varie selon les régions considérées par suite de l'apport des affluents latéraux, elle oscille entre 2 à 25 %, en moyenne elle est de 18 % ; par contre la teneur en or des affluents est souvent plus élevée. La proportion de platine que contiennent les alluvions de la Toura est toujours petite, et ne dépasse guère en moyenne quatre zol. à la sag³, souvent elle se tient entre un et deux zol. seulement, mais sur certains endroits riches, elle peut atteindre jusqu'à dix zol. et même davantage. Le profil le plus ordinaire de la nappe alluviale de la Toura est le suivant :

Terrain superficiel, sables argileux, etc.   =   1 à 6 archines tombant à 0 dans le lit
Retschnikis généralement à petits galets   =   1 à 3       »
Peskis, avec débris anguleux du bed-rock   =   ¼ à 2       »
Bed-rock variable.

Les alluvions de la Toura n'ont pas été travaillées régulièrement en régie, elles ont été exploitées à la drague sibérienne (pakhari) en plusieurs endroits du lit contemporain, puis aussi localement par puits ou par tranchées. Des travaux plus étendus ont été exécutés à Malomalsky-priisk, près du confluent de l'Iss. Les alluvions de la Toura étaient en cet endroit une continuation de celles de l'Iss, et les tranchées d'exploitation se trouvaient dans les limites de la deuxième terrasse, et passaient sur l'ouwal droit. On avait ici le profil suivant :

Terre argileuse brunâtre   =   1 à 2 ½ archines (6 sur l'ouwal droit)
Sable fin brunâtre. . .   =   ¼ à 1 ½       »
Retschnikis fins . . .   =   ³/₄ à 1       »
Peskis. . . . . . .   =   ³/₄ à 2       »
Bed-rock.

Les teneurs variaient ordinairement de 35 dolis à 10 zol. par sag³, mais elles étaient parfois beaucoup plus considérables, et atteignaient jusqu'à 15 à 25 zol. par sag³ ; en amont de l'embouchure de l'Iss elles étaient notablement plus basses.

*a*) Gisements de l'Iss. Vallée de la rivière Toura
dans la région des tufs et des porphyrites,
d'après Wyssotsky.

*b*) Gisements de l'Iss. Rivière Toura près des
rochers calcaires de la laverie Jérusalem.

A Nikolaï-Tschoudotworsky, en aval de l'embouchure de Gûiloï-Nalim, on a travaillé par puits sur la rive gauche de la Toura. On avait ici :

Terre brune . . . . . . . . . = 2     archines
Retschnikis . . . . . . . . . = 2 ¼    »
Peskis . . . . . . . . . . = 1     »
Bed-rock en porphyrites.

Les teneurs étaient d'environ 5 zol. à la sag³.

A la Javerie Bouran, les teneurs étaient 27 dolis pour 100 pouds, à celle d'Ekaterinninsky (entre les confluents de Polovina et de Mramorna) on a extrait de 1 ½ à 4 zol. par sag³.

A Jérusalimsky-priisk, en aval du confluent de Talitza, on a travaillé par tranchées (et plus tard à la drague). Les peskis avaient une épaisseur de 1 ½ archines, le bed-rock était formé tantôt par les calcaires, tantôt par les porphyrites. Les teneurs moyennes étaient de 3 à 3 ½ zol. par sag³. ·

A Pérévozni-priisk, on a exploité par tranchées l'alluvion d'ouwal sur la rive gauche, avec des teneurs de trois à cinq zol. par sag³.

A Verkho-Tourié enfin, dans le lit de la Toura, les recherches ont montré la présence du platine à des teneurs encore assez élevées ; les retschnikis avaient une épaisseur de trois quarts à une archine, les peskis de une et demie à deux archines. Les teneurs étaient de 4 zol. par sag³, avec une forte proportion d'or mêlé au platine.

## AFFLUENTS DE LA TOURA

Les affluents de la Toura qui ont fait l'objet d'une exploitation sont les suivants :

**Lojoks de Nijne-Toura :** Sur la rive gauche de la Toura, près de Tourinsky-Zavod, il existe trois petits lojoks qui ont été travaillés avec des teneurs moyennes de 5 zol. 84 pour 100 pouds.

**Yermakoff.** C'est un affluent droit de la Toura sur lequel il existe des petits travaux anciens, au sujet desquels les renseignements font défaut.

**Melnitschnaïa.** Ses alluvions ont été exploitées dans le lit, et sur les deux ouwals. On avait :

Argile brunâtre  = 2 archines dans le lit et 7 à 10 archines sur l'ouwal
Retschnikis  .  = 0 à 1 ½ archines
Peskis . . .  = ½ à 1     »

Les teneurs oscillaient entre 6 et 12 zol. à la sag.³, par places elles étaient notablement plus élevées. On a également exploité les alluvions de petits affluents de Melnitschnaïa, notamment d'un affluent gauche, les teneurs étaient élevées, et atteignaient jusqu'à 15 zol. à la sag³.

**Podbornaïa.** Affluent droit de la Toura, en amont d'Elkine. La rivière a été travaillée dans le lit, et sur les deux ouwals, dans ce dernier cas par des puits de trois à neuf archines. L'épaisseur des peskis était en moyenne de 1 ½ archines, les teneurs de 7 ½ à 25 zol. à la sag[s].

**Oustwinnaïa.** C'est aussi un affluent droit de la Toura. Ses alluvions ont été travaillées sur toute la longueur de son cours ; les renseignements plus détaillés sur leur caractère et sur les teneurs font défaut.

**Lazarewka.** Ses alluvions ont été exploitées également, et les travaux anciens sont échelonnés sur toute la longueur de son cours.

**Soukhowianka.** Elle occupe une dépression assez plate et plus ou moins resserrée. Le profil de ses alluvions est le suivant :

$$\text{Tourbes et stérile} \quad . \quad . \quad . \quad . \quad . \quad = \quad 3 \text{ à } 7 \text{ archines}$$
$$\text{Peskis} \quad . \quad . \quad . \quad . \quad . \quad . \quad . \quad = \quad \text{³/₄ à } 1 \text{ archine}$$

**Ejowka.** C'est un affluent gauche de la Toura, qui se trouve en aval d'Elkine. Ses alluvions ont été travaillées dans le lit sur 1 ½ verste, puis sur l'ouwal droit, ainsi que sur un petit log affluent. L'épaisseur du stérile était de 5-8 archines, celle des sables de une archine, les teneurs atteignaient 6-9 zol. à la sag. cube.

**Panowka.** Cet affluent de la Toura a été exploité dès 1825 à Tourinsky-roudnik, sur une longueur de 340 sag., les teneurs des alluvions étaient de 2 à 4 zol. par sag. cube. Plus tard on travailla ces alluvions sur toute la longueur de la rivière, ainsi que sur deux petits lojoks. Sur Panowka même, les travaux se faisaient à ciel ouvert sur un front de 2 à 12 sagènes ; le stérile oscillait de ³/₄-1 ½ archines à 7-9 archines ; les sables avaient une épaisseur de ³/₄ à 1 ½ archines. Les teneurs étaient de 5-12 zol. (8 en moyenne) par sag. cube.

**Patchek.** Elle a été travaillée dans sa partie médiane, sur une centaine de sagènes de longueur, soit dans le lit, soit sur l'ouwal gauche. Le terrain superficiel et l'argile avaient une épaisseur d'une archine dans les alluvions du lit et de 6 archines dans celles d'ouwal, les peskis de 1 à 1 ½ archine. La teneur des alluvions était en moyenne de 8 zol. à la sag. cube.

**Guiloï-Nalim.** Elle occupe une vallée assez large et relativement plate ; ses alluvions étaient platinifères, mais à en juger par le peu d'importance des travaux qui y ont été faits elles devaient être pauvres.

Les autres affluents de la Toura à savoir Gounina, Bolchaïa et Malaïa Talitza, Polovina, Mramorna, Emékhan, Aktaï, etc., renfermaient également du platine et de l'or, mais en quantité plus petite que les précédents.

Les procédés qui ont été employés pour extraire le platine des alluvions de l'Iss, de la Toura et de leurs affluents sont très variés. Les cours d'eau situés dans la région des lojoks encaissés dans la dunite ont été exploités principalement par les staratélis, soit sur des tranchées à ciel ouvert, soit par des travaux souterrains, et actuellement l'alluvion vierge ayant été complètement extraite, on relave sur les lojoks les anciens tailings dont les teneurs s'abaissent progressivement.

Sur l'Iss et sur quelques-uns de ses affluents, dans les limites de la Bisserskaya et de la Tourinskaya-datcha, l'exploitation des affluents se faisait principalement en régie, sans exclure toutefois le travail des staratélis. C'est sur l'Iss que se trouvaient les plus grandes laveries, et il y a quelques années encore, on pouvait voir le long de la rivière une série de grands lavoirs mécaniques des systèmes les plus variés, qui étaient appropriés au genre d'alluvion à extraire en tel ou tel point. Ces grands lavoirs traitaient de 40 à 60 sag. cubes de peskis par jour, l'alluvion était détourbée et débarrassée du stérile pendant l'hiver, l'extraction des sables platinifères et leur lavage se faisait pendant l'été. Les principaux centres de ces grandes laveries étaient, de l'amont vers l'aval : Katschkanarsky, Verkh-Kossinsky, Oust-Kossinsky, Pétropawlowsky, Sredne-Issowskoï, Nijne-Issowskoï sur la Bisserskaya-Datcha ; puis Alexandrowsky, Artelny, Chérubimowsky, Voznessensky, Troitsky, Nadejdinsky, Bogoïawliensky, Ekaterinebursky, Jourawlik, Voskressensky et Elisabéthinsky sur la Tourinskaya-Datcha. Actuellement bon nombre des grands lavoirs disposés sur ces centres ont disparu ; ils ont été en partie remplacés par des dragues. Sur la Bisserskaya-Datcha, deux anciennes et petites dragues, sauf erreur du constructeur Verf-Konrad, travaillent actuellement sur Nijne-Issowskoï. Sur la Tourinskaya-Datcha, il existe actuellement sur l'Iss et la Toura 9 dragues, qui sont placées sur les concessions de la Compagnie Industrielle de platine, et qui travaillent sur les points suivants :

### Sur le groupe de Troïtsky :

Une drague Verf-Konrad qui ne traite que le stérile, et qui travaille sur la mine de Neojidanny.

Une drague laveuse Verf-Konrad, qui travaille sur la même mine en tandem avec la première.

Une petite drague laveuse Taatz qui travaille sur la mine Amérika.

Une drague Poutiloff sur la mine Jouriewsky.

### Sur le groupe Tourinsk :

Une drague Poutiloff, travaillant sur les mines Bourane, Vozvidjensky, et Tschastei Ostrow.

Une drague Talisman construite par la C. I. P., travaillant sur la mine Talisman.

*Sur le groupe Artelny :*

Une drague Poutiloff travaillant sur la mine Elisabéthinsky et Alexandrowsky.
Une drague Poutiloff travaillant sur les mines de Pétrowsky et Alexandrowsky

## § 4. Les gisements du Kaménouchky.
### Les rivières Bolchaïa et Malaïa Kaménouchka. La rivière Kamenka, la rivière Niasma et leurs affluents

Le centre dunitique primaire du Kaménouchky est situé au sud du cours de la rivière Niasma, et directement à l'ouest de la montagne Kiedrowaïa-Gora, qui vient immédiatement à l'est du prolongement septentrional de Sarannaïa-Gora : il en est séparé par le cours de la rivière Niasminskaïa. L'affleurement dunitique débute à 1 kilomètre 200 m. au sud de la rive droite de Niasma, et se trouve à une centaine de mètres à l'ouest de la rivière Kamenka. Il forme un ouwal bien marqué dans la topographie, multimamelonné, dont l'altitude maximum atteint 680 mètres. L'affleurement est piriforme, et se termine en pointe vers le nord ; il s'élargit à l'extrémité sud. Son grand axe mesure 3 kilomètres 800 m., son petit axe, 2 kilomètres 200 m.. dans sa plus grande largeur ; sa superficie totale est de 6 km.² 375 m.² (Carte N° IV et fig. 79).

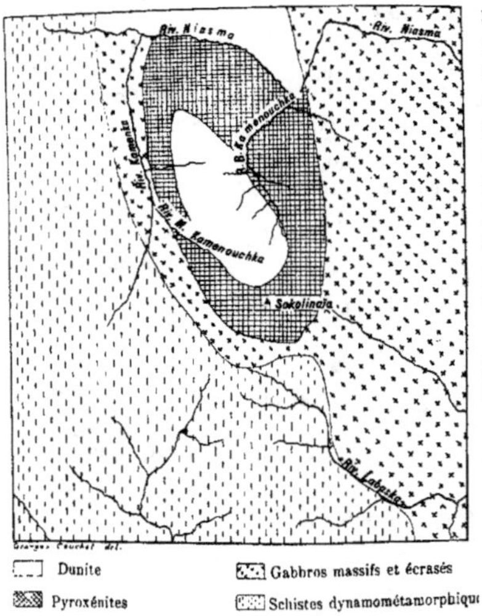

La dunite du Kaménouchky présente les caractères habituels ; elle est toujours couverte de sa couche d'oxydation très épaisse, et il est souvent difficile d'obtenir des échantillons frais. Sur la crête, elle est fréquemment schisteuse, et se délite en petites plaquettes. L'ouwal est entièrement couvert de pins, et les affleurements ne sont visibles que sur la crête même, ou en quelques rares endroits de la forêt. La dunite renferme certainement des ségrégations de chromite, car on trouve d'assez gros galets de ce minéral dans les alluvions des deux Kaménouchka, mais nulle part on ne peut la voir en place. La dunite massive



Dunite — Gabbros massifs et écrasés
Pyroxénites — Schistes dynamométamorphiques

FIG. 79. — Croquis géologique du centre dunitique primaire du Kaménouchky, par L. Duparc.

est traversée en de nombreux points de l'affleurement par des filons leucocrates, qui paraissent surtout développés sur le flanc est, dans le voisinage des sources et des lojoks tributaires de Bolchaïa Kaménouchka. Ce sont:

*Des pegmatites à hornblende*, à éléments de grande taille, formées par de la hornblende verte, du labrador à bordure acide, du sphène et parfois un peu de quartz.

*Des issites à plagioclases*, généralement grenues et mésocrates, parfois mélanocrates, qui renferment de la magnétite, de l'apatite, de la hornblende sorétite, et du labrador.

*Des plagiaplites leucocrates* généralement avec un peu d'hornblende, beaucoup d'oligoclase ou d'andésine, et parfois également un peu de quartz.

La dunite est circonscrite par une ceinture continue de pyroxénites qui est très épaisse dans les parties nord, est, et sud de l'affleurement, et très mince sur son flanc ouest. Ces pyroxénites sont coupées transversalement par le cours de Niasma. Le sommet principal de Sokolinaïa-Gora est formé par ces mêmes roches, et se trouve au S. de l'affleurement dunitique. Ces pyroxénites sont du type ordinaire à olivine, et passent latéralement à la koswite mais le fait est plutôt rare. A l'extrêmité nord de la ceinture, elles sont remplacées par des hornblendites très noires et très cristallines, qui renferment toujours un peu de feldspath. Les pyroxénites forment quelques chapeaux à l'intérieur de l'affleurement dunitique. Ceux-ci sont de forme allongée et se trouvent principalement sur le versant E., et sur le flanc S.-O. de l'affleurement. Dans les pyroxénites on rencontre quelques filons de pegmatites à hornblende, analogues à celles qui traversent la dunite, et ceci principalement près de l'extrémité nord de l'affleurement dunitique ; puis aussi quelques petits filons de dunite, souvent à une assez grande distance du contact de la dunite massive avec les pyroxénites.

Les pyroxénites sont à leur tour circonscrites par les gabbros. Ceux-ci, très développés sur la partie N. et E. de la ceinture pyroxénitique, sont beaucoup plus réduits au S., et se résument sur le flanc O. à une bande extrèmement mince et peut-être discontinue, qui entre directement en contact avec les amphibolites. Ces gabbros appartiennent à des types variés. Ils renferment généralement de l'olivine, et passent souvent au gabbros-diorites dans la partie N. du centre dunitique.

Les rivières platinifères primaires, c'est-à-dire celles qui empruntent leur platine directement au centre dunitique, sont au nombre de trois à savoir :

1° Malaïa Kaménouchka, affluent de Kamenka, sur le flanc occidental de l'affleurement dunitique ;

2° Bolchaïa Kaménouchka, affluent de Niasma, sur le flanc oriental du dit affleurement ;

3° Solkolka, affluent de Niasminskaya, sur le flanc S.-E. du centre primaire ;

4° Quelques petits lojoks secs, affluents de Kamenka, sur le flanc occidental, ou de Bolchaïa Kaménouchka, sur le flanc oriental.

Les rivières platinifères secondaires, c'est-à-dire celles qui tirent leur platine de l'apport des précédentes, sont : Kamenka, qui se jette dans Niasma, et la rivière Niasma elle-même.

**Malaïa Kaménouchka.** Elle mesure, de ses sources à son embouchure, deux kilomètres à peine. Elle est formée par deux sources principales, qui ravinent directement la dunite, et qui coulent en sens inverse. Dans la partie supérieure du cours, le ravin occupé est assez étroit et encaissé entièrement dans la dunite. L'exploitation des alluvions se faisait à ciel ouvert, sur une tranchée d'abord très étroite, qui, vers l'aval, s'élargissait progressivement jusqu'à 25 sag. Aux sources de la rivière, on avait, sous une couche de 1 à 1 ¼ archines de terre argileuse, une argile brune avec blocs anguleux de dunite du bed-rock, qui représentait les peskis platinifères. Plus en aval, la zone alluviale est relativement réduite, et les alluvions formées comme toujours par trois couches, à savoir : Les tourbes et terrains superficiels, les retschnikis et les peskis. Le matériel alluvial est exclusivement formé par des cailloux dunitiques, le bed-rock par la même roche. Les alluvions contiennent quelques petits galets de fer chromé. Plus en aval encore, la zone alluviale s'élargit considérablement, et ceci principalement au delà du contact de la dunite avec les pyroxénites ; elle atteint sa plus grande largeur, soit 50 sag. environ, à sa rencontre avec la rivière Kamenka. Dans cette région, le profil des alluvions est assez différent, et variable d'un point à un autre. Celles-ci atteignent une grande épaisseur, qui peut dépasser 20 archines. Lors d'une visite faite en 1908 sur cette rivière, on observait la succession suivante :

Stérile, soit tourbes et terrain superficiel  =  ¼ à 1 archine
Peskis productifs. . . . . . . . . .  =  2  »  environ
Retchnikis stériles . . . . . . . .  =  7 à 10  »  parfois jusqu'à 16
Peskis productifs. . . . . . . . .  =  1 ¼ à 2  »
Bed-rock en pyroxénites.

La présence de deux niveaux platinifères séparés par du stérile est particulièrement intéressante, et en l'espèce, assez rare.

**Kamenka.** Elle reçoit tout son platine de Malaïa Kaménouchka, et aussi de quelques petits lojoks latéraux. La nappe alluviale de Malaïa Kaménouchka large dans le voisinage du confluent, se rétrécit à l'aval. La partie exploitée en régie et à ciel ouvert ne dépassait pas 12 sagènes, mais en réalité les alluvions étaient plus étendues mais trop pauvres.

Sur Kamenka même, le profil est naturellement variable d'un point à l'autre, mais en moyenne on observait la disposition suivante :

Terrains superficiels . . .  =  1 ¼ à 1  archines
Retchnikis . . . . . . .  =  1 ½ à 2 ½  »
Peskis platinifères. . . .  =  1  à 1 ½  »
Bed-rock de nature variable.

Au fur et à mesure qu'on descend vers l'aval, on trouve dans les alluvions des blocs de pyroxénites, parfois très volumineux, qui rendaient le travail difficile.

La teneur en platine des alluvions est très variable d'un point à un autre. Aux sources et dans la partie supérieure de M. Kaménouchka, les alluvions étaient parfois très riches, et on a trouvé plus d'une livre de platine par sagène cube de sables. Dans la région où les alluvions présentaient deux couches productives, la première renfermait jusqu'à 6 zolotniks par sagène cube, la seconde était beaucoup plus riche, et contenait 20 zolotniks et au-delà, voire même 40 zolotniks par sagène cube. Sur la rivière Kamenka, dans les parties où celle-ci a été travaillée, les teneurs oscilliaient entre 6 et 12 zolotniks, mais elles ne se maintiennent pas sur toute la longueur du cours d'eau ; en effet, depuis son confluent avec Niasma, jusqu'à une verste environ en amont, les alluvions s'appauvrissaient considérablement par suite de l'augmentation de la pente et du caractère torrentiel de la rivière.

Les alluvions de la rivière Malaïa Kaménouchka ont été travaillées exclusivement par des staratélis ; dans la région des lojoks, l'exploitation se faisait à ciel ouvert, dans celle où les alluvions s'élargissent et acquièrent une grande épaisseur, on procédait par travaux souterrains. Il est à noter que là, on n'a exploité que les peskis du niveau inférieur. Ces travaux ont été faits sans régularité aucune, et seulement sur les endroits où les alluvions étaient reconnues particulièrement riches.

Sur la rivière Kamenka, on a, pendant trois ou quatre ans seulement, travaillé en régie, et l'exploitation a été poussée jusqu'en aval des bâtiments du comptoir de la laverie. Elle a été localisée seulement dans la zone riche, et les régions latérales à teneurs plus faibles n'ont pas été touchées. Depuis cette époque et jusqu'à aujourd'hui, Bolchaïa et Malaïa Kaménouchka n'ont plus été travaillées alors que par des staratélis. Il en résulte qu'il reste encore, en dehors des tailings des anciens travaux, un assez gros volume de terrain contenant du platine, qui pourrait éventuellement faire l'objet d'un traitement mécanique approprié (drague) !

**Bolchaïa Kaménouchka.** Elle mesure environ 3 kilomètres ; elle est formée par trois sources principales, avec de nombreux petits lojoks latéraux. La plus importante des trois, soit la branche droite, s'appelle Anianowsky, celle du milieu s'appelle Pervonatchalnaïa Kaménouchka, la troisième, celle de gauche, n'a pas de nom. La rivière proprement dite ne commence qu'après la réunion de ces trois sources.

Les alluvions de celles-ci, de même que celles de tous les lojoks latéraux, ont déjà été exploitées, de sorte qu'il est très difficile d'en lever un bon profil ; on en est réduit à recourir aux informations, vu l'impossibilité où l'on se trouve de se faire une opinion par l'examen des lieux. Sur la majorité des lojoks qui alimentent les sources de B. Kaménouchka, on a travaillé à ciel ouvert, ce qui laisse supposer que la couche alluviale ou éluviale n'était pas extrêmement épaisse. Dans la partie supérieure d'Anianowsky, et tout à fait à l'intérieur du massif dunitique, les alluvions ou éluvions atteignaient une épaisseur totale extrêmement considérable, qui, en certains endroits, oscillait entre 4 et 25 archines, tandis que celle des peskis était de 1 à 2 archines. Il paraît même qu'on trouva 2 couches, sensiblement de même épaisseur, de sables platinifères, séparées par des retchnikis stériles, ou à teneurs faibles.

Dans la région des lojoks, les alluvions paraissent avoir été extrêmement riches et contenaient, au dire des contemporains, de une à plusieurs livres de platine à la sagène cube de peskis. Evidemment ces alluvions devaient être extrêmement riches, car après plusieurs lavages subséquents, les tailings donnaient encore 30 à 60 zolotniks à la sagène cube.

Immédiatement en aval des sources de Bolchaïa Kaménouchka, la rivière fut exploitée à ciel ouvert sur une certaine longueur, à l'endroit où elle coule déjà sur les pyroxénites.

La disposition des alluvions était la suivante :

Terrains superficiels et graviers avec traces de platine  =  2   à 2 ½ archines ;
Peskis. . . . . . . . . . . . . . . . . . . . . =  1 ¾ à 2 ½    »
Bed-rock. . . . . . . . . . . . . . . . . . =  pyroxénite.

Les teneurs étaient de 15 à 20 zolotniks par sagène cube de sable. Les galets de peskis étaient formés par des blocs de chromite, de pyroxénites et de filons leucocrates ou mélanocrates (pegmatites, issites, etc.).

Des recherches très récentes, faites un peu en amont du confluent d'Anianowsky et de B. Kaménouchka, dans des régions où les alluvions avaient été considérées comme trop pauvres pour mériter le travail, ont donné une épaisseur totale de la couche alluviale de 5 à 6 archines, avec une épaisseur des sables de ¾ à 1 ½ archine environ, et des teneurs comprises entre 2 ½ et 6 zolotniks à la sag. cube.

A 600 mètres à peu près, en amont du point où la frontière Schouwalow coupe la rivière, on avait le profil suivant :

Terrain superficiel  . . . . . .  =  ½   à 1 archine
Gravier à peu près stérile  . . . .  =  2   à 5 archines
Peskis platinifères  . . . . . .  =  1 ¼ à 2   »
Bed-rock  . . . . . . . . .  =  pyroxénites

Les teneurs des peskis étaient de six à huit zolotniks, en moyenne à la sagène cube, et en certains endroits, cette teneur atteignait jusqu'à 16 zolotniks, dans les régions où les alluvions étaient considérées comme exploitables. De part et d'autre de la zone exploitée, il reste encore des alluvions en place à teneur beaucoup plus basse. Dans la partie inférieure du cours de Bolchaïa Kaménouchka, les alluvions comme sur Kamenka, sont sensiblement plus pauvres, et les travaux des staratélis s'arrêtent à la frontière de la Schouwalowskaya-Datcha.

Le platine des lojoks encaissés dans la dunite est grossier, anguleux, noirâtre, et très fréquemment associé à la chromite qui l'encapuchonne. Les pépites n'étaient point rares, les plus grosses pesaient de sept à dix zolotniks mais le plus ordinairement de un demi à quatre zol. L'or se trouve en traces ou même ne se montre pas dans le platine des lojoks ; il existe en petite quantité (1 à 2 %) dans le platine de Kamenka. Celui-ci est blanc, roulé, et décortiqué, il en est de même pour le platine des alluvions de la partie inférieure de B. Kaménouchka.

Les alluvions de Bolchaïa Kaménouchka ainsi que celles des lojoks ont été travaillées d'abord par des maraudeurs, et ensuite exclusivement par les staratélis, qui, en ce moment relavent des tailings, et exploitent aussi des alluvions en place, considérées antérieurement comme trop pauvres. On peut, à propos des travaux futurs à entreprendre sur cette rivière, répéter ce qui a été dit à propos de Kamenka, bien que les conditions topographiques soient moins favorables.

**Sokolka.** Elle ne ravine la dunite que sur une faible étendue. Ses alluvions sont cependant platinifères, mais à très faible teneur, comme l'ont démontré les recherches faites par l'administration Schouwaloff sur la Niasminskaïa Labazka dans laquelle elle se jette.

## RIVIÈRE NIASMA

Elle n'est platinifère qu'à partir du confluent de Kamenka jusqu'à sa réunion avec Lialia; les petites quantités de platine trouvées dans les alluvions de cette dernière rivière proviennent exclusivement du Kaménouchky. Cependant le platine n'apparait dans les alluvions de Niasma qu'en aval de Bolchaïa Kaménouchka ; des recherches récentes, faites sur la portion du cours située entre les embouchures de Kamenka et de B. Kaménouchka, n'ont indiqué que des traces de platine, ce qui tient probablement à l'encaissement de la rivière, et à la rapidité de son cours. En aval de B. Kaménouchka, les recherches faites sur la rive gauche de Niasma dans les régions où l'on pouvait soupçonner que la presque totalité des alluvions passait sur cette rive, ont donné les résultats suivants :

| | | |
|---|---|---|
| Terrains superficiels | $= \frac{1}{4}$ à 1 | archines |
| Graviers stériles | $= 2$ à 3 | » |
| Peskis | $= \frac{1}{2}$ à $2\frac{1}{4}$ | » |
| le plus ordinairement | $= 1\frac{1}{2}$ | » |
| Bed-rock variable. | | |

La largeur des alluvions dépasse ici cent sagènes.

La profondeur totale de la nappe alluviale sur toutes les recherches n'a jamais dépassé 6 ½ archines. Les teneurs observées sont très variables. Dans le lit platinifère, elles oscillent généralement entre 1 et 7 zolotniks à la sag³ de peskis ; en certains endroits cependant, ces teneurs étaient exceptionnellement élevées, et atteignaient jusqu'à 16 zol. 42 dolis par sag³, notamment un peu en amont de la rivière Sosnowka. La moyenne générale de tous les puits faits dans cette région, qui étaient au nombre de 58, a donné 1 zol. 87 dolis à la sag³ pour les peskis, et 31 dolis pour la totalité de l'alluvion. Si par contre on ne fait intervenir que les puits où on a trouvé du platine, en laissant de côté ceux situés sur le bord des lignes, ou il n'y en avait que des traces ou pas du tout, on trouve 2 zol. 70 dolis par sag³ pour les sables, et 47 dolis pour le tout-venant. Ces teneurs s'élèveraient encore en écartant systématiquement de la bande alluviale les puits donnant des teneurs trop faibles, ce qui naturellement réduit la largeur de la zone exploitable.

Des recherches ont été faites également plus en aval, entre les confluents des rivières Voskressenka et Malaïa Niasma. Les alluvions sont ici beaucoup plus larges, leur profil est en moyenne le suivant :

Terrains superficiels et sables stériles  =  2 à 4 archines
Peskis . . . . . . . . . .  =  ½ et 2    »
le plus ordinairement  . . . .  =  ¾ à 1    »
Bed-rock, roche de nature variable.

L'épaisseur maximum de la nappe alluviale observée atteint 6 ¾ archines.

La moyenne générale de tous les puits faits dans cette région au nombre de 86, est de 80 dolis par sag³ de peskis, et 1 zol. 65 dolis pour les 47 puits sur lequel on a trouvé du platine, en négligeant ceux de la bordure alluviale qui n'en contenaient que des traces. Pour la totalité de l'alluvion, ces teneurs sont de 13 dolis, dans le premier cas, et de 24, dans le second. Les remarques précédentes s'appliquent également ici.

Plus en aval, entre l'embouchure de Vogoulka et le pont du chemin de fer, on a fait des recherches récentes dans le but de placer la drague qui travaille en ce moment sur Niasma ; ces recherches ont donné en général le profil suivant :

Terrains superficiels, tourbe et argile  =  0,5 à 1 archines
Retschnikis stériles . . . . . .  =  3 à 4    »
Peskis . . . . . . . . . .  =  1 à 2    »
Bed-rock en roche variabe.

La profondeur totale varie de cinq à 6 archines. La largeur de la nappe alluviale atteint et dépasse 200 sagènes, mais la zone pratiquement utilisable varie entre 30 et 50 sagènes. La teneur moyenne des alluvions oscille entre 25 à 36 dolis à la sag³.

Les alluvions de la rivière Niasma n'ont, jusqu'à l'an dernier, jamais fait l'objet d'une exploitation rationnelle ; en quelques points seulement, des maraudeurs ont fait des trous et exploité des zones particulièrement riches. En 1915, on plaça une première drague sur Niasma, tout près du pont de la ligne de chemin de fer, et par conséquent près de la frontière orientale de la datcha, c'est-à-dire sur une région où déjà les alluvions sont fortement appauvries vu leur distance du centre platinifère primaire.

Cette drague, construite sur un ponton de bois, est du système Poutiloff, avec des godets d'une capacité de 5 ½ pieds cubes, du type close-connected. Dans la première période de son travail, cette drague extrayait en moyenne 125 sagènes cubes d'alluvion par 24 heures, et les rendements en métaux précieux ont oscillé entre 26 et 43 zol. par jour.

Certains affluents droits de Niasma sont également platinifères, bien que de leur source à leur embouchure ils n'aient aucune relation avec un centre platinifère primaire quelconque. Tel est par exemple le cas pour les rivières Voznessenka et Vogoulka, affluents droits de Niasma. Sur Voznessenka, les travaux des maraudeurs s'échelonnent sur 300 sag. en amont de son confluent avec Vogoulka, et sur une largeur de cinq à huit sagènes. Tout

*a*) Gisements du Koswinsky. Le Koswinsky vu depuis le village de Rostess.

*b*) Gisements du Koswinsky. Le Koswinsky, sommet et flanc ouest
vus depuis le Sosnowsky-Ouwal.

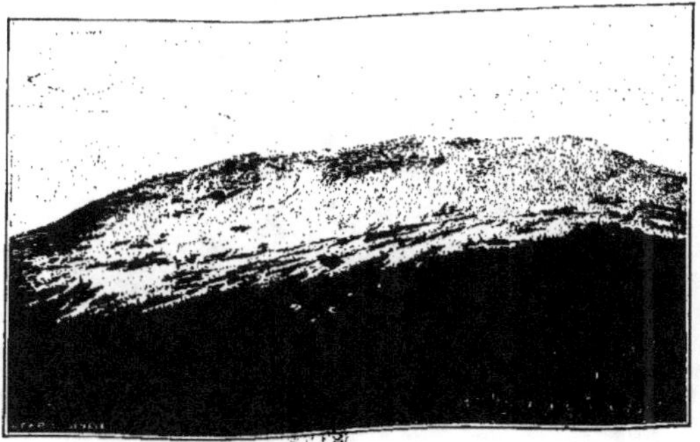

*c*) Gisements du Koswinsky. Le Koswinsky flanc ouest,
depuis le Pharkowsky-Ouwal.

dernièrement, des staratélis ont fait des recherches sur cette rivière, et ont trouvé 1 zol. ½ pour 100 pouds, soit à peu près 18 zol. par sag. cube de peskis.

Le platine est blanc d'argent, et non attirable au barreau aimanté. Il est plus gros que celui de Niasma, et renferme un tiers d'or.

Nous n'avons pas de renseignements plus précis sur le platine de Vogoulka, de Voznessenka, Tchernouchka, Swietlaïa, etc., mais sa présence dans les alluvions de ces rivières n'a rien qui soit de nature à nous étonner ; elle est conforme à ce qui a été trouvé en d'autres endroits, notamment sur la Koswa. Il faut admettre qu'à une période déterminée de son histoire, la Niasma a coulé à un niveau supérieur à celui d'aujourd'hui et probablement en dehors de l'axe de sa vallée actuelle. Elle a déposé à cette époque une première nappe alluviale, puis ensuite a créé sa vallée d'érosion actuelle. A ce moment, les affluents latéraux s'établirent, ils érodèrent l'ancienne nappe alluviale, et le platine qu'elle contenait fut reconcentré dans ces affluents, qui fonctionnèrent comme des sluices naturels.

### § 5. Les gisements du Koswinsky. Le Sosnowsky-Ouwal.
#### Les rivières Bolchaïa et Malaïa Sosnowka, la rivière Logwinska, la rivière Tilaï, les rivières Malaïa et Bolchaïa-Koswa.
#### Le Kamennoe-Koswinsky, la rivière Kitlim et ses sources, la rivière Lobwa

Le massif du Koswinsky forme un énorme dôme de pyroxénites traversé par deux venues dunitiques excentriques ; l'une sur la bordure occidentale et sur le flanc européen de la montagne, constitue le Sosnowsky-Ouwal ; l'autre sur le versant oriental et asiatique, forme l'éperon qui se détache du Koswinsky, et qui porte le nom de Kamennoe-Koswinsky.

#### SOSNOWSKY-OUWAL.

Le centre dunitique primaire du Sosnowsky-Ouwal (carte Nº V de l'atlas) se trouve immédiatement au flanc ouest du Koswinsky. Il forme un ouwal régulier, orienté à peu près N.-S. dont le grand axe mesure 4,725 m., le petit axe 2,380 m. et dont la superficie totale est 8,750,000 m². Vers le sud, ce centre communique avec un second affleurement beaucoup plus restreint, par une bande très étroite, qui se trouve à flanc de coteau dans le Pharkowsky-Ouwal ; ce second affleurement présente les dimensions suivantes : grand axe = 3,575 m., petit axe = 1,150 m., superficie totale = 2,634,375 m². Si on additionne les superficies de ces deux affleurements dunitiques qui, en somme, n'en forment qu'un seul, on trouve : 11,384,375 m². La hauteur maximum du Sosnowsky-Ouwal est de 810 mètres, il forme une crête peu accidentée, toujours couronnée par des petites coupoles arrondies et mamelonnées qui en forment les sommets, et qui sont recouvertes par la forêt de pins. La crête présente de nombreux affleurements de roche *in situ*, ceux-ci se trouvent aussi sur les rives des lojoks encaissés dans la dunite. Cette roche est, comme toujours, rubéfiée par les actions secondaires, et transformée en arènes rougeâtres et ocreuses.

La dunite fraîche est verte, serpentinisée, et, comme toujours, formée exclusivement d'olivine et de chromite : celle-ci est assez abondante, mais sur les affleurements visibles, les schlierens sont rares et petits ; les galets de ce minéral sont d'ailleurs peu fréquents dans les alluvions et généralement petits également.

Au Sosnowsky-Ouwal, nous n'avons jamais trouvé de roches filoniennes dans la dunite en place, et cette observation est encore confirmée par le fait que, dans les alluvions des cours d'eau platinifères primaires, on ne trouve pas d'autres roches que celles que l'on observe en affleurements.

Les pyroxénites forment autour de la dunite une ceinture discontinue, qui manque en effet sur toute la partie N.-O. du centre dunitique. A la vérité, les pyroxénites franches ne sont développées que dans les parties N. et S. du Sosnowsky-Ouwal ; ailleurs ce sont des formes de passage aux tilaites, caractérisées par l'apparition de quelques rares plages de feldspath dans les pyroxénites. Les types francs de ces dernières sont toujours à olivine et plus ou moins largement cristallisés, ils renferment de la magnétite et dans les formes de passage à la koswite, souvent beaucoup de spinelles chromifères. Chez ceux par contre qui passent à la tilaite, on rencontre de l'anorthite ou du labrador basique, et parfois de la biotite rouge.

Les chapeaux de pyroxénites à l'intérieur de la dunite sont rares et petits ; on en trouve trois dans le voisinage de la crête ; l'un presque au point culminant, les deux autres sur les deux flancs mais près du premier. Deux autres chapeaux plus importants se trouvent dans l'extrémité sud de l'affleurement dunitique qui prolonge le Sosnowsky-Ouwal de ce côté.

Les pyroxénites sont traversées par différentes roches filoniennes qui se trouvent soit dans la pyroxénite même, soit dans les formes de passage aux tilaites. Ce sont :

1. *Des dunites sidéronitiques*, formées par de l'olivine moulée par de la magnétite riche en spinelles chromifères, roche qui d'ailleurs est stérile, car aux essais en creuset, elle ne donna jamais de platine.

2. *Des issites*, qui sont rares d'ailleurs sur ce versant du Koswinsky, et qui renferment toujours de l'anorthite.

3. *Des micro-gabbros à olivine*, roches euphyriques holocristallines, dont les cristaux sont de l'augite zonée, et la pâte un mélange grenu d'anorthite, de pyroxène, d'olivine et de magnétite, avec ça et là une lamelle de biotite rouge.

Les roches de la famille des gabbros sont largement développées également, et circonscrivent le massif pyroxénitique du Koswinsky dans son ensemble. Ce sont généralement les types à amphibole, soit les gabbros-diorites, qui sont développés ici, mais la ceinture est interrompue. Au flanc N.-O. du Sosnowsky-Ouwal, la dunite puis les pyroxénites entrent

*a*) Gisements du Koswinsky. Vue générale de la laverie de Sosnowka, prise du pied du Sosnowsky-Ouwal vers l'Ouest.

*b*) Gisements du Koswinsky. Eperon dunitique du Sosnowsky-Ouwal.

*c*) Gisements du Koswinsky. Le Koswinsky et l'éperon dunitique du Kamennoe-Koswinsky, vue prise depuis Kitlim.

directement en contact avec des roches vertes, litées, et souvent absolument schisteuses, qui appartiennent à la série des diabases dynamo-métamorphiques, et qui sont produites par l'écrasement et la transformation de roches variées de cette famille.

Les rivières platinifères primaires qui proviennent du Sosnowsky-Ouwal coulent toutes, de même que les rivières secondaires, sur le versant européen de l'Oural ; ce sont :

1. *La rivière Bolchaïa Sosnowka*, qui coule en moyenne du S. au N., ou mieux au NN.-O., sur le flanc occidental du Sosnowsky-Ouwal, et qui mesure au total cinq verstes environ. En réalité cette rivière ne s'amorce pas dans la dunite, mais ravine celle-ci, car une notable partie de son cours se trouve au contact même des dunites et des schistes dynamo-métamorphiques.

2. *Un lojok sans nom*, affluent de B. Sosnowka, dont l'embouchure se trouve en face du village, et qui coule de l'E. à l'O., puis oblique ensuite au S.-O.

3. *La rivière Malaïa Sosnowka*, affluent gauche de Tilaï, qui prend sa source sur l'extrémité N.-O. du Sosnowsky-Ouwal, et dont la longueur totale est d'une verste environ. Elle coule du S.-E. au N.-O.

4. *La rivière Logwinska*, qui coule sur le flanc oriental du Sosnowsky-Ouwal, d'abord du S. au N., puis au N.-E. Elle fait ensuite un coude vers l'est, puis jusqu'à son confluent avec Tilaï, coule à peu près vers l'OO.-N. La longueur totale de son cours est de 8 verstes environ.

5. *Un lojok sans nom*, affluent gauche de Logwinska, qui coule du S.-O. au N.-E., et qui mesure à peu près 1 ¾ verstes.

Les rivières platinifères secondaires qui reçoivent leur platine du Sosnowsky-Ouwal sont :

6. *La rivière Tilaï*, qui n'est platinifère qu'en aval du confluent de Logwinska. Elle prend sa source sur la ligne de partage, et coule en moyenne du N.-N.-E. au S.-S.-O. La longueur totale de son cours est de 35 verstes environ ; celle de la partie qui est platinifère de 14 verstes seulement ; elle se jette dans la grande Koswa.

7. *La rivière Bolchaïa Koswa*, qui prend sa source sur la ligne de partage également, mais qui, jusqu'à son confluent avec Tilaï, coule en moyenne du S.-E. au N.-O., puis ensuite à peu près de l'E. à l'O. Elle fait plus en aval un grand coude vers le N. et coule du N. au S. puis au S.-O. Cette rivière ne nous intéresse d'ailleurs que dans la région supérieure de son cours. Elle n'était pas considérée comme platinifère, bien qu'elle reçoive deux affluents qui contiennent du platine, Malaïa Koswa et Tilaï, car les recherches faites sur ses alluvions n'avaient donné que des traces de métal. Cependant tout récemment, plusieurs de ses affluents latéraux ont été exploités avec un réel succès, de sorte que la B. Koswa doit être envisagée comme appartenant au groupe des rivières platinifères secondaires qui dépendent du Sosnowsky-Ouwal. Nous verrons plus loin que cet énoncé n'est pas tout à fait exact, notamment en ce qui concerne l'affluent platinifère Malaïa Koswa, qui n'a jamais eu de relation avec le centre primaire en question.

**Bolchaïa-Sosnowka.** Cette rivière débute par deux sources, celle de droite s'amorce dans les tilaïtes, celle de gauche dans les diabases dynamo-métamorphiques. Elle coule en aval de leur jonction sur un court espace dans ces dernières roches, puis jalonne ensuite leur contact immédiat avec les dunites, et ceci sur la majeure partie de son cours. Elle reçoit dans ce trajet plusieurs petits lojoks latéraux entièrement encaissés dans la dunite, qui lui ont sans doute apporté son platine. A partir du point où elle incline au N.-O., la B. Sosnowka quitte la dunite et coule dans des diabases dynamo-métamorphiques à faciès de schistes verts dont il a été question. A 300 mètres environ de son embouchure, elle les quitte pour pénétrer dans les schistes cristallins du type quartziteux, qui font suite aux diabases vers l'O. La pente moyenne de la vallée de Sosnowka est assez forte ; elle est surtout accusée dans la partie supérieure de celle-ci.

Le platine a été découvert dans les alluvions de B. Sosnowka en 1897, et celles-ci ont été travaillées en régie jusqu'à leur exploitation complète ; les parties pauvres ont été abandonnées aux staratélis. On a travaillé l'alluvion du lit, sur une largeur qui varie, mais qui était initialement de 15 à 35 sagènes et qui allait en diminuant vers l'amont. Les travaux s'échelonnaient de l'embouchure, à une verste ou une verste et demie environ en amont des bâtiments du comptoir ; au delà, les travaux en régie cessent, mais les alluvions ont été prospectées, et en partie aussi exploitées par les staratélis ; elles sont considérablement plus pauvres qu'en aval ; aux sources mêmes de B. Sosnowka il n'y a pas de platine.

Le profil de l'alluvion de B. Sosnowka tel que nous l'avons relevé sur les travaux, était le suivant :

Tourbes et terrain superficiel . = ¾ à 1 archine, plus rarement 2.
Retschnikis . . . . . . . . = ½ à 1 ¼ archine
Peskis platinifères. . . . . = 1 à 1 ¾ archine, ordinairement 1 ¼
Bed rock en schistes verts.

La différence entre les retschnikis et les peskis était très nette, ces derniers toujours beaucoup plus argileux, verdâtres, renfermaient de nombreux cailloux anguleux du bed-rock près de celui-ci.

Les galets des peskis étaient surtout formés des schistes diabasiques verts, mêlés à de rares galets de dunites, de gabbros, et aussi de roches filoniennes, notamment de microgabbros et de porphyrites. Le platine descendait toujours assez profondément dans le bed-rock dont on enlevait ordinairement de 0,20 à 0,30 mètres.

Les teneurs étaient variables, elles oscillaient entre 2 et 12 zolotniks à la sag. cube ; la moyenne était ordinairement de 8 à 9, mais par endroits ces teneurs s'élevaient jusqu'à 30 zolotniks à la sag. cube. La plus grande richesse des alluvions se trouvait à une verste environ en amont de l'embouchure. Le platine de la partie inférieure de B. Sosnowka était plus ou moins roulé, souvent encore anguleux et de couleur grisâtre ; plus on remontait vers l'amont, plus il était grossier. Les petites pépites n'étaient point rares, elles dépassaient rarement le poids de 2 à 5 gr. ; plus en aval, elles étaient ordinairement décortiquées et lisses. On a travaillé sur le B. Sosnowka exclusivement à l'amérikanka ; le détourbage du stérile se faisait en hiver, les parties plus pauvres situées sur les deux bords de la tranchée étaient abandonnées aux staratélis.

**Lojok sans nom, affluent droit de B. Sosnowka.** Il est presque entièrement encaissé dans la dunite seule ; la région de son embouchure se trouve dans les chistes diabasiques. Les alluvions de ce lojok ont été exploitées sur 200 sagènes environ à ciel ouvert, sur une tranchée de 5 à 6 sagènes de largeur. Le stérile, terrain superficiel et argile avait de 1 à 3½ archines, les peskis argileux de 1 à 1 ¾ archines. Les alluvions étaient relativement riches, et renfermaient environ 10 zolotniks à la sagène cube ; le platine était anguleux, noir, peu roulé, et analogue à celui de la petite Koswa.

Les parties supérieures du lojok paraissent avoir été trop pauvres pour mériter une exploitation ; il en est de même pour plusieurs petites dépressions qui se trouvent en amont du dit lojok dans la dunite également.

**Malaïa-Sosnowka.** La partie supérieure de cette petite rivière est encaissée dans la dunite, l'inférieure dans les schistes verts diabasiques dynamo-métamorphiques. Les alluvions de M. Sosnowka se trouvaient suivant le lit, elles étaient de faible épaisseur et exploitées à ciel ouvert par une tranchée assez étroite ; les travaux ne remontaient pas très loin en amont à partir du confluent.

On observait généralement la succession suivante : terrain superficiel et argile = ½ à 1 ¼ archines. Retschnikis = ½ à 1 archine. Peskis argileux verdâtre = ¾ à 1½ archines. Bed-rok en schistes verts, puis plus en amont, en dunite. L'exploitation des alluvions a été surtout poussée dans la région des schistes verts diabasiques ; les peskis, près du bed-rock renfermaient de nombreux blocs anguleux de schistes ; on enlevait généralement environ 0,25 m. de ce bed-rock qu'on lavait avec les peskis.

Les teneurs étaient en moyenne plus élevées que sur B.-Sosnowka, elles oscillaient généralement entre trois et quinze zol. à la sag³. Le platine était noir, gros, anguleux et fréquemment associé à de la chromite ; les petites pépites encapuchonnées par ce minéral n'étaient point rares. Les alluvions de M.-Sosnowka comme celles du lojok qui précèdent, ont été exploitées en régie, et lavées à l'amérikanka comme sur B.-Sosnowka.

**Logwinska.** Les deux sources de cette rivière débutent dans les pyroxénites et les tilaïtes, puis passent ensuite dans la dunite jusqu'à leur réunion. A partir de là, Logwinska coule à la frontière même de la dunite et des tilaïtes, en empiétant parfois légèrement sur la première de ces deux roches. Elle pénètre alors dans les pyroxénites et contourne dans ces roches toute l'extrémité N. du Sosnowsky-Ouwal, puis elle traverse sur un espace très court les gabbros ouralitisés du Katéchersky, et coule alors jusqu'à son embouchure dans les schistes diabasiques précédemment cités. Sur la rive gauche, elle ne reçoit qu'un petit tributaire provenant de la dunite, qui est le log sans nom déjà indiqué ; sur sa rive droite par contre deux affluents importants qui proviennent : le premier du flanc N. du

Koswinsky ; il coule dans la vallée comprise entre cette montagne et l'extrémité O. du Katéchersky ; le second, du col séparant le Katéchersky et le Tilaï. Le premier affluent ravine exclusivement les pyroxénites et les tilaïtes subordonnées ; le second est presqu'entièrement compris dans les gabbros ouralitisés du Katéchersky, et ne pénètre dans les schistes verts diabasiques que tout près de son embouchure.

Nous avons découvert la présence du platine sur Logwinska en 1900, et les puits que nous avons faits sur cette rivière comme sur ses affluents droits nous ont permis de nous convaincre que Logwinska seule était platinifère, tandis que les deux affluents en question ne renfermaient pas trace de platine. Jusqu'à ce jour, les alluvions de Logwinska n'ont pas été exploités parce que trop pauvres ; nous avons en effet, sur cette rivière, fait exécuter trois lignes de puits, dont la première se trouvait un peu en amont du petit lojok affluent gauche de Logwinska, la seconde en aval de ce lojok près du confluent de Logwinska avec son premier tributaire droit, la troisième plus en aval ; les résultats obtenus ont été les suivants : La première ligne qui comportait 20 puits, a donné la succession que voici :

$$
\begin{aligned}
\text{Tourbes et terrain superficiel} \quad &= \quad 0,1 \text{ à } 0,4 \text{ mètre} \\
\text{Retschnikis} \quad &= \quad 0,2 \text{ à } 1,2 \quad » \\
\text{Peskis} \quad &= \quad 0,2 \text{ à } 1 \quad »
\end{aligned}
$$

Teneur moyenne des peskis sur les puits ayant donné du platine, 140 dolis à la sag[3].
A la seconde ligne qui comportait 25 puits, on avait :

$$
\begin{aligned}
\text{Tourbes et terrain superficiel} \quad &= \quad 0,1 \text{ à } 0,46 \text{ mètre} \\
\text{Retschnikis} \quad &= \quad 0,18 \text{ à } 1,87 \quad » \\
\text{Peskis} \quad &= \quad 0,31 \text{ à } 0,90 \quad »
\end{aligned}
$$

Teneur moyenne des peskis : 216 dolis à la sag[2].
A la troisième ligne enfin de 10 puits seulement, on avait :

$$
\begin{aligned}
\text{Tourbes et terrain superficiel} \quad &= \quad 0,10 \text{ à } 0,20 \text{ mètre} \\
\text{Retschnikis} \quad &= \quad 0,48 \text{ à } 1,29 \quad » \\
\text{Argile jaune} \quad &= \quad 0,5 \text{ à } 0,7 \quad » \\
\text{Peskis} \quad &= \quad 0,10 \text{ à } 0,80 \quad »
\end{aligned}
$$

Teneur moyenne des peskis : 198 dolis par sag[3].

**Lojok affluent gauche de Logwinska.** Les sources de ce petit lojok sont encaissées dans la dunite, mais la plus grande partie de la vallée se trouve dans les pyroxénites. Les éluvions platinifères assez étroites, et de faible épaisseur, ont été exploitées dans la région des sources par les staratélis seulement. Les teneurs, à ce qui nous a été dit, étaient assez faibles, de trois à cinq zol. à la sag.[3] de sables ; les alluvions avaient encore le caractère éluvial, elles étaient peu épaisses. Le platine était noir, anguleux, et associé à la chromite.

## RIVIÈRE TILAÏ

Elle reçoit tout son platine du Sosnowsky-Ouwal, et ne nous intéresse par conséquent qu'à partir du confluent de Logwinska. Toutes les rivières affluents gauche de Tilaï qui proviennent de la chaîne du Tilaï-Kanjakowsky en amont de Logwinska, sont stériles en effet, ce qu'ont démontré nos recherches. Une seule, Garéwaïa, qui s'amorce sous les pointes de Garéwaïa, dans la partie S.-O. de la chaîne du Tilaï, à un endroit où il existe de très gros et très nombreux filons de dunite, renferme des traces seulement de platine dans ses alluvions. La pente de Tilaï depuis le confluent de Logwinska jusqu'à l'embouchure, est de 2,1 sag. par verste ; la vallée est assez large, et souvent encaissée par une falaise, qui passe alternativement sur les deux rives. Entre Logwinska et M.-Sosnowka, Tilaï coule dans les schistes diabasiques, de là jusqu'au petit affluent appelé Nartitschne-log, dans les schistes quartzito-micacés, puis en aval, jusqu'au confluent de B.-Koswa, dans les calcaires cristallins du D₁.

Entre les confluents de Logwinska et de M.-Sosnowka, les alluvions de Tilaï renferment du platine, mais en traces seulement, dans les peskis. Par contre elles en contiennent une petite quantité dans les alluvions contemporaines, et on a cherché à l'extraire avec des «pakharis» sans grand succès d'ailleurs, les teneurs étant trop faibles.

En aval du confluent de M. Sosnowka, il existait, sur la rive gauche de Tilaï, un gisement sans doute d'ouwal, qui a été exploité sur toute son étendue par des travaux à ciel ouvert, presque jusqu'au confluent de B. Sosnowka ; ce gisement a fourni la plus grande partie du platine produit par le centre du Sosnowsky-Ouwal de 1910-1913 ; les teneurs, à ce qui nous a été dit, variaient de 5 à 15 zolotniks à la sag. cube.

Tilaï, en aval du confluent de B. Sosnowka, n'a jamais fait l'objet d'une exploitation quelconque ; c'est à peine si quelques « pakharis » ont travaillé directement au-dessous de ce confluent, dans le lit même de la rivière. Par contre nous l'avons prospectée en 1911, en vue d'un dragage éventuel des alluvions ; nous transcrirons ici le résumé de ces recherches sommaires faites par 3 lignes de puits, coupant transversalement toute la plaine alluviale, en donnant les résultats tels qu'ils ont été obtenus, c'est-à-dire les profondeurs calculées en mètres, et les teneurs évaluées en grammes et rapportées à la masse totale de l'alluvion, et non aux peskis seulement.

La première ligne se trouvait à 1 ½ kilomètres en amont du confluent de Tilaï avec la Koswa. La largeur totale de la bande alluviale était de 157 mètres ; la succession observée était la suivante :

| | | |
|---|---|---|
| Tourbes et terrain superficiel . . | = | 0,20 à 1,07 mètres |
| Argile jaune . . . . . . . | = | 0,50 à 1,27 » |
| Retschnikis et peskis. . . . . | = | 0,74 à 2,38 » |
| Bed-rock . . . . . . . . | = | Schistes cristallins. |

Les teneurs oscillaient entre 0,02 et 0,1382 gr. par m.³. la moyenne était 0,044. Ces faibles teneurs sont attribuables au fait que la majorité des puits de cette ligne ne sont pas arrivés jusqu'aux peskis, à cause des venues d'eau.

La seconde ligne était à 3 kil. en amont de la précédente. La largeur totale de la vallée alluviale était ici de 121 m. et la succession est comme ci-dessous :

   Tourbes et terrain superficiel . . = 0,20 à 0,30 mètre
   Argile jaune. . . . . . . = 0,33 à 0,80  »
   Retschnikis et peskis . . . . = 1,25 à 2,21  »
   Bed-rock en schistes.

Les teneurs oscillaient entre 0,01 et 0,034 gr. par m.³, la moyenne était 0,023 gr.

La trosième ligne enfin était à 4 verstes en amont de la seconde ; la largeur de la nappe alluviale était de 145 mètres, et la succession ainsi :

   Tourbes et terrain superficiel . . = 0,10 à 0,15 mètre
   Argile jaune. . . . . . . = 0,44 à 1.10  »
   Retschnikis et peskis . . . . . 1,04 à 1,70  »
   Bed-rock en schistes.

Les teneurs variaient de 0,58 à 0,136 gr. au m.³.

Comme on le voit, les alluvions de Tilaï sont platinifères du confluent de B. Sosnowka jusqu'à l'embouchure dans la Koswa, mais les teneurs sont faibles. Le platine de Tilaï est grisâtre, roulé, et de petite dimension.


## LA RIVIÈRE MALAÏA KOSWA


La petite Koswa n'a aucune attache avec le Sosnowsky-Ouwal, mais comme elle représente le principal affluent platinifère de la grande Koswa, nous la traiterons avec les tributaires de cette rivière.

La petite Koswa prend sa source sur la ligne de partage des eaux asiatiques et européennes qui forme ici une selle très plate et marécageuse au flanc SS.-E. du Koswinsky. Elle coule d'abord du N.-E. au S.-O.. puis contournant l'extrémité S. de la montagne, elle décrit un coude brusque vers le S.. et coule alors presque à l'O. ou mieux à l'OO.-N. jusqu'à son confluent avec la Bolchaïa Koswa. La longueur totale de son cours est de 10 kil. environ.

La pente est de 14 m. par kil. soit d'environ 7 sag. par verste ; elle n'est pas uniforme, mais localisée surtout dans le voisinage des sources : la plus grande partie du cours de la petite Koswa est en effet comprise dans une vallée plate, boisée et marécageuse, qui ne se resserre quelque peu que dans la partie du lit comprise entre l'embouchure et les bâtiments du comptoir. Là, sur les deux rives, on rencontre quelques affleurements rocheux.

Les formations traversées par la petite Koswa ne sont pas variées. Dans la région des sources, sur une petite distance, la rivière ravine les roches amphiboliques produits dynamo-métamorphosés de gabbros et roches analogues. Puis sur quelques verstes elle traverse les schistes cristallins de l'horizon supérieur quartzeux, et dans la dernière partie de son cours, en aval des bâtiments du comptoir et jusqu'à l'embouchure, les diabases schisteuses et schistes diabasiques de la zone développée à l'O. du Sosnowsky-Ouwal. Nulle part, sur toute l'étendue de son cours, la petite Koswa ne traverse des roches platinifères; il en est de même pour ses affluents gauches et droits, qui sont peu nombreux d'ailleurs. Il existe un seul affluent droit qui s'amorce dans les pyroxénites du flanc S.-E. du Koswinsky; les différentes lignes de puits que nous avons faites sur celui-ci ont montré que ses alluvions ne renferment pas de platine. Quant aux affluents gauches qui sont au nombre de deux, et qui ravinent les schistes cristallins ou les amphibolites, ils ne renferment du platine que dans la partie inférieure de leurs cours, et ce platine provient certainement d'anciennes alluvions remaniées de la petite Koswa, déposées à un niveau supérieur à celui d'aujourd'hui, et reconcentrées par le processus indiqué précédemment; par contre ces affluents sont aurifères et même à des teneurs assez élevées, comme Bérézowka par exemple. Il résulte de ceci que l'origine du platine des alluvions de la petite Koswa peut sembler à priori énigmatique; le mystère toutefois s'éclaircit si on admet qu'antérieurement, la disposition générale de la topographie était différente de celle d'aujourd'hui. La ligne de partage des eaux asiatiques et européennes était rejetée vers le N., et la petite Koswa s'amorçait alors dans le centre dunitique du Kamennoe-Koswinsky, tandis que les sources de la Kitlim étaient déplacées et sans doute repoussées contre le massif du Katéchersky-Tilaï (si toutefois la Kitlim existait déjà à cette époque.

Plus tard, la selle recula vers le S., la Kitlim empiéta alors sur la petite Koswa, et celle-ci quittant le massif dunitique, s'amorça plus au S. et à un niveau inférieur, dans les roches amphiboliques stériles. Cette hypothèse d'une communauté d'origine des platines de de M. Koswa et de Kitlim est corroborée par la réelle analogie chimique qui existe entre eux, alors que la composition de ces deux platines est totalement différente de celle du minerai provenant du centre du Sosnowsky-Ouwal.

Les alluvions de la petite Koswa n'ont pas été exploitées sur toute la longueur de son cours, mais seulement sur certaines places qui sont de l'amont vers l'aval les suivantes : Tourichewskaya, près des sources; Biélaïewskaya, à 1,2 verstes en aval de la précédente, Boyandinskaya à 2 verstes de Biélaïewskaya, puis Chilowskaya, un peu en amont des bâtiments du comptoir, et enfin toute la région du lit située entre le comptoir et l'embouchure.

Cette discontinuité des travaux provenait du fait qu'entre les points indiqués, les alluvions du lit de M. Koswa étaient stériles, ou à peu près; les recherches que nous avons entreprises sur cette rivière de 1911 à 1913, ont montré qu'il existait un ancien lit, qui, entre Biélaïewskaya et Boyandinskaya, passait au S. du lit actuel.

La disposition des alluvions observée sur la petite Koswa était la suivante :

A 300 mètres en amont du comptoir on avait :

Tourbes et terrain superficiel = 0,26 à 1,60 m. moyenne = 0,90 à 1 m.
Argile jaune ou bleue . . . = 0,50 à 0,75 » » = 0,60 »
Retschnikis. . . . . . . = 0,20 à 0,92 » » = 0,60 »
Peskis . . . . . . . . = 0,50 à 1,04 » » = 0,60 »
Bed-rock en schistes.

Les teneurs rapportées à la totalité de l'alluvion, étaient de 12 à 105 dolis à la sag.[3], la moyenne générale de 82 dolis par sag.[3].

Un peu en aval des travaux de Boyandinskaya, la succession était :

Tourbes et terrain superficiel = 0,15 à 1,87 m. moyenne = 0,90 m.
Argile jaune . . . . . . = 0,20 à 0,75 » » = 0,40 »
Retschnikis . . . . . . = 0,15 à 0,64 » » = 0,30 »
Peskis . . . . . . . . = 0,25 à 1,20 » » = 0,70 à 0,80 »
Bed-rock en schistes.

Les teneurs oscillaient entre 8 et 340 dolis à la sag.[3], la moyenne générale de tous les puits de la région (avec ou sans platine) était de 57 dolis à la sag.[3].

Sur Biélaïewskaya même, une série de puits distribués irrégulièrement dans les parties où l'alluvion vierge est en place parmi les fouilles des staratélis a donné les résultats suivant :

Tourbes et terrain superficiel = 0,52 à 2,58 m. moyenne = 1,50 m.
Retschnikis. . . . . . . = 0,20 à 0,60 » » = 0,50 »
Peskis argileux . . . . . = 0,21 à 1,07 » » = 0,70 à 0,90 »
Bed-rock en schistes.

Immédiatement en aval de la concession de Biélaïewskaya, une ligne de puits faite en travers du cours de M. Koswa sur 104 mètres, n'a donné que des résultats insignifiants ; les alluvions étaient stériles ou à peu près, et il en a été de même pour d'autres lignes échelonnées sur le cours entre Boyandinskaya et Biélaïewskaya. Le lit platinifère devait donc passer ailleurs, ce qui fut mis en évidence par une série de lignes faites en hiver 1912, au sud des cours de M. Koswa. Ces lignes montrèrent l'existence d'une large zone alluviale, située à 200-250 mètres au sud du lit actuel, dans laquelle, vu l'étalement, le platine était très irrégulièrement réparti suivant certains filets riches, noyés dans une masse beaucoup plus pauvre. Dans cette région, la disposition relevée sur les nombreuses lignes de puits qui y ont été exécutées, était la suivante :

Tourbes et terrain superficiel = 0,10 à 0,55 m. moyenne = 0,25 m.
Argile jaune et bleue . . . = 0,20 à 1,50 » » = 0,80 »
Retschnikis . . . . . . = 0 à 0,80 » » = 0,40 »
Peskis . . . . . . . . = 0,20 à 0,80 » » = 0,60 »
Bed-rock en schistes.

Les teneurs étaient très variables, beaucoup de puits ne renfermaient que des traces de platine ou même pas du tout. Elles oscillaient entre 2 et 200 dolis par sag.[a], rapportées à l'alluvion totale. La moyenne générale de tous les puits avec ou sans platine faits sur cette région, était de 39 dolis à la sag. cube ; ainsi une seule ligne a donné comme moyenne générale pour tous les puits 158 dolis par sag. cube.

Entre Bielaïewskaya et Tourichewskaya, une ligne de puits faite un peu en aval de cette dernière concession, a donné les résultats suivants :

Tourbes et terrain superficiel  =  0,28 à 1,07 m. moyenne  =  0,60 mètre  
Argile . . . . . . =  0   à 0,52  »   »   =  0,30  »  
Retschnikis . . . . . =  0,45 à 0,87  »   »   =  0,65  »  
Peskis . . . . . .   0,45 à 0,95  »   »   =  0,70  »  
Bed-rock en roches amphiboliques.

Les teneurs oscillaient entre 8 et 58 dolis à la sag. cube ; la moyenne générale de tous les puits était de 56 dolis. Enfin, dans la région voisine des sources, à Jarkowska, on avait :

Tourbes et terrain superficiel  =  0,28 à 0,72 m. moyenne  =  0,65 m.  
Argile bleue . . . . . =  0   à 1,20  »   »   =  0,35  »  
Retschnikis . . . . . =  0,37 à 0,92  »   »   =  0,60  »  
Peskis . . . . . . =  0,40 à 0,99  »   »   =  0,90  »  
Bed-rock . . . . . . =  roches amphiboliques.

Les teneurs oscillaient entre 4 et 56 dolis ; la moyenne générale de tous les puits était de 32 dolis à la sagène cube, toujours rapportée à la totalité de l'alluvion.

Le platine de la petite Koswa est fin, bien calibré, aplati, et de couleur blanche ; il est mêlé à une proportion d'or qui est parfois notable, notamment en aval du confluent de Bérésowka. Il ne renferme jamais de chromite adhérente, et les pépites, même petites, y sont inconnues. On remarque seulement que sans cesser d'être fortement roulé, le grain croît régulièrement de l'aval vers l'amont.


### RIVIÈRE BOLCHAÏA KOSWA

Elle prend sa source au sud du Koswinsky-Kamen, sur la ligne de partage des eaux européennes et asiatiques, dans la région des schistes cristallins du groupe des schistes quartzito-micacés, chloriteux, etc. Jusqu'à son confluent avec Malaïa-Koswa, ses alluvions ne renferment pas trace de platine : près des sources, elles ont anciennement été exploitées pour l'or.

Il semblerait à priori, qu'en aval du confluent de M.-Koswa, les alluvions de la grande Koswa dussent être platinifères. Or les recherches que nous avons faites en 1911 sur cette rivière ont montré qu'il n'en était pas ainsi ; en effet, sur 4 lignes de puits échelonnées à distances égales, à partir d'une verste en aval de M.-Koswa jusqu'au confluent de Tilaï, nous n'avons jamais observé de peskis, mais seulement des retschnikis sableux et perméables, reposant directement sur le bed-rock formé de schistes diabasiques, ou de schistes quartzito-micacés. Ces retschinikis étaient stériles, car sur les 21 puits de ces quatre lignes, la totalité du platine récolté fut de 8,5 dolis. L'épaisseur de l'alluvion oscillait entre 1,20 et 3 mètres, celle des retschnikis entre 0,36 et 2,12, le plus ordinairement elle était de 1,50 m. L'absence de platine dans les alluvions de B.-Koswa peut s'expliquer soit par la rapidité de la rivière dans cette partie de son cours, le métal ayant été complètement entraîné à l'aval ; soit par l'existence d'un ancien lit différent de celui actuel, bien que la barre formée par le Soukhoï-Kamen sur la rive gauche, rende cette hypothèse peu vraisemblable. Nous avons recherché cet ancien lit hypothétique, sans succès d'ailleurs.

AFFLUENTS LATÉRAUX DE BOLCHAÏA KOSWA

En aval du confluent de Tilaï, les alluvions de B.-Koswa sont sans doute platinifères, mais à des teneurs très faibles, et n'ont fait l'objet d'aucune recherche. Par contre, en 1910, la présence du platine a été constatée dans plusieurs affluents latéraux gauches et droits, qui ravinent manifestement des roches stériles, notamment les calcaires et les dolomies du dévonien du synclinal de Tépil. Nous examinerons successivement ces affluents de l'amont vers l'aval.

**Soukhaïa-Bérézowka**[1]. C'est un affluent gauche qui se trouve à 3321 mètres en aval du confluent de Tilaï, et qui coule dans les formations des schistes cristallins, du dévonien inférieur, et des dolomies du $D^z$. Quelques puits ont été faits sur cette rivière à une faible distance de son confluent ; d'après ce qui nous a été communiqué on a trouvé des traces de platine dans ses alluvions.

**Bérézowka**. C'est un affluent droit qui se trouve à 3687 mètres en aval de Soukhaïa Bérézowka et qui coule dans une vallée large et plate couverte de bouleaux. Ses alluvions sont platinifères et ont été travaillées. Les premiers travaux commencent à 250 mètres de l'embouchure, puis à 350 mètres plus loin se trouve une tranchée qui mesure 25 mètres de longueur ; des puits isolés s'échelonnent jusqu'à 800 mètres de l'embouchure. Le profil de l'alluvion est le suivant :

Argile et tourbes . . . . . . . . . = 0,70 à 2 mètres<br>
Argile grasse platinifère avec galets de<br>
   dolomies et quelques galets de quartz. = 0,80 à 1,50 mètre<br>
Bed-rock argileux, avec cailloux anguleux de dolomie.

Nous n'avons pas pu obtenir des renseignements sur les teneurs de l'argile platinifère.

---

[1] Voir fig. N° 44, page 280.

**Stépanoff-log.** C'est un lojok sec, affluent de la rive gauche, à 9947 mètres en aval du confluent de Bérézowka. Sa longueur totale est de 1199 mètres, il est entièrement encaissé dans les dolomies du D². Il a été exploité sur presque toute sa longueur par les paysans de Rostess. Le profil de l'alluvion est le suivant :

    Terre végétale et argile rouge  . . .  =   2 à 3  mètres.
    Sables argileux platinifères  . . . .  =  0,90 à 1,40  »
    Bed-rok en dolomies du D².

Les galets des peskis sont des blocs à peine roulés de dolomie. mêlés à des rares galets typiques de la Koswa (tilaites, gabbros, pyroxénites, etc.). Le platine descend jusqu'à 0,60 m. dans le bed-rok. La largeur de la bande platinifère est de 7 à 10 sag., mais la zone riche est très étroite et dans l'axe même du lit. Là on a lavé de 72 zol. à 2 livres de platine par sag. cube, tandis que la teneur moyenne sur toute la largeur de la zone alluviale est de 20 zol. En amont de la région riche qui débute à peu près au milieu du lojok, les teneurs sont plus faibles, et de 3 à 6 zol. seulement.

**Sergueff-log.** C'est également un lojok sec, affluent gauche, qui se trouve à 839 mètres en aval de l'embouchure de Stépanoff-log. Sa vallée est dirigée N.-O., S.-E., sa longueur est de 919 mètres. Il est couvert de prairies et n'a pas été exploité, mais seulement prospecté par quelques lignes de puits sur lesquels on peut relever le profil suivant :

    Terre rouge argileuse . . . . . . .  =  1 à 1,6 mètre
    Retschnik argileux . . . . . . . .  =  0,80 à 1  »
    Bed-rock en calcaires dolomitiques.

Le retschnik est composé de cailloux de dolomie et de galets de la Koswa. Les teneurs en platine étaient bonnes d'après le dire des ouvriers qui ont procédé aux recherches.

**Gloubokaïa.** C'est un affluent droit situé à 983 mètres en aval du confluent de Sergueff-log. Son cours total mesure deux kilomètres, il est orienté NN.-O., SS.-E. Les alluvions ont été exploitées à partir d'un point situé à 293 mètres en amont de l'embouchure et s'échelonnent sur 514 mètres dans la zone riche ; au delà l'alluvion s'appauvrit considérablement et devient stérile. La largeur de la tranchée est de 14 mètres, le profil levé est le suivant :

    Argile et terre végétale  . . . . .  =  0,40 à 1,50 mètre
    Alluvion platinifère argileuse  . . .  =  0,91 à 1,20  »
    Bed-rock formé par les dolomies du D².

Les galets qui se trouvent dans les peskis sont formés par des blocs de dolomie et des petits morceaux de quartz.

Les alluvions de Gloubokaïa dans la zone exploitée étaient assez riches, on nous a donné le chiffre de 20 à 30 zol. à la sag. cube comme celui le plus habituel. Nous-mêmes, sur des parties laissées comme trop pauvres, avons trouvé de 5 à 7 zol.

**Kyria.** Elle passe par Rostess et constitue un gros affluent latéral gauche à 3379 mètres en aval du confluent de Gloubokaïa. Cette rivière n'a pas été prospectée, il est vraisemblable que ses alluvions, dans le voisinage de sa jonction avec la Koswa, renferment un peu de platine.

**Molitchowka.** Affluent droit à 2835 m. en aval de Kyria, qui coule du N.-E. au S.-O. et mesure 1162 m.

Les travaux commencent à 317 m. en amont de l'embouchure, et s'échelonnent sur 592 m. le long de la zone riche. Au delà, l'alluvion s'appauvrit considérablement, et devient stérile. La largeur de la tranchée est de 12 m. environ. On a :

Terre végétale et argile . . . . . . . . . . = 0,60 à 1,20 mètre
Alluvion platinifère argileuse avec galets de dolomie = 1   à 1,10   »
Bed-rock formé par les domies

Les teneurs étaient bonnes, et en moyenne de 8 à 15 zol. à la sag. cube.

**Tépéletz.** Affluent droit, à 2814 m. en aval de Molitchowka, qui coule du N.-E. au S.-O., et se trouve à 823 m. en amont du confluent de Tépil. Ses alluvions n'ont pas été travaillées en vue de l'extraction du platine, mais elle ont été prospectées par une série de lignes de puits. Le profil de l'alluvion relevé sur ces puits est le suivant :

Argile . . . . . . . . . . = 0,70 à 0,80 mètre
Retschnikis argileux . . . . . . = 0,60 à 0,90   »
Bed-rock en dolomies.

Les galets des retschnikis sont principalement fournis par des dolomies, les galets typiques de la Koswa font défaut.

Les teneurs en platine paraissent être très faibles ; sur quelques déterminations que nous avons faites sur de nouveaux puits, nous avons trouvé de 2 à 3 zol. par sag. cube de sables.

En somme, tous les affluents gauches ou droits de la Koswa renferment du platine dans leurs alluvions. Ce platine n'est pas réparti sur toute l'étendue du cours d'eau, mais concentré dans une zone riche de quelques centaines de mètres de longueur, qui généralement, débute à une faible distance de l'embouchure ; ce platine diminue rapidement plus en amont, puis finit par disparaître complètement, de sorte qu'à 1500 à 2000 m. en amont de l'embouchure, le cours d'eau devient stérile.

Les dernières traces de platine cessent généralement à la hauteur de vingt mètres environ au-dessus du niveau de la Koswa, hauteur qui est à peu près celle de la falaise de D² ; la zone riche est généralement comprise entre cinq et quinze mètres au-dessus de ce niveau. Le bed-rock des alluvions est toujours formé par les dolomies, le retschnik contient à côté des galets ou des fragments anguleux de ces roches, des petits blocs de quartz, auxquels s'ajoutent parfois des galets typiques de la Koswa, mais toujours en petite quantité.

La conclusion logique à tirer de ces faits est que le platine des affluents de la Koswa provient de la Koswa elle-même. Celle-ci a jadis coulé à un niveau supérieur à celui d'aujourd'hui, et a déposé à ce moment une nappe alluviale étendue, dont la composition pétrographique était identique à celle de ses alluvions contemporaines. Cette nappe devait se trouver à vingt mètres environ au-dessus du lit actuel de la Koswa. Cette rivière établit ensuite son lit contemporain, en ravinant ses propres alluvions et en érodant profondément les roches qui en formaient le soubassement (en l'espèce les dolomies). La vallée nouvelle étant considérablement rétrécie par rapport à l'ancienne, il en résulte qu'une partie des alluvions déposées sur celle-ci continua à recouvrir les dolomies de part et d'autre des deux rives, à un niveau supérieur à celui de la rivière. C'est à ce moment que s'établirent les affluents latéraux, et sous l'influence d'une érosion puissante, cette nappe fut balayée, et une partie des dolomies qui lui servaient de soubassement fut arrachée également, puis tout ce matériel roulé et concentré dans l'axe des nouveaux cours d'eau qui s'établissaient, vint former les éléments constitutifs des retschnikis. Il est évident que le platine que contenaient ces alluvions a subi une concentration analogue, et si les alluvions de certains de ces affluents sont d'une richesse exceptionnelle, c'est qu'ils ont fonctionné comme de véritables sluices naturels.

Il est certain que ce phénomène de concentration secondaire est susceptible de se produire sur tous les affluents latéraux ; le platine n'est cependant abondant que dans les alluvions de ceux qui coulent sur les dolomies, pour les raisons que nous avons antérieurement exposées.


## CENTRE DU KAMENNOE-KOSWINSKY ET DE LA RIVIÈRE KITLIM


Le centre dunitique primaire du Kamennoe-Koswinsky est situé sur le flanc oriental du Koswinsky, dans l'éperon qui se détache de ce dernier contre la Lobwa (carte N° V). L'affleurement présente une forme plus ou moins trapézoïdale, le point culminant cote 880 m., le plus bas 500 m. ; une partie de la crête de l'affleurement est donc dénudée et couverte de forêts rabougries. Le grand axe du gisement mesure 2375 m., le petit axe 1750, la superficie totale de l'affleurement est de 2145 m². La dunite du Kamennoe-Koswinsky est fortement altérée et rubéfiée en surface ; parfois sur la crête, elle semble plus ou moins schisteuse. A l'état frais, elle est verte, et renferme en abondance des octaèdres de chromite. Les ségrégations de ce minéral n'y sont point rares, mais petites; en effet, lorsqu'en 1901 nous visitâmes pour la première fois ce gisement, on pouvait voir en différents points de l'éperon dunitique, de nombreux morceaux de chromite cristalline et compacte, qui se trouvaient immédiatement à la surface du sol, et qui représentaient des restes de traînées de ce minéral demeurées

*in situ* après désagrégation de la roche encaissante et lessivage subséquent des arènes dunitiques ; actuellement l'endroit étant devenu fréquenté, ces fragments sont introuvables.

La dunite massive est toujours peu ou prou serpentinisée, elle est traversée par de
très minces veinules de roches filoniennes variées, qu'on trouvait également en petits débris
épars à la surface du sol. Ce sont :

1. *Des granulites filoniennes* à plagioclases, roches leucocrates, acides à 71 °/₀ de $SiO_2$,
qui contiennent du zircon, de la biotite, de l'oligoclase acide et du quartz, avec une
structure panidiomorphe grenue.

2. *Des albitites*, roches acides également, qui renferment 67 °/₀ de $SiO_2$, qui sont à
grain fin et de couleur grisâtre. Elles renferment du sphène, de l'albite, et un peu de
chlorite.

3. *Des issites à plagioclases*, roches mélanocrates grenues, avec 40 °/₀ de $SiO_2$, qui
renferment de l'apatite, de la magnétite, de la hornblende, du labrador et de l'anorthite.

4. *Des wehrlites filoniennes*, roches mélanocrates grenues, avec 45 °/₀ de $SiO_2$, qui
contiennent de la magnétite, du spinelle vert, de l'olivine, du pyroxène monoclinique et
de la hornblende. Les veinules ne présentent souvent que quelques centimètres d'épaisseur ;
elles sont rares d'ailleurs.

La dunite est circonscrite par une épaisse ceinture de pyroxénites à olivine, qui fait
partie de la masse du Koswinsky lui-même, et qui passe par places à la koswite par le
développement exagéré de la magnétite. Un petit pointement dunitique secondaire se
trouve dans celle-ci à quelques mètres du comptoir de Judinsky.

Au-dessus de l'éperon dunitique, les pyroxénites sont traversées par des filons de
dunites analogues à celles du type massif, puis par de très nombreux filons de plagiaplites
et de plagiaplites quartzifères avec ou sans hornblende, qui sont parfois assez épais et
d'une blancheur éclatante. Les pyroxénites forment aussi quelques chapeaux à l'intérieur de
la dunite, mais généralement sur les bords de l'affleurement ; on en trouve notamment
quelques-uns sur la rive droite du Popowsky-lojok. Les pyroxénites enfin sont circonscrites
par les gabbros, développés principalement vers le nord sous forme de gabbros-diorites du
Katéchersky, puis au sud et au sud-est.

Les rivières platinifères primaires qui ravinent le centre dunitique du Kamennoe-
Koswinsky sont, du nord au sud :

1. *Obodranny-lojok*, qui coule sensiblement du sud au nord et qui se jette dans la
Severney-Kitlim, laquelle ne devient platinifère qu'en aval du confluent.

2. *Judinsky-lojok*, qui occupe un ravin situé au S.-E. du précédent, et qui coule à
peu près de l'ouest vers l'est, sous forme d'un mince filet d'eau visible seulement pendant
la période des pluies.

3. *Popowsky-lojok*, un peu au sud du précédent, qui reçoit d'abord un petit affluent
appelé Mali Youjny-Kitlim, lequel se trouve un peu plus au sud, et qui débute au contact
même des dunites et des pyroxénites. La rivière produite par la réunion des deux sources,
coule également vers l'est.

*a*) Gisements du Koswinsky. Passage de Sosnowska sur Kitlim par le col du Katéchersky.

*b*) Gisements du Koswinsky. Flanc oriental du Koswinsky, sur la droite éperon dunitique du Kamennoe-Koswinsky.

*c*) Gisements du Koswinsky. Kitlim, vue prise de l'Ouest. Chaîne du Kalpak-Kazansky, avec le Semitchellowietchny.

Ces différentes sources sont situées sur la Sémiwladiltchewskaya-datcha où elles restent distinctes, elles se réunissent sur la Pawda pour former la rivière Kitlim.

4. *La rivière Kitlim*. Celle-ci mesure environ quatre verstes et demie sur la Pawda, depuis la frontière de cette datcha jusqu'à son confluent avec la Lobwa. Ses relations avec les trois sources indiquées ci-dessus sont obscures, et ce que l'on considérait initialement comme la Kitlim était la prolongation de la Severney-Kitlim. Il est hors de doute cependant que ces sources qui, au delà de la frontière de Pawda, formaient des cours d'eau distincts sur une certaine étendue, se sont jadis réunies pour donner naissance à la formidable nappe alluviale qui va de la frontière de Pawda jusqu'à la Lobwa, et qui est développée sur une largeur considérable de part et d'autre du cours de la Severney-Kitlim. Ceci résulte des nombreuses recherches dont cette région a été le théâtre, recherches faites par des lignes transversales de puits, développées sur une très grande étendue. Avec le bouleversement des terrains qu'a entraîné l'exploitation de ces alluvions par les staratélis, il est difficile de reconstituer l'état de chose primitif à partir de la frontière de la Sémiwladiltchewskaya-datcha, et la carte des cours d'eau restitués est nécessairement un peu hypothétique, ce qui d'ailleurs n'offre pas d'inconvénients au point de vue des alluvions platinifères. Le cours de la Kitlim mesure sur la Pawda 4 verstes 200 sagènes. La largeur moyenne de la nappe alluviale, suivant l'axe de la rivière, dépasse 200 sagènes.

Les rivières platinifères secondaires qui dérivent du centre du Koswinsky sont constituées exclusivement par la Lobwa, qui tient tout son platine de la Kitlim, et dont les alluvions sont platinifères sur une grande longueur.

**Obodranny-lojok.** Nous sommes mal renseignés sur cette source de la Kitlim, car elle fut travaillée au début par des maraudeurs, qui s'y installèrent quelques années après la découverte du gisement qu'ils bouleversèrent. Une ligne de puits faite par nous au moment de sa découverte en 1901 fut peu concluante, tous les puits à l'exception d'un seul n'arrivèrent pas jusqu'au bed-rock par suite des énormes cailloux rencontrés. Les résultats fournis par ce puits unique ont été les suivants :

| | | |
|---|---|---|
| Terrains superficiels | = 1 | archine |
| Retschnikis verdâtres | = 2 | » |
| Peskis verdâtres | = 1 ½ | » |
| Bed-rock | = pyroxénite | |

La détermination quantitative du platine ne fut pas effectuée, sa présence fut simplement constatée à la kofcha. Au dire de certains témoins les alluvions étaient extrêmement riches, et dans la partie moyenne du lojok, on a, comme au Kaménouchky, extrait plus d'une livre de platine à la sagène cube de sable. Actuellement on relave les tailings qui contiennent de 60 dolis à 2 zol. à la sag. cube.

Sur la Severney-Kitlim, elle-même, à une faible distance du confluent d'Obodrany-lojok, les teneurs oscillaient entre 8 et 20 zol. à la sagène cubique de peskis, et les rapports du stérile au sable étaient très variables suivant les profils.

**Judinsky-lojok.** Dans la partie du lojok située en amont des bâtiments, les alluvions, ou mieux, les éluvions, très peu remaniées, formaient un cône qui s'élargissait à la base. Ces alluvions étaient platinifères sur toute leur épaisseur, mais le platine y était concentré dans la partie inférieure, près du bed-rock, L'épaisseur de la couche alluviale était très variable, en moyenne de 2 à 3 sagènes. Des blocs énormes étaient fréquemment rencontrés, ils étaient constitués par des pyroxénites. La largeur de la bande exploitée variait de 6 à 10 sagènes ; quant aux teneurs, elles oscillaient entre 2 zol. et 1 ½ livre à la sag. cube. Lorsqu'en 1908 nous visitâmes l'exploitation, la teneur moyenne était d'environ 15 zol. à la sag. cube. Déjà en aval des bâtiments de l'administration, l'Judinsky-Log prend les allures d'une rivière, et nous avons pu relever, cette même année, le profil suivant :

Terrains superficiels et tourbe . . = 1 ½ archines
Sables platinifères . . . . . . = 3 à 4 ½ »
Bed-rock formé par des pyroxénites.

Actuellement les travaux de Judinsky arrivent presque jusqu'à la frontière de la Pawda. Les recherches qui ont été faites à cet endroit en 1912, montrent déjà un étalement considérable des alluvions ; une ligne de puits exécutée par l'administration, tout près de la frontière de Pawda, a traversé ces alluvions, contenant toujours du platine, sur une largeur de plus de 100 sagènes. L'épaisseur totale de la nappe alluviale atteint jusqu'à 4 sagènes, celle des peskis jusqu'à 0,90 sagène, mais elle est généralement plus faible, et oscillait entre 0,35 et 0,50. Sur toute cette étendue, les teneurs en platine dans les sables variaient de 76 dolis à 3 zol. 82 dolis, avec une moyenne supérieure à 2 zol. à la sag. cube. Toutefois, la zone riche, avec des teneurs de 6 à 9 zol. par sag. cube, était très étroite, mais s'étalait en arrivant sur la Pawda, où elle mesurait 15 sagènes, contre 6 sagènes au plus, à 335 sagènes plus en amont.

**Popowsky-lojok.** Dans la partie tout à fait supérieure, là où le ravin est creusé dans la dunite, les conditions sont à peu près analogues à celle d'Judinsky ; plus en aval, on observe généralement la disposition suivante :

Terrains superficiels et stériles . . . = 6 à 9 archines
Peskis . . . . . . . . . . . = 1 à 1 ½ »

Les teneurs moyennes dans la zone exploitée étaient à peu près de 7 ½ zol. par sag. cube de sables.

L'exploitation des alluvions des lojoks, de même que celle de Severney-Kitlim, ont été faites en régie, et généralement à ciel ouvert, comme c'était le cas par exemple pour Severney-Kitlim, et pour Judinsky.

On a cependant travaillé dans le haut des lojoks, et notamment à Popowsky. Les staratélis, dans ces dernières années, ont beaucoup relavé d'anciens tailings, dont les teneurs sont encore payantes.

Le platine des sources de Kitlim est peu roulé, souvent noir et encapuchonné de chromite : on a trouvé plusieurs fois de petites pépites, les plus grosses au dire des ouvriers pesaient 2 à 3 zol., mais en général le poids n'excédait pas 32 à 190 dolis. Ce platine est cristallisé aussi dans la dunite, car on trouve des pépites auxquelles adhèrent encore des fragments de dunite altérée.

**Rivière Kitlim.** L'exploitation de cette rivière a commencé à ciel ouvert, dans sa partie basse, et à une certaine distance du cours contemporain. Lorsqu'en 1901, nous passâmes pour la première fois à Kitlim, nous pûmes observer sur le front de taille même des travaux, la disposition suivante, relevée à peu près à mi-distance entre la frontière de Pawda et le confluent.

| | | |
|---|---|---|
| Tourbe et terrains superficiels | = ¼ | archines |
| Retschnikis | = 7 | » |
| Peskis | = 3 | » |
| Bed-rock | = | amphibolites |

Le platine était presque entièrement contenu dans les 20 centimètres de peskis situés directement au-dessus du bed-rock. La teneur était en moyenne de 12 zol. par sagène cube de peskis. Le matériel alluvial, dans les retschnikis comme dans les peskis, était en grande partie formé par des gabbros-diorites, des péridotites, et des amphibolites schisteuses. Il est à remarquer qu'on ne trouvait plus un seul caillou de dunite dans les alluvions. A ce moment déjà on savait que la nappe alluviale platinifère s'étendait fort au delà de la zone exploitée, qui d'ailleurs ne coïncidait pas avec le cours actuel de la rivière. L'exploitation se faisait à ciel ouvert, et des deux côtés de la tranchée partaient des galeries en vue de l'exploitation souterraine. Plus tard, lorsque l'exploitation se fit sur une plus grande échelle, on travailla en aval jusqu'au confluent des rivières Kitlim et Lobwa.

Ce fut l'époque des grands travaux en régie, faits avec des moyens mécaniques plus puissants. Ensuite on reprit le travail en amont, opération qui au début paraissait peu tentante par suite de l'épaisseur de la couche alluviale et de la dissémination présumée du platine. Ces travaux furent entrepris par des staratélis, qui travaillaient toujours souterrainement, et dont les innombrables puits furent échelonnés sur une très grande largeur par rapport au cours de la rivière actuelle, ce qui indiquait l'existence d'une nappe alluviale considérable, mesurant plus de 200 sagènes de largeur. Ces staratélis ne travaillèrent souterrainement que les régions particulièrement riches, et laissèrent en place celles qui n'étaient pas suffisamment payantes. Le résultat de cette forme de travail fut qu'il resta dans le sol une quantité de platine beaucoup plus considérable que celle qui avait été extraite, et qu'en outre le gisement fut très maltraité, ce qui rendait à peu près impossible l'extraction en régie du platine restant. En 1912, nous commençâmes nous-mêmes sur la Pawda de grandes recherches sur toute la plaine alluviale de la Kitlim, dans le but d'établir sur cette rivière une ou plusieurs dragues destinées à traiter aussi bien les tailings des anciens travaux, que les alluvions restées en place. Ces recherches furent effectuées sous forme d'une série de lignes de puits coupant transversalement toute la plaine alluviale, puits qui étaient destinés à renseigner sur les teneurs, l'étendue, et la puissance des alluvions vierges, ainsi que sur la valeur des portions laissées intactes par les staratélis. Ces lignes furent d'abord établies sur la Severney-Kitlim, en amont de la grande plaine alluviale de la rivière, puis descendirent successivement vers l'aval. Elles montrèrent qu'à une faible distance de la frontière de la Pawda, la nappe alluviale platinifère s'étend sans discontinuité, avec des teneurs appréciables, depuis la rive gauche du cours de la Severney-Kitlim jusqu'au-delà de la Sredne-Kitlim, laquelle représentait vraisemblablement les eaux du Judinsky-lojok actuel. Il est donc certain que cette masse d'alluvion est due ici à la réunion de ces deux cours d'eau, et il est probable que plus en aval, les alluvions du Popowsky-lojok se sont ajoutées à celles des deux précédentes. Sur la Severney-Kitlim, en aval de la frontière, à une petite distance de celle-ci, on observait la disposition suivante :

Terrains superficiels et argiles . . . = 0.5 à 1 archine  
Retschnikis . . . . . . . . . = 8½ à 17 »  
Peskis . . . . . . . . . . = 1¼ à 2 »  
Bed-rock . . . . . . . . . = amphibolites

L'épaisseur maximum de l'alluvion jusqu'au bed-rock était de 19 archines. Des blocs volumineux de pyroxénites et de gabbros se trouvent dans les peskis, comme dans les retschnikis. Le lavage séparé des retschnikis et des peskis a montré que les premiers étaient platinifères également, fait qui s'observe d'ailleurs constamment dans toutes les alluvions de la Kitlim. Les teneurs des retschnikis oscillent entre 17 et 52 dolis à la sag. cube, celle des peskis entre 119 et 300 dolis. Sur la première grande ligne brisée qui coupait obliquement toute la nappe alluviale, depuis le lit de Severney-Kitlim jusqu'au cours de Youjne-Kitlim, ligne qui était située à une petite distance de la frontière de la Semiwladiltchewskaïa datcha, et qui lui était presque parallèle, on observait la disposition suivante :

Terrains superficiels . . . . . = ½ à 1 archine  
Retschnikis . . . . . . . = 2¼ à 6¾ »  
Peskis . . . . . . . . . = 1¼ à 4¼ »  
Bed-rock . . . . . . . . = amphibolites

L'épaisseur maximum des alluvions contenant du platine était de 18¼ archines ; l'épaisseur minimum de 3½ archines ; la moyenne générale de 12 archines.

Les teneurs des retschnikis oscillaient entre 6 et 128 dolis par sag. cube avec une moyenne générale de 33 dolis; la teneur des peskis entre 27 et 1288 dolis, avec une moyenne de 218 dolis, soit 2 zol. 26 dolis. Quant à la teneur moyenne de l'alluvion dans sa totalité, elle était sur toute la ligne de 80 dolis. Dans ce calcul, nous avons fait intervenir tous les puits où on avait reconnu la présence du platine en quantité appréciable; si l'on ne tient compte que des puits qui se trouvent sur la bande alluviale réservée à l'exploitation, on arrive à une moyenne de 130 dolis, soit 1 zol. 34 par sagène cube. La ligne des puits est brisée et n'est

*a)* Gisements du Koswinsky. Vue générale de Kitlim.

*b)* Gisements du Koswinsky. Maisons de staratélis à Kitlim.

*c)* Gisements du Koswinsky. Exploitation des alluvions de la rivière Kitlim par les staratélis.

normale à l'axe de la vallée que sur le cours actuel de Severney-Kitlim et sur une faible longueur, elle coupe ensuite obliquement les alluvions. Si on la projette sur une normale à cet axe. on obtient pour la largeur de la zone alluviale platinifère 400 sagènes environ. Il est à remarquer que la prolongation de la ligne jusqu'à son intersection avec le cours de la rivière Youjne-Kitlim ne rencontre plus d'alluvions au delà de la zone indiquée. Cette première ligne fut faite en amont des travaux les plus récents des staratélis. Les lignes qui suivirent servirent à fixer la disposition des alluvions et les teneurs dans les régions non travaillées. Dans la zone exploitée antérieurement par les staratélis, on fit un certain nombre de puits de contrôle, sur des portions de terrain restées intactes, entre d'autres exploitées souterrainement. Ces dernières recherches furent réparties sur toute la région travaillée souterrainement, jusqu'au front de taille des anciens travaux faits à ciel ouvert sur le lit de la Kitlim. Sur 27 puits dispersés sur toute la nappe alluviale, on obtint les résultats suivants :

Terrains superficiels . . . . . . = de ¹/₂ à 1 ¹/₂ archines
Retschnikis. . . . . . . . . = de 4 à 11 ¹/₂      »
Peskis . . . . . . . . . = de ¹/₂ à 2 ¹/₂      »
Bed-rock . . . . . . . . = amphibolites.

L'épaisseur totale des alluvions était de 6 ¹/₂ à 13 ³/₄ archines, avec une moyenne de 10 archines. La teneur des retschnikis oscillait entre 3,3 et 112,5 dolis, avec une moyenne de 29 dolis ; celle des peskis entre 27,2 et 1055 dolis, avec une moyenne de 254 dolis ; enfin celle de l'alluvion totale entre 8,2 et 167 dolis, avec une moyenne générale de 62 dolis. Il convient de remarquer que ces puits ont été faits dans des régions considérées comme trop pauvres pour être exploitées, et que dans le calcul, on a fait également entrer tous les puits où la présence du platine avait été constatée. Si l'on ne tenait compte que des valeurs trouvées sur les régions où les peskis seulement ont été travaillés par les staratélis, on obtiendrait des chiffres considérablement plus élevés.

Des recherches analogues ont été faites au voisinage du confluent de la Kitlim, et en aval de la zone bouleversée par les anciens travaux à ciel ouvert qui la sépare de la précédente. 17 puits de contrôle furent effectués en divers points de cette zone, là où l'alluvion était restée en place ; les résultats fournis par ces derniers ont été les suivants :

Tourbe et terrains superficiels . = de ¹/₂ à 1 ¹/₂ archines
Retschnikis . . . . . . . = de 3 ¹/₂ à 15 ¹/₂ .      »
Peskis . . . . . . . . = de ³/₄ à 1      »
Bed-rock . . . . . . . . = amphibolites.

L'épaisseur moyenne des retschnikis est de 7 ¼ archines ; celle des peskis de 2 ¾ archines ; quant à l'épaisseur totale de l'alluvion, elle varie entre 6 et 17 ¾ archines, avec une moyenne de 10 ¼ archines. Les teneurs des retschnikis sont comprises entre 0,5 et 153 dolis, avec une moyenne de 34 dolis ; celles des sables, entre 12,4 et 1375 dolis, avec une moyenne de 274 dolis; quant à la teneur des alluvions, dans leur ensemble, elle varie de 5,8 à 316 dolis, avec une moyenne générale de 80 dolis, qui passe à 92 dolis, si l'on tient compte des remarques qui ont été faites précédemment à propos des mêmes calculs.

Les différents résultats qui viennent d'être indiqués montrent que toute la région comprise entre la frontière de la Pawda et l'embouchure de la Kitlim, est occupée par une plaine alluviale extrêmement large, et d'une épaisseur relativement considérable, qui résulte probablement de la jonction des deux ou des trois sources actuelles de cette rivière; cette alluvion est platinifère sur toute cette largeur, mais lorsqu'on examine les profils fournis par les lignes de puits, on constate que le platine n'est pas uniformément réparti dans la nappe alluviale, mais qu'il existe souvent deux ou plusieurs axes riches, qui correspondent à ceux des anciens lits. L'épaisseur de cette nappe alluviale paraît diminuer de l'amont vers l'aval; les très gros cailloux que l'on trouve dans les puits voisins de la frontière, diminuent de taille à l'approche de la Lobwa. Un fait intéressant à noter, est la teneur constante en platine des retschnikis, teneur relativement élevée, et qui doit être prise en considération pour le dragage éventuel des alluvions.

Le platine de la rivière Kitlim est blanc grisâtre, décortiqué, et assez grossier; il diminue rapidement de taille de l'amont vers l'aval, et contient un peu d'or.


## RIVIÈRE LOBWA

Tout le platine des alluvions de la rivière Lobwa provient exclusivement de la Kitlim. En amont de son confluent, la Lobwa n'est en effet pas platinifère; par contre, ses alluvions renferment du platine à une grande distance de ce confluent. Jusqu'à ces dernières années, les alluvions de la Lobwa n'ont pas fait l'objet d'un traitement industriel, et c'est à peine si en aval du confluent, on trouve quelques travaux de staratélis. Il existe néanmoins de nombreuses recherches faites sur cette rivière, jusqu'à son confluent avec Katécherskaya et plus en aval; nous les avons complétées par des puits isolés et en batteries.

Sur un kilomètre en aval du confluent de la Kitlim, les alluvions de la Lobwa mesurent en moyenne 80 à 100 sagènes de largeur. Les rapports des différentes formations y sont les suivants :

| | | |
|---|---|---|
| Tourbe et terrains superficiels . . . | = 1 à 2 | archines |
| Retschnikis . . . . . . . . . | = 7 à 16 | » |
| Peskis . . . . . . . . . . | = 1 à 2 | » |
| Bed-rock . . . . . . . . . | = amphibolites. | |

La profondeur moyenne de la nappe alluviale jusqu'au bed-rock était de 13 ½ archines; quant aux teneurs, elles n'ont pas été évaluées séparément pour les peskis et les retschnikis, mais pour l'ensemble de la nappe alluviale. Les teneurs maxima suivant les différentes lignes faites dans cette région, oscillaient entre 100 à 232 dolis à la sagène cube. La teneur moyenne générale pour toute la région était de 86 dolis.

Sur la partie du cours de Lobwa située en aval de ce premier tronçon jusqu'au confluent de Katécherskaya, les recherches ont montré que la nappe alluviale était de puissance variable. Elle mesure en moyenne 92 sagènes de largeur, et présente la disposition suivante :

| | | |
|---|---|---|
| Tourbe et terrains superficiels . . . | = ½ à 3 | archines |
| Retschnikis . . . . . . . . . | = 7 à 19 | » |
| Peskis . . . . . . . . . . | = ½ à 3 | » |
| Bed-rock . . . . . . . . . | = amphibolite. | |

L'épaisseur moyenne de cette nappe est de 13,8 archines ; celle du retschniki, de 11 archines ; celle des peskis, de 1 ¾ à 2 ½ archines. Les teneurs des peskis sont très variables et quelquefois élevées, ainsi par exemple, à quelques mètres en aval du confluent du Katécherskaya on a trouvé juqu'à 16 zol. 26 dolis par sagène cube, et plus en amont certains puits ont donné jusqu'à 24 zolotniks. Dans les recherches plus récentes que nous avons faites nous n'avons pas déterminé séparément les teneurs des retschnikis et des peskis, cette séparation étant inutile pour le calcul des réserves en platine des alluvions en vue de leur dragage éventuel. Les chiffres obtenus oscillent entre 8 et 125 dolis par sagène cube, la moyenne générale étant de 60 dolis. L'examen des profils fournis par les différentes lignes, montre qu'il existe souvent dans la nappe alluviale, plusieurs zones étroites et riches, dans une masse beaucoup plus pauvre ; ces lignes sont sans doute la trace d'anciens thalwegs.

En aval du confluent de Bolchaïa-Katecherskaya, il n'existe que quelques recherches isolées qui semblent indiquer que le lit platinifère se trouve rejeté à une certaine distance du cours actuel et sur la rive droite de la Lobwa ; des recherches sont en cours en ce moment pour élucider cette question.

Les alluvions de la Kitlim furent travaillées en régie, et lavées soit sur des amerikanka, soit sur des petites boutara. Toutefois dans les années qui précédèrent 1914, la production fut exclusivement due aux staratélis, qui travaillaient presque partout souterrainement, et qui produisaient de 12 à 15 pouds par an.

Actuellement une grosse drague électrique de 7 ½ pieds cube du type « Marion », travaille sur la plaine alluviale de la Kitlim comprise entre la limite des anciens travaux à ciel ouvert, et la frontière occidentale de la datcha. La centrale électrique de cette drague se trouve au confluent de Katécherskaya. Une seconde drague Poutiloff de 5 ½ pieds cube et à vapeur, travaille sur la Lobwa à une verste environ en aval du confluent de la Kitlim ; elle pourra, dans la suite, traiter les tailings et les alluvions pauvres qui se trouvent en aval de la drague « Marion ». Deux dragues électriques américaines du système Bucyrus, de 7 ½ pieds cubes, sont actuellement en montage, et travailleront sur Lobwa entre la ligne de départ de la drague Poutiloff et le confluent du Katécherskaya.

### § 6. *Les gisements du Kanjakowsky. Les rivières Jow, la rivière Poloudniéwaïa, la rivière Bolchaïa-Kanjakowska*

Ce centre dunitique est situé à la base du flanc N.-E. du sommet principal du Tilaï, à l'endroit même où naît la chaîne du Cérébriansky. Il est de contour à peu près circulaire, et constitue un col plat et élevé, dominé de tous côtés par des arêtes rocheuses qui forment la pointe de Tilaï, le Kanjakowsky proprement dit, et la pointe de Poloudniéwaïa. Son grand axe mesure 1 kilomètre 200 mètres, son petit axe 1 kilomètre, sa superficie totale est de 1 kilomètre 150 mètres carrés. La dunite qui le constitue est en partie recouverte par des prairies tourbeuses ; l'affleurement est d'ailleurs situé au-dessus de la limite de végétation. La dunite est compacte, de couleur verdâtre, souvent très claire ; elle renferme des petits octaèdres de chromite abondants, puis des ségrégations de ce même minéral, qu'on peut voir *in situ* sur les falaises dunitiques hautes de 300 mètres sur lesquelles cascadent les sources de Poloudniéwaïa. Ces ségrégations sont de forme irrégulière, ovoïdes, ou au contraire disposées en veinules ou en trainées ; leur volume n'est jamais considérable. Elles sont d'ailleurs rares dans la masse dunitique ; la chromite qui les constitue, est noire, cristalline, compacte ; elle agit fortement sur l'aiguille aimantée, et se distingue surtout par sa richesse exceptionnelle en $Fe_3O_4$ dans le mélange de termes isomorphes qui entrent dans sa composition. On n'observe pas dans la dunite du Kanjakowsky des formations filoniennes.

La dunite est complètement enclavée dans les pyroxénites à olivine ordinaires, qui constituent toutes les crêtes qui dominent l'affleurement ; la ceinture pyroxénitique est donc ici au complet. Les pyroxénites sont du type habituel, et passent latéralement à la koswite. Elles sont à leur tour circonscrites par la grande masse des gabbros et des gabbros-diorites qui forment l'éperon, prolongement septentrional de la chaîne du Tilaï, ainsi que la chaîne du Cérébriansky. Les pyroxénites sont par endroit traversées par des filons leucocrates, et notamment par des filons de pegmatites à hornblende, dont les éléments constitutifs sont parfois gigantesques. Un superbe exemple de ces filons se voit sur le lit de la rivière Poloudniéwaïa, à une petite distance de ses sources.

Les rivières qui s'amorcent dans le centre dunitique sont actuellement Jow, Poloudniéwaïa, et peut-être antérieurement Bolchaïa-Kanjakowska.

**Rivière Jow.** Elle prend sa source directement sur le col dunitique, et coule pendant un certain temps dans la dunite compacte. Elle entre ensuite dans les pyroxénites, et devient tout à fait torrentielle, jusqu'au point où elle sort momentanément de la datcha. Elle garde d'ailleurs ce caractère sur une grande partie de son cours. Les alluvions de Jow sont très mal connues, car elles n'ont été travaillées que sur la partie tout à fait supérieure de son cours, à ses sources mêmes ; plus en aval, des recherches manquent encore, mais sont prévues.

*a)* Gisements du Kanjakowsky. Passage du col du Kanjakowsky pour arriver sur les sources d'Jow.

*b)* Gisements du Kanjakowsky. Bâtiments des laveries aux sources de la rivière Jow.

*c)* Gisements du Kanjakowsky. Col et sources de la rivière Jow.

Les bâtiments de l'administration des laveries du Kanjakowsky sont construits presque sur le col dunitique lui-même, et la région du Jow qui est actuellement travaillée, est celle de son cours comprise dans la dunite, depuis la source, jusqu'à son entrée dans les pyroxénites. Le lit de la rivière est un sillon à peine accusé, qui devient de moins en moins distinct en remontant vers l'amont. En 1914, le front de taille arrivait à une faible distance du petit lac qui occupe le sommet du col, et c'est à peine si, à cet endroit, on pouvait parler de lit et de rivière, car l'Jow s'y résumait à quelques ruisselets qui serpentaient au milieu des éluvions.

Le profil de la nappe alluviale aux sources est très uniforme : au-dessous d'une couche de terrains superficiels dont l'épaisseur varie de 1 à 2 archines, et qui est formée par des blocs souvent très gros de dunite ou de pyroxénite, mêlés à des arènes rougeâtres, produit de la décomposition de la dunite, on trouve une couche alluviale ou éluviale d'épaisseur variable, mais qui n'excède guère une archine, formée de cailloux souvent très volumineux et à peine roulés de dunite et même de pyroxénite, mêlés à des sables argileux rougeâtres. Ces deux formations passent l'une à l'autre, et on ne saurait tracer leur limite. Le bed-rock dunitique est fréquemment fissuré, et l'alluvion platinifère est calée dans les anfractuosités du lit, ce qui en rend l'extraction difficile. La largeur totale de la bande alluviale est faible, elle oscille entre 4 et 10 sagènes, mais la partie vraiment riche était localisée dans un sillon excessivement étroit.

Les teneurs étaient très variables, et comprises généralement entre 8 et 15 zolotniks à la sag. cube. La rigueur du climat, l'altitude du gisement, et son éloignement, en rendaient l'exploitation difficile. Les choses se sont améliorées depuis que l'on a construit quelques bâtiments sur le col, et créé un chemin qui relie Kanjakowsky à Kitlim.

Au début, la rivière Jow fut exploitée d'abord par des maraudeurs, puis par des staratélis, dans une partie de son cours située à peu près à mi-distance de la source et du point où la rivière coupe la frontière. Lorsqu'en 1908 nous visitâmes à nouveau le gisement, les staratélis, peu nombreux, travaillaient dans des conditions fort difficiles ; la rivière très rapide et torrentielle, ravine en cet endroit les pyroxénites, et l'alluvion platinifère était répartie entre les blocs énormes de ces roches, qui en occupaient le lit.

L'extraction de cette alluvion était particulièrement pénible et ne devenait entièrement possible qu'après avoir fait sauter à la dynamite les plus gros de ces blocs. Le travail était par conséquent onéreux. Quant aux teneurs, elles étaient sensiblement les mêmes que plus haut et atteignaient quelquefois jusqu'à 30 zol. à la sag. cube. Les travaux sont restés localisés dans la région indiquée, car plus en aval, la rivière est tout à fait torrentielle et cascade même sur la pente; celle-ci est trop rapide pour permettre une exploitation. Cependant, on a fait, jusqu'à l'intersection avec la frontière, quelques lignes de puits, qui, pour la plupart, ne sont pas arrivés jusqu'au bed-rock, vu les difficultés du travail. Cependant la présence du platine a été constatée dans les alluvions sur toute l'étendue de la région prospectée.

**Poloudniéwaïa.** Elle prend sa source à quelques mètre de l'Jow, mais coule en sens inverse. Elle cascade d'abord sur les parois de dunites hautes de 300 mètres qui forment son entonnoir d'érosion, puis coule dans la grande vallée comprise entre la chaîne du Cérébriansky et le prolongement nord de celle de Tilaï. Sur les trois ou quatre premiers kilomètres de son cours, elle ravine des dépôts à blocs anguleux de dunite et de pyroxénite, qui s'élèvent jusqu'à 10 mètres sur ces deux rives, et qui ressemblent absolument à des formations morainiques. La rivière, elle-même, a un caractère torrentiel marqué ; dans ses alluvions contemporaines, on trouve dans le haut de nombreux blocs de dunite, de pyroxénite et de filons leucocrates, mêlés à des galets de chromite compacte, qui sont assez gros et abondants. On sait que les alluvions de Poloudniéwaïa renferment du platine, et en descendant le cours de cette rivière on trouve souvent les traces de travaux de maraudeurs, mais les renseignements plus détaillés font défaut, et Poloudniéwaïa reste à prospecter.

**Bolchaïa Kanjakowska.** Elle s'amorce aujourd'hui en dehors de l'affleurement dunitique, sur le versant E. du col qui fait ligne de partage entre le bassin du Jow et celui de la Lobwa, mais il n'est pas impossible qu'à une époque plus reculée où les conditions topographiques étaient différentes de celles actuelles, elle ne se soit également amorcée dans le centre dunitique. De fait, on trouve sur les pentes situées immédiatement au-dessous du col, d'abondants blocs de dunite, qui ne peuvent provenir que du centre lui-même. Les recherches sur les alluvions de cette rivière, qui est torrentielle jusqu'à son embouchure, restent à faire.

Dans la région des sources, le platine d'Jow est gros, toujours noir, et peu roulé. Il est presque constamment enveloppé d'un capuchon de chromite mate et compacte, qui n'a pas par exemple l'allure cristalline de celle de Taguil. Les pépites ne sont pas rares, les plus grosses pesaient jusqu'à 4 zolotniks.

La composition chimique du platine d'Jow est très intéressante, et en fait un type tout à fait à part, caractérisé par sa teneur élevé en osmiure d'iridium.


## § 7. *Les gisements de Gladkaïa-Sopka. La rivière Travianka et ses sources*


Ce gisement est à 45 kilomètres au nord et légèrement à l'est de celui d'Jow ; nous l'avons découvert en 1904 ; il est situé sur les terrains de l'Etat appartenant à la Wagranskaya-Datcha. Le centre dunitique primaire (fig. 80) forme une petite crête boisée appelée Gladkaïa-Sopka, qui mesure au plus 1,5 kil. de longueur, sa hauteur ne dépasse pas 700 mètres, car elle est couverte de pins jusqu'au sommet. Son orientation est à peu près N.-S. ; la disposition générale de la topographie est celle typique des ouwals dunitiques, soit une crête multimamelonnée, qui s'abaisse graduellement vers le sud. L'affleurement dunitique a sensiblement la forme d'une ellipse, la dunite compacte, de couleur verte présente les caractères habituels ; elle est toujours rubéfiée en surface et profondément

*a*) Gisements du Kanjakowsky. Laverie aux sources de la rivière Jow.

*b*) Gisements du Kanjakowsky. Sources de la rivière Poloudniewaïa.

*c*) Gisements du Kanjakowsky. Vallée et rivière de Poloudniewaïa.

altérée, parfois schisteuse et couverte de sa croûte d'oxydation rougeâtre. La chromite s'y rencontre en petits octaèdres ; les ségrégations de ce minéral n'ont pas été observées. La dunite est traversée par une seule catégorie de filons mésocrates, à savoir :

*La Gladkaïte*, qui est une roche mésocrate. feldspathique, formée par de la hornblende verte, de la magnétite, de l'apatite, de la biotite, de la muscovite, des plagioclases et du quartz. La structure est panidiomorphe grenue. La roche contient 62,2 % de silice.

La ceinture de pyroxénites qui circonscrit la dunite est ici très réduite ; elle n'est développée seulement que sur la pointe sud de l'affleurement. Les pyroxénites franches à olivine y sont assez rares d'ailleurs, et les roches que l'on observe dans les pierriers qui sont accessibles, appartiennent plutôt à la famille des tilaïtes analogues à celles de Tilaï-Kanjakowsky. Quant à la seconde ceinture de gabbros, elle n'est pas continue. Sur tout le flanc ouest en effet, la dunite entre directement en contact avec les schistes cristallins qui forment l'ouwal qui sépare Gladkaïa-Sopka de la crête de serpentines située plus à l'ouest. et appelée Kriwsky-Tschourok. Le contact immédiat des deux formations n'est pas directement visible, mais nulle part. dans la forêt, on ne trouve de pyroxénites, les blocs épars sous les sapins déracinés sont toujours des schistes. Au nord et sur le flanc oriental, la dunite entre directement en contact avec les superbes gabbros-diorites qui forment la crête de la ride d'Ostraïa-Sopka qui vient à l'est de Gladkaïa ; le contact direct des deux roches n'est pas visible également, mais dans la vallée qui sépare les deux crêtes on ne trouve nulle part des traces de pyroxénites. Le gisement dunitique de Gladkaïa-Sopka occupe une position tout à fait excentrique par rapport aux grands massifs de roches basiques qui constituent les chaines du Kumba-Zolotoï-Kamen-Bruskowaïa.

Les rivières qui prennent leur source dans le centre primairé de Gladkaïa sont :

1. La source orientale de Travianka, qui coule dans la vallée située entre Gladkaïa et Ostraïa-Sopka.

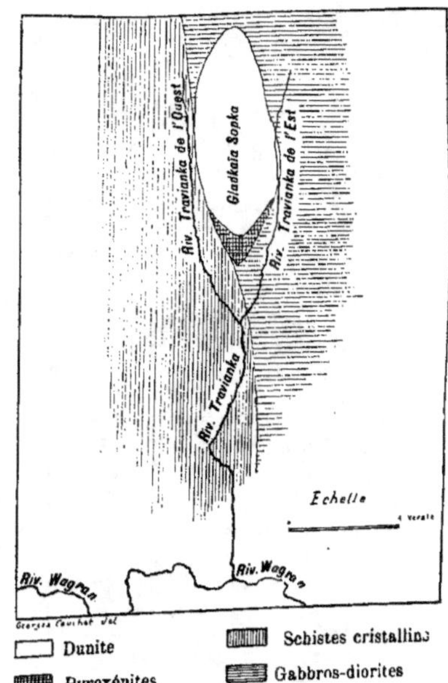


Fig. 8c. — Croquis géologique du centre dunitique primaire de Gladkaïa-Sopka, par L. Duparc.

2. La source occidentale de Travianka, qui coule dans la vallée située entre Gladkaïa-Sopka et l'ouwal qui le sépare de Kriwsky-Tschourok.

3. La rivière Travianka elle-même, qui est le produit de la réunion de ses deux sources et qui est un affluent gauche de Wagran.

Ces différentes rivières n'ont, jusqu'ici, fait l'objet d'aucune exploitation. En 1904, nous fîmes des recherches sur les sources droite et gauche de Travianka, dans le but d'examiner les teneurs de ses alluvions. Les résultats obtenus sont figurés ci-dessous :

TRAVIANKA DE L'OUEST :

Terre végétale . . . . . . . . . . . = 0,40 mètre
Retschnikis argileux et rougeâtres, à cailloux de
   schistes . . . . . . . . . . . = 1,10    »
Bed-rock formé par les schistes.

TRAVIANKA DE L'EST :

Terre . . . . . . . . . . . . . = 0,40 mètre
Argile sableuse . . . . . . . . . . . = 0,30    »
Alluvion argileuse à cailloux de roches basiques . = 1,20    »
Sables rouges avec débris de dunite (bed-rock) . = 2.      »

Il est à remarquer que le puits fait sur Travianka de l'ouest ne renfermait pas de blocs de dunite, bien que cette roche soit en place à quelques mètres de là.

Les essais faits à la kofcha sur ce puits furent négatifs. Sur celui exécuté sur la source de l'est, le bed-rock était évidemment ici de la dunite décomposée et les essais faits sur l'alluvion argileuse comme sur les sables rouges étaient ordinairement infructueux ; de temps à autre on observait une petite paillette de platine.

Un troisième puits fut fait en aval de la jonction des deux Travianka dans la région marécageuse occupée par cette rivière. On releva la succession suivante :

Terre végétale tourbeuse . . . . . . . = 0,50 mètre
Argile jaune avec rares galets . . . . . = 0,60    »
Argile sableuse avec galets de schistes verts
   et de gabbros. . . . . . . . . = 1,10    »
Bed-rock en schistes verts.

Les essais faits sur l'argile sableuse avec galets, donnaient presque constamment une paillette de platine par essai.

En hiver 1904, des recherches plus détaillées furent faites sur Travianka même, par plusieurs batteries de puits ; les résultats furent négatifs au point de vue de l'exploitation, car les teneurs que l'on obtint étaient, d'après le journal des travaux, inférieures à 1 zol. par sag. cube. Ce gisement n'a donc pour le moment qu'un intérêt théorique.

## § 7. *Les gisements du Daneskine-Kamen. Les rivières Bolchaïa et Malaïa Solwa. Les rivières Talaïa et Soupréïa. La rivière Soswa*

Les gisements du Daneskine-Kamen sont les seuls dans l'Oural que nous n'ayons pas visités et par conséquent pas étudiés sur place ; ils ont été décrits par M. Lewinson-Lessing [1] dans son bel ouvrage sur la Saosserskaya-datcha ; nous nous bornerons donc à résumer les observations faites par cet auteur, en regrettant de n'avoir pas une carte détaillée et des renseignements plus étendus sur les rivières platinifères.

Le Daneskine-Kamen qui, pour beaucoup de motifs, ressemble au Koswinsky, se trouve sur la rive gauche de la rivière Soswa. C'est une montagne élevée, formée en grande partie par des gabbros, flanqués à l'ouest par des schistes cristallins, et à l'est par des roches appelées syénites dioritiques. Les gabbros présentent une grande variété de types analogues à ceux que l'on rencontre au Tilaï-Kanjakowsky, au Kalpak-Kazansky, ou plus au nord, au Tschistop ; certains d'entr'eux sont à olivine, leucocrates ou mélanocrates, d'autres sont amphiboliques, d'autres rubanés, etc. D'après les descriptions de M. Lewinson-Lessing, une partie des gabbros mélanocrates du Daneskine doit correspondre à nos tilaïtes ; ces gabbros sont accompagnés de norites analogues à celles du Cérébriansky. La dunite forme plusieurs boutonnières au milieu de ces gabbros. Elle constitue tout d'abord une traînée assez large dans la partie centrale du massif, puis elle affleure sur une grande partie de la crête qui fait ligne de partage entre les rivières Solwa et Soupréïa. De là, la traînée dunitique longe le sommet principal et le circonscrit vers l'est et vers l'ouest. La bande de l'est affleure sur la crête de celui-ci, et réapparaît dans celle qui fait ligne de partage entre les rivières Sharp et Bistraya.

La bande de l'ouest se voit encore aux sources de la Talaïa et de la Soupréïa, ainsi que dans la région inférieure du cours de cette dernière. En outre, la dunite forme une arête importante qui va de la ligne de partage située entre Talaïa et Soupréïa vers l'ouest et qui possède quelques ramifications. La disposition générale est donnée fig. 81.

La dunite du Daneskin est identique à celle de tous les autres gisements primaires. Elle renferme des octaèdres de chromite et aussi des petites ségrégations de ce minéral. Elle est traversée par plusieurs filons de types divers qui sont :

1. Des gabbros-pegmatites à éléments gigantesques, analogues aux mêmes roches à hornblende que l'on rencontre au Kaménouchky, à l'Omoutnaïa et au Jow.

2. Des norites à hypersthène, roches formées par du pyroxène rhombique, du pyroxène monoclinique, de la magnétite et des plagioclases.

[1] F. Lewinson-Lessing, Bibliographie N° 51.

3. Des microdiorites qui, à la description qu'en donne l'auteur, doivent correspondre à nos issites, avec ou sans plagioclases.

Les pyroxénites se rencontrent aussi au Daneskine sous deux formes, à savoir : les pyroxénites franches et les koswites auxquelles les premières passent latéralement. Certaines variétés de pyroxénites, comme au Kaménouchky, s'enrichissent en amphibole verte et passent aux hornblendites. Les relations de ces pyroxénites avec la dunite ne sont pas claires ; M. Lewinson-Lessing dit qu'elles forment des intercalations dans les gabbros, puis aussi des massifs plus importants, comme le Pichtowy-Ouwal par exemple ; d'autre part, il dit que la dunite passe insensiblement aux pyroxénites par des péridotites à diallage. Ceci laisse supposer que la dunite du Daneskine-Kamen possède également une ceinture complète ou incomplète de ces pyroxénites, et que le gîte primaire du Daneskine doit rentrer dans le type général précédemment décrit.

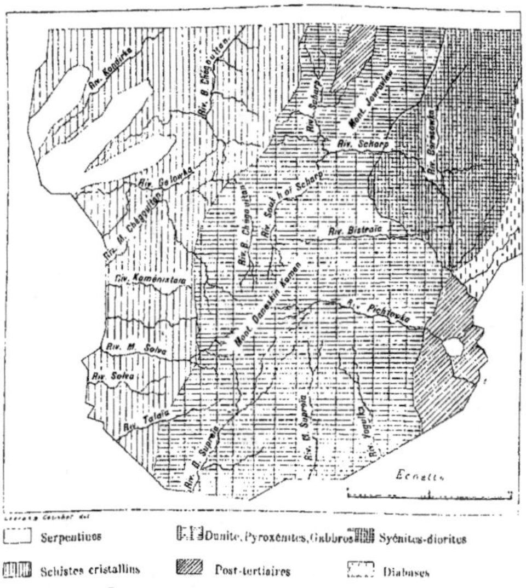

Les rivières platinifères primaires qui proviennent du Daneskine-Kamen sont :

1. La Bolchaïa Solwa, qui coule à peu près de l'E. vers l'O.

2. La Malaïa Solwa, voisine de la première, qui s'y jette.

3. La rivière Talaïa, qui coule au sud des deux précédentes.

4. La rivière Soupréïa, qui coule du N. au SS.-O.

Légende :
☐ Serpentines    ▤ Dunite, Pyroxénites, Gabbros    ▦ Syénites-diorites
▥ Schistes cristallins    ▧ Post-tertiaires    ▱ Diabases

Fig. 81. — Carte géologique des gisements primaires de platine du Daneskine-Kamen, par M. Lewinson-Lessing.

Les rivières platinifères secondaires sont représentées par la Solwa, qui reçoit les précédentes, et qui est platinifère également.

Le platine des rivières qui proviennent du Daneskine est, dans la région où celles-ci ravinent la dunite ou en sont voisines, anguleux, de couleur grise, grossier, et souvent associé à la chromite. Les petites pépites n'étaient point rares ; elles étaient fréquemment encapuchonnées de fer chromé ; leur poids, d'après ce qui nous a été dit, n'excédait guère 2 zol. Nous en avons vu plusieurs qui étaient fort au-dessous de ce poids, et ne dépassaient pas ¼ à ½ zol. Près de l'embouchure des rivières platinifères primaires, et dans la Soswa, le platine était déjà de couleur blanche ou gris-blanc ; il était plus fin, martelé et décortiqué.

Nous n'avons pas de renseignements certains sur les teneurs des alluvions platinifères primaires ; au dire de certains ouvriers qui ont travaillé sur les placers, elles étaient en moyenne plus pauvres que celles de Malaïa et de Bolchaïa Sosnowka, ce que semble corroboré par les productions relatives des deux centres du Sosnowsky-Ouwal et du Daneskine-Kamen.

# CHAPITRE XIII

## DESCRIPTION DES GITES PYROXÉNITIQUES DE PLATINE DE L'OURAL

§ 1. Les gisements des Goussewi-Kamen. Les rivières Bolchaïa Goussewka. Malaïa Goussewka. la rivière Mokraïa, la rivière Wyja et leurs affluents. — § 2. Les gisements de Sinaïa-Gora dans la Barantchins-kaya-datcha. Les rivières Chonmika, Nojowka et Bielnitschka. Les gisements situés sur la rive gauche de la rivière Barantcha. Les rivières Pestchanka, Oroulikha, le Soukhoï-log et les lojoks secs qui viennent plus au sud. — § 3. Les gisements de la Kiédrowka sur la Taguilskaya-datcha. La rivière Kiédrowka. — § 4. Les gisements des environs du lac de Tschernoistotschnik sur la Taguilskaya-datcha. Les rivières Obléïskaya et Jégorowka Kamenka. Les rivières Bolchaïa Bérésowka et Biélogorska. les petits affluents de la rive est du lac de Tschernoistotschnik. — § 5. Les gisements de la chaîne du Kolpak-Kazansky. La rivière Volkouche. — § 6. Les gisements de l'Oural en dehors des dunites et des pyroxénites. Gisements du Krébet-Salatim. Les gisements de la Tourinskaya-datcha dans la région des serpentines. Les gisements de la Taguilskaya-datcha dans la zone orientale des roches basiques. Les gisements de l'Outkinskaya-datcha au sud de Bisserk. Les gisements de la Chaïtanskaya-datcha. Les gisements des environs de Miass.


## § 1. *Les gisements des Goussewi-Kamen. Les rivières Bolchaïa Goussewka, Malaïa Goussewka, la rivière Mokraïa, la rivière Wyja et leurs affluents*

Le centre pyroxénitique primaire des Goussewi-Kamen est situé sur le versant oriental du Katchkanar : il forme des petites collines qui flanquent immédiatement cette montagne vers l'est. et qui sont développées sur la rive gauche de Wyja. Ces collines, dont la hauteur maximum est peu considérable. sont entièrement constituées par des pyroxénites à olivine. qui forment un véritable massif. séparé de celui du Katchkanar par une assez large zone de roches gabbroïques variées, parmi lesquelles prédominent les gabbros à olivine (carte N° IV et fig. 82). Ce massif pyroxénitique finit en pointe vers le sud ; il est coupé en cet endroit transversalement sur une faible largeur par le cours de la Wyja. Sur tout son pourtour, à l'exception du flanc ouest, le masssif pyroxénitique des Goussewi-Kamen est circonscrit par des schistes dynamo-métamorphiques du genre de ceux que l'on rencontre à l'ouest de Swetli-Bor et de Wéressowy-Ouwal. Les pyroxénites à olivine qui constituent les Goussewi-Kamen sont d'un type absolument banal, qui, fréquemment, est largement cristallisé; le pyroxène l'emporte toujours sur l'olivine qui est généralement localisée dans des cryptes. La magnétite est plutôt peu abondante, et les variétés qui passent à la koswite par le développement exagéré de ce minéral ne sont pas fréquentes. Néanmoins, en certains endroits, ces pyroxénites renferment des ségrégations de magnétite qui y jouent le rôle de celles de la chromite dans la dunite. L'olivine de ces pyroxénites s'altère facilement, et plus rapidement que le pyroxène; il en résulte que chez les roches qui ont été exposées longtemps aux agents atmosphériques, les surfaces sont criblées de petites cavités qui proviennent de la décomposition et de la disparition de l'olivine. Les pyroxénites des Goussewi-Kamen sont d'un type très uniforme, c'est à peine si le grain de ces roches varie d'un spécimen à l'autre. Elles sont traversées, en de très nombreux points,

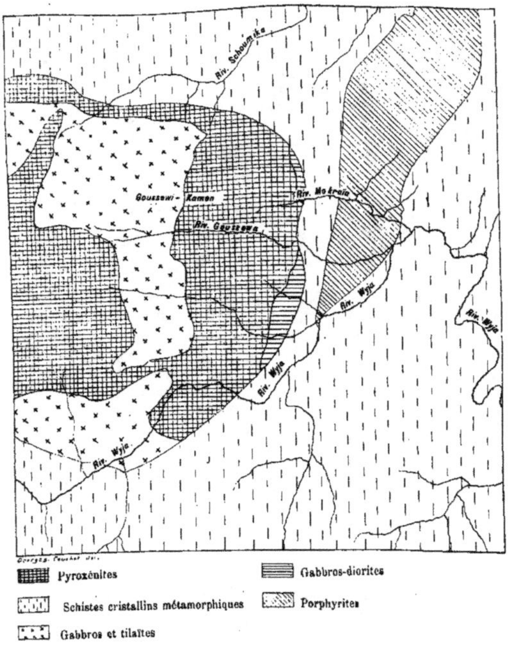

FIG. 82. — Carte géologique du gite pyroxénitique primaire des Goussewi-Kamen, par M. N. Wyssotsky.

par des filons leucocrates et mélanocrates, qui sont par places extraordinairement abondants. Ils se rencontrent en minces veinules ou au contraire en veines d'une certaine épaisseur. Les principaux types que l'on y observe sont :

1. *Des Goussèwites*, roches mélanocrates à grain fin, formées par une association panidiomorphe grenue de petits cristaux de pyroxène incolore, de hornblende verte, très polychroïque, et d'une grande quantité de grains de magnétite.

2. *Des issites à plagioclases*, formées par des cristaux de hornblende d'un vert bleuâtre, polychroïque, qui appartient au groupe de la Sorétite, associés à des grains de plagioclases basiques, des petits grains de magnétite, et quelques prismes d'apatite. La hornblende forme le canevas dans les mailles duquel on trouve les grains de plagioclase.

3. *Des dunites filoniennes*, toujours complètement serpentinisées, et dont l'antigorite a une structure alvéolaire. Elles ne renferment généralement plus trace d'olivine, mais souvent par contre de la magnétite secondaire.

4. *Des plagiaplites* variées et extraordinairement abondantes, formées par des plagioclases acides de la série des oligoclases, mais descendant jusqu'aux andésines, voire même jusqu'aux labradors $Ab_1An_1$. Ces roches renferment fréquemment du quartz. Bon nombre de ces plagiaplites ne présentent pas trace d'éléments noirs, d'autres s'enrichissent graduellement en hornblende et passent alors aux diorites filoniennes. Cette hornblende est toujours un produit d'endomorphisme, elle provient du pyroxène arraché aux pyroxénites au cours de l'ascension de la roche filonienne, et ouralitisé ensuite par le magma. On observe en effet à chaque pas (sur le Kichnitchesky-lojok par exemple) des superbes variétés bréchoïdes, dans lesquelles le filon leucocrate est criblé d'enclaves de fragments de pyroxénites. Ceux-ci, sur la périphérie, sont complètement ouralitisés et circonscrits par une zone d'épaisseur variable, où tout le pyroxène est remplacé par l'amphibole. Celle-ci se développe également le long des fissures dans le bloc de pyroxénite. Souvent aussi, lorsqu'un filonnet de ces plagiaplites s'injecte dans les pyroxénites, il développe aux salbandes dans celles-ci, une zone de contact sur laquelle tout le pyroxène est transformé en gros cristaux de hornblende.

Les rivières platinifères primaires qui ravinent les Goussewi-Kamen ou qui s'amorcent dans ce massif sont :

1. *La Malaïa Goussewka*,[1] qui débute au flanc S.-E. du Katchkanar, et coule presque de l'O. à l'E. Elle traverse les Goussewi-Kamen dans la partie inférieure de son cours, et se jette dans Wya sur la rive gauche.

2. *La Bolchaïa Goussewka*, qui prend sa source au flanc E. du Katchkanar et qui traverse les Goussewi-Kamen dans leur plus grande largeur. Elle coule à peu près parallèlement à la M.-Goussewka ; sa pente est de 12 sag. par verste. Elle reçoit un petit affluent gauche, et se jette également dans la Wyja.

3. *Le Kichnitchesky-lojok*, qui peut être considéré comme une source de la rivière Mokraïa, et qui est entièrement encaissé dans la roche du Goussewi-Kamen.

4. *Le Pétropawlowsky-lojok*, qui forme une seconde source de la rivière Mokraïa, et qui se trouve un peu à l'est du précédent.

5. *La rivière Mokraïa*, qui est le produit de la réunion des deux sources en question, ainsi que de plusieurs autres branches qui s'amorcent en dehors des Goussewi-Kamen. Elle coule plus ou moins parallèlement à la B.-Goussewka et se jette dans Wyja. Elle reçoit plusieurs petits affluents, deux droits appelés Choubenka et Kwartzowka, l'autre gauche appelé Kroutinkaya.

[1] Cette rivière est aussi appelée Goussewa.

Les rivières platinifères secondaires sont :

6. *La rivière Wya et ses affluents.*

**Malaïa Goussewka.** Depuis sa source, elle ravine sur une notable partie de son cours, les gabbros à olivine du Katchkanar, puis sur un espace plus restreint, les pyroxénites des Goussewi-Kamen, et enfin près de son embouchure, les gabbros et les schistes dynamo-métamorphiques. Les alluvions de cette rivière étaient très pauvres en platine, ce qui se comprend après ce qui a été dit. On a travaillé sur le Kawkazky-priisk avec des faibles teneurs. Le stérile avait une épaisseur de 2 archines, les peskis de ¹/₂ à 1 archine. Le platine était grossier et noirâtre

**Bolchaïa Goussewka.** C'est elle qui a en grande partie apporté le platine contenu dans les alluvions de Wyja. Elle ravine au début les gabbros à olivine du Katchkanar, traverse ensuite les pyroxénites des Goussewy-Kamen sur toute la largeur de l'affleurement, puis sur une faible distance, les gabbros qui flanquent ces pyroxénites vers l'est, et enfin jusqu'à sa jonction avec Wyja, les porphyrites à pyroxène. A l'intérieur du massif des pyroxénites, sa vallée est encaissée, mais à sa sortie de celui-ci, elle change de caractère et traverse des ouwals boisés assez plats. La vallée actuelle ne correspond ici pas avec l'ancienne, car un peu en aval de la laverie Walérionowsky, le lit platinifère ancien passe au sud du cours contemporain de B.-Goussewka et suit le chemin de plus courte arrivée sur la Wyja, en passant par le priisk de Nakhodka. Les alluvions de la Goussewka sont platinifères sur une grande longueur en amont du confluent avec Wyja ; elles étaient surtout riches dans la partie inférieure et moyenne du cours de la rivière ; par contre la région des sources et du cours supérieur était stérile ou à peu près. Ces alluvions ont été exploitées sur une série de laveries appelées Ekaterineburg, Katchkanar, Nadejdinsky, Poltawa, Walérionowsky, Oussadba, Nakhodka et Blagoslowenny. L'exploitation se faisait à ciel ouvert, sur une longue tranchée qui débutait au priisk Katchkanar, et qui se terminait à la vallée de Wyja, à l'endroit où l'alluvion platinifère de la Goussewka passe dans cette rivière, sur les laveries de Nakhodka, Blagoslowenny, Maïsky et Tikhonowsky.

Dans la région des sources de B.-Goussewka, là où la rivière coule dans une vallée profondément encaissée, les alluvions n'ont pas été exploitées ; elles ne renferment d'ailleurs que des traces de platine. C'est sur le priisk de Katchkanar que les travaux d'exploitation ont débuté ; les alluvions platinifères se trouvaient dans le lit et aussi sur la rive droite de la Goussewka. La tranchée d'attaque avait 20 sagènes de longueur, et le profil des alluvions était le suivant :

| | | |
|---|---|---|
| Tourbe et terre végétale . . . | = 1 à 1 ¹/₂ | archines |
| Argile rougeâtre avec petits galets . | = ¹/₂ à 2 ¹/₂ | » |
| Retschnikis à galets petits en haut, allant en grossissant vers le bas. | = ¹/₂ à 2 ¹/₂ | » |
| Peskis bruns, sableux et argileux à la base . . . . . . . . | = ¹/₂ à 1 ³/₄ | » |
| Bed-rock en pyroxénites. | | |

Les galets des peskis étaient formés par des pyroxénites, des gabbros à olivine, des roches leucocrates filoniennes, etc.

Les teneurs étaient en moyenne de 6 à 7 zol. à la sag. cube, mais pouvaient par places atteindre 15—20 zol. Le platine était grossier, peu roulé, avec des appendices; les pépites de 1 à 4 zol. n'étaient pas rares. Le platine renfermait 1 ¼ à ½ % d'or.

A la laverie de Poltawa, l'alluvion élargie se trouvait un peu en dehors du lit actuel. On avait : Tourbes = ¾ archines. Argile avec petits galets = ½ à 2 archines. Sable fin avec retschnikis = 1 à 2 archines. Peskis = ¾ à 1 archine. Le platine était grossier, les pépites fréquentes également. Les teneurs étaient de 10 à 12 zol. à la sag. cube.

A Walérionowsky, l'alluvion platinifère se rétrécissait et se raprochait du lit. Plus à l'est, elle s'élargissait à nouveau au moment où l'alluvion tourne vers le S.-E. Le profil de l'alluvion était : Tourbes et argiles = ½ à 1 ½ archines. Retschnikis ¾ à 2 archines. Peskis = 2 ¼ archines.

Les teneurs étaient, dans la zone riche, de 6 à 8 zol. à la sag. cube et parfois d'avantage ; la plus grande richesse se trouvait à la limite des retschnikis et des peskis. Le platine était encore gros, les pépites assez fréquentes ; nous en possédons toute une collection qui pèsent de ¼ à 2 zol. auxquelles adhèrent encore du diallage.

Sur le priisk de Nakhodka, la composition de l'alluvion était plus ou moins analogue à celle de Walérionowsky ; le bed-rock était en schistes, et les teneurs en moyenne de 3 zol. à la sag. cube. Tout près de Wyja, et sur Wya même, notamment sur le priisk de Blagoslowenni, le profil de l'alluvion était ici : Tourbes et stérile = 3 à 4 archines, sables ½ à 2 archines. Les teneurs oscillaient entre 40 dolis, et 8 zol. à la sag. cube, pour les travaux à ciel ouvert.

Le platine de la Goussewka est fort intéressant ; c'est un mélange de trois platines à savoir :

1. Un platine clair prédominant, formant souvent des pépites munies d'appendices, qui est le type cristallisé directement dans la pyroxénite. Les pépites sont criblées d'empreintes laissées par les cristaux de pyroxène, et souvent ceux-ci sont encore encastrées dans le métal.

2. Un platine noir, recouvert d'un capuchon de magnétite, qui, décapé, devient clair et brillant.

3. Un platine en petite quantité, et généralement assez fin, qui est encapuchonné de chromite. Ces trois platines se trouvent dans les alluvions à Walérionowsky.

**Kichnitchesky-lojok.** Il est entièrement encaissé dans les pyroxénites, et a été découvert en 1902 par des maraudeurs qui, par hasard, ont trouvé des petits morceaux de platine sous un arbre déraciné. Le lojok forme une vallée assez plate et étroite, qui a été complètement bouleversée. Les alluvions platinifères étaient étroites et mesuraient de 1 à 5 sagènes, de la région des sources à l'extrémité de la vallée. Ces alluvions avaient, au plus haut degré, le caractère éluvial, elles étaient peu épaisses, et le platine se trouvait dans toute leur épaisseur, mais principalement accumulé près du bed-rock. Les cailloux de cette alluvion étaient formés par des pyroxénites, par des roches filoniennes leucocrates variées, notamment par des variétés bréchiformes ouralitisées dont on peut récolter toute une collection, par des gousséwites, etc. Les teneurs étaient très élevées, on parle couramment de plusieurs livres à la sagène cube. En 1908, lorsque nous étudiâmes en détail les gîtes des Goussewi-Kamen, nous avons fait exécuter sur les taillings de ce lojok quelques lavages, qui nous ont donné jusqu'à 33 zol. à la sagène cube, ce qui montre bien quelle a dû être la richesse initiale. Le platine est grossier, anguleux, et ordinairement noir par la présence d'un capuchon de magnétite. On dit que les pépites étaient fréquentes, celles de 1 à 12 zol. n'étaient pas rares, on en a même trouvé qui pesaient une demi-livre. Pendant les étés de 1902 et 1903, on estime que la quantité de platine extraite de ce lojok a dû atteindre 50 pouds.

**Pétropawlowsky-lojok.** Il se trouve un peu au nord du Kischnitchesky-lojok, et dans des conditions identiques, c'est-à-dire qu'il est entièrement encaissé dans les pyroxénites. Ses alluvions, étroites également, avaient le même caractère, mais elles étaient moins riches. Les galets des peskis étaient de même nature, mais les débris de filons leucocrates moins abondants que sur le Kichnitchesky, par contre on y trouvait assez fréquemment des serpentines provenant des filons indiqués. L'épaisseur de la nappe alluviale ne dépassait guère 2 à 3 archines, les peskis mal caractérisés comme tels, mesuraient ordinairement une archine. Les teneurs étaient notablement inférieures à celles du Kichnitchesky (ce que nous avons constaté sur les taillings). Ce platine était assez gros, anguleux, et noir ; des pépites du poids de ½ à 1 zol. ont été rencontrées.

**Rivière Mokraïa.** Les alluvions de cette rivière ont été exploitées sur son cours inférieur, depuis le confluent de Wyja jusqu'à l'embouchure de Choubenka, suivant le lit, puis aussi sur l'ouwal droit. Les travaux se faisaient à ciel ouvert sur une tranchée de 15 à 30 sagènes de largeur. Le stérile mesurait 1½ archine, les sables 1 à 2½ archines, le bed-rock était formé par les porphyrites. On a aussi postérieurement travaillé sur l'ouwal droit. Les teneurs des alluvions étaient de 5 à 8 zol., parfois même par places plus élevées. Le platine était petit et usé, parfois encapuchonné de magnétite, souvent avec des appendices. Il renfermait une assez forte proportion d'or (jusqu'à 20 %), cette proportion augmentait en en allant vers l'aval.

**Rivière Choubenka.** Cet affluent droit de Mokraïa a été exploité sur une petite étendue, et sur une faible largeur. Ses alluvions étaient peu épaisses, leur teneur était en moyenne de 4 zol. à la sag. cube. Le platine était petit et mêlé à de l'or.

**Rivière Kwartzowka.** C'est aussi un affluent droit de Mokraïa. Ses alluvions renferment des petites quantités de platine.

**Rivière Kroutinkaya.** C'est un affluent gauche de Mokraïa, qui ravine exclusivement les porphyrites. Celles-ci étant notoirement stériles, il s'ensuit que le platine contenu dans les alluvions de cette rivière doit avoir une origine secondaire, et provenir d'une reconcentration d'anciennes alluvions de Mokraïa ou de Wyja.

**Rivière Wyja.** C'est un affluent de la Toura. Elle prend sa source sur la ligne de partage, près de Malaïa-Gelieznaïa ; sa longueur totale est de 50 verstes environ, sa pente moyenne de 3 sag. par verste. Cette pente très rapide aux sources (15 sag. par verste) tombe à 0,8 sag. par verste dans la région de la Goussewka. La vallée de Wyja rappelle plus ou moins celle de l'Iss ; aux sources, elle a une largeur d'une cinquantaine de sagènes, mais en aval elle subit une série de rétrécissements et d'élargissement successifs. Ainsi, en aval du Katchkanar, elle mesure 300 à 400 sag., puis elle se rétrécit à 50 sag. en aval des confluents de B.-Goussewka et de Mokraïa, dans la zone des porphyrites. Elle se rélargit ensuite près des confluents des deux Medwedka, à 200-400 sagènes, et au confluent avec la Toura, elle mesure 100 sag. seulement. L'aspect de la vallée dépend, comme toujours, de la nature pétrographique du sol.

Dans la région supérieure de son cours, la rivière traverse les micaschistes et les chistes dynamo-métamorphiques ; la vallée est alors peu profonde, les rives parfois terrassées, et la rive gauche est généralement plate et alluvionnée. Là où elle traverse les roches éruptives du Katchkanar (gabbros et pyroxénites), la vallée est encaissée, profonde, avec les rives relativement escarpées ; ce caractère se continue jusqu'à Mokraïa où le lit actuel passe près de la rive droite, la gauche étant marécageuse. En aval de Mokraïa, la Wyja coupe obliquement les porphyrites ; la vallée est moins encaissée, et les affleurements rocheux passent alternativement sur les deux rives. Dès que la rivière pénètre dans les calcaires, la rive droite est généralement escarpée et rocheuse, la rive gauche plate et alluvionnée. Sur la Wyja, on trouve en plusieurs endroits des restes de la deuxième terrasse qui donnent localement lieu à des gisements platinifères d'ouwal ; ceux-ci sont exploités principalement dans la région des calcaires et sur les deux rives, notamment dans le voisinage de Bouschouewka (laveries de Wyisky et de Samnitelny), puis sur la rive gauche, près de B. Goussewka (laverie Nakhodka). Le profil général des alluvions de la Wyja est naturellement variable d'un point à un autre, il correspond ordinairement au schéma suivant :

|                                            | Gisement du lit | Gisement d'ouwal |
|--------------------------------------------|-----------------|------------------|
| Tourbe et terrains superficiels            | = ½ à 2 archines | 1 à 3 sagènes   |
| Retschnikis                                | = ½ à 2   »     | ½ à ¾ archines   |
| Peskis                                     | = ¼ à 1 ½ »     | ¾ à 1    »       |
| Bed-rock variable                          |                 |                  |

Les teneurs en platine sont très variables. Dans toute la région du cours supérieur de Wyja, les alluvions ne renferment que de l'or. Après le croisement du Katchkanar, on trouve déjà quelques traces de platine, mais les alluvions de Wyja ne deviennent platinifères qu'en aval des confluents de M. et B. Goussewka et de Mokraïa, c'est là qu'elles ont été totalement exploitées, tout d'abord près de l'embouchure de B. Goussewka, sur les laveries de Nakhodka, Blagoslowenni, Maïsky, etc., avec des teneurs variant de 30 dolis à 83 dol. à la sag. cube. Plus en aval, à Pokrowky-priisk, on exploita avec des teneurs de 1 à 5 zol. à la sag. cube; le platine contenait jusqu'à 13 % d'or; plus en aval, la Wyja a été en partie prospectée, mais ses alluvions n'ont pas fait l'objet d'exploitations importantes, sauf dans la région où elle traverse les calcaires. Là, en amont et en aval de Bouschouewka, dans le lit et aussi sur l'ouwal, on a exploité des alluvions assez riches. Les centres de travail étaient aux laveries de Wyisky et Samnitelny. Les teneurs de l'alluvion du lit atteignaient, en amont de Bouschouewka, 4 à 5 zol. par sag. cube, et en aval 6 à 12 zol. Les alluvions d'ouwal étaient encore plus riches; sur l'ouwal droit, on avait de 20 à 28 zol., et sur le gauche de 10 à 12 zol. à la sagène cube. Le platine était petit, roulé, souvent noirâtre, et renfermait jusqu'à 6 % d'or.

Tout près de l'embouchure de Wyja, on a travaillé dans le lit contemporain de la rivière avec des « pakharis »; les renseignements sur les teneurs manquent.

Les affluents de Wyja ne sont intéressants, au point de vue du platine, qu'en aval des confluents de M. et B. Goussewka et de Mokraïa.

En effet sur **Wyssiolaïa**, qui vient de la partie S. du Katchkanar, on a trouvé un peu d'or, mais des traces seulement de platine.

Sur **Rogalewska** affluent droit, qui se jette dans Wyja en aval du confluent de Wyssiolaïa, et qui ravine les schistes métamorphiques et les porphyrites, on a travaillé en plusieurs endroits, mais en vue de l'exploitation de l'or, notamment sur les laveries d'Anninsky et de Wladimirsky. Les travaux se faisaient à ciel ouvert, le long du lit, et sur l'ouwal gauche. Le profil de l'alluvion était : Tourbes et argiles $= 2\ ^{1}/_{2}$ à 3 archines, Retschnikis $= ^{1}/_{4}$ à 1 archine, Peskis argileux $= 2\ ^{1}/_{2}$ à 5 archines. Les teneurs en or étaient très irrégulières, on avait de 3 à 5 zol. à la sag. cube, et parfois de 10 à 18 zol. L'or était grossier, peu roulé, parfois en pépites de $^{1}/_{4}$ à 6 zol.

Les affluents platinifères de Wyja en aval de Mokraïa, sont les suivants :

**Rivière Kossinkaïa.** C'est un affluent gauche de Wyja. Elle est formée par deux branches qui se réunissent à savoir : B. Kossinkaïa, au nord, et M. Kossinkaïa plus au sud, toutes deux ravinent exclusivement les porphyrites. Les alluvions des deux rivières sont platinifères, et ont été exploitées sur B. Kossinkaïa en amont, et sur M. Kossinkaïa, en aval de la route qui va sur Walérionowsky. Les alluvions étaient dans le lit et sur la rive droite. L'épaisseur du stérile était de $3\ ^{3}/_{4}$ à $6\ ^{1}/_{2}$ archines, celle des peskis de $3\ ^{1}/_{4}$ à $2\ ^{1}/_{2}$ archines; le bed-rock était formé par les porphyrites. Les teneurs oscillaient entre 12 et 20 zol. par sag. cube. Le platine était usé, roulé, et blanc. On a trouvé quelques petites pépites.

**Bolchaïa Medwedka.** C'est un affluent de Wyja. Ses alluvions étaient surtout aurifères et ne renfermaient que peu de platine.

**Logs sur les deux rives de la Wyja.** En aval de M. Medwedka, et dans la région où la rivière traverse les calcaires, il existe sur les deux rives une série de lojoks dont les alluvions de même que celles de Wyja, étaient toutes riches en platine. Au deuxième log qui traverse le contact des porphyrites et des calcaires, près de la laverie de Piatigradny, les alluvions avaient une profondeur de 12 à 25 archines, et les teneurs, lorsque le bed-rock était calcaire, atteignaient jusqu'à 20 zol. à la sag. cube.

**Bouschouewka.** C'est un affluent gauche de Wyja : ses alluvions ont été exploitées déjà en 1828. L'alluvion platinifère se trouvait suivant le lit, puis sur l'ouwal droit. L'alluvion du lit était exploitée à Andreewsky et Bouschouewsky-priisk. Elle formait deux zones, séparées par une bande stérile de 50 sag. La bande la plus étroite se trouvait en partie dans le lit du log, en partie à côté ; la bande la plus large qui mesurait jusqu'à 25 sag., se trouvait à l'O., sur la pente droite du log. Ces deux branches se réunissaient à 200 sag. au N. de la limite de la laverie Bouschouewsky puis l'alluvion se retrécissait en passant par l'ouwal gauche, s'élargissait ensuite plus au sud, et descendait sur le lit de Bouschouewka jusqu'à l'embouchure. Sur Bouschouewka, le profil de l'alluvion était :

Tourbes = 2 à 4 archines. Retschnikis = 1 archine. Peskis = 1 à 1 ½ archine. M. Zaetzeff[1] indique dans les alluvions de Bouschouewka l'existence d'une seconde couche platinifère, qui se trouvait sur l'ouwal droit, en face des constructions de la laverie. On avait ici :

| | | |
|---|---|---|
| Argile brune . | = 4 | archines. |
| Sables platinifères . | = ¼ à ½ | " |
| Argile stérile . | = 3 à 4 | " |
| Peskis platinifères . | = 1 ¼ | " |
| Bed-rock . | = calcaires. | |

La teneur des alluvions de Bouschouewka était élevée, elle atteignait de 10 à 20 zol. à la sag. cube. Par places elle était de beaucoup supérieure ; on a indiqué 60 à 70 zol., et même plus d'une livre à la sag. cube.

**Lojoks près Bouschouewka.** A l'E. de Bouschouewka, et toujours dans les calcaires, il existe, sur la rive droite de Wyja, deux petits lojoks, puis deux aussi sur la rive gauche, les premiers exploités sur Wedenensky-priisk, les seconds sur Ouspensky et Prokoro-Illinsky-priisk. Ces deux logs n'arrivaient pas jusqu'à Wyja. Les teneurs de leurs alluvions étaient élevées, et atteignaient jusqu'à 4 zol. pour 100 pouds. Le platine était petit, et très roulé, il était généralement couvert d'un capuchon noirâtre ferrugineux.

L'origine du platine de tous les affluents de Wyja en aval de Mokraïa n'est pas douteuse, elle est certainement le résultat d'une concentration secondaire d'anciennes alluvions de la Wyja.

Actuellement, depuis quelques années, les exploitations de la Goussewka et de la Wyja sont entrées dans une phase nouvelle, et on a, sur plusieurs points, installé des dragues, qui travaillent sur les régions trop pauvres pour être payantes avec les moyens ordinaires.

[1] ZAETZEFF. Bibliographie N° 46.

La première de ces dragues, du système Taatz, travaille sur le placer de Nakhodka, la seconde, construite par la CIP, travaille sur le placer de Blagoslowenni, la troisième, de même construction, a d'abord travaillé sur le placer de Maïsky, puis de Parijsky, et enfin de Spassowsky. La quatrième drague, toujours du modèle de la CIP, travaille sur les placers de Pokrowsky, la cinquième et dernière de construction identique, travaille sur la concession Ferreira et sur celle dite bande d'or. Toutes ces dragues sont mues par la vapeur, et avec ponton métallique.

## § 2. *Les gisements de Sinaïa-Gora dans la Barantchinskaya-Datcha.*
### *Les rivières Choumika, Nojowka et Bielnitschka.*
### *Les gisements situés sur la rive gauche de la rivière Barantcha.*
### *Les rivières Pestchanka, Oroulihka, le Soukhoï-log*
### *et les lojoks secs qui viennent plus au sud*

On sait depuis fort longtemps que le platine se rencontre dans les alluvions de certains affluents gauches de la Barantcha ; par contre la découverte du platine dans certains affluents droits est de date relativement récente ; elle remonte, sauf erreur, à l'année 1906. et le platine fut signalé tout d'abord dans les alluvions de la petite rivière Choumika [1].

Les gisements platinifères de la rive droite de la Barantcha émanent tous du centre pyroxénitique primaire de Sinaïa-Gora. Cette montagne forme une longue crête rocheuse partout boisée, qui, en moyenne, est orientée N.-S. Du côté nord, elle s'abaisse brusquement et se termine par un long éperon boisé ; du côté sud, elle finit par un épaulement assez large, qui forme une espèce d'ouwal faisant un angle légèrement obtus avec la direction de la crête. La rivière Malaïa Garéwaïa baigne la base de cet épaulement. Le flanc oriental de la montagne n'offre rien de particulier dans la partie septentrionale ; dans la partie médiane, il présente une profonde dépression en forme de fer à cheval appelée Bialemky, occupée par les rivières Kamenka et Bielitschnaïa (ces noms, qui sont ceux qui nous avaient été communiqués en 1908 et 1910 au cours des deux explorations que nous avons faites des gîtes de Barantcha, sont actuellement remplacés, sur la carte de M. Wyssotsky, par Bielnitchka qui représente notre Kamenka et par Nojowka, qui s'est substitué à notre Bielitchnaïa). Près de la crête, les parois de ce fer à cheval sont assez abruptes, mais au delà, la pente est beaucoup plus faible et les thalwegs de Bielnitchka (alias Kamenka) et Nojowka (alias Bielitchnaïa) sont à peine indiqués dans cette dépression. Toujours sur le même flanc, mais un peu plus au sud, se trouve le ravin occupé par la rivière Choumika. Le pied de la montagne est distant de 300 à 500 m. de la rivière Barantcha, le sol jusqu'à la rivière est disposé en pente douce.

Le flanc occidental de Sinaïa est moins abrupt que le flanc oriental, la crête de la

---

[1] On écrit aussi Schoumikha.

montagne étant rejetée de ce côté, par contre il est occupé par plusieurs ravins profonds, qui encaissent des ruisselets tributaires de la rivière Aktaï. A l'ouest de Sinaïa, et réunie à elle par une selle qui fait ligne de partage, se trouve une nouvelle crête rocheuse orientée à peu près parallèlement, sur laquelle il existe un sommet élevé, c'est la Golaïa-Gora. Entre les extrémités nord de Sinaïa et de Golaïa-Gora, il existe une vallée profondément encaissée

occupée par un affluent de l'Aktaï appelé Sinegorka, qui s'amorce sur la selle en question. Un second affluent coulant en sens inverse du premier, se jette dans l'Aktaï qui prend sa source sur la ligne de partage.

La crête de Sinaïa-Gora présente plusieurs sommets distincts : le premier, appelé Sinaïa, se trouve dans la partie nord de la montagne ; le second, appelé Koudriawy-Kamen, domine le bassin de réception de Kamenka. Le troisième, nommé Tolstaïa-Gora se trouve aux sources mêmes de la Choumika, et les deux crêtes qui en encaissent le lit s'appellent : celle du nord Nojowotchnaïa-Gora ; celle du sud Choumikinskaya-Gora.

La géologie de Sinaïa-Gora, telle qu'elle découle de

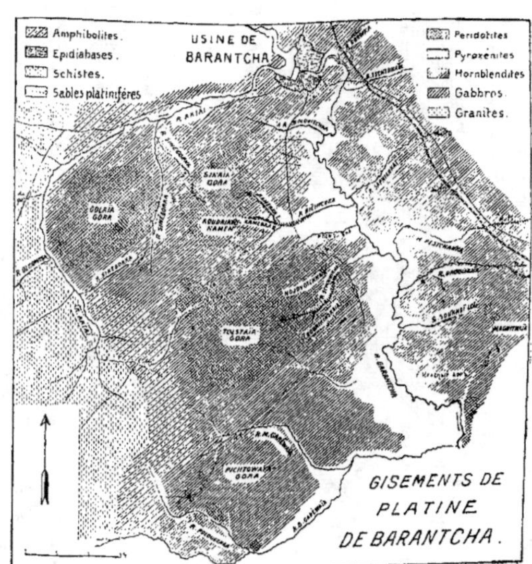


Fig. 83. — Carte géologique des gisements pyroxénitiques primaires de Sinaïa-Gora dans la Barantchinskaya-datcha, par M. N. Wissotsky.

nos observations, est fort simple et peut se résumer ainsi : la crête de Sinaïa-Gora et celle de Golaïa-Gora forment deux boutonnières distinctes de pyroxénites, qui percent au milieu des gabbros de types variés, mais ordinairement amphiboliques, lesquels forment une large bande développée à l'est et à l'ouest de la Barantcha ; cette bande, du côté ouest, entre en contact avec les schistes cristallins. Postérieurement à nos recherches, M. Wyssotsky a repris l'étude de Sinaïa-Gora, avec une bonne carte topographique, et a modifié légèrement notre première esquisse géologique. Il a montré que Sinaïa-Gora ne formait pas une seule boutonnière, mais bien deux boutonnières distinctes de pyroxénites, séparées par les gabbros ; ceux-ci occupent la grande dépression indiquée sur le flanc est de Sinaïa, et passent par le col qui sépare Koudriawy-Kamen de Tolstaïa-Gora. La carte géologique la plus récente qui nous a été obligeamment communiquée par M. Wyssotsky, et qui est reproduite fig. 83, montre la disposition générale des centres pyroxénitiques primaires de Sinaïa et de Golaïa-Gora dans ses grandes lignes ; elle est assez analogue au croquis géologique que nous avons publié antérieurement, qui est donné fig. 84, et qui a été levé sans carte et au juger. Nous avions déjà observé la division des pyroxénites en trois massifs distincts, séparés par des passages aux gabbros et gabbros-diorites, mais vu l'imprécision de notre croquis, nous avions fait une zone continue.

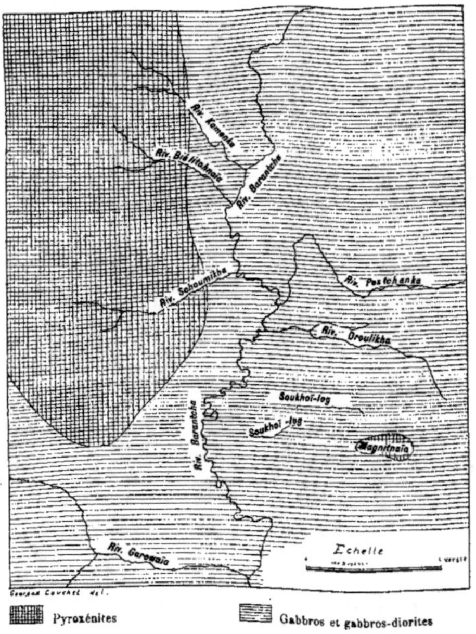

Les pyroxénites sont absolument analogues à celles des Goussewi-Kamen. Elles sont de grain plutôt grossier, et toujours riches en pyroxène ; l'olivine n'y joue en effet qu'un rôle subordonné. La magnétite est plutôt rare ; en certains points elle forme des petites ségrégations, et la roche qui les contient passe généralement à la koswite. Certaines variétés de ces pyroxénites sont caractérisées par la dimension exceptionnelle des cristaux de diallage ; ces variétés largement cristallisées ont été observées par exemple sur la crête près de Koudriawy-Kamen, puis sur le flanc S.-O. de Tolstaïa-Gora.

Les pyroxénites sont traversées par de nombreux filons de roches variées, qui ont la plus grande analogie avec celles des Goussewi-Kamen. On les rencontre en des points nombreux des boutonnières pyroxénitiques, les galets de l'alluvion de Choumika suffisent pour faire une collection complète de ces roches. Les principaux types rencontrés sont :

1. Des *serpentines* noirâtres, friables, qui proviennent de roches filoniennes à olivine, mais dans lesquelles on ne trouve généralement plus trace des minéraux générateurs de l'antigorite.



Fig. 84. — Croquis géologique du centre pyroxénitique primaire de Sinaïa-Gora, par L. Duparc.

2. Des *gabbros-pegmatites,* à éléments gigantesques, formés par des cristaux de pyroxène qui mesurent jusqu'à 15 centimètres de longueur, et du labrador à bordure souvent plus acide. Une ouralitisation partielle ou complète de ce pyroxène fait passer ces roches au type des diorites-pegmatites identiques à celles de l'Omoutnaïa, des Kaménouchky, et du Jow.

3. Des *plagiaplites,* en filons généralement étroits, qui renferment des feldspaths de la série de l'oligoclase ou de l'andésine, voire même du labrador Ab₁ An₁, et presque toujours un peu de hornblende. Aux sablandes de ces filons, le pyroxène des pyroxénites est transformé en amphibole de plus grande taille. Les variétés bréchiformes typiques pour la Goussewka se retrouvent ici, mais sont moins belles.

Les gabbros qui circonscrivent les pyroxénites, sont leucocrates ou mélanocrates, à grain variable, plutôt grossier. Ordinairement ces gabbros sont ouralitisés partiellement ou complètement, et passent alors aux gabbros-diorites, voire même à des hornblendites très pauvres en feldspaths. Les schlierens leucocrates ou mélanocrates sont fréquents dans ces roches, on les observe par exemple sur le chemin montant au sommet de Sinaïa depuis Barantcha.

Les affluents platinifères de la Barantcha qui proviennent de Sinaïa-Gora sont: du N. au S. :

1. *La rivière Bielnitchka* (alias Kamenka), qui prend sa source au flanc E. de Sinaïa-Gora et de Kondriawy-Kamen. Elle est le produit de la réunion de deux petites sources qui se joignent en amont du chemin qui va de Barantcha sur Garéwaïa.

2. *La rivière Nojowka* (alias Bielitschnaïa), qui se jette dans la Barantcha en aval de la précédente, et qui provient du flanc N.-E. de Tolstaïa-Gora.

3. *La rivière Choumika,* qui provient du flanc E. de Tolstaïa-Gora, et qui est assez rapide, surtout dans la partie supérieure de son cours.

Ces trois affluents de la Barantcha sont des petites rivières, qui mesurent au total 1 ½ à 3 kil. de longueur, et qui, sauf Choumika, sont à peine accusées dans la topographie.

Il existe probablement aussi du platine sur les cours d'eau qui proviennent du flanc O. de Sinaïa. M. Wyssotsky en indique un peu sur l'une des Sinégorka, celle qui descend directement de Sinaïa. A l'époque où nous avons parcouru Sinaïa-Gora et étudié les gisements de Barantcha, ces rivières n'étaient pas exploitées.

**Rivière Bielnitschka** (ou Kamenka). Elle coule sur les terrains des paysans, et a été exploitée par les gens de Barantcha qui ont travaillé en staratélis. La grande période d'exploitation qui fut en 1908, coïncida avec l'année de la cessation du travail dans les usines métallurgiques. Il y avait à cette époque 300 à 500 paysans, hommes et femmes, qui travaillaient aux stanoks par associations de 3 à 4 personnes, et qui, naturellement, ne prenaient que les parties les plus riches. A ce moment, les travaux arrivaient à peine jusqu'à la route ; en 1910 déjà ces travaux avaient été poussés jusqu'à l'embouchure de la rivière ; actuellement on relève les tailings. L'alluvion très étroite dans la région des sources, s'élargissait un peu en aval, mais restait peu étendue ; le rapport du stérile au productif y était généralement de 1 à 2, ou de 1 à 1. On avait ordinairement : Tourbes et terrain superficiel = 1 à 1 ½ archine, mais par places 2 et même 3 archines ; peskis platinifères = 1 ¼ à 2 archines. Le bed-rock était le plus souvent formé par des gabbros plus ou moins amphiboliques. Les galets des peskis étaient représentés en majorité par des gabbros, on y trouvait aussi des pyroxénites, des débris de roches filoniennes leucocrates, et parfois des petits fragments de magnétite. Les teneurs moyennes des alluvions nous ont été communiquées par les gens du pays, et ont été évaluées en 1908 par nous-mêmes, d'après les quantités de platine que nous avons vues sur les stanoks. Une équipe de 4 hommes lavait ordinairement 80 brouettes de peskis par jour, avec un rendement moyen de 2 zol. Au taux de 300 brouettes à la sag. cube, cela ferait une teneur moyenne de 7 zol. environ par sag. cube. D'autre part on nous indiqua des teneurs de 4 à 8 zol. comme ordinaires, mais en certains endroits il est évident que ces teneurs étaient beaucoup plus élevées ; on aurait, au dire du directeur des laveries de Choumika, obtenu sur un stannok jusqu'à 30 zol. pour 80 brouettes, ce que nous n'avons pu contrôler.

Le platine que nous avons vu sur les stanoks, et que nous avons récolté, était toujours de couleur noire, encapuchonné de magnétite, et de taille plutôt petite ; il ressemblait fort à celui du Kichnitchesky-lojok, nous n'avons pas observé de pépites. Les schliches sont abondants, et fournis par de la magnétite.

**Rivière Nojowka** (alias Biélitschnaïa). Lors de notre visite en 1908, les alluvions de cette rivière n'avaient pas été exploitées ; on savait seulement qu'elles renfermaient un peu de platine. En 1910 déjà, ces alluvions avaient été bouleversées sur toute leur étendue, mais non exploitées d'une façon systématique. Elles étaient notablement plus pauvres que celles de Kamenka auxquelles elles ressemblaient d'ailleurs. Le platine est noir, petit, et identique à celui de Kamenka également.

**Rivière Choumika.** Cette rivière sur la plus grande partie de son cours est encaissée dans les pyroxénites ; le platine fut découvert dans ses alluvions en 1905 par des maraudeurs, puis exploité plus tard en régie ; malheureusement les maraudeurs avaient complètement estropié le gisement, et le travail subséquent fut, de par ce fait, rendu très difficile. Les alluvions étaient assez étroites, et comme celles de Bielnitchka, surtout riches dans la partie plutôt supérieure du cours, en amont de la route de Garéwaïa. Leur largeur était peu considérable, soit de quelques sagènes seulement, surtout dans la partie resserrée du lit. Le rapport du stérile au productif était assez constant, et sensiblement de 2 à 1 ; les peskis, par places argileux, renfermaient des galets parfois volumineux de pyroxénites, de serpentines, et de roches filoniennes leucocrates. Les teneurs étaient variables ; il est difficile de savoir exactement leur valeur au moment de la découverte du gisement ; en 1908, on nous a indiqué à l'administration une moyenne générale de 8 zol. par sagène cube, mais il est certain qu'en plusieurs endroits on a trouvé beaucoup plus, notamment jusqu'à 20 zol. à la sagène cube.

Le platine de Choumika se présente sous trois formes, à savoir :

1. Cristallisé avec le pyroxène. C'est un platine de couleur claire, avec appendices et cavernes représentant les vides laissés par le pyroxène, qui ressemble à celui de Goussewka,

mais qui est généralement de plus petite taille. Les plus grosses pépites que nous ayons vues, pesaient au plus un gramme ; nous en possédons plusieurs de plus petite taille, dans lesquelles on voit encore encastrés dans le platine, des cristaux de pyroxène d'une absolue fraicheur. Ce platine à appendices constitue la fraction la plus importante du platine de Choumika.

2. Recouvert d'un capuchon de magnétite, et alors de couleur noire et semblable à celui de Kamenka. Cette magnétite renferme du manganèse.

3. Un platine beacoup plus rare, qui ne forme qu'une fraction insignifiante, et qui se présente en petits grains ronds, entourés de chromite cristalline.

Il y a donc parallélisme complet avec le platine de la Goussewka : l'origine des deux premiers platines est bien nette, celle du troisième est plus ou moins problématique ; peut-être provient-il des petits filons serpentineux dont il a été question.

## LES GISEMENTS DE LA RIVE GAUCHE DE LA BARANTCHA

La configuration topographique de la région qui forme la rive gauche de la Barantcha est très particulière. Le pays est tout à fait plat, et à partir de la berge gauche de la rivière, la pente est très douce jusqu'à la ligne du chemin de fer d'Ekaterinebourg. Le seul accident topographique que l'on rencontre est la crête boisée, appelée Magnitnaïa. Celle-ci est orientée plus ou moins E-O., et débute brusquement par une arête assez aiguë, sur laquelle se détache un petit sommet, elle s'élargit ensuite vers l'est jusque tout près des sources d'Oroulikha et de la voie ferrée. Les recherches géologiques que l'on peut faire dans cette région sont très incertaines, car le pays est partout couvert par la végétation, et par places par un épais manteau alluvial. Dans les innombrables excursions que nous avons faites dans cette région, nous n'avons partout rencontré que des gabbros plus ou moins mélanocrates, qui contiennent ou non de l'olivine, et qui fréquemment sont ouralitisés.

Seule la crête de Magnitnaïa et formée par des pyroxénites, qui, localement, passent par la présence de quelques rares feldspaths, à des variétés voisines des tilaites. Nous admettons donc, jusqu'à preuve du contraire, que cette région est formée par les gabbros; c'est également la solution à laquelle s'est rallié **M. Wyssotsky**.

Les rivières platinifères qui se trouvent sur la rive gauche de la Barantcha sont, de l'aval vers l'amont : Pestchanka, Oroulikha, Soukhoï-log, puis deux petits lojoks secs situés au sud du Soukhoï-log.

**Rivière Pestchanka**. Elle coule presque de l'est à l'ouest, puis près de la Barantcha, fait un coude vers le nord et coule alors vers le sud, jusqu'à son confluent. La rivière ravine entièrement les gabbros. Au moment de nos deux visites, cette rivière était complètement abandonnée, et ce que nous en savons provient en grande partie de ce qui nous a été dit. Le platine se trouvait principalement dans les alluvions de la partie supérieure de la rivière. elles étaient étroites, et peu épaisses, sauf dans la région des sources; nous n'avons pu obtenir aucun renseignement sur leur teneur, ni sur la nature du platine qu'on en a extrait.

**Rivière Oroulikha.** Cette rivière, qui se jette dans la Barantcha en aval de Pest-chaka, prend sa source à une faible distance de la voie ferrée, dans une région absolument plate, couverte de prairies. Elle coule aussi à peu près de l'est à l'ouest, et près de son embouchure s'incurve vers le sud. Nulle part, dans les environs, on ne voit trace d'affleurements, mais il faut en conclure que la rivière s'amorce dans les gabbros, dans lesquels elle coule jusqu'à son embouchure, ces gabbros forment d'ailleurs l'extrémité orientale de Magnitnaïa. Les alluvions d'Oroulikha ont été travaillées déjà depuis plus de 90 ans, c'est dire qu'elles ont été lavées et relavées un grand nombre de fois. Lorsque nous avons visité cette rivière, on n'y travaillait plus, et nous avons eu toutes les peines du monde à nous procurer un demi zolotnik de son platine. Dans la région des sources, on a travaillé souterrainement, et nous avons vu sur le plateau indiqué, des puits de plus de six mètres de profondeur, qui traversaient une épaisse couche d'argile au-dessous de laquelle se trouvaient les sables platinifères qu'on nous a dit être peu épais, et qui renfermaient des défenses et des molaires de mamouth.

Les alluvions d'Oroulikha ont été travaillées sur toute la longueur du cours et complètement bouleversées. L'exploitation s'y faisait à ciel ouvert ou par tranchées, mais il est bien difficile, vu l'état des lieux, de se faire une idée du profil de ces alluvions. Sur l'ancien priisk d'Ossipo-Komissarowsky, nous avons trouvé un vieux staratéli qui nous a donné quelques renseignements. La nappe alluviale n'était pas très épaisse en aval des sources ; le rapport du stérile au productif y était de 1 ½ - 2 à 1. Les peskis étaient argileux, ils renfermaient surtout des gabbros variés, analogues à ceux que l'on voit en place. Les teneurs étaient variables ; il paraît qu'en certains endroits les alluvions ont été très riches et qu'on a eu lavé plus de 75 zol. à la sag. cube ; actuellement il ne restait à peu près rien dans les tailings.

Le platine d'Oroulikha est de petite taille et appendiculé ; il est blanc grisâtre, assez anguleux, et renferme de petites quantités d'or.

**Soukhoï-log.** Ce petit lojok sec se trouve au sud d'Oroulikha et lui est à peu près parallèle. Ses alluvions, de même que celles de deux autres petits lojoks secs qui se trouvent plus en aval, étaient exploitées à ciel ouvert, puis transportées sur la Barantcha pour les laver, l'eau faisant défaut dans les lojoks en question. Le platine de ce lojok est petit, blanc, fortement roulé, il est mêlé à une proportion élevée d'or. Nous n'avons pas pu obtenir de renseignements sur les teneurs ; en 1910, lors de notre visite, les alluvions de ces lojoks étaient à peu près complètement exploitées.

L'origine du platine des affluents gauches de la Barantcha est, comme on peut le voir, encore assez problématique. La plupart des cours d'eau platinifères s'amorcent à proximité de la crête de Magnitnaïa formée par les pyroxénites et par les gabbros, mais les sources mêmes sont toujours dans les gabbros ; il faudrait donc admettre que le platine proviendrait de ces roches, ce qui ne serait pas impossible en soi, mais ce qui constituerait une anomalie. Il convient de remarquer que le platine des affluents gauches de Barantcha est très différent de celui des affluents droits : il est calibré, de petite taille, roulé et décortiqué. Il paraît avoir accompli dans les rivières un chemin qui est hors de proportion avec la longueur de leur cours. Dans ces conditions, on peut se demander si ce platine n'est peut-être pas secondaire, et s'il n'est pas un produit remanié et reconcentré d'anciennes alluvions de la Barantcha, déposées jadis à un niveau supérieur à celui d'aujourd'hui. Nous n'avançons ceci que comme une hypothèse, mais nous pensons que l'attribution du platine roulé d'Oroulikha aux gabbros soulève des difficultés très grandes, et constitue une anomalie peu justifiée.

Les alluvions de la Barantcha même doivent évidemment être aussi platinifères, mais jusqu'à ce jour, elles n'ont pas fait l'objet d'une exploitation.


## § 3. Les gisements de la Kiédrowka sur la Taguilskaya-Datcha.
## La rivière Kiédrowka

Ces gisements, peu importants au point de vue pratique, sont fort intéressants pour la théorie des gîtes platinifères. Le centre primaire appelé Sosnowska-Gora se trouve un peu au sud et légèrement à l'ouest de Sinaïa-Gora, il en est distant de 20 à 25 verstes environ. Il est situé entre les rivières Bistrouchka au nord et Kamenka au sud, qui sont affluents, la première de Biélaïa Wyja, la seconde de Zirianka. Ces rivières se réunissent pour former la rivière Wyja, de Taguil. Cette région est voisine de la ligne de partage des eaux européennes et asiatiques ; elle est entièrement formée par des schistes quartziteux, avec intercalations de quartzites, d'une parfaite uniformité, qui sont développés sur une grande étendue. Le petit centre pyroxénitique primaire de Sosnowka-Gora est tout à fait isolé au milieu de ces quartzites et y forme une véritable île qui mesure à peine 500 à 600 mètres de diamètre, et qui tombe sur le quartal forestier N° 176 de la datcha de Taguil. Il est entièrement boisé de pins, et fait tache dans une région, qui est couverte par la forêt de sapins. Son élévation est faible, il forme un accident à peine visible dans la topographie. La crète est orientée N.-O.-S.-E.

Les pyroxénites qui constituent ce petit centre primaire sont absolument homogènes, plutôt largement cristallisées, et renferment du pyroxène en abondance, un peu d'olivine et de la magnétite. Nous n'y avons pas vu de filons leucocrates, et nulle part nous n'avons trouvé à l'intérieur des pyroxénites un petit centre dunitique, ou encore des filons de dunite fraîche ou serpentinisée. Nous avons fait un puits sur le versant N.-O. de Sosnowka-Gora et en pleine pente. A 0,60 mètre de profondeur, on trouvait déjà les pyroxénites en place, cachées sous un manteau d'alluvions formées par une terre rougeâtre, avec débris de diallagite. En lavant à la kofcha le matériel sorti de ce puits, nous avons trouvé une petite grenaille de platine, ce qui était une démonstration parfaite de l'origine de ce métal.

**La rivière Kiédrowka** est la seule rivière platinifère qui provient du Sosnowka-Gora, elle est minuscule, et son cours tout entier mesure à peine 1,5 verste de longueur. Elle coule du NN.-O. au SE.-E. et prend sa source entre Sosnowka-Gora qui encaisse sa rive gauche, et un petit ouwal à peine indiqué, qui se trouve sur sa rive droite. Ses alluvions ont été exploitées dans le cours moyen et inférieur, jusqu'à l'embouchure, par les staratélis, qui y travaillaient encore lors de notre visite, bien que les teneurs fussent mauvaises, les parties riches ayant été complètement exploitées. On travaillait à ciel ouvert ; près de l'embouchure on avait : Tourbes, terrain superficiel et argile 3 à 8 archines ; peskis platinifères 1¼-1 ½ archines. Faute d'eau, on transportait les sables jusque sur la Biélaïa-Wyja où on les lavait. Les teneurs, au dire des staratélis qui travaillaient sur place, étaient en moyenne de 4 à 6 zol. à la sagène cube. Le platine de Kiédrowka est blanc grisâtre, assez grossier, souvent appendiculé ; les pépites font défaut.

L'or est associé au platine dans la proportion de ¼ du premier pour ¾ du second. Les caractères de ce platine sont analogues à ceux indiqués pour les platines pyroxénitiques, seulement, les trois variétés observées sur la Goussewka, paraissent ici réduites à une seule, celle du platine appendiculé à empreintes de cristaux de diallage, identique à celui de la Goussewka, mais plus petit.

§ 4. *Les gisements des environs du lac de Tschernoistotschnik sur la Taguilskaya-Datcha. Les rivières Obléiskaya, et Jegorowka-Kamenka Les rivières Bolchaïa, Bérésowka et Biélogorska ; les petits affluents de la rive est du lac de Tschernoistotschnik*

Le lac de Tschernoistotschnik est situé à l'E. du grand gisement dunitique de Taguil. Il est parfaitement délimité, et circonscrit de tous côtés par des montagnes et des ouwals. Vers l'O., une barrière assez élevée formée par les montagnes Oupatowa, Lazarew-Kamen, Bielaïa, Popretschnaïa, Ossinowaïa, etc., le sépare du cours de la rivière Martian. Ces montagnes forment une double crête ; la première par la ligne Ossinowaïa-Popretschnaïa-Bielaïa ; la seconde par les montagnes de Chirokaya, Klammouchka, et Opaknin. La hauteur de ces montagnes ne dépasse pas 325 sag. (Bielaïa). Du côté S., le bassin est fermé par l'Ostraïa-sopka et son contrefort appelé Kostianitschnaïa, puis par une barre qui joint l'Ostraïa à la montagne appelée Oblei. Du côté E., ce bassin est fermé par l'Oblei, et par un long ouwal boisé qui le prolonge vers le N., qui s'appelle Yermakoff, et qui lui-même se termine par l'ouwal plus ou moins accidenté bordant la rive orientale du lac de Tschernoistotschnik. La géologie de cette région étendue est assez variée ; sa connaissance est nécessaire pour comprendre l'origine du platine dans un certain nombre de cours d'eau de ce bassin.

Les gabbros amphiboliques forment la barre qui sépare le gîte dunitique de Taguil du bassin du lac, vers l'O. et au S. ; ils constituent les montagnes d'Ipatowa, le Lazarew-Kamen, Ostraïa-Sopka, etc. Ils circonscrivent une sorte de grande boutonnière de gabbros micacés à biotite, qui se termine en pointe vers le S., près de la rive droite de Bolchaïa Bérésowka [1], et qui forme les montagnes de Bielaïa, de Popretschnaïa, d'Ossinowaïa, etc. Vers l'E., ces roches entrent en contact avec une bande de gabbros saussuritisés et rubanés qui constituent les sommets de Chirokaïa, Bilimbaï. etc., suivie de ce côté par des gabbros ouralitisés qui forment le sommet de Klammouchka. Dans ces gabbros, on trouve de nombreux pointements de pyroxénites qui, abstraction faite des petits affleurements locaux, sont disposés sur deux grandes traînées plus ou moins parallèles, passant l'une à l'E. de Chirokaïa, l'autre à l'O. Dans ces pyroxénites, comme dans les gabbros, des petits pointements de péridotites variées percent en certains endroits. Du côté S., les mêmes gabbros se continuent, on les trouve notamment à Kostianitschnaïa, puis à Oblei. Ce sont eux qui forment également en grande partie l'ouwal de Yermakoff, du moins son flanc occidental. A la montagne d'Oblei, ils sont traversés par plusieurs petites boutonnières de péridotites à diallage.

Sur la crête même de Yermazoff, les gabbros font place à des diorites andésitiques avec quartz, qui forment le sommet d'Abramikha. Du côté de l'E., il n'existe nulle part d'affleurement de pyroxénites, et on peut dire que l'on ne trouve pas autre chose que des roches gabbros-dioritiques, qui passent à des variétés plus acides que celles développées du côté de l'Ouest.

Les rivières dont les alluvions contiennent du platine sont, en allant du bord ouest au bord est du lac :

**Bolchaïa-Bérésowka.** Elle est formée par la réunion de deux sources qui s'amorcent au sud et au nord du Lazarew-Kamen. Son lit est entièrement encaissé dans les schistes amphiboliques et les gabbros diorites. Les alluvions ont été exploitées sur les deux sources, à peu près sur une verste en amont du chemin qui mène à Awrorinsky, et sur une demi-verste en aval ; les travaux étaient localisés dans le lit, et sur la rive droite, et l'exploitation se faisait soit à ciel ouvert, soit par des puits. Les teneurs étaient très variables, on avait ordinairement de 20 à 25 dolis pour 100 pouds, voire même 60 dolis par endroits ; le platine contenait beaucoup d'or, il était fortement roulé.

**Jégorowka-Kamenka.** Cette rivière coule tout d'abord dans les gabbros, puis, près de sa source, elle traverse sur une petite longueur les pyroxénites de la bande orientale. Lors de notre visite, les alluvions de cette rivière passaient pour être stériles ; dans la suite, on y fit quelques recherches, qui prouvèrent l'existence du platine associé à de l'or, mais en très petite quantité.

**Obleiskaya-Kamenka.** Elle coule d'abord du S.-O. vers le N.-E.. puis ensuite vers le S. ; la longueur totale de son cours est de 7 verstes environ. Nous avons parcouru en tous

[1] On écrit aussi Bérézowka.

sens la région de ses sources et de son bassin pour trouver l'explication de l'origine du platine contenu dans ses alluvions, et nous donnerons ici *in extenso* nos itinéraires. Partis de l'ancienne laverie située sur l'Obleiskaya-Kamenka, près de son confluent avec la Jegorowka-Kamenka, nous avons traversé la rivière, et sommes montés par la rive gauche, en suivant un sentier qui passe sur le flanc occidental d'Opaknin et de Klammouchka. On chemine constamment sur des gabbros leucocrates, plus ou moins ouralitisés, mais un peu au S., et légérement à l'O. de Klamouchka, on croise des pyroxénites qui forment une série de blocs isolés dans la forêt. Ces roches sont la continuation de la bande qui passe à l'O. de Klammouchka. En continuant à monter, les gabbros succèdent aux pyroxénites, ce sont eux qui forment le sommet de Chirokaïa. Une exploration de la crête et du flanc occidental de cette montagne nous a permis d'y constater la présence des gabbros, puis celle de la bande de pyroxénites que nous avons traversée, et qui se continue vers le S., au delà des sources de la rivière *Dikaïa-Chaïlanka*, dont les alluvions contiennent un peu de platine. De Chirokaïa à Ostraïa, on ne trouve que des gabbros, qui forment donc les parois du cirque sur lequel s'amorcent les sources de l'Obleiskaya-Kamenka. Nous avons également parcouru l'arête de Jermakoff et la montagne de l'Oblei, en suivant tout d'abord le petit sentier qui longe cette arête à mi-hauteur, jusqu'au petit lojok occupé par une des sources de l'Obleiskaya-Kamenka, partout nous n'avons rencontré que des roches gabbroïques leucocrates, à faciès dioritique. Les mêmes roches se continuent sur la crête de Yermakoff, mais avec des alternances de faciès mélanocrates et leucocrates. En certains endroits, toute la masse de la roche est bréchiforme et constituée par des morceaux anguleux de couleur foncée, soudés par un ciment formé par un produit blanc feldspathique. Au col qui sépare Jermakoff d'Oblei, les mêmes gabbros sont riches en pyrite, et la roche bréchiforme se retrouve au sommet même de l'Oblei. Cette brèche est formée par une pyroxénite dont les débris sont ressoudés par une venue leucocrate pegmatoïde. Nous avons ensuite fait l'ascension de la montagne d'Opaknin qui, de la base au sommet, est formée par des gabbros, puis nous sommes descendus dans le lojok pui la sépare de Klammouchka, et montés sur cette dernière; partout nous n'avons rencontré que des gabbros en partie ouralitisés.

En résumé, tout le bassin de l'Obleiskaya-Kamenka est formé par des roches appartenant à la famille des gabbros, qui présentent des types variés, et qui sont fréquemment ouralitisées. Dans la partie occidentale de ce bassin apparaissent des variétés bréchiformes curieuses, sur lesquelles nous reviendrons d'ailleurs; quant aux pyroxénites, seule la bande située à l'O. de Klammouchka et d'Opaknin se termine vers le S. à une petite distance de l'une des sources de l'Obleiskaya-Kamenka, la seconde qui n'appartient plus au bassin de cette rivière, se trouve à l'O. et au S.-O. de Chirokaya, et se prolonge au delà des sources de Dikaïa-Chaïtanka.

Le platine des alluvions de l'Obleiskaya-Kamenka a été exploité de 1902 à 1905 sur une étendue de 200 sag. environ, et à une demi-verste en amont du confluent de Jégorowka-Kamenka. La largeur de la bande alluviale travaillée était de 30 sag., mais la zone vraiment riche, de 2 à 3 sag. seulement. Le stérile (tourbes, argiles et retschnikis) mesurait

de 1 à 2 mètres ; les peskis de couleur brune, et souvent argileux, de 1,40 à 2 mètres ; le
bed-rock était formé par les gabbros amphiboliques.

La distribution du platine dans l'alluvion était irrégulière ; les teneurs oscillaient
entre 2 et 5 zol. pour 100 pouds ; par places même jusqu'à 10 zolotniks pour 100 pouds, d'après
ce que l'on nous a dit). Le platine est généralement de petite taille, de couleur blanche et
fortement roulé. On a trouvé parfois des petites pépites pesant jusqu'à ¼ de zol. ; sur les
échantillons que nous posssédons, nous n'avons jamais remarqué de capuchon de chromite
ou de produits ferrugineux. Le platine était mêlé à une forte proportion d'or (plus de 20°/₀)
très roulé également. Les alluvions de l'O.-Kamenka ne paraissent pas avoir été exploitables
sur toute la longueur du cours de la rivière, car, en amont comme en aval de la zone
exploitée, on ne trouve que des puits de recherches mais pas de travaux au sens du mot.

L'origine du platine de l'Obleiskaya-Kamenka n'est point encore absolument établie.
Il convient de remarquer que les sources de la rivière s'amorcent sans exception dans les
gabbros ; l'une d'entre elles il est vrai, approche les pyroxénites, mais actuellement ne les
ravine pas. En l'absence complète de tout affleurement dunitique, et vu les conditions
géologiques indiquées, on pourrait supposer que le platine n'est pas autochtone, et qu'il
provient du grand centre dunitique voisin, à une époque où la configuration topographique
était différente de celle actuelle. Cette hypothèse est inadmissible, car le bassin de l'Obleiskaya-Kamenka est séparé du centre dunitique de Taguil par une barrière relativement
élevée de gabbros. Il faut donc en conclure que le platine est autochtone, et provient des
roches mêmes qui sont en place dans le bassin. Or, des recherches faites sur un petit affluent
droit de Kamenka qui provient de Yermakoff, ont été sans résultat ; il faut donc en déduire
que c'est vers l'O. qu'il faut rechercher le centre platinifère primaire. Dans ces conditions,
le platine ne peut provenir que des gabbros, ou des pyroxénites, en admettant qu'antérieurement celles-ci aient été ravinées par les sources de la rivière. C'est à cette dernière solution
que nous nous sommes arrêtés, puisque nous savons que les pyroxénites peuvent être platinifères ; cependant nous convenons que certaines objections pourraient être faites à cette
manière de voir. En premier lieu, la surface des affleurements de pyroxénites qui se trouvent
dans le bassin peut sembler bien faible pour pouvoir leur attribuer la totalité du platine
contenu dans les alluvions de l'Obleiskaya-Kamenka. En second lieu, il est singulier
de constater la rareté du platine dans les alluvions de Jegorowka-Kamenka, alors que cette
rivière ravine aux sources exactement les mêmes pyroxénites. Toutefois il n'est pas démontré que lorsque ces roches renferment du platine, celui-ci soit également réparti dans toute
leur masse ; pour expliquer l'anomalie observée, il faudrait supposer une concentration
locale, qui n'est pas davantage démontrée.


## LES PETITS AFFLUENTS DE LA RIVE EST DU LAC DE TSCHERNOISTOTSCHNIK

La crête qui constitue Yermakoff se continue vers le nord, et forme l'ouwal appelé
Abramikha qui se prolonge par le Jourawleff-Kamen. Du flanc de cet ouwal descendent

une série de petits ruisseaux qui se jettent dans le lac, et qui sont, en allant du sud au nord : Ipatikha, Boroundouka, Lodotschnik et Swistoukha. Les alluvions de ces ruisselets sont platinifères, et l'on sait que ces alluvions se prolongent dans le lac au delà de l'embouchure. Or, comme il est évident que le platine de ces ruisselets ne peut être qu'autochtone, il faut en rechercher la source première dans les roches en place dans l'ouwal. Nous avons, dans ce but, exploré complètement le flanc de cet ouwal sur lequel ces ruisselets prennent leur source. La géologie de cet ouwal est la suivante. La base de celui-ci est constituée par des roches gabbroïques, ouralitisées, qui, par places, sont bréchiformes, et développées près de l'embouchure d'Ipatikha. En montant sur la crête, les gabbros font place à des diorites augitiques et presque toujours micacées qui, évidemment, sont liées aux gabbros, et qui forment toute la crête. Cependant, localement, on observe des variétés bréchiformes qui paraissent formées par des débris de pyroxénites ressoudés par une venue leucocrate. Les gabbros ne sont traversés par une boutonnière de véritables pyroxénites seulement qu'en un point, au nord de Boroundouka, et presque parallèlement à la rivière. Ces pyroxénites sont entourées d'une mince zone de gabbros à olivine. Un second affleurement de ces gabbros se trouve un peu plus au nord ; il est coupé transversalement par le cours de Lodotschnik. Deux pointements de péridotites à diallage percent également les gabbros ouralitisés ; le premier est coupé par la rivière Prodolnoï-slied, le second est situé immédiatement au nord de la rivière Swistoukha.

. Les rivières platinifères qui descendent de cet ouwal et qui se jettent dans le lac sont : Ipatikha, Boroundouka, Lodotschnik, Prodolnoï-slied et Swistoukha.

**Ipatikha.** Dans la partie supérieure de son cours, cette rivière est encaissée dans un lojok bien distinct, mais aux approches du lac elle coule sur des terrains plats, couverts de prairies. C'est exclusivement dans cette région que l'on travaille, et souterrainement. L'épaisseur du stérile atteint jusqu'à 12 archines, celle des peskis 1 ½ archines. Les teneurs étaient faibles ; à l'époque de notre visite on lavait de 1 ½ à 2 zol. par stanok occupant quatre staratélis. Le platine d'Ipatikha est petit, grisâtre, assez roulé, et associé à une assez forte proportion d'or très laminé.

**Boroundouka.** Elle se jette dans le lac un peu au nord d'Ipatikha. Ici on travaille à ciel ouvert et à une faible distance des rives. Les teneurs étaient, à ce qu'il paraît, un peu plus faibles qu'à Ipatikha.

**Lodotschnik.** Les alluvions de cette rivière ont été travaillées sur 800 mètres environ ; à notre passage, on les exploitait tout près de l'embouchure. Le stérile était peu épais et mesurait 1 ½ archines. Les teneurs étaient faibles, en moyenne de 2 à 8 dolis pour 100 pouds.

**Prodolnoï-slied.** Les alluvions de ce petit affluent ont été également travaillées un peu plus bas que la route, elles étaient faiblement platinifères.

**Swistoukha.** Cette rivière se jette dans le lac tout près de l'usine. Ses alluvions ont été travaillées sur ¹/₂ verste environ, près du pont, et en aval, puis dans le haut et sur un petit affluent gauche. La teneur en platine était de ¹/₂ zol. pour 100 pouds. Le platine renfermait une forte proportion d'or, il était très roulé; l'or était assez gros, on a trouvé des pépites de 1 zol.

L'épaisseur des alluvions du lac de Tschernoistotschnik oscille entre 6 et 12 archines; les sondages ainsi que les puits faits par le gel en hiver y ont montré la présence de traces de platine et d'or.

**Vallée d'Istok.** Cette vallée plate et marécageuse, sert d'exutoire au lac. D'après M. Wyssotsky [1] auquel nous empruntons ce qui suit, n'ayant pas visité cette vallée, les alluvions platinifères ont été travaillées jusqu'à l'embouchure, mais se prolongeaient certainement au delà jusqu'à l'usine, car il parait qu'en creusant les fondations de celle-ci, on a trouvé des traces d'or et de platine.

L'exploitation, qui se faisait dans la partie inférieure de la vallée d'Istok, était développée sur un front de 70 sagènes. Le stérile mesurait 4 archines, les sables ¹/₄ à 1 ¹/₂ archines, le bed-rock était formé par des gabbros diorites. Les teneurs oscillaient entre 4 dolis et ¹/₂ à 1 zol. pour 100 pouds. Le platine était fin, très roulé, et renfermait 16 °/₀ d'or, généralement plus grossier.

En aval de l'embouchure d'Istok dans Tschernaïa, on a également travaillé sur un petit espace les alluvions du lit, puis aussi celles de la rive gauche.

On a aussi exploité les alluvions platinifères près de l'embouchure de Sakharowka, sur la rive gauche du lac Antonowsky. Ici l'épaisseur du stérile était d'une archine seulement; celle des sables de 2 ¹/₂ archines; le bed-rock était formé par des roches granitiques. La teneur en platine était minime, soit de 16 dolis pour 100 pouds. Le platine était fin et très roulé, il renfermait 12 à 25 °/₀ d'or. Plus en aval, sur la rive droite du lac Antonowsky, le platine a été exploité sur une petite rivière appelée Kamennaïa, sur une soixantaine de sagènes; les peskis se trouvaient sur un bed-rock de granit, ils renfermaient jusqu'à 20 °/₀ d'or. A 200 sag. environ en aval du lac d'Antonowsky, les alluvions du lit de la rivière Tschernaïa ont été exploitées sur une verste, en face de la rivière Goriélaïa. On avait ici:

Argile brune . . . . . . . . . = 2 à 2 ¹/₂ archines
Retschnikis . . . . . . . . . = ¹/₂ archine
Peskis . . . . . . . . . . = 1 ¹/₂ à 1 ³/₄ archines

Ce bed-rock était formé par des granites et des kératophyres.

L'origine du platine des affluents du lac Tschernoistotschnik est encore plus problématique que celle du platine de l'Obleiskaya Kamenka. Nulle part il n'existe de dunites dans le bassin de ces rivières, et on pourrait en dire presque autant pour les pyroxénites, puisque celles-ci ne forment qu'un tout petit affleurement à proximité de Boroundouka.

---

[1] Wyssotsky. Bibliographie N° 103.

Or, le lit de tous les petits cours d'eau platinifères dont il a été question, ravine exclùsivement les gabbros et les diorites augitiques micacées quartzifères ; d'autre part on sait que d'habitude ces roches sont stériles. Il faudrait donc admettre ici une exception qui nous semble peu vraisemblable, et nous proposons en conséquence la solution suivante, basée sur la présence dans la région des nombreuses variétés bréchiformes dont il a été question. Nous admettons que le platine existait primitivement dans une roche pyroxénitique, qui s'est tout d'abord consolidée partiellement ou totalement comme telle. Puis cette roche a été postérieurement disloquée par une grosse venue leucocrate ; ses constituants se sont en partie disséminés dans celle-ci, et après la consolidation définitive, il s'est formé de la sorte une roche gabbroïde leucocrate résultant du mélange des deux éléments, dans laquelle le platine se trouve en quelque sorte à l'état de minéral erratique résiduel. La dénudation subséquente de ces roches a mis ce platine en liberté. L'origine de ce dernier serait ainsi rattachable aux pyroxénites et nous rentrerions donc dans le cas général des gisements pyroxénitiques. Les faibles quantités de platine des affluents du lac de Tschernoisfotschnik dont nous disposons, ne nous ont pas permis de vérifier par l'analyse si leur composition cadrait avec celle typique des platines de gisements pyroxénitiques.

### § 5. *Les gisements de la chaîne du Kolpak-Kazansky.*
### *La rivière Volkouche*

La chaîne du Kolpak-Kazansky est située sur la Pawdinskaya-Datcha, à l'est de celle du Koswinsky-Tilaï. Elle est formée essentiellement par une puissante zone de gabbros variés, séparés de ceux du Koswinsky et du Katéchersky par les amphibolites de Kitlim (carte N° V). Les gabbros y sont, en plusieurs endroits, traversés par les pyroxénites qui affleurent au milieu, mais les deux pointements importants que forment ces roches sont ceux du petit Kolpak, et surtout celui du Tokaïsky-Kamen.

Ce dernier mesure environ quatre kilomètres de longueur suivant la crête, pour une largeur maximum de deux kilomètres. Sa forme est irrégulière et plus ou moins triangulaire. Le Tokaïsky cote 1053 mètres ; la totalité de l'affleurement reste d'ailleurs sur les hauteurs.

Les pyroxénites du Tokaïsky sont identiques aux types déjà décrits, elles renferment de l'olivine réduite par rapport au pyroxène, puis de la magnétite. Leur grain est ordinairement grossier. Elles sont traversées par quelques rares filons de dunite, puis par des pegmatites à hornblende.

Une seule rivière, la **B.-Volkouche**, ravine ces pyroxénites dans le voisinage de ses sources et sur le versant oriental de la montagne. On a fait sur cette rivière quelques recherches par des puits disséminés le long de son cours, puis par une ligne de puits placée à quelques verstes en amont de son confluent avec M.-Volkouche. Tous les puits ont montré la présence du platine dans les alluvions, mais les teneurs étaient très faibles et s'élevaient au maximum à 2 ½ zol. par sag. cube de peskis. Ces alluvions n'ont d'ailleurs jamais été exploitées.


## § 6. Les gisements de l'Oural en dehors des dunites et des pyroxénites.
### Gisements du Krebet-Salatim.
### Les gisements de la Tourinskaya-Datcha dans la région des serpentines.
### Les gisements de la Taguilskaya-Datcha dans la zone orientale
### des roches basiques. Les gisements de l'Outkinskaya-Datcha au sud
### de Bisserk. Les gisements de la Chaitanskaya-Datcha.
### Les gisements des environs de Miass


Le platine a été rencontré dans un très grand nombre de rivières de l'Oural, mais lorsqu'on examine la géologie de leurs bassins, il est aisé de se convaincre que ces gîtes n'ont rien de commun avec ceux classiques du type dunitique ou pyroxénitique. Il serait difficile de passer en revue toutes les rivières qui renferment du platine ou des osmiures dans leurs alluvions ; nous examinerons seulement ici quelques centres que nous avons eu l'occasion de visiter personnellement ou qui ont été étudiés par d'autres géologues, notamment par M. Wyssotsky.


## GISEMENTS DU KREBET-SALATIM

Le Krebet-Salatim forme une série de crêtes alignées NN.-E., SS.-O., qui se trouvent à l'est de la ligne de partage des eaux asiatiques et européennes, et qui ont comme limites extrêmes le cours de Bolchaïa Toschemka vers le nord, et celui de Bolchoï Antschoug au sud. Il est constitué par une longue bande de roches péridotiques en partie serpentinisées, qui, vers l'ouest, sont flanquées par de véritables serpentines suivies à leur tour de ce côté par des schistes, et vers l'est, par des roches gneissoïdes souvent riches en épidote. disposition que montre la fig. 85. Les péridotites renferment des spinelles, du pyroxène rhombique abondant, un peu de pyroxène monoclinique, et de l'olivine ; tous ces minéraux sont partiellement ou totalement serpentinisés, les pyroxènes en bastite, l'olivine en antigorite. Suivant le groupement minéralogique réalisé, on peut alors distinguer :

1. Des hartzbourgites, formées de spinelle brun, de pyroxène rhombique, et d'olivine plus ou moins abondante ; c'est le type dominant.

2. Des lherzolites, plutôt rares, dans lesquelles une petite quantité de pyroxène monoclinique s'ajoute aux éléments précités.

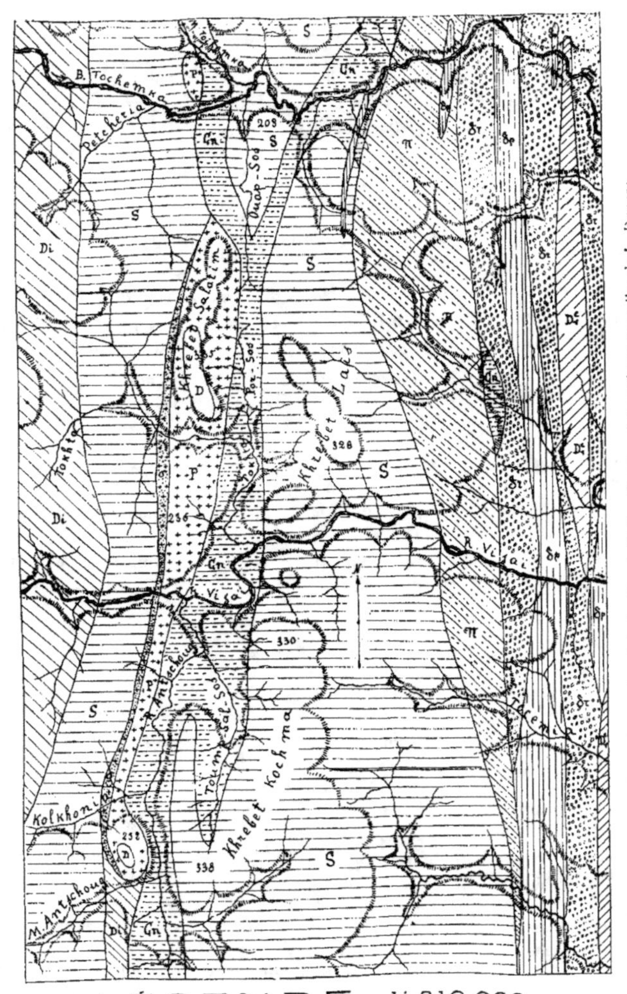


Fig. 85. — Carte géologique du Krebet-Salatim d'après Fedoroff et les observations nouvelles de L. Duparc.

3. Des dunites, forme limite des hartzbourgites, dans lesquelles on ne trouve que de l'olivine et des spinelles foncés passant à la chromite.

Ces différentes roches passent latéralement les unes aux autres, mais c'est toujours les hartzbourgites qui dominent. En certains endroits cependant, notamment au sommet principal du Krébet-Salatim, puis un peu au nord de la rivière Kolkolonia, le faciès dunitique acquiert un certain développement local.

Les serpentines qui flanquent les péridotites vers l'O., sont bien différentes. Elles ne renferment pas de spinelle brun et pas de bastite, mais toute leur masse est formée par des très petites lamelles d'antigorite à structure enchevêtrée, caractéristique pour la Willamsite du Texas. Nulle part on ne trouve des traces du minéral générateur de la serpentine, mais par contre fréquemment des veinules de magnétite. Ces serpentines se distinguent chimiquement des péridotites serpentinisés par une teneur en alumine plus considérable.

Nulle part les péridotites ne sont enveloppées par la double ceinture de pyroxénites et de gabbros si caractéristique pour les gîtes dunitiques, et ce gîte primaire correspond, à la grandeur près, à celui de la Ronda en Espagne, dont il sera question plus loin.

Lorsque nous avons découvert le gîte primaire du Krebet-Salatim, nous n'avons pas vérifié si les rivières qui s'y amorcent étaient platinifères. Des recherches furent effectuées l'hiver qui suivit cette découverte sur un certain nombre de celles-ci : ces recherches faites en notre absence, eurent un résultat négatif au point de vue industriel. Plus tard, cependant, nous apprîmes que le platine avait été trouvé dans quelques-uns de ces cours d'eau par des maraudeurs, et qu'il y avait été exploité sur une petite échelle, fait que nous n'avons pas vérifié mais qui paraît peu vraisemblable.


## LES GISEMENTS DE LA TOURINSKAYA-DATCHA DANS LA RÉGION DES SERPENTINES

Le platine et surtout les osmiures, ont été trouvés en petite quantité dans certaines rivières de la Tourinskaya-Datcha, à l'est d'une ligne passant par Borowaïa-Kouchwa, et par conséquent dans la zone orientale des roches éruptives basiques. Cette région est constituée par des porphyrites traversées par des filons de quartz, suivies vers l'est par une large zone de roches serpentineuses qui, de ce côté, entrent en contact avec des schistes à hornblende et des amphibolites.

Ces serpentines sont d'un type absolument uniforme, et ne passent nulle part à la dunite ni aux pyroxénites. En de nombreux endroits, ces serpentines sont aurifères, car certains lojoks qui y sont entièrement encaissés, et dont les alluvions ne renferment que des blocs de ces roches, ont été fructueusement exploités ; nous possédons d'ailleurs deux morceaux de serpentine dans lesquels cet or est visible à l'œil nu. Les mêmes serpentines contiennent localement du platine et des osmiures, mais toujours en faible quantité. On les retrouve cependant dans les alluvions de la plupart des rivières qui ravinent ces serpentines, sur une certaine longueur et, notamment sur les cours d'eau suivants :

**Maloï et Balchoï Tschourok**, mais sur cette dernière, en aval seulement de son confluent avec Maloï-Tschourok, car le platine provient exclusivement de M.-Tschourok qui érode les serpentines. Au placer de Neptunowsky, on lavait jadis sur B.-Tschourok, de l'or et du platine (ou de l'osmiure)[1] dans la proportion de $^3/_4$ du premier pour $^1/_4$ du second, Les placers sont actuellement épuisés.

**Aiwa.** Elle était surtout aurifère, mais contenait cependant un peu d'osmiure, que l'on a récolté à la laverie de Pervo-Wassiliewsky. Lors de notre visite, on travaillait à une centaine de mètres de la rive d'Aiwa, au placer de Miralioubiwy. Le stérile mesurait 18 archines, les peskis 1 ¼ archines. On exploitait souterrainement. L'or était gros et aplati; les teneurs de 6 à 8 zol. à la sag. cube. L'or était mêlé à une petite quantité d'osmiure d'iridium que l'on séparait ordinairement de l'or plutôt comme curiosité.

**Birikowsky-log.** Il est entièrement encaissé dans la serpentine. Les alluvions étaient riches en or, et contenaient des petites quantités de platine ou d'osmiure.

**Soukhoï-log.** Il a été exploité à Anninsky-priisk, il est entièrement encaissé dans la serpentine et finit dans un marécage. Il renfermait de l'or également, et un peu d'osmiure.

**Niwa.** Ses alluvions ont été complètement bouleversées; à ce qui nous a été dit, elles renfermaient de l'or et de l'osmiure dans la proportion de $^2/_3$ du premier et $^1/_3$ du second.

### LES GISEMENTS DE LA TAGUILSKAYA-DATCHA,
### DANS LA ZONE ORIENTALE DES ROCHES BASIQUES

A l'est de la ligne de chemin de fer d'Ekaterinebourg à Kouchwa, et dans la zone orientale des roches éruptives basiques, il existe sur la Taguilskaya-datcha, plusieurs rivières dont les alluvions aurifères contiennent également du platine ou des osmiures.

Les principales de ces rivières sont:

**La rivière Taguil.** Elle renferme un peu de platine sur plusieurs parties de son cours, mais les teneurs sont toujours excessivement faibles. Chaque année cependant, la rivière Taguil produit une petite quantité de minerai, qui arrive sur le marché. Le platine de la rivière Taguil est gris, très roulé, et martelé. Sa proportion relativement à l'or, est en certains endroits, de 1 à 8.

**Lojok affluent de Yazwa.** Il est entièrement encaissé dans les serpentines. La proportion du platine à l'or y varie de 1 à 8 et de 1 à 18.

**Nyria.** Ses alluvions sont principalement aurifères, mais contiennent cependant un peu de platine.

---

[1] Il n'est pas toujours possible, faute d'échantillons, de savoir s'il s'agissait de platine, d'osmiure, ou des deux réunis. Les osmiures paraissent avoir été beaucoup plus fréquents que le platine.

**Tokowaya.** Ses alluvions sont également aurifères et platinifères, dans la proportion de quatre parties d'or pour une de platine. Le stérile comporte environ 6 archines, les sables 1 ¼ archines.

Il est vraisemblable que la liste des rivières qui renferment du platine ou des osmiures sur la datcha de Taguil devrait être considérablement augmentée, nous n'avons cité que celles que nous avons pu personnellement visiter.

## LES GISEMENTS DE L'OUTKINSKAYA-DATCHA, AU SUD DE BISSERK

Ceux-ci sont particulièrement intéressants, et d'un type absolument spécial. Ils sont situés sur une série de petits affluents gauches de la rivière Bolchaïa Oupouda, qui se jette elle-même dans la rivière Oufa. Ces affluents s'appellent, de l'amont vers l'aval, Malaïa Oupouda, Bérésowka, et Oulair. La géologie de la région est donnée par la carte (fig. 86) qui nous a été obligeamment communiquée par M. Wyssotsky. On voit tout d'abord que les rivières coulent ici sur le versant européen de l'Oural, puis que les cours d'eau platinifères sont entièrement encaissés dans les formations du permo-carbonifère ou Artinsk. Or celles-ci sont composées de grès, de schistes, de couches gréso-argileuses, et aussi de conglomérats, mais nulle part il n'existe à proximité immédiate ou à distance, un centre éruptif basique quelconque ayant pu donner naissance au platine trouvé dans ces rivières. Il en résulte qu'il faut admettre que ce platine provient du permo-carbonifère lui-même, et que les gisements sont tertiaires, c'est-à-dire le produit de gîtes secondaires remaniés. En l'espèce, la source du platine se trouve certainement dans les conglomérats marins de l'Artinsk. Ceux-ci renferment en effet des blocs roulés et parfois volumineux de roches basiques de la

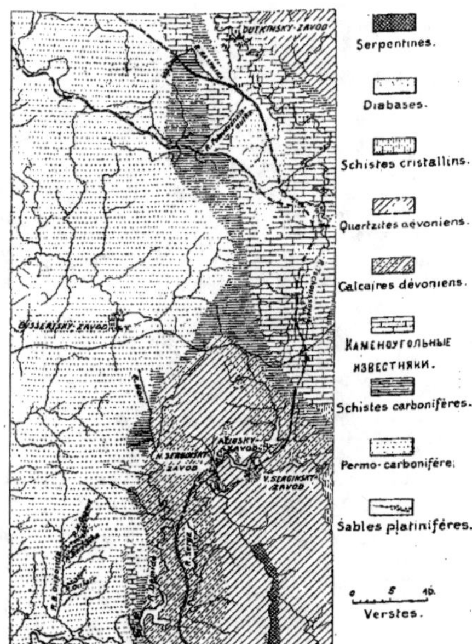


FIG. 86. — Carte géologique des gisements de platine de l'Outkinskaya-Datcha d'après N. Wyssotsky.

famille des roches platinifères, et dès lors il est naturel de penser que le platine se trouve dans ce conglomérat, et en a été extrait et reconcentré par les rivières qui le ravinent. De fait, le platine ne se rencontre que là où se trouvent ces conglomérats. Les gisements sont d'ailleurs peu importants, et les teneurs étaient assez faibles, du moins à en juger par les chiffres qui nous ont été communiqués, car nous n'avons pas visité personnellement ce gisement. Néanmoins il a une grande importance théorique, car il prouve qu'aux temps permo-carbonifères, il y avait déjà des massifs de roches basiques profondes qui émergeaient sur l'emplacement actuel de l'Oural, et qui ont été assez érodés pour mettre au jour les roches platinifères, dont l'intrusion est donc fort antérieure à cette époque.

## LES GISEMENTS DE LA CHAÏTANSKAYA-DATCHA

Plusieurs rivières de cette datcha renferment dans leurs alluvions de l'or et du platine, notamment la rivière Elnitschnaïa, la rivière Talitza, et quelques-uns de leurs affluents latéraux. Les relations des différentes formations géologiques les unes avec les autres sont indiquées sur la carte (fig. 87) qui est due à M. le prof. N.-N. Smyrnoff. Les gîtes primaires du platine se trouvent certainement dans les serpentines, et peut-être aussi dans les pyroxénites qui leur font suite vers l'est. Nous n'avons pas de renseignements plus détaillés sur ces gisements qui sont sans importance pratique d'ailleurs.

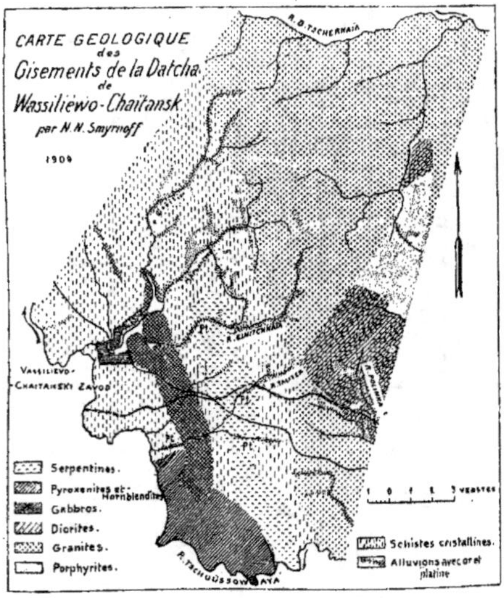

Nous ajouterons que le platine ou les osmiures ont été rencontrés dans les rivières de plusieurs autres datchas situées ordinairement sur le versant oriental de l'Oural, par exemple sur les datchas de Bogoslowsk, de Néwiansk, de Verkh-Isset, Syssert, etc.



Fig. 87. — Carte géologique des gisements de la datcha de Wassiliewo-Chaïtansk, d'après N. Smyrnoff.

## GISEMENTS DES ENVIRONS DE MIASS

La région de Miass est célèbre pour ses minéraux rares, et aussi

pour ses gîtes aurifères qui sont aujour-
d'hui d'ailleurs presque complètement
épuisés. Sa géologie est assez complexe,
mais bien connue ; les traits principaux
en sont mis en évidence par la carte
fig. 88) que nous devons à l'obligeance
de M. Bogdanowitch, directeur du comité
géologique. Comme on peut le voir, les
péridotites et les serpentines subordonnées y jouent un rôle très important, et
forment une longue trainée qui suit sensiblement la direction des chaines. Cette
trainée circonscrit complètement un long
affleurement de porphyrites, traversé lui-
même localement par des petites boutonnières de granit, de serpentines, ou de
kératophyres. La zone des serpentines
est coupée transversalement par une série
de cours d'eau, dont la plupart s'amorcent à l'ouest dans les schistes cristallins, et qui sont en grande majorité des
affluents gauches de la rivière Miass ou
de la rivière Tschernaïa, plus au nord.
Toutes ces rivières sont aurifères, et la
plupart d'entre elles renferment des
osmiures en plus ou moins grande quantité. Ici encore la liaison de l'osmiure
avec la serpentine semble évidente, et ces
gisements ont une grande analogie avec
ceux trouvés ailleurs dans les rivières
qui ravinent la zone orientale des roches
éruptives basiques et des serpentines.

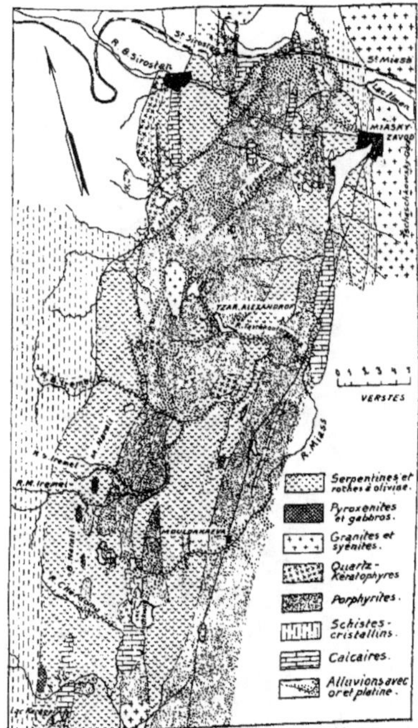


FIG. 88. — Carte géologique des gîtes aurifères et
d'osmiure d'iridium des environs de Miass, par
N. Wyssotsky.

# Gisements de la Ronda

Nº 1. — Route de San Pedro à Ronda.
Reste ruiniforme de biscornil.

Nº 5. — Rio Verde et dans le fond
la Sierra Blanca.

Nº 2. — Plaine de San Pedro
et Sierra Palmitera.

Nº 6. — Une anse du rio Verde.

Nº 3. — Barre du Guadaissa à son
embouchure dans la mer.

Nº 7. — Rio Verde et dans le fond
la Sierra Real.

Nº 4. — Vallée basse du rio Verde,
vue de la colonie Del Angel.

Nº 8. — La Sierra Blanca. On voit assez
nettement par la différence de teinte le
contact des schistes et des dolomies.

# CHAPITRE XIV

## LES GITES PLATINIFÈRES DU MONDE EN DEHORS
## DE CEUX DE L'OURAL

§ 1. Gisements européens. Les gîtes de la Ronda en Espagne. Gîtes de France. Gîtes d'Allemagne et d'Autriche. — § 2. Gisements de l'Amérique du Sud et de l'Amérique Centrale. Gîtes de Saint-Domingue et du Honduras. Gîtes de la Colombie équatoriale. Gîtes du Brésil. Gisements de la Guyanne française. — § 3. Gîtes platinifères de l'Amérique du Nord. Gisements de la Colombie britannique. Gîtes du Canada. Gîtes des États-Unis et du Mexique. — § 4. Gisements de l'Océanie. Gîtes de Bornéo. Gîtes de la Nouvelle Galles du Sud. Gîtes de la Nouvelle-Zélande et de la Tasmanie. — § 5. Gisements de l'Afrique. Gîtes du Transwaal. Prétendus gîtes de Madagascar. — § 6. Gisements de l'Asie. Gîtes de la rivière Wilui. Gîtes de la rivière Oldoi. Gîtes de l'Altaï.


## § 1. *Gisements européens. Les gîtes de la Ronda en Espagne. Gîtes de France*
### *Gîtes d'Allemagne et d'Autriche.*

#### GITES DE LA RONDA EN ESPAGNE

Le platine paraît avoir été rencontré dans les alluvions de quelques rivières du nord-ouest de l'Espagne mêlé à de l'or, et c'est probablement à ce métal que Pline l'Ancien faisait déjà allusion. Cependant la preuve de l'existence en Espagne de gîtes platinifères pouvant devenir industriels est de date récente, elle a été donnée en 1914 par **M.** Orueta à la suite de ses recherches géologiques sur la Serrania da Ronda, et de la comparaison des roches de cette chaîne avec celles des centres platinifères de l'Oural décrites antérieurement par nous. Quelques mois après la communication de **M.** Orueta nous avons visité en détail ces gise-

¹ D. DO ORUETA. Bibliographie N° 118 et N°.123.

ments pour les comparer avec ceux de l'Oural, et avons résumé nos impressions dans un travail paru dans les mémoires de la Société de physique de Genève [1].

On sait depuis longtemps qu'il existe en Andalousie, à proximité immédiate de la côte entre Malaga et Estépona, des gisements considérables de roches péridotiques qui se trouvent sur le versant S. de la Serrania da Ronda, et qui, au nombre de deux, affleurent au milieu de roches cristallines et détritiques.

Le premier, qui mesure à peu près 40 kil. de longueur sur 15 de largeur, forme une chaîne orientée sensiblement EE.-N.-OO.-S, d'où partent des crêtes dirigées E.-O., appelées Sierra Parda, Sierra Real, Sierra Palmitéra, etc.

C'est ce massif qui forme les montagnes rougeâtres qui s'élèvent à une petite distance de la côte. Le second massif moins considérable, se trouve au S.-E. du premier, et constitue la Sierra de la Apujalata, qui se trouve entre Marbella et Fuengirola. Plus au N., il existe encore trois centres péridotiques; le premier, qui prolonge vers le N. la Sierra Parda, se trouve près du village de Junqueira, le second plus à l'E., et au N. forme la Sierra de la Robla, le troisième enfin, le plus septentrional, forme la Sierra de Aguas, près du chemin de fer de Malaga à Bobadilla.

Le grand massif de péridotites constitue une chaîne profondément érodée, de laquelle se détachent des arêtes latérales qui séparent des vallées encaissées occupées par des cours d'eau quasi torrentiels; la crête de cette chaîne est fortement rejetée vers le nord, elle est distante de 9 à 15 kil. de la côte. Les principales rivières qui coulent dans les vallées indiquées vont directement à la mer; elles reçoivent une quantité de tributaires latéraux encaissés dans de profonds ravins creusés dans la roche en place; ce sont: le Rio Verde, formé par la réunion du Rio Hoyo del Bote et du Rio Verde proprement dit, séparés par la Sierra Real; le Rio Guadalmina, le Rio Guadalmansa, le Rio Castor, et le Rio Padron. Les rivières qui coulent sur le versant N. ont une importance beaucoup moins grande, les deux principales sont le Rio Secco et le Rio Almachal, tous deux affluents du Rio Génal. Le cours de ces rivières peut-être divisé en trois tronçons, soit:

1. Le tronçon supérieur, formé par la région des sources et la haute vallée. La rivière y est encaissée dans des gorges rocheuses et reçoit sur ses deux rives de nombreux affluents torrentiels. La pente est fort rapide sur ce tronçon.

2. Le tronçon moyen, dans lequel la rivière est plus élargie et la pente moins forte. Néanmoins la rivière coule encore par places dans des gorges étroites véritables cànons séparés les uns des autres par des anses dominées par des pentes rocheuses escarpées. Là vallée d'érosion est alors occupée par des alluvions dans lesquelles la rivière a creusé son lit.

3. Le tronçon inférieur, qui va de la sortie des défilés jusqu'à la mer, et traverse la région côtière. La rivière coule alors dans une vallée assez large, creusée dans des roches tendres, et remblayée par des alluvions à la surface desquelles elle divague. Elle est bordée sur ses deux rives par des collines faiblement élevées, qui s'atténuent jusqu'à la côte. Tandis

---

[1] L. DUPARC et A. GROSSET. Bibliographie N° 120.

## Gisements de la Ronda

Nº 1. — Dôme de Serpentine un peu en amont du confluent du rio Verde et du rio Hoyo de Bote.

Nº 5. — Rio Guadaissa à sa sortie des défilés.

Nº 2. — Le flanc est de la Sierra Réal.

Nº 6. — Une anse du rio Guadaissa dans le deuxième tronçon.

Nº 3. — Le flanc ouest de la Sierra Réal.

Nº 7. — Au premier plan, flanc ouest de Sierra Palmitera ; au second, pic de Abanto et Del Duque.

Nº 4. — La Sierra Réal, vue d'Istan.

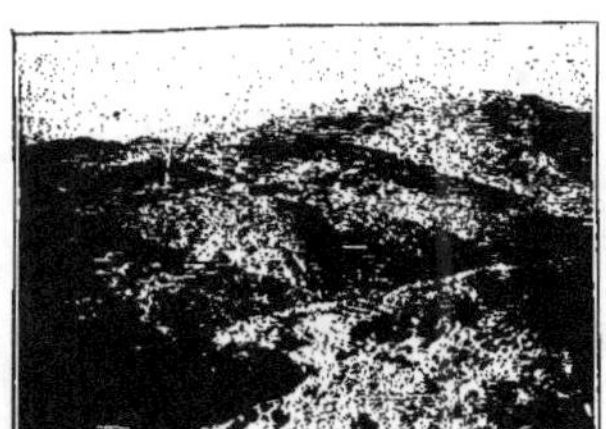

Nº 8. — Vallée du Rio Guadaissa dans le deuxième tronçon.

que les méandres sont fréquents sur le deuxième tronçon, ils sont nuls sur le troisième, et le cours de la rivière est quasi rectiligne jusqu'à la mer.

La roche éruptive basique qui constitue l'énorme massif développé de la Sierra Parda à Génalguacil, est une péridotite à pyroxène rhombique très homogène, appartenant à la famille des hartzbourgites. Sur le terrain, elle est rubéfiée comme la dunite, et souvent les cristaux de pyroxène encore indemmes font saillie sur la croûte. Au microscope, cette roche renferme des spinelles brun foncé, de la chromite opaque, beaucoup d'olivine en grains craquelés, et du pyroxène rhombique. Le pyroxène monoclinique s'ajoute parfois aux minéraux précédents. La structure est toujours grenue, la roche est holocristalline et largement cristallisée, parfois à tendance quasi porphyroïde par le développement exagéré du pyroxène rhombique. Les déformations mécaniques sont fréquentes, et l'altération donne naissance à la serpentinisation de l'olivine et à la bastitisation du pyroxène. Au point de vue systématique, on peut distinguer trois types, qui passent les uns aux autres, et sont les suivants :

1. Le type *hartzbourgite*, le plus répandu, formé par la réunion du spinelle brun à l'olivine et au pyroxène rhombique.

2. Le type *lherzolite*, formé par les mêmes éléments, auxquels s'ajoute une quantité plus ou moins grande de pyroxène monoclinique.

3. Le type *dunite*, formé d'olivine et de chromite (cette dernière associée souvent cependant au spinelle brun).

Il existe un quatrième type que nous n'avons pas rencontré dans le dyke principal, et qui a été qualifié par Michel-Lévy de *norite anorthique à olivine* ; il renferme du pyroxène rhombique, de l'olivine, et quelques grains d'anorthite.

Sur certains points de cet énorme massif, les péridotites sont complètement altérées et transformées en *serpentines*. Celles-ci sont développées un peu partout, mais principalement dans le voisinage du contact périphérique des péridotites avec leur couverture. On les rencontre sur le flanc S. du massif, sur la route d'Istan à Tolox, sur le sentier qui longe et traverse le Guadaissa, puis en descendant de Penâs Blancas sur Estepona etc.

Les péridotites sont, en plusieurs points du massif, traversées par des filons plus ou moins épais, qui varient de simples veinules (comme à Penâs blancas par exemple), à des veines de plusieurs mètres d'épaisseur. Les roches qui les composent sont leucocrates, finement grenues, et appartiennent à la catégorie des plagiaplites ou des granulites filoniennes.

Le massif de roches péridotiques est, sur toute son étendue, circonscrit par des gneiss, qui entrent directement en contact avec elles (fig. 89). Ces gneiss sont largement développés sur toute la bordure S.-O du massif, mais principalement entre Igualejà et Genalguacil. Là où la ceinture gneissique paraît interrompue, elle est simplement recouverte par les dépôts du pliocène (notamment entre Guadalmansa et Guadalmina). Ces gneiss, ainsi que les dolomies subordonnées, se rencontrent à fois réitérées, en lambeaux isolés à l'intérieur du massif péridotique. Le plus grand de ces lambeaux est celui qu'occupe une partie de la

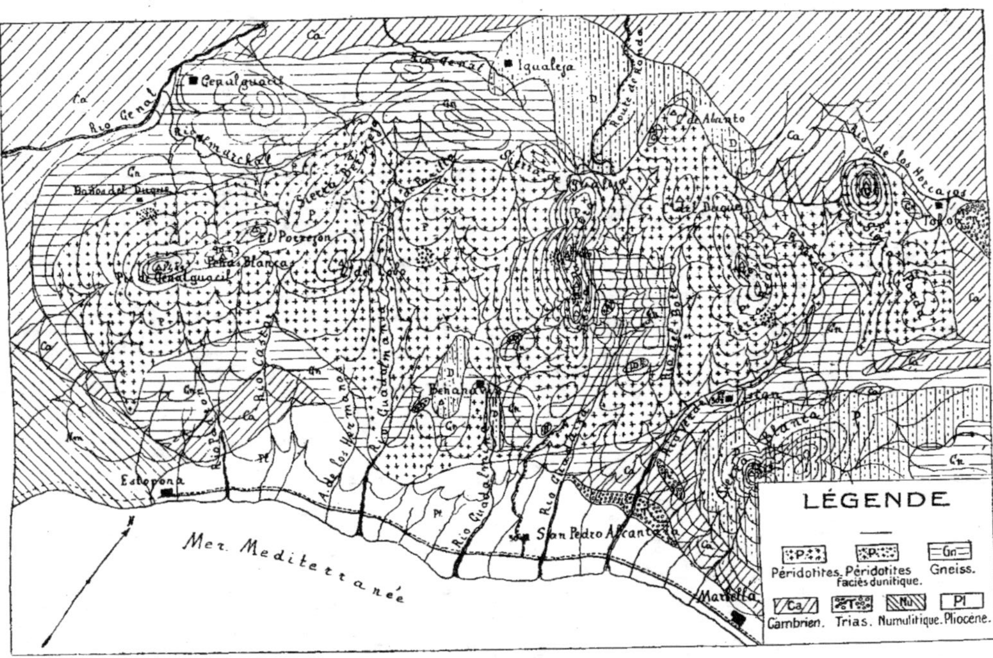


FIG. 89. — Carte géologique de la Serrania de Ronda, par D. Orueta, complétée par quelques observations personnelles de MM. Duparc et Grosset.

## Gisements de la Ronda

Nº 1. — Sierra Palmitera près de la ligne de partage.

Nº 5. — Dans les péridotites, sur le plateau de Sierra Parda formant ligne de partage.

Nº 2. — Rio Guadalmansa.

Nº 6. — Pics de Abanto et Del Duque (à gauche) ; dans le fond la Sierra de Ronda.

Nº 3. — Gorges du rio Guadalmina, en aval de Benahavis.

Nº 7. — Contact nord entre les schistes et les dolomies, vu du col de Abanto.

Nº 4. — Sierra Parda, versant nord.

Nº 8. — La Sierra de Ronda, vue du col de Abanto.

crête qui sépare le Guadaissa du Rio Hoyo del Bote. Le contact des péridotites avec les gneiss est éruptif, et non mécanique, fait attesté par la présence de minéraux métamorphiques (grenats) dans ces derniers au voisinage du contact immédiat. Il n'y a donc ici aucune analogie avec les centres dunitiques primaires de l'Oural ; la ceinture de pyroxénites et celle de roches gabbroïques font défaut, et les péridotites ont pénétré en dôme dans les roches gneissiques sans donner naissance aux produits de différenciation concentrique qui sont si caractéristiques pour les gîtes duniques primaires.

La dunite existe sans doute dans les péridotites à pyroxène rhombique de la Ronda, mais elle en représente simplement un passage latéral. Au début, nous avions pensé que cette dunite formait de grands gisements à contour franc, enclavés dans les hartzbourgites et les lherzolites ; une étude minutieuse nous a permis de nous convaincre qu'il n'en était pas ainsi, et que partout on ne peut voir que des passages latéraux multiples d'une péridotite plus ou moins riche en pyroxène, à une roche de plus en plus pauvre en cet élément, pour aboutir finalement à une roche tout à fait dunitique, mais dans laquelle le microscope montre souvent encore des traces de pyroxène rhombique. Et même l'apparition de ces dunites est plutôt rare, et ne se produit que sur un espace restreint. Nous ne pourrions mieux faire que de comparer ce gisement à une sorte d'éponge, dont le squelette très développé, serait formé par les péridotites à bronzite, et dont les cryptes réduites seraient occupées par des péridotites pauvres en pyroxène passant à la dunite.

Les alluvions des cours d'eau qui descendent de la Sierra ont aussi des caractères bien différents de ceux des rivières de l'Oural.

Dans le tronçon supérieur, les rivières coulent dans la roche en place, et il n'existe pas à proprement parler de nappe alluviale. Le lit est jonché de blocs plus ou moins volumineux, au milieu desquels l'eau s'écoule. Dans le tronçon moyen, la vallée est bien occupée par des alluvions, mais celles-ci sont localisées dans des anses, qui constituent des renflements réunis par des défilés étroits, où souvent la roche est à nu. Ces anses ne sont jamais très considérables, on ignore encore l'épaisseur des alluvions qui y sont accumulées. Dans le tronçon inférieur, la nappe alluviale s'élargit considérablement, et atteint 100 à 150 mètres, et même plus. Le cours d'eau actuel divague à la surface de cette nappe jusqu'à la mer.

Grâce aux sondages faits par M. Orueta, la disposition des alluvions nous est connue. De la surface à une profondeur qui varie de 1 mètre à 1 m. 20, on trouve ordinairement des alluvions sableuses et graveleuses, avec galets abondants et volumineux (les plus gros mesurant 0,30 de diamètre). Au-dessous, on observe généralement jusqu'au bed-rock, des graviers homogènes, sableux, avec galets plus petits ; ces graviers mesurent de 6 à 7 mètres d'épaisseur. Le bed-rock lui-même est toujours altéré ! les alluvions sont très perméables, sableuses, et pas argileuses ; les galets qui les constituent sont, en majorité, des péridotites et des serpentines.

Les sondages effectués par M. Orueta sur les alluvions du Rio Verde ainsi que sur d'autres rios de la région, ont montré qu'elles renfermaient du platine, et que ce métal était réparti sur presque toute la hauteur de la masse alluviale. Sans doute les recherches sont encore insuffisantes pour préciser la loi de la répartition de ce platine dans les alluvions, ainsi que leur teneur; sur les premiers essais exécutés par sondages, les chiffres étaient très variables; certains sondages donnaient de 2 à 3 grammes au mètre cube, d'autres de 0,5 à 2 grammes, d'autres enfin ne donnaient que des traces. Des nombreux sondages faits ultérieurement en 1916, sur le Rio Verde, ont donné des chiffres considérablement plus faibles; quoi qu'il en soit, il convient d'attendre les résultats des recherches systématiques qui sont en cours, pour se prononcer définitivement sur la richesse de ces alluvions, et sur la possibilité de leur exploitation éventuelle. Le platine extrait des sondages, que nous avons examiné, nous a été obligeamment communiqué par M. Orueta. Il est formé de deux éléments, d'abord de petits grains blancs, à éclat métallique. qui sont fortement roulés, et qui présentent souvent des empreintes en creux de forme polygonale semblables à celles des platines de la Goussewka ou de la Choumika; puis d'autres grains mamelonnés, et de couleur noire. Quand on les décape par traitement au borax fondu, ils colorent celui-ci en vert, et on y voit apparaître des cryptes remplis de grains noirs et brillants de chromite. Le 23,78 % du platine brut est attirable à l'aimant, et cette fraction est en grande partie composée par le platine noir encapuchonné de chromite; le 76,22 non attirable, est formé par le platine blanc à empreintes. Des essais faits sur quelques grains de platine ont permis de mettre en évidence la présence de l'osmiure, du platine, du palladium, du cuivre, du fer, et du nickel. La dimension des grains est plutôt petite; le plus gros que nous possédons pèse 0,238 grammes. M. Orueta a trouvé une petite pépite du poids de 2 grammes.

Quel que soit l'avenir industriel des gîtes de la Ronda, on peut dire que leur centre primaire représente un troisième type, qui vient s'ajouter aux deux premiers, dans lequel la roche mère est ici une péridotite à pyroxène rhombique, passant latéralement à la dunite, et donnant aisément naissance à de la serpentine, et où les ceintures concentriques de pyroxénites et de gabbros font défaut. Les gisements du Krebet-Salatim dans l'Oural appartiennent certainement à ce type, et il en est probablement de même pour tous les gîtes dits serpentineux, qui sont assez nombreux, mais généralement pauvres.


## GITES DE FRANCE


La présence du platine a été constatée plusieurs fois en France, mais jamais il n'a été question d'un gisement au sens du mot.

Dans le Morbihan, on a signalé la présence de rares et petites paillettes de platine dans certains sables à cassiterite de la côte de Pénestin.

Dans les Cévennes, des paillettes de platine se rencontrent mêlées à des paillettes d'or dans les alluvions de la Cèze.

En 1847[1], Gueymard a constaté la présence du platine dans un panabase trouvé

_____________

[1] E. GUEYMARD. Comptes Rendus de l'Acad. des sciences. Paris Vol. XXIX. p. 814 et vol. XXXVIII. 1854.

dans les calcaires métamorphiques de la montagne du Chapeau, près de Châtelard, commune de Champoléon dans la vallée du Drac.

## GITES D'ALLEMAGNE ET D'AUTRICHE

En Allemagne, la présence du palladium ou de l'allopalladium a été signalée à Tilkerode, dans le Hartz. On aurait aussi trouvé du platine en traces dans le Siebengebirge, et dans les environs de Freiberg.

Tout récemment, on parla beaucoup de gisements soi-disant très importants, qui auraient été trouvés dans des conditions tout à fait spéciales, dans le Sauerland, près d'Olpe, le Sigerland, et le Westerwald, sur une grande étendue de pays. Il s'agissait en l'espèce de grauwackes paléozoïques fortement disloquées et faillées, qui appartiennent au dévonien, et qui auraient contenu du platine très divisé en quantité suffisante pour permettre une exploitation industrielle. Ces quartzites qui sont des dépôts marins, sont de couleur grisâtre, grenues, et compactes. Au microscope, elles renferment principalement du quartz plus ou moins arrondi, joint ci et là à quelques grains de feldspath, à des débris de mica, puis à des matières ferrugineuses opaques. Celles-ci sont représentées par de la magnétite, puis, fait que nous n'avons pas constaté, mais qui a été remarqué par d'autre auteurs, des très petites quantités de chromite qui auraient été extraites par les liqueurs lourdes [1]. Dans les spécimens que nous avons examinés au microscope, nous n'avons jamais trouvé avec le quartz des débris de minéraux ferro-magnésiens tels que l'olivine ou le pyroxène ; par contre, souvent des traces de sulfures. Le ciment est généralement quartzeux.

Nous avons fait, sur divers spécimens de ces quartzites, de nombreux essais par voie sèche, ceux-ci ont toujours été négatifs. Par contre, Krusch cite dans son travail, des teneurs en platine extrêmement variables suivant les opérateurs.

Ainsi il donne les résultats suivants, obtenus cependant avec les mêmes méthodes et sur le même matériel par des expérimentateurs différents :

|  | 1er laboratoire | 2me laboratoire |
|---|---|---|
| Essai No 1 . . . . . . . | 30 gr. à la tonne | traces |
| » No 2 . . . . . . . | 35,05 gr. » | 3,8 gr. à la tonne |
| » No 3 . . . . . . . | 8 gr. » | 0,8 » |

En présence de pareilles discordances, il est difficile d'avoir une opinion. Il est probable qu'il existe des traces de platine dans les quartzites d'Olpe, comme dans beaucoup d'autres formations arénacées, mais, à notre avis, il ne s'agit ici nullement d'un gîte industriel. La présence du platine en traces paraît avoir aussi été signalée dans certaines rivières d'Autriche-Hongrie, mais les documents plus précis manquent à cet égard.

[1] P. KRUSCH. Die platinverädchtigen Lagerstätten in deutschen Paläozoicum Metall und Erz c 15. 1914.

### § 2.  *Gisements de l'Amérique du Sud et de l'Amérique centrale.*
### *Gîtes de Saint-Domingue et du Honduras.*
### *Gîtes de la Colombie équatoriale. Gîtes du Brésil.*
### *Gisements de la Guyanne française*

#### GITES DE SAINT-DOMINGUE ET DU HONDURAS

On a trouvé quelques grains de platine dans les alluvions aurifères du fleuve Yaqui. On a également signalé la présence du platine à Cholotéca et Gracias.

#### GITES DE LA COLOMBIE ÉQUATORIALE

La Colombie équatoriale est, après l'Oural, le centre platinifère le plus important. Le platine associé à l'or, s'y trouve en effet dans les alluvions d'un grand nombre de rivières et c'est en Colombie que ce métal a été observé pour la première fois en 1735, sur une rivière appelée Pinto, dont on ne trouve plus de traces sur les cartes modernes. Au début, le platine était considéré comme sans importance et son nom même tiré de plata (platina veut dire petit argent) exprime le peu de valeur qu'on lui attribuait. Lorsqu'on extrayait en effet l'or mêlé au platine de certaines alluvions, on rejetait ce dernier à la rivière, après l'avoir isolé préalablement du mélange des deux métaux.

Le district platinifère de la Colombie s'appelle El Choco ; il embrasse deux provinces, celle du Nord, dénomée Atrato, a pour chef-lieu Quibdo ; celle du Sud, appelée San-Juan, a Novita comme capitale. Les placers platinifères sont situés sur la ligne de partage entre l'Atrato qui coule vers le nord, et le San-Juan qui coule au sud, sur le versant ouest de cette ligne.

La géologie générale de la région est la suivante[1] : La Cordillère qui sépare le bassin atlantique du pacifique n'est pas une chaîne symétrique à partir de la ligne de faite ; tandis que le flanc occidental est formé par une série d'ondulations successives ; le flanc oriental par contre est plus abrupt, dépourvu de chaînes secondaires, et s'élève brusquement au-dessus de la vallée du Cauca.

La Cordillère est constituée par des couches sédimentaires, dont l'ancienneté va en décroissant de l'est vers l'ouest, qui plongent ordinairement régulièrement vers l'ouest, et dont l'inclinaison diminue progressivement de ce côté, de sorte qu'à une certaine distance de la Cordillère centrale elles sont presque horizontales.

[1] Les données qui figurent dans ce paragraphe sont en partie empruntées à une communication privée.

Ces formations sédimentaires sont localement traversées par des roches éruptives variées, acides ou basiques, dont la présence se révèle généralement par un accident topographique. Les roches sédimentaires anciennes sont représentées par des schistes plus ou moins métamorphiques, des conglomérats cristallins, des grès, et des quartzites, puis parfois par des calcaires. Les couches plus récentes sont formées par des grès, des argiles et des conglomérats, qui alternent, et qui sont presque horizontaux.

Un profil transversal de la Cordillère montrerait grosso modo la disposition suivante : Le flanc oriental de la chaine jusqu'à la vallée de la Cauca, est formé par des diabases accompagnées de tufs et de brèches, qui plongent régulièrement vers l'est, et qui sont suivies de ce côté par des schistes plus ou moins cristallins avec des intercalations de quartzites, et des intrusions de roches éruptives acides ou basiques (granites, gabbros, etc). Ce complexe constitue la Cordillère centrale, et une partie de la Cordillère occidentale. Plus à l'ouest, les schistes alternent plusieurs fois avec des grès et des conglomérats cristallins ; ils sont suivis par une zone éruptive importante qui forme par exemple les montagnes de Marmolécho, dans lesquelles prédominent principalement des roches très basiques (gabbros, diorites, etc), qui contiennent des filons quartzeux aurifères. Cette zone éruptive basique qui semble assez continue, ne forme donc pas la crète de la Cordillère, mais passe à l'ouest de celle-ci. Les sédiments qui lui font suite sont de moins en moins métamorphiques, et formés par des grès, des argiles, et des conglomérats d'âge probablement tertiaire, qui vont jusqu'à la côte.

Lorsque sur une carte, on examine la distribution des cours d'eau platinifères du Choco, on voit que ceux-ci se groupent tout autour d'un centre commun qui parait être le Cerro-Irro, dans lequel il semble logique de supposer l'existence du centre primaire, ce qui n'est pas d'ailleurs (fig. 90). En effet, le Cerro-Irro est formé par des roches éruptives de la famille des gabbros et des diorites, roches qui, en tout cas, contiennent du feldspath. Plus à l'ouest, ces *gabbros sont suivis par une zone de roches basiques sans feldspaths telles que dunites, pyroxénites et picrites*, dont nous établirons plus loin les rapports. Ces roches entrent en contact, sur leur bordure occidentelle, avec des schistes plus ou moins silicieux qui paraissent durcis et métamorphosés, et qui forment une mince zone à l'ouest de laquelle viennent immédiatement les sédiments tertiaires, argiles, grès et conglomérats.

Toute la région qui succède aux premiers contreforts montagneux de la Cordillère est couverte par une formation alluvionnaire très importante et très étendue, appelée *calice* qui, comme une sorte de manteau, est distribuée aussi bien sur les hauteurs, que dans les dépressions. C'est un cailloutis sableux et par places argileux, qui est à peine aggloméré, ne forme donc pas un conglomérat au sens du mot, et supporte ordinairement l'humus et la végétation. Ce calice mesure de 2 à 20 mètres de puissance.

Il résulte de ce qui précède, que le centre platinifère primaire du Choco se trouve non pas dans le Cerro-Irro, mais dans les montagnes qui viennent plus à l'ouest. Ce centre est encore représenté par des dunites et par des pyroxénites, mais sa disposition est ici différente de celle ordinaire dans l'Oural. Ces roches ne forment en effet pas des massifs con-

tinus, et ne sont pas disposées dans un certain ordre les unes par rapport aux autres ; elles
se rencontrent en enclaves bréchoïdes, en lentilles ou en petits amas, dans une picrite à
pâte vitreuse, qui devient légèrement feldspathique sur les bords. Cette picrite est-elle platinifère, ou le platine n'est-il contenu originellement que dans les blocs de dunite de la

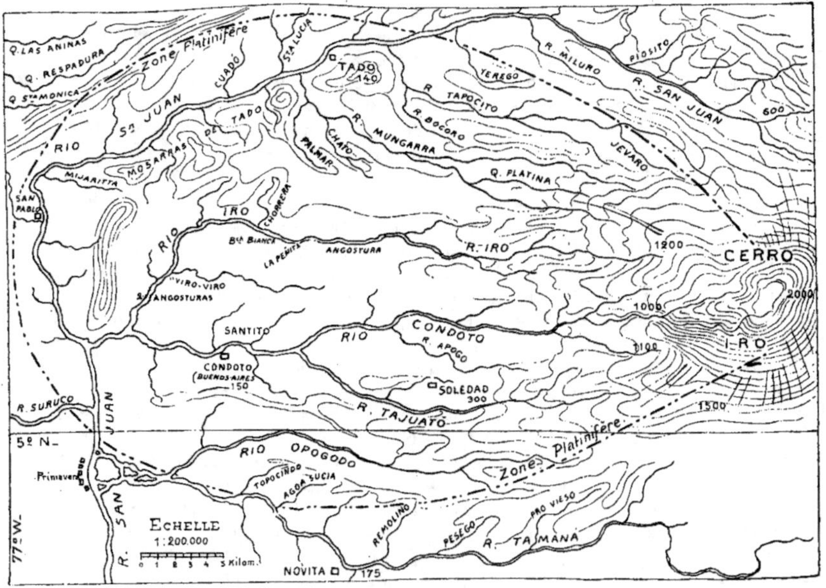


Fig. 90. — Carte générale de la région platinifère du Choco (le pointillé délimite approximativement
l'aire des cours d'eau platinifères).

brèche, c'est ce que nous ignorons. En tout cas, seules les rivières qui s'amorcent dans ce
centre, contiennent du platine dans leurs alluvions ; ainsi celles qui proviennent du Cerro-
Irro par exemple sont manifestement stériles (tout au moins dans la portion de leur cours
qui est encaissée dans cette montagne).

Dans la région de leurs sources, ainsi que dans celle des chaînons des contreforts de
la Cordillère, les rivières platinifères ont creusé leur lit dans la roche en place qui forme
les berges : plus en aval, elles ravinent le « calice », et tantôt ce lit reste entièrement dans

cette formation, tantôt il l'érode jusqu'à son soubassement qui, en l'espèce, est constitué par les argiles et les conglomérats récents presque horizontaux. Aux sources mêmes, les rivières sont encaissées dans les ravins couverts d'éboulis, qui sont continuellement entraînés par les eaux ruisselantes, et viennent alimenter en galets les alluvions contemporaines. Le platine qui se trouve dans celles-ci est alors comparable à celui des lojoks, et provient exclusivement du gîte primaire. Il est grossier, anguleux, et se présente parfois sous forme de pépites encapuchonnées de chromite, ou au contraire à surface lisse (comme celles que nous possédons par exemple). Il paraît que ces alluvions étaient fort riches, mais sont depuis longtemps épuisées ; cependant les nègres qui sont les orpailleurs de la localité, lavent encore les sables après les fortes pluies, et y trouvent parfois des teneurs.

Dans la région du cours moyen, le thalweg des rivières est assez étroit et les berges parfois escarpées ; la pente est encore forte, et dans ce tronçon, le caractère du cours d'eau est encore manifestement torrentiel. Les dépôts alluviaux se font sur le lit même, et le cours d'eau actuel est encaissé par une basse terrasse dont la disposition et l'étendue changent à chaque crue. Les alluvions sont ici en perpétuel mouvement, les galets sont encore volumineux, et les bancs de sables et de graviers n'ont pas un caractère de fixité. Il n'existe pas ici, comme dans l'Oural, une nappe de peskis de teneur et d'épaisseur continues, mais au contraire des régions riches et d'autres pauvres, qui sont réparties avec irrégularité. Les retschnikis et les peskis ne forment qu'un, et l'alluvion ressemble beaucoup plus à celle des rivières de la Ronda, qu'à celle des cours d'eau platinifères de l'Oural. L'épaisseur des graviers absolument stériles atteint de 1 à 2 mètres, celle des sables productifs de 2 à 4 mètres, environ. Le platine est exclusivement concentré au voisinage du bed-rock, dans une couche de 0,40-0,50 m. à peine ; quand au bed-rock lui-même, il est fréquemment fissuré et excavé, et présente alors des poches qui sont toujours remplies de sables riches. Dans le tronçon des rivières qui se trouve en dehors du « calice », le platine provient, là encore, exclusivement du gîte primaire ; il est déjà plus fortement roulé et blanc. Son extraction se fait par des moyens plus que primitifs par les indigènes, qui exploitent aussi bien les sables et graviers de la basse terrasse, que ceux qui se trouvent sous l'eau, dans le lit même de la rivière. Ils plongent alors dans le but de trouver des poches riches, et rapportent les graviers, qu'ils y récoltent dans une calebasse.

Dans la partie inférieure des cours d'eau (Condoto San-Juan, etc.), là ou les rivières ravinent ordinairement le « calice », la pente diminue, et les alluvions sont plus importantes et plus régulières. Il existe souvent sur les deux rives plusieurs terrasses étagées, dont l'âge n'est pas encore précisé. La répartition du platine dans ces alluvions est également très capricieuse, le métal est généralement en petites paillettes très martelées et grisâtres ; il provient soit du gîte primaire, soit aussi du « calice » remanié. Le « calice » en effet est également platinifère, mais à des teneurs plus basses que celles des alluvions contemporaines ; il est travaillé aussi par les indigènes quand les conditions topographiques et hydrographiques le permettent, c'est-à-dire quand il y a de l'eau et de la pente. On le désagrège par un violent courant d'eau, et on fait passer les produits de cette désagrégation dans des canaux ou sillons appropriés, pour produire une première concentration. Les sables enrichis qui restent alors dans ces canaux, sont achevés à la batée.

Le platine semble exister aussi dans les conglomérats récents qui forment par places le soubassement du « calice », mais pour le moment, on est mal renseigné à ce sujet.

Les teneurs sont très variables, et il est difficile de donner des chiffres ayant une signification précise. Au Condoto par exemple, on trouve ordinairement de 2 à 4 grammes de platine par mètre cube, mais seulement dans la zone riche de 0,50 m. d'épaisseur située près du bed-rock. Or si l'on rapporte cette teneur à la totalité de l'alluvion en place, soit à une hauteur moyenne de 3 à 4 mètres, cela fait dans le premier cas 0,33, et 0,66, et dans le second 0,25 et 0,50 gr. par mètre cube.

D'autre part, la moyenne du platine extrait par un nègre travaillant sur les endroits riches, est de 18,4 grammes par semaine, ce qui représente ¾ de mètre cube par jour, soit environ 100 batées, et ce qui correspond à 1,26 grammes par mètre cube, comme teneur moyenne, non pas du tout venant comme dans le calcul qui précède, mais des sables riches près du bed-rock.

Quant aux teneurs moyennes du « calice » elles sont naturellement très inférieures à celles des alluvions, et aussi fort variables. Le platine y paraît gité à plusieurs niveaux, mais ceux-ci ne font pas l'objet d'exploitations spéciales; on lave le « calice » dans son ensemble, en utilisant surtout les conditions topographiques, notamment les entonnoirs d'érosion des affluents latéraux, puis les eaux de pluie qu'on accumule dans des fosses creusées dans la partie supérieure du plateau alluvial. Calculées sur la masse totale du « calice », les teneurs en platine oscillent entre 0,05 et 0,15 gr. par mètre cube; ce qui montre qu'aux prix actuels, l'exploitation de cette formation reste payante si les moyens employés pour l'extraction sont suffisamment économiques.

Les principales rivières platinifères du bassin du San-Juan et de l'Atrato, qui ont sûrement été reconnues comme telles, sont:

1. *Le Rio Condoto* et ses affluents (le Tajuato, le Rio Apogo, le Mestiza, l'Irabubu, etc.)

2. *Le Rio Irro*, avec plusieurs de ses affluents.

3. *Le Rio Opogodo* intéressant surtout par les dépôts de « calice » qui occupent le plateau entre cette rivière et le Rio Condoto.

4. *Les Rios Tamana, Sipi*, et *Cajon*, dont le platine provient probablement de gisements primaires autres que ceux qui ont alimenté le Condoto; l'un, qui a alimenté le Tamana, se trouve entre le haut Condoto et l'Irabubu, l'autre, source première du platine du Cajon et du Sipi, se trouve près du Cerro-Torra.

5. *Le San-Juan*, et une partie de ses affluents droits tels que le Rio Mungarra ou Platina, qui d'ailleurs sont pauvres.

6. *Une petite partie des sources de l'Atrato.*

Les alluvions du Choco ont, jusqu'ici, été travaillées par des moyens plus que primitifs, et la production annuelle de 300 kilogs de platine que fournissait la Colombie il y a quelques années, était exclusivement dûe aux indigènes qui lavaient à la batée. On a cependant depuis longtemps déjà, essayé des moyens d'extraction plus perfectionnés.

En 1880, une compagnie américaine obtenait une concession sur le Rio Andéguada, affluent de l'Atrato, qui est une rivière aurifère, et construisait successivement 3 dragues ; la première coula dans l'Atrato, la seconde, trop volumineuse, fut rapidement mise hors d'usage par suite de la difficulté de manœuvre sur l'Andéguada, la troisième a échoué sur un obstacle.

Tout récemment, une drague moderne mue par la vapeur, d'une capacité de 60,000 yards cubes par mois, a été placée sur le Condoto, et y travaille avec succès. Les prospections faites sur cette rivière par des sondages avant et après l'établissement de la drague, ont montré une teneur moyenne de 6 d. par yard cube, avec une proportion de 3 ½ à 4 parties de platine pour une d'or.

Ces dernières années, la production du platine de Colombie a considérablement augmenté, et l'an passé elle atteignait 1000 kilos, sans que les moyens industriels employés aient changé, le résultat de la drague n'intervenant que pour une faible part dans cette production.

### GITES DU BRÉSIL

Ces gisements ont fait l'objet d'une note très complète de M. le Docteur Hussak [1]. Le platine est connu au Brésil depuis cent ans, et a souvent été confondu avec l'or palladié. Il se rencontre dans plusieurs gisements de caractère différent, qui sont situés sur le versant est de la Sierra do Espinâco, depuis Itambo do Matto Dentro jusqu'à Itambo do Serro. On l'a trouvé aussi dans le Rio Abaète, puis dans des filons quartzeux aurifères du Rio Bruscus, près de Pernambuco, et enfin en inclusions dans les itabirites de Gondo-Sacco.

La Sierra do Espinâco est une chaîne étendue, formée par des roches plus ou moins métamorphiques, qui se succèdent de bas en haut comme suit:

1. A la base, gneiss granitiques avec granit.
2. Schistes micacés avec grenat, staurotide et tourmaline.
3. Itabirites et itacolumites plus ou moins micacées.
4. Conglomérats quartziteux diamantifères de la zone du Graó Mogor, souvent discordants sur 3.

Les itacolumites et itabirites sont traversées par des granites, des diabases, et des gabbros-diorites, en minces filons, puis sur le flanc est de la Sierra, on trouve des roches à pyroxène et amphibole, et des serpentines.

**Gisements du Corrégo das Lagens et des environs.** Le platine a été trouvé dans le alluvions du Corrégo, ainsi que dans plusieurs petits cours d'eau voisins qui descendent du flanc de la Sierra. Le gisement le plus méridional se trouve sur un ruisselet situé au sud

[1] Liste Bibliographique N· 69

d'Itambe do Matto, qui a son lit creusé dans l'itabirite. Au delà d'Itambo et plus au nord, il existe, près de l'ancienne mine de Moro del Pilar, une série de petits affluents du Rio do Peixe, qui se jette lui-même dans le Rio San Antonio. Des essais faits sur l'un de ces petits cours d'eau, le Rio Picaro, qui s'amorce dans les itacolumites, ont montré dans ses alluvions la présence d'or, d'or palladié, et de quelques grains de platine. Le Corrégo das Lagens que l'on croise un peu au nord de Morro del Pilar avant d'arriver à Conceicaô, a comme affluent, le Corrego do Ouro-Branco, qu'une colline détachée de la Sierra sépare du Corrego di Tijucal, et du Corrego dos Atoleiros, affluents du Ribeiro do Matto Cavallos. Le Corrego do Ouro Branco a son lit entièrement creusé dans l'itacolumite plus ou moins conglomératique, il en est de même pour la partie supérieure du Corrego das Lagens et du Corrego do Tijucal; l'inférieure est dans l'itabirite. Tous ces cours d'eau renferment de l'or et du platine, ce dernier en très petite quantité. Les schlichs contiennent de la magnétite, de la tourmaline, du rutile, de la monazite, etc.

L'or est jaune et sans palladium, où au contraire jaune pâle et palladié. Le platine très curieux, n'est jamais roulé, mais possède une forme propre qui révèle une origine nettement secondaire. Il se présente en effet en petites masses mamelonnées et arrondies, à centre souvent creux, formées par le dépôt de couches concentriques à structure fibro-radiée imitant celles de la limonite. Il existe également dans les alluvions, des grains de platine de couleur sombre, qui paraissent avoir une origine différente. On trouve aussi quelques rares cristaux mesurant 0,2 à 0,5 millimètres. Les plus gros fragments de platine pesaient environ 1 gr; sa densité est de 20; *il est tout à fait exempt de fer* et probablement riche en iridium.

Au nord de Conceicaô, du côté de Serro, Hussak a trouvé du platine dans le Ribeiro das Pedras affluent du Rio do Peixe, il est accompagné d'or et des minéraux précités; la dimension des grains atteint 1 millimètre.

**Gisements du Condado Serro.** C'est le plus septentrional de ceux provenant de la Sierra do Espinâco; un morceau de platine de la grosseur d'une noisette qui en provenait, a figuré à l'exposition universelle de Paris en 1877. Il est situé près de la Fazenda Condado, au pied de l'Itambe do Serro, sur le cours d'eau appelé Corrego bon Successo. Le lit de ce cours d'eau est creusé dans les quartzites traversées par de minces veines de diabases ouralitisées. L'or accompagne le platine dans les alluvions du Corrego bon Successo; il y est plus abondant que ce dernier. Ce platine est identique à celui du Tijucal, il est mamelonné et concrétionné, mais les morceaux sont plus gros, mesurent parfois ½ centimètre, et peuvent peser jusqu'à 4 grammes. Dans la région de ses sources, le Rio Bon Successo ne renferme que du platine et pas d'or; en aval l'or apparaît puis finit par prédominer de beaucoup. La densité du platine du Rio Bon Successo est 15,15; il est riche en palladium et ne renferme pas de fer. La teneur moyenne des alluvions n'est pas connue, pas plus que leur rentabilité pour une exploitation éventuelle. Le bassin platinifère est très étendu, et il convient de remarquer que le platine est surtout abondant dans la région des sources et du cours supérieur des rivières.

**Gisements du Rio Abaete Minas.** Cette rivière est un affluent du Rio San Francisco. le platine est connu depuis une centaine d'années dans ses alluvions. Le Rio Abaete provient de la Sierra da Matta da Corda au sud de Minas Geraes, une chaîne qui, sur la rive gauche de Rio San Francisco, se dirige vers le nord, et vient à l'ouest de la Sierra do Espinaco et parallèlement à celle-ci. Les affluents du Rio Abaete qui partent de cette Sierra sont connus depuis longtemps comme étant diamantifères. La disposition géologique de la contrée est très variée ; on ne rencontre pas ici des schistes de la série des itacolumites-itabirites, mais bien des formations paléozoïques fossilifères (schistes, grès, calcaires). Les alluvions des cours d'eau sont diamantifères; les diamants sont accompagnés dans les schlichs de grenat, de rutile violacé, de magnétite, de chromite et de pérowskite.

Parmi les roches éruptives qui affleurent sur la rive gauche du Rio Abaete dans le voisinage d'Arcado, et dans d'autres localités, on trouve des diabases, puis des roches de la famille des lherzolites.

Le platine que, d'après les anciennes indications, l'on rencontre dans les alluvions du Rio Abaete et de ses affluents, a été en réalité trouvé dans les alluvions de certains affluents gauches du Rio Abaete, près de l'ancienne Villa Matheus José, et dans la partie inférieure de son cours près de sa jonction avec le Rio San Francisco; il est accompagné d'une petite quantité d'or roulé. Le platine du Rio Abaete est tout à fait différent de celui des gisements de la Sierra do Espinâco. Il se rencontre en paillettes aplaties ou en cristaux émoussés, jamais en masses concrétionnées et mamelonnées. Il est en partie magnétique et séparable par l'aimant en deux fractions, dont l'une est attirable, l'autre non. Il renferme du fer et ne contient pas de palladium. Les renseignements sur la teneur des alluvions ainsi que sur l'étendue des formations platinifères manquent, ces gisements sont vraisemblablement très pauvres.

**Gisements du Rio Bruscus.** Willamson a décrit une série de filons aurifères qui peuvent être observés sur la rive gauche du Rio Bruscus, encaissés dans les schistes cristallins. Des gneiss séricitiques y alternent avec des micaschistes, des calcaires, et même des schistes graphitiques. Les filons quartzeux ont la même direction générale que les couches, ou d'autre fois sont obliques sur celles-ci. Dans ces filons quartzeux on trouve de la pyrite, de l'arsénopyrite, de la blende, de la galène, un peu d'or libre, et des grains de platine.

Il résulte de l'exposé qui précède, que les gisements du Brésil paraissent appartenir à des catégories bien différentes. Ceux de la Sierra do Espinâco sont seuls de leur espèce, et sont incontestablement d'origine concrétionnée et secondaire. Ceux du Rio Abaete sont tout différents, et se rattachent évidemment aux types connus, dans lesquels les roches mères sont des péridotites ou des pyroxénites. Quant aux filons du Rio Bruscus, ils présentent un grand intérêt au point de vue théorique, car ils montrent que sous certaines conditions spéciales, le platine peut avoir été véhiculé comme l'or, ce qui demande cependant une confirmation ultérieure. Au point de vue industriel ces gisements, vu leur production minime, sont sans intérêt.

### GISEMENTS DE LA GUYANE FRANÇAISE

Le platine parait se rencontrer dans certains sables aurifères de la Guyane. En 1861, Damour a décrit, dans les Comptes Rendus de l'Académie des Sciences, une petite pépite qui provenait d'Aicoupi dans le creek Hamelin, appartenant au bassin de l'Apronaguel. Le poids spécifique de cette pépite était de 13,65 seulement; elle était malléable, plus difficilement fusible que l'or au chalumeau, et soluble en partie dans l'acide nitrique, en laissant un résidu spongieux d'or métallique et des paillettes blanches de platine. La composition de ce curieux échantillon était la suivante :

| | |
|---|---|
| Platine | = 41,96 % |
| Or | = 18,18 % |
| Argent | = 18,39 % |
| Cuivre | = 20,56 % |
| | 99,09 % |

## § 3. Gîtes platinifères de l'Amérique du Nord. Gisements de la Colombie britannique. Gîtes du Canada. Gîtes des Etats-Unis et du Mexique

### GISEMENTS DE LA COLOMBIE BRITANNIQUE

Le platine a été découvert en Colombie en 1861 par des chercheurs d'or dans les alluvions de la rivière Similkamen; la région platinifère a été successivement étudiée par le Dr Dawson[1] en 1887, par M. J. Watermann[2] en 1900 et par le professeur J.-F. Kemp[3] qui publia dans le Bulletin du Géological Survey des Etats-Unis une note détaillée à son sujet. Le centre platinifère primaire est ici dunitique, et tout à fait semblable à ceux de l'Oural; il est situé un peu à l'ouest du lac d'Otter, et constitue la montagne et la crête appelées Mont Olivine (fig. 91). La dunite y présente les caractères ordinaires, elle est formée par des grains idiomorphes d'olivine et des octaèdres de chromite, par places elle est traversée par des veines de serpentine. A l'est, au sud, et au sud-ouest, la dunite est circonscrite par des pyroxénites qui forment ici une zone large de plus de quatre milles, qui se rétrécit vers le nord. Ces pyroxénites sont de couleur foncée, à grain plutôt grossier; elles renferment du pyroxène monoclinique parfois transformé en hornblende, de la magnétite, et probablement aussi de l'olivine. Sur le flanc N.-O de l'affleurement dunitique les pyroxénites cessent, et la dunite entre en contact d'abord avec des schistes quartziteux, puis avec du granit.

[1] M. Dawson. Geological Survey of Canada. Vol. VIII, part B.
[2] M. S. Watermann. British Colombia minning record Vancouver. Nov. 1900, p. 411.
[3] Kemp. Bibliographie N° 59.

Les pyroxénites par adjonction de plagioclase (et parfois d'orthose?) passent latéralement à des roches appelées syénites? (qui sont évidemment l'équivalent des gabbros). Vers l'est, les pyroxénites et les gabbros entrent en contact avec des roches volcaniques de type andésitique ou rhyolitique, et d'âge miocène. Au S.-O. de la bande de pyroxénites, une étroite bande de schistes verts qui suit sensiblement le cours du Champion Creek, sépare les pyroxénites du granit. Le gîte primaire est en somme tout à fait normal.

La rivière Similkamen en amont de la ville de Princeton, se divise en deux branches: c'est celle du nord qui est appelée la rivière Tula-men. Elle est assez considérable, et reçoit de nombreux affluents qui, de l'amont vers l'aval, sont: Siwash-Creek, Eagle-Creek et le Bear-Creek sur la rive gauche, puis le Champion-Creek, le Slate-Creek, le Cedar-Creek et enfin le Granit-Creek sur la rive droite.

Les rivières platinifères primaires de la région sont :

1. *Eagle-Creek*, dont la partie inférieure ravine la dunite.

2. *La rivière Tulamen* elle-même, qui coupe transversalement l'affleurement dunitique.

3. *La rivière Slate-Creek*, qui traverse également le centre dunitique.

Les rivières secondaires qui reçoivent leur platine des précédentes sont :

1. *La rivière Similkamen.*

On a trouvé aussi des traces de platine dans les alluvions de Granit-Creek. Tous ces différents cours d'eau sont également aurifères, et souvent avec des teneurs élevées; au Slate-Creek, le rapport du platine à l'or est de 1 à 3. On re-

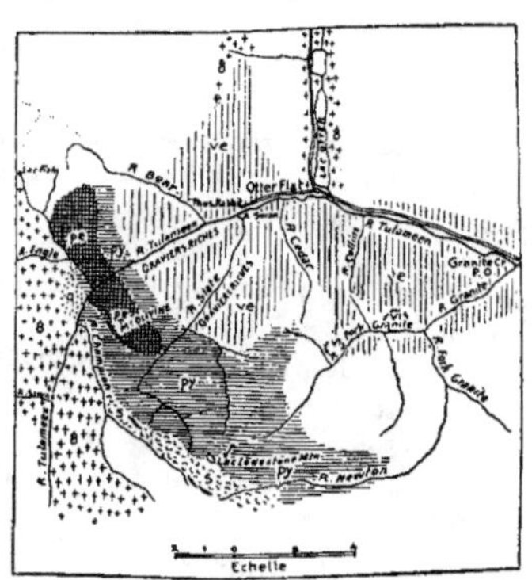

FIG. 91. — Carte du gîte dunitique primaire de la rivière Tulamen, d'après Kemp.

marque qu'en aval du confluent de Slate-Creek, la teneur en platine des alluvions de la Tulamen diminue progressivement, ce qui est normal.

Le platine de la Tulamen est fréquemment noir, et associé à de la chromite. Il se rencontre quelquefois sous forme de petites pépites encapuchonnées de fer chromé. L'association des deux minéraux est identique à celle observée dans l'Oural, ce qui ressort de l'examen des coupes de pépites données dans la note de M. Kemp. Sur une pépite on a constaté la présence de cristaux de diallage adhérents au platine, ce qui laisserait supposer que les pyroxénites ne sont pas stériles, bien que des essais de broyage et de lavage de ces roches aient été négatifs. Le 37,88 % du platine de la Tulamen est attirable à l'aimant, le 62,12 % est non magnétique. L'analyse de ce platine a été donnée précédemment. La production annuelle au moment de l'exploitation intensive des alluvions vierges, a été de 160 kilogs environ par an.

Le platine a été rencontré en traces seulement, dans un autre gisement de la Colombie britannique, dans le district de Tulaween. Il s'agit en l'espèce d'une dunite plus ou moins serpentinisée, qui renferme des petites ségrégations de chromite, et de nombreux petits cristaux de diamant (bort). Le platine ne se trouve qu'en traces, il est vrai, mais l'association de ce métal avec le diamant dans la dunite a une signification toute particulière pour la théorie des gîtes de ces deux éléments.

## GITES DU CANADA

Le platine a été rencontré en très petite quantité dans les minerais nickélifères du district de Sudburry[1]; dans la partie N.-E. du lac Ontario et nord du lac Huron. Ces minerais forment des gîtes de ségrégation directe, disposés ordinairement sur la périphérie d'un grand laccolithe d'une norite qui, par places, devient quartzifère. L'affleurement de cette norite est de forme plus ou moins elliptique; il est circonscrit par les formations du laurentien. Les minerais eux-mêmes sont des sulfures de cuivre et de nickel, qui renferment en moyenne 3 % de nickel, pour 1,5 % de cuivre. Le platine et les métaux de son groupe (notamment le palladium) proviennent de la sperrylite, qui est associée en très petite quantité aux sulfures. Le platine est récupéré des boues qui restent dans les cuves servant à l'affinage électrolytique du métal ; elles contiennent beaucoup de plomb, de l'argent, puis toute la série des métaux précieux du groupe du platine, comme l'indique l'analyse ci-dessous :

| | | |
|---|---|---|
| Iridium | = | 1,75 % |
| Argent | = | 12,00 % |
| Platine | = | 1,55 % |
| Palladium | = | 3,95 % |
| Or | = | 0,95 % |

La production mensuelle de ces boues est de 300 kg. environ.

## GITES DES ÉTATS-UNIS ET DU MEXIQUE

L'existence du platine a été signalée depuis longtemps en différents points des Etats-Unis[2], mais nulle part (sauf peut-être dans la région des sables noirs de la côte du Pacifique), il ne s'agit de gisements industriels au sens du mot. Il en résulte que l'examen que nous allons faire de ces gisements sera nécessairement sommaire, et consistera bien plus en une énumération qu'en une description proprement dite.

[1] C.-W. DICKSON. Condition of the platinum in the nickel-cooper ores from Sudburry. *American Journal of science*, vol. XV, 1903.
[2] Voir pour ces gîtes J.-F. KEMP. Bibliographie No 59.

## ÉTAT DE NEW-YORK

Le platine a été rencontré en 1880 dans le drift des environs de Plattsburg, sous forme d'une pépite avec capuchon de chromite ; la proportion relative des deux éléments était la suivante : Chromite, 46 % ; platine, 54 %. La pépite mesurait $4 \times 2\frac{1}{4}$ centimètres, elle pesait 104,4 gr. ; sa densité brute était 10,446, et après purification, 17,34. La composition de ce platine est la suivante :

| | |
|---|---|
| Platine | = 82,81 |
| Iridium | = 0,62 |
| Rhodium | = 0,28 |
| Palladium | = 3,10 |
| Fer | = 10,04 |
| Cuivre | = 0,39 |
| $Al_2O_3$ | = 0,95 |
| CaO | = 0,69 |
| MgO | = 0,03 |

Les oxydes $Al_2O_3$, CaO et MgO proviennent certainement d'un peu de gangue adhérente.

Ce platine du drift ne peut provenir que du nord, soit du Canada ; la position du centre primaire d'où il est issu, reste encore à déterminer.

## PENSYLVANIE

Le platine a été découvert en 1852 par le D$^r$ Genth dans le comté de Lancaster. La couche platinifère contenait de la galène et de la chalcopyrite. Les minerais traités par voie sèche et après coupellation du culot de plomb obtenu, laissaient un bouton métallique contenant de l'or, de l'argent, du platine, et des traces d'iridium. La localité où ce platine a été rencontré se trouve entre Montgoméry et Berks. Un filon quartzeux situé près de là, qui renferme de la pyrite et du plomb oxydé, a donné aux essais une demi-once de platine par tonne, avec un peu d'or et de palladium.

## CAROLINE DU NORD

En 1887 on a trouvé, dans des concentrés d'or provenant de Rutherford County, une pépite de platine du poids de 2,541 grains et de densité 18. Depuis lors, dans la même région, on n'a jamais plus trouvé de traces de platine, et cela fait penser que la pépite en question n'était pas authentique, bien que dans la Caroline du Nord il existe abondamment des serpentines et autres roches à olivine.

Par contre, en 1894, M. W.-E. Hinden a obtenu du platine en lavant à la batée des graviers provenant de la branche Ned Wilson du Coler Fork of Cowe Creek, dans le

Macon-County. La quantité, à la vérité, était très faible, et le fait a passé inaperçu. Plus tard, en exploitant la rodolite, une espèce de grenat noble, on a observé que ce minéral était associé au Mason-Mountain, à de la biotite et beaucoup de sulfures. En lavant à la batée des arènes provenant de la décomposition superficielle de la roche formée par l'association de ces minéraux, on a découvert dans celles-ci des petits cristaux de sperrylite, qui expliquent par conséquent la présence du platine rencontré antérieurement.

## MONTANA

Le platine a été signalé dans le voisinage de Miles-City, sans indications plus spéciales.

## GEORGIE

On prétend avoir trouvé du platine à Lupton-County, mais des informations plus détaillées sur ces gisements font défaut.

## IDAHO

La présence du platine a été signalée dans certains sables du Snake River, de Baskerville jusqu'à Léwiston, le long de la frontière occidentale de l'état d'Idaho.

## COLORADO

Des bruits ont, à fois réitérées, circulé au sujet de la découverte du platine dans l'état de Colorado, et on a même analysé plusieurs échantillons de minerai provenant de cet état, mais les indications relatives aux localités qui les ont fourni manquent totalement, de sorte que, sans nier la possibilité de gites platinifères au Colorado, il faut attendre des communications plus précises à leur sujet.

## WYOMING

La présence du platine a été signalée dans les minerais de la Rambler-Mine[1]. Cette mine est située dans les montagnes de Médecine-Bow., à 9000 pieds au-dessus du niveau de la mer et à 50 milles vers le S.-O. du port de Lamorie. Le gisement est représenté par un amas cuivreux épais, en lentilles dans la diorite, qui a été fortement altéré dans la zone du chapeau de fer, et qui présente une zone de cémentation dans laquelle on observe les divers minerais de cuivre habituels à cette zone. Le minerai de la Rambler-Mine renferme des très petites quantités de platine et de métaux de son groupe, qui ont été mises en évidence par des essais par voie sèche faits pour déterminer sa teneur en argent. Le platine est accompagné par l'or et aussi par le palladium. Les teneurs données par les essais étaient

[1] J.-F. KEMP. Platinum in the Rambler-Mine. Extract from mineral resources of the United states, vol. XI, N° 93, 1903 et Thomas T. Read platinum and palladium in certain cooper ores. *Engenering Journal*, 25 mai 1905.

variables ; sur dix échantillons prélevés en divers points de la mine, la moyenne était de 0,209 onces par tonne, sur d'autres essais, les teneurs indiquées étaient notablement plus élevées. Il parait certain que le platine du minerai de la Rambler-Mine est dû à la présence de la sperrylite également.

## ARIZONA

On a signalé le platine dans les alluvions de Cataract-Canón un affluent du grand Canón.

## ORÉGON ET CALIFORNIE

Depuis longtemps déjà on connait la présence du platine et de l'iridosmine dans certains cours d'eau de la Californie, mais en petite quantité toutefois. Un des centres les plus connus est Trinity-County sur la rivière Trinity même, à 3 ou 4 milles de Junction-city. La production annuelle de ce centre était cependant très faible et de quelques onces seulement.

Le platine et les osmiures ont été rencontrés dans les sables côtiers du Pacifique en Orégon, près de Port-Oxford[1], puis sur plusieurs autres points de la côte. Les principales plages dont les sables contiennent du platine sont : Santa Barbara, Lompoc, San Louis dans le comté d'Obispo, Santa Cruz et localement entre Santa Cruz et Golden-Gate. Les plages les plus riches se trouveraient dans la région des comtés de Humboldt et de del Norte ; des mines exploitées existent aussi sur les plages de Gold-Bluff au nord d'Arcata, de Big Lagoon, Stone Lagoon, little River, Crescent-city, California, Port-Oxford et dans le comté de Cross (Orégon) ; elles ont donné des quantités appréciables de platine. Ce métal a été trouvé plus au nord encore à Yaquina-Beach, mais les gisements étaient pauvres ; c'est certainement Port-Oxford qui a été la plage la plus riche.

Le platine que l'on rencontre dans les sables des plages est excessivement fin, et d'une exploitation difficile ; celui qui provient de l'intérieur est plus grossier. Tel est par exemple le cas pour le platine des placers de l'American-River, de Plumas, Shasta, Trinity et de Siskyou ; puis aussi pour celui du district de Bée-Gum, dans le comté de Shasta, de Hay-Fork dans le comté de Trinity, etc.

Sans doute le platine et les métaux de son groupe se trouvent dans la majorité des placers aurifères du district où sont situés les comtés de Trinity, Shasta et Siskyou, mais cela ne veut pas dire qu'on les rencontre partout. Ainsi le placer de Weaverwille, dans le comté de Trinity, n'en renferme pas. Les gites primaires de ce platine sont encore inconnus, mais on sait cependant que dans la région où ils se trouvent, les roches serpentineuses abondent, et que les sables platinifères sont en liaison avec ces roches. Il est probable que sur la grande majorité des gisements, l'osmiure d'iridium l'emporte sur le platine, comme le dit M. le Dr W. Shapleigh, qui a analysé le métal provenant des districts de Bee-Gum, du

[1] D.-T. DAY et R.-H. RICHARDS. Blak and of the Pacific-slope Mineral resources of the United states, Geological Survey-Washington, 1907.

Shasta County, de Hay-Fork et de la mine Chapmann. Ainsi, à la mine Chapmann, les petites pépites de $1/3$ de pouce que l'on trouve dans les sables, se laissent bien attaquer par l'eau régale, mais abandonnent un résidu considérable, qui est de l'osmiure en gros morceaux, lesquels étaient sans doute soudés par du platine qui s'est dissous.

Les teneurs des sables de la côte du Pacifique sont variables de même que celles des sables de la Californie, elles ont été données par M. Kemp[1] dans son ouvrage auquel nous les emprunterons.

*Teneurs en platine des sables de la côte du Pacifique*

| Localités | Métaux précieux | Teneur maximum en % | Minimum |
|---|---|---|---|
| Bee Gum district (Shasta County) Californie . . | Platine | 20 | 13,15 |
| | Autres métaux | 84 | 79 |
| Hay-Fork district (Trinity County) Californie . | Platine | 73 | 30 |
| | Autres métaux | 58 | 18 |
| Trinity-River Californie . . . . . . . . | Platine | 27 | 15 |
| | Autres métaux | 80 | 72 |
| Crescent City (Del Norte County) Californie . . | Platine | 11 | 8 |
| | Autres métaux | 83 | 46 |
| Port Oxford Orégon . . . . . . . . . | Platine | 47 | 15 |
| | Autres métaux | 83 | 23 |

### RÉGION DU YUKON

La présence du platine a été signalée à l'embouchure des rivières Teslin et Léwis, dans les sables noirs du Yukon, puis aussi dans ceux provenant d'Edmonton, au bord de la rivière Saskatchéwan.

### MEXIQUE

On dit avoir trouvé du platine dans la mine de las Yédras, mais il n'existe pas de renseignements plus détaillés sur cette découverte. F. Sandberger[2] a publié une note sur une série de minéraux pyriteux en pseudomorphoses de limonite, qui, à l'analyse, donnaient des petites quantités de platine. Les indications sur le gisement font défaut.

[1] KEMP. Bibliographie No 59.
[2] SANDBERGER. *Neues Jahrbuch für Mineralogie*, 1875.

## § 4. *Gisements de l'Océanie. Gîtes de Bornéo. Gîtes de la Nouvelle-Galles du Sud. Gîtes de la Nouvelle-Zélande et de la Tasmanie*

### GITES DE BORNÉO

Le platine a été découvert et signalé pour la première fois à Bornéo, en 1835, par Hartmann, résident à Bandjermasin, dans la région du Tanat-Laut, sur la pointe S.-O. de l'île. Il existe ici une longue chaîne appelée Mératus, qui court à peu près du N. au S., et dans le Tanat-Laut NN.-E. SS.-O. sur laquelle s'amorcent une série de rivières tributaires du Martapoera, du Banjoe-Irang et du Tabanio, sur le versant occidental, puis du Kendilo, du Sumpandhan, du Batu Litjuin et du Kusan sur le versant oriental. Cette chaîne qui, à l'est comme à l'ouest, est flanquée par des formations sédimentaires au milieu desquelles elle perce en quelque sorte, est formée de schistes cristallins, gneiss. micaschistes, etc., traversés en de nombreux endroits par des gabbros, gabbros à olivine, gabbros-diorites, norites, etc., qui ressemblent beaucoup à ceux de l'Oural, en connexion avec les gîtes platinifères. Dans les schistes, et souvent en relation avec les gabbros, on rencontre plusieurs grands affleurements de serpentines provenant de roches à olivine, à diallage, ou à enstatite, puis des épanchements de diabase-porphyrites. Nous avons examiné plusieurs de ces serpentines ; elles renferment de la bastite qui provient d'un minéral pyroxénitique. Ces serpentines se trouvent dans la montagne de Gœsang, près de la côte, entre Batoo-Lima et Tandjong-Diwa ; puis elles forment une longue et étroite bande à la montagne de Battakan-Binarvar au S.-O. de Pléiari, puis à la montagne de Banban-Lain au S.-O. du confluent des rivières Tabanio et Abalang. Ces mêmes serpentines forment, plus au nord, une grande traînée qui mesure plus de 65 km. de longueur, et dont la largeur maxima est de 5 km. Cette bande est développée dans la partie de la chaîne qui forme la montagne appelée Bobaris. A 10 km. environ à l'est de cette bande, il en existe une seconde, discontinue et plus complexe, qui, dans sa partie sud, constitue la montagne appelée Kamœning, et dans celle nord-est appelée Batoe Poeti.

Les alluvions des cours d'eau qui proviennent des schistes cristallins, sont presque toutes aurifères ; un certain nombre d'entre elles sont diamantifères et platinifères. Tantôt on trouve seulement de l'or avec le platine, tantôt les deux métaux sont accompagnés du diamant.

Il existe deux catégories de dépôts alluviaux ; ceux des hautes vallées, et ceux des basses vallées. Une ligne dirigée E.-O. qui passerait par le mont Kobok au sud de la rivière Seloang délimite les alluvions diamantifères du nord de celles aurifères du sud ; au nord de cette ligne il existe encore de l'or dans les alluvions, mais en petite quantité. L'or provient des schistes cristallins et des filons qui les traversent ; quant au platine il ne se rencontre que dans les rivières qui s'amorcent dans les serpentines. La liaison des deux métaux contenus dans les alluvions avec les roches éruptives qui percent les schistes est manifeste; ainsi au S.-O. de Pléiari où ces roches diminuent, ces métaux deviennent plus rares dans les alluvions. Dans les dépôts des hautes vallées (bergseifen des hollandais), les alluvions riches sont formées par des galets de quartz anguleux, mêlés à de l'argile; dans les dépôts des basses vallées (thalseifen) aux galets de quartz se trouvent réunis des morceaux de magnétite. Dans les sables on observe parfois du cinabre, de la magnétite, du fer chromé et des spinelles. L'épaisseur de la couche aurifère et platinifère est très variable; elle oscille entre 0,5 et 1 mètre pour les « bergseifen » et 0,10 à 1 mètre pour les « thalseifen ». Chez les premiers, l'alluvion repose directement sur le bed-rock décomposé ou sur l'argile. Chez les seconds, les argiles stériles atteignent par places 4 à 5 mètres.

L'extraction des métaux précieux se fait par puits, ou à ciel ouvert. Sur les puits, on lave à la batée; dans les exploitations à ciel ouvert, on pratique un grand canal, qui prend de l'eau en amont sur la rivière, et dans lequel on fait ébouler les alluvions qui se concentrent dans ce sluice naturel. On cure ensuite le canal, et enlève les sables enrichis qu'on lave à la batée.

Le platine est loin d'être abondant dans les alluvions; il y joue un rôle à peu près semblable à celui qu'on trouve dans les rivières Aiwa, Tschourok, ou Taguil, dans l'Oural. Les principaux placers où il a été exploité sont :

Le *placer de Magalam*, situé à deux kilomètres au sud du village de Bunderan, sur la rivière Magalam, entre les gabbros et les serpentines de la Montagne de Banban-Lain à l'ouest et les diabase-porphyrites à l'est. Les alluvions contenaient jadis passablement de platine, mais sont épuisées.

Le *placer de Kalavran*, à deux kilomètres à l'ouest sud-ouest de Bundiran, à l'embouchure du Kalavran, dans le Tabanio.

Le *placer de Hinoet* un peu au nord du village dayak de Soengi Sangga, à l'embouchure de la rivière Hinoet dans le Tabanio, sur le contact des serpentines.

Le platine parait avoir été plus abondant dans les alluvions de certaines rivières des environs de Pléiari et de Gunon-Lawak. C'est autour de cette localité que se trouvent de nombreux petits cours d'eau dont on a lavé les sables pour en extraire le diamant. Presque toutes ces rivières renferment de l'or et du platine, qui est toujours fortement roulé et petit, comme nous avons pu le constater sur les échantillons que nous possédons.

L'or était au platine dans la proportion de 14 à 1 ; au placer de Katapan cependant, il était de 5 à 1, sur celui de Sungei Matjan de 20 à 1.

Si l'on tient compte de la faible production totale de l'or dans le Tanat-Laut, et du fait que les teneurs en platine sont toujours faibles dans le mélange des deux métaux, on arrive à la conviction que la production du platine dans cette région a dû de tout temps être faible.

Dans le sud-ouest de l'île de Bornéo, d'après les indications de Gaffron, il existerait aussi en plusieurs endroits du platine sur la rivière Katingan et sur ses affluents latéraux, les rivières Kumei Biru et Sambi ; pour le moment cependant les renseignements plus précis font défaut.

En résumé, il paraît évident que le platine de Bornéo a pour gisement primaire des serpentines produites par la transformation de péridotites appartenant probablement à la famille des hartzbourgites ou des lherzolites, et que ces gisements sont analogues à d'autres toujours pauvres, connus dans l'Oural ou ailleurs.

## GITES DE LA NOUVELLE-GALLES DU SUD

Le platine a été rencontré en plusieurs endroits dans le nord de la Nouvelle-Galles du Sud, notamment sur les rivières Richemond et Clarence dont les alluvions étaient aurifères. L'or était mêlé à un peu de platine qui en était séparé, mais la production était très petite et sans importance au point de vue économique.

En 1889, on découvrit la présence du platine près de Brocken-hill, dans des conditions tout à fait particulières[1]. La géologie de la contrée est assez simple ; les formations que l'on rencontre sont des schistes cristallins divers, des gneiss et des quartzites, formant un complexe très métamorphique qui appartient au silurien. Ces schistes ont été traversés par différentes roches éruptives, notamment des granits, des diorites basiques et çà et là des serpentines. Le platine a été rencontré dans des dépôts ferrugineux, produits de décomposition analogues à ceux du chapeau de fer, qui sont irréguliers, peu étendus, et qui se rencontrent aussi bien sur les roches sédimentaires que sur les roches éruptives, et souvent au contact de deux formations différentes. En profondeur, le caractère ferrugineux des dépôts diminue et ils passent à des argiles ferrugineuses, puis à du kaolin plus ou moins pur. Ces produits peuvent donc provenir aussi bien de la décomposition du gneiss que du granit. Le platine, dit-on, se rencontre dans ces produits de décomposition, mais de préférence dans les argiles et les kaolins. Les teneurs sont très variables, la moyenne était 1,5 once par tonne de tout venant, le minimum de ¼ d'once. Dans la zone platinifère on a trouvé un peu de cuivre, mais pas de pyrites cuivreuses ou d'autres sulfures de fer ou de cuivre. Le platine n'est jamais visible à l'œil nu et ne se trouve qu'aux essais.

L'origine de ces formations est curieuse ; d'après le Dr J.-M. Jaquet qui les décrit, elles ne correspondent pas malgré leur localisation, à des filons bien caractérisés comme tels. Le fer, le platine et le cuivre ont été amenés à la surface par des émissions (venant sans doute de la profondeur), et tandis que les deux derniers métaux ont été précipités rapidement par l'action oxydante de l'atmosphère, le platine s'est infiltré dans les argiles kaoliniques, mais à une faible profondeur, car au-dessous de 20 pieds on en trouve généralement plus trace.

Si cette manière de voir est exacte, l'origine du platine serait ici analogue à celle de certains minéraux des filons concrétionnés et due à la circulation de solutions déterminées[2].

Un peu plus tard, on a trouvé du platine en quantité appréciable dans les placers

[1] KEMP. Bibliographie N° 59.
[2] J.-B. JAQUET. *On the deposit near Broken-Hill. Record of the Geological Survey of New-South Wales.* Vol. V, 1896.

profonds de Fifield[1]. La région est ici constituée par les formations du silurien et du dévonien traversées par des diorites avec ou sans quartz, dans lesquelles se trouve un filon aurifère. Le gisement est formé par des graviers développés sur une zone mesurant de 10 à 150 pieds de largeur sur un mille de longueur environ. Ils sont recouverts par des marnes dont l'épaisseur oscille entre 60 et 70 pieds, et dans lesquelles on trouve localement quelques bancs de conglomérats quartzeux intercalés. L'or et le platine se rencontrent sous forme de petits grains qui sont généralement accumulés dans les crevasses du bed-rock, ou dans la couche de gravier qui repose immédiatement dessus. On a trouvé des petites pépites pesant jusqu'à 5 dwt. D'après le Dr Jaquet, le platine de ces formations serait un produit de concentration secondaire de conglomérats voisins qui appartiennent probablement au tertiaire.

Le platine a encore été rencontré dans les alluvions de plusieurs cours d'eau aurifères de la colonie, mais toujours en quantité excessivement faible.

### GITES DE LA NOUVELLE-ZÉLANDE ET DE LA TASMANIE

C'est en Nouvelle-Zélande, dans les monts Dunn, qu'Hochstetter[2] découvrit la péridotite, roche mère du platine, à laquelle il donna le nom de dunite. Cette dunite est identique à celle de l'Oural au double point de vue chimique et minéralogique.

Le platine que l'on a trouvé en Nouvelle-Zélande paraît être en rapport avec cette roche. En effet, dans la partie est de Midle-Island, dans la région qui avoisine Nelson, on a rencontré du platine dans les alluvions de la rivière Cluthe, puis aussi des petites quantités d'iridosmine dans les sables de la rivière Takaka. On a rencontré également, associé au platine, des petits grains de ferro-nickel analogue à celui de Bobrowka, qui prouvent bien l'origine magmatique de ce platine. Les gisements de la Nouvelle-Zélande n'ont pas un caractère industriel, mais ils sont intéressants pour la théorie, et montrent une fois de plus le caractère éminemment platinifère de la dunite.

Les osmiures ont été rencontrés aussi en Tasmanie, dans certains placers aurifères de la partie ouest de cette colonie. D'après A. Montgomery[3] le platine iridié et les osmiures se rencontrent dans les sables de la rivière Savage; ils proviennent probablement des serpentines qui se trouvent plus en amont et forment le gîte primaire. Le platine se trouve aussi dans la rivière Wilson et des osmiures pauvres en osmium ont été également rencontrés sur les placers de Salisbury pres de Beaconsfied; ici le gisement primaire est encore inconnu.

Enfin le platine a été signalé en traces dans certains sables aurifères de la Nouvelle Calédonie, notamment dans les alluvions d'Andam-Creek près de Boudé[4].

[1] G.-W. Gard. *On the Fifield deposit. Record of the Geological Survey of New-South Wales.* Vol. IV et J.-B. Jaquet, idem. Vol V.

[2] F.-M. Hochstetter. *Geologie von Neu-Seeland.* Vol. I, 1864, p. 212.

[3] A. Montgomery. *The useful minérals of Tasmania.*

[4] Pélatan. *Les mines de la Nouvelle Calédonie.* Paris, 1892.

## § 5. *Gisements de l'Afrique. Gîtes du Transwaal. Prétendus gîtes de Madagascar*

### GITES DU TRANSWAAL

En 1896 M. W. Bettel a reconnu la présence du platine en traces dans les sables provenant du district de Klerksdorps. Depuis lors de petites quantités de minerai provenant de ce district, sont arrivées sur le marché; ce platine avait été trouvé dans des sables aurifères et, par conséquent, mêlé à l'or; les gisements précis ne sont pas indiqués. La composition de cet échantillon, qui est donnée dans l'analyse suivante, montre qu'il s'agit bien plus d'un osmiure d'iridium, que d'un platine au sens du mot.

Platine . . . . . . . . = 12,00
Osmiure . . . . . . . = 76,17
Rhodium et iridium . . . . = 7,50
Or . . . . . . . . . = 1,04
Cuivre, fer, etc. . . . . . = 2,64
Sables . . . . . . . . = 0,65
100,00

### PRÉTENDUS GITES DE MADAGASCAR

On a, à plusieurs reprises, signalé la présence du platine dans certains cours d'eau de Madagascar, mais le fait mérite d'être confirmé, et au cours de notre voyage dans cette île, nous n'avons trouvé nulle part quelqu'indication précise à ce sujet.

Récemment, on a signalé la présence du platine dans les sables noirs qui restent après le lavage des alluvions aurifères de certains affluents de la Betsiboka, dans la province de Mævetanana [1]. Il s'agit en l'espèce de schlichs souvent très grossiers, formés par des octaèdres de magnétite, ou par des cristaux d'oligiste généralement corrodés. Ces minéraux se rencontrent comme éléments constitutifs accessoires des gneiss et des micachistes qui sont largement développés dans la région. Ces schlichs avaient, à l'analyse, donné des teneurs en platine fort élevées, qui atteignaient jusqu'à 80 grammes à la tonne; vu leur abondance dans les résidus de lavage des sables aurifères, leur traitement aurait, dans ces conditions, contribué à une augmentation appréciable dans la production mondiale du platine. Nous avons eu entre les mains de nombreux échantillons de sables noirs, et en particulier ceux mêmes dont les analyses avaient révélé les teneurs élevées indiquées. Nous les avons analysés par plusieurs méthodes, mais nous n'avons jamais trouvé la moindre

[1] L. DUPARC. Bibliographie, Nos 112 et 113.

trace de platine. Par contre, quand on introduisait dans l'échantillon une quantité de ce métal qui correspondait à celle indiquée par les analyses, on la retrouvait exactement dans tous les cas.

Nous estimons donc que la légende du platine des sables noirs a vécu; par contre il n'y aurait rien d'étonnant à ce que l'on trouvât, avec l'or des alluvions, un peu de palladium ou d'osmiure d'iridium.

Nous ajouterons que la présence du platine et du palladium dans certains produits argileux kaoliniques du Katanga a été signalée par M. Butgenbach.

## § 6. *Gisements de l'Asie. Gîtes de la rivière Wilui. Gîtes de la rivière Oldoï. Gîtes de l'Altaï*

### GITES DE LA RIVIÈRE WILUI

Cette rivière est située entre le 60° et le 65° de latitude Nord, et le 75° et 95° de longitude Est de Greenwich. C'est un des plus importants affluents de la Léna; sa longueur totale dépasse 2000 verstes et son débit est important. Dans le premier tiers de son cours, elle coule NO.-SE., puis ensuite E.-NE.; elle est navigable une partie de l'année. Les renseignements sur les formations géologiques que traverse cette rivière sont encore très sommaires. On sait qu'elle coule au milieu de dépôts qui appartiennent au jurassique, parmi lesquels il faut mentionner un conglomérat qui n'est pas très dur, qui présente deux couches superposées, concordantes, et sensiblement horizontales.

Le relief du pays est très uniforme; la région est formée par des terrasses étagées, qui n'arrivent jamais à une grande altitude et qui, au bord des vallées, sont recouvertes par des forêts de mélèzes.

Depuis fort longtemps on sait que la rivière Wilui est aurifère; quant au platine qui accompagne l'or dans les alluvions, il n'a été signalé que vers 1910; bien que depuis longtemps les orpailleurs eussent remarqué des grains d'un blanc d'argent, mêlés à l'or, qui s'accumulaient sur les sluices.

L'or des alluvions de la Wilui est très fin, et se trouve en paillettes, rarement en pépites.

Le platine est excessivement fin, presque en poussière; tantôt il est blanc, tantôt grisâtre, mais toujours très attirable à l'aimant.

L'origine de ce platine est encore inconnue. En l'absence de roches éruptives basiques dans le bassin de Wilui, qui pourraient en justifier la provenance dans les alluvions, il faut admettre que ce platine est le produit d'une concentration secondaire d'un platine alluvial, contenu dans certains dépôts détritiques du jurassique; probablement alors dans les conglomérats auxquels il a été fait allusion.

Les teneurs des sables platinifères sont encore très incertaines vu l'état rudimentaire des recherches; pour l'or on compte environ 3 ¹/₂ zolotniks, pour le platine 60 à 70 dolis par sagène cube de peskis; les renseignements sur les épaisseurs relatives du stérile et du productif font, pour le moment, encore défaut.

La présence du platine paraît avoir été reconnue sur 400 kilomètres environ, le long du cours de la Wilui; nous ignorons si c'est sporadiquement ou d'une façon continue. Ce platine est localisé entre les affluents Markha et Latripda. Les alluvions de la Wilui sont gelées toute l'année, sauf la partie située sous le lit contemporain du fleuve.

La production actuelle de la Wilui est très difficile à établir; on parlait de 6 pouds pour l'année 1916; il est certain qu'elle a été très inférieure à ce chiffre.

## GITES DE LA RIVIÈRE OLDOÏ

La rivière Oldoï se trouve dans la province de l'Amour; c'est un affluent gauche de cette rivière dans laquelle elle se jette, à 160 km. de la rivière Chilka. Elle coule du nord au sud, et s'amorce dans le Krebet Jabloune. Presque tout le bassin de la rivière est formé par une roche très dure et compacte de la famille des granites ou des diorites quartzifères. Dans ces granites, aux sources même de l'Oldoï et sur la rive gauche, se trouve un affleurement de gabbros traversé par un pointement de dunites qui mesure au plus ½ verste de long, ½ de large, et une superficie totale de 1 ¼ verstes carrées. Cette dunite est identique à celle de l'Oural[1]; elle est traversée par quelques roches filoniennes et munie de sa croûte d'oxydation ordinaire. Des recherches faites sur un petit lojok tributaire de l'Oldoï, qui est encaissé dans la dunite, ont montré la présence dans ses alluvions de petites quantités de platine; il ne paraît pas qu'il s'agisse ici d'un gisement industriel.

## GITES DE L'ALTAÏ

On a signalé la présence du platine (et aussi des osmiures) dans plusieurs rivières de l'Altaï, notamment dans certains cours d'eau du district de Minoussinsk; toutefois ce métal paraît avoir été rencontré en très petite quantité, et nulle part il n'existe de gisements platinifères au sens du mot. Le platine et les osmiures se rencontrent généralement en très petite quantité, mêlés à l'or, qui est toujours beaucoup plus abondant, et qui motive à lui seul l'exploitation des alluvions en question.

---

[1] A. MAKEROFF. *Recherches géologiques dans la région des sources des rivières Ouroucha, Nioujka et Oldoï.* Pétrograd, Stassoulewitch. 1914.

# CHAPITRE XV

---

## TRAITEMENT DU MINERAI BRUT DE LA MINE ET MÉTALLURGIE DU PLATINE

§ 1. Considérations générales sur la succession des opérations à effectuer dans la métallurgie du platine. — § 2. Dissolution du minerai et séparation de l'osmiure. — § 3. Précipitation du platine et préparation de la mousse. — § 4. Traitement des noirs. — § 5. Extraction du platine et du palladium. — § 6. Extraction de l'iridium et du rhodium. — § 7. Traitement de l'osmiure d'iridium. — § 8. Traitement de l'osmium. — § 9. Séparation de l'iridium et du ruthénium. — § 10. Traitement des eaux mères après la séparation de l'iridium, du platine et du ruthénium. — § 11. Fusion et coulée du platine.

### § 1. *Considérations générales sur la succession des opérations à effectuer dans la métallurgie du platine*

Nous avons montré, dans un précédent chapitre, que le minerai de la mine de platine était un alliage complexe de métaux nobles avec du fer, et éventuellement du cuivre et du nickel. La séparation et la purification de ces divers métaux est une opération longue et difficile, qui exige une certaine pratique, et qui comporte plus d'un tour de main. Les méthodes qui sont actuellement en usage dans les affineries ont été créées en partie par Wollaston, Claus, Saint-Claire Deville, Debray et Staas ; leur description est dispersée dans différentes publications de ces auteurs[1] ; leur lecture s'impose d'ailleurs à toute personne qui désire entreprendre l'affinage du minerai de platine. Au début, on avait surtout en vue l'extraction de ce métal seulement, et les métaux accessoires de son groupe étaient considérés

Bibliographie : SAINT-CLAIRE, DEVILLE ET DEBRAY. Du platine et des métaux qui l'accompagnent. *Annales de Physique et de Chimie*, t. 56, 18. Procès-verbaux de la Commission Internationale des poids et mesures (Staas et Deville).

comme d'importance secondaire. Souvent même ils n'étaient pas séparés des résidus de fabrication, et ceux-ci accumulés pendant des années, ont constitué parfois des richesses aussi considérables qu'inattendues. C'est l'iridium qui, après le platine, devint le métal le plus important ; sa consommation croissante exigea son extraction des osmiures ; puis vint le palladium et le rhodium qui trouvèrent leur emploi, et enfin l'osmium et le ruthénium, ce dernier sans grande utilisation pour le moment.

La métallurgie du platine se fait en grande partie par voie humide ; elle comprend plusieurs manipulations successives qui sont :

1. L'attaque du minerai par l'eau régale avec la séparation de l'osmiure insoluble.

2. La précipitation du platine à l'état de chloroplatinate d'ammonium et sa transformation en mousse de platine que l'on peut agglomérer ou fondre.

3. La réduction par le fer ou par le zinc des eaux mères obtenues après la précipitation du platine comme chloroplatinate, pour en extraire les métaux autres que le platine, que l'on désigne comme *premiers noirs*, et le traitement de ces derniers.

4. Le traitement de l'osmiure pour en extraire l'iridium et l'osmium, ainsi que les métaux accessoires.

5. La fusion des métaux obtenus dans ces différentes opérations, et la préparation des alliages suivant leurs applications.

Ce n'est que lorsque l'on connaît par le menu les différentes opérations que nécessite l'affinage, que l'on peut comprendre la disposition générale que doit affecter l'usine servant à ce genre de travail.


### § 2. *Dissolution du minerai et séparation de l'osmiure*


Le minerai est préalablement purifié aussi complètement que possible, dans le but d'éliminer les schlichs de chromite qui s'y trouvent encore mêlés, et de le débarrasser de l'or qui accompagne le platine sur un grand nombre de gisements. L'or est généralement enlevé par le mercure chaud, qui le dissout; on l'extrait de l'amalgame par volatilisation du mercure dans un appareil approprié. Cette opération se fait généralement sur la mine même, et le minerai que l'on apporte à l'usine peut être traité sans aucune préparation préliminaire. L'attaque de ce minerai se fait par l'eau régale et à la température de 80° environ. Le mélange d'acides que l'on utilise comporte 3 volumes d'acide chlorhydrique à 20° et un volume d'acide nitrique à 35° Beaumé. Pour 1 kg. de minerai on prend généralement 4 litres du mélange.

Les appareils utilisés pour l'attaque varient selon les usines. Certains affineurs prennent simplement des matras en verre d'une contenance de 6 à 8 litres, à col généralement étroit et long, que l'on chauffe au bain de sable, au bain d'air, et même à feu nu au moyen de fourneaux à gaz du système Wiesnegg.

Ce mode de faire ne nous paraît pas recommandable, à cause de la fragilité des ballons et de la faible quantité de minerai que l'on peut traiter dans chaque récipient. Pendant l'attaque, et surtout au commencement, il se dégage d'abondantes vapeurs nitreuses très nocives. Aussi dispose-t-on généralement les ballons d'attaque en batteries, que l'on place sous une hotte vitrée, avec un bon tirage. Dans la paroi de celle-ci, le long de la batterie, débouchent à cet effet, une série de tubes de dégagement en grès, qui sont réunis à une canalisation centrale, laquelle communique avec la cheminée de l'usine. L'aspiration peut être activée par un ventilateur, dans le cas où celle produite par le tirage normal de la cheminée et par les gaz chauds (provenant des chaudières) qui s'en échappent, serait insuffisante.

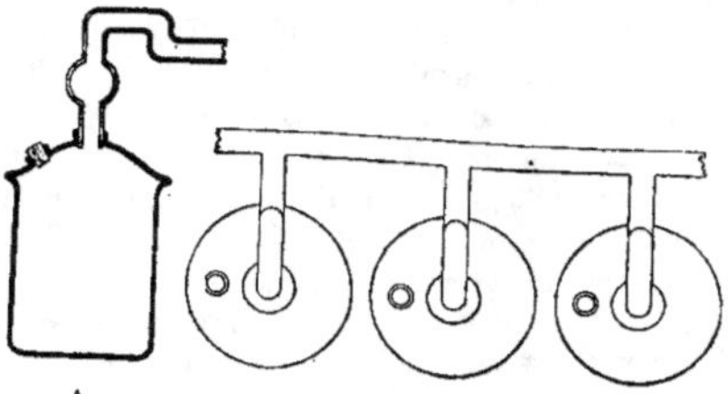

Dans certaines usines françaises et anglaises l'attaque de ce minerai se fait dans des vases cylindriques en porcelaine d'une contenance de 30 litres environ, munis d'un couvercle rodé à l'émeri, et percé de trois ouvertures : l'une pour introduire l'acide, l'autre le minerai, et la troisième, celle du centre, pour permettre le dégagement des vapeurs provenant de l'attaque. Cette dernière est munie d'une courte tubulure qui laisse passer une sorte de chapiteau en grès (fig. 92). Plusieurs de ces appareils sont disposés en batterie sur un long bain de sable, chauffé ordinairement au gaz, et placé sous une hotte vitrée. Les tubes de dégagement qui terminent les chapiteaux sont dirigés dans une canalisation en grès, sur laquelle on pratique une forte aspiration en la faisant communiquer avec la cheminée d'appel et en utilisant un ventilateur. L'attaque se fait aisément dans ces appareils, et l'on n'est généralement pas incommodé par les vapeurs délétères qui se dégagent pendant cette attaque.

Fig. 92. — A. Appareil utilisé dans les usines anglaises et françaises pour l'attaque du minerai. B. Batterie de ces appareils, réunis à un même canal pour l'aspiration des vapeurs.

Dans d'autres usines, en Russie notamment, on emploie des appareils de porcelaine disposés un peu autrement. Ils sont cylindriques (fig. 93) et munis d'un couvercle de porcelaine rodé, muni de 4 tubulures : celle centrale sert au passage d'un agitateur; les autres, périphériques, servent à l'échappement des gaz, au passage d'un thermomètre et à l'introduction de l'acide. L'appareil mesure 0,55 de hauteur sur 0,36 de diamètre, à mi-hauteur il possède une petite corniche qui sert à le maintenir sur

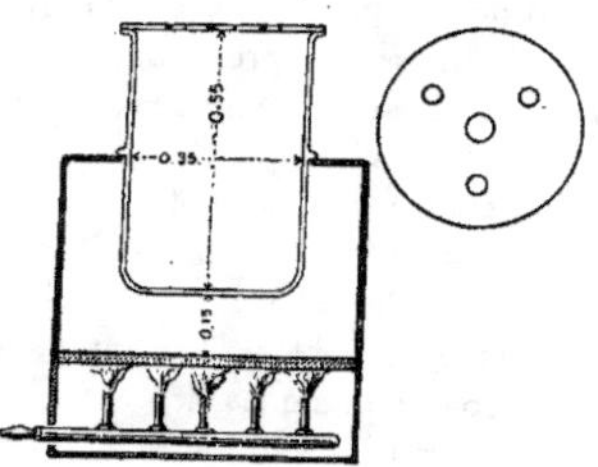

Fig. 93. — Appareil utilisé dans les usines russes pour l'attaque du minerai.

son support. Ces appareils sont placés sous une hotte vitrée comme il a été indiqué précédemment ; ils sont chauffés au bain d'air ; la flamme des brûleurs qui se trouvent au-dessous, frappe directement sur une plaque en carton d'amiante placée à 15 centimètres environ au-dessous du fond du vase, de sorte qu'entre celui-ci et le disque il existe une couche d'air qui est portée à une température qu'il est aisé de régler par les robinets des brûleurs.

Dans les appareils du type anglais, on traite 3 kg. de minerai par opération, ce qui exige 12 litres d'eau régale ; dans ceux du type russe on peut traiter 5 à 6 kg. de minerai. D'habitude l'attaque est achevée au bout de 24 heures. On peut alors décanter le liquide acide, puis remettre du minerai frais dans l'appareil, de façon à cumuler les osmiures. Cette opération peut être répétée deux fois, ce qui porte à 9 ou 15 kg. la quantité de minerai attaquée dans le même appareil. La première attaque ne fournit pas la totalité du platine soluble ; on soumet donc généralement les résidus de deux ou trois opérations à une nouvelle attaque, et après cette seconde attaque, parfois à une troisième, qui est d'ailleurs toujours très faible, et dont le produit ne renferme que peu de platine, mais beaucoup d'iridium.

Les solutions provenant de l'attaque du minerai sont transvasées dans de grandes capsules en porcelaine, qui sont de forme hémisphérique, et qui contiennent de 8 à 9 litres de liquide (ces capsules sont fournies par la fabrique de Bayeux, ou par la maison Frugier, à Limoges) ; elles sont évaporées sous une hotte vitrée ayant un bon tirage. L'évaporation se fait ordinairement à feu nu ; les capsules sont disposées en série, et soutenues par des supports de tôle de forme cylindrique ou en tronc de cône, avec une ouverture ou porte pour le passage du fourneau à gaz. On règle la flamme de façon à obtenir une évaporation tranquille, le liquide est souvent remué avec une baguette de verre. Dans certaines usines cette évaporation se fait au bain de sable. Il est indispensable d'ajouter pendant l'opération un litre environ d'acide chlorhydrique pur par capsule (donc 1 litre pour 6 ou 7 litres de solution primitive). Cette opération a pour but de chasser complètement l'acide nitrique et de transformer tous les sels en chlorures. On pousse ordinairement l'évaporation jusqu'à sec, ou à consistance pâteuse ; la température doit être à ce moment de 140° à 150°, ce qui est indispensable pour réduire les sels d'iridium au minimum. Dans la plupart des usines on ne mesure pas la température, et on opère au juger, en arrêtant l'opération quand la masse est presque à sec. Dans d'autres on opère à une température déterminée, en évaporant sur un bain de sable ou sur un bain d'air, et on pousse l'opération jusqu'à sec. Il est indispensable que tous les produits nitreux aient été soigneusement éliminés, et que la température vers la fin de l'opération, ne soit pas trop basse, faute de quoi il précipiterait inévitablement de l'iridium avec le platine. La masse est alors reprise dans la capsule par de l'eau bouillante, et après dissolution, le liquide est transvasé dans un grand vase de grès cylindrique, qui reçoit le contenu dissous de plusieurs capsules suivant sa capacité. On laisse reposer quelques heures ; il se forme ordinairement un petit dépôt qui renferme l'or s'il y en avait dans le minerai, puis un peu de chlorure platineux. On siphone le liquide clair, et filtre le résidu qui se trouve au fond du vase.

Ce résidu est calciné, redissous dans l'eau régale, et la solution est traitée par le bisulfite de soude après évaporation de l'acide chlorhydrique. Le précipité d'or obtenu est filtré et calciné ; la liqueur filtrée est ajoutée aux eaux mères du platine.

## § 3. *Précipitation du platine et préparation de la mousse*

Le liquide siphoné est généralement trop dense, on l'amène à 30° Beaumé, puis on lui ajoute une solution saturée de chlorure d'ammonium préparée en dissolvant du sel ammoniac cristallisé à raison de 30 % ; sa densité vérifiée à l'aréomètre de Beaumé doit être de 10°. Il faut ajouter environ deux litres de la solution de sel ammoniac par litre de liquide à précipiter. L'opération se fait dans des grands vases cylindriques en grès, d'une contenance de 60 litres, que l'on peut se procurer à la Royal Doulton Potteries, Londres, Lambeth, S. E. On introduit la solution de chlorure d'ammonium par petite quantité, en remuant énergiquement le liquide, puis on laisse déposer 3 à 4 heures. Il ne faut pas attendre trop longtemps avant de séparer le liquide du précipité, pour éviter une précipitation partielle de l'iridium. Le précipité de chloroplatinate d'ammonium doit être jaune canari ; le liquide clair qui surnage est séparé par décantation, il est souvent fortement coloré. Le précipité est lavé à fois réitérées avec la solution saturée de chlorure d'ammonium (il faut environ 30 litres de la solution de chlorure d'ammonium pour laver le précipité résultant de la dissolution de 1 kilo de platine), puis on fait passer le précipité sur le filtre et on lave encore jusqu'à ce que le filtrat ne donne plus de réaction avec le ferrocyanure de potassium. La manière d'opérer la filtration varie avec les usines ; chez certaines d'entre elles, le précipité lavé par décantation est transvasé dans des sacs de toile qui sont ensuite pressés pour en exprimer tout le liquide ; chez d'autres on se sert de filtres à vide, en grès, qui présentent la dispostion indiquée fig. 94.

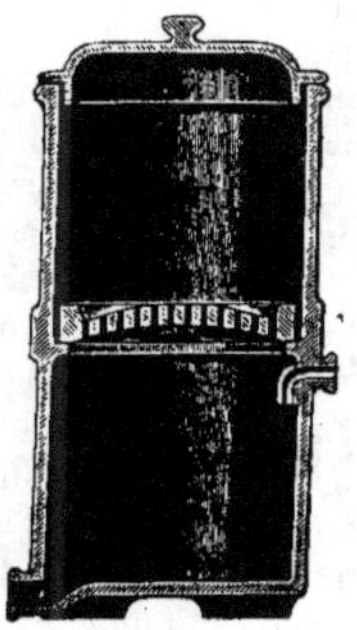

Fig. 94. — Filtre à vide en grès de la maison Doulton.

Le précipité est arrêté sur un disque de toile que l'on place sur la plaque perforée du filtre. La liqueur filtrée est aspirée d'une manière continue et passe dans le récipient collecteur. L'aspiration se fait par une pompe qui fait le vide à 50$^{mm}$. Ces filtres sont livrés par la maison Jacob Delafon & C$^{ie}$, quai de la Râpée, à Paris, ou par Doulton, à Londres. Le précipité jaune bien essoré est introduit dans des pots de terre réfractaire cylindriques de 30 centimètres de hauteur sur 20 de diamètre, qui sont munis d'un couvercle ; il vaut mieux cependant prendre des vases en quartz. (On peut se procurer les pots en terre réfractaire chez Vetter Desmarets & C$^{ie}$, à Paris, et les vases de quartz à l'Argentière, La Bassée,

Hautes-Alpes. Les pots et leur contenu sont modérément calcinés dans un four à reverbère (du type par exemple de ceux de la maison Vetter). La flamme doit arriver sur le pot et être réductrice ; la température nécessaire est de 700-800°, il faut l'élever graduellement. Les pots de terre réfractaire ne sont pas à recommander pour cette opération. Il est notoire en effet qu'une partie du fer contenu dans l'argile qui a servi à confectionner les creusets, repasse dans le platine. Le temps nécessaire à la calcination est d'environ 8 heures; après refroidissement, la mousse est broyée au mortier, tamisée, et portée dans une capsule à l'ébullition avec de l'acide chlorhydrique ¹/₄ pour enlever les traces de fer qu'elle peut retenir; on finit de laver à l'eau bouillante. La mousse ainsi obtenue peut être desséchée et utilisée telle quelle, s'il s'agit par exemple de faire avec elle des alliages ou de la redissoudre. Si, par contre, on veut obtenir de la mousse agglomérée, il faut l'introduire dans des pots cylindriques en terre réfractaire et calciner ensuite à mort dans un four à coke à fort tirage, le creuset couvert étant enfoncé dans le coke. La mousse agglomérée se sépare alors en un seul bloc, que l'on peut forger directement. Si l'on veut fondre ensuite le platine, ce bloc est mal commode à diviser pour l'introduire dans le four. Dans ces conditions, on place dans le pot en terre réfractaire des couches plus ou moins épaisses de mousse, séparées les unes des autres par des disques de papier à filtrer, puis on calcine comme précédemment. Au lieu d'avoir un seul bloc de platine on obtient autant de galettes que l'on a fait de couches, et il est ensuite aisé de couper celles-ci en menus morceaux.

La pureté de ce platine de premier jet dépend naturellement de celle des chloro-platinates. Dans certains cas, on arrive à obtenir du 99,8; mais souvent il n'en est pas ainsi et il arrive que le platine renferme une assez forte proportion d'iridium (jusqu'à 1 °/₀ et même davantage). On a proposé plusieurs procédés pour vérifier rapidement la pureté de ce platine. Dans certaines usines (en Russie notamment) on a fait des mélanges de solutions platiniques contenant des quantités croissantes d'iridium (de 0,1 à 1 °/₀). On introduit ces différentes solutions dans des éprouvettes identiques, puis on les précipite toutes par le chlorure d'ammonium dans les mêmes conditions. On obtient ainsi une gamme de précipités dont le jaune canari vire progressivement à l'orangé suivant la proportion d'iridium que contenait la liqueur. On procède alors par comparaison avec la solution platinique inconnue et, par la couleur du précipité obtenu, on juge le °/₀ d'iridium que contiendra le platine. Cette méthode nous paraît discutable, car l'expérience montre qu'avec des solutions de platine absolument pures, la couleur du précipité varie avec les conditions de la précipitation. Dans d'autres usines, on prélève sur la mousse une prise d'essai, qu'on fond et étire ensuite pour en faire l'un des éléments d'un couple thermo-électrique platine et platine rhodié à 10°/₀. On juge le degré de pureté par la force électromotrice produite à une température déterminée. Cette méthode est d'une très grande sensibilité; elle n'indique cependant que la somme des métaux étrangers contenus dans le platine, tels que l'iridium, le rhodium, le palladium, etc. Seul l'iridium peut se trouver en quantité appréciable par suite de la formation de chloroiridate d'ammonium; les autres métaux ne peuvent se rencontrer que par suite des phénomènes d'adsorption. La méthode de la mesure des forces électromotrices est très précieuse pour suivre la fabrication du platine pur tel qu'on l'emploie pour les couples thermo-électriques auxquels on demande, par suite de la graduation des appareils électriques, une constance rigoureuse.

La méthode spectroscopique offre un autre moyen remarquablement sûr et rapide pour vérifier la pureté du platine. Cette méthode donne d'emblée la composition qualitative et quantitative par la comparaison de l'intensité et du nombre des raies des différentes impuretés contenues dans le platine.

Le liquide filtré du chloroplatinate d'ammonium est tout à fait clair.

Il est abandonné pendant plusieurs jours dans des vases de grès cylindriques, et laisse déposer un précipité cristallin et rougeâtre, qui contient principalement du chloroiridate d'ammonium. Ce dernier est filtré, lavé et calciné comme précédemment; on obtient alors ce qu'on appelle les *mousses sales* qui renferment beaucoup d'iridium et peu de platine.

Ces mousses sont généralement retraitées par de l'eau régale additionnée de trois fois son volume d'eau dans des capsules en porcelaine.

Le platine se dissout aisément, l'iridium reste insoluble. La solution contenant le platine est précipitée comme précédemment et le platine extrait sous forme de mousse. C'est ce qu'on appelle le platine des mousses sales. Quand à l'iridium, il est mélangé avec celui que nous allons extraire tout à l'heure des noirs.

## § 4. *Traitements des noirs*

La liqueur filtrée après la précipitation du platine est introduite dans des vases de grès d'une contenance de 200 litres environ (fig. 95); on y ajoute deux ou trois litres d'acide sulfurique pour que la solution soit légèrement acide, puis on y plonge quelques barres de fer doux. On prend quelquefois du zinc si on veut aller plus vite; le fer doux peut parfaitement suffire, mais il ne faut à aucun prix utiliser de l'acier ou de la fonte. La solution est réduite progressivement et prend une teinte vert pâle due à la présence du sulfate de fer. On juge que l'opération est terminée en prenant une prise d'essai, que l'on acidule et que l'on traite par un morceau de zinc pur. S'il ne se forme aucun dépôt noir, la réduction est complète; s'il s'en forme un il faudra l'examiner pour voir s'il renferme des métaux précieux, et dans ce cas pousser plus loin la réduction. Il reste alors au fond du vase (et parfois sur les barres qu'il faut râcler) un dépôt noir et pulvérulent qu'on appelle les *premiers noirs*. Ceux-ci sont filtrés sur le filtre à vide, lavés sur le filtre avec de l'eau bouillante, et après avoir été essorés, sont introduits dans un têt de terre réfrac-

Fig. 95. — Vase de grès servant aux précipitations.

taire, desséchés tout d'abord, puis grillés dans le four à moufle. Le produit du grillage est versé dans une capsule de porcelaine, puis décapé à chaud par l'acide sulfurique ¹/₅ qui enlève tout le cuivre, lequel se trouvait comme oxyde dans les noirs grillés. On décante le liquide, lave à l'eau chaude plusieurs fois, et on obtient ce qu'on appelle les *noirs décapés*. Ceux-ci sont attaqués dans la même capsule et à chaud avec de l'eau régale diluée de 3 fois son poids d'eau, jusqu'à cessation de toute réaction ; on obtient alors :

A. Un résidu insoluble qui contient le rhodium et l'iridium, on l'appelle *insoluble des noirs*.

B. Une solution qui contient un peu de platine qui avait échappé à la précipitation par le chlorure d'ammonium à cause de la solubilité propre du chloroplatinate, ou de la préparation défectueuse des solutions à précipiter, puis le palladium, et des traces de rhodium et d'iridium solubilisées malgré tout au cours de l'attaque précitée par l'eau régale.

La quantité de platine qu'on peut extraire ainsi des eaux mères dépend de la façon dont les liqueurs ont été traitées. Elle peut être assez forte dans le cas où l'évaporation à sec a été poussée à très haute température, ce qui entraîne une réduction partielle du chloroplatinate en acide chloroplatineux. On le reconnaît par le fait que les liqueurs filtrées reprécipitent spontanément de nouvelles quantités de jaune de platine. Le même phénomène se produit si les composés nitreux ont été incomplètement chassés. Ces liqueurs peuvent parfois retenir jusqu'à 3 % de platine à l'état nitrosé ; un morceau de zinc introduit dans celles-ci en reprécipite immédiatement le chloroplatinate. Il faut, dans ce cas, pousser très loin la réduction des eaux mères, pour éviter la présence de jaune de platine dans les noirs, ce qui nuirait au moment du lavage et du décapage de ceux-ci. La solution B est séparée des noirs A par une filtration sur papier, ces noirs sont lavés à l'eau bouillante.


## § 5. *Extraction du platine et du palladium*


La solution filtrée B est traitée comme celle provenant de l'attaque du minerai après la séparation des osmiures ; elle est reprécipitée par le chlorure d'ammonium ; le précipité de chloroplatinate jaune est lavé et calciné, et la mousse obtenue constitue ce que l'on appelle le *platine des noirs*.

On a donc trois mousses, dont le poids total représente celui du platine contenu dans le minerai traité, soit :

1. La mousse de première précipitation ;
2. Le platine des mousses sales ;
3. Le platine des noirs.

Ce poids ramené à 100 parties doit correspondre à la teneur en platine du minerai donnée par l'analyse (ce qui est rarement le cas) pour les motifs indiqués précédemment.

Certaines usines se contentent de la purification indiquée, et le platine de premier jet est considéré comme assez pur et vendu comme tel ; d'autres redissolvent leurs mousses et en reprécipitent une seconde fois le platine.

Il est incontestable que quand la mousse renferme trop d'iridium, cela peut entraîner certains inconvénients soit par le fait que le métal obtenu n'a pas les propriétés du platine pur, soit encore parce que lorsque le platine est acheté sur titre, l'iridium n'est pas compté, et représente donc une pure perte pour le vendeur. Tel est par exemple le cas pour le platine servant à la fabrication du chlorure. On peut alors purifier les mousses en les traitant par l'eau régale diluée, qui dissout le platine et laisse l'iridium. La solution filtrée est concentrée, puis précipitée comme il a été indiqué par le chlorure ammonique. Les manipulations subséquentes sont alors identiques à celles décrites pour obtenir la mousse de premier jet.

La solution filtrée du platine des noirs contient tout le *palladium*. Elle est acidulée par l'acide sulfurique et traitée en vases de grès par des barres de fer doux, comme il a été indiqué précédemment à propos des premiers noirs. On obtient un précipité appelé *deuxièmes noirs*, formé par le palladium, réuni à des traces de rhodium et d'iridium. Ces noirs sont décapés à l'acide chlorhydrique ¹/₈ qui enlève le fer, lavés, filtrés et séchés ; ils sont ensuite dissous dans l'eau régale. Le liquide clair obtenu est décanté s'il y a lieu, pour le séparer des traces de rhodium et d'iridium, puis évaporé en capsule de porcelaine, jusqu'à consistance syrupeuse, sans toutefois chauffer trop fort. On reprend par de l'ammoniaque dans la capsule même où la concentration s'est effectuée. Tout doit se dissoudre, surtout si l'on opère par épuisements successifs, et le liquide incolore résultant est une solution ammoniacale de chlorure de palladium. Il peut cependant rester des boues ; celles-ci sont alors formées généralement par des hydrates ferriques et d'aluminium ; dans ce cas il faudrait filtrer. La solution claire contenant le palladium est additionnée d'acide chlorhydrique jusqu'à réaction acide ; l'opération se fait dans des grands vases cylindriques de verre. Le palladium précipite alors de la solution en jaune, sous forme de chloropalladamine. Le liquide clair après dépôt du précipité est siphoné, ce dernier est filtré, lavé, puis filtre et précipité sont calcinés au four à moufle dans dans un têt en terre réfractaire qui doit être couvert. On obtient ainsi le palladium en mousse. Si l'on veut avoir du palladium plus pur, on reprend le précipité de chloropalladamine par l'ammoniaque, et reprécipite le palladium par l'acide chlorhydrique. La liqueur filtrée séparée du palladium contient des traces de rhodium et d'iridium ; elle est rajoutée aux eaux de lavage du platine.

## § 6. *Extraction de l'iridium et du rhodium*

L'insoluble des noirs est mêlé à 3 fois son poids de bioxyde de baryum pulvérisé, le tout est mélangé intimément, introduit dans un creuset, puis fortement calciné au four à coke pendant 5 à 6 heures. La masse est sortie du vase, broyée après refroidissement dans un mortier, et dissoute dans l'acide chlorhydrique aiguisé d'acide nitrique (mélange de

15 litres d'acide chlorhydrique pour 2 litres d'acide nitrique concentré). Tout doit se dissoudre et si, par hasard, il restait un résidu, il faudrait décanter le liquide, laver ce résidu à l'eau chaude, puis après dessication on le repasserait au bioxyde de baryum comme précédemment.

En opérant comme il a été indiqué, il faut prendre 4 litres du mélange acide pour 1 kg. du mélange de noirs et de bioxyde. La solution obtenue est faiblement colorée en rouge; on l'évapore à sec dans des capsules de porcelaine plates, chauffées ordinairement au bain de sable, dans le but d'insolubiliser la silice introduite pendant l'attaque au bioxyde, puis on reprend la masse desséchée par de l'eau chaude aiguisée d'eau régale de la composition indiquée ci-dessus. On étend ensuite avec de l'eau, et laisse déposer, puis on décante le liquide clair, lave à l'eau bouillante, et jette le résidu sur une toile à filtrer. Il reste sur celle-ci de la silice, qu'on lave à l'eau bouillante jusqu'à ce que le filtrat soit incolore.

La solution filtrée additionnée des eaux de lavage reconcentrées, est précipitée par l'acide sulfurique pour en éliminer le baryum. On fait passer liquide et précipité sur un filtre-presse ou sur une essoreuse, et lave le sulfate de baryum restant à l'eau chaude; il doit être parfaitement blanc. On verse la liqueur débarrassée du baryum, ainsi que les eaux de lavage préalablement reconcentrées, dans le récipient de porcelaine utilisé pour l'attaque du minerai (ou aussi dans des capsules), puis on chauffe au bain de sable, et on introduit par portions du chlorure d'ammonium solide, de façon à la saturer. Il faut environ 300 grammes de chlorure par litre de liqueur. On maintient la température pendant 3 ou 4 heures, et on obtient un précipité noir-violacé de chloroiridate d'ammonium, qui est lavé par décantation, et filtré sur un filtre en papier ou essoré. Les dernières eaux de lavage ne doivent être que faiblement colorées. Le précipité contient l'*iridium* et la liqueur renferme le *rhodium*.

Le précipité bien séché est calciné dans des pots (si possible en quartz), et dans un four à reverbère, à une température plus basse que celle pour le platine, qu'on élève graduellement pour éviter des pertes. Le produit de cette calcination est de l'oxyde d'iridium, qu'il est inutile de décaper. Il est alors introduit dans un creuset de graphite, et calciné à mort dans un four à coke, ce qui donne l'iridium très fortement aggloméré.

La solution séparée de l'iridium est transvasée dans des vases de grès cylindriques, acidulée par l'acide sulfurique, et réduite par le fer en barres. Les noirs obtenus de la sorte sont décapés à chaud par l'acide chlorhydrique ¹/₈, lavés et desséchés, ce qui donne le *rhodium brut*.

Dans certaines usines, le procédé qui vient d'être indiqué est modifié comme suit : Les noirs sont chauffés pendant 2 heures avec 3 fois leur poids de bioxyde, mais à une température basse (700 à 800°). La masse, qui se dégage aisément du creuset, est placée dans une capsule puis, sans pulvérisation, est traitée directement par l'eau bouillante. Elle se désagrège instantanément et tombe en poussière. L'excès des oxydes de baryum qui n'a pas réagi se dissout dans l'eau et peut être éliminé aisément par décantation. On traite alors directement après lessivage le résidu par le mélange acide indiqué précédemment, puis, sans évaporer à sec, on précipite le baryum en excès par l'acide sulfurique. Après filtration du sulfate de baryum formé, on introduit le liquide dans les récipients indiqués, et précipite directement l'iridium par le chlorure d'ammonium. Le reste de l'opération se fait comme ci-dessus. Cette méthode est notablement plus rapide et plus économique; il ne faut en effet par kilo de noirs que 2 litres d'acide. La méthode indiquée supprime l'évaporation, la silice étant éliminée par le lavage à l'eau comme silicate de baryum.

## § 7. Traitement de l'osmiure d'iridium

L'osmiure, pour pouvoir être traité, doit être aussi fin que possible. Si tel n'est pas le cas, il faut préalablement le fondre avec 4 à 5 fois son poids de zinc pur dans un four à coke. On chauffe fortement, de façon à volatiliser le zinc. Il faut d'abord élever doucement la température pendant une heure environ pour produire la dissolution de l'osmiure, puis ensuite la pousser au rouge blanc jusqu'à cessation de vapeurs de zinc. On prend pour cette opération un creuset en graphite, ou en terre réfractaire, mais que l'on brasque dans ce cas, après l'avoir scellé avec son couvercle, que l'on perce d'un petit trou pour permettre le dégagement des vapeurs. Le zinc une fois évaporé, on obtient dans le creuset une véritable éponge d'osmiure qui se laisse pulvériser en poudre fine.

La première partie du traitement est la même que celle indiquée à propos des insolubles des noirs. L'osmiure est mêlé à trois fois son poids de bioxyde de baryum, le tout est introduit dans un creuset couvert et chauffé au rouge pendant 2 à 3 heures. Le creuset est ensuite renversé, la masse qu'il contient est broyée, puis le produit du broyage (ou du lessivage selon la méthode que l'on prend est introduit dans l'appareil qui sert à la distillation. Nous ne décrirons pas cet appareil primitif tel qu'il a été préconisé par Sainte-Claire Deville et Debray, et tel qu'il est employé aujourd'hui dans la plupart des usines. La modification apportée au procédé de traitement des insolubles des noirs, s'applique avec un avantage encore plus grand à celui du traitement des osmiures. L'eau chaude délite complètement le produit d'oxydation formé avec $Ba O_2$, et enlève la majeure partie du réactif qui n'est pas entré en solution, ainsi que le silicate de baryum formé pendant la cuisson des osmiures.

Cette opération supprime donc totalement l'évaporation à siccité des liqueurs indiquées, qui constitue une forte dépense et une grosse perte de temps. On réduit du tiers les opérations de la distillation avec une économie équivalente des acides et du combustible, et avec le même appareillage et dans le même temps, on peut traiter trois fois autant d'osmiure que par l'ancien procédé.

La disposition générale de l'appareil employé est celle de Deville, sauf la forme et la capacité des récipients, ainsi que la nature des récepteurs ; l'appareil permet de conduire la distillation avec facilité, sans être incommodé par le dégagement des vapeurs osmiques toujours très nocives.

La masse noire provenant du lessivage à l'eau chaude du produit du traitement de l'osmiure par le bioxyde est bien lavée et essorée. Elle est introduite à raison de 10 kilos à la fois dans un premier récipient B (fig. 96) en grès muni de 3 tubulures et d'une contenance de 40 litres environ. Ce récipient plonge dans une grande bassine en fer étamé remplie d'eau et chauffée par dessous avec un brûleur de Fletcher. Par la première tubulure passe un tube de verre dont l'extrémité est fermée au chalumeau et qui, sur une hauteur de 10 centimètres, est perforé de petits trous. C'est par ces trous que s'échappe la vapeur d'eau arrivant d'une bouteille en cuivre A munie d'un tube de sûreté. La deuxième tubulure sert à introduire la matière dans le récipient, ainsi qu'à verser au moment de la mise en marche, l'acide nécessaire à la réaction. Par la troisième tubulure passe un fort tube de verre servant au dégagement des vapeurs acides mélangées au péroxyde d'osmium qui se condensent dans le récipient C. Ce récipient reçoit la majeure partie des vapeurs condensées.

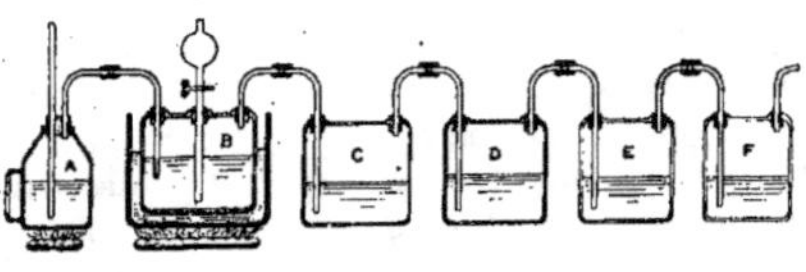

Fig. 96. — Appareil servant à la distillation des osmiures.

Il est en communication avec un second récipient analogue D, qui communique lui-même avec un flacon de Wulff E rempli à moitié d'eau, qui recueille les vapeurs qui ne se sont pas condensées. Ce flacon communique avec les bouteilles F et G qui renferment de la soude caustique et du sulfure de sodium. Ces deux derniers flacons absorbent intégralement le reste des vapeurs osmiques qui auraient échappé à la condensation. La mise en marche de l'appareil est fort simple, on chauffe d'abord les récipients A et B et introduit successivement 10 kilos de matière à traiter avec 15 litres d'acide chlorhydrique additionné de 2 litres d'acide nitrique. On fait alors passer la vapeur d'eau ; la réaction commence aussitôt. L'air déplacé barbote d'abord dans les flacons de Wulff. Au bout d'un certain temps tout se calme et les gaz sont entièrement condensés et absorbés. L'eau du premier flacon de Wulff se sature rapidement d'acide chlorhydrique, on la remplace à chaque opération nouvelle par de l'eau pure. L'opération est terminée en 5 ou 6 heures. L'acide osmique doit être alors complètement chassé de la liqueur iridique du récipient B. L'appareil peut être rechargé et peut ainsi traiter dans la journée 20 kilos d'osmiure oxydé correspondant à 7-8 kilos d'osmiure primitif.

La liqueur iridique est introduite dans les récipients d'attaque ou dans des capsules de porcelaine, et précipitée à chaud par le chlorure d'ammonium solide comme il a été indiqué à propos du traitement des noirs. La température est maintenue 2 heures environ, en évitant une trop forte concentration du liquide, puis on réunit dans un seul grand vase en grès le liquide et le précipité de plusieurs opérations. On laisse déposer, décante le liquide clair, et lave le précipité de chloro-iridate qui est filtré comme de coutume On le calcine alors au four à réverbère dans des pots de terre réfractaire ou de quartz, et on obtient une mousse impure qui est décapée par l'eau régale additionnée de 3 fois son volume d'eau, le platine et le palladium se dissolvent, le ruthénium et l'iridium restent insolubles ; on les calcine à mort dans un creuset de graphite. Le platine est précipité de la solution comme à l'ordinaire.

## § 8. *Traitement de l'osmium*

Les flacons C, D, E et F de l'appareil de distillation de l'osmium contiennent l'acide osmique dissous ; on verse leur contenu dans des capsules de porcelaine, et on ajoute de l'ammoniaque. On chauffe ensuite pendant une heure et demie environ, pour transformer l'acide osmique en osmamide. On filtre celle-ci, lave à l'eau chaude, puis calcine à mort le précipité dans un creuset de graphite ; on obtient ainsi l'osmium métallique. Ce procédé est désagréable à cause du dégagement de vapeurs nocives pendant le transvasement et même pendant la transformation en osmamide. On opérera alors préférablement comme suit : On siphone le contenu des bouteilles C et D dans une terrine contenant de la soude et du sulfure de sodium ; le contenu des bouteilles E et F y est ajouté, et tout l'osmium est alors précipité comme sulfure. Ce dernier est filtré, lavé, et calciné à mort dans un creuset de graphite, ce qui donne l'osmium métallique.

Le traitement de l'osmiure est toujours une opération désagréable à cause des vapeurs d'osmium qui sont très délétères ; toutes les opérations d'attaque et de distillation doivent être effectuées sous une hotte, avec une excellente ventilation.

## § 9. *Séparation de l'iridium et du ruthénium*

Souvent ces deux métaux n'étaient pas séparés, et le corps vendu sous le nom d'iridium renfermait des doses plus ou moins fortes de ruthénium. Ceci présente de gros inconvénients, notamment quand il s'agit de faire des alliages d'iridium avec le platine, le ruthénium communiquant à ceux-ci des propriétés fort préjudiciables. Pour procéder à la séparation des deux métaux, on opère comme suit: on fond la mousse avec un mélange de 3 parties de potasse caustique pour 1 partie de nitre, dans une capsule d'argent couverte (la capsule d'or serait préférable). On amène d'abord à fusion tranquille le mélange de potasse et de salpêtre, puis on y ajoute la mousse, en couvrant ensuite la capsule, vu les projections qui ont lieu. L'opération se fait au rouge sombre dans un four à moufle; elle dure au total de 1 ½ à 2 heures, et pendant l'attaque, il est bon de remuer quelquefois la masse fondue avec un agitateur en argent. Après refroidissement, on reprend la masse par l'eau froide. Le ruthénate de potasse se dissout avec une coloration rouge (ainsi qu'un peu d'iridate de potasse), l'iridium reste insoluble. On sépare le liquide du résidu par décantation. Toutefois ce résidu n'est point de l'iridium pur; il contient encore d'assez fortes proportions de ruthénium. On le lave avec une solution diluée d'hypochlorite de sodium jusqu'à cessation complète de toute coloration rouge. Le résidu est alors séché et décapé par de l'eau acidulée d'acide chlorhydrique pour enlever la potasse, puis calciné au four à moufle dant un têt de terre réfractaire, pour décomposer l'iridate de potassium en potasse et en iridium. La masse qui reste est reprise en capsule de porcelaine par de l'eau chaude puis par de l'acide chlorhydrique très étendu, de façon à enlever complètement toute trace de potasse (il ne faut pas prendre de l'acide trop concentré pour éviter une dissolution). L'iridium qui reste est filtré sur papier, séché, et calciné à mort dans un creuset de graphite. On obtient ainsi de l'*iridium aggloméré*.

La solution qui contient le ruthénium (avec un peu d'iridium) est réduite par le zinc après l'avoir acidulée par l'acide sulfurique; on obtient après réduction complète une poudre noire, qui est séparée du liquide par décantation, lavée à l'eau bouillante, puis séchée, et qui constitue les *noirs de ruthénium*, qui sont du ruthénium impur.

On peut aussi, pour séparer l'iridium du ruthénium, opérer autrement.

Dans le ballon de l'appareil déjà décrit à propos de l'analyse de l'osmiure, on verse le produit de la fusion des mousses avec la potasse et le nitre, après avoir repris par l'eau. Dans le ballon servant à la condensation, on introduit un mélange de 800 parties d'eau pure, 20 parties d'acide chlorhydrique, et 180 parties d'alcool pur. On fait alors passer dans le ballon, à froid, un courant lent de chlore, qui transforme tout l'alcali en hypochlorite, ce qui est achevé quand le chlore libre apparaît dans le ballon. On élève alors la température du liquide contenu dans le premier ballon à 70-80°, en laissant toujours passer le chlore, qui entraîne avec lui des vapeurs jaunes d'acide hyper-ruthénique, lequel se transforme en liquide brun verdâtre en arrivant en contact avec la solution alcoolique. Quand les vapeurs jaunes ont cessé, on porte à l'ébullition, jusqu'à ce que le liquide provenant de la condensation de la vapeur d'eau soit incolore. Le ruthénium alors a passé dans le distillat, l'iridium est resté dans le premier ballon. Il faut remarquer que le ruthénium ne passe que si l'oxydation par le nitre a été complète. Il est donc bon de répéter, sur le résidu du ballon, plusieurs fois la fusion avec la potasse et le nitre, et de procéder à des distillations successives.

L'*iridium* reste donc dans le ballon; il est traité comme précédemment. La solution contenant le ruthénium est alors réduite par le zinc pour obtenir le noir de ruthénium, qui, si le zinc est pur, l'est également du premier coup.

On peut aussi procéder autrement; on évapore dans une capsule la solution contenant le ruthénium; le résidu est introduit dans un creuset de porcelaine, puis chauffé d'abord à basse température, ensuite au rouge franc dans un courant de gaz d'éclairage. Il se forme du ruthénium métallique qu'on lave à l'eau bouillante. On vérifie sa pureté par le fait qu'il se dissout intégralement dans une solution concentrée d'hypochlorite de sodium.

## § 10. *Traitement des eaux mères après la séparation de l'iridium, du platine et du ruthénium*

Les eaux mères sont réduites par le fer, en solution acidulée par l'acide sulfurique, dans les vases de grès déjà indiqués. Les noirs qui se déposent contiennent surtout du rhodium, avec un peu de palladium et d'or. Ces noirs bien lavés et légèrement calcinés sont traités par l'eau régale diluée de trois fois son volume d'eau. Le rhodium reste inattaqué (quelquefois avec des traces d'iridium); le palladium et l'or passent en solution. Celle-ci est évaporée en capsule de porcelaine jusqu'à consistance syrupeuse, de façon à chasser l'acide nitrique. Elle est reprise par l'eau, et traitée par un courant d'acide sulfureux gazeux; l'or précipité intégralement. Il est filtré, lavé et calciné en têt de terre réfractaire. La solution filtrée est additionnée d'acide sulfurique, puis réduite par le zinc; on obtient le noir de palladium, qui est légèrement décapé à l'acide chlorhydrique, filtré, séché et calciné, ce qui donne le palladium métallique.

## § 11. *Fusion et coulée du platine*

Au début de l'industrie du platine, le métal n'était pas fondu, mais aggloméré. La mousse était calcinée à blanc comme il a été indiqué, dans des pots de terre réfractaire, puis le culot passé à la presse hydraulique, et le bloc obtenu était forgé au marteau, en le réchauffant de temps en temps dans un foyer alimenté par du charbon de bois.

Actuellement on fond aisément le platine au chalumeau oxhydrique, et on peut le couler en lingots comme un autre métal. La fusion se fait exclusivement dans la chaux vive, qu'il faut prendre aussi pure que possible, et d'une texture particulière. Pour construire le four, on prend un bloc de chaux vive cubique, obtenu par la cuisson préalable au four à chaux d'un bloc de calcaire correspondant. Il faut choisir un calcaire aussi pur que possible; les calcaires de l'urgonien du Jura, par exemple, conviennent parfaitement. Le bloc est scié en deux moitiés inégales. La plus épaisse devient le four, la plus mince le couvercle. Les blocs de chaux sont cerclés avec des fils de fer pour les consolider ou maintenus dans des armatures métalliques. La sole du four est creusée dans le bloc de chaux le plus épais; elle est disposée en cuvette, et doit avoir une profondeur telle que le platine fondu y occupe une épaisseur de 3 à 4 centimètres. Avec une râpe à bois, on pratique sur le bord de la cuvette, une gouttière, inclinée légèrement contre l'intérieur, qui doit servir à la fois de trou de coulée et d'issue pour la flamme du chalumeau. Le couvercle est légèrement excavé en forme de voûte; il est percé au milieu d'un trou conique, qui sert à l'entrée

du chalumeau oxhydrique. Celui-ci se compose d'un tube cylindrique en laiton, terminé à
sa partie inférieure par un ajutage conique de 4 centimètres de longueur, qui est en platine.
Ce tube est traversé par un tube intérieur, en laiton également, terminé par un bout de
platine qui se visse à son extrémité. Le rapport des diamètres internes des deux tubes est
de 3 à 1. Le tube interne est maintenu dans le premier par une vis de pression qui, lorsqu'elle est serrée, permet de régler la distance qui sépare les orifices des deux tubes externe
et interne. Le tube extérieur est réuni latéralement à un large ajutage, muni d'un robinet à
grande section; cet ajutage est relié au gazomètre contenant l'hydrogène par un tuyau de
caoutchouc. Le tube interne est mis de même en communication avec le gazomètre (ou la
bombe) contenant l'oxygène. Le bout de platine qui traverse le tube interne, est percé d'un
orifice de 2 à 6 millimètres de diamètre, suivant la dimension du four.

Pour faire une fusion, on couvre le four de son couvercle, puis on ouvre faiblement
le robinet à hydrogène pour obtenir un léger courant de gaz combustible, et on introduit
alors la quantité d'oxygène suffisante pour le brûler, en ouvrant le robinet d'amenée de ce
gaz. On plonge alors la flamme du chalumeau dans l'orifice du four réservé au passage de
celui-ci, et on chauffe les parois en augmentant progressivement la vitesse des gaz, pour
obtenir la température maximum. Pour effectuer un bon réglage de la flamme, on peut
introduire par la rainure de coulée une lame de platine, sur laquelle on fait arriver le jet de
gaz pour voir en quel point la fusion se fait le plus vite, et on peut abaisser ou relever au
besoin l'orifice du bout de platine qui amène l'oxygène. On introduit alors progressivement
le platine par un second orifice, muni d'un bouchon qui est pratiqué dans le couvercle. La
pression de l'oxygène doit être de 40 à 50 millimètres de mercure. Le platine fond alors
rapidement et forme une masse incandescente qui occupe le fond de la cuve. Il ne faut
pas oublier que le platine fondu roche comme l'argent, car il dissout de l'oxygène. Si donc
on arrive à la fin de l'opération, la fusion étant complète, il faut diminuer progressivement
la quantité de gaz, en laissant prédominer un léger excès d'hydrogène ou de gaz d'éclairage.
L'oxygène dissous dans le platine est alors brûlé, et il se produit une certaine ébullition
dans la masse métallique de par ce fait. Si on veut obtenir le platine solidifié dans le
four même, on éteint le chalumeau et laisse le métal se refroidir lentement; il se produit cependant presque toujours une projection du métal contre la voûte du four au moment
de la solidification, mais cela n'offre pas d'inconvénient. Si on veut couler le métal, il faut
enlever le couvercle du four ainsi que le chalumeau, puis saisir le four entre les mâchoires
d'une solide pince et verser ensuite le métal sans hésitation dans les lingotières. Pour éviter
l'impression désagréable que produit sur l'œil le rayonnement du métal en fusion, il faut
mettre des lunettes en verre coloré. La fusion du métal dans la chaux est de plus un véritable affinage. Le platine brut renferme en effet parfois un peu d'osmium et de silicium;
pendant la fusion, l'osmium se transforme en acide osmique et se dégage; quant au silicium,
il forme un silicate de chaux qui fond, et donne sur le métal une perle analogue à celle de
borax, qui est rapidement absorbée par les parois du four. Le platine fondu est alors un
métal aussi doux que le cuivre. Sa densité $= 21,15$.

L'appareil qui vient d'être décrit peut suffire pour fondre 2 à 3 kg. de platine. Lorsqu'on veut faire des fontes plus considérables (15 à 20 kg. par exemple), et surtout couler le métal, il faut un four plus puissant, qu'on puisse incliner aisément en retirant le couvercle pour effectuer la coulée, car avec un poids de 20 à 25 kg., la prise du four avec une pince serait une opération risquée.

On prend un cylindre ou un parallèlipipède en forte tôle, fermé à sa partie inférieure par une plaque de tôle munie de deux rainures, qui servent à le fixer par des boulons à un appareil à bascule représenté fig. 97. Dans cette enveloppe, on introduit des morceaux de chaux vive soigneusement ajustés les uns contre les autres, de façon à ce qu'ils remplissent tout le vide interne de l'enveloppe métallique, et qu'ils la dépassent de deux centimètres environ sur la hauteur. L'un des morceaux qui doit se trouver au trou de coulée, doit faire une saillie d'environ trois centimètres, pour façonner le bec par lequel s'échappe le métal fondu, de manière à ce que ce dernier coule à une assez grande distance de l'enveloppe de tôle. On serre celle-ci contre les blocs de chaux au moyen de boulons, pour obtenir un tout solide. puis avec une gouje, on creuse dans la chaux la sole du four, ainsi que le rampant et le bec de coulée. La voûte du four est faite d'une manière analogue, avec des morceaux de chaux fixés solidement dans un cylindre, ou un parallèlipipède de tôle identique à ceux ayant servi pour la sole du four, mais de hauteur beaucoup plus faible. Les morceaux de chaux ajustés dépassent de 1 à 2 centimètres le bord du revêtement métallique ; ils sont solidement maintenus dans celui-ci par des boulons. On nivelle alors la surface de la chaux en l'usant sur une molasse ou une plaque de grès, puis on creuse légèrement la chaux de façon à former une petite voûte au-dessus de la cuvette du four.

FIG. 97. — Four à bascule pour la fusion du platine.

Ce couvercle est percé d'un trou conique pour livrer passage à l'extrémité du chalumeau à gaz (ou de deux trous si le four est à deux chalumeaux). Le tube extérieur du chalumeau ne doit pénétrer dans la chaux que sur une faible hauteur. Le bout du chalumeau doit se trouver en avant de l'extrémité de ce tube à environ trois ou quatre centimètres au-dessus de l'ouverture du trou sur la voûte, cette distance peut d'ailleurs être réglée à volonté.

Pour faire fonctionner le four, on allume le chalumeau, donne un peu d'oxygène, puis on l'introduit avec la flamme par l'orifice ménagé dans le couvercle. On règle la flamme, ainsi que la hauteur du chalumeau, puis on chauffe comme précédemment l'intérieur du four, en augmentant progressivement la flamme. On introduit alors par le rampant le platine coupé en lames, qui doit fondre presque instantanément. Lorsque le four est plein, on maintient la température, mais en diminuant l'oxygène et en tâchant d'avoir un milieu réducteur pour éviter le rochage. Pour couler le platine dans une lingotière métallique, on laisse alors la température s'abaisser presque au point de fusion ; si par contre la lingotière est en chaux, on peut couler très chaud, sans risquer de la fondre. Une fois le four chaud, on peut procéder à une nouvelle fusion, qui est toujours beaucoup plus rapide que la première. On calcule qu'il faut en moyenne 60 à 70 litres d'oxygène par kilo de platine, à la pression de 12 à 15 centimètres de mercure.

On peut creuser le four dans un seul bloc volumineux de chaux cuit spécialement à cet usage, ce qui est naturellement préférable à l'assemblage indiqué précédemment. On peut aussi confectionner le four avec un bloc de calcaire parfaitement pur, et cuire préalablement la sole avec un chalumeau oxhydrique. Il se produit nécessairement des fissures de retrait, que l'on peut ensuite remplir avec de la poudre de chaux vive. Pour conserver les fours il faut, après usage, les saupoudrer de chaux vive et les mettre dans un étouffoir métallique bien étanche ; ils peuvent de la sorte se conserver indéfiniment. Le couvercle et le chalumeau peuvent être enlevés du four en agissant sur le levier L, tandis qu'au moyen du levier M on peut incliner le four en sens inverse pour effectuer la coulée.

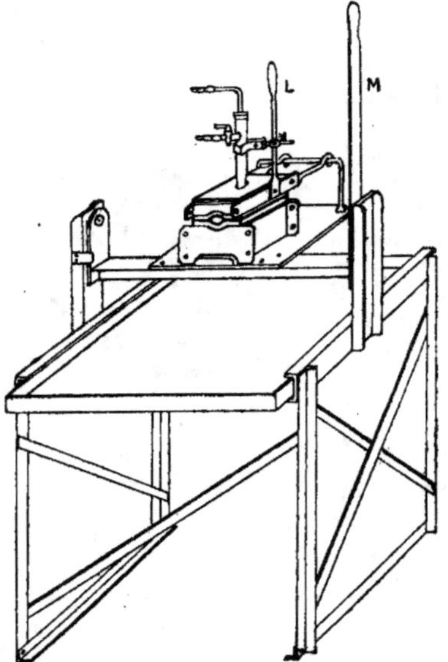


Fig. 98. — Grand four à armature métallique servant à la fusion du platine dans les usines d'affinage.

La coulée du platine est une opération qui présente certaines difficultés, et qui exige une grande habitude. Généralement on moule le platine en lingots, qu'on peut aisément laminer, et pour réussir l'opération il est indispensable de terminer la fusion en atmosphère légèrement réductrice, pour enlever, comme nous l'avons indiqué, l'oxygène dissous dans le platine. Dans le cas contraire, si on laisse un excès d'oxygène, le lingot est bulleux et doit être refondu.

On peut prendre pour la coulée des lingotières en fer, qu'on laisse oxyder à la surface, et qu'on frotte avec du graphite pour éviter toute adhérence. Ces lingotières sont munies d'anses placées perpendiculairement à la direction du jet. Elles sont tenues par des aides qui, pendant la coulée, impriment à la lingotière un mouvement de va et vient pour répartir également le métal fondu et pour éviter les adhérences.

On peut aussi utiliser des lingotières en chaux, qui jadis ont été fort préconisées par Sainte-Claire Deville et Debray, et qu'on obtient aisément en introduisant dans une carcasse en tôle des morceaux de chaux vive bien ajustés, dans lesquels on creuse à la gouge la cavité qui doit former le moule.

Actuellement on emploie, pour mouler les lingots, soit des lingotières en graphite, soit des lingotières en fer, doublées intérieurement de platine, et disposées de telle façon qu'elles permettent le moulage de lingots de toutes les dimensions désirables. Ces lingotières se composent d'une embase de fonte, sur laquelle est fixée verticalement une première plaque en fonte également, l'embase, ainsi que la face interne de la plaque verticale sont recouvertes d'une épaisse lame de platine. Une seconde plaque de fonte, recouverte également d'une lame de platine, peut être placée parallèlement à la première, mais plus ou moins écartée de celle-ci, au moyen de parallélipipèdes de fonte d'épaisseur variable, qui ferment ainsi latéralement la cuvette à faces parallèles formée par les deux plaques de fonte.

On peut ainsi fabriquer à volonté des cellules parallélipipédiques qui forment lingotières, et obtenir des lingots de toutes les dimensions. Les différentes pièces de la cuve sont serrées les une contre les autres, et les cellules rendues étanches par une armature serrée à vis. Si la fusion est bonne, on observe généralement sur la surface de la cellule un léger retrait; si elle est mauvaise, au contraire, une boursouflure. Dans ce cas, le métal est toujours bulleux.

Si, au lieu du platine, on voulait fondre l'iridium, il est indispensable d'avoir un four en chaux vive creusé dans un seul bloc de chaux, et d'opérer à une température aussi élevée, et en même temps aussi rapidement que possible, pour éviter des pertes, certains oxydes d'iridium étant relativement volatils. Quelquefois, pendant la fusion, il se produit des fumées, indice certain de la présence de ruthénium mal séparé. L'iridium fondu est grenaillé, en le projetant dans l'eau.

# CHAPITRE XVI

## LES UTILISATIONS DU PLATINE DANS LES ARTS ET DANS L'INDUSTRIE

§ 1. Le platine dans les appareils servant à la concentration de l'acide sulfurique. — § 2. Le platine dans les mélanges servant à la catalyse. — § 3. Le platine dans la photographie. — § 4. Le platine dans la fabrication des électrodes. — § 5. Le platine dans l'art dentaire. — § 6. Le platine dans l'industrie des lampes à incandescence. — § 7. Le platine dans la confection des appareils de laboratoire. — § 8. Divers petits emplois du platine. — § 9. Les sels de platine et leur utilisation. — § 10. Le platine dans la bijouterie.

### § 1. *Le platine dans les appareils servant à la concentration de l'acide sulfurique*

L'acide sulfurique, tel qu'il sort des chambres de plomb, titre entre 54 et 64 % ; si on veut le concentrer d'avantage, il faut le chauffer dans des vases de plomb, ce qui permet d'arriver à 77 % au maximum. Pour obtenir un titre de 97-98 %, on ne peut plus utiliser les appareils en plomb, qui sont attaqués, et il faut alors employer des vases de verre ou de platine ; or, malgré les immobilisations considérables que nécessite un appareillage d'usine construit entièrement en platine, c'est cependant ce métal qui, pendant fort long-temps, a pour ainsi dire été exclusivement utilisé pour la construction des vases de concentration.

L'épaisseur des tôles de platine qui servaient à la construction de ces vases a été progressivement réduite, puis les appareils en platine pur ont été remplacés à leur tour par d'autres appareils en or et platine, qui paraissaient plus durables et plus économiques. Les modèles des vases servant à la concentration varient d'un constructeur à l'autre ; la fig. 99 représente ceux que construit la maison Quénessen et C<sup>ie</sup>, à Paris (anciennement Des

Moutis). Cette maison utilise un alliage à 10 % de platine et 90 % d'or, qui est appliqué directement sur un fond de platine. Le constructeur Haereus, à Hanau, recommandait également un alliage de 10 % appliqué sur un fond constitué par un autre alliage formé par deux parties de platine pour trois d'or.

Dans les appareils entièrement construits en platine, on compte qu'une production de 10 tonnes d'acide à 93 % par 24 heures, immobilise environ 60 kg. de platine ; d'autres constructeurs indiquent 45 kg. seulement; ce chiffre est même tombé à 30 kg., mais c'est un minimum rarement atteint. En admettant une production de 1000 tonnes par an avec 300 jours de travail, il faut compter une immobilisation moyenne de 15 kg. de platine.

Les appareils de concentration subissent une perte par usure qui est bien connue.

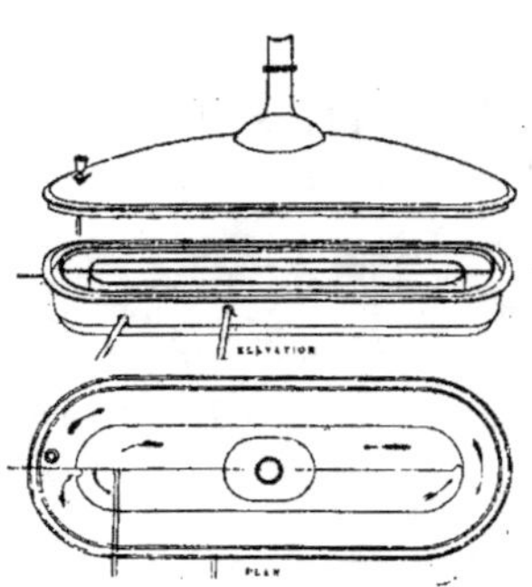


Fig. 99. — Appareil de la maison Quenessen et Cⁱᵉ pour la concentration de l'acide sulfurique.

Elle est de 1 gramme environ par tonne-an pour de l'acide à 94 %, de 6-7 grammes pour de l'acide à 98 %, et de 9 grammes pour de l'acide à 99. Comme en pratique on arrête la concentration à 94, la perte était donc de 1 kg. pour une production de 1000 tonnes-an. Le poids des appareils or-platine est le même que celui des appareils platine seul, à la différence près de la densité des alliages. L'usure qu'ils subissent toutefois est beaucoup plus faible, et ne dépasse pas 144 grammes par 1000 tonnes-an.

Tant que l'or a été sensiblement plus cher que le platine, on ne songea guère à l'alliage or-platine, malgré les avantages de la moindre usure, mais quand les prix des deux métaux sont devenus égaux, on a commencé à changer les installations, malgré les arrêts momentanés et les frais nécessités par une remonte complète, la différence du prix du platine au moment de l'achat et de la vente compensant plus que largement ces frais.

Puis en 1905 et 1906 le platine atteignait des prix inaccoutumés, et depuis lors, abstraction faite de certaines petites fluctuations, ces prix n'ont fait que monter. Il en résulte qu'un peu partout où l'on avait des appareils de concentration en platine, ou en or-platine, on a réalisé ces installations, en faisant un bénéfice souvent considérable. Cette réalisation a été facilitée par le fait que d'une part, on reprenait en certains endroits la concentration en vases de verre, et que d'autre part on a préconisé de nouvelles méthodes de concentration, et de nouveaux appareils qui sont définitivement entrés dans la pratique (notamment les vases en ferro-silicium, et la concentration par filtration de l'acide sur une colonne de coke en présence d'un courant d'air sec ascendant et surchauffé, etc.).

Le nombre des appareils or-platine qui fonctionnent encore est, par conséquent, fort limité, et il a fallu les conditions spéciales créées par la guerre mondiale actuelle pour que l'on ait construit à nouveau quelques-uns de ces appareils. Nous ajouterons que malgré tout la concentration en vases de l'alliage or-platine était économique, la dépense de combustible est, en effet, cinq fois plus petite avec ces appareils, qu'avec les vases en verre ou en quartz.

Nous avons cherché à nous rendre compte de la quantité de platine qui, dans le monde, était immobilisée par les appareils de concentration avant leur disparition difinitive. En 1907, par exemple, la production mondiale de l'acide sulfurique se répartissait comme suit :

| | | |
|---|---|---|
| Angleterre . . . . . | = 1,300,000 | tonnes |
| Allemagne . . . . . | = 1,010,000 | » |
| Amérique . . . . . | = 1,200,000 | » |
| Belgique . . . . . | = 185,000 | » |
| Italie. . . . . . | = 260,000 | » |
| France . . . . . | = 565,000 | » |
| Hongrie. . . . . | = 230,000 | » |
| Russie . . . . . | = 143,000 | » |
| Japon . . . . . | = 60,000 | » |
| Divers . . . . . | = 100,000 | » |
| Total. . | = 5,053,000 | tonnes |

L'augmentation annuelle de cette production peut se chiffrer en temps normal à 3-3,5 %.

Or en 1907, le 8 % seulement de cette production était dû au procédé de contact et le 92 % à celui des chambres de plomb. Mais le 70 % au moins de l'acide brut produit dans les chambres de plomb est utilisé tel quel (notamment pour la fabrication des super-phosphates) ; le 30 % est concentré à des degrés divers, dans différents appareils. Sur ce 30 %, le 12 % seulement était concentré dans le platine, le 18 % dans le plomb, le verre ou d'autres appareils. Il y avait donc en somme, avant 1907, 552,000 tonnes d'acide environ, qui étaient concentrées dans le platine. En adoptant 15 kilos comme représentant les immobilisations de platine nécessaires à une production de 1000 tonnes-an, nous obtenons le chiffre de 8280 kilos de platine comme étant celui de la totalité du métal immobilisé par les appareils de concentration, en supposant ceux-ci faits entièrement en platine. Ce poids serait évidemment inférieur avec des appareils or-platine.

Actuellement, on peut affirmer que la consommation du platine pour la fabrication des vases de concentration est nulle ; personne ne songerait en effet à utiliser un métal aussi coûteux, pour confectionner des appareils qui peuvent être parfaitement remplacés par d'autres d'un prix considérablement moins élevé. Il est même certain que toutes les usines qui possédaient des appareils en platine les ont vendus et remplacés par des installations moins coûteuses, en réalisant ainsi des bénéfices parfois considérables.

Par contre, le platine est encore utilisé dans la fabrication de l'acide sulfurique par les chambres de plomb, mais d'une façon beaucoup plus restreinte. Il sert en effet à fabriquer les pulvérisateurs destinés à injecter de l'eau extrêmement divisée dans les chambres à la place de la vapeur.

## § 2. *Le platine dans les mélanges servant à la catalyse*

On sait que l'anhydride sulfurique peut être obtenu directement par condensation de l'anhydride sulfureux avec l'oxygène de l'air, en présence d'une substance catalysante (procédé dit de contact). L'ammoniac peut aussi être oxydé par l'oxygène et transformé quantitativement en acide nitrique par le même procédé. Le catalyseur par excellence est le platine très divisé, employé directement comme mousse, ou avec un support tel que l'amiante ou le sulfate de magnésie. L'asbeste platiné est la substance employée dans le procédé de la Badische Anilin und Sodafabrik, la porcelaine, dans le procédé Schuckert, etc. On a, il est vrai, proposé de substituer au platine d'autres catalyseurs tels que les cendres de pyrites par exemple (procédé du Verein chemischer Fabriken de Mannheim), mais souvent la catalyse est incomplète et il faut l'achever avec le platine. On a aussi proposé le sulfate de cuivre incorporé à l'argile (procédé Klemm), puis l'anhydride vanadique (procédé Hær), puis enfin les oxydes de vanadium, niobium, titane mêlés à 30-40 % de platine (procédé Raynaud-Pierron).

Cependant, pratiquement, c'est avec le platine que l'on travaille presque partout et notamment en Amérique. Pour l'oxydation de l'ammoniac en acide nitrique, c'est uniquement le platine qui est employé. Dans le procédé de la Badische, pour l'anhydride sulfurique la quantité théorique de platine nécessaire pour produire une tonne d'acide par 24 heures était à l'origine de 1,17 kilo, mais pratiquement, avec la nécessité d'appareils de rechange, elle s'élève à 1,5 kilo. Une production de 1000 tonnes-an (à raison de 300 jours de travail) immobilisait en conséquence 5 kilos de platine ; des perfectionnements ultérieurs ont notablement abaissé les chiffres indiqués.

Les masses qui servent dans le procédé de contact subissent aussi des pertes en platine, qui varient avec la nature du procédé et la façon dont les opérations sont conduites. A la Badische, où les gaz sont très soigneusement épurés avant le contact, elle est minime ; dans d'autres usines où il faut régénérer le platine hors d'usage par l'action de l'arsenic contenu dans les pyrites, elle est plus grande, on l'évalue à 250 grammes environ par 100 tonnes-an. En 1907, le total du platine immobilisé par les appareils de contact était de 1750 kilos environ ; ce chiffre a dû considérablement augmenter dans la suite. En admettant une augmentation annuelle de 3 % dans la production mondiale de l'acide sulfurique par contact (ce qui présentement est absolument au-dessous de la réalité), la consommation annuelle du platine de par le fait de cette industrie serait de 125 kilos environ (chiffre qui pendant la guerre a été considérablement dépassé).

L'asbeste platiné qui sert dans le procédé de contact contient généralement de 2 à 10 % de platine ; il se fabrique aisément de la façon suivante : on dissout dans l'eau du chlorure de platine en quantité convenable pour donner avec l'amiante un produit de titre voulu, on rend la solution fortement alcaline avec du carbonate de sodium, puis on ajoute une solution concentrée de formiate de soude. L'amiante est introduit dans le mélange et malaxé avec lui. On laisse le tout 24 heures dans un endroit chaud, puis on filtre, lave à l'acide chlorhydrique dilué, qui enlève le carbonate de soude et le formiate qui sont en excès, et finit ensuite le lavage à l'eau chaude, jusqu'à ce que le filtrat ne réagisse plus au nitrate d'argent. On sèche l'amiante et on le conserve à l'abri de l'humidité. Si l'opération est complète, le liquide qui filtre de l'amiante reste incolore, ce qui prouve que la totalité du platine a été fixée.

## § 3. Le platine dans la photographie

Le platine est utilisé dans la photographie pour deux buts distincts, à savoir :

1. Pour la préparation des papiers dits au platine, destinés à obtenir des positifs mats d'un très joli effet artistique.

2. Pour la préparation de bains de virage pour les papiers aux sels d'argent. Les virages au platine sont de plus en plus entrés dans la pratique, les sels de platine remplacent dans les bains les sels d'or.

Le platine employé pour ces différents usages se trouve à l'état de chloroplatinite de potassium.

La consommation mondiale annuelle du platine pour la préparation des papiers photographiques oscille entre 70 et 85 kg. environ.

Quant à celle du platine employé dans les bains de virage, elle dépassait jadis de beaucoup les chiffres qui viennent d'être donnés, mais elle s'est fortement réduite lors de la hausse considérable du prix du métal. Elle est présentement impossible à évaluer d'une façon certaine.

## § 4. Le platine dans la fabrication des électrodes

Le platine est employé dans différentes industries électrochimiques qui sont :

1. L'électrolyse des chlorures alcalins (procédé Kellner-Kastner).

2. La fabrication électrolytique des hypochlorites (procédés Schuckert, Siemens & Halske, Schoop, etc.).

3. La fabrication des chlorates et des perchlorates (procédé Corbin, procédé Lederlin, procédé Gibs).

4. La fabrication des persulfates (procédé Näher, procédé du Consortium, etc.).

L'électrolyse des chlorures utilise des filets de platine; la fabrication des hypochlorites et des chlorates des bandes et des tôles de 0,1 à 0,02 millimètre d'épaisseur, la fabrication des persulfates des filets ou des bandes.

Dans le procédé Kastner, on utilise exclusivement des électrodes de platine. Une usine de 2000 chevaux a ordinairement 28 bains, à raison de 2 kg. d'électrodes par bain, ce qui fait 56 kg. de platine immobilisé, auxquels il faut ajouter un stock de 24 kg. qui circule pour la remonte immédiate des appareils. D'une manière générale, un filet de platine de 2 grammes, donne avec 42 watts, 10 grammes de soude par heure, ce qui correspond à 25 grammes de platine pour une tonne-an de soude caustique. La perte annuelle que subissent les appareils de platine dans ce procédé est ordinairement inférieure à $\frac{1}{2}$ %; elle peut atteindre 1 % cependant dans certains cas.

Actuellement, on a cherché pour l'électrolyse des chlorures, à remplacer les électrodes de platine par des électrodes de magnétite, ou encore par des électrodes au péroxyde de plomb; les avis sur l'efficacité de cette substitution sont partagés, des spécialistes autorisés estiment que malgré son prix élevé, le platine garde toujours ses avantages, et nous connaissons des techniciens éminents qui n'ont jamais voulu employer d'autres électrodes que celles de platine dans les usines qu'ils dirigent.

La production actuelle des divers produits électrolytiques par voie humide (potasse, soude, chlorates et perchlorates, hypochlorites, etc.) s'élève en temps normal à peu près à 150,000 tonnes en chiffre rond, ce qui correspondrait à une immobilisation de 3750 kg. de platine, si toute cette production était obtenue exclusivement avec des électrodes de ce métal. Or, d'après les renseignements qui nous sont parvenus, le 33 % seulement de cette production se trouve dans ce cas, ce qui réduit les immobilisations à un tiers environ, soit à 1250 kg. En admettant dans le développement de ces industries une augmentation annuelle de 3 % également, la consommation du platine de par leur fait serait de 37 kg. en chiffre rond, auxquels il faudrait ajouter la perte comprise entre $\frac{1}{2}$ et 1 % subie par les électrodes, soit au total 45 kg. par an environ. Il convient d'ajouter que le platine consommé dans la fabrication des électrodes est iridié de 5 à 10 %.


## § 5. *Le platine dans l'art dentaire*


Le dentiste est certainement, avec le bijoutier, le plus gros consommateur de platine. Ce métal n'est plus employé par lui que dans la fabrication des dents artificielles; il sert à confectionner l'épingle qui est encastrée dans la masse de porcelaine qui forme la dent, et par laquelle on opère la fixation de celle-ci.

On fabrique trois sortes de dents avec platine, à savoir: Les dents ordinaires à épingle pleine, les dents avec tube de platine, et les dents à couronne Logan. La production annuelle des dents au platine s'élève à 50 millions de pièces environ, dont le 98 % est représenté par les dents à tiges pleines, et le 2 % au plus par les dents à tige creuse et à couronne. On peut calculer que 10 dents à tige pleine de forme longue, immobilisent un gramme de platine, 20 dents à tige courte en consomment la même quantité; quant aux dents à tube creux, elles exigent des quantités de platine variables, qui sont généralement inférieures à celles immobilisées dans les dents à tige pleine; par contre, les dents à couronne exigent le maximum de platine. En prenant comme moyenne 8 grammes de platine pour 100 dents, une production annuelle de 50,000,000 de pièces correspond à une consommation de 4000 kg. de platine, dont le 70 % en Amérique et le 30 % en Europe. En 1906, par exemple, la production des dents avec platine s'est élevée à 39,250,000 pièces, ce qui représentait une consommation de 3140 kg. de platine.

Les prix actuels de ce métal ont poussé les industriels à chercher un moyen de le remplacer dans la fabrication des dents artificielles. Depuis longtemps déjà, on fait des dents sans platine; l'épingle de fixation est alors fabriquée avec un alliage de composition déterminée. L'expérience toutefois a montré que cette fabrication est de qualité notoirement inférieure; les épingles faites avec ces alliages étant fixées dans le caoutchouc vulcanisé, se sulfurent, et la dent se détache très rapidement. On fait aussi des dents dites diatoriques, qui sont entièrement en porcelaine, sans épingle fixatrice; ces dents ont été employées avec certain succès, mais rarement pour faire un dentier complet; dans la plupart des cas, les dents de devant des maxillaires supérieur et inférieur, sont à tige de platine.

On vend aussi des dents particulières chez lesquelles l'épingle métallique, encastrée dans la porcelaine, au lieu d'être en platine massif, est formée par une chemise métallique de platine qui recouvre extérieurement une tige de métal non précieux (le nickel par exemple). Le poids de cette chemise représente le 50 % de celui de la tige entière, et si l'on prend en considération le fait que la densité du métal utilisé est inférieure à celle du platine, il en résulte que la quantité de celui-ci qui entre dans une épingle est inférieure à la moitié de celle qui est nécessaire pour fabriquer des tiges en platine pur de même dimension. Ces tiges sont cuites dans la porcelaine comme celles du platine massif; elles peuvent être rivées, pliées et soudées de la même manière. Elles ne présentent pas les inconvénients des tiges faites avec les alliages de métaux non précieux, ne souffrent pas à la vulcanisation, et ne sont pas attaquées par les liquides de la bouche.

On voit, par ce qui précède, que l'art dentaire serait capable à lui seul d'absorber la production annuelle du platine, s'il n'y avait pas des rentrées considérables de métal par suite de la vente de vieux dentiers. En 1906, il est rentré plus de 2000 kg. de platine de par ce fait; sans doute ce chiffre est accidentel, car lors de la première hausse du prix du platine, beaucoup de dentistes ont vendu du matériel qu'ils avaient accumulé depuis des années; Il n'est pas moins certain que chaque année, une quantité fort appréciable de platine rentre en circulation par ce canal.

## § 6. *Le platine dans l'industrie des lampes à incandescence*

Les fils munis de platine noyés dans l'épaisseur du verre, sont employés comme conducteurs dans les lampes à incandescence. La quantité de métal nécessaire pour une lampe varie, bien entendu, avec sa puissance; on peut en moyenne l'évaluer à 0,008 gr. par lampe, ce qui, dans l'hypothèse où toutes les lampes construites utiliseraient le platine, porterait le chiffre de la consommation annuelle de ce métal pour cette industrie à 1000 kg. environ. Or, d'après une statistique faite en Suisse, le 30 % des culots de lampes usagées sont retournés pour en extraire le platine. Si donc cette statistique était extensible à tous les pays, il n'y aurait plus que 700 à 800 kg. de platine frais consommé annuellement pour la fabrication des lampes. On a cherché à remplacer le platine par le ferro-nickel, et cet alliage paraît être entré dans la pratique, bien que les manipulations soient beaucoup plus délicates et exigent des ouvriers particulièrement habiles. Nous ne pouvons présentement estimer dans quelle mesure le ferro-nickel s'est substitué au platine dans l'industrie des lampes à incandescence, et par conséquent la réduction qui résulte de ce fait dans la consommation de ce métal pour cette industrie.

## § 7. *Le platine dans la confection des appareils de laboratoire*

Le platine a depuis fort longtemps été utilisé pour la confection des capsules et des creusets en usage dans les laboratoires de chimie, et notamment de chimie analytique. Il est particulièrement désigné pour la confection d'appareils qui doivent résister à une haute température et à l'action d'agents chimiques plus ou moins corrosifs. On fabrique avec le platine non seulement des capsules et des creusets, mais encore des vases à précipiter, des cornues pour la distillation des acides, notamment de l'acide fluorhydrique, des flacons pour la conservation de cet acide, des nacelles pour l'incinération des substances organiques dans un courant d'oxygène, des tubes de différents diamètres, puis des cuillers et des spatules pour remuer les liquides corrosifs, et enfin des fils plus ou moins épais pour les réactions par voie sèche, notamment pour obtenir les perles colorées de borax ou de sel de phosphore. On utilise aussi dans les laboratoires des lames de platine pour les fusions sèches, puis des covers en platine percés d'un trou au centre, pour les réactions microchimiques, et enfin des cônes perforés pour les filtrations rapides. On fabrique également en platine les électrodes, anodes et cathodes, qui servent dans l'analyse électrolytique, puis les bouts de chalumeau à bouche, et les extrémités des pinces qui servent pour les réactions par voie sèche.

Jadis on utilisait pour la fabrication des creusets, du platine aggloméré et martelé, produit directement avec la mousse; ce platine était ordinairement assez mal affiné, et renfermait souvent des quantités notables d'iridium, qui lui communiquait des propriétés excellentes. Actuellement on fait la vaisselle de platine avec du métal parfaitement affiné, fondu et laminé, et on a dans certaines usines remplacé l'iridium que l'on extrait soigneusement du platine brut vu son prix élevé, par du cuivre, qui peut atteindre la proportion de 3 % dans l'alliage. Il en résulte que cette vaisselle est considérablement inférieure en qualité à celle que l'on fabriquait jadis, ce que sait parfaitement chaque directeur d'un laboratoire analytique. Ce platine est beaucoup moins résistant, cristallise rapidement à la suite de chauffages réitérés, et devient aisément poreux.

La quantité de platine frais consommé annuellement pour la confection des instruments de laboratoire est peu considérable, car lorsque les capsules ou creusets sont détériorés, on les retourne à l'usine pour les échanger contre des appareils neufs, en payant seulement la façon. D'autre part, l'usure de ces appareils est petite et les pertes globales qui en résultent sont peu considérables. Il s'ensuit que la consommation de platine frais ne provient que de la création de laboratoires qui nécessitent un matériel nouveau, et des acquisitions nouvelles d'anciens laboratoires scientifiques ou industriels, qui sont toujours limitées.

On utilise également le platine pour la confection des fours à résistance destinés à chauffer les tubes ou les creusets. Ces appareils, qui permettent d'obtenir aisément des températures élevées, atteignant jusqu'à 1200 degrés, se composent en principe d'un fil de platine de diamètre variable, ou d'une mince bande de platine de $0{,}01^{mm}$ de largeur, qui sont enroulés en spirale et noyés dans une matière inerte incombustible, qui s'échauffe à leur contact. Ils sont employés non seulement dans les laboratoires scientifiques et industriels, mais encore chez les dentistes, qui s'en servent pour certaines cuissons à haute température.

Le platine sert aussi à confectionner les couples thermo-électriques pour l'évaluation des hautes températures. On fabrique ordinairement deux types de ces appareils; le premier est formé par le platine pur et le platine allié à l'iridium; le second par le platine pur et l'alliage de platine-rhodium. Le second type présente sur le premier certains avantages incontestables, son emploi tend à se généraliser de plus en plus. Il a permis en outre de trouver une utilisation du rhodium, qui n'en avait pas auparavant.

On sait que le mètre-étalon a été construit en platine iridié à 10 %. Jadis on fabriquait assez souvent des poids en platine massif pour les travaux analytiques de précision. Une boîte ordinaire de poids pour l'analyse débutant par 200 grammes, immobilisait ordinairement au total 405 grammes de ce métal. Actuellement, on réserve le platine pour la confection des poids inférieurs à un gramme, soit 0,5 à 0.005 gr.

## § 8. *Divers petits emplois du platine*

Le platine sert à confectionner les thermomètres enregistreurs à résistance, puis les fils minces de résistance déterminée, qui sont employés pour amorcer les détonateurs dans le tirage des mines par l'électricité.

C'est en platine iridié à 25 % que l'on fabrique aussi les vis des magnétos destinées à l'allumage des moteurs à explosion. Elles se composent de deux contacts cylindriques en platine, soudés sur une vis d'acier à la soudure autogène.

On fait aussi en platine les contacts des appareils qui servent dans la télégraphie sans fil, puis les pointes des thermocautères, et enfin les aiguilles creuses des seringues à injections hypodermiques. On prend toutefois pour celles-ci du platine iridié à 10 %, qui est moins mou que le métal pur.

## § 9. *Les sels de platine et leur utilisation*

Le seul des sels de platine qui soit préparé sur une assez grande échelle est le chlorure $PtCl_4$. C'est lui qui, en effet, sert de point de départ à toute une série de produits tels que le chloroplatinite de potassium, l'amiante platiné, les porcelaines platinées, etc. C'est avec lui que l'on prépare le platinocyanure de baryum, qui est présentement consommé en assez grande quantité pour la fabrication des écrans fluorescents.

Le chlorure de platine était jadis assez largement employé dans les laboratoires de chimie, et même dans certains laboratoires techniques. Il servait principalement de réactif pour la précipitation et le dosage de certains éléments (potassium, alcaloïdes, etc.). Le prix élevé du platine en a fait restreindre considérablement l'emploi, malgré les avantages incontestables qu'il présente sur d'autres réactifs similaires.

## § 10. *Le platine dans la bijouterie*

Lorsque le prix du platine était inférieur à celui de l'or, son emploi dans la bijouterie était fort restreint. Il servait simplement au montage des pierres fines, notamment du diamant, et l'on faisait en platine les chatons destinés au sertissage de celui-ci. Dès que le prix du platine a dépassé celui de l'or, il est devenu le métal noble par excellence et a fait son entrée définitive dans la bijouterie, en supplantant presque complètement l'or et ses alliages.

En joaillerie pure, il est, comme précédemment, utilisé pour les chatons destinés au sertissage, non seulement du diamant, mais d'une foule d'autres pierres précieuses ou demi-précieuses, telles que l'aiguemarine, la topaze, l'opale, etc. Le poids du métal immobilisé varie naturellement avec les dimensions de la pierre; il oscille entre 0,2 et 2 grammes, mais pour les grosses pierres peut atteindre 4 à 5 grammes. Le platine est aussi employé pour le sertissage dit à filet; la pièce de platine portant les pierres est alors directement soudée à l'or, qui forme le corps du bijou.

Le platine étant toujours travaillé à l'état massif, ne s'emploie que pour les bijoux de prix, montés avec ou sans pierres, soit :

1. Pour les bagues, notamment pour la bague solitaire, composée d'un chaton qui supporte une pierre unique ou une perle, et qui est soudé à un anneau plein; pour les bagues massives dites bagues russes, et pour la bague cachet. Ces deux dernières bagues pèsent de 15 à 25 grammes.

2. Pour les bracelets, soit pour le bracelet genre rivière, formé par des pierres montées individuellement sur chaton, et reliées entre elles, soit avec des pierres serties sur un anneau continu du métal. On fait aussi en platine le bracelet-chaine en gourmettes, à mailles de platine, ou alternativement de platine et d'or. Récemment on a introduit sur le marché le bracelet-montre extensible, entièrement fait en platine, les maillons du bracelet comme la cuvette de la montre. Un tel bracelet immobilise une assez grosse quantité de platine, qu'on évalue de 50 à 100 grammes et même davantage. Les bracelets des deux premières catégories consomment ordinairement de 15 à 45 gr. de platine.

3. Pour les colliers. Le platine est exclusivement employé pour les rivières de diamant montées ordinairement avec 30 ou 40 pierres de dimensions différentes; il entre dans la confection des chatons et des anneaux. Le poids du platine qui est consommé pour un tel bijou dépasse ordinairement 40 grammes.

4. Pour les boucles d'oreille. Le platine n'entre d'habitude que dans la confection du chaton qui supporte la pierre, ou dans l'encadrement de celle-ci. On fait cependant des boucles avec brillants qui sont entièrement en platine.

5. Pendentifs. Le pendentif en platine avec chainette du même métal se porte de plus en plus et tend à se substituer au même bijou en or. La chainette pèse de 3 à 4 grammes, le pendentif lui-même de 8 à 20 grammes (sans les pierres).

6. Broches. On fait des broches en diamant et en perles, voire même en pierres de couleur, dont toute la carcasse métallique est entièrement en platine, notamment les broches en pavés de brillants sertis dans le métal ciselé. Un tel bijou immobilise de 8 à 15 grammes de platine.

7. Epingles. Les diamants ou les perles sont souvent montés en épingles de cravate sur une tige de platine dont le poids oscille entre 2 et 3 grammes.

8. Parures complètes. Les parures complètes en brillants se font exclusivement en platine; le bijou est entièrement découpé et ciselé dans le métal, puis les pierres sont serties dans les alvéoles préparées à cet usage. Le poids de platine que nécessite une parure

est éminemment variable suivant sa grandeur et le nombre des pierres; il dépasse souvent 100 grammes pour une parure complète.

9. Chaines de montre. La chaîne de montre pour hommes en platine massif se fait assez rarement; on préfère ordinairement les chaines mixtes composées de maillons de platine qui alternent avec d'autres en or. Par contre, les chaines-sautoir pour dames sont très recherchées; elles sont faites soit exclusivement avec des maillons de platine, soit avec des petits chatons qui portent des pierres et qui sont réunis par des maillons. La quantité de platine nécessaire pour exécuter une telle chaîne varie beaucoup; elle oscille entre 35 et 120 grammes, suivant sa longueur et la forme des anneaux.

10. Boite de montre. La boite de montre pour dames, en platine poli, ou ornée de petits brillants, est actuellement d'une fabrication courante; ces montres servent principalement à la confection du bracelet-montre extensible. Le poids du platine qui entre dans la boîte tombe rarement au-dessous de 20 grammes; il est fréquemment plus élevé.

La montre pour hommes à boite en platine est d'une fabrication moins courante; mais elle est de plus en plus demandée. Le chiffre de certaines boites en or est souvent ciselé en platine; le poids de ces chiffres oscille entre 2 et 5 grammes.

Dans la bijouterie on emploie le platine pur ou un alliage à très haut titre. On a aussi utilisé des alliages de platine et d'argent à 30 et 33 % de platine, et aussi des alliages de palladium, mais présentement, vu les exigences de la loi en ce qui concerne le platine, ces alliages ne sont pour ainsi dire plus employés.

Il convient de remarquer que les déchets de platine obtenus pendant le travail de bijouterie varient entre 50 et 60 % du métal brut primitif. C'est dans l'industrie de la chaîne que le déchet est minimum (9 à 15 %); dans l'industrie de la boite il atteint le 67,5 %.

Nous avons, en 1907, cherché à établir quelle était à ce moment la consommation mondiale du platine pour la bijouterie. En employant pour cela divers procédés qui se sont contrôlés sensiblement, nous avons obtenu les chiffres suivants :

1. Par les cendres de bijoutiers traitées pour la récupération du platine des déchets. . . . . . . . . . . . . . . . . . . . . . . . . 1920 kilos
2. Par estimation basée sur la consommation genevoise . . . . . . . 1500 »
3. Par les données statistiques directes qui nous ont été fournies. . . . . 1708 »

Le chiffre de 1700 kg. pour 1906-1907 ne doit donc pas être bien éloigné de la réalité. Il convient de remarquer que depuis 1907 l'industrie du bijou de platine s'est de plus en plus développée, et il est hors de doute que la consommation du platine par le bijoutier a probablement augmenté du tiers ou de la moitié. Si nous ne prenions comme base que l'augmentation de cette consommation à Genève même, nous arriverions à des chiffres beaucoup plus considérables, mais comme l'industrie du bracelet-montre est très développée dans cette ville, et que cette branche de la bijouterie est celle qui consomme le plus de platine, il ne faudrait pas généraliser trop rapidement.

# CHAPITRE XVII

## PRODUCTION DU PLATINE ET STATISTIQUE GÉNÉRALE

§ 1. Production générale de l'Oural. — § 2. Production individuelle des différents centres. —
§ 3. Production mondiale du platine.

### § 1. *Production générale de l'Oural*

La production annuelle du platine a beaucoup varié dans l'Oural, et cela tient essentiellement aux fluctuations du prix du platine. Il est à remarquer qu'au début, alors que les gisements étaient exceptionnellement riches, cette production était en somme fort restreinte. Cela provenait du fait que le prix du platine étant très bas, on n'avait pas grand profit à travailler, et que l'on préférait exploiter les alluvions aurifères qui, malgré leurs teneurs ordinairement inférieures à celles des alluvions platinifères (de Taguil par exemple), étaient cependant plus payantes. Un coup d'œil jeté sur le tableau qui suit, permet de se convaincre que l'intensité de la production a marché de pair avec le relèvement des prix ; c'est même au moment où les alluvions ont été tout à fait appauvries, que la production a été la plus forte, ce qui peut sembler paradoxal, mais ce que nous expliquerons dans la suite.

La production totale de l'Oural pendant 92 ans a été, d'après la statistique officielle, de 14,479 pouds 27 livres, ce qui correspond à 231,664 kilos. Ce chiffre est très certainement notablement inférieur à la réalité, car il ne comprend pas le platine dérobé par les ouvriers ou les voleurs professionnels, qui ne figure évidemment pas dans la statistique. Or, à Taguil même, comme nous avons pu jadis le vérifier, la quantité du platine volé égalait presque celle du platine remis au comptoir. Nous estimons donc que le chiffre indiqué peut sans hésitations être majoré du tiers ou du quart. La production la plus élevée se trouve en 1901, elle était de 388 pouds 39 livres, soit de 6224 kilos en chiffre rond ; depuis lors elle a oscillé, mais à partir de 1912 déjà, on voit se manifester une décroissance réelle malgré les prix

*Tableau de la production de l'Oural jusqu'en 1915*

| Années | Pouds | Livres | Années | Pouds | Livres | Années | Pouds | Livres |
|---|---|---|---|---|---|---|---|---|
| 1824 | 1 | 1 | 1855 | — | 39 | 1886 | 263 | 21 |
| 25 | 11 | 25 | 56 | 1 | 17 | 87 | 269 | 4 |
| 26 | 13 | 21 | 57 | 7 | 29 | 88 | 165 | 35 |
| 27 | 25 | 31 | 58 | 10 | 13 | 89 | 160 | 30 |
| 28 | 95 | 6 | 59 | 55 | 34 | 1890 | 183 | 26 |
| 29 | 78 | 29 | 1860 | 61 | 19 | 91 | 258 | 25 |
| 1830 | 106 | 20 | 61 | 105 | 12 | 92 | 279 | 7 |
| 31 | 108 | 1 | 62 | 142 | 21 | 93 | 311 | 13 |
| 32 | 116 | 23 | 63 | 130 | 21 | 94 | 318 | — |
| 33 | 117 | 10 | 64 | 24 | 10 | 95 | 269 | 20 |
| 34 | 103 | 24 | 65 | 138 | 34 | 96 | 301 | — |
| 35 | 105 | 16 | 66 | 106 | 23 | 97 | 341 | 39 |
| 36 | 117 | 27 | 67 | 109 | — | 98 | 367 | 13 |
| 37 | 118 | 29 | 68 | 122 | 24 | 99 | 364 | — |
| 38 | 122 | 3 | 69 | 143 | — | 1900 | 310 | 28 |
| 39 | — | — | 1870 | 118 | 38 | 1 | 388 | 39 |
| 1840 | 93 | 29 | 71 | 125 | 7 | 2 | 374 | 23 |
| 41 | 108 | 39 | 72 | 93 | — | 3 | 367 | 5 |
| 42 | 121 | 29 | 73 | 96 | 10 | 4 | 306 | — |
| 43 | 213 | 39 | 74 | 123 | — | 5 | 319 | 22 |
| 44 | 99 | — | 75 | 94 | 8 | 6 | 352 | 26 |
| 45 | 47 | 10 | 76 | 96 | 9 | 7 | 328 | 33 |
| 46 | 1 | 7 | 77 | 105 | 16 | 8 | 298 | 14 |
| 47 | 1 | 8 | 78 | 126 | 13 | 9 | 312 | 4 |
| 48 | 2 | — | 79 | 138 | 10 | 1910 | 334 | 33 |
| 49 | 9 | 17 | 1880 | 179 | 37 | 11 | 352 | 18 |
| 1850 | 9 | 26 | 81 | 182 | 10 | 12 | 336 | 39 |
| 51 | 11 | 26 | 82 | 249 | 11 | 13 | 299 | 20 |
| 52 | 16 | 19 | 83 | 215 | 33 | 14 | 298 | 18 |
| 53 | 61 | 21 | 84 | 136 | 24 | 1915 | 205 | 18 |
| 54 | — | 27 | 85 | 158 | 8 | | | |

élevés du métal. Cette décroissance tient à deux causes. La première, qui est définitive, est que les gisements de l'Oural sont en grande partie épuisés ; quand nous disons épuisés, il faut s'entendre. Les alluvions vierges à hautes teneurs sont pour ainsi dire partout exploitées, même celles restées intactes parce que leurs teneurs avaient été jugées insuffisantes. Or ce sont ces alluvions qui, lorsqu'on pousse l'exploitation, sont susceptibles de fournir une grosse production. Partout on relave les tailings, et la meilleure preuve que l'exploitation des grands champs alluviaux vierges est terminée, c'est que les lavoirs mécaniques disparaissent presque complètement. Sur les lojoks, en 1906 déjà, les teneurs des tailings étaient maigres, surtout à Taguil, depuis lors elles n'ont fait que s'abaisser. Presque partout l'ère des dragues a commencé, et ces instruments se sont rapidement multipliés sur les champs d'alluvion.

Bientôt presque toute la production de l'Oural devra être attribuée aux dragues ; la quantité de platine extrait par les staratélis va en effet en diminuant progressivement, ce qui se vérifie complètement depuis plusieurs années. Plusieurs exploitations sont terminées (du moins en ce qui concerne les travaux en régie) et quelques staratélis restés sur les lieux continuent à extraire un peu de platine, des tailings ou de certaines places où les alluvions n'ont pas été travaillées. Tel est par exemple le cas sur les centres du Koswinsky, sur celui de l'Omoutnaïa, du Daneskin, du Kaménouchky, etc. Partout où on peut placer une drague pour extraire le platine que l'on ne pourrait exploiter par d'autres moyens, on le fait ou on l'a fait. Or une drague ne peut être installée que lorsqu'elle a une réserve suffisante pour 12 à 15 ans de travail. Plusieurs dragues sur l'Iss et à Taguil travaillent déjà depuis 8 à 10 ans, d'autres ont été installées il y a quelques années seulement, d'autres sont de date tout à fait récente ; ainsi à Pawda, on a depuis trois ans, installé cinq dragues, dont trois comptent parmi les plus puissantes de l'Oural. Mais il ne faut pas oublier que la meilleure drague travaillant dans des conditions favorables, ne donne jamais ce que donnait un grand lavoir installé sur un champ d'alluvions riches. Une drague qui produit 12 à 15 pouds de platine par année, travaille dans des conditions tout à fait exceptionnelles : (ce fut le cas par exemple pour une des dragues de Taguil placée sur Martian en aval d'Awrorinsky). Les grosses dragues actuelles qui travaillent des alluvions et des tailings relativement riches, ne donnent pas plus de 8 à 10 pouds par an, et la grande majorité des dragues reste fort au-dessous de cette limite. Actuellement, le nombre des dragues qui travaillent sur les placers platinifères de l'Oural est de 28, se répartissant comme suit :

| | |
|---|---|
| Centre de Daneskin | 1 drague |
| Centre de l'Iss (Schouwaloff) | 2 dragues |
| Centre de l'Iss (Compagnie industrielle) | 12 » |
| Centre de la Wyja (Compagnie industrielle) | 4 » |
| Centre de Kitlim-Lobwa-Pawda | 4 » |
| Centre des Kaménouchky (Kamenka, Niasma) Pawda | 2 » |
| Centre de Taguil | 6 » |

Sur ces 29 dragues, cinq au moins peuvent être considérées comme sans valeur; il en reste 24 qui travaillent. En admettant une moyenne de 6 pouds par drague, on arrive à un total de 144 pouds, produits actuellement par ces instruments.

Or, les 6 dragues de Taguil donnent en moyenne 55 pouds par an, ce qui fait un peu plus de 9 pouds par drague; celles de Kitlim et de Lobwa en moyenne de 7 à 8 pouds présentement, peut-être moins dans la suite, lorsque les deux grosses dragues en construction travailleront les alluvions pauvres de la Lobwa. Celles de l'Iss, de la Toura, de la Wyja et de la Niasma de 1 ½ à 6 pouds. Il résulte de ceci que la moyenne de 6 pouds que nous avons calculée est certainement au-dessous de la réalité.

La seconde cause de la décroissance de la production est momentanée et provient évidemment de la guerre, dont l'influence a été ressentie déjà en 1914, mais surtout en 1915. L'abaissement de la production de 298 pouds en 1914 à 205 pouds en 1915 provient exclusivement de la suppression presque totale de la main-d'œuvre des staratélis, les dragues ayant travaillé comme à l'ordinaire. Ces chiffres sont la démonstration que la production des staratélis reste encore fort respectable et l'emporte presque sur celle des dragues, mais il est quasi certain que dans un temps rapproché, il n'en sera plus ainsi.

Le tableau suivant, qui nous a obligeamment été communiqué par l'administration de Taguil, est très suggestif au point de vue des origines de la production actuelle.

*Tableau de la production de Taguil depuis l'introduction des dragues*

| Années | Nombre des dragues | Platine des dragues | Platine des lavoirs | Platine des staratélis | Total |
|---|---|---|---|---|---|
| 1908 | 2 | 10 pouds | 17 pouds | 13 pouds | 40 pouds |
| 1909 | 2 | 27 » | 14 » | 7 » | 48 » |
| 1910 | 3 | 29 » | 12 » | 30 » | 71 » |
| 1911 | 4 | 46 » | 9 » | 34 » | 89 » |
| 1912 | 6 | 54 » | 8 » | 26 » | 88 » |
| 1913 | 6 | 55 » | 9 » | 19 » | 83 » |
| 1914 | 6 | 58 » | 9 » | 13 » | 80 » |
| 1915 | 6 | 55 » | — | — | 55 » |

Le tableau montre que depuis l'apparition des dragues, la production des lavoirs a diminué, de même que celle des staratélis, qui depuis 1911, est en pleine décroissance. Il montre aussi que les premières dragues ont été placées sur les gisements les plus riches; elles donnaient, en 1911, en moyenne 11,5 pouds par drague, tandis que les deux dernières, placées en 1914, n'en donnaient que 5 seulement.

## § 2. *Production individuelle des différents centres*

Nous n'avons malheureusement des données statistiques exactes que pour un nombre restreint de centres platinifères. Pour plusieurs d'entre eux il n'existe aucune statistique, pour d'autres, cette statistique est incomplète ou mal faite. en ce sens que le platine provenant de centres différents n'a pas été séparé et figure dans le chiffre global. Nous donnerons dans les tableaux qui suivent. les chiffres que nous avons pu réunir.

*Production du centre de Taguil* (d'après M. Wyssotsky)

| Années | Pouds | Années | Pouds |
|---|---|---|---|
| 1824 | — | 1893 | 77 ½ |
| 1825 | 5 ¼ | 1894 | 79 |
| 1826 | 10 ½ | 1895 | 63 |
| 1827 | 21 | 1896 | 54 |
| 1828 | 91 | 1897 | 68 ½ |
| 1829 | 76 ½ | 1898 | 88 ¾ |
| 1830 | 101 | 1899 | 81 |
| 1831-1838 | 102-121 | 1900 | 76 ½ |
| 1839-1840 | 90 ½ -93 ½ | 1901 | 71 |
| 1841-1842 | 104 ½-117 ½ | 1902 | 53 ½ |
| 1843 | 210 ½ | 1903 | 65 ½ |
| 1844 | 98 ¾ | 1904 | 62 |
| 1845 | 47 | 1905 | 54 ¾ |
| 1848-1851 | 3-11 | 1906 | 53 |
| 1852-1854 | 24-95 ½ | 1907 | 54 ½ |
| 1855-1871 | 50-134 ½ | 1908 | 40 ½ |
| 1872-1877 | 49-70 ½ | 1909 | 48 |
| 1878 | 70 ½ | 1910 | 71 |
| 1879 | 68 ½ | 1911 | 89 |
| 1880 | 69 | 1912 | 88 |
| 1881 | 75 | 1913 | 83 |
| 1882 | 104 ½ | 1914 | 80 |
| 1883-1892 | 53 ½-99 | 1915 | 55 |

La production totale reconnue de Taguil jusqu'en 1915 s'élève à 6866 pouds, mais, comme nous l'avons montré, elle est beaucoup plus considérable en réalité, le platine volé ne figurant pas dans cette production.

*Production du centre de l'Iss*

| Années | Pouds | Années | Pouds |
|--------|-------|--------|-------|
| 1824 | | 1881 | 106 |
| 1825 | | 1882 | 123 ½ |
| 1826 | | 1883-1892 | 83 ½-178 ½ |
| 1827 | | 1893 | 223 |
| 1828 | | 1894 | 224 ½ |
| 1829 | | 1895 | 199 ½ |
| 1830 | | 1896 | 240 |
| 1831-1838 | | 1897 | 266 |
| 1839-1840 | 1-15 | 1898 | 266 |
| 1841-1842 | | 1899 | 264 |
| 1843 | | 1900 | 210 |
| 1844 | | 1901 | 290 ½ |
| 1845 | | 1902 | **295 ½** |
| 1848-1851 | | 1903 | 280 ½ |
| 1852-1854 | | 1904 | 220 |
| 1855-1871 | | 1905 | 232 |
| 1872-1877 | 29 | 1906 | 264 |
| 1878 | 53 | 1907 | 248 |
| 1879 | 67 ½ | 1908 | 208 ½ |
| 1880 | 110 | | |

Jusqu'en 1908, date à laquelle s'arrête cette statistique, la production totale du centre de l'Iss s'élevait à 4645 pouds ½ (y compris celle du centre des Gousséwi-Kamen qui n'est pas défalquée).

## Production du centre du Koswinsky

| Années | B. et M. SOSNOWKA | | M. KOSWA | | B. KOSWA | | TOTAL | |
|---|---|---|---|---|---|---|---|---|
| | Pouds | Livres | Pouds | Livres | Pouds | Livres | Pouds | Livres |
| 1839 | | | | | | | — | 8 |
| 1840 | | | | | | | — | 13 |
| 1841 | | | | | | | — | 26 |
| 1842 | | | | | | | 1 | 22,5 |
| 1843 | | | | | | | 1 | 22 |
| 1890 | | | | | | | — | — |
| 1893 | | | | | | | 1 | 30 |
| 1893-1894 | | | | | | | 3 | 34 |
| 1894-1895 | | | | | | | 2 | 25 |
| 1895-1896 | | | | | | | 1 | 14 |
| 1896-1897 | | | | | | | — | 32 |
| 1897-1898 | | | | | | | — | 21 |
| 1898-1899 | | | | | | | 7 | — |
| 1899-1900 | | | | | | | 6 | 7 |
| 1900-1901 | | | | | | | 8 | 27 |
| 1901-1902 | | | | | | | 8 | 25 |
| 1902-1903 | | | | | | | 7 | 18 |
| 1903-1904 | 8 | 38 | — | 17 | | | 9 | 15 |
| 1904-1905 | 7 | 14 | — | 12 | | | 7 | 26 |
| 1905-1906 | 7 | 37 | — | 21 | | | 8 | 18 |
| 1906-1907 | 7 | 6 | — | 30 | | | 7 | 40 |
| 1907-1908 | 6 | 23 | 1 | 4 | | | 7 | 27 |
| 1908-1909 | 2 | 9 | 1 | — | | | 3 | 9 |
| 1909-1910 | 4 | 9 | — | 21 | | | 4 | 30 |
| 1910-1911 | 3 | 18 | — | 29 | | | 4 | 8 |
| 1911-1912 | 3 | 13 | — | 34 | 2 | 14 | 6 | 22 |
| 1912-1913 | 2 | 39 | — | 24 | 2 | 13 | 5 | 36 |
| 1913-1914 | 2 | 34 | 1 | 24 | — | 18 | 4 | 37 |
| 1914-1915 | 1 | 16 | 2 | 12 | — | 5 | 3 | 34 |

*(Dans la colonne B. KOSWA, en travers : « Production totale cumulée du centre de Sosnowsky-Ouwal ».)*

La production totale du centre du Sosnowsky-Ouwal (y compris la petite Koswa) est
donc de 128 pouds seulement.

## § 3. *Production mondiale du platine*

La statistique de la production mondiale du platine est assez difficile à établir; on peut toutefois affirmer que jusqu'à ce jour, c'est la Russie qui a fourni pour ainsi dire la totalité du platine consommé dans les arts et dans l'industrie. En 1911, la production mondiale se décomposait comme suit :

|  | Kilos | % de la production |
|---|---|---|
| Russie . . . . . . | 5766 | 93.1 |
| Colombie . . . . . | 373 | 6.1 |
| Australie et iles . . . | 21 | 0.5 |
| Etats-Unis . . . . . | 29 | 0.3 |
| Total | 6189 | 100.00 |

Cette statistique n'est pas complète, elle ne tient pas compte du platine volé dans l'Oural. Sans doute en 1911 le vol avait considérablement diminué par suite de l'installation des dragues et de la réduction du nombre des staratélis, mais il existait encore et représentait probablement au total un millier de kilos. De plus, elle ne fait pas mention du platine de Bornéo, dont il vient à peu près 40 à 50 kg. annuellement sur le marché, ni du platine du Brésil, dont la production est d'ailleurs très faible. Il faudrait encore y ajouter le platine extrait des boues qui proviennent du traitement des minerais nickelifères et cuprifères de Sudburry. Si nos renseignements sont exacts, la production annuelle du platine qui provient de cette source est de 50 kilos environ. Ces chiffres n'influent toutefois pas sensiblement sur le résultat final et l'on peut dire qu'en 1911, la production mondiale était de 7000 à 7500 kg. en chiffre rond. Dans quelle mesure cette production est-elle destinée à se modifier dans la suite, il est difficile de l'établir avec précision. Il faut naturellement se reporter aux conditions du travail normal, qui ne pourront évidemment se produire qu'après la guerre. Or, dans l'Oural, nous estimons que partout la production ira rapidement en décroissant, pour arriver à un certain chiffre qui se maintiendra pendant plusieurs années consécutives. Sans doute les staratélis continueront à travailler, et pendant de nombreuses années, mais, comme nous l'avons déjà dit, leur production ira en diminuant, et il viendra un moment où la plus grosse partie du platine de l'Oural sera exclusivement due aux dragues. Sur l'Iss, où le travail en régie a été exécuté méthodiquement, et où par conséquent les tailings sont pauvres, la production va s'abaisser considérablement dès que les grands lavoirs auront complètement disparu, ce qui aura lieu dans un avenir très proche. Cette production a d'ailleurs déjà sensiblement diminué. A Taguil, le platine extrait par les staratélis tombera bientôt à peu de chose, et certaines dragues seront dans quelques années au bout de leurs réserves, mais on pourra encore en placer quelques nouvelles, ce qui établira une compensation. Sur la Pawda, la production annuelle est destinée à augmenter par rapport à celle d'antan, même la plus forte, par le simple fait des dragues qui sont au début, et qui ont devant elles un gros cube d'alluvions à traiter. Sur les autres petits centres platinifères, la production va constamment en diminuant; peut-être y verra-t-on aussi des dragues dans un avenir prochain. De toute façon, on peut dire que dans une quinzaine d'années les gîtes actuellement connus de l'Oural seront complètement épuisés ou à peu près. Il y aura toujours une production annuelle, cela est certain, et il serait téméraire de lui assigner une limite, car l'expérience prouve que des cours d'eau exploités depuis près de cent années, fournissent encore du platine, mais cette production sera tout à fait réduite par rapport à celle d'aujourd'hui, et c'est ce qui nous fait dire que les gîtes seront pratiquement épuisés.

En découvrira-t-on de nouveaux? Cela est possible et même vraisemblable, mais alors seulement dans l'Oural du nord, au delà des sources de la Soswa, car l'Oural central et l'Oural du sud sont actuellement assez bien étudiés au point de vue géologique, et l'on sait que les centres dunitiques importants en dehors de ceux déjà connus, n'y sont pas à rencontrer. Nous ajouterons que la prospection des régions septentrionales de l'Oural n'est pas chose facile, elle demandera beaucoup d'efforts et d'assez grosses dépenses.

La Colombie équatoriale est beaucoup moins bien connue que l'Oural, elle s'inscrit au second rang dans la production mondiale. Depuis deux ou trois ans, elle a fourni des quantités tout à fait inattendues de platine; ainsi en 1916, sa production a atteint un millier de kilos environ. Or il est intéressant de constater que cette rapide augmentation n'est pas due à l'introduction de moyens industriels puissants; la seule drague qui fonctionne sur le Condoto pour le moment, n'a pas provoqué une grosse perturbation dans la production annuelle, et c'est donc toujours par les mêmes moyens primitifs que celle-ci a été intensifiée. Il est, à notre avis, certain que la Colombie est destinée à devenir un centre platinifère important, et que les difficultés que l'on rencontre dans ce pays, par le fait de la main-d'œuvre et du climat, sont destinées à s'aplanir dans la suite.

Quant aux autres gisements du monde, leur production n'est pas destinée à s'améliorer, tant s'en faut; elle est d'ailleurs actuellement déjà, quasi insignifiante.

Ce qui précède nous amène à dire deux mots de la possibilité de découvrir de nouveaux gîtes platinifères en d'autres points du globe. Cette possibilité existe, et personne ne le contestera, car la terre ne nous est pas suffisamment connue au point de vue géologique pour qu'il soit possible d'affirmer qu'il n'existe aucun centre dunitique ou pyroxénitique platinifère en dehors de ceux que nous connaissons. Cependant tout semble indiquer que si les gîtes aurifères sont fréquents, ceux de platine doivent être fort rares, ce qui tient à la manière dont ces deux métaux ont été véhiculés de la profondeur. Nous avons montré en effet que le platine est un produit de ségrégation magmatique qui ne se rencontre que dans les roches éruptives abyssales les plus basiques du globe terrestre. Celles-ci se sont consolidées à une grande profondeur, et lorsqu'elles sont montées dans certaines rides au-dessus du niveau de la mer, elles étaient recouvertes d'une carapace fort épaisse, qui, dans la suite, a dû être complètement détruite par l'érosion, pour leur permettre d'affleurer et d'être érodées à leur tour. En effet, tandis que nous voyons le granit affleurer parfois à plus de 5000 mètres, l'affleurement de dunite le plus élevé que nous connaissons cote 1000 mètres. Il est donc certain qu'un grand nombre de batholites de roches dunitiques sont restés en profondeur au-dessous du niveau de la mer, et que ceux que nous avons la possibilité de rencontrer ne pourront se trouver que dans des chaines très fortement érodées, qui sont ordinairement anciennes. Il en résulte que les chances que nous avons de rencontrer des massifs dunitiques érodés sont forcément très restreintes, et que les gites platinifères qui leur sont subordonnés doivent être nécessairement rares.

*Genève, Juin 1919.*

# ERRATA

| Page | 5, | ligne | 4, | *lire :* | à un ralentissement | *au lieu de :* | avec un, etc. |
|---|---|---|---|---|---|---|---|
| — | 15 | — | 30 | — | elles appartiennent | — | ils |
| — | 22 | — | 23 | — | Wyssotsky | — | Wissotsky |
| — | 25 | — | 39 | — | le voisinage de la ligne de partage de eaux | — | le voisinage des eaux |
| — | 26 | — | 29 | — | Tourinsk | — | Tournisk |
| — | 29 | — | 21 | — | dévoniennes | — | devonniennes |
| — | 32 | — | 7 | — | bordé | — | bordée |
| — | 41 | — | 1 | — | inclusions | — | inclusion |
| — | 41 | — | 18 | — | les rivières platinifères Solwa | — | Soswa |

— 82 sous les analyses, *au lieu de :* I, II et III pyroxènite, etc, *lire :* VII, VIII, IX.
— 105 fig. 14 Ou *à intervertir avec* fig. 15 Ou, page 109.

| — | 114 | ligne | 15 | *lire :* | Ng = verdâtre | *au lieu de :* | N. |
|---|---|---|---|---|---|---|---|
| — | 114 | — | 32 | — | Ab₁ An₁ | — | Ab₁ An₂ |
| — | 117 | — | 10 | — | éruptive | — | erruptive |
| —. | 118 | — | 5 | — | Kaménouchky | — | Kaménouchkly |
| — | 118 | — | 13 | — | microdiorites | — | microdiarites |
| — | 128, bas de la page | — | | — | N° 1063 ou | — | 1036 ou |
| — | 153 | ligne | 16 | — | microcline | — | microline |
| — | 157 | — | 20 | — | dans lesquelles | — | de lesquels |
| — | 159 | fig. | 33 | — | pyroxènite | — | pyroxèmite |
| — | 179 | ligne | 8 | — | mêlé | — | mêlée |
| — | 188 | — | 3 | — | Bisserskaya | — | Bissertskaya |
| — | 188 | — | 16 | — | certaines alluvions | — | certains |
| — | 188 | — | 24 | — | normales | — | normals |
| — | 188 | — | 34 | — | résidu de | — | résidu du |
| — | 189 | — | 17 | — | Rh | — | Ro |

Page 196,   ligne 31,   *lire :*   un grain          *au lieu de :*   en grain
—  207   —  34   —   priïsk                —          prusk
—  211   —   3   —   affleurements         —          effleurements
—  217  dern^re ligne   —   résidu inattirable   —   inaltérable
—  220  schéma   —   sulfures              —          surfures
—  226  ligne  6   —   sirupeuse           —          syrupeuse
—  226   —  24   —   5 ou 6 grammes        —          5 avec 6 grammes
—  256   —  22   —   platines              —          platinos
—  261   —   1   (sous le tableau), *lire :*  six fois   —   dix
—  264   —  21   *lire :*  celles-ci       —          celle-ci
—  267   —  36   —   sous les tourbes       —          sur les tourbes
—  268   —  12   —   calculée              —          calculés
—  270   —  28   —   au-dessous            —          au-dessuos
—  272  n^te 2, bas pag.  —   96 dolis     —          46 dolies
—  291  ligne 19   —   à extraire          —          à extraite
—  297   —  21   —   le canal du           —          le canal de
—  320  fig. 62 E   —   open connected     —          close connected
—  344  ligne 33   —   peu élevées         —          élevés
—  379   —   3   —   exploitées            —          exploités
—  380   —  23   —   bleuâtre              —          bleuates
—  380   —  36   —   au contraire          —          contraire
—  399   —  14   —   se faisaient          —          faisait
—  422   —  21   —   Judinsky, *appelé aussi ailleurs* Diudinsky
—  437   —   6   —   ce qui semble         *au lieu de :*   ce que semble
—  439   —   6   —   gisements             —          gisenents
—  442   —   2   —   Wyja                  —          Wya
—  443   —  17   —   des diallages         —          du diallage
—  454   —   4   —   Pestschanka           —          Pestchaka
—  457   —  18   —   Yermakoff             —          Yermazoff
—  476   —  15   —   remplies              —          remplis
—  490   —  18   —   fournis               —          fourni
—  495   —  23   —   onces                 —          once

# TABLE DES MATIÈRES




INTRODUCTION.

LISTE BIBLIOGRAPHIQUE.

Pages

CHAPITRE PREMIER. — L'Oural au point de vue topographique et géologique. . .  1

§ 1. Coup d'œil général sur la topographie et l'hydrographie. — § 2. Examen sommaire des formations géologiques qui se rencontrent dans l'Oural, leur âge relatif.— § 3. Répartition des différentes formations dans la chaine. — § 4. Tectonique de l'Oural et succession des mouvements orogéniques. — § 5. Le phénomène des hautes terrasses. — § 6. Les vallées quaternaires et les dépôts récents.

CHAPITRE II. — Roches mères du platine, répartition et caractères généraux des centres platinifères primaires . . . . . . . . . . . . .  37

§ 1. Les roches mères du platine. — § 2. Distribution des centres dunitiques primaires dans la chaine de l'Oural. — § 3. Disposition et caractères des centres dunitiques. — § 4. Distribution des centres pyroxénitiques primaires. — § 5. Disposition et caractères généraux des centres pyroxénitiques.

CHAPITRE III. Pétrographie des centres platinifères primaires. La dunite et les péridotites. . . . . . . . . . . . . . . . .  53

§ 1. La dunite: minéraux constitutifs et structure. — § 2. Composition chimique de la dunite. — § 3. Les ségrégations de chromite dans la dunite. — § 4. Les péridotites, minéraux constitutifs, structure et composition chimique. — § 5. Les serpentines, structure et composition chimique.

CHAPITRE IV. — Les pyroxénites et les koswites . . . . . . . . . .  73

§ 1. Généralités sur les pyroxénites. — § 2. Les koswites, minéraux constitutifs, structure et composition chimique. — § 3. Les pyroxénites franches, minéraux constitutifs, structure et composition chimique. — § 4. Les ségrégations de magnétite dans les pyroxénites. — § 5. Les hornblendites.

CHAPITRE V. — Les roches de la famille des gabbros. . . . . . . . . .  87

§ 1. Généralités sur les roches de la famille des gabbros. — § 2. Les troctolites, et leurs formes de passage aux gabbros. — § 3. Les tilaïtes et leurs formes de passage aux pyroxénites. — § 4. Les gabbros à olivine et les gabbros francs. — § 5. Les gabbros à hypersthène et les gabbros-norites. — § 6. Les gabbros-diorites. — § 7. Les gabbros saussuritisés. — § 8. Les diorites et les diorites quartzifères.

CHAPITRE VI. — Les roches filoniennes. . . . . . . . . . . . .  117

§ 1. Généralités sur les roches filoniennes. — § 2. Les filons mélanocrates du type grenu. Dunites normales. Dunites sidéronitiques. Kazanskites. Garéwaïtes. Issites. Wehrlites filoniennes. Pawdites. Berbachites et berbachites à hornblende. — § 3. Les filons mélanocrates du type porphyrique. Microgabbros. Microdiorites. Lamprophyres à olivine. Lamprophyres à augite. — § 4. Les filons mésocrates. Microdiorites quartzifères. Gladkaïtes. Pegmatites à hornblende. — § 5. Les filons leucocrates du type grenu. Granulites et micropegmatites. Plagiaplites. Brèches de plagiaplites et origine de l'ouralitisation.

Pages

CHAPITRE VII. — Les roches métamorphiques qui flanquent la zone éruptive platinifère . . . . . . . . . . . . . . . . . . . . . . . . 163

§ 1. Généralités sur les formations métamorphiques. — § 2. Les amphibolites et les roches subordonnées. — § 3. Les roches quartziteuses et les schistes cristallins.

CHAPITRE VIII. — Disposition du platine dans les roches mères et gîtes primaires du platine . . . . . . . . . . . . . . . . . . . . . 187

§ 1. Eléments constitutifs du platine natif. — § 2. Disposition du platine dans la dunite. — § 3. Disposition du platine dans les pyroxénites. — § 4. Les gîtes primaires de platine dans les dunites. — § 5. Richesse moyenne des roches mères du platine et exploitation éventuelle des gîtes primaires. — § 6. Genèse probable des gîtes platinifères primaires. — § 7. Synthèse de la dunite.

CHAPITRE IX. — Analyse et composition chimique des platines . . . . . . . 217

§ 1. Triage à l'aimant des platines bruts, et proportion des différentes fractions obtenues sur les platines de l'Oural. — § 2. Analyse des minerais de platine, examen des méthodes analytiques ordinaires et exposé de celles, nouvelles, qui ont été adoptées. — § 3. Composition chimique des platines provenant de la dunite. — § 4. Composition chimique des platines provenant des pyroxénites. — § 5. Composition chimique des platines des gisements autres que ceux de l'Oural. — § 6. Conclusions qui se dégagent de l'examen des analyses des divers platines.

CHAPITRE X. — Les gîtes secondaires et les alluvions platinifères . . . . . . 259

§ 1. Notion des gîtes secondaires et action du ruissellement sur les centres primaires. — § 2. Relations des rivières platinifères avec les centres primaires. — § 3. Structure et disposition des alluvions platinifères. — § 4. Répartition du platine dans les alluvions et richesse de celles-ci. — § 5. Forme, aspect et caractères du platine alluvial. — § 6. Le platine surimposé et les gîtes alluviaux tertiaires.

CHAPITRE XI. — L'extraction du platine dans les alluvions platinifères. . . . . 283

§ 1. Prospection des alluvions platinifères. — § 2. Exploitation sommaire par les maraudeurs et les staratélis. — § 3. Exploitation rationnelle des alluvions par détourbage des sables platinifères. — § 4. Extraction de l'alluvion platinifère par des travaux souterrains. — § 5. Appareils de lavage, motila, stanok, amerikanka. — § 6. Les grands lavoirs mécaniques, boronka, boutara, tschachka. Lavoirs mixtes. — § 7. Exploitation des alluvions contemporaines à la pelle sibérienne. — § 8. Le dragage des alluvions platinifères, historique et tâtonnements. — § 9. Divers types de dragues et leur mode de travail. — § 10. Enumération et description des principaux types de dragues employés sur les placers platinifères.

CHAPITRE XII. — Description des gîtes dunitiques de l'Oural. . . . . . . . . 341

§ 1. Les gisements de l'Omoutnaïa sur la Syssertskaya-Datcha. Les rivières Omoutnaïa, Starichne-log etc. — § 2. Les gisements de Taguil. Les rivières Martian. Wyssim, Syssim, Tschauch, Bobrowka et leurs affluents. — § 3. Les gisements de l'Iss. Les centres de Swelti-Bor et de Wéressowy-Ouwal. Les rivières Iss. Toura, et leurs affluents. — § 4. Les gisements du Kaménouchky. Les rivières Bolchaïa et Malaïa Kaménouchka, la rivière Kamenka, la rivière Niasma et leurs affluents. — § 5. Les gisements du Koswinsky. Le Sosnowsky-Ouwal. Les rivières Bolchaïa et Malaïa Sosnowka. la rivière Logwinska, la rivière Tilaï, les rivières Malaïa et Bolchaïa-Koswa. Le Kamennoe-Koswinsky, la rivière Kitlim et ses sources; la rivière Lobwa. — § 6. Les gisements du Kanjakowsky. La rivière Jow, la rivière Poloudniéwaïa, la rivière Bolchaïa Kanjakowska. — § 7. Les gisements de Gladkaïa-Sopka. La rivière Travianka et ses sources. — § 8. Les gisements du Daneskine-Kamen. Les rivières Bolchaïa et Malaïa Solwa; les rivières Talaïa et Soupréïa, la rivière Soswa.

Pages

CHAPITRE XIII. — Description des gîtes pyroxénitiques de platine de l'Oural . .    439

§ 1. Les gisements des Goussewi-Kamen. Les rivières Bolchaïa Goussewka, Malaïa Goussewka, la rivière Mokraïa, la rivière Wyja et leurs affluents. — § 2. Les gisements de Sinaïa-Gora dans la Barantchinskaya-datcha. Les rivières Choumika, Nojowka et Bielnitschka. Les gisements situés sur la rive gauche de la rivière Barantcha. Les rivières Pestchanka, Oroulikha, le Soukhoï-log et les lojoks secs qui viennent plus au sud. — § 3. Les gisements de la Kiédrowka sur la Taguilskaya-datcha. La rivière Kiédrowka. — § 4. Les gisements des environs du lac de Tschernoistotschnik sur la Taguilskaya-datcha. Les rivières Obléïskaya et Jégorowka Kamenka. Les rivières Bolchaïa Bérésowka et Biélogorska, les petits affluents de la rive est du lac de Tschernoistotschnik. — § 5. Les gisements de la chaîne du Kolpak-Kazansky. La rivière Volkouche. — § 6. Les gisements de l'Oural en dehors des dunites et des pyroxénites. Gisements du Krébet-Salatim. Lss gisements de la Tourinskaya-datcha dans la région des serpentines. Les gisements de la Taguilskaya-datcha dans la zone orientale des roches basiques. Les gisements de l'Outkinskaya-datcha au sud de Bisserk. Les gisements de la Chaïtanskaya-datcha. Les gisements des environs de Miass.

CHAPITRE XIV. — Les gîtes platinifères du monde en dehors de ceux de l'Oural.    471

§ 1. Gisements européens. Les gîtes de la Ronda en Espagne. Gîtes de France. Gîtes d'Allemagne et d'Autriche. — § 2. Gisements de l'Amérique du Sud et de l'Amérique Centrale. Gîtes de SaintDomingue et du Honduras. Gîtes de la Colombie équatoriale. Gîtes du Brésil. Gisements de la Guyanne française. — § 3. Gîtes platinifères de l'Amérique du Nord. Gisements de la Colombie britannique. Gîtes du Canada. Gîtes des Etats-Unis et du Mexique. — § 4. Gisements de l'Océanie. Gîtes de Bornéo. Gîtes de la Nouvelle-Galles du Sud. Gîtes de la Nouvelle-Zélande et de la Tasmanie. — § 5. Gisements de l'Afrique. Gîtes du Transwaal. Prétendus gîtes de Madagascar. — § 6. Gisements de l'Asie. Gîtes de la rivière Wilui. Gîtes de la rivière Oldoi. Gîtes de l'Altaï.

CHAPITRE XV. — Traitement du minerai brut de la mine et métallurgie du platine . . . . . . . . . . . . . . . . . . . . . . .    501

§ 1. Considérations générales sur la succession des opérations à effectuer dans la métallurgie du platine. — § 2. Dissolution du minerai et séparation de l'osmiure. — § 3. Précipitation du platine et préparation de la mousse. — § 4. Traitement des noirs. - § 5. Extraction du platine et du palladium. § 6. Extraction de l'iridium et de rhodium. — § 7. Traitement de l'osmiure d'iridium. — § 8. Traitement de l'osmium. — § 9. Séparation de l'iridium et du ruthénium. — § 10. Traitement des eaux mères après la séparation de l'iridium, du platine et du ruthénium. — § 11. Fusion et coulée du platine.

CHAPITRE XVI. — Les utilisations du platine dans les arts et dans l'industrie. .    521

§ 1. Le platine dans les appareils servant à la concentration de l'acide sulfurique. — § 2. Le platine dans les mélanges servant à la catalyse. — § 3. Le platine dans la photographie. — § 4. Le platine dans la fabrication des électrodes. — § 5. Le platine dans l'art dentaire. — § 6. Le platine dans l'industrie des lampes à incandescence. — § 7. Le platine dans la confection des appareils de laboratoire. — § 8. Divers petits emplois du platine. — § 9. Les sels de platine et leur utilisation. — § 10. Le platine dans la bijouterie.

CHAPITRE XVII. — Production du platine et statistique générale. . . . . . .    533

§ 1. Production générale de l'Oural. — § 2. Production individuelle des différents centres. — § 3. Production mondiale du platine.

# PLANCHES

EXPLICATION DE LA PLANCHE N° 1

No 1140*ou*. — Dunite fraîche du Kanjakowsky, aux sources de la rivière Poloudniewaïa.

No 59. — Dunite de Rond, amontrant les grains d'olivine sillonnés de fissures et de canaux remplis de serpentine.

No 51. — Hartzbourgite fraîche de Ronda, montrant les grands cristaux de pyroxène rhombique noyés dans une masse grenue d'olivine fraîche.

No 55*b*. — Hartzbourgite de Ronda, avec grands cristaux de pyroxène rhombique dans une masse formée par de l'olivine en voie de serpentinisation.

No 78. — Lherzolite de Ronda, pyroxènes rhombique et monoclinique, olivine et spinelle.

No 21. — Serpentine de hartzbourgite de Ronda, avec pyroxène rhombique dans une masse serpentineuse.

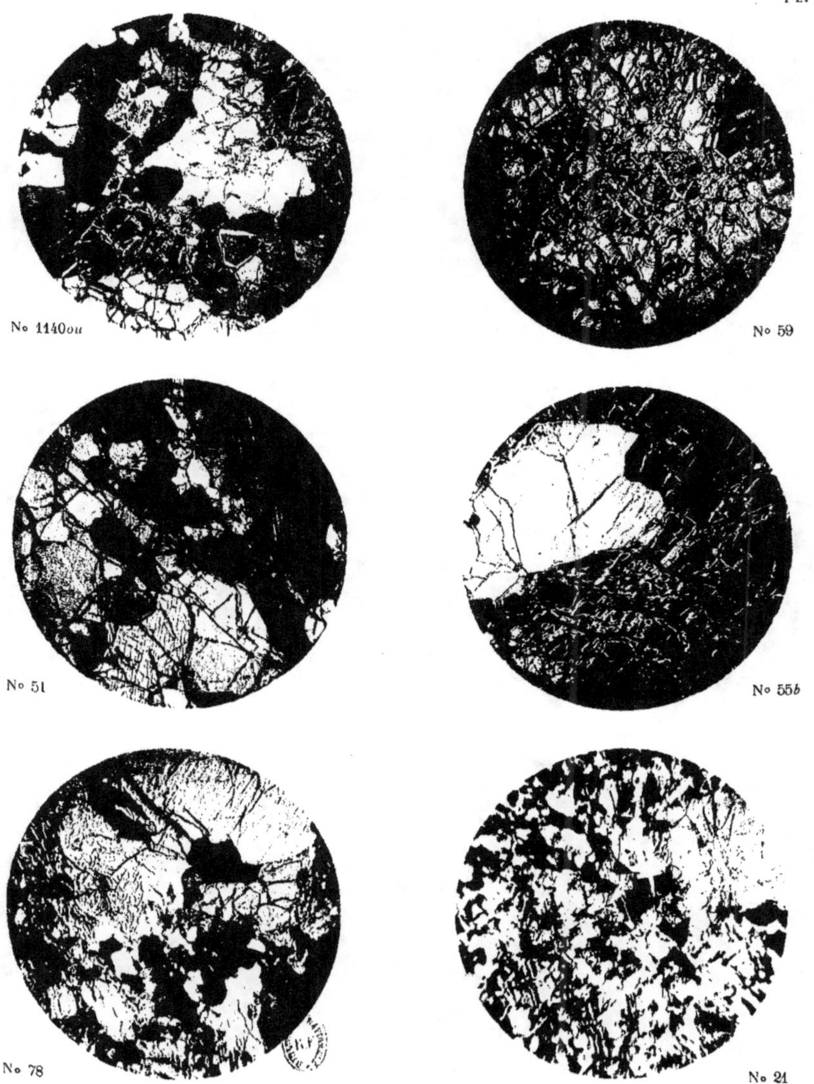


*Louis Duparc et Marguerite Tikonowitch.* Le platine et les gîtes platinifères de l'Oural et du Monde.

N° 15. — Serpentine de Ronda. Échantillon provenant des hartzbourgites, avec bastite disposée dans l'antigorite.

N° 28. — Troctolite de Borowskoye-Kamen, chaîne du Kalpak-Kazansky Pawda. Association d'olivine et d'anorthite, avec spinelles.

N° 2*ou.* — Koswite du Koswinsky-Kamen, pyroxène et olivine ; les plages sidéronitiques très noires sont de la magnétite.

N° 1055*ou.* — Tilaïte du Tilaï-Kamen, aux sources de Garewaia. Échantillon porphyroïde avec grands cristaux de pyroxène, et masse grenue à structure cryptique.

N° 4858*ou.* — Pyroxénite à olivine ; le pyroxène est prédominant, l'olivine est craquelée et hyaline.

N° 5359*pw.* — Gabbro à olivine de la Pawdinskaya-Datcha (quartal 87). Olivine, pyroxène monoclinique et labrador-bytownite.

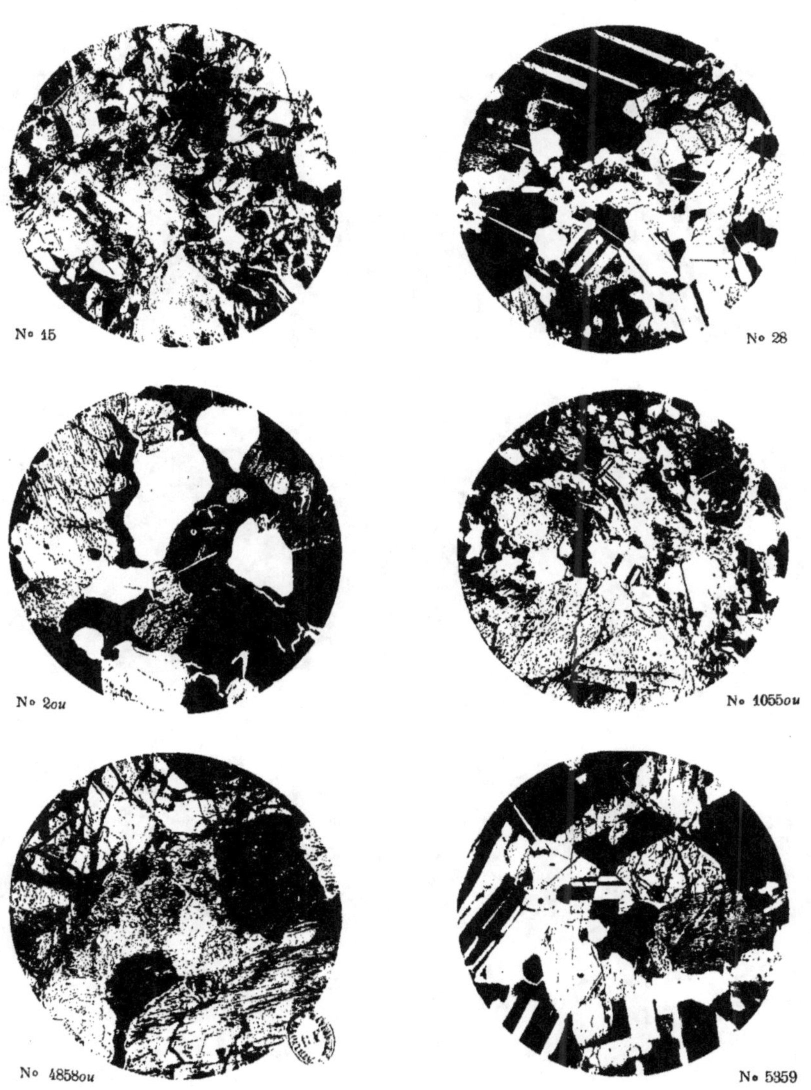



*Louis Duparc et Marguerite Tikonowitch.* Le platine et les gîtes platinifères de l'Oural et du Monde.

## EXPLICATION DE LA PLANCHE N° III

N° 1118*ou*. — Gabbro-diorite du Cérébriansky, massif du Tilaï-Kanjakowsky-Cérébriansky. Les plages très foncées sont de la hornblende, disséminée parmi les cristaux de de labrador basique.

N° 3827. — Gabbro-diorite à structure poecilitique, Pawdinskaya-Datcha (quartal 84).

N° 1084*bis*. — Norite d'un chaînon latéral du Cérébriansky, pyroxènes rhombique et monoclinique, mica rouge et labrador.

N° 5344. — Diorite quartzifère augitique. Pawdinskaya-Datcha (quartal 97).

N° 3837. — Diorite quartzifère Pawdinskaya-Datcha (quartal 127). Les plages blanches formant ciment représentent le quartz.

N° 2070. — Granite à amphibole, Pawdinskaya-Datcha (quartal 38). Les feldspaths sont décomposés et criblés de lamelles de damourite.

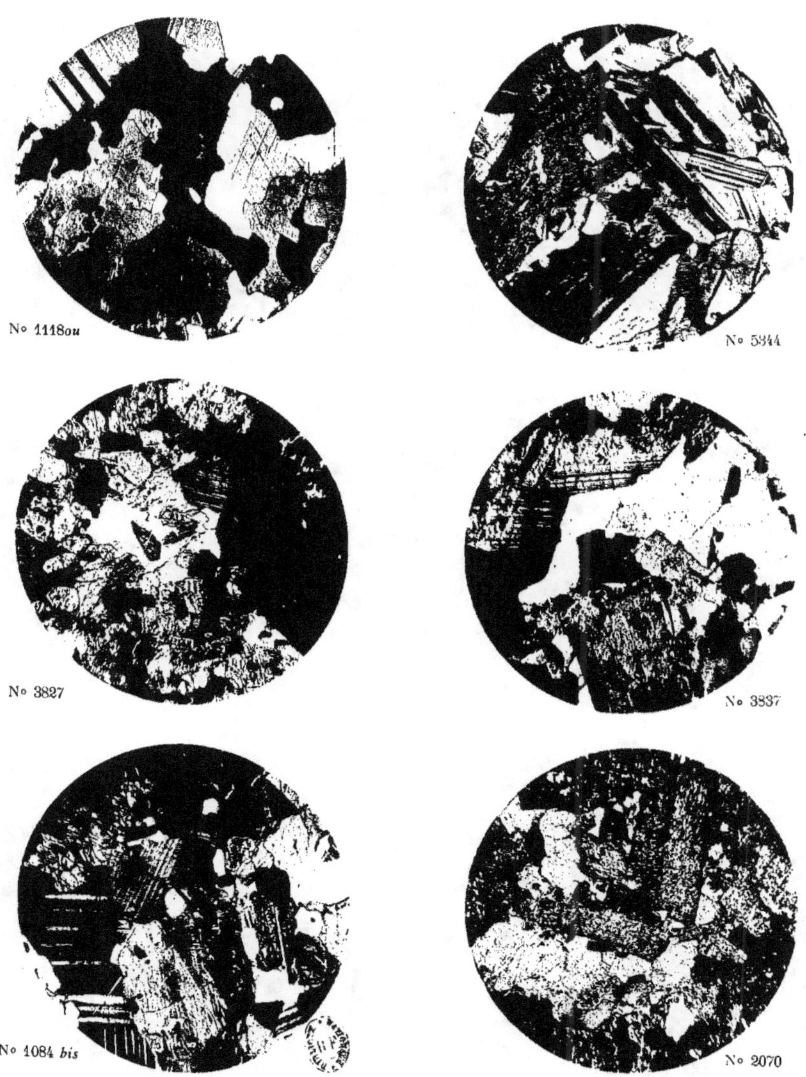



*Louis Duparc et Marguerite Tikonowitch*. Le platine et les gîtes platinifères de l'Oural et du monde.

EXPLICATION DE LA PLANCHE N° IV

N° 26*ou*. — Dunite sidéronitique du Koswinsky-Kamen. Olivine moulée par des plages sidéronitiques de magnétite opaque, empâtant des spinelles verts.

N° 29. — Kazanskite du sommet du Kazansky, Pawdinskaya-Datcha. Même structure que 26*ou*, on voit de plus le plagioclase mâclé parmi les cristaux d'olivine.

N° 14*ou*. — Issite du Kamennœ-Koswinsky. Hornblende mêlée à des grains altérés d'anorthite.

N° 5304. — Pawdite de Pawda (quartal 127). La coupe montre l'association des longs prismes de hornblende aux grains de feldspath.

N° 2038. — Berbachite des sources de la rivière Volkouche, chaîne du Kalpak-Kazansky, Pawda. Structure panidiomorphe grenue des éléments saliques et fémiques.

N° 3841. — Lamprophyre à olivine, Pawda (quartal 127). Phénocristaux de pyroxène et d'olivine, dans une pâte hypocristalline, avec microlites feldspathiques.

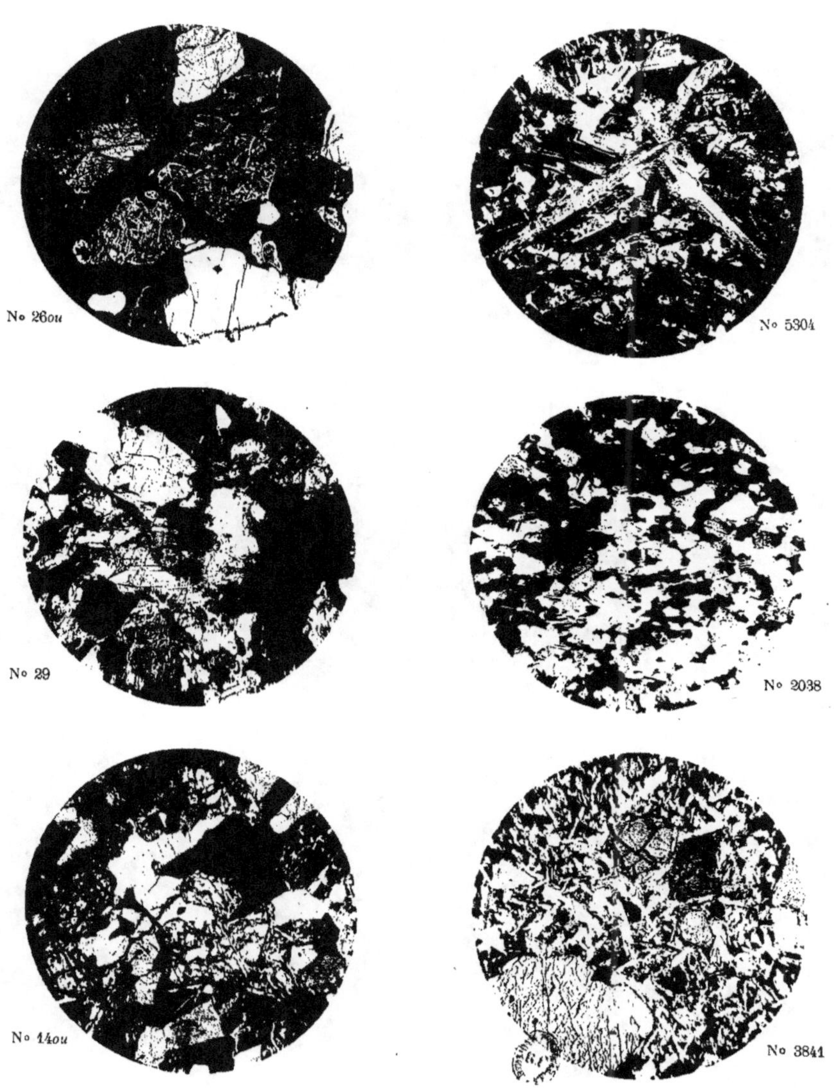

No 26ou

No 5304

No 29

No 2038

No 14ou

No 3841

*Louis Duparc et Marguerite Tikonowitch.* Le platine et les gîtes platinifères de l'Oural et du Monde.

## EXPLICATION DE LA PLANCHE N° V

N° 5085. — Lamprophyre à augite, Pawda (quartal 158). Phénocristaux d'augite dans une masse grenue.

N° 318. — Microgabbro, Pawda (quartal 118). Grains et cristaux de labrador, cristaux plus petits d'augite, dans une pâte holocristalline microgrenue.

N° 5379. — Microdiorite, Pawda (quartal 86). Echantillon très riche en phénocristaux, avec pâte holocristalline grossière, réduite.

N° 8173. — Microdiorite quartzifère, Pawda (quartal 98).

N° 8083. — Granulite, Pawda (quartal 138). Le quartz est en grains idiomorphes hyalins.

N° 2385. — Pegmatite graphique, Pawda (quartal 62/75).

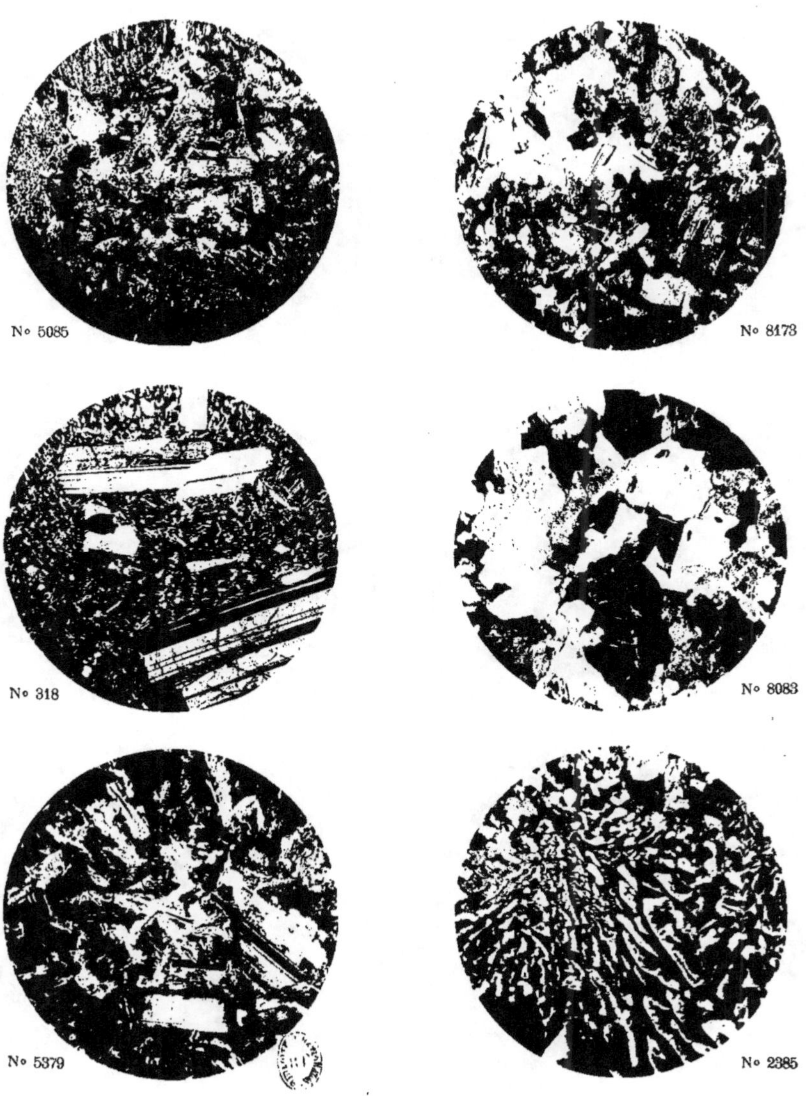



*Louis Duparc et Marguerite Tikonowitch. Le platine et les gîtes platinifères de l'Oural et du Monde.*

## EXPLICATION DE LA PLANCHE N° VI

Les figures N°ˢ 1, 2 et 3 sont des pépites sur gangue de chromite, qui proviennent de Taguil, et qui ont été extraites des alluvions d'affluents latéraux de la rivière Martian, près d'Awrorinsky. Elles ont été usées à la meule, pour y développer une face plane; le grossissement est de 3 en diamètre. On peut remarquer nettement ici les rapports du platine, qui apparaît en blanc, avec la chromite, qui forme les parties noires. L'échantillon n° 1 est le moins riche, le n° 3 le plus riche en platine; sur les trois spécimens, la chromite prédomine sur le platine.

*Louis Duparc et Marguerite Tikonowitch.* Le platine et les gîtes platinifères de l'Oural et du Monde

EXPLICATION DE LA PLANCHE N° VII

N° 1. — Pépite de platine trouvée à Taguil, légèrement réduite.

N° 2. — Pépite de platine trouvée à Taguil, grandeur naturelle.

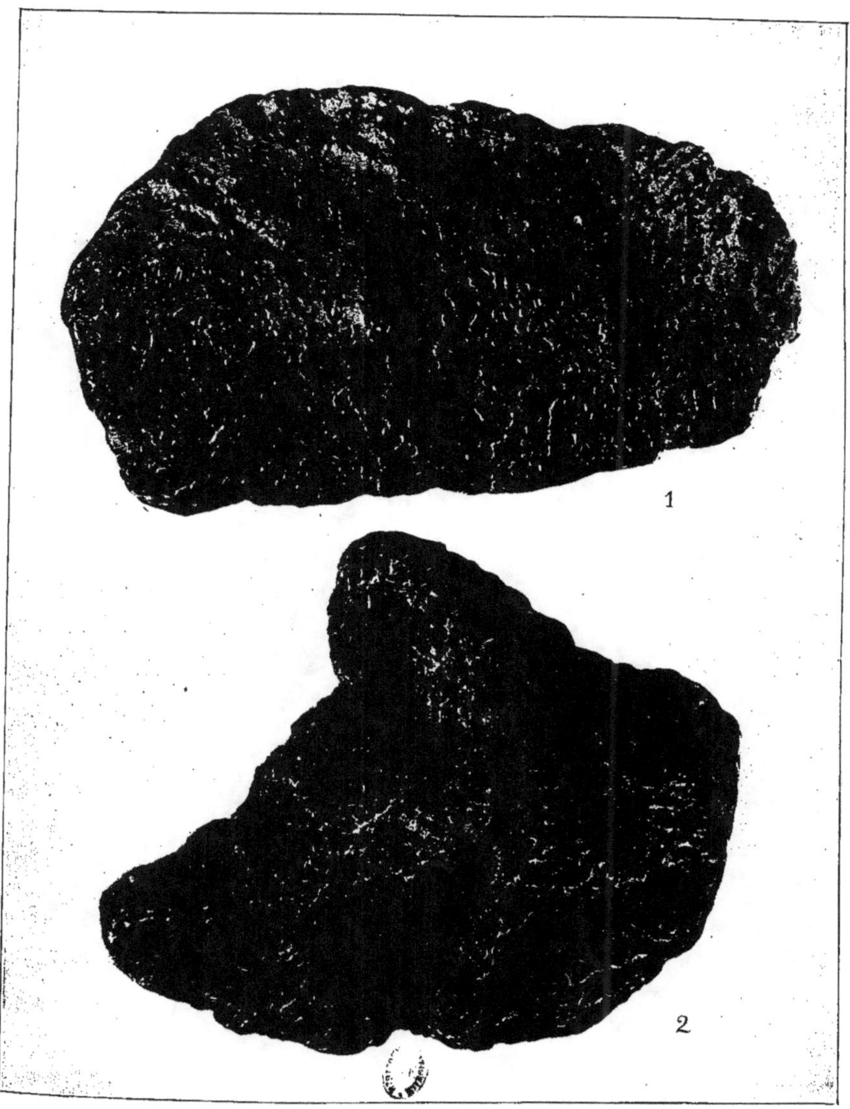

Louis Duparc et Marguerite Tikonowitch. Le platine et les gîtes platinifères de l'Oural et du Monde.

Figures N°ˢ 1, 2, 3 et 4. — Pépites trouvées à Taguil, grandeur naturelle.

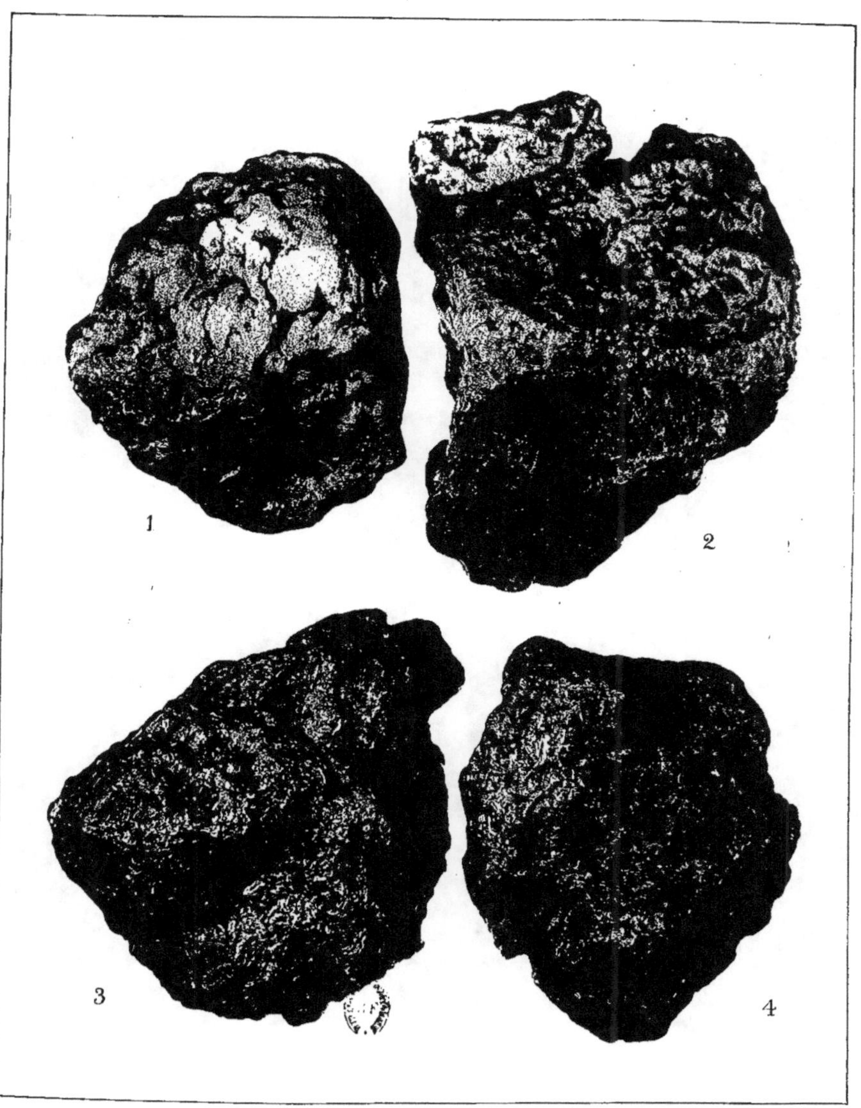

*Louis Duparc et Marguerite Tikonowitch.* Le platine et les gites platinifères de l'Oural et du Monde.

EXPLICATION DE LA PLANCHE N° IX

---

Figures N<sup>os</sup> 1, 2 et 3. — Pépites trouvées à Taguil, grandeur naturelle.

Fig. N° 4. — Pépite trouvée sur l'Iss (groupe du Wéressowy) grandeur naturelle.

---

Louis Duparc et Marguerite Tikonowitch. Le platine et les gîtes platinifères de l'Oural et du Monde.

## EXPLICATION DE LA PLANCHE N° X

Les figures N° 1 à 7 sont des reproductions grossies deux fois de pépites sur gangue de chromite, provenant de Taguil. Le platine forme toujours l'élément brillant, la chromite la partie sombre de la photographie. Certaines pépites, comme le n° 5, par exemple, sont presque entièrement formées par le fer chromé; d'autres, comme les n°ˢ 2, 3 et 4, sont décortiquées.

Les figures N° 8 à 19 sont des reproductions de pépites provenant des pyroxénites, tous les échantillons ont été récoltés sur la rivière Goussewka. On remarquera ici les formes appendiculées de ces pépites, et les nombreuses empreintes en creux formées par les cristaux disparus de diallage.

Les divers spécimens qui figurent sur cette planche sont des originaux de notre collection.

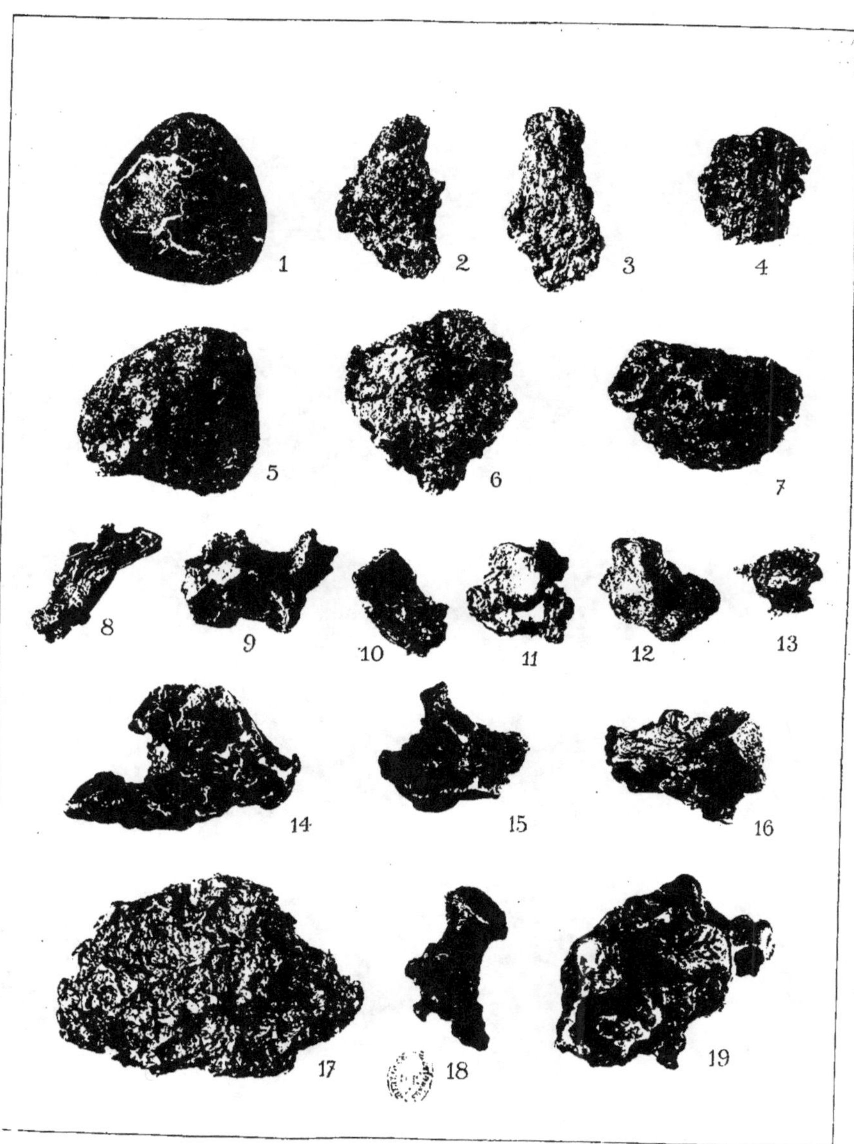



*Louis Duparc et Marguerite Tikonowitch.* Le platine et les gîtes platinifères de l'Oural et du Monde.

EXPLICATION DE LA PLANCHE N° XI

Figures N°ˢ 1, 2 et 3. — Pépites de platine associé à la chromite. Rivière Martian, Taguil. Les échantillons montrent les relations des deux minéraux.

Fig. N° 4. — Platine associé à la dunite décomposée. Echantillon pris dans la roche en place, à Dietkowoï-Yam, sur la rive droite de la rivière Martian.

Figures N°ˢ 5, 6 et 7. — Pépites peu roulées de platine de la rivière Goussewka, associé au diallage, et provenant des pyroxénites. Les échantillons montrent les relations du pyroxène avec le platine.

Les échantillons de 1 à 5 sont grossis trois fois, les n°ˢ 6 et 7 six fois.

Louis Duparc et Marguerite Tikonowitch. Le platine et les gites platinifères de l'Oural et du Monde.